"十四五"时期
国家重点出版物出版专项规划项目 · 重大出版工程

空间科学与技术研究丛书

空间光学遥感器结构机构设计与验证

DESIGN AND VERIFICATION FOR THE STRUCTURE AND MECHANISM OF SPACE OPTICAL REMOTE SENSOR

郭崇岭　肖正航　编著

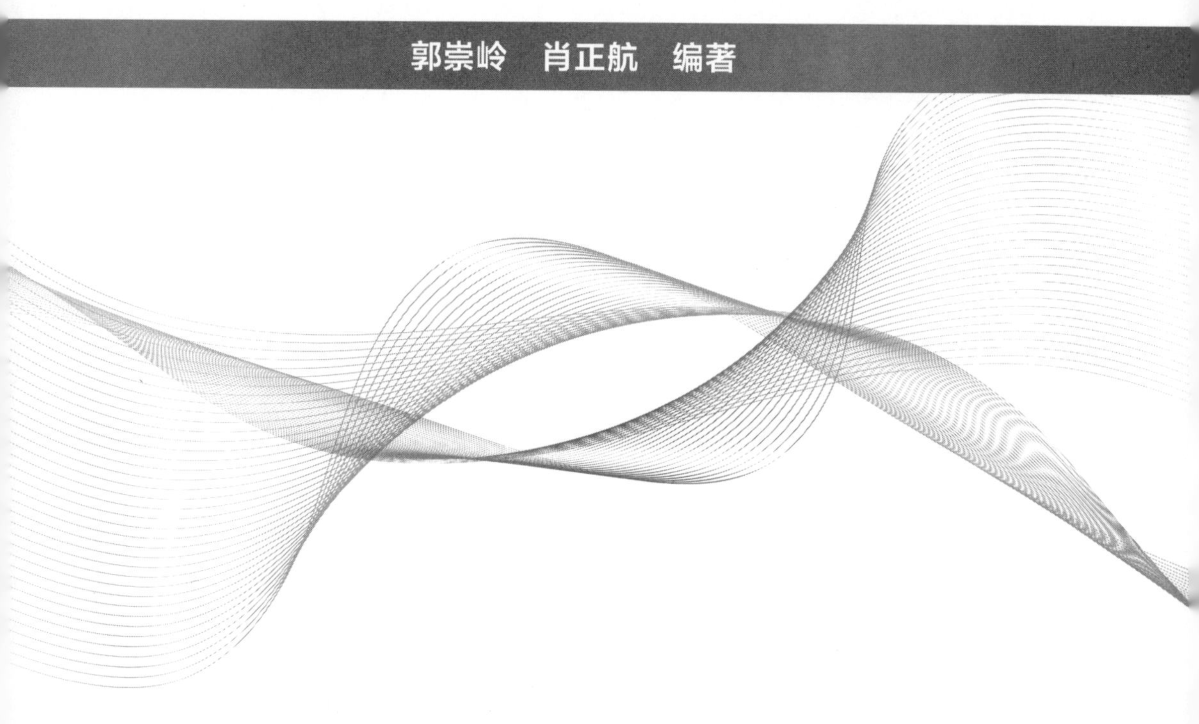

北京理工大学出版社
BEIJING INSTITUTE OF TECHNOLOGY PRESS

内容简介

本书从空间光学遥感器系统设计的角度出发，对遥感器结构与机构设计的基础知识、结构的设计与验证、机构的设计与验证进行了阐述。在基础知识方面主要介绍遥感器结构与机构的基本组成和特点、空间环境及载荷约束、遥感器结构材料特性等。在结构设计方面，从承力结构、光学组件、电单机、焦面组件以及结构相关的仿真及试验等方面进行阐述。机构设计方面，则分为步进类、伺服类、高精度六自由度机构、减隔振机构、展开机构、锁定解锁机构以及机构相关的仿真及试验等方面进行阐述。最后对遥感器结构与机构的发展趋势与新特点进行了说明，主要包括先进设计方法、先进材料技术、新型结构和机构以及虚拟环境技术等。

本书偏重工程实践，主要为从事空间光学遥感器研制的本专业技术人员及本方向的学生提供参考。

版权专有　侵权必究

图书在版编目(CIP)数据

空间光学遥感器结构机构设计与验证 / 郭崇岭，肖正航编著. -- 北京：北京理工大学出版社，2023.1

ISBN 978-7-5763-2027-5

Ⅰ. ①空… Ⅱ. ①郭… ②肖… Ⅲ. ①航天器-光学遥感-遥感仪-结构分析②航天器-光学遥感-遥感仪-机构-设计 Ⅳ. ①V423

中国国家版本馆 CIP 数据核字(2023)第 007857 号

出版发行 / 北京理工大学出版社有限责任公司
社　　址 / 北京市海淀区中关村南大街 5 号
邮　　编 / 100081
电　　话 / (010) 68914775（总编室）
　　　　　(010) 82562903（教材售后服务热线）
　　　　　(010) 68944723（其他图书服务热线）
网　　址 / http://www.bitpress.com.cn
经　　销 / 全国各地新华书店
印　　刷 / 三河市华骏印务包装有限公司
开　　本 / 710 毫米×1000 毫米　1/16
印　　张 / 36
彩　　插 / 1
字　　数 / 552 千字
版　　次 / 2023 年 1 月第 1 版　2023 年 1 月第 1 次印刷
定　　价 / 132.00 元

责任编辑 / 陈莉华
文案编辑 / 陈莉华
责任校对 / 刘亚男
责任印制 / 李志强

图书出现印装质量问题，请拨打售后服务热线，本社负责调换

前　言

光学遥感以其直观、清晰以及易于判读的特点，在航天遥感专业领域具有举足轻重的地位。其主要应用在军事、地质矿产勘探、自然资源调查、地图测绘、环境监测以及城市建设和管理等方面。光学遥感信息获取的链路是个复杂的过程，需要充分地了解场景和目标的特性，需要识别大气对光传播的影响，需要与遥感平台开展一体化的遥感任务分析和工程约束耦合。在这整个遥感链路中，涉及了自然科学及物理学的多个学科。

空间光学遥感器是天基信息获取领域重要的基础载荷。从宏观上来讲，一般由光学望远镜头、光电焦面和电子学下位机等组成。从功能系统的角度，遥感器主要包括光学系统、光机系统、电子学系统及温控系统。而光机系统中的结构机构设计在整个光学遥感器的开发中起到至关重要的作用，其稳定性及可靠性直接决定了遥感器的性能和工作可靠性，也是遥感信息质量的基础保障。

本书的重点是空间光学遥感器的结构机构设计与验证，从遥感器系统设计的角度出发，对结构与机构设计的基础知识，遥感器结构的设计与验证，机构的设计与验证进行了阐述。本书偏重工程实践，主要为从事空间光学遥感器研制的本专业技术人员及本方向的学生提供参考。

全书共 21 章，分为 4 个部分。第 1 章主要介绍遥感器结构与机构的基本概念；第 2 章主要介绍空间环境及载荷约束；第 3 章描述遥感器结构材料特性；第 4 章对遥感器结构设计进行概述；第 5 章至第 10 章则从主结构、光学组件、电单机、焦面组件、功能结构以及结构相关的仿真及试验等方面进行阐述；第 11 章主要描述遥感器机构设计的特点及要求；第 12 章至第 17 章则分为步进类、伺服类、高精度六自由度机构、减隔振机构、展开机构、锁定解锁机构以及机构相关的仿真及试验等方面进行阐述；第 17 章至第 21 章，简要介绍了先进结构设计方法及趋势。

本书主要由郭崇岭、肖正航编著。其中张博文在第 7 章、杨鹏在第 14 章分别提供了大量素材，并撰写了相关内容。赵野研究员、林喆研究员对本书内容提供了宝贵建议。本书的出版得到了北京空间机电研究所领导的精心指导和鼎力支持。在此，作者一并表示诚挚的谢意。

由于本书内容涉及的知识较广，限于作者水平，本书难免会有一些疏漏和不足之处，恳请广大读者批评指正。

作 者

目　录

第一部分　遥感器结构与机构设计的基础知识

第二部分 遥感器结构设计与验证

第三部分 遥感器机构设计与验证

第一部分

遥感器结构与机构设计的基础知识

第1章 绪 论

空间光学遥感是利用航天飞机、卫星、飞船、空间实验室、空间站等空间飞行器，利用光学手段对目标进行遥感观测和探测的科学技术领域。其主要手段是把光波作为信息的载体进行收集、储存、传递、处理和辨认目标信息的遥感技术。

空间光学遥感器是实现天基信息获取的有效载荷之一。空间光学遥感器的光机系统是一个涉及了光、机、电、热等学科的典型的跨学科综合应用技术。作为一种多学科技术融合度很高的精密仪器，确保它在复杂的空间环境中具有可靠的光学性能是极为重要的。遥感器的结构与机构技术是最重要的支撑性技术之一。

本章内容主要针对遥感器结构与机构的基本概念、功能特点及分类进行描述，并结合航天工程实践，对其研制流程及设计验证的内容进行说明。

1.1 遥感器结构与机构的基本概念

遥感器的结构机构设计在空间光学遥感器研制流程中占有极其重要的地位。光机系统结构是遥感器各分系统的承载平台，是光学系统实现功能及性能指标的重要保证，机构是实现遥感器特定工作模式及功能的载体，其设计的优劣直接决定了遥感器的工作性能和使用寿命。在设计过程中，要结合光、电、热各系统的要求，结合外部环境条件及约束条件，开展适应性的设计、仿真与验证。

空间光学遥感器一般由光学镜头、焦面组件、热控组件、电子学设备等多个子系统或部组件构成。

遥感器结构表征产品的总体构型，为各子系统提供支撑，在相机的设计中，根据光学系统形式，结构选用高比刚度光机结构材料制造，通过等刚度和热匹配设计，达到减小相机体积，降低相机重量的目的。结构在经历研制全生命周期内的环境载荷后，重要的是能保证整个遥感器系统的稳定性。结构稳定性是遥感器产品设计中关注的重要内容之一。

遥感器机构是完成产品特定功能或规定功能的机械组件。机构具备结构相关的专业特点，但又有很大不同。针对不同的功能，机构产品中有大量运动学的关键设计环节。近年来，遥感器的工作模式越来越复杂，另外随着一体化设计思想的落地，某些整星整器级别的特定任务，需要遥感器机构协同闭环完成。机构精度及可靠性是遥感器产品设计中关注的重要内容之一。

1.2 功能特点

1.2.1 结构功能

空间光学遥感器结构的功能特点主要包括以下方面。

1. 结构承载

遥感器结构的主要承载对象就是光学元件，良好的结构性能能在各种环境下精确地保证光学元件的相对稳定性，这里主要指几何稳定性，其对遥感器能否具有较高的成像质量起着十分关键的作用。对于结构承载而言：

（1）结构需要具有足够高的动、静态结构刚度和稳定性，以适应空间遥感器在制造、运输、发射以及在轨运行等各个阶段的振动、冲击及加速度等各种动力学环境，不产生结构破坏和塑性变形，进而保证遥感器的成像质量。

（2）结构还要承受空间热、辐射等环境对遥感器结构的影响，以避免因机身静力、热变形及其他损伤产生反射镜的镜面变形及相应的位移和转角，保证在使用寿命内能够正常工作。

（3）结构还需有阻尼减振隔振功能，确保平台振动及制冷机等振动不对光学像质产生影响。

2. 温度保持

环境温度的变化会使遥感器内外部热流不均匀，同时遥感器内部热源会造成不对称的温度梯度，使光学元件之间产生了相对位置变化和镜面变形，从而成为遥感器光学系统成像质量下降的主要干扰源。

（1）相机在轨运行中，当工作姿态变化时，指向太阳的部分和处于太阳阴影中的部分会产生巨大的温差，遥感平台所处环境温度的变化直接影响到航天相机的工作温度。

（2）平台内的其他仪器和相机内部热源所产生的热扰动都会对相机的光学系统产生影响。遥感器结构通过材料匹配，构型优化，通过主动控温等措施，保证遥感器在空间运行时的光学质量。

1.2.2　机构功能

空间光学遥感器机构的功能特点主要包括以下方面。

1. 精密调整

遥感器在轨运行时，随着空间环境的影响，温控精度的退化，结构的在轨蠕变等多种因素，必然需要开展在轨的维护，这包括焦面位置的调整、光学元件位姿（位置）的调整以及光学面形的调整，以期补偿光路中的波前畸变，恢复或提高光学质量。

精密调整的实现另外一个典型功能是通过精密地调整光学元件的位置，或直线运动或旋转运动，以实现光学视轴的精确指向或扫描成像，满足遥感器在轨的特定工作模式。高精度的调整是遥感器机构设计的典型功能之一。

2. 功能切换

为满足遥感器多功能的要求，设置了功能切换机构。一般实现定标功能、谱段切换、光路切换等功能。切换类机构一般为间歇性工作，根据遥感器工作模式及指令，执行切换动作。

3. 展开释放

随着空间光学遥感器口径的增大，展开机构应用于主体结构、光学组件及遮光罩组件等，以满足发射包络的要求。

4. 减振隔振

减振隔振机构的功能主要分为两类，一类是针对发射主动段动力学环境，减小运载传递的力学载荷；另一类是在轨时由于卫星姿轨控部件以及红外制冷机振动、热致振动等带来的微振动环境，隔离微振动对成像质量的影响。

5. 高可靠工作

空间机构是机电综合部件，涉及很多学科，它们不同于电子产品的可靠性研究，也不同于机械部件的可靠性研究。空间机构的工作环境相对地面环境通常要更为恶劣，其要经受发射时的强烈冲击振动和噪声且在空间高真空强辐射和大幅度温度变化的条件下要连续工作几个月、几年甚至十几年。不少空间机构很难备份而成为单点故障源，机构的故障可能带来灾难性的后果。因此对其可靠性有很高的要求。空间机构的可靠性与润滑、摩擦、冷焊、间隙及工艺的影响等密切相关[1]。

1.3 遥感器结构与机构的类型

结构与机构在专业技术层面均属于机械产品，两类产品在设计、制造、测试、试验等方面有很多的相同之处。在工程应用中两类产品密不可分，往往需要开展耦合的设计分析及评价。其类型的划分，有很多的维度。本书从结构及机构件在遥感器中所实现的功能和性能角度进行分类说明。

1.3.1 结构基本组成

空间光学遥感器结构设计根据不同的光学系统布局开展相应的光机构型、材料选择、仿真分析等设计工作，遥感器结构的类型及基本组成见表 1－1。从空间光学遥感器探测光束链路的角度分析，结构在其中的应用脉络图如图 1－1 所示。

举例，如 Hubble 望远镜系统，其组成部分通过支撑结构安装于相机底板，主要由热门组件、遮光罩组件、光学组件（主镜组件、次镜组件等）、探测器焦面、承力结构、电路盒等组成，相机结构布局示意图如图 1－2 所示。

表1-1 遥感器结构类型及基本组成

序号	结构分类	结构名称	典型结构	结构描述
1	主结构	主承力结构	主承力板/框	遥感器的结构基础，提供光学组件及其他功能组件的接口，与平台对接承载整个遥感器
2			主次镜间结构	在反射式光学镜头中，是灵敏度及稳定性最高的结构组件。其保持主、次镜间的位置关系
3			次镜组件支撑结构	在反射式光学镜头中，提供次镜组件及其调整机构的承载接口
4	次结构	光学组件	反射式光学组件	根据工作场景及材料特点，选择不同的反射镜支撑形式
5			透镜组件	透镜的结构，可见及红外透镜安装结构有不同
6		焦面结构	拼接组件	实现探测器件拼接的结构组件
7			探测器组件	探测器件位置保护，以及提供安装于焦面组件的结构接口
8		电子学组件结构	管理控制单元或组件等	电路板安装及电子学单机装机结构
9	功能结构		热控组件	实现温控功能的结构
10			消杂光组件	实现消杂散光功能的结构

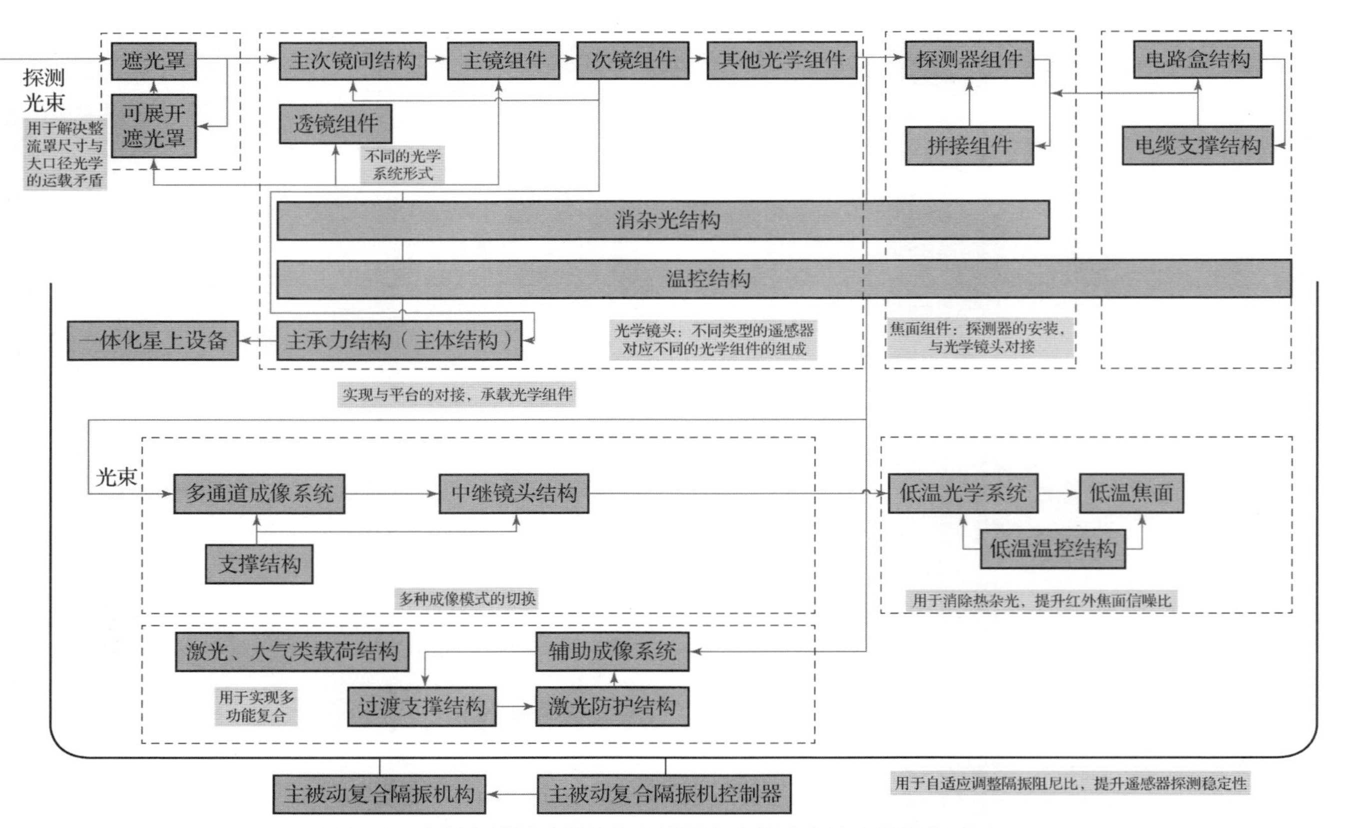

图 1-1　空间光学遥感器结构在探测光束链路中的应用脉络导图

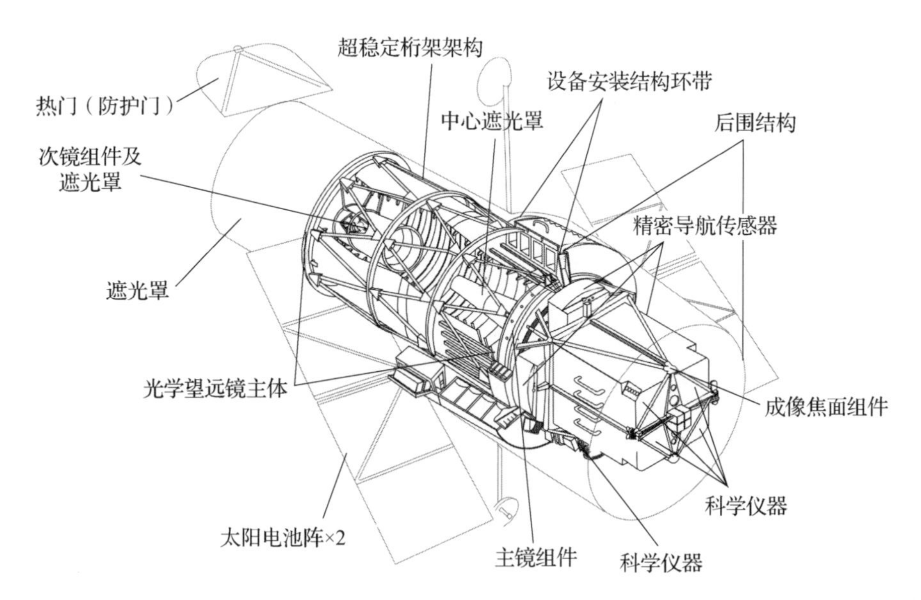

图 1-2 Hubble 望远镜结构组成[2]

1.3.2 机构基本组成

机构是拓展遥感器功能，提升遥感器性能的重要手段。应用各类机构及其高精度的控制功能来精确稳定地改变探测光束、精密自适应的修正光学系统面形，克服飞行载体姿态与轨道运动对成像的影响，从而实现光机扫描成像、机动目标跟踪成像、光机稳定成像、主动与自适应光学成像、超分辨率重构成像等先进功能。机构产品主要由驱动元件、测量反馈元件、轴系支撑元件及结构支撑件组成，机构产品根据系统构成及运动模式，一般分为步进类机构、伺服类机构等。表 1-2 列出了遥感器机构类型及基本组成，机构在探测光束链路中的应用脉络图如图 1-3 所示。

表 1-2 遥感器机构类型及基本组成

序号	机构类别	典型机构	转速频率	密封	润滑	备注
1	步进类机构	调焦机构	间歇	无	防冷焊	寿命期间工作数次

续表

序号	机构类别	典型机构	转速频率	密封	润滑	备注
2	步进类机构	定标机构	间歇	无	防冷焊	每次成像均需工作
3		谱段切换机构	间歇	无	防冷焊	寿命期间工作数次
4		热门机构	间歇	无	防冷焊	寿命期间工作数次
5	伺服类机构	一维扫描机构	间歇	无	固体	成像需要
6		二维跟踪指向机构	连续	无	固体	成像期间
7		光机稳像机构	连续，5～50 Hz/s	无	固体	成像期间
8		随动机构	连续	无	固体	
9	并联机构	六自由度调整机构	间歇	无	固体	
10	其他机构	减振隔振机构	连续	密封	固体	
11		展开机构	一次性	无	防冷焊	一次性
12		锁定解锁机构	一次性	无		入轨后

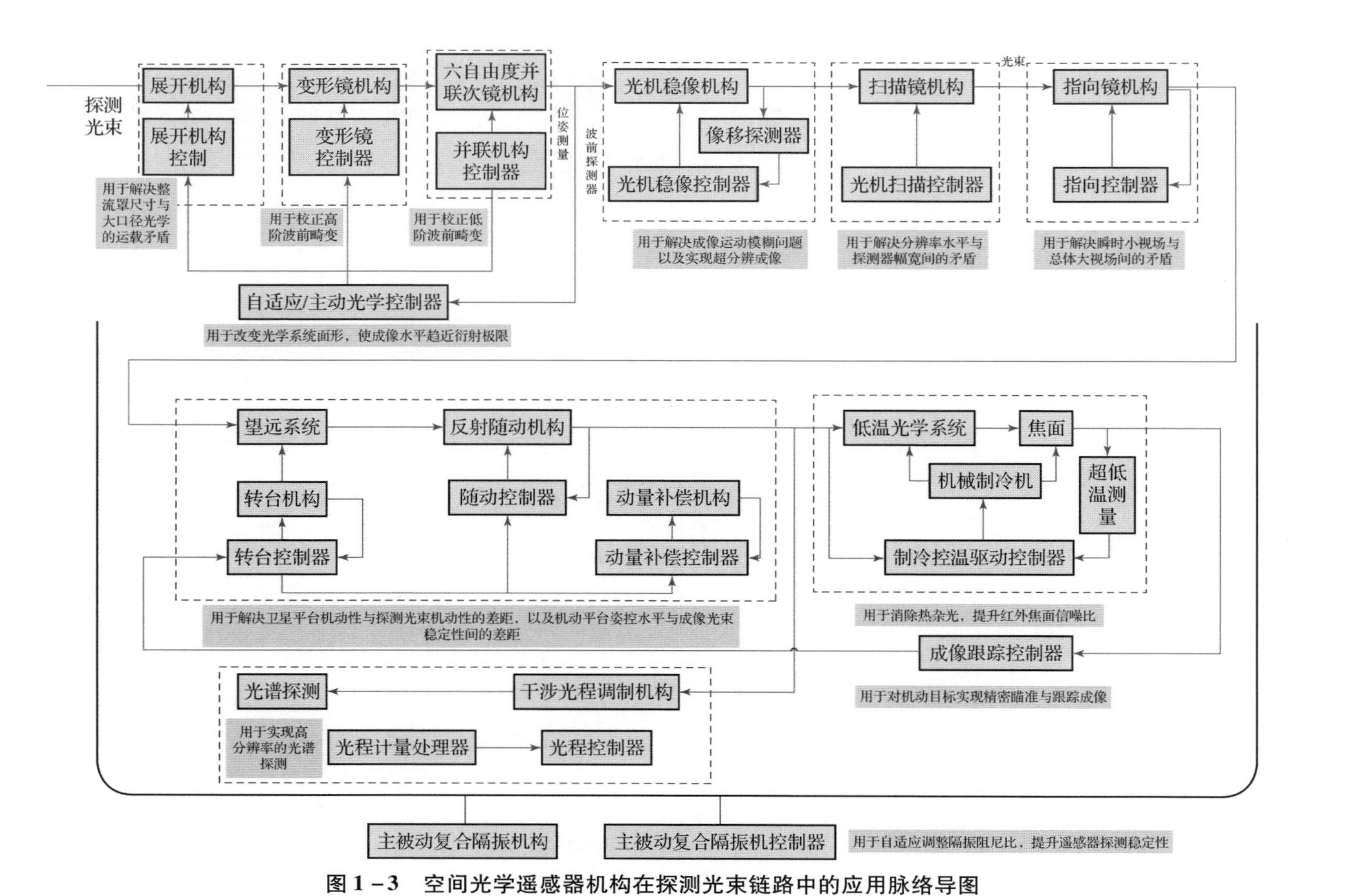

图 1－3　空间光学遥感器机构在探测光束链路中的应用脉络导图

（此外，为实现定标、定量化数据反演等应用需求，配套了各类光源控制与相关电子学测试等设备，不作赘述）

1.4 遥感器结构与机构的研制流程

空间光学遥感器的研制一般分为可行性分析论证阶段、方案设计阶段、初样设计阶段、正样设计阶段，如图 1－4 所示。在各个阶段，产品的研究和研制有不同的侧重点。结构与机构产品需在不同研制阶段通过验证，最终满足在轨飞行的要求。

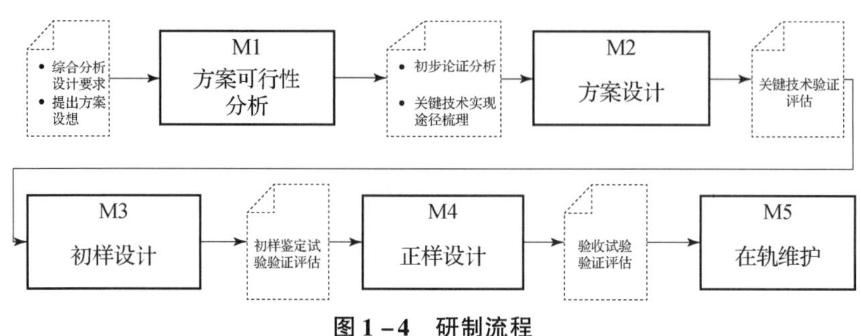

图 1－4 研制流程

在可行性分析论证阶段，针对用户技术要求以及拟定的平台约束条件，开展光学系统的初步设计，综合分析选择基线产品，提出结构构型的设想及机构的选型。这个过程往往产生多种方案后，经可行性分析论证后，可以获得结构机构产品的继承性说明，以及针对方案需重点攻关的关键技术项目。在本阶段，结构机构设计与其他学科之间不断耦合优化，最终形成初步方案。

在方案设计阶段，结构机构产品将完成方案设计，包括与平台之间的机械及力热接口。方案设计阶段最重要的一项工作就是突破影响遥感器性能的各项关键技术，并通过工程样机产品进行验证。在产品转入初样设计阶段之前，这些技术应该得到了充分的验证。

在初样设计阶段，一般情况下特别是新研型号将分为初样结构热控产品和初样鉴定产品。初样结构热控产品研制的目的就是验证接口关系是否协调、材料工艺及地面设备是否能满足产品装配的要求，产品力学特性是否满足发射及在轨的性能要求等。在初样鉴定研制阶段，初样结构机构产品经过鉴定级力学环境试验，通过真空热试验等环境模拟试验的考核，产品在设计、制造等环节的问题将一一暴露，并得到解决。这为正样产品的研制奠定了坚实的基础。

结构机构产品在经过鉴定级的力学环境试验考核后，一般不再进行飞行。因此在正样设计阶段，根据初样设计阶段的研制基础和正样产品的研制技术要求，完成其设计、制造及验收，并最终交付飞行。

表1－3列出了相机各技术状态结构说明。

表1－3 相机各技术状态结构说明

<table>
<tr><th>序号</th><th>阶段</th><th>结构产品状态</th><th>结构状态说明</th></tr>
<tr><td>1</td><td>可行性分析</td><td>部组件工程样机</td><td>根据可行性分析的要求，提出需通过工程样机确定的可行性分析论证事项</td></tr>
<tr><td>2</td><td>方案设计</td><td>工程样机</td><td>本状态针对需开展关键技术攻关的主要结构部组件，按照需验证的要素进行投产，开展技术攻关，后续各部件分别开展评估并经改造后可转为鉴定产品。主要开展部组件级研制类试验</td></tr>
<tr><td>3</td><td rowspan="2">初样设计</td><td>初样结构件</td><td>本状态基本承力组件一般按照鉴定状态投产，用于相机部组件级、单机级以及整星级研制级环境试验及对比测试</td></tr>
<tr><td>4</td><td>初样鉴定件</td><td>本状态相机部组件为鉴定状态，部分结构继承初样结构产品或工程样机，开展单机级以及整星级鉴定级环境试验</td></tr>
<tr><td>5</td><td>正样设计</td><td>光机结构正样件</td><td>本状态为飞行状态，部分产品为初样鉴定产品经评估后继承，部分结构机构更换为备份产品。开展单机级以及整星级验收级环境试验</td></tr>
</table>

1.5 遥感器结构机构设计验证的内容

空间光学遥感器作为典型的航天器产品，在其研制过程中，为了证明设计的合理性以及产品质量是否满足要求，需要对设计和产品进行阶段性的检查和确认，称之为验证（Verification）。验证的方法包括仿真、类比、检验及试验，在可行性分析阶段可以采用类比的方法，设计阶段采用仿真分析的方法，在产品制造阶段一般采用检验和试验的方法。

1.5.1 仿真验证

1.5.1.1 主要内容

结构机构仿真分析的目的是[3]：

（1）预示结构和机构的力学性能（刚度、强度、精度）、设计优化和轻量化设计目标的达成度。

（2）验证遥感器结构设计方案的正确性，考核结构是否能承受可能遇到的动力学环境。

（3）动力学环境预示。通过对遥感器结构建立数学模型，计算预示遥感器对动力学环境的响应，有效地指导动力学环境试验。由于试验产生的“疲劳”“过试验”等会影响到遥感器的使用寿命，甚至不能工作。因此，事先对输入激励的幅值和作用效果进行安全性评价，可有效地预防在产品的环境试验过程中出现的问题。

（4）暴露遥感器在材料、元器件选择和制造装配过程中可能隐藏的缺陷，减少它的早期失效率，提高安全可靠性。

分析的方法是建立分析仿真模型，用计算机结构和机构分析程序或软件进行分析仿真。对于不同结构和机构对象，采取的结构分析途径是不同的，不同的材料应用和结构构型应针对性地有相应的校核评价方式：

（1）刚度设计与校核。求解遥感器各阶自然频率、振型，分析薄弱环节。求解遥感器在环境扰动下（冲击、过载、低频振动及随动振动等工况）的应力、位移、加速度及功率谱密度响应。

（2）强度设计与校核。采用经典材料力学和理论力学原理开展。

（3）热变形或膨胀系数设计，结构受热稳定性校核。

（4）优化设计。根据产品设计要求确定目标函数，设计变量及状态变量，进行优化设计选优。

1.5.1.2 力学分析可靠性

力学分析的可靠性主要取决于以下三个方面。

（1）数学模型：尽量采用经过地面和在轨试验验证的数学模型。当需要建立新的数学模型时，必须进行相关试验验证及相关性分析，以确保数学模型本身及其边界条件尽可能真实。

（2）输入参数：输入参数影响分析结果的正确性，因此至关重要。输入参数应以试验数据和试验验证过的计算方法所获取的数值为基础。

（3）材料特性：材料的机械和物理性能参数应来自试验数据的统计数据，手册查取数据供参考，并注意以下几点。

1）复合材料性能与工艺密切相关，同种复合材料因成型工艺不同，性能差异在5%~20%范围。

2）机构锁定后还存在一定间隙量，因此在分析机构模态时，应采用动态等效刚度。

3）构件材料在不同环境温度下的性能差异会导致构件强度和刚度变化，特别是针对红外谱段遥感器中的低温组件。

（4）分析软件：通常采用国际上通用的分析软件，以提高分析的通用性和便于互相验证。表1-4列出了结构和机构常用的分析软件和功能。

表1-4 结构和机构常用的分析软件和功能

序号	软件名称	功能
1	MSC - NASTRAN	航空航天结构静动力分析
2	ANSYS/ABAQUS	通用结构静动力分析
3	HYPERSIZER/TOSCA	结构优化设计
4	ABAQUS	结构非线性分析
5	Simcenter 3D/ADAMS	运动仿真分析

1.5.2 试验验证

航天器试验主要包括研制、鉴定、验收三大类试验，分布在航天器产品方案、初样、正样研制阶段，遥感器的试验标准基本上也是以这三大类试验为框架编制的，并增加与光学测试等相关的试验验证项目。

航天产品的试验验证在大类上分为两类，一是分阶段的试验验证，二是可靠性试验验证。这两类试验分类方法已有成熟的行业及国家标准，并具有一定的对应关系，如图 1－5 所示。

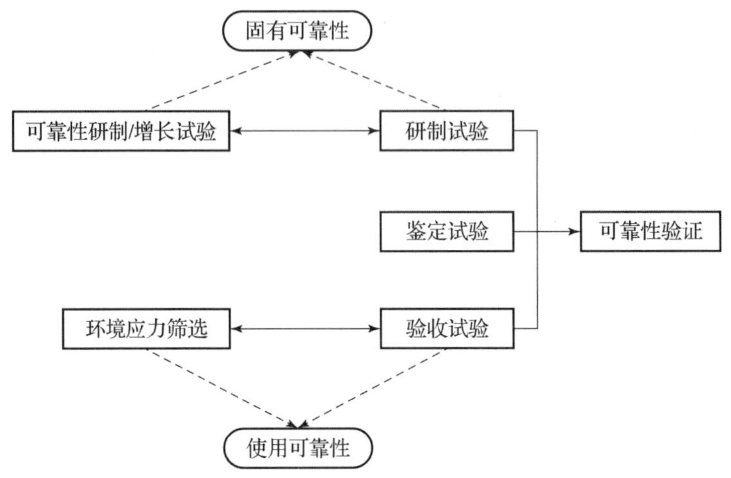

图 1－5　可靠性标准与试验标准不同试验类别的对应关系

在 GJB－1027A 中定义了 5 种试验类别，分别是研制试验、鉴定试验、验收试验、准鉴定试验，以及出厂前、发射前合格认证试验。

在 QJ－1408A 中定义了可靠性试验的类别，航天器可靠性试验包括可靠性研制/增长试验、环境应力筛选、可靠性验证试验 3 种试验类别，按流程分布在方案、初样、正样研制阶段。从定义出发，可靠性验证可分为可靠性工程试验和可靠性统计试验两大类[4]。而航天器产品与批产武器产品的不同之处在于其不存在可靠性统计试验，其可靠性研制/增长试验、环境应力筛选属于可靠性工程试验范畴。

由图 1－5 可知，使用可靠性是产品在实际使用中所表现出的可靠性，受到设计、制造、使用、维修和环境等因素的影响。因此，使用可靠性主要是针对正样阶段的产品而言的。初样阶段通过关键技术攻关及研制试验的验证解决了固有可靠性问题，但到了正样制造阶段，不良制造工艺，元器件、材料缺陷等均可能导致产品固有可靠性的降低，需要通过环境应力筛选（验收试验）的手段剔除这些质量缺陷，排除产品早期失效，使产品进入随机失效期。这正是验收试验的目的，故从提高产品使用可靠性的方面来说，验收试验与环境应力筛选试验是相对应的。

鉴定试验与可靠性试验没有直接对应项。鉴定试验本身一般不能提高产品的固有可靠性，除非通过鉴定试验发现了产品的设计问题从而进行相应的设计改进。从可靠性的角度看，鉴定试验只是反映了产品固有可靠性的最终结果，但不能代表正样产品的使用可靠性水平。鉴定试验的目的之一就是最终证明产品的设计裕度、余量满足设计要求，这是其他试验所不能替代的，也属于可靠性验证的一个重要方面。

1.5.2.1 研制试验

研制试验最早由 NASA 在 NASA - SP - 8043 中作为航天器结构试验准则提出[5]。研制试验是以暴露产品设计缺陷、改进设计方案和验证设计正确性为重点，在产品方案设计和初样研制阶段由产品研制单位利用研制试验件或工程样机开展的全部试验的统称。

NASA - SP - 8043 指出，航天器结构研制试验需要解决验证结构设计可行性、证明一个方案优于另一个方案、识别故障模式、生成基本设计数据等 4 个方面的问题。这些要求适用于航天器分系统或组件级、系统级产品，特别是针对设计非常离散化的空间光学遥感器产品。从最初的概念即可看出，研制试验应在初步设计（方案设计）之后，正样设计和制造之前完成。

GJB - 1027A 对研制试验的定义是：在方案和初样阶段用工程试验模型完成的试验，目的是在研制阶段初期验证产品的设计方案是否满足设计要求，以便在开始鉴定试验之前采取必要的改进措施，不断地提高产品的固有可靠性；此外，通过环境试验来选择和筛选要使用的电子元器件和材料也是研制试验中的重要部分。

遥感器研制试验主要包括功能/性能试验、设计验证试验、环境适应性试验、拉偏试验、电磁兼容性试验、寿命试验、可靠性专项试验等，选择试验项目时，首先要对这几大项试验进行选取，再在每个大项里面挑选必要的试验项目。具体如表 1 - 5 所示。

表 1-5 研制试验

项目			原材料		部组件			单机		针对的问题
			光学材料	复合材料	光机部组件	活动机构	挠性部组件	镜头组件	电子学组件	
研制试验	空间环境影响试验	粒子辐照	●	●	●					对已有光学材料、复合材料的空间环境影响试验数据进行汇总，形成数据库，供后续研制时参考
		紫外辐照	●	●						
		原子氧		●						
	结构应力裕度试验			●	●	●		●		消除内部应力； 排除部组件设计和工艺缺陷
	热应力裕度试验				●	●		●	●	摸清单组件的热响应，为整机热光学分析和热试验提供参考
	真空应力匹配试验				●					排除注胶时内应力对光学镜面的影响
	重力卸载试验				●		●	●		
	模态试验							●		
	挠性部组件力学性能试验						●			
	活动机构寿命试验					●				
	运动功能试验					●				
	热平衡拉偏试验							●	●	

1.5.2.2 鉴定及验收试验

按照产品缺陷分布规律，正常情况下在初样阶段主要发现设计缺陷问题，正样阶段主要暴露工艺、制造缺陷问题。对于批量产品，前期主要是工艺问题，原材料是次要问题；后期则工艺是次要问题，原材料是主要问题。鉴定级验收试验验证的目的是：

（1）对遥感器的结构及机构设计进行验证，使遥感器在整个寿命期能够经受各种动力学环境并正常工作。

（2）对遥感器的制造质量进行环境检验，发现材料、元器件、制造工艺等方面的潜在缺陷，从而保证产品在轨运行的可靠性。

遥感器整机结构的鉴定试验矩阵如表1－6所示。

表1－6 遥感器结构试验矩阵

试验项目	鉴定试验	验收试验
静力试验	○	—
正弦振动试验	●	●
噪声（随机振动）试验	●	●
冲击试验	●	●
微振动试验	●	
热平衡	○	○

注1：●表示必做项；○表示选做项；—表示不做项。

注2：光学遥感器是开展噪声试验还是随机振动试验，根据卫星建造规范确定。

注3：整机正弦振动试验下凹准则：

（a）主结构受力不大于准静载荷设计值；

（b）整星共振频点一般不做下凹；

（c）振动量级不小于星箭耦合分析量级（需考虑1.5鉴定试验系数）；

（d）原则上在整机试验中关键部件的输入不超过单机试验条件。

遥感器机构的鉴定试验矩阵如表1－7所示。

表 1-7 遥感器机构试验矩阵

<table>
<tr><th colspan="2">试验项目</th><th>鉴定试验</th><th>验收试验</th><th>备注</th></tr>
<tr><td colspan="2">功能和性能试验</td><td>●</td><td>●</td><td></td></tr>
<tr><td rowspan="12">环境试验</td><td>加速度</td><td>○</td><td>—</td><td></td></tr>
<tr><td>正弦振动</td><td>●</td><td>○</td><td></td></tr>
<tr><td>随机振动</td><td rowspan="2">R*</td><td rowspan="2">R*</td><td></td></tr>
<tr><td>噪声</td><td></td></tr>
<tr><td>冲击</td><td>○</td><td>○</td><td></td></tr>
<tr><td>真空放电</td><td>○</td><td>○</td><td></td></tr>
<tr><td>热真空</td><td>●</td><td>○</td><td></td></tr>
<tr><td>热循环</td><td>○</td><td>○</td><td></td></tr>
<tr><td>高低温生存</td><td>○</td><td>—</td><td></td></tr>
<tr><td>电磁兼容性</td><td>○</td><td>—</td><td></td></tr>
<tr><td>热平衡</td><td>○</td><td>○</td><td>试验过程中进行性能测试</td></tr>
<tr><td colspan="2">寿命试验</td><td>●</td><td>—</td><td>可展开组件不涉及</td></tr>
<tr><td colspan="2">可靠性试验</td><td>○</td><td>—</td><td></td></tr>
</table>

注1：●表示必做项；○表示选做项；—表示不做项；R* 表示两者选一。

注2：为正确模拟环境的顺序，一般先进行动力学试验（如正弦振动、随机振动或声、冲击试验），后进行热真空试验。动力学试验的顺序可改变。

注3：电磁兼容性试验与相应电路一起进行。

注4：可展开组件及其机构的鉴定试验通过后，安装在航天器上进行整机级鉴定试验，包括力学环境试验、热真空试验等。

1.5.3 在轨验证

遥感器结构与机构在轨验证的主要内容，是通过分析结构及机构要素对任务的影响灵敏度，如对结构的稳定性、机构的精度及可靠性等进行在轨验证，主要验证项目如表1－8所示。

表1－8 遥感器结构及机构在轨验证矩阵

验证项目	结构	机构	备注
功能和性能	—	●	
热稳定性	●	●	
微振动	—	●	
注1：●表示必做项；○表示选做项；—表示不做项。 注2：在轨测试阶段，完成结构与机构在轨性能的评估工作。 注3：机构根据其特定功能要求，开展在轨验证。			

第 2 章
环境与载荷

航天器的环境工程是很大的专题，包括了地面环境、发射环境、空间运行环境等，环境工程贯穿了航天器研制的全生命周期。遥感器作为重要的分系统产品，在设计研制过程应充分考虑环境，以及由于环境带来的载荷的影响，具体在研制过程中，遥感器所处的环境，需要在运输、操作、储存、交付、靶场测试、在轨运行等各环境下受到更严格控制。

航天工业经过多年的发展，已经获得了大量的实测数据，例如真空、高能粒子辐射、太阳电磁辐射、磁场、交变的热环境等空间环境对航天器的运行轨道、姿态、材料、内部元器件均会产生影响。这也是空间光电仪器在设计和验证中需要特别考虑并充分验证的重点内容。同时，这也是在可靠性设计与验证中需重点关注的要素之一。

本章主要针对在结构机构设计过程中，需考虑的空间环境因素及全链路载荷因素进行说明。

2.1 概述

环境是指在任何时间和地点所存在的或遇到的自然的和诱发的条件的总和。环境对产品的综合作用，称为载荷。载荷根据其诱发的行为的不同一般具有力学特性表征、热特性表征等。在工程上，载荷以环境条件的形式体现，即产品所经受到周围的各种化学和物理的条件，具体通常用参数来表述。环境参数是表征环境条件的一个或数个物理、化学的特征量，根据不同条件下各种环境因素影响程度的不同，还划分出不同的严格等级。如力学载荷参数：加速度、速度、位移等。

空间光学遥感器的整个生命周期，主要受机械、热、真空环境及空间辐射等环境影响，不利的环境因素会使遥感器光学系统成像及光谱质量下降，甚至会使遥感器损坏而无法工作[6]。应用于空间的遥感器产品，需经历发射主动段严重的力学环境。这包括过载、振动、冲击、噪声等载荷。光学遥感器在经历这些载荷后，要做到功能不缺失，性能不下降。在工程研制中，往往需要针对此类仪器制定更为有针对性的环境规范。由于遥感器在平台的构型布局不同，存在舱外（见图2－1（a））及舱内（见图2－1（b））两类环境。在轨飞行时，其力学、温度等边界也会有很大不同。需要在一体化的设计思路下，开展具体的环境影响分析。

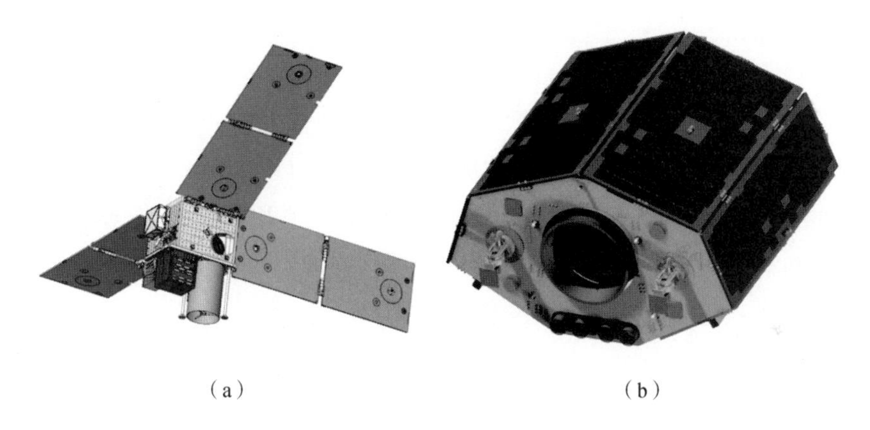

（a）　（b）

图2－1　遥感器在卫星平台的布局

（a）STPSat－3卫星组成图[7]（遥感器在舱外）；（b）NigeriaSat－2卫星构型图[8]（遥感器在舱内）

当遥感器入轨后，所处的温度、压力以及引力场环境状态均发生了变化，在微重力、真空及空间热环境中，那些在地面装调过程中产生的残余应力、重力得以释放，同时遥感器受到压力变化和热应力的作用，平台及自身可动部件带来的微振动，造成镜头各光学元件相对位置、结构尺寸及光学元件镜面面形可能发生变化，导致视轴偏移、焦面位置变化及光学系统波前畸变，使光学系统质量下降。

2.2 环境载荷分析

2.2.1 地面制造环境

遥感器在地面进行装调、测试、试验以及储存期间，地面装调、测试、试验以及储存环境对产品会造成影响，如不进行针对性的防护设计，会使得产品性能下降，严重情况下会造成故障及性能失效。遥感器在研制过程中，环境条件对相机的影响主要有以下几个方面。

1. 环境温度对光学镜头性能的影响

遥感器镜头由多种结构材料组成，交变的环境温度会造成光机零部件间产生较大的应力，影响相机光学零件的面形质量，严重时会造成光学零件面形永久性破坏。

因此，在遥感器的设计过程中，要对光机零部件材料进行精心的匹配选择，在满足结构刚度前提下，尽可能满足膨胀系数匹配的要求，降低高温或低温环境对相机的影响。在进行光机结构设计时，一般需进行结构热力学分析，在结构相机产品上进行温度试验验证。此外，在进行地面装配、测试、试验、储存、转运期间，还需严格控制环境温度，以免由于大范围的温度变化对光学镜头造成不确定的影响。

2. 环境湿度对光学零件膜层以及复合材料结构件性能的影响

过高的湿度环境会造成光学零件反射膜层受到腐蚀，引起反射率下降甚至造成膜层脱落；复合材料特别是树脂基复合材料结构件长期存放在高湿度环境下，会因吸湿造成变形影响精度。为此，在反射镜膜层设计和选择上，尽可能采用镀膜牢固度高、耐腐蚀程度强的膜系，优先采用成熟的镀膜工艺，严格镀膜过程对光学零件的清洗，加强镀膜环境控制；复合材料结构件要采取喷漆或镀膜措施加以保护；在相机装调、测试、试验等过程中，严格控制环境湿度。

3. 可凝聚挥发物对光学表面的污染

在空间环境或地面试验验证的环境中，可凝聚挥发物会沉积在光学零件表面，造成对光学零件的污染，引起系统反射率下降，因此要在相机研制各阶段控制环境的有机污染物含量，典型的如碳氢化合物含量要小于15 ppm（ppm表示百万分之一），非挥发性残留物为10^{-6} g/(cm^2·24 h）量级。

4. 静电放电对相机电子元器件的损伤

遥感器电子元器件中的CCD器件、CMOS器件等都是属于静电敏感元件，在电路设计上要采取相应的静电防护设计措施，在各项操作过程中，严格采取静电控制措施，尤其在焦面组件、电子学单机等产品装配阶段，操作在防静电试验室进行，并采用去离子风机加以保护。

5. 重力对相机光机结构的变形影响

遥感器在地面要受到重力场的影响，造成光机结构内部出现内应力，因此在光机结构设计上尽量采取合理的结构形式，降低结构内部应力。特别是针对大口径光学相机，其体积和重量大，必须采用重力卸载装置，降低重力场对镜头造成永久性的影响，并提升卸载精度，减小重力卸载的残差。在初样结构相机阶段，一般需进行重力影响试验及分析，验证结构重力场的影响。

2.2.2 转运及运输环境

在产品转运及运输过程中，结构要经历吊装翻转、地面搬运、地面（公路、铁路、空运、水运）运输的载荷条件，结构设计中要确保这些载荷条件在其他关键载荷条件的包络内。

2.2.2.1 公路及铁路运输

公路及铁路运输过程中的力学载荷，主要是由于路况所造成的加速度载荷，这包括随机振动和冲击。地面运输期间由于车辆轮胎和悬挂系统的谐振响应也可产生周期激励的正弦振动环境，但是一般对产品不会造成损伤。

路面不平度是车辆工程领域常用术语，是道路表面相对于基准平面的偏离。路面不平度增大，表明路面更不平坦。实际上，路面不平度一般具有随机性，无法用一个明确的数学函数进行描述。通常，将路面不平度看作由不同波长或空间频率的谐波组成。国际道路协会（Permanent International Association of Road Congresses，PIARC）从波长或空间频率的角度对路面构造进行了分类，包括路面不平度、大构造、粗纹理和细纹，给出了多种物理现象与不同路面构造的对应关系，路面等级如表2-1所示。

表 2－1　路面等级

公路等级	采用的路面等级	面层类型
高速，一、二级公路	高级路面	沥青混凝土
		水泥混凝土
二、三级公路	次高级路面	沥青灌入式
		沥青碎石
		沥青表面处治
四级公路	中级路面	碎石、砾石（泥结或级配）
		半整齐石块
		其他粒料
四级公路	低级路面	粒料加固土
		其他当地材料加固或改善土

具体而言，在公路或铁路运输中，振动环境主要有两类[9]：

一类是道路不平度和不直度、车轮蛇行运动等引起的稳态随机振动，其频率和量级与行车速度有关；另一类是由于车辆起动、制动、转弯、路面凹坑等冲击激励产生的瞬态振动。汽车底盘的振动量值因不同位置、方向、载荷、不同路面、不同车速而异。以车厢底板的不同位置而论，车厢底板从前至后振动量值逐渐增大；以同一点的不同方向而论，铅垂方向最大，横向（垂直于汽车前进方向的水平方向）次之，汽车前进方向最小；以载荷而论，随载荷增大，振动量值逐渐减小；以车速而论，车速越大，振动量值越大；以路面平整度而论，路面越平整，振动量值越小。

车辆在运输途中，车轮承受的振动谱大多是宽带随机振动，当汽车车轮遇到凸包或坑凹，会产生颠簸现象，颠簸过程实质上是半正弦脉冲型外力的单次冲击或幅值递减的连续多次冲击过程。振动能量主要分布在 0～200 Hz 频率的范围内。由于车体本身具有一定的减振功能，再并联上传统隔振系统的隔振效果，对于 20～200 Hz 频率范围内的振动能有很好的隔离[10]。但对于 0～20 Hz 低频带的隔振效果并不明显，甚至有放大作用。可参考的振动加速度见表 2－2，为某 4 吨位载重卡车载重 4 t 时的典型振动情况。

表 2-2　某车辆振动情况（*表中数据仅供参考）

路面条件	车速/(km·h^{-1})	上下方向		左右方向		前后方向	
		加速度/g	振动频率/Hz	加速度/g	振动频率/Hz	加速度/g	振动频率/Hz
良好	55	2.8	2~50	1.5	8~50	0.7	8~50
良好	55	2.0	2~50	1.3	8~50	0.5	8~50
恶劣	30	2.4	2~50	1.4	8~50	0.6	8~50
恶劣	30	1.8	2~50	1.2	8~50	0.5	8~50

空间光学遥感器的汽车运输速度一般执行“卫星吊装、翻转、停放、运输通用技术要求”（QJ 2249—1992）：高速公路不大于 60 km/h，二级公路不大于 30 km/h，三级公路不大于 20 km/h，过铁路道岔不大于 10 km/h。

公路运输减振要求执行“航天器包装技术要求（QJ 2438A—2005）”，经减振后，一般来说，相机与包装箱连接界面的加速度均方根不大于 0.6g，冲击加速度不大于 1g。

2.2.2.2　空运

空运要求执行“卫星空运技术要求（Q/W 1176—2009）”，减振后冲击加速度不大于 1.5g；非冲击加速度峰值不大于 0.8g。航天产品运输需采用大型运输机，如 AN-124、伊尔 76 等大型运输机，包装箱在装机中应有导轨支架等辅助工装。飞机上应配装专用固定装置。为了监控箱内环境数据，需要给测试仪器设备供电[11]。

飞机运输的起飞和降落过程不属于随机振动，短时间内的冲击能量较大。振动集中在 10~30 Hz 较窄频段范围内，冲击峰值一般在 10 Hz 以内，降落冲击大于起飞工况，但由于传递过程的能量损失，冲击造成卫星上加速度响应不大。

2.2.3　发射环境

空间光学遥感器力学环境的产生主要来源于声环境、随机振动、正弦振动、冲击、过载加速度等因素。

1. 声环境

是指由空间光学遥感器随运载起飞、动力段和再入段飞行期间在航天器外表面产生的脉动压力环境引起的空间遥感器外部和内部的声振环境。声环境激励通过空气和机械结构路径传递。

2. 随机振动

是指由声环境激励及运载发动机工作时燃烧不稳定引起的航天器内遥感器的随机振动环境。

3. 正弦振动

是指由重要的飞行瞬态事件（如运载起飞、发动机点火和关机、跨声速和最大动压飞行、风载荷、航天器分离等）引起的，或是旋转机械的周期激励，或是POGO（结构和推进动力学相互作用）、颤振（结构动力学和空气动力学相互作用）和燃烧不稳定引起的航天器内遥感器的正弦振动环境。

4. 冲击环境

是指由航天器的火工品装置点火引起的结构冲击响应环境。产生的结构响应加速度由复杂的衰减正弦波叠加而成，衰减的正弦波在 5 ~ 15 ms 将衰减到它们最高加速度的百分之几。

5. 过载加速度环境

主要是指卫星与火箭经历的准静态环境，如发射段的准静态加速度过载、卫星发动机在轨工作过程中引起的整星连同其中遥感器的过载、返回式卫星在返回减速过程中承受的过载等。

典型过载条件如图 2 – 2 所示。

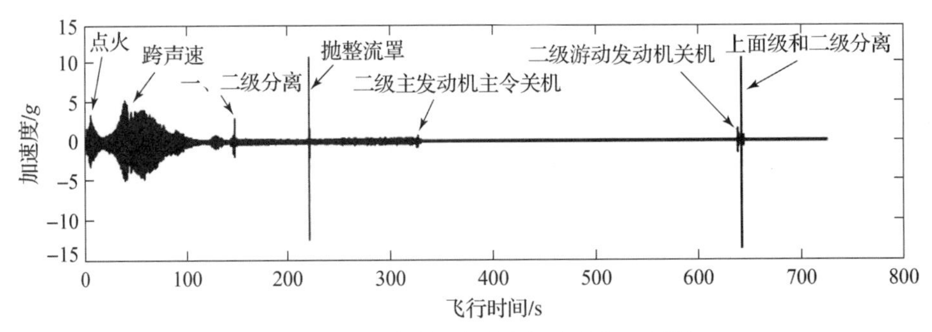

图 2 – 2 某火箭发射主动段振动响应历程[12]

2.2.4　在轨环境

遥感器入轨后，仍要经历复杂的力学载荷作用，其在轨载荷主要是以下几种。

1. 真空环境

遥感器入轨后，真空环境、气压变化以及失重会带来结构微变形。

2. 温度交变

在温度环境变化时，相互连接的构件因膨胀系数差异产生的热应力和热变形或由于构件自身温差过大或者温度梯度过大而产生的热应力和热变形。

3. 辐照环境

遥感器长期在轨，由于辐照环境对材料、部组件、元器件造成的影响，会导致性能退化。

4. 展开冲击

展开组件在展开锁定时的冲击载荷，包括冲击弯矩和冲击剪力。

5. 机动载荷

由变轨发动机产生的轨道机动载荷，例如地球静止卫星 490 N 发动机开、关机时的载荷，计算时应取在轨最大加速度乘以安全系数，再乘以结构放大系数(柔性结构机构一般取 2)。

6. 微振动

在轨工作时微振动的干扰源可以分为外部干扰源和内部干扰源。外部干扰源包括太阳风扰动、地球引力场变化、低大气阻尼、进出阴影冷热交变的热冲击等、平台干扰源（包括 CMG、控制力矩陀螺（CMG)、星上发动机、数传天线、太阳翼调姿的干扰)；内部干扰源包括制冷机等。

2.3　空间真空热环境及影响

2.3.1　真空环境

航天器大多是在超高真空中飞行。在海拔 800 千米高空的气压约为 10^{-7} Pa,

海拔 2 100 km 高空的气压约为 10^{-9} Pa，月球表面的气压约为 10^{-11} Pa，星际间的气压约为 10^{-14} Pa。大气压随着高度的升高而降低，而是空气密度也随着高度的升高而降低。轨道高度与大气密度的关系如图 2－3 所示。

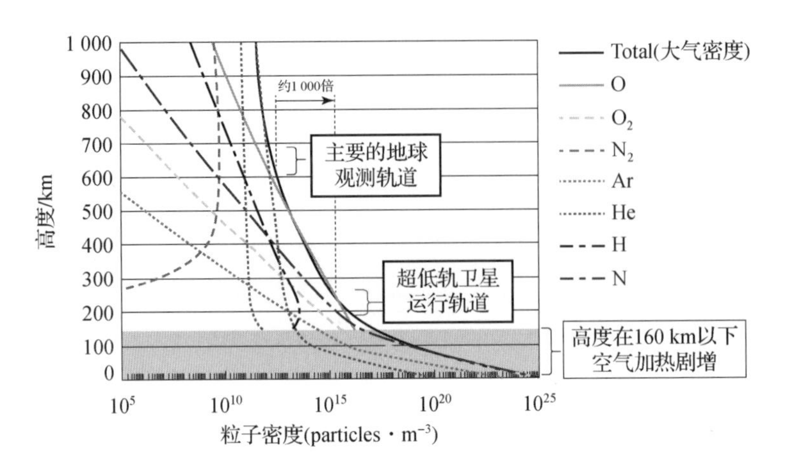

图 2－3　轨道高度与大气密度[13]**（附彩插）**

高真空对结构及材料的影响主要有：压力差效应；真空放电效应；辐射传热效应；真空出气效应；材料蒸发、升华和分解效应；粘着和冷焊效应；真空下材料的出气污染效应等。在真空环境下，材料表面或内部吸附的气体发生脱附现象。同时由于升华作用，组成材料的分子也会以气态形式析出。这类析气过程不仅导致材料的质量损失，而且其机械、电学和光学性能以及几何尺寸均发生一定变化，严重时使材料变质，甚至损坏。

1. 真空放电效应

真空放电效应实际上是指在低气压条件下气体中两个电极之间击穿而形成的放电现象。气体中两个电极之间的击穿电压与其间的距离和气压有关，对于给定的电极距离，气压很高时击穿电压很高，而在气压很低的高真空条件下，击穿电压也很高，当电极距离与气压的乘积在某一个区间时，放电电压降到最低值。在运行的轨道上已处于高真空以上的环境，电极间击穿电压很高，不易造成气体放电。但是从地面发射航天器直到入轨的过程中，外界气压从 1 个大气压降到高真空，总要经过放电电压最低的区间，高电压电极间将会产生高导电的等离子体，发生放电现象。

2. 湿气解吸附效应

（1）由于结构和机构设计中使用了大量聚合物复合材料，例如碳纤维复合材料的树脂基体、胶黏剂、润滑材料、绝缘材料等，复合材料基体等聚合物容易吸水，并会膨胀变形。当聚合物在真空环境下释放出气体时，可能会影响某些关键材料的性能，也可能凝结在某些关键部件（如透镜、反射镜、传感器或热控涂层等）的表面造成污染，使其性能减退。因此，结构和机构的材料必须满足航天材料出气率标准。且在设计中，必须考虑湿膨胀和收缩可能引起的对准偏差，还需分析真空中放出的水分对邻近关键设备性能的影响。同时必须严格控制树脂基复合材料制造时和进行胶接操作时环境的相对湿度。

（2）结构和机构通常在常压环境下完成制造，进入轨道真空环境后，其内部空间可能形成 1 个大气压的内压。这个内压在平板结构中可能产生较高的应力，因此，所有的封闭空间都应有出气通道，常见的措施是在封闭的盒形结构上打小孔、采用有孔蜂窝芯等。

遥感器常用结构典型非金属材料出气率试验结果如表 2 - 3 所示。

表 2 - 3　典型非金属材料出气率

材料名称	质量损失/%	可凝聚挥发物/%	水蒸气回收率/%
M40/环氧 648	0. 28	0. 003 9	0. 13
M40/TDE85	0. 36	0. 021	0. 12
M40/TDE86	0. 34	0. 012	0. 09
J133	1. 2	0. 003 1	0. 25
Redux312	0. 81	0. 021	0. 14
Redux420	0. 67	0. 022	0. 10

2. 3. 2　热环境

遥感器在轨道运行过程中，其所在轨道位置及飞行姿态处于不断变化中，遥感器所受外热流呈周期性变化。在不同的工作模式下，其内部功耗不断变化，遥感器结构呈现出在不同部位或同一部位在不同时刻具有不同温度的复杂热状态。

遥感器的热状态取决于多种因素，主要包括外部空间热沉（冷黑空间），来自阳光照射、地球阳光反照和地球红外辐射等外热流作用，与星/船间相互热作用以及遥感相机内部热源等综合因素的作用。遥感器接收外热流的大小与运行轨道、发射窗口、星/船飞行姿态、在星船上的安装位置、遥感器暴露在外部空间的表面面积以及外表面材料的 c/e（吸收/发射比）等因素有关。热载荷对遥感器光学系统、光机结构以及电子学系统有着重要的影响。

（1）遥感器在空间飞行期间，由于周而复始地经历日照区及阴影区，暴露在星/船外面部分会交替受到外界热循环载荷作用，对于对地观测的遥感器而言，由于光学镜头朝向地球，光学孔径会直接受到外部冷黑空间的影响，并受到地球红外辐射、阳光照射及地球阳光反照等外热流作用；其后端部则通常受到电子学等内部热源或周边其他热源的影响。这些热边界载荷不断变化，加上遥感器上各个结构件热惯性不同，使遥感器的温度场处于不断地变化之中，导致遥感器光学支撑结构与光学元件的热变形（光学元件相对位置尺寸、镜面面形变化）以及光学元件的光学性能改变（如透镜、棱镜等折射率梯度变化），使遥感器在光学传输过程中光程差发生变化，引起光学系统波前畸变、视轴漂移或焦面位置发生变化。

（2）光电转换耦合器件（CCD、CMOS 等）在不稳定热环境中容易产生热噪声及暗电流，使信噪比（S/N 或 SNR）下降。光电耦合器件工作在较低的温度水平，对噪声的控制是十分有益的。

（3）电子线路及元器件在真空热环境下由于没有空气对流，工作时产生的热量不易散发出去，从而使发热元件产生过热，导致非线性失真，甚至造成元器件破坏。

（4）遥感器精密传动装置，如指向机构、扫摆机构及调焦机构等，由温度变化引起的机构热弹变形使机构精度下降甚至功能失效。在真空环境下由于冷焊现象可使运动机构运动副摩擦力矩增大，容易出现机构运动的非线性，甚至造成机构“焊”死现象。

空间热辐射包括太阳辐射、太阳返照、地球和其他行星辐射，以及航天器上有源部件的热辐射等。在工程上，遥感器本体结构的温控已由温控分系统统一负责，而机构设计时往往必须进行拉偏的温度适应性分析，以确定机构可靠性，如可展开遮光罩等。

针对热变形因素，为了降低热变形，通常空间望远镜的设计遵循无热化设计原则。

实现无热化设计原则的策略主要有三个：

（1）材料选择。选择合适的光学元件及其支撑结构的材料，使得整个光学系统对温度不敏感。实现方式有：

1）选择近零膨胀（near - zero CTE）或具有近似相同总热应变的材料，如碳纤维复合材料的结构与 ULE 材料的光学元件。

2）选择相同材料制造光学元件和结构，如铍镜使用铍金属结构支撑。

（2）被动补偿。通过不同材料间的热膨胀特性相互补偿，保持光学元件的装调关系。

（3）主动补偿。传感器和机电作动器（作动器又称促动器）构成反馈控制保持装调效果。

2.3.3 真空热环境效应影响

遥感器在真空热环境下的效应简要汇总如表 2 - 4 所示。

表 2 - 4 空间光学遥感器真空热环境效应

部组件	真空热环境效应	影响分析
遥感器光机主体	光学元件的位姿变化； 光学元件的热致变形； 透镜（棱镜）元件的折射率改变	光学系统的 LOS、WFE 改变； MTF 下降，空间、光谱分辨率等下降； 像质下降
	复合材料结构件、涂层、胶黏剂等； 真空出气现象； 冷凝作用	结构尺寸稳定性破坏； 光学表面、热控涂层污染，产品鲁棒性下降，图像清晰度下降
	机构活动部件的冷焊现象	机构精度下降
探测器及电子学组件	光电耦合器件热噪声、暗电流增加； 低压放电现象； 元器件热疲劳及热应力退化	SNR 下降； 电子元器件热失效，可靠性下降

2.4 空间辐照环境及影响

2.4.1 概述

空间光学遥感器在轨飞行受到空间带电粒子辐照等作用和影响，主要体现在对遥感器所用的电子器件、光学元件、热控涂层及结构高分子复合材料等的作用，如图2-4所示。原子氧、高能粒子、射线等，将使光学遥感器的光学透镜、棱镜等玻璃材料变黑、变暗，光学镀膜物理属性（透过率、反射率等）变化，热控涂层的热物理参数（发射率和吸收率）衰退，电子器件性能漂移、背景噪声增加、CPU及外围芯片等器件的逻辑功能错误、绝缘介质材料强度降低等。空间辐射作用的大小取决于光学遥感器接受辐照的面积、辐照强度、累积时间及作用形式。

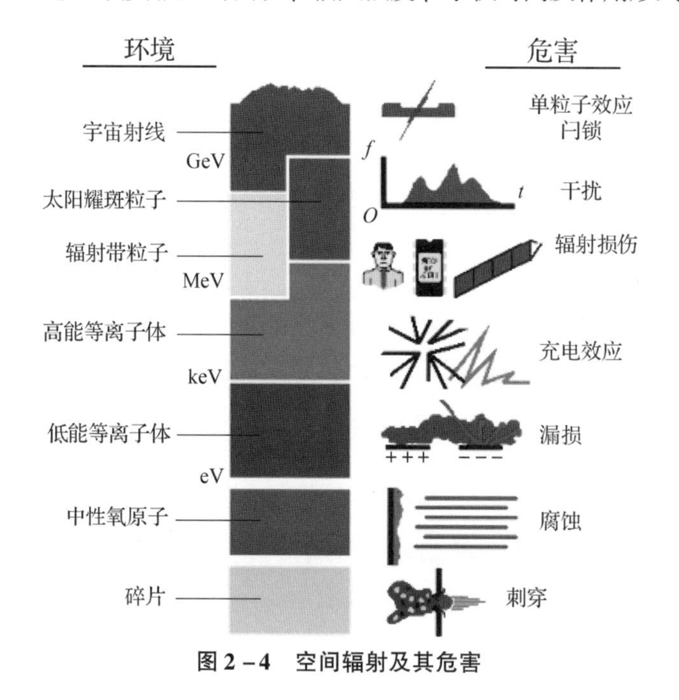

图2-4 空间辐射及其危害

2.4.2 带电粒子

根据空间带电粒子辐射损伤效应的作用时间，其效应可以分为长期效应和瞬态效应。长期效应是指造成材料或器件发生性能的长期改变或退化，瞬态效应是指在短时间内可使材料或器件发生性能改变或退化，而很快将发生恢复或中断的效应[14]。辐射损伤诱导长期效应和瞬态效应的关系如图2－5所示。

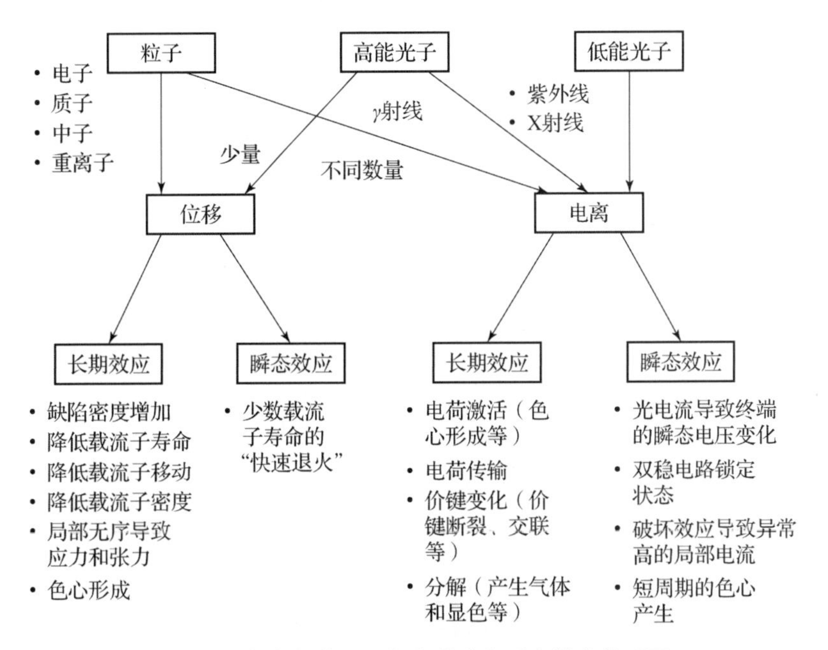

图2－5 辐射损伤诱导长期效应和瞬态效应关系图

结构和机构设计时，首先要提高自身抗辐射能力，选择抗辐射性能好的材料。对某些电子部件，可采用适当厚度的铝合金封闭盒，以减少穿透的带电粒子量。空间光学遥感器大量采用树脂基复合材料结构，这类结构会受到粒子作用而发生蠕变效应。带电粒子作用于物质时，使物质原子、分子电离和激发。电子和质子都属于带电粒子。由于它们能被物质强烈地吸收，所产生的电离密度大，而射程却很短。电子在碳/环氧复合材料中的入射深度一般是0.1～0.3 mm。一般碳/环氧复合材料表面层都是由厚度约20 μm的环氧树脂构成的，电子与碳/环氧复合材料发生的交互作用可以深入纤维与树脂基体之间的界面层，并且通过对界面层的作用使复合材料的性能发生改变。而质子在碳/环氧复合材料中的入射深度约为2 μm，难以对复合材料中的界面层产生影响。因此，在研究质子与碳/环氧复合材料发生的交互作用时，一般是研究质子与树脂基体的交互作用。

具体而言，电子束辐照条件下，聚合物及其复合材料的蠕变行为也引起了众多研究者的兴趣。研究结果表明，在9 MeV电子辐照后，环氧树脂会发生由辐照诱发的蠕变。辐照诱发蠕变的机制是随着辐照剂量增加，分子链的断裂程度加剧，由此导致环氧树脂蠕变。

质子在材料中的射程要远小于相同能量电子的射程。因此，在研究质子辐射与碳/环氧复合材料的交互作用时，直接把基体材料（环氧树脂）作为研究对象[30]。质子辐照后环氧树脂表面变为深红色，辐照深度约 0.7 mm。在辐照初始阶段，随着辐照剂量的增加，环氧树脂的强度增加，进一步增加辐照剂量，环氧树脂的强度又开始减小，最终恢复到未辐照时的强度值。环氧树脂强度的最大值出现在辐照剂量为 $1.2\times10^{13}\ \mathrm{cm^{-2}}$时。

在较低辐照剂量时，抗拉强度随辐照剂量增加而增加，可能是由于环氧树脂本身的力学性能得以改善的结果所致。C. L. Snead 对多种聚合物及复合材料在质子辐照后力学性能的变化进行了研究，发现质子辐照会使热固性树脂的强度提高，并且自由基发生了交联。强度提高的幅度与所用固化剂的种类、增韧剂的用量及树脂本身的固化程度有关。

用 Co－60（γ 射线）源，当辐照累积剂量达 5×10^{7} rad（Si）后，典型碳纤维复合材料的性能变化如表 2－5 所示。

表 2－5　碳纤维复合材料在粒子辐照后机械性能的变化

指标参数		M40 碳纤维/环氧树脂 648	M40 碳纤维/环氧树脂 TDE85
拉伸强度/MPa	辐照前	>673	>807
	辐照后	>836	>901
拉伸模量/GPa	辐照前	177	215
	辐照后	150	235
压缩强度/MPa	辐照前	616	731
	辐照后	548	558
压缩模量/GPa	辐照前	219	234
	辐照后	206	231
层间剪切强度/MPa	辐照前	49.2	52.3
	辐照后	47.2	50.4

上述利用电子及质子辐照材料的研究结果都是在地面模拟空间辐照环境条件下得到的。在实际空间环境暴露后材料性能的变化数据应更加真实可靠。

2.4.3　紫外辐照

空间电磁辐射能量主要来源于太阳电磁辐射。太阳光谱能量绝大部分集中在光发射波段，这部分光波主要会引起材料表面温度变化。而紫外波段虽然能量在太阳常数中所占的比例很低，但是由于光子能量高，会使得大多数材料的化学键被打断，造成材料性能退化。所以在地球轨道上，研究长时间的空间电磁辐照对材料性能的退化主要是针对紫外波段的。

太阳紫外辐照会导致聚合物表面交联，从而造成材料表面软化或者碎裂，使材料的表面形态和性能发生改变。根据国外空间飞行试验的结果，紫外辐照与真空紫外辐照对材料的作用效果主要体现在表面颜色、材料性能的变化等方面，比如试样表面颜色的发暗发黄，这被称为是紫外/真空紫外辐照作用下试样表面颜色的“暗化”效应。此外，长期的紫外辐照作用还可能会影响树脂基复合材料的机械性能。

纤维增强树脂基复合材料在空间的稳定性主要取决于树脂基体，而在各种太阳辐照中，紫外辐照对高聚物树脂基体的影响最大，在强紫外射线和粒子的辐照下树脂基体会发生光化学反应，破坏高分子材料的化学键，造成高聚物的分子结构发生改变，使高聚物产生龟裂、脆化、挥发失重、剥落等现象，其后果一是致使复合材料的力学性能大幅度降低，二是其挥发物会污染卫星上的光学仪器表面和敏感元件，进而严重地影响卫星的性能和寿命。

2.4.4　原子氧

在 200 ~ 1 000 km 的轨道高度内，原子氧是中性大气中的主要成分，大约占 80%，特别是 300 ~ 500 km 高度范围内，原子氧占有绝对优势。原子氧是紫外光与氧分子相互作用并使其分解而形成的，在低地球轨道中原子氧的密度为 $10^9\ cm^{-3}$，温度一般为 1 000 ~ 1 500 K。中性大气本身是静止的，但相对于航天器运动的高速碰撞，原子氧的撞击动能约为 5 eV，通量为 $1\times10^{15}\ cm^{-2}\cdot s^{-1}$，这使其具有极强的氧化剥蚀能力。

原子氧对材料的剥蚀作用是相当严重的，这是因为：一方面，原子氧具有很强的氧化性，可能与材料直接发生化学反应；另一方面，由于当航天器以 8 km/s 的速度飞行时，其表面原子氧束流可达到 $10^{12} \sim 10^{16}$ Atoms/(cm^2 · s)[15]。

原子氧会剥蚀航天器上暴露在外部的部件或组件的材料，尤其是聚合物，例如聚酰亚胺绝缘膜、复合材料的环氧树脂基体等，使材料的厚度减薄，进而使性能降低。

结构和机构设计时，应考虑：

（1）选择低剥蚀率的材料。

（2）当暴露在紫外和粒子辐射环境时，材料剥蚀会加快，为确保结构和机构的性能，必须考虑寿命末期需要的材料厚度和由剥蚀产生的污染。

常用材料在 500 km 轨道高度上的原子氧剥蚀率如表 2－6 所示。

表 2－6　常用材料在 500 km 轨道高度上的原子氧剥蚀率

材料名称	表面剥蚀率（0.025 mm/年）	应用
Kapton（聚酰亚胺）	2.4	太阳翼基板绝缘层；温控隔热层
Mylar（聚酯树脂）	2.8	隔热层
Teflon（聚四氟乙烯）	0.025	隔热层
铝合金	0.000 3	结构和机构本体
环氧树脂	1.9	复合材料基体和胶黏剂
碳	0.8	复合材料纤维
银	8.4	太阳电池互连条和互连片

超低轨道下，原子氧与分子氮会对卫星表面材料和器件产生复杂的影响，严重时将影响卫星性能，增加卫星故障概率，甚至降低卫星寿命，使其很快坠入大气层。日本超低轨道卫星的试验成功，表明进行空间环境适应性研究的重要性，深入开展关于原子氧与分子氮的相关研究显得尤为必要[16]。

2.4.5　空间辐照环境的效应影响

2.4.5.1　光学材料性能在空间辐照环境下的退化

光学透过率退化的主要因素来自镜体材料及其膜系在辐照环境下的变化，从目前分析来看，对于光学件，需重点关注由于质子、中子和太阳电磁射线等空间辐照引起的对光学材料具有表面剥蚀、充放电、着色和辐照诱发污染等的作用效应，每种效应均造成材料一定程度的损伤和光学性能退化。主要的退化效应包括[17]：

（1）表面剥蚀效应：当能量范围为 130 ~ 160 keV 的质子辐照在微晶玻璃及其反射镜和石英玻璃反射镜上时，在材料的表面将产生起泡现象，造成表面剥蚀，大大增加其表面的粗糙度，同时材料的散射也随之增加，从而使其成像质量变坏，光学性能下降。起泡现象的机理在于氢气泡在材料次表面的形成和长大。当质子在玻璃中被捕获后，依托玻璃中的空位等点缺陷形成微小的气泡。气泡在辐照过程中不断吸收氢而长大，当泡内的压力超过表层材料的抗张强度时，就会导致表层鼓起破坏。辐照起泡是一种特殊现象，它与靶材的性能和粒子的能量等参数有关。

（2）充放电效应：玻璃材料经电子和质子辐照后，具有明显的充放电效应。材料表面电位在辐照过程中呈周期性变化，最高电位值与辐照条件和材料特性等有关，高达几千甚至上万伏特。充放电效应产生的脉冲电流能够破坏材料的表面结构并留下明显的放电痕迹，最终导致光学透过性能下降。充电具体分为表面充电和体充电两种。表面充电是指大量电荷注入材料表面，导致其电位显著高于周边环境电位的现象。体充电是指由于异种电荷注入深度不同而在材料内部形成内电场的现象。当充电导致材料表面与周边环境电位差或材料内电场强度超出其击穿阈值时，就引发放电。

（3）着色效应：高能带电粒子和射线能引起光学玻璃和晶体等光学材料着色。光学材料辐照着色机制主要与其内部的点缺陷有关。例如，各种空穴和间隙原子。在辐照过程中，电离作用激发出的众多的二次电子如果被点缺陷捕获就可成为不同的着色中心。辐照材料内部实际形成的着色中心的种类可能非常多，且每种色心的特征吸收带也不相同，这主要取决于材料的化学组成及结构的多样性。杂质元素对着色现象也有着非常重要的影响，有些元素很容易形成色心，有些元素则能提高材料的辐照稳定性。

（4）辐照诱发污染效应：每个航天器在实际运行过程中都处于不同的气体环境，这些不同的气体环境可能成为污染光学材料表面的污染源。低地球轨道上的污染源大致可分为高层大气成分、航天器材料的出气产物和发动机排泄物三类。研究表明，在辐照条件下，随着材料表面活性的增加，其对污染物的吸附也随之增强，同时辐照作用诱发污染物发生某些化学反应，在光学表面生成一层坚固的污染膜，使光学性能下降。

（5）光学膜层退化效应：空间环境中的高能带电粒子是影响薄膜性能的主要因素之一，经带电粒子长期辐照后的光学薄膜性能退化，产生透过率下降或光谱漂移的现象，可能使光学系统的功能受到严重影响。光学膜系厚度、折射率或透过率变化对相机镜头光谱响应特性的影响，是科学问题之一。

2.4.5.2 树脂基复合材料蠕变与空间辐照环境的关联特性

带电粒子辐照主要是指地球内外辐射带中存在着的大量的具有不同能量及通量的质子及电子对航天器材料、器件和人体等造成的辐射损伤。真空紫外辐照能够引起航天器表面材料尤其是树脂基复合材料的老化，造成材料各类性能的退化。原子氧效应能够对航天器结构材料造成剥蚀效应，使其发生化学腐蚀。

2.4.5.3 单粒子至光电耦合元器件失效的故障机理

总剂量辐照效应模型基于缺陷俘获理论解释辐照后 TDI－CCD 器件的电荷转移效率的下降，采用缺陷俘获时间常数和缺陷发射时间常数来表征。通过同时考虑缺陷俘获和发射两种机制，并且假定体缺陷中只存在一种占主导作用的缺陷能级。Sopczak 等人给出了基于填充缺陷的电荷转移效率衰减的总剂量辐照效应模型[18]。

$$\mathrm{CTE}=1-\frac{3N_{\mathrm{t}}}{n_{\mathrm{s}}}\left(\frac{\tau_{\mathrm{s}}}{\tau_{\mathrm{c}}}-\gamma_{\mathrm{f}}(0)\right)\left[1-\exp\left(-t_{\mathrm{sh}}/\tau_{\mathrm{s}}\right)\right] \tag{2-1}$$

式中 N_{t}——缺陷密度；

n_{s}——信号电子密度；

τ_{c}——缺陷俘获时间常数；

τ_{s}——与缺陷俘获时间常数和缺陷发射时间常数有关的数值；

$\gamma_{\mathrm{f}}(0)$——开始转移时缺陷填充密度；

t_{sh}——信号电荷转移时间。

由于辐照带来器件 CTE 的退化，直接影响航天光学遥感器的 MTF。

2.5　力学环境及影响

2.5.1　常规力学环境

空间光学遥感器所受到的常规力学环境及机械载荷，一方面来自地面装调过程中残留的内应力以及转运及运输中受到的冲击与振动的作用；另一方面来自发射时由运载器主动段所产生的机械振动。这已在前面的章节进行了说明。

机械载荷作用形式包括静态载荷（如装配应力、自重释放等）、动态载荷（如稳态加速度、正弦振动、随机振动及冲击等），通过与星/船连接的接合面作用到遥感器的结构上；由温度载荷引起的热弹性应力也可看作一种准静态载荷。遥感器结构在动态激励载荷作用下产生的谐振可使振动幅值动态放大，甚至产生共振，从而导致光机结构局部环节应力过大，产生不可恢复的变形甚至造成结构破坏。计算及试验表明，低频正弦振动（<100 Hz）对整机结构影响较大，由于光学遥感器轻量化设计的结构特点，其响应加速度的动态放大倍率可达十几甚至几十倍；随机振动则容易造成光机结构中的光学元件、控制箱等电子装置中电子元件松动、接线插头接触不良，从而导致断路或短路，以及运动构件连接运动副之间的相互碰撞，造成精度破坏甚至可导致卡死等现象发生。

2.5.2　微振动环境

航天器微振动是指航天器在轨运行期间，由星上各类转动部件高速转动、大型可控构件驱动机构步进运动、大型柔性构件受激振动等诱发航天器产生的一种颤振响应[19,20]，也可通俗地称为干扰振动。

引起航天器在轨工作时微振动的干扰源可以分为外部干扰源和内部干扰源。外部干扰源包括太阳风扰动、地球引力场变化、低大气阻尼、进出阴影冷热交变的热冲击等。内部干扰源包括控制力矩陀螺（CMG）、星上发动机、数传天线、太阳翼调姿的干扰、制冷机等。以上干扰源形式各异，目前还没有全部的准确数学模型。

根据实测和仿真分析数据分析可知，卫星扰振源特性统计如表 2－7 所示。根据等型号在轨和地面微振动测试数据，CMG 的扰动力远高于其他扰动源，其中天线的扰动幅值约相当于 CMG 扰动的 1/30，其他扰动源均低于 CMG 两个量级以上。此外，遥感器的红外成像通道将安装制冷机。由于目前制冷量的需求越来越大，制冷机采用新研制的一款单侧式气体轴承斯特林制冷机，该制冷机与双活塞压缩机式制冷机相比，体积更小、效率更高，但与此同时该制冷机的振动也比双活塞压缩机式制冷机大得多。因此，星上的主要扰动源为 CMG 和制冷机[21]。

表 2－7　卫星扰振源特性统计

<table>
<tr><th>微振动源</th><th>微振动产生机理</th><th>基频</th><th>谐振特性</th><th>扰动幅值</th></tr>
<tr><td>CMG</td><td>高速转子的质量静不平衡和动不平衡，以及电机控制误差、轴承偏差等因素引起的振动</td><td>158. 3 Hz</td><td>65. 9 Hz、158. 3 Hz、316. 6 Hz 等</td><td>预估 200mg</td></tr>
<tr><td>SADA 和太阳翼</td><td>SADA 驱动太阳翼时由于驱动电机而引起的扰动</td><td>1. 2 Hz/14. 1 Hz</td><td>1～100. 0 Hz</td><td>3mg</td></tr>
<tr><td>太阳翼</td><td>进出地影时热致振动</td><td>0. 4 Hz/1. 0 Hz</td><td>0. 2～20. 0 Hz</td><td>幅值 <1mg，低于现有传感器分辨率</td></tr>
<tr><td>天线</td><td>数传天线和中继天线运动时由于驱动电机而引起较大的扰动</td><td>1. 6 Hz/53. 6 Hz</td><td>1. 6～400. 0 Hz</td><td>6. 6mg</td></tr>
<tr><td>三浮陀螺</td><td>工作状态下内部活动部件引起的扰动</td><td colspan="3" rowspan="3">幅值 <1mg，低于现有传感器分辨率</td></tr>
<tr><td>红外地敏</td><td>工作状态下内部活动部件引起的扰动</td></tr>
<tr><td>贮箱</td><td>贮箱液体晃动引起的扰动</td></tr>
<tr><td>红外制冷机</td><td>工作状态下活塞作动引起</td><td>60 Hz</td><td>120 Hz、180 Hz、240 Hz、300 Hz 等</td><td></td></tr>
</table>

空间卫星微振动特点如下[22]：

(1) 微小性：微振的扰动量较小，与卫星发射引起的过载对比，航天器在轨微振动明显小很多。因其对卫星性能影响并不明显直观，以往的空间遥感器往往忽视了微振动分析。

(2) 固有性：微振动是激励源的既有特点，伴随着激励源工作而产生，只要激励源工作，微振动就会伴随产生。

(3) 宽频性：微振动频段覆盖较宽，从纯刚性（准零状态）至几千赫兹。微振动一般分为准稳定状态、瞬时变化和振动变化。小于 1 Hz 的微振常使用姿轨控解决。所以，微振抑制主要解决从姿轨控频段到影响成像质量的频段。

(4) 难控性：微振量级很低，不利于控制系统测试获得，也就导致系统不能对其进行反馈。

(5) 敏感性：成像仪器对扰振十分敏感，随着成像精度的提升，图像性能受微振的影响也更显著。

2.5.3 力学环境的效应影响

力学环境效应对遥感器产品的功能性能的影响，主要是暴露产品设计和工艺缺陷，且主要体现在以下几个方面。

1. 结构完整性影响

(1) 在恒加速度环境下，由于过应力可能导致结构或材料的断裂。

(2) 在稳态振动或声环境激励下，材料可能产生微裂纹，并随时间不断扩展，损伤连续累积，最后导致材料强度降低、疲劳断裂等，结构完整性局部得到破坏。

(3) 振动应力加剧机构类产品的损伤，导致机构产品的间隙增大、精度降低，产生异常的振动、噪声，最后导致机构产品的精度下降或失效。

(4) 在瞬态冲击力的作用下，特别是对元器件及光学元件，由于冲击的行波效应，造成材料断裂。

2. 产品功能影响

(1) 力学特性变化：在加速度或过载应力下，导致载荷隔振机构的刚度特性发生变化，导致隔振性能下降或失效。

（2）光学特性变化：在动态载荷环境下，光学系统失调和精度下降。

（3）电性能变化：电子学单机在经历力学载荷后，会导致机械应力疲劳、印制板断裂、继电器功能失效、结构电阻特性变化等。

3. 应力影响

遥感器结构由于其高稳定性的要求，在结构设计及研制中，需特别关注地面制造环境造成的应力问题，包括：

（1）局部应力——消弱强度、缩短寿命；

（2）残余应力——造成结构稳定性的不断衰减；

（3）局部变形——由于残余应力的释放所产生的结构变形；

（4）氢脆现象——原子氢扩散到金属中，造成金属发生脆性断裂。

4. 工艺故障

工艺故障是由于设计、制造和装配不合理或缺陷而引起，如紧固件松动、胶层脱粘、元件脱焊等。在动力学环境的作用下，会加剧工艺缺陷的暴露和影响。

第3章 遥感器结构材料

3.1 概述

遥感器结构材料的选用遵循航天器材料的选用原则及要求。在航天院所的标准体系中，有一系列经过鉴定的标准材料库。随着国家航天事业的发展，航天器的材料体系日趋完善。形成了包括有色金属、黑色金属、贵金属、胶黏剂材料、玻璃材料、热控材料、复合材料、橡胶材料等为主的一系列材料规范和标准。随着材料科学的发展和基础工艺能力的提升，大量的新材料也应用在航天产品上。

对于空间光学遥感器而言，对材料稳定性、可靠性的要求更高。需要综合光学、机械、热控及电磁的要求进行综合分析和选取。遥感器性能的提升及鲁棒性在一定程度上依赖材料性能的提升。

3.2 结构材料的性能要求

空间光学遥感器对材料的要求是材料选择的前提条件，上文已经简要说明了。尽管在航天器上搭载方式不尽相同，但出于探测和收集信息的需要，遥感器位于航天器的外部或者远端。而对于大型遥感器而言，直接裸露于太空是一种最为节约资源的方案。相较其他分系统，遥感器所承受的空间环境也更为恶劣，高真空、恶劣的温度、电磁辐射、原子氧等，都会影响其成像效果或者探测性能。总体而言，遥感器系统对结构材料的要求重点体现在重量、力学性能（尤其是刚度)、尺寸稳定性、耐空间环境性等几个方面。

3.2.1 轻量化要求

航天产品结构的轻量化是一个基本的要求和永恒的追求。结构轻量化的实现，除经过优化的构型布局以外，轻质材料的选用是非常重要的实现途径。

1. 轻质材料

空间光学遥感器所采用的轻质材料以复合材料为主。特别是碳纤维增强复合材料，其充分利用了碳纤维模量高、密度小的特点，衍生出一系列材料产品。

2. 材料与工艺的结合

传统工艺这里不再赘述。需关注的是增材制造技术，其融合了计算机辅助设计、材料加工与成型技术。相对于传统的、对原材料去除-切削、组装装配的加工模式不同，是一种“自下而上、从无到有”的通过材料累加的制造方法。这使得过去受到传统制造方式的约束，而无法实现的复杂结构件制造变为可能。相应的金属材料、非金属材料，按照挤压、烧结、熔融、光固化、喷射的要求进行了改性或者融合应用。拓扑优化、新型材料、增材制造，提供了结构轻量化的途径，这在下文单独说明。

3.2.2 近零膨胀要求

在空间环境中，光学遥感器处在交变的温度环境中。对于高精度的光学仪器而言，其光学元件间稳定性的要求一般在微米级，更需避免由于空间环境造成的尺寸稳定性问题。结构的零膨胀主要考虑材料的两个特性。

1. 热膨胀

材料的热膨胀是尺寸稳定性的一个重要指标，遥感器所用的近零膨胀材料除某些金属材料外，一般都是多相材料。相对于金属材料热膨胀系数固定而言，多相复合材料的热膨胀系数 CTE（Coefficient of Thermal Expansion）是在一定范围内可设计的。如碳纤维增强复合材料的线胀系数可随铺层的不同而变化。

2. 湿膨胀

聚合物基复合材料在吸入水分后，会造成质量变化，并引起尺寸变化。湿气解吸附的过程，同样地严重影响结构的尺寸稳定性。在选择遥感器的结构材料时，要对湿胀系数 CME（Coefficient of Moisture Expansion）进行评估。

3.2.3　空间环境适应性要求

与其他航天装备一样，遥感器结构材料会受到辐射、热冲击、真空出气等影响。这还与产品的在轨寿命相关。在光学组件的结构设计中会用到大量的胶黏剂材料，在材料选择时需对这类材料的空间环境适应性进行重点关注。

3.3　常用材料的应用

设计师在材料选择时，应查阅大量的基础材料数据，参照基线产品的状态，并基于初步的材料选择开展仿真评估。材料的性能参数在“材料手册”或本单位定制的材料库中查阅，本节不再赘述。本节主要从应用的角度，对几种典型材料的特性进行描述，主要描述典型结构件在选取材料时基于其什么特性，需考虑的关键问题是什么等。

3.3.1　材料选用原则

“一代新材料、一代新装备”，材料和工艺是空间光学遥感器发展的重要基础和先导技术。从空间遥感器目前所用复合材料的类型来看，已覆盖树脂基复合材料（Polymer Matrix Composites，PMC）、金属基复合材料（Metal Matrix Composites，MMC）、陶瓷基复合材料（Ceramic Matrix Composites，CMC）以及碳/碳（C/C）复合材料等各种类型，几乎包含了复合材料的所有门类。从复合材料在空间遥感器中的应用范围来看，也涵盖了镜身、支架、遮光罩、反射镜、焦面等主要部件。然而，复合材料在性能、设计制造方面有别于传统材料，空间遥感器系统对结构材料的需求与航天器本体亦有很大的区别[23]。

材料选择是个复杂的问题，材料的各项属性往往相互制约或者互为矛盾。由于选材时结构设计往往还处于方案阶段，不可能针对具体结构参数和载荷条件进行详细设计。一般采用系统工程的方法，从材料内部和相互关联中考察诸因素的作用，通过设定某种评价准则对材料进行优化选择。例如从材料的关键属性着手，然后继续评价次要属性；也可以同时对材料的各种属性按相对重要程度进行综合评价。当然基线产品的经验也是非常重要的参考。

为了直观地衡量光机材料的力学性能和热稳定性，一般需要分析下面两项指标：一是比刚度即材料的弹性模量与密度之比（E/ρ），其值较大为好；二是热稳定性系数，即材料的导热系数与线胀系数之比（A/α），其值亦较大为好。部分常用材料的比刚度和热稳定性系数如图 3－1 所示，一般而言，处于图右上方的材料是比较理想的材料。显然，与金属材料或者微晶玻璃（Zerodur）、超低膨胀玻璃（Ultralow Expansion Glass，ULE）、熔石英（Fused Silica）等无机材料相比，环氧（Epoxy，EP）复合材料的比刚度和热稳定性系数都要高得多。

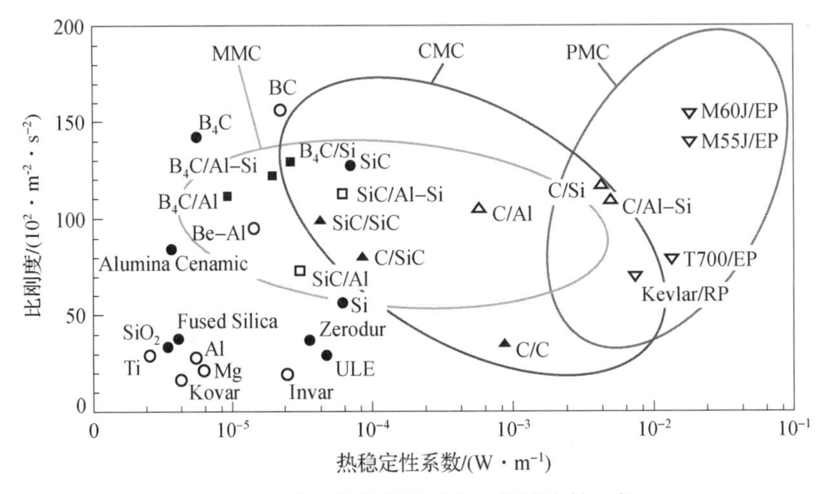

图 3－1　常用材料的比刚度和热稳定性系数

出于综合衡量材料性能的考虑，可以用材料的比刚度与热稳定性系数的乘积即（E/ρ）·（A/α）来进行比较，其值被称为综合品质因数，越大越好[24]。具体到结构组成上，有以下几点注意事项：

（1）反射镜支撑结构的材料选取受反射镜材料的限制，主要考虑热匹配。

（2）前镜筒材料要考虑确保主、次镜镜间距的稳定，确保在轨工作时焦面的稳定，主要选择热膨胀系数小的材料。

（3）主承力结构的材料选取应综合考虑热稳定性、力学稳定性、可加工性、工艺成熟性等因素。

（4）整个相机的结构材料尽量单一，提高其匹配特性。

（5）选择经鉴定试验和飞行实践验证了的材料。

（6）注意防污染，空间材料出气物会对航天器上的光学系统造成严重影响，使其光学反射率和透射率下降。

（7）有以前连续提供高质量材料记录的供货单位的材料。

（8）在性能试验不足的情况下，供货单位应按使用方确认的规范提供测量和试验数据。

3.3.2　金属材料

空间常用金属结构材料有铝合金、镁合金、钢、钛合金、铍及铍合金。金属材料的特点是强度高、弹性模量高、稳定性好、加工工艺性能好、材料规格齐全。通常用于本体结构、支撑结构、电子学产品结构、各种连接件和机构零件。

1. 殷钢[25]

殷钢材料的组成是64% Fe和36% Ni，线胀系数几乎等于零，呈面心立方结构。殷钢在空间遥感器上较为常用的有4J32（Super - Invar）、4J36（Invar）等。殷钢材料密度较大，但刚度和强度较高、线胀系数较低。通常温度在 -50 ℃到100 ℃时它们的线胀系数接近于零。因此殷钢材料在空间光学遥感器稳定性结构设计时受到青睐。一般主要是用于遥感器中光学元件间的支撑结构，来保证它们相对位置的稳定。殷钢材料也应用于结构的稳定连接，如复合材料管的接头的蜂窝板的嵌入连接套以及光学元件的嵌入连接套等，其主要出发点是考虑结构材料与光学材料的热匹配性。

2. 铝合金

目前应用在遥感器上的铝合金主要有超硬铝（LC4）、硬铝、防锈铝等，其形式有铝合金厚板、铝棒材、铝蜂窝板和铝 - 锂合金等。其中，铝合金厚板具有高强度、良好的韧性、抗应力性能和抗剥落腐蚀性能，而且其断裂韧性较好，抗疲劳裂纹扩展能力强，作为航空航天用材料具有很好的综合性能。另外，铝蜂窝夹芯板结构以其比强度高、比刚度高、隔热隔振性能好、可设计性强等特点，被广泛应用于航空航天领域。从加工的结构产品变形程度及尺寸稳定性方面来说，铝合金加工易变形程度如下：超硬铝 > 硬铝 > 锻铝 >> 防锈铝。铝合金材料一般用于遥感器电子学组件的壳体结构、散热结构等。

3. 钛合金

钛合金相比于其他轻金属材料的优势在于比强度最高、耐腐蚀性最好（甚至远优于不锈钢），并且高低温力学性能很好，能在550 ℃高温和零下250 ℃低温下长期工作而保持性能不变（铝合金最高仅能在200～300 ℃工作）。钛合金线胀系数小，可以用作要求尺寸不随温度变化的构件。由于钛合金强度高的特点，其可制成波纹壳结构，其质量可大幅减轻，抗载能力也可大幅提高。由于空间光学遥感器对结构稳定性及匹配性设计的要求，在遥感器的承力结构中大量使用。考虑尺寸稳定性方面及加工变形程度的不同，加工易变形程度如下：钛板 > 锻钛 > 钛棒 > 铸钛，在材料选择时可参照。国内目前应用较多的钛合金为TC4和ZTC4，一般应用于空间光学遥感器的承力结构，如镜框、承力板等。

4. 镁合金

镁合金是合金中密度较低的材料，并且减振能力好，易切削加工和可回收，被誉为“21世纪绿色金属工程结构材料”。欧美及日本等工业发达国家高度重视镁合金的研究和开发，并已将镁合金应用到航空航天、汽车、军事与3C产业等领域。卫星及遥感器用镁合金多为铸造镁合金，强度相对较低，一般用于制作常温和低温下承受低载荷的支架类结构件。

常用金属材料特性见表3－1。

表3－1　常用金属材料特性

材料名称	密度 ρ /$(g\cdot cm^{-3})$	弹性模量 E /GPa	比刚度 (E/ρ)	线胀系数 α/ $(10^{-6}K^{-1})$	导热系数 ι/ $(W\cdot mg^{-1}\cdot K^{-1})$
殷钢－4J32	8.1	141	17.41	0.65	13.7
钛合金－TC4	4.4	114	25.91	9.1	7.4
铝合金－2A12	2.78	70	25.18	22.7	120
不锈钢	7.75	217	28	10.5	21.5
45#钢	7.81	200	25.61	11.6	48
镁铝合金	1.8	40	22.22	25	201

3.3.3 树脂基复合材料

树脂基复合材料是指在树脂基体中通过添加高性能的连续纤维增强材料，经过特殊的材料复合工艺制备而成。经常使用的纤维增强材料主要有碳纤维和其他高性能有机纤维，尤其碳纤维应用最为广泛，环氧树脂基碳纤维复合材料是其典型的代表。最早获得宇航应用的以环氧树脂基的碳纤维复合材料由于耐热性、耐辐射能力、耐湿性及尺寸稳定性较差，很难满足高性能光学结构的需要。为了使树脂基复合材料的使用性能进一步提高，科研人员在环氧（EP）的基础上，开发出了双马来亚胺（BMI）基和耐高温聚酰亚胺（PI）基等复合材料。除此之外，先进树脂基复合材料中作为基体材料的热固性树脂，应用较多的还包括双马来酰亚胺树脂、聚酰亚胺树脂、氰酸酯树脂等，其中氰酸酯树脂含有 2 个或 2 个以上氰酸酯官能团，结构特点赋予其较低的吸湿率和固化收缩率，较高的耐热性，优良的尺寸稳定性、电绝缘性能，良好的力学性能以及与环氧树脂相近的成型工艺性等优点，近年来逐步取代环氧树脂得到广泛应用。

空间光学遥感器用树脂基复合材料，从时间维度可以看出，复合材料体系呈现了从环氧树脂到氰酸酯、从高模量碳纤维到高导热碳纤维、从单一纤维到混杂纤维的应用过程。从 20 世纪 80 年代左右开始，随着碳纤维的商品化和高性能碳纤维的出现以及环氧树脂材料的成熟工艺，空间光学遥感器以石墨纤维/环氧树脂为主要结构材料。20 世纪 90 年代至 2000 年，随着低吸湿、高性能的氰酸酯树脂的研发成功，空间光学遥感器开始逐渐应用石墨纤维/氰酸酯树脂复合材料体系，同时石墨纤维/环氧树脂体系依旧在使用但持续减少。2000 年之后，能查询到的明确类型的碳纤维增强树脂基复合材料体系多为石墨纤维/氰酸酯树脂复合材料体系或沥青基碳纤维/氰酸酯树脂复合材料体系，氰酸酯树脂基复合材料体系应用范围基本覆盖了全部光学遥感器。

随着光学遥感器对结构高刚度、高导热的结构功能一体化需求，高模量、高导热沥青基碳纤维复合材料开始逐渐应用于对散热要求高、温度梯度低的空间光学遥感器，且吸湿率最低的 HexPly996 硅氧烷改性氰酸酯树脂开始在空间光学遥感器上应用；同时期的 C/C 复合材料体系也成功在空间光学遥感器上应用，但由于工艺复杂、成熟度不高，其应用范围仅限于欧洲的部分光学遥感器。

成像类、红外探测类、光谱类和激光类等不同类型遥感器对复合材料体系的共性需求是低密度、高模量、高强度、高导热、低膨胀、低吸湿；对复合材料结构的共性需求是尺寸稳定性。低温光学遥感器对复合材料的低温性能有更高的要求。在实际工程应用中，常用产品的设计一般基于复合材料层合板理论，分析了复合材料铺层设计对轴向及周向热膨胀系数和刚度的影响，以下给出纤维复合材料的一般特性要求，供设计师参考。

（1）轻质，纤维复合材料体系密度低于 1.8 g/cm^3。

（2）高模量，纤维复合材料体系等效模量大于 100 GPa。

（3）高导热，纤维复合材料体系导热系数大于 50 W/(m·K)。

（4）低膨胀，纤维复合材料热膨胀系数低于 0.2 ppm/℃。

（5）低吸湿，纤维复合材料体系吸湿量低于 0.2%。

（6）高尺寸稳定性，复合材料结构变形量优于 30 μm/1 000 mm。

图 3-2 所示为不同纤维材料力学特性分布。

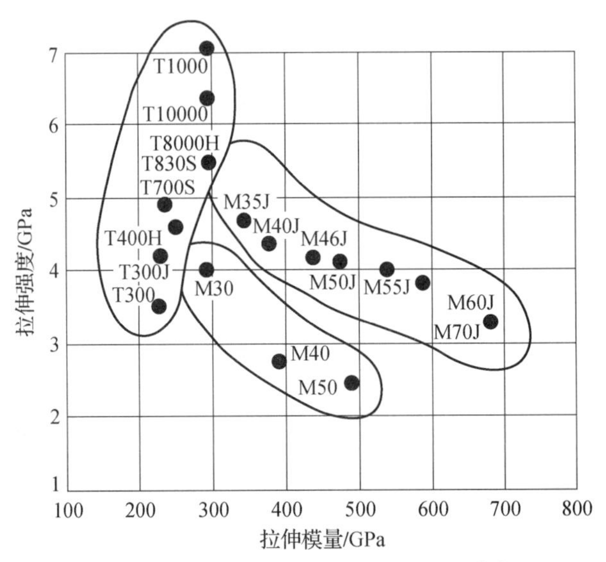

图 3-2 不同纤维材料力学特性分布[26]

常用的碳纤维材料和树脂基材料特性如表 3-2、表 3-3 所示。

表 3-2 常用碳纤维材料特性

牌号	拉伸强度 /MPa	拉伸模量 /GPa	热膨胀系数 /(ppm·℃$^{-1}$)	热导率 /(W·m^{-1}·K^{-1})	延伸率/%	密度 /(g·cm^{-3})
T300	3 530	230	-0.41	10.47	1.5	1.76
T700	4 900	240	-0.38	9.38	2.1	1.80

续表

牌号	拉伸强度/MPa	拉伸模量/GPa	热膨胀系数/(ppm·℃$^{-1}$)	热导率/(W·m^{-1}·K^{-1})	延伸率/%	密度/(g·cm^{-3})
M40J	4 410	377	-0.83	68.66	1.2	1.77
M46J	4 210	436	-0.9	84.57	1.0	1.84
M55J	4 020	540	-1.1	155.75	0.8	1.91
M60J	3 920	588	-1.1	151.98	0.7	1.93
K13C	3 790	896	-1.4	620	0.4	2.20
YS-90A	3 530	880	-1.5	500	0.3	2.18
BHM3	2 740	400	-0.51	—	0.7	1.81
CCM40J	4 400	380	-0.80	50	1.2	1.78
ZJM40J	4 400	380	-0.81	52	1.2	1.78
ZJM55J	4 020	540	—	—	0.8	1.90

表3-3 常用树脂基材料特性

牌号	拉伸强度/MPa	拉伸模量/GPa	热膨胀系数/(ppm·℃$^{-1}$)	密度/(g·cm^{-3})	TML/%	CVCM/%	WVR/%	固化温度/℃
Hexply954-3	57	2.8	55.0	1.19	0.2	0.01	0.04	177
Hexply954-6	94	3.7	—	1.25	0.07 (M55J)	0 (M55J)	0.06 (M55J)	121
Hexply996	51	3.0	57.5	1.15	0.17	0.01	0.1	177
RS-3	127	3.3	43.2	1.19	0.22	0.01	—	177
TC410	—	—	58.5	1.16	0.29	0.01	—	121
氰酸酯 F·JN-4-01	41.3	3.35	52.4	1.20	0.30	0.01	0.23	180

3.3.4 陶瓷基复合材料

航空航天、国防等领域已经开始广泛应用纤维增强陶瓷基复合材料，陶瓷基复合材料已经成为未来航天航空科技发展的关键支撑材料之一。陶瓷基复合材料主要以陶瓷为基体，通过添加各类纤维增强材料复合制备而成。它具有耐高温、高强度和刚度，相对重量较轻、抗腐蚀等一系列优异性能。基于国内现有材料体系性能和对陶瓷基复合材料结构尺寸稳定性的研究，遥感器高尺寸稳定性结构，如镜头支撑结构，以钛合金、低膨胀合金等金属材料和 C/SiC、SiC/SiC 陶瓷基复合材料为主。

目前连续纤维增强陶瓷基复合材料（CFRCMCs）是一个主要的发展方向，由于它具有高强度、高韧性等特点，尤其是它具有与普通陶瓷不同的非失效性断裂方式，这在世界各国引起了极大的关注。目前，研究和使用较多、实用化程度较高的 3 种 CFRCMCs 制备工艺是反应烧结法（RS）、先驱体浸渍裂解法（PP）、化学气相渗透法（CW）[27]。

近年来，对一维（1D）、二维（2D）纤维和 SiC 纤维增韧 SiC 复合材料（C/SiC 和 SiC/SiC）进行了大量研究[28]。纤维增强陶瓷材料的主要形式如图 3－3 所示。

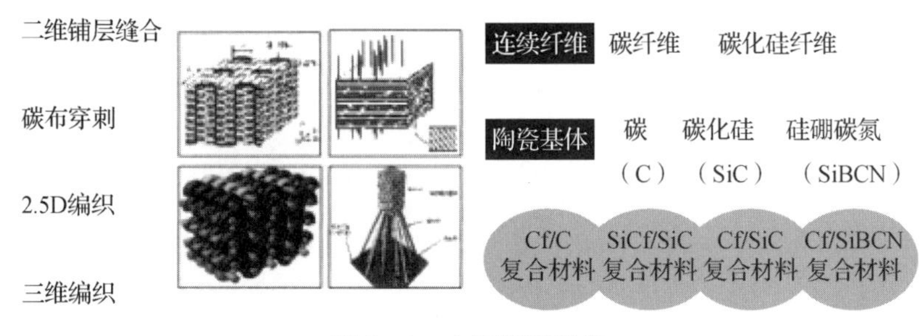

图 3－3 主要材料种类

CVI 方法制造三维连续纤维增韧 SiC 编织体复合材料，是比较常用的一种结构材料形式，其力学性能如表 3－4 所示。

表 3－4 C/SiC 和 SiC/SiC 复合材料的力学性能

材料	抗弯强度/MPa（室温）	抗剪强度/MPa	抗拉强度/MPa
C/SiC	460	45.3	323
SiC/SiC	860	67.5	551

3.3.5 金属基复合材料

金属基复合材料即以金属或合金为基体，并以纤维、晶须、颗粒等为增强体的复合材料。按所用的基体金属的不同，使用温度范围为350～1 200 ℃。其特点在力学方面为横向及剪切强度较高，韧性及疲劳等综合力学性能较好，同时还具有导热、导电、耐磨、热膨胀系数小、阻尼性好、不吸湿、不老化和无污染等优点。例如碳纤维增强铝复合材料，其比热为（3～4）$\times 10^{7}$ J/(kg·K)，比刚度为6～8$\times 10^{9}$ s^{2}/m^{2}，又如石墨纤维增强镁不仅比刚度可达1.5$\times 10^{10}$ s^{2}/m^{2}，而且其热膨胀系数几乎接近零。

金属基复合材料按增强体的类别分类，可分为纤维增强（包括连续和短切）、晶须增强和颗粒增强等；按金属或合金基体的不同，金属基复合材料可分为铝基、镁基、铜基、钛基、高温合金基、金属间化合物基以及难熔金属基复合材料等。由于这类复合材料加工温度高、工艺复杂、界面反映控制困难、成本相对高，应用的成熟程度远不如树脂及复合材料，应用范围较小。典型铝基碳化硅材料特性如表3－5所示。

表3－5 铝基碳化硅材料特性

材料名称	密度ρ /(g·cm^{-3})	弹性模量E /GPa	比刚度 (E/ρ)	线胀系数α /(10^{-6}·K^{-1})	导热系数/ (W·mg^{-1}·K^{-1})
高体分 SiCp/Al	2.94	213	72.5	8	235
低体分 SiCp/Al	2.78	97.6	35.1	16	155

近年来，金属基复合材料以其高的比强度、比刚度、较好的耐热性能，良好的抗蠕变、抗疲劳、抗磨损性能，以及低的热膨胀系数受到了广泛的重视，在航空航天领域有着广阔的应用前景。

3.3.6 胶黏剂

胶黏剂在光学遥感器中的应用十分广泛。在光学组件的设计中，胶作为一种界面材料，起到支撑光学元件的作用。在复合材料结构中，结构胶用于构件的胶接安装。对于结构胶黏剂来说，其作用是将不同的碳纤维复合材料或其他金属结构胶接成整体结构，其吸湿性相对于整个结构稳定性来说影响较小。EA 系列胶黏剂为环氧类结构胶黏剂，性能稳定、工艺成熟，满足空间光学遥感器应用需求，应用时间超过 20 年。

这里对一般光学组件用胶黏剂进行简要说明，胶黏剂在固化时会产生收缩应力，为了使胶黏剂的使用对反射镜面形的影响降到最低，同时不影响系统的正常工作，在选用胶黏剂时应遵循以下原则：

（1）所选用的胶黏剂必须具有较高的剪切和拉伸强度，以满足光机系统的力学性能要求，保证镜体粘接后在经历力学、高低温试验时不脱落。

（2）胶黏剂有适当的流动性，方便反射镜与支撑结构的黏结。

（3）胶黏剂的黏结应力对稳定性的作用较大，胶黏剂固化后残存的黏结应力会在镜受到外在热载荷时产生作用，直接破坏镜的指向稳定。胶黏剂固化完毕后应该具有较好的弹性，以便降低收缩应力和热应力对反射镜面形的影响。

常用遥感器用的结构胶及光学胶如表 3－6 所示。

表 3－6 遥感器用胶黏剂

<table>
<tr><th>类型</th><th>牌号</th><th>性能/MPa</th><th>固化</th><th>使用温度范围/℃</th><th>用途</th></tr>
<tr><td rowspan="2">中温固化结构胶</td><td>J－47B＋C</td><td>室温剪切强度≥26</td><td>130 ℃/4 h</td><td>100</td><td>蜂窝与面板胶接</td></tr>
<tr><td>J－47D</td><td>室温剪切强度≥4</td><td></td><td></td><td>局部加强胶接</td></tr>
<tr><td rowspan="3">室温固化结构胶</td><td>J－133</td><td>室温剪切强度≥25</td><td>室温/7 d、80 ℃/2 h</td><td>100</td><td>结构胶接连接</td></tr>
<tr><td>J－168</td><td>室温剪切强度≥18</td><td>室温/7 d、70 ℃/3 h</td><td></td><td></td></tr>
<tr><td>420</td><td>室温剪切强度≥25</td><td>室温/7 d、80 ℃/2 h</td><td>70</td><td>胶接</td></tr>
</table>

续表

类型	牌号	性能/MPa	固化	使用温度范围/℃	用途
光学装调用胶	XM－23	拉伸强度为 8.3	室温/(7～10 d) 70 ℃/24 h	－50～130	
	SE－14－80	11～15	25 ℃/3 h	－60～70	
	GHJ－01（Z）	12～15	25 ℃/7 d	－60～80	
	HY914	22～25	25 ℃/3 h	120	
	RTV566	剪切强度为 2	25 ℃/7 d		
	DW－3	室温剪切强度≥25，低温剪切强度（－196 ℃）≥30	60 ℃/8 h	－269～60	低温胶，用于低温镜头

第二部分

遥感器结构设计与验证

第 4 章 遥感器结构设计概述

本章首先对遥感器结构设计的特点和要求进行说明，主要包括结构设计需解决的关键问题，其相对的高刚度、高稳定性、高轻量化等要求。根据这些要求，结合结构在空间应用的特点，简要概述了设计开展的依据、基本程序、材料选择，以及与技术要求对应的专项设计内容。

4.1 遥感器结构设计的特点和要求

4.1.1 遥感器结构设计需解决的关键问题

在设计工作中主要考虑的是目标和约束这两大方面的问题，目标主要指遥感器的各项指标，约束可分为工作约束和环境约束。工作约束：主要指遥感器的工作寿命等指标，分解到结构机构即稳定性和可靠性；环境约束：对于结构设计而言，主要指力和热两个方面的约束，即强度、刚度及热适应性。这两类约束是相互融合的。以光学探测的最终质量出发，结构设计的主要影响要素如图 4－1 所示。其宗旨是结构应以足够的强度、刚度和精度支撑光学元件及其他子系统的工作[29]。

结合相机的结构特点，在图 4－1 所标示的维度进行分析，结构设计需解决的关键问题见表 4－1。

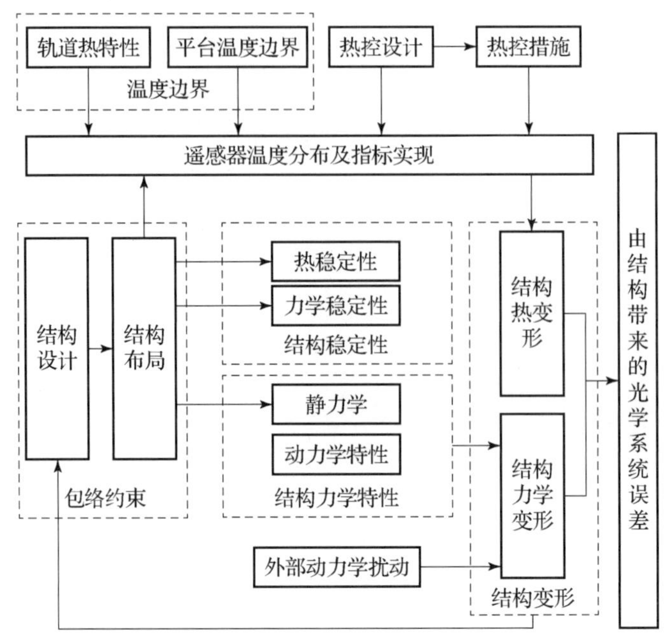

图 4－1 遥感器结构对光学成像质量影响的示意图

表 4－1 光学相机结构设计关键问题

序号	关键特性	关键事项	重点关注的问题
1	静力学特性	强度	支撑结构柔性环节强度 胶层强度 镶嵌件强度 紧固件强度
2		刚度	光学元件刚度 主承力结构件刚度 反射镜支撑结构柔性刚度设计
3	动力学特性	主动段振动	光机主体减振设计
4		在轨微振动	制冷机隔振设计
5	稳定性	热稳定性	大型桁架结构尺寸稳定性
			反射镜支撑热卸载
			光机结构的在轨热稳定性

续表

序号	关键特性	关键事项	重点关注的问题
6	稳定性	力学稳定性	环境试验前后结构精度
			光机结构的在轨尺寸稳定性
7	功能性	消杂光	消杂光涂层 表面结构
8		热控特性	热控涂层

4.1.2　高刚度要求

遥感器结构的刚度设计有以下几个方面的考虑：

（1）抗发射力学环境设计。空间光学遥感器在发射过程中要承受瞬间冲击与振动乃至十几倍的重力过载，必须对其进行强度刚度校核，以保证遥感器结构在这一阶段不破坏，不产生不可逆的残余变形。在航天发射过程中，主要载荷是动载荷，在遥感器、平台以及平台其他设备共同承受这种力学环境时，科学地进行共振频率分配，避免由于动态耦合效应带来的结构损伤尤为重要。结构的固有频率是结构刚度特性的重要参数之一，对于轻小型的遥感器而言，其固有频率一般是整星固有频率的 3～5 倍；而随着遥感器口径的增大，以及平台载荷一体化设计水平的提升，设计的目标更多是使结构的固有频率在某个频率范围内而不发生耦合。

（2）在轨飞行时，微振动环境对结构的静态、动态刚度都有很高的要求。并且，遥感器的结构形式复杂，结构材料包括复合材料及蜂窝夹芯材料等，连接又通过大量螺栓、胶黏剂等，这造成微振动在结构中的传播过程非常复杂，是一个复杂动力学现象。

（3）固有频率的设计，避免与卫星基频及星上其他设备发生耦合。

4.1.3　高轻量化要求

轻量化是航天仪器结构设计的基本要求，航天仪器的发射成本极高，且运载能力有限。对空间光学遥感器进行合理有效的轻量化设计，不仅可以最大限度地降低发射费用，而且较轻的质量可以改善遥感器的动力学特性，提高遥感器的工作性能。轻量化设计主要考虑材料、结构构型设计等。

4.1.4 高精度要求

高分辨率不仅要求空间光学遥感器光学元件表面加工的高精度，还对遥感器结构特别是光学元件的夹持、装调部件的精度指标提出了很高的要求，这样才能保证各光学元件的形状及其相互之间相对位置的精确性。

对遥感器结构与机构高精度的要求，主要取决于相关的工艺实现方法。

（1）零部件的加工精度，包括机加工工艺精度、模具成型工艺精度等。

（2）结构装配的精度，这是结构设计工程师与装调工程师共同完成的工作，包括装星的精度要求、遥感器系统内部的部组件安装精度要求、结构机构在轨运行的精度要求等。

4.1.5 高稳定性要求

遥感器在轨运行后在空间外部环境的力、热载荷及电磁环境作用下，其光机系统结构的弹性变形以及长期蠕变必须被控制在光学允差范围内，以满足光学系统波前误差要求。即使对于具有标定装置的遥感器，在标定周期内保持光机结构的稳定是最基本的要求。高稳定性的要求主要体现在以下几个方面[30]。

1. 光学遥感器装调状态的稳定性

光学遥感器装调状态的稳定性指遥感器在发射后，保持理想装调预期的能力。在运载过程中，由于冲击等激励的作用，光学遥感器与航天器之间、光学成像遥感器光学元件之间的装配关系将发生不可恢复的变化，使地面进行的理想装调关系遭到破坏，直接导致视轴 LOS 的原始状态发生改变，航天器进入轨道、光学成像遥感器开始工作后，将得不到理想的成像质量。同时，也存在光学元件的支撑结构发生塑性变形的可能性，这也必将影响遥感器的成像质量。

2. 航天器的姿态稳定性

航天器在空间环境中运行，由于空间的微重力环境，航天器处于自由状态，所以，轻微的外力或航天器与有效载荷之间的相互作用力，都能引起航天器的动量变化和航天器振动。当光学遥感器对地物进行拍照时，要求地物与光学遥感器像面之间没有相对运动。在没有振动的情况下，通过像移补偿，可以将航天器的飞行速度及地球的自转导致的像移补偿掉。但当光学遥感器在结构设计上没有采取主动措施对振动造成的像移进行补偿时，航天器的姿态变化将会造成地物的像在遥感器像面上运动，这必将影响遥感器的成像质量。

3. 航天器平台与遥感器之间的相对稳定性

遥感器与航天器通过过渡段连接在一起，光学遥感器刚度较高，航天器及过渡段的刚度较低，所以构成了一个质量、弹簧、阻尼系统。在外界干扰的作用下，必然产生航天器与光学遥感器的相对运动。光学遥感器进行拍照时，即使航天器保持在一定的姿态，即航天器的姿态稳定度较高时，由于遥感器的振动，地物与遥感器像面之间也会存在相对运动，影响成像质量。另外，在地面装调时，光学遥感器的局部坐标系与航天器的整体坐标系应保持明确的对应关系，这样才能保证图像反映正确的地理位置。但由于振动的存在，航天器与光学遥感器之间的坐标系产生偏差，导致图像反映的地理位置与航天器指定的地理坐标不一致。

4. 光学系统中各个光学元件的稳定性

由于空间环境的影响，光学遥感器的各光学元件可能发生面形退化以及离轴、离焦和倾斜等运动。从遥感器窗口、校正镜、主镜、次镜、调焦镜到焦面，其中的任意一个光学元件的位置发生变化，不仅会增大光学遥感器光学系统的像差，同时振动也会造成视轴的抖动，导致曝光时间内的像点移动。

4.1.6　减隔振要求

遥感器结构的减隔振指标，来源于上文描述的光学波前差。根据微振动对光学像质的影响分析，减隔振指标分为以下两类。

（1）主动段减振：能有效地减小发射过程中力学载荷的传递。

（2）在轨微振动隔离。

1）相机与平台：相机与平台需采用必要的减隔振措施，以有效隔离 CMG 等星上振动的传递。

2）相机内部，特别是针对红外相机，中波及长波组件所配置的制冷机，为保证在轨成像质量要求，应提出减隔振技术指标要求。

4.1.7 防污染要求

对于遥感器而言，主要考虑对光学元件表面或探测器窗口的污染防护。污染物沉积到空间光学系统表面时，会形成沾染薄层，导致光学系统的光学透过率或反射率降低，降低空间光学系统的探测灵敏度，甚至导致光学系统失效。就目前情况来看，光学遥感器的地面分辨率的提高仍有赖于光学系统口径的增大和焦距的增长，而光学口径的增大使得裸露在外的光学表面面积增大，污染物的接收面就随之增大，污染对光学系统的影响会更加突出[31]。光学系统表面受到空间污染物的沾染时，其光学透过率或反射率将发生明显变化，从而影响光学系统的成像质量。空间污染物沾染到光学系统中的光学镜面表面时，同样会造成光学系统的光谱传输率发生变化，从而使得经过光学系统传输到达焦面时的光谱辐照度下降。

一般来说，沾染来源包括内部污染和外部污染，而影响目标表面辐射特性的主要是外部污染源，在空间外污染源中，人为恶意释放是最为恶劣的情况。主要污染源有以下可能：

（1）复合材料的可凝有机成分挥发物对光学系统的污染。

（2）由于相机窗口裸露、窗口附近温度变化、卫星上的可凝挥发物及姿控发动机喷出物可能造成的污染。

（3）组装运输过程中可能造成的污染。

针对以上污染源，结构与机构产品将采取以下防污染措施以提高可靠性：

（1）正确选用相机结构材料。经 24 h 烘烤处理后，材料质损不高于 0.1%，可凝挥发物质损不高于 0.01%。

（2）利用“分子屏效应”使相机窗口避开姿态控制发动机喷出物或采取其他隔离措施进行防护。

（3）在净化的环境下装校，在受控条件下运输和存放。结构须在湿度、温度和洁净度满足要求的环境下进行装配、测试、试验和储存。

（4）对有挥发成分的结构件进行真空预放气处理。结构在完成装配后应进行真空放气试验。

（5）开展必要的防污染专用结构设计。

4.2　遥感器结构的设计内容

4.2.1　设计依据

在空间光学遥感器的结构和机构的设计中，需考虑空间环境条件的要求，作为分系统产品需考虑总体构型布局及其他边界约束的要求，面向功能性能的实现需考虑相应的内部约束性指标的要求，总的来说，主要有以下几个方面。

4.2.1.1　坐标系定义

在结构系统的设计中，坐标系的定义是开展后续设计的一个基本条件。通过坐标系的定义，设计师有了共同的描述基准。基于统一的坐标系开展设计与仿真工作。卫星遥感器的坐标系分为以下两类。

1. 卫星发射坐标系

原点：位于星箭对接面圆心；

Z 轴：过原点，垂直于星箭分离面指向相机进光口一侧；

X 轴：过原点，垂直相机探测器件阵列方向；

Y 轴：过原点，与 X、Z 轴成右手定则关系。

2. 卫星飞行坐标系

原点：位于相机安装面与过星箭对接面圆心且垂直于星箭对接面轴线的交点；

Z 轴：过原点，平行于相机光轴，指向相机进光口一侧；

X 轴：过原点，指向卫星飞行方向；

Y 轴：过原点，与 X、Z 轴成右手定则关系。

注：对于离轴遥感器而言，根据装星方式的不同，为使在轨飞行时，相机视轴垂直地面，发射坐标系可与飞行坐标系存在一定的夹角。

卫星坐标系如图 4 - 2 所示。

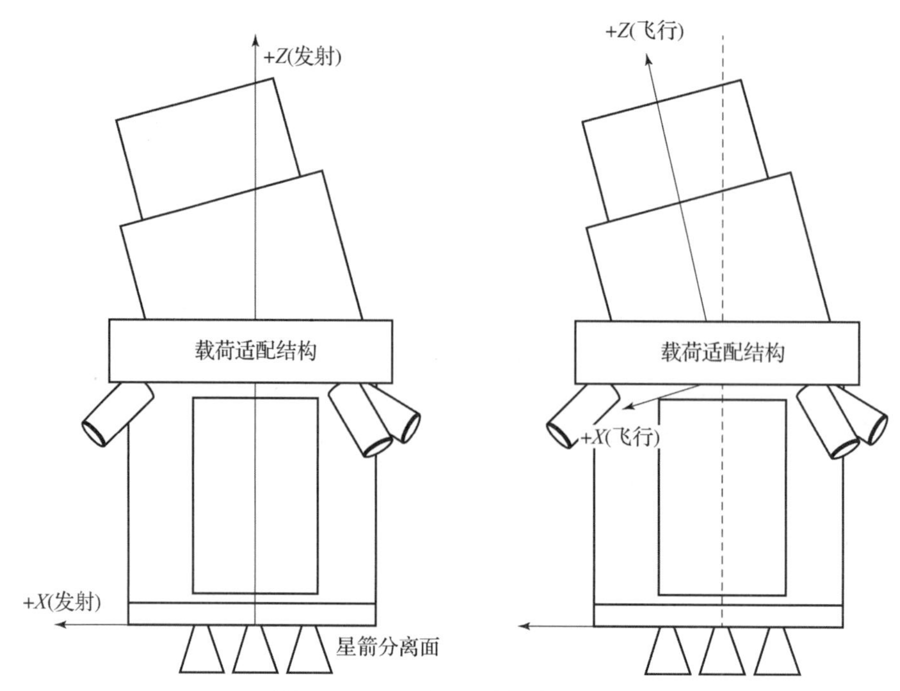

图 4-2 卫星整星机械坐标系定义

4.2.1.2 环境约束

1. 发射环境

发射环境主要是力学环境，包括稳态加速度、振动、噪声和冲击等；发射主动段的力学环境影响，主要包括过程中的过载、冲击振动、噪声等造成的遥感器光机结构的永久破坏或变形。

2. 轨道环境

（1）入轨：遥感器发射入轨后受微重力环境影响，光机结构将出现地面重力卸载不完全而产生的弹性变形。

（2）长期在轨：一是微振动环境，主要是平台扰振、在轨机动载荷或载荷自身机构扰振带来的低频振动、随机振动等；二是热交变环境，长期的且剧烈的温度场变化，会引起遥感器结构变形甚至破坏。三是粒子和紫外辐射、原子氧等。

3. 再入环境

再入环境包括气动力、气动热和着陆冲击等（早期的回收型胶片式载荷产品涉及这种环境)。

4. 地面环境

卫星在地面总装、测试、靶场环境的洁净度为 10 万级，湿度≤55%，温度为（20 ±5)℃。有机污染：碳氢化合物含量小于 15 ppm，非挥发性残留物为 10^{-6} g/(cm^2 · 24 h）量级。相机对环境有特殊要求，需自行解决包装及运输问题。

4.2.1.3　结构总体构型设计

1. 光学系统的设计输出

光学镜头的结构形式由光学系统决定。航天光学遥感器光学系统选型取决于技术要求（光谱覆盖范围、谱段数目、空间分辨率、MTF 和光学视场等）和约束条件（尺寸和重量)。

一般情况下，对于低空间分辨率、大视场航天遥感器，其口径小、焦距较短，通常选择折射式光学系统；基本形式有同轴的卡塞格林系统（R－C 系统)、同轴三反系统、离轴三反系统。对于高空间分辨率航天光学遥感器，其口径大、焦距长，通常选择反射式光学系统。对于中等空间分辨率的航天光学遥感器，可能使用反射式、折射式或者折反式光学系统，其优缺点见表 4－2。光学系统形式选定后，便可确定光学系统的结构特征。光学系统与结构相关的输出包括：

（1）机械接口关系，包括光学系统结构参数、公差、光学系统图、体积、重量等。

（2）热接口关系，包括光学系统对轴向温度梯度和径向温度梯度的要求等。

（3）光学系统真空焦面位置等。

表 4－2　光学系统优缺点对照表

光学系统	优点	缺点
折射式	容易满足大视场、高成像质量要求	易受到折射材料的光学特性影响，对温度梯度要求高，光学结构较复杂，体积、质量相对较大

续表

光学系统	优点	缺点
反射式	光谱范围宽，可以覆盖从紫外到热红外光谱区，且不存在色差。三镜反射相对于两镜反射，优点在于杂散辐射较容易控制，像面照度比较均匀，且容易实现比较大的光学视场	可调整的变量较少。反射镜通常为非球面，而非球面反射镜的光学加工、检测和装调难度较大
折反式	系统焦距主要由反射面决定，不需要校正二级光谱。对环境压力变化不敏感	中心遮拦不仅会损失光通量，而且降低中、低频的衍射 MTF 值，反射面加工精度比折射面高

2. 安装方位

遥感器在卫星上的安装要结合卫星飞行方向及相机探测器件的积分方向进行综合分析。如某相机行方向由北向南，相机推扫成像，CCD1 在西，CCD2 在东，像元序号 1 在西，全色谱段像元序号 6144 在东，多光谱谱段像元序号 1536 在东，两片 CCD 与地面投影对应成像几何关系如图 4－3 所示。在相机装星时要考虑这个方位要求。

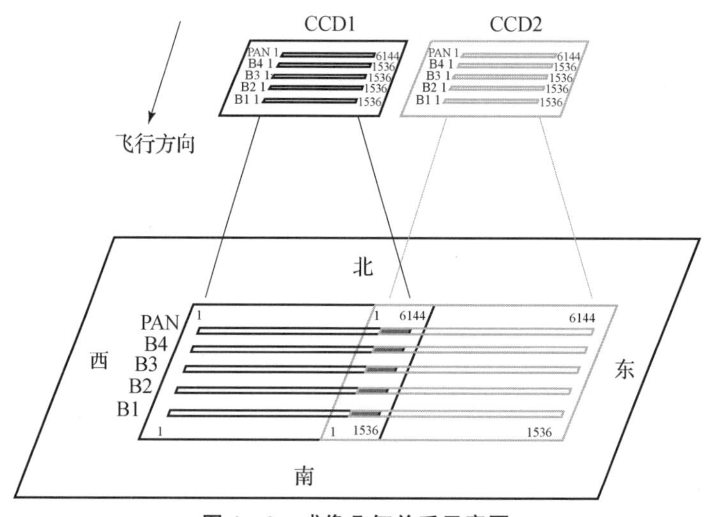

图 4－3 成像几何关系示意图

3. 形状、最大尺寸包络

这包括整流罩内允许空间、星体允许的包络及空间等。

4. 相机的安装布局和质量特性

遥感器质量特性采用整星发射坐标系给出，主要包括表 4 – 3 所示要素。

表 4 – 3　质量特性描述示例

产品状态	质心位置/mm			惯量/($kg \cdot m^2$)			质量/kg
	X	Y	Z	惯量 J_X（质心）	惯量 J_Y（质心）	惯量 J_Z（质心）	
示例	– 50	5	13	13 000	17 000	8 500	360

质心位置：质量中心简称质心，指物质系统上被认为质量集中于此的一个假想点。

过质心的惯量：转动惯量（Momentum of Inertia），是刚体绕轴转动时惯性（回转物体保持其匀速圆周运动或静止的特性）的量度，用字母 I 或 J 表示。根据平行轴定理，即设刚度质量为 M，绕通过质心转轴的转动惯量为 J_Z，将此轴向任何方向平移一个距离 L，则绕新轴的转动惯量 $J_{Z'}$ 为：$J_{Z'} = J_Z + ML^2$，如图 4 – 4 所示。

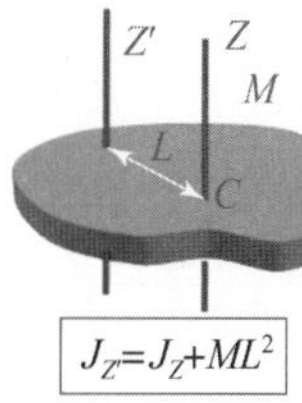

图 4 – 4　平行轴原理

当物体以角速度绕固定轴 Z 轴的转动同样可以视为以同样的角速度绕平行于 Z 轴且通过质心的固定轴的转动。也就是说，绕 Z 轴的转动惯量等同于绕过质心的平行轴的转动惯量与质心的转动惯量的和。

利用平行轴定理可知，在一组平行的转轴对应的转动惯量中，过质心的轴对应的转动惯量最小。

5. 接口

各种机（与卫星和星上其他分系统）、电（电磁兼容性、绝缘、防静电积累、接地等）、热（隔热、导热）接口。

4.2.2　设计的基本程序

遥感器结构与机构的设计是有一定继承性的，这也是航天产品的特点之一。

在设计启动后，一般由经验丰富的资深设计师根据总体设计要求策划方案：是完全继承现有结构公用平台和现有产品化机构组件，还是在现有基础上做适应性修改，或研制一个新的结构公用平台和新的机构组件。

如果是适应性修改，则提出修改的初步方案；如果是研制新的，则需根据现有技术基础和新的设计要求勾画出一种新的结构平台构型和新的机构组件构型。

遥感器结构设计与其他子系统的设计是强耦合的，在讨论设计内容前，首先将结构设计关联要素进行说明，如表 4－4 所示。

表 4－4 光机电热设计关联要素

序号	约束类型	说明
1	光学系统形式	根据离轴、同轴等光学系统形式选择基线产品
2	光学	满足对光学系统中光学零件的准无应力支撑固定要求； 满足光学系统装调对结构的要求； 满足光学系统消杂光设计的要求； 满足焦面拼接设计对结构系统的要求； 满足光学成像对振动的消除要求； 满足精测的需求
3	热设计约束	结构热边界，以及导热、隔热要求； 热控分区控温，对结构设计部组件划分的约束； 相机桁架结构及遮光罩需按照要求布置流体回路； 满足相机望远镜头安装加热片的要求； 满足焦面电子组件电路板的散热要求； 满足安装主动控温回路、流体回路的要求
4	电子学	电单机结构满足电磁兼容性的要求； 满足电单机的机械接口要求； 相机支撑力结构需布置电缆绑扎定位的安装点； 满足焦面电子组件的散热要求

除选择基线产品及梳理上述设计依据外还需考虑：

（1）遥感器的结构设计，往往会采用多种构型方案并做详细比对：通过国内外主体结构和机构研制现状、发展趋势的分析，以及多种方案的初步力学分析来初选方案。在方案选择时需要兼顾系统层面和单机层面，从而使结构机构能达到的功能、性能或者接口关系，都是综合性能最优的方案。

（2）结构机构中的新材料和新工艺。

（3）尽可能降低成本和缩短研制周期。

4.2.3　选择材料和工艺

4.2.3.1　材料类型优选

前面已经说明，空间遥感器光学结构对材料的性能要求越来越高，除必须具有低密度、高刚性、高强度、高断裂韧性、低热膨胀系数外，同时还必须满足一系列空间环境稳定性要求，如湿及热稳定性、高热导、低内应力等。对比刚度的追求引导了碳纤维增强复合材料、陶瓷材料等各种新型材料的推广应用，以及其他先进材料的探索研发。

航天器结构和机构材料可分为两大类：结构材料和功能材料。在具体设计过程中，需根据结构的具体功能性进行材料的选择。

结构材料主要用于提供刚度和强度。结构材料有金属材料和复合材料。常用的金属材料采用频度由高到低依次为：铝合金、钛合金、镁合金。复合材料有树脂基和金属基两种。常用树脂基复合材料的增强材料有：碳纤维、凯夫拉（芳纶）纤维、玻璃纤维、硼纤维、碳化硅纤维等。前三类纤维根据具体工艺的不同又有高强和高弹之分。常用树脂基体主要是改性环氧、改进氰酸酯和改性酚醛等。常用金属基复合材料有铝基碳化硅颗粒（或晶须）、铝基硼纤维、铝基碳纤维等。

功能材料用于提供特定功能，如密封、阻尼、润滑、防热、烧蚀等。

4.2.3.2　选择结构材料的依据

（1）低密度：以减轻重量。

（2）力学性能好：指强度高、模量高、韧性好。

大多数遥感器结构采取刚度设计、强度校核的设计途径，提高结构刚度的最直接和有效的途径是提高结构材料的弹性模量。许多结构采用高模量碳纤维复合材料，就是这个原因。

强度是航天器结构设计的最基本要求，用于满足在各种载荷和温度环境下不造成结构破坏和不产生不允许的结构变形，尤其是机构部件，有时微小的永久变形就会造成机构的功能失效。

（注意：对于薄面板夹层结构板，失效模式往往是面板皱曲，其临界应力与材料的弹性模量有关，而与材料的强度无关。所以，这种夹层板的强度和刚度往往都取决于材料的弹性模量。）

在航天器使用环境中，火工品解锁、展开锁定和着陆等通常会产生冲击载荷，这就需要结构和机构部件的材料有较大的延伸率和抗冲击能力。

（3）合适的物理性能：包括线胀系数、热导率、电导率、比热等。

（4）对空间环境的适应性和在轨寿命要求。

（5）出气率要求：真空中加热至125 ℃，24 h内总质量损失TWL $<1\%$；在23 ℃收集所得挥发性可凝聚物质量CVCM $<0.1\%$。

（6）金属材料表面需经防护处理，但不能镀镉和镀锌。

（7）对不同金属的组合必要时应采取防止电化腐蚀的保护措施。

（8）复合材料基体易吸水膨胀变形。进入空间真空环境后，吸附的水分解析引起结构收缩，因此在设计中必须考虑膨胀和收缩可能引起的对准偏差。

（9）需分析真空中放出的水分和可凝聚挥发物对邻近关键设备性能的影响。

4.2.3.3 工艺选择的基本要求

设计工艺性是产品设计工作中的一项重要因素，也是产品的固有属性之一，它直接决定了产品的可制造性，是采用经济、合理和可靠的方法制造产品的基础。因此，产品设计中选用合理的结构、合适的材料及工艺、合理的精度要求，在制造源头提高产品的设计工艺性，对保证产品质量可靠性，提高快速研制水平，增强产品批生产能力和有效控制成本有着重要的现实意义。

（1）制造和装配工艺技术规范应完全可控。

（2）使用正确的加工方法和装配工装，提高加工和装配质量。

（3）重点关注尺寸稳定化处理工艺性。

（4）机构设计还应考虑易于装配和拆卸，以减少拆装时引入的污染和装配误差。

（5）避免采用航天禁限用工艺。

4.2.4　公差设计

依据相机光学系统公差的分配，细化光机结构的技术指标。主要包括光学元件的位置稳定性要求、针对光机结构的频率分配、减隔振指标及 AIT 指标，对这些要求和指标进行规定，以作为子系统开展详细设计的依据。

1. 光学波前差的影响因素

结构设计的公差指标的分配来源于光学系统。需根据光学系统公差灵敏度的分析确定结构的公差。光学公差的主要影响因素包括光学设计残差（面形精度误差等）、光学组件制造公差、系统装调公差、稳定性公差。以灵敏度较高的可见通道为例，对系统公差的分配按照公差引起的 MTF 下降到设计值的 0.9 倍，即 0.3 进行考虑；总的系统误差要求为 0.07λ。公差树描述如图 4－5 所示。

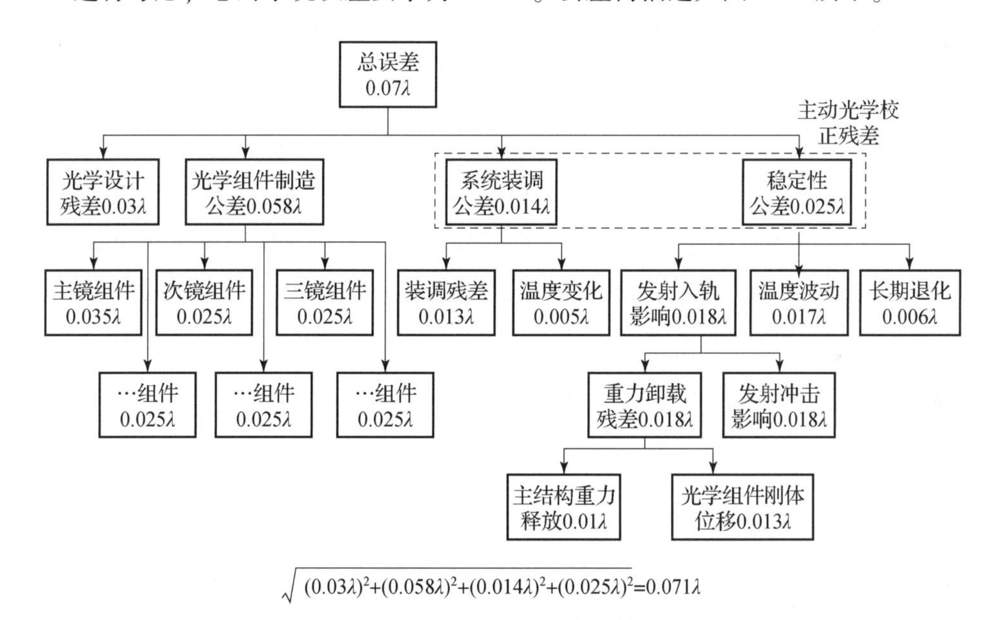

图 4－5　光学公差分配树

2. 光学元件支撑结构对面形的影响

各光学元件的最终面形质量由光学加工的残差和镜子组件支撑结构两个因素决定。无论遥感器装调测试状态为光轴水平还是光轴竖直，光学元件均在地面 1g 重力作用下。同时实验室环境一般在 20 ℃ ±2 ℃的条件下，各镜支撑结构组件对面形的影响需满足以下几个方面的要求：

（1）光学元件刚体位移（指光学元件在地面检测状态下刚体位移量）。

（2）1g 重力作用下的面形。

（3）施加卸载后的面形。

3. 光学元件位置稳定性要求

光学元件的位置稳定性在遥感器地面装调测试阶段、在轨运行阶段均将涉及。主要的影响因素包括温度、力的作用。当然，光学设计会给出这个稳定性最大值。在给结构提要求时，根据不同的阶段对这个稳定性要求进行分解。具体包括：

（1）1g 重力因素 + 温度稳定性影响。1g 重力下的光机结构变形会带来系统失调，在地面装调时，需对相机主体进行温度控制，控制稳定性问题同样会带来系统失调。地面对失调量进行预调整，调整的前提是地面这两个因素造成的位置公差不超过允许的范围，可控制残差导致的系统波像差退化不超过 0.018λ，由此计算各单镜变化应满足的技术要求。

（2）在轨温度稳定性因素。相机在轨工作期间，主支撑结构具有 ±2 ℃的温度稳定性，主镜、次镜、三镜等均按照一定的温度稳定性工作。结合主动光学调整要求等，上述由于温度稳定性因素引起的系统波像差退化不超过 0.017λ，由此分解到各单镜位置变化应满足的技术要求。

（3）环境因素。主光机结构由力学试验和存储温度变化（15～25 ℃）引起的不可恢复的系统波像差退化≤0.01λ。

4.2.5 刚度设计

在发射状态，有力传递关系的结构件间应尽可能按频率解耦原则将频率错开。具体表现在：遥感器在两个方向的横向一阶和纵向一阶固有频率必须与卫星的频率解耦。

频率分配是航天结构产品设计中的一项重要工作，目的是避免由于部组件间的共振带来结构的损伤。在设计中开展模型检查的一种方法是进行自由边界的模态分析，一是检查前 6 阶的自由状态模态有无多余的约束，二是检查模型刚体振型是否有几何不协调的现象。

在相机开展频率分配前，卫星会进行模态分析及频率分配。考虑到分析建模和边界条件的正确程度带来的分析误差，对固有频率的分析值应留有适当余量，以确保最终测试频率满足要求。因此，频率分配是个综合的分析论证过程，考虑的因素包括：

（1）运载火箭特性，一般根据运载遥测数据，参照星箭界面的纵/横向高频、低频振动遥测数据，得出振动的包络曲线以及峰值频率点。

（2）参照卫星平台的力学特性，根据卫星的仿真分析结果以及试验要求，按照不同的重量，结构产品的一阶固有频率均有范围规定。

例如，根据某相机整机一阶大于等于 50 Hz 的要求，对光机结构主要部组件的频率进行初步分配，避免在设计过程中造成耦合现象。具体分配如表 4 – 5 所示。

表 4 – 5　光机结构频率分配（示例）

序号	部组件名称	基频要求/Hz	备注
1	相机（发射）	≥50	不含遮光罩局部模态
2	主镜组件	≥100	
3	桁架结构	≥60	带负载
4	主承力基板	≥90	

4.2.6　裕度设计

安全裕度是表示结构强度的剩余系数。结构设计安全裕度 MS 计算公式如下：

$$MS=\frac{\sigma_{\mathrm{f}}}{\sigma_{\mathrm{a}}\times F_{\mathrm{f}}}-1\geqslant 0 \qquad (4-1)$$

式中：σ_{f}——在规定失效模式下的许用应力或临界应力；其取法为：对于结构破坏失效模式，取材料强度极限；屈曲失效模式，取材料屈服极限；失稳失效模式，取失稳临界应力。

σ_{a}——设计应力，在各种载荷作用下计算的结构上的最大应力值。

F_{f}——与失效模式相关的设计安全系数，如屈服设计安全系数F_{sy}、极限设计安全系数F_{su}。

结构所需最小设计安全裕度如表 4－6 所示。如果材料性能不稳定或设计者对计算结果没把握，只能取得再大些。

表 4－6 结构所需最小设计安全裕度

材料	失效模式	最小安全裕度
金属	屈服极限	0
	强度极限	0.15（0.12）
	稳定性	0.25
复合材料	首层失效（FPF）	0.25
	承载强度	0.25
	稳定性	0.30

机构的最小设计安全裕度比结构要严（可参考表 4－7），因为对于机构来说，局部的或微小的变形有可能会影响其功能的可靠性。

表 4－7 金属结构和机构设计安全系数的比较

材料	与失效模式相关的安全系数	结构	机构
金属	屈服设计安全系数	1.1	1.25
	极限设计安全系数	1.25	1.50
复合材料	极限设计安全系数	1.25	—

与失效模式相关的设计安全系数F_f是F_D设计安全系数的一部分，航天产品的设计系数选取较为复杂。在结构机构的力学考核链路中，力学的载荷类型决定了试验系数，此外还有项目成熟度、力学分析模型的完整度等均需以系数的形式考虑到设计安全系数中，这些综合在一起，组成一个完善的设计安全系数。具体如图 4－6 所示。

图中，设计系数：

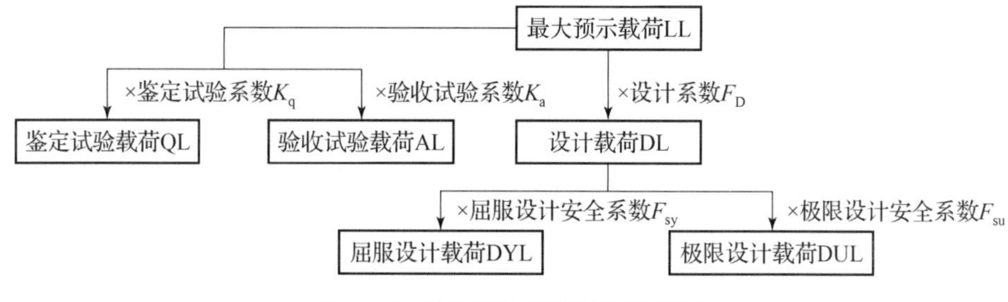

图 4－6　航天结构机构载荷分析树

$$F_D = K_q \times K_p \times K_m \times K_l \tag{4-2}$$

式中：K_q——鉴定试验系数；

K_p——项目系数，在遥感器项目设计初始阶段，根据成熟度、确定性和可扩展能力，取 1.2～1.0，随着项目的研究深入，可逐渐减到 1.0；

K_m——模型系数，考虑设计初期，有限元模型或数学模型的不精确性带来的载荷不确定性，取 1.1～1.0，验证了模型的合理性后可取 1.0；

K_l——局部设计系数，对于遥感器结构的复合材料或夹层结构的不连续性、接头和埋件等，通常取 1.2。

4.2.7　轻量化设计

航天发射任务对重量十分敏感，在传统的卫星设计中，遥感器载荷的重量一般为整星重量的 1/3～1/5，因此载荷结构的减重在航天器的结构设计中尤为重要。轻量化设计的思想在遥感器方案设计及详细设计中都是必须要实现的目标之一。

1. 开展优化设计

遥感器在空间环境条件下工作，除了依靠具有优异特性的结构材料外，还依赖于优化的结构设计。在当前材料研究的难度越来越大的情况下，结构优化设计是轻量化设计中非常重要的设计内容，也是性价比极高的技术途径。结构优化的三步走——拓扑优化、形状优化、尺寸优化，在遥感器结构的设计过程中必须灵活应用。另外在 3D 打印技术日趋成熟和完善的情况下，轻量化结构的实现途径也在不断拓展。实现轻量化的主要途径是中空夹层机构、镂空点阵结构、薄壁加筋结构、一体化复杂结构、异形拓扑结构等。

结构拓扑优化是指在一定的边界约束条件下寻找承受定量载荷的物体在特定的

设计区域内材料的最佳分配方式，又被称为外形优化。变密度法相比均匀化法有设计变量少且不引入微孔结构的优点，以每个单元的相对密度作为设计变量，同时引入密度与材料弹性模量的假设函数关系，灵敏度公式推导简单且求解率高。

根据优化对象的结构类型不同，结构拓扑优化可分连续体结构拓扑优化和离散体结构拓扑优化[32]。1988 年 Bendsoe 和 Kikuchi 提出的结构拓扑优化设计的均匀化方法，标志着连续体结构拓扑优化设计的诞生。结构拓扑优化设计的主要研究对象是连续体结构，在这种情况下，由于拓扑优化设计结果需要描述连续体结构中各处的材料特征，设计变量有无穷多个。在实际的工程产品设计中，这个问题是需要进行转化的，通过数学规划，在某种准则下，实现连续体的拓扑优化。

在连续体拓扑优化之前，结构拓扑优化设计研究最早是从桁架类离散体结构开始的。1904 年 Michell 用解析方法研究了单载荷作用下应力约束的结构设计，提出了桁架结构设计的 Michell 准则，并将符合 Michell 准则的桁架称为 Michell 桁架[33]。这被认为是结构拓扑优化设计理论研究的一个里程碑。但是，Michell 提出的桁架理论只能用于单工况并依赖于选择适当的应变场，并且解析方法所涉及的复杂数学推导限制了它在实际工程中的应用。直到 1964 年，Dorn、Gomory、Greenberg 等人提出基结构法（ground structure approach）[34]，将数值方法引入结构拓扑优化领域。此后拓扑优化的研究重新活跃了起来。

2. 提升结构整体性

在遥感器的结构设计中，整体的构型布局是需要重点考虑的设计内容。包括承力结构、功能结构和特定设备的支架等，特别是结构的承载环节实现整体性、一体化布局和轻量化、紧凑型的构型设计，可以大幅度地减少结构的工艺分离面，并有效地减小过度结构及连接件，结构完整性的提升，对于遥感器尺寸稳定性、可靠性也十分重要。

此外，遥感器结构轻量化设计可以在多功能结构、精密展开式结构、充气结构、先进复合材料及其成型等方面的应用上进行。

4.2.8 热匹配性设计

热设计是根据产品寿命周期内的热环境，采取各种方法，减少产品与外界间的热交换，减少热应力对产品的影响。热设计主要包含以下两个方面。

（1）分析结构所处的温度环境及温度边界，结合热光学分析所提出的具体的热控指标，对结构进行主动热控或被动热控设计，控制产品所处环境的温度，避免温度变化过大而产生的热应力及热变形。

（2）根据热平衡分析的相关结果，在特定的温度边界下具体地开展热控结构、热控元件布局等设计，包括热控与结构间的匹配设计，结构自身的热匹配性设计，由于热控分区或热控元件而带来的结构适应性设计等。

光机结构所处的温度场，特别是针对光学元件的热设计，一般描述为四种，包括温度水平、轴向温度梯度、径向梯度和周向温度梯度。温度水平表征的是光学遥感器所处的环境温度的状况。某相机温度场示意图如图 4－7 所示。

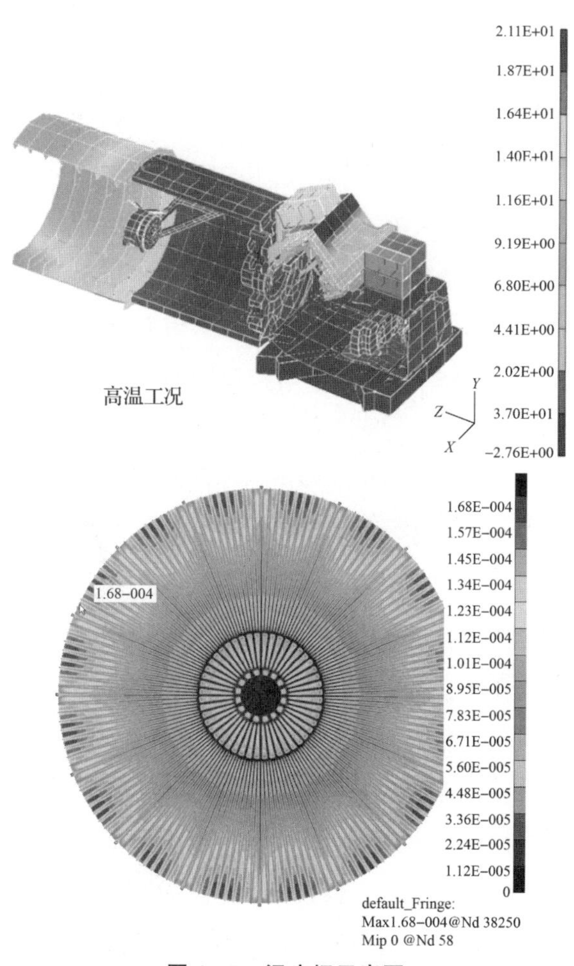

图 4－7　温度场示意图

轴向温度差主要考虑光学支撑结构前后端，光学元件前后面温度不同可能导致的光学元件在轴向方向的变化。周向温差序列能够清楚描述在测点温度平均值不变时光学元件或支撑结构在圆周方向的温度分布情况，主要目的是考察圆周方向存在温度差时可能导致的光学元件的变化。用周向温差序列描述圆周方向温度分布的另一好处是有助于对口径更大，对周向温度分布均匀性要求更高的光学遥感器实行精密热控制。径向温度差主要考虑光学元件在半径方向上存在温差时可能导致的变化，用半径方向而不用直径方向的温差，能够保证分别对温度水平、轴向温差、周向温度、径向温差的单独变化进行灵敏度分析[35]。

4.2.9 卸载设计

空间光学遥感器在地面加工、检测、装调时，在重力作用下产生的应力可导致光学反射镜面形精度的变化，在地面则需要营造近零重力的环境，以确保产品入轨后的工作性能。在卫星发射入轨过程中，空间光学遥感器经受严酷的力学环境，可能导致光学反射镜位置和面形精度的变化；在空间环境下工作时，真空、低温以及空间外热流等复杂的空间环境条件将会引起空间遥感器结构变化，因结构变化或材料热特性不匹配产生的应力传入反射镜将使反射镜面形超差，导致成像质量下降；因此要求光学元件支撑结构具有良好的结构稳定性和应力卸载能力。

目前，空间光学遥感器中应用的应力卸载技术主要有三个方面[36]：

（1）光学元件重力卸载支撑技术；

（2）光机主体结构件强迫位移产生的应力卸载技术；

（3）热应力卸载技术。

4.2.10 稳定性设计

结构的稳定性就是在负载条件下，保持原有的平衡状态的能力。同所有结构设计准则一样，在空间遥感器的结构设计过程中，主要解决的是目标和约束的问题。目标即设计输入，主要是指遥感器的各项性能指标要求；约束即设计的边界条件，也就是结构稳定性分析优化的约束条件，主要指光学设计对光机结构的变形要求、对温度控制的要求以及在轨工作的时间等指标。简单地说，光学设计对光机结构的变形要求即是对空间相机结构稳定性的要求，其结构稳定性取决于结构的材料、形式、尺寸、力学载荷和热载荷分布等因素。

对结构稳定性问题的研究，根据研究对象的不同有不同的行之有效的方法。结构稳定性分析的理论，最初是由 Leonard Euler 在 18 世纪后叶提出的[37]。由 Timoshenko 在 20 世纪 60 年代提出的 "Theory of Elastic Stability"[38]是早期的结构稳定性分析的依据。对结构进行稳定性研究，需要涉及复杂的力学理论和数学运算。针对空间遥感器结构，Wolff 系统地分析了影响要素[39]。Duhamel－Newman 简化关系式指出线性拉伸应变 ε 受诸多因素影响，它对于描述尺寸不稳定性是一个很好的开始。如下式所示：

$$\varepsilon = S\Delta\sigma + \alpha\Delta T + \beta\Delta M + \eta\Delta t + \psi\Delta Q + \cdots \tag{4-3}$$

式中，σ 为施加的应力；T 为温度；M 为吸湿量；t 为时间；Q 为辐射量。材料的特性包括：S = 柔量 = $1/E$，其中 E 为杨氏模量或材料刚度；α 为热膨胀系数 CTE；β 为湿膨胀系数 CME；η 为时间膨胀系数 CTE；ψ 为辐射膨胀系数 CRE。

空间光学遥感器结构的高稳定性设计需考虑以下两个方面。

1. 自限稳定性

结构自身的尺寸稳定性是开展光学遥感器研制的基础之一。结构的尺寸稳定性设计，需要考虑的因素包括材料、结构尺寸、环境条件、复合材料铺层、载荷形式等。

2. 动态稳定性

动态稳定性指静定结构，静定结构是没有多余约束的几何不变体系，其反力和内力只用静力平衡方程就能确定。但在实际的工程设计中，结构的承载体系非常复杂。因此在设计中基于静定结构的思想，将外部变形对遥感器结构的影响降到最低，以达到稳定支撑的目的。这是遥感器支撑桁架、反射镜等高稳定支撑中需要重点地考虑。

4.2.10.1 自限稳定性设计

遥感器结构的自限稳定性设计主要考虑两个方面，一是在空间环境载荷下结构的微屈服，二是机构的残余应力带来的结构蠕变。

1. 微屈服

材料的微屈服行为是指塑性应变很小时材料的应力与应变的关系［通常指

$(1\sim2)\times10^{-6}$残余应变量]，它反映了材料微小变形情况下抵抗塑性变形的能力。金属材料的微屈服有较为确定的力学行为表达，而针对遥感器结构中大量采用的复合材料，由于多相材料的存在，其微观结构决定了其在应力场中变形的非协调性，进而会在基体的某些部位产生应力集中，过早发生塑性变形进入微屈服阶段，在宏观屈服之前的这段过程是微观塑性积累和微结构演化的过程，它与复合材料发生了宏观屈服后的塑性变形相比有很大不同，主要体现在复合材料基体中的热残余应力水平和位错组态的不同，因而其表现出的行为也不同。如在树脂基复合材料、金属基复合材料的微屈服行为中，热残余应力是一个重要的影响因素[40,41]。

2. 残余应力

残余应力是一种消除外力或不均匀的温度场等作用后仍留在物体内的自相平衡的内应力，它可能存在于工件制造加工中的每个环节。这包括两个方面，一是零件加工制备引入的残余应力，二是在装调测试过程中引入的残余应力。

4.2.10.2 动力学环境下稳定性设计

振动导致的光学元件之间的相对位置的变化，改变了光学元件之间的理想装调关系，从而使遥感器的视轴发生改变，导致了物点的成像位置和系统像差的变化，影响了成像质量。而且，振动是一个动态过程，光学元件之间的相对位置的变化也是时变的，所以，光学元件之间相对位置的变化如何影响成像质量也随时间的变化而变化。另外，由于振动的存在，光学元件的折射面或反射面的面形发生变化，直接影响到成像质量，这种变化也是时变的，实际中可以采用面形变化的最大值来评价光学系统。这种影响主要体现在遥感器视轴的变化、光学元件的面形变化。

4.2.10.3 热真空环境下稳定性设计

光学成像遥感器系统的各部件对温度场的要求差异很大。一些部件对温度水平的高低和温度场变化的反应不敏感，热弹性变形对光学系统的影响很小，轨道舱内的温度环境完全可以满足其工作需要，这样在热设计时就不必考虑；另一些部件对温度的变化很敏感，或其上温度场分布不均匀导致的热弹性变形对成像质量影响较大，在热设计时需重点考虑。在不采用热控措施的情况下，遥感器的光学系统将承受较大的轴向和径向温差，温度水平的变化范围也很大，温度场的不规则分布将使光学系统的尺寸稳定性发生变化，进而产生光学误差，主要有支撑结构的热弹性变形引起的各光学元件相对位置的变化，产生离轴、离焦和倾斜等误差和光学元件的热弹性变形引起的镜面面形畸变等。因此必须采取措施，使其温度场满足一定的温度水平和温度分布设计[42]。

在设计中，在详尽的空间环境外热流分析、温度场分析、热弹性分析的基础上，实施针对光学元件的热光学灵敏度分析，并根据各光学元件的热光学响应灵敏度大小来确定系统的温度水平和温度梯度指标。对关键结构件开展受热的尺寸稳定性分析，并开展热光学分析。

4.2.11　与地面支撑工装设备的匹配性设计

4.2.11.1　吊装设计

航天产品在20 kg以上，一般需要配置吊装点。产品吊装应密切结合产品外形、吊装点位置以及产品装箱要求相应的技术参数，遥感器产品整机吊装及关键单机的吊装需充分考虑吊装带来的静载对产品造成的不可逆的变形影响。因此吊装力的传递路径需要经过优化设计、仿真分析和相应的试验验证，才能正式地实施吊装操作。吊装载荷分析时，需考虑起吊、吊车停顿等影响，一般乘以1.2的恒载系数进行分析计算。

产品吊装，一般有三种形式：

(1) 斜拉式吊装方案是一种操作简便的方法，使用吊带直接悬挂产品的吊点对产品进行起吊。但是起吊时重心位置无法调节，且斜拉吊带会对产品造成额外的弯矩。这种方式一般应用于单机或零部件吊装中。

(2) 斜拉撑杆式吊装方案，两支撑吊挂点位置保持不动，吊装过程中不会发生滑移现象；通过花篮螺丝可以实现吊装重心位置的调节，但是花篮螺丝调节范围有限，不能满足产品多状态吊装作业的需求。

(3) 管式平衡梁吊装方案，如图4-8 (b) 所示，管式平衡梁吊装方案采用无缝钢管作为吊装支撑主体，利用齿条调节方式或者多孔方式，对吊装重心位置进行调整，采用吊装带加护垫方式对产品进行竖直起吊。该方案采用竖直方向起吊，可以在较大范围内对吊装重心位置进行调整，使吊环与吊装重心处于同一竖直线上，保持吊装平稳。

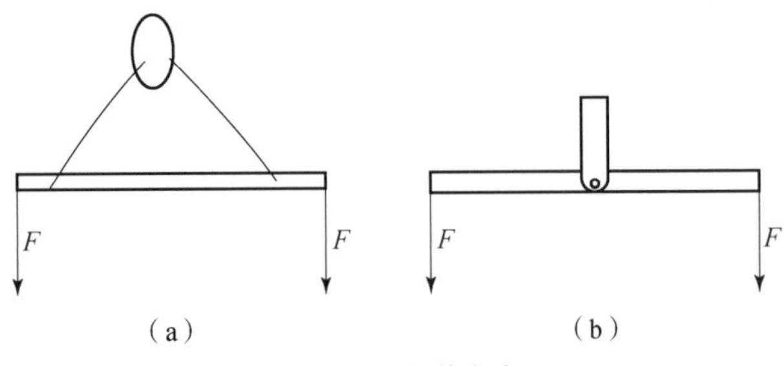

图 4-8 吊装方案

(a) 斜拉撑杆式吊装方案；(b) 平衡梁吊装方案

4.2.11.2 包装

普通仪器设备的包装应符合行业标准《航天器产品包装基本要求》；火工品的包装运输应符合国军标 GJB 2001—1994《火工品包装、运输、贮存安全要求》。空间光学遥感器的包装重点关注减隔振和温度保持能力。在结构设计时需考虑：

(1) 产品设计与包装箱的专用连接位。

(2) 包装箱能提供减振、温湿度与空气质量控制等辅助设施。

(3) 考虑镜头的防污染，设置镜头盖的安装接口等。

第 5 章 遥感器主结构设计

5.1 概述

主承力结构其主要功能是支撑光学组件及焦面组件，并能保证光学系统所要求的各光学元件与焦面像面之间的准确位置关系；也要确保光学元件、电子元器件等易损件可以承受发射阶段较为恶劣的力热环境载荷。同时提供与平台的机械接口。

遥感器的主承力结构主要有薄壁筒式、整体框架式、桁架杆系等几种形式，其结构复杂度、设计难度、适用范围等各有不同，具体设计选择何种形式与遥感器的光学系统选型、功能要求、尺寸规模等有很大关系。一般来说，对于中小型的同轴光学系统的遥感相机，主承力结构多采用薄壁筒式（如美国的 Ikonos 相机）；对于中小型的离轴三反遥感相机，主承力结构多采用整体框架式（如美国 EO－1 相机）和桁架杆系结构（如法国 SPOT－5 相机）。对于大型遥感相机，出于结构减重的压力，主承力结构多采用桁架杆系结构，如美国的哈勃空间望远镜（HST）、超新星宇宙加速度探测器（SNAP）、詹姆斯・韦伯空间望远镜（JSWT），欧洲的赫歇尔太空望远镜（Herschel），我国的空间太阳望远镜（SST）等。

遥感器承力结构为相机光学系统各元件提供安装接口，建立各元件之间精密的相对位置关系，并且在地面研制阶段、发射入轨过程以及在轨工作寿命期的各种力学、热学环境中始终保持稳定，这就要求承力结构具有非常优良的力学性能和热学性能。在遥感器的结构产品中，承力结构的设计最具有多样性。除了体积小、重量轻、强度够这些一般要求以外，一般来说，遥感器承力结构的设计还需遵循以下几个特殊原则。

（1）高刚度原则。火箭发射等过程中的振动等力学载荷，对遥感器的光学元件安全及其性能有着致命的威胁。在一定的振动条件下，遥感器承力结构的刚度越高，模态频率就越高，在振动条件相应频率区间中出现共振峰越少，从而安装在其上的各个光学元件也就越安全。同时，高刚度的承力结构在地面重力环境下的变形小，也有利于装调测试工作的顺利进行。因此，高刚度是一个重要设计原则。

（2）高阻尼原则。对阻尼的追求也是出于抑制振动载荷的危害的目的。提高承力结构的阻尼，可以使更多的能量在传递过程中被耗散，有效降低承力结构在振动载荷作用下的响应放大倍数，保护精密而又脆弱的光学系统。在保证安全的同时，高阻尼也会有效减小航天器在轨微振动对遥感器性能的影响，进而确保成像质量达到任务要求。

（3）零膨胀原则。遥感器在轨工作过程中，由于地球公转和自转、航天器轨道运动等引发的外热流变化以及航天器自身设备运行产生的热量，遥感器所处的热环境是波动变化的，即使有主动、被动等热控措施，遥感器上各个位置的温度也处在一定范围内不断变化的状态下。通常，遥感器承力结构的温度波动范围在 1~2 ℃，更高的温度控制精度会需要更多的星上资源。任何材料都具有随温度不同而伸长或缩短的特性，以航天器常用的钛合金为例，1 ℃的温度上升会导致 1 m 长度的结构发生 8.8 μm 的伸长。对于精密光机结构来说，这种量级的尺寸变化很可能是致命的。因此，在相同的热控精度下，承力结构的热膨胀系数越小，乃至于达到零膨胀的理想目标，遥感器的性能越能够得到保证。

5.2 主承力结构形式

5.2.1 优化设计目标

主承力结构的基本功能确定了遥感器的基本构型。主承力结构在几何特性、物理特性及操作功能等方面满足多重接口的约束，包括与卫星之间、与安装在其上的部组件之间、与地面支撑设备之间等。同时承力结构能够承受在产品全生命周期内作用于遥感器上的静态及动态载荷，以及由温度变化引起的热载荷，并且满足结构尺寸稳定性的要求。

遥感器结构优化中，针对承力结构，采用的是刚度频率最大化的优化方法。其数学模型为：

$$\max: \beta$$

$$\text{s. t.} \begin{cases} [\alpha]^{i}\lambda_{i} \geqslant \beta, i = 1, \cdots, N_{\mathrm{dof}} \\ (K - \lambda_{i}M)\phi_{i} = 0 \\ \sum_{j=1}^{N} V_{j}x_{j} - V \leqslant 0, j = 1, \cdots, N \\ 0 < x_{j} < 1 \end{cases} \tag{5-1}$$

式中：K——结构的刚度矩阵；

M——结构的质量矩阵；

V——结构体积；

ϕ_i——是与第 i 阶特征值 λ_i 相关的特征向量；

x——设计变量；

j——单元数目，$i=1$，…，N_{dof} 为特征值问题的所有模态，在结构设计中，取前 3 阶即可；

β——指定的可能发生共振的频率值；

α——迭代常数，优化过程中取 $\alpha=0.95$。

优化过程的目标函数为：

$$\lambda_{i} = (\phi_{i}^{\mathrm{T}}K\phi_{i})/(\phi_{i}^{\mathrm{T}}M\phi_{i}) \tag{5-2}$$

为了在相机主承力结构具有足够高的刚度的前提下降低结构质量，具体优化步骤如下：

第 1 步，定义可设计区。由于相机主承力结构承受的外载荷位置固定，且其约束位置固定，根据加工工艺将主承力结构进行分区，并定义优化区域。

第 2 步，定义响应。为取得较高的一阶自然频率，同时又有较轻的重量，分别将体积和一阶自然频率作为响应函数。

第 3 步，定义约束。取体积的 20% 作为上限，并作为等效约束，使得材料的分布满足设计要求。当不能满足优化设计时，可以适当增加等效约束的量值，使其得到较为合理的结果。

第 4 步，定义目标函数。优化设计的最终目标是最小柔度，即结构刚度 β 最大，所以将其作为最终的优化目标。

第 5 步，定义载荷。根据遥感器在发射过程中要承受的过载量级，在定义载荷时除了要施加主承力结构本身的自重和承载外，还要把过载的加速度转化为力施加到结构整体上。

5.2.2 筒式结构

中心承力筒构型具有极好的力学性能、精简的结构形式以及优良的继承性。在中心承力筒式卫星中，承力筒底部通常与运载直接相连接，载荷通过承力筒传递到其他结构上，因此具有载荷均匀的特点。目前已经有许多卫星采用了中心承力筒构型。特别是光学卫星中，薄壁承力筒或薄壁加筋筒是空间光学遥感器，尤其是采用同轴光学系统的遥感器最常用的结构形式之一，用于建立主镜与次镜间的结构关系以及作为承力筒作为相机与平台间的支撑结构。图 5 - 1 是法国 Pleiades - HR 相机的剖面图，其在主镜与次镜之间采用薄壁筒式结构，选用材料为 C/C 复合材料。

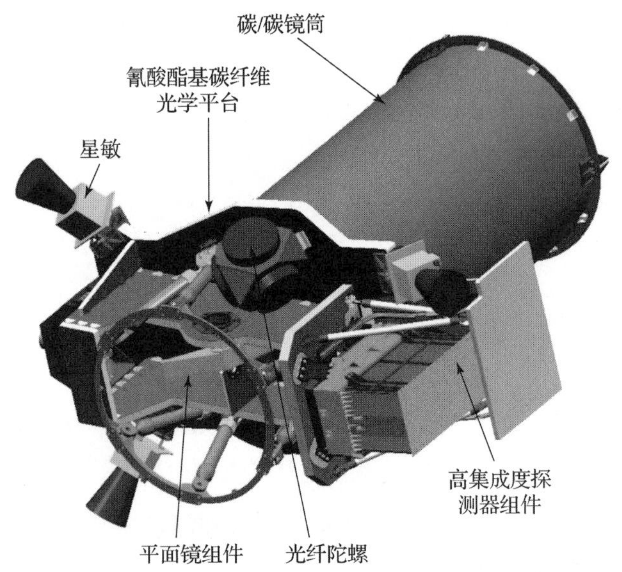

图 5 - 1 法国 Pleiades - HR 相机结构布局[43,44]

空间光学遥感器所采用的薄壁筒不同于运载火箭壳体一类的结构形式。由于遵循高刚度原则，对于空间光学遥感器薄壁结构而言，一般无须讨论筒体的屈曲失稳情况，而是关注加强筋的分布以及加强筋和筒壁的厚度参数如何选择，开展相应的优化设计。筒式结构为轴对称结构，可以更好地保证产品的尺寸稳定性。

筒式结构常用的结构形式有以下两种。

1. 碳纤维桁条蒙皮筒式结构[45]

碳纤维桁条蒙皮结构的承力筒为金属端框、碳纤维蒙皮与桁条的组合结构，采用胶接加螺接复合的连接形式。其优点是：采用碳/树脂缠绕材料，弹性模量高，比刚度、比强度较高；碳纤维增强树脂基结构材料的密度通常在 1.5 ~ 1.8 g/cm^{3}范围，与相同尺寸的铝合金承力筒相比，重量轻 30% 左右；继承性强，有成功的应用经验可借鉴。但缺点是制造工艺较为复杂，周期较长；制造成本较高；当无损检测不全面（或漏检）时，部分地方可能出现因脱胶等缺陷而造成承力筒的稳定性出现问题。

2. 一体化成型桁架筒式结构

一般由陶瓷基复合材料制造，碳化硅基复合材料镜筒突破了传统殷钢或树脂基碳纤维镜筒工艺性差、难以实现大尺寸装配体制备以及相机结构复杂、稳定性差等不足，采用该镜筒替代殷钢镜筒可实现减重 1/2，相机稳定性提高 1 倍以上。其研制结合新材料设计、原位固化技术，一体化模具成型等，可研制出具有加强筋结构的连续纤维增强碳化硅（C/SiC）陶瓷基复合材料支撑结构。这在大型空间光学遥感器中逐渐得到应用。

5.2.3　框架结构

框架结构包括板式框架和立体框架，通常用于离轴光学系统的遥感器的主体结构以及后端光学的支撑结构。板式框架主要有两种结构形式，一是金属或复合材料制成的单一材料的镂空加筋结构，二是由蜂窝夹芯板、金属等多种材料制成的复合板式结构。在板式框架的遥感器中，所有部组件通过各自的支撑结构将安装接口协调到一个板框上，并根据需要在外围加装不承力的薄壳罩子，典型的主承力板式框架结构如图 5－2 所示。立体框架则为各部组件提供了分布在不同平面上的立体的安装接口，并且为光路留出空间。一般来说，板式框架结构的形式相对简单，对扭转、弯曲的载荷适应能力较弱；立体框架的结构形式相对闭合，设计难度较大，力学特性也更好。在开展设计时，均需应用拓扑优化的方法。

图 5-2 某遥感器板式框架结构[46]

1. 金属框架

小型光学遥感器的主体承力结构常采用轻质材料如钛合金整体铸造成型，金属框架的优点是整体性强，由于金属材料各向同性的材料特性，其结构力学特性可以较为准确地预估。另外，与其他功能部组件的接口，通过冷加工可以很好地保证，在重量允许的前提下，在周期、加工工艺性的综合因素下，金属框架主承力结构可靠性较高。

2. 复材框架

在复合材料框架类结构中，一种是采用复合材料的研制工艺方法形成框架形式的构件，由于复合材料在抗弯曲及扭转载荷方面的劣势，工程上常采用金属接头、金属角片等进行局部加强，金属件的应用降低了复合材料应用带来的重量优势。另一种是在复合材料框架下，通过采用蜂窝夹层结构来增强刚度，这是实现遥感器结构轻量化的重要途径之一。在实际设计工作中，根据产品特点选择合适的框架结构形式及材料。

5.2.4 杆系结构

随着空间遥感器口径的增大、焦距的增加、光学性能要求的增强，承力结构的尺寸也随之增大，传统的筒式、框架等整体结构无法同时实现高刚度、小重量、较好的动态稳定性等综合性能。杆系结构因其具有简单可靠、组装灵活、比刚度高、可设计性强、承受传递集中载荷能力强等优点而备受青睐。

杆系结构是由多个一维形状的杆件和端部的接头组成的结构，按照接头形式又可分为桁架和刚架。桁架是载荷作用在结构的接头上，各杆件只承受轴向拉压载荷，接头不承受和传递弯矩的结构。稳定性是桁架杆系首先要考虑的问题，桁架杆系必须要关注杆件的自由度是否完全约束，通常彼此组成三角形，否则无法形成稳定的结构。自身的形状都无法保持，更无法对光学元件提供稳固的支撑。刚架是可通过杆件及其接头承受剪切和弯矩的结构，因此刚架构件的任何布局都是稳定的，但不同的构型导致的应力水平差异很大。理想条件下，杆系结构以桁架形式为佳，只受到拉压力作用的杆件可以充分发挥材料性能。但是实际的工程结构中，特别是光机结构，为了连接简单、避免间隙和摩擦，很少采用球铰、轴承等实现铰接，而是多采用螺接、胶接或柔性铰链等形式来连接，通过综合分析达到设计目标。

图 5－3 所示的哈勃望远镜在主次镜间结构上采用了杆系结构。为了实现无热化设计，工程师优化了杆系的分层和杆件间角度，计算出不同位置的杆件的热膨胀系数范围。在杆件设计上，针对不同位置的杆件热膨胀系数要求，优化了碳纤维铺层方案，并且对制成后的碳纤维杆进行了热膨胀系数的严格挑选。

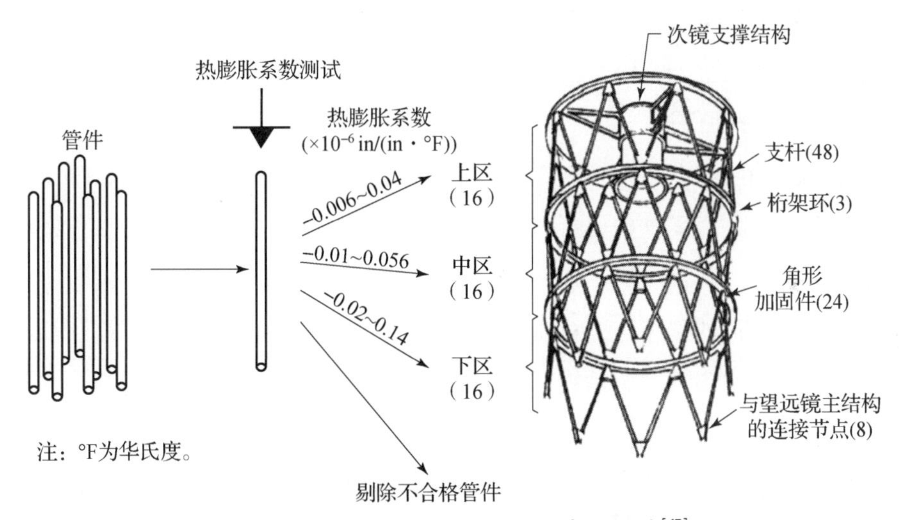

图 5－3　Hubble Space Telescope 杆系设计[47]

杆系结构的设计主要研究其在载荷、边界条件、温度变化等因素影响下的内力分布、变形和稳定性，寻求既安全有效又经济合理的结构形式，杆系结构的设计内容包括构型设计、杆件设计和接头设计三个主要方面。

5. 2. 4. 1　构型设计

杆系设计首先需要确定杆系构型是桁架还是刚架，或者两者的混合结构，并且保证杆系是稳定的结构，这对于杆件和接头的设计也有直接影响。然后对构型以高刚度和无热化两个目标进行优化。杆系的构型按照杆系规模可分为直接支撑的三杆式和杆系式；按照靠近主镜和次镜的两端尺寸的大小，可分为筒形杆系和锥形杆系；按照杆系层数可分为单层杆系和多层杆系。例如哈勃望远镜的杆系结构是多层筒形杆系式，JWST 的杆系结构为单层锥形三杆式。单层的三杆式结构设计简洁，可以有效地减轻系统结构的重量，但当主次镜的间距较大时，连接杆长度太大，严重降低了其抗弯和抗扭性能，并且一阶谐振频率较低，无法满足结构件基频要求；多层的杆系式结构采用了三角形稳定性原理，使相邻两杆与每层的支撑环构成三角形，大大增加了整体结构的稳定性[48]。如果构型选择合理，使用相同的杆件组合而成的杆系结构，能够在相同的重量约束下实现更高的刚度性能。高刚度杆系结构的特点是模态频率高。在重力作用下，高刚度桁架结构的变形小，残余应力小，有利于主次镜安装位置的相对变化满足指标要求。同时，杆系构型能够使不同杆件以优化的几何关系连接起来，使得在温度变化后杆件的热变形得到匹配和抵消，在杆系整体上看，某个方向的热膨胀系数远小于杆件材料本身的热膨胀系数，也就是实现了无热化的设计。

5.2.4.2 杆件设计

杆系构型确定后，每个杆件在使用中受到的载荷形式就会明确，杆件是受拉还是受压，以及是否受到剪切、扭转、弯曲等载荷作用，进而得出杆件设计中需要考虑的失效形式和设计准则。一般情况下，在振动试验或者发射过程中，杆件都会受到交变载荷的作用，即拉压力都会发生，因此大多数杆件由压缩载荷来确定截面尺寸。通常圆管截面是最有效的，但有时为了连接形式的简单也会采用 C 形或工字形。

为了尽可能减轻重量、提高材料效率，杆件的截面参数经常会沿轴向变化，包括截面尺寸和厚度等。比如桁架杆系中，只受到拉压载荷的二力杆，端部可以收缩变细；而在刚架杆系中，同时受到弯矩等载荷的杆件，端部则需要考虑应力集中等问题而进行特殊加强。此外，杆件的材料选择需要考虑杆件热膨胀系数满足构型设计的无热化分析结果，如果杆件的材料是复合材料，特别是碳纤维复合材料，可以对铺层进行优化设计，并且对制成后的杆件进行筛选。

5.2.4.3 接头设计

接头元件将两根或者更多的杆件，或者杆件与其他结构，按照设计好的方式连接到一起，实现结构之间的载荷传递。接头元件不仅要实现连接功能，还要抵抗远大于单独杆件的载荷作用，因此对于杆系结构来说，接头设计往往比杆件设计更加重要，也更具难度。

前面提到，理想的桁架结构设计中，桁架杆为二力杆，只承受轴向力，不传递弯矩，充分发挥材料的轴向强度和刚度特性。如接头设计成铰链结构，或接近于二力杆的柔性连接结构。但实际设计中很多采用的是钢架结构，这样杆件在承受拉压载荷的同时还承受了扭矩、剪力和弯矩。

接头形式按照结构特性分为等刚度接头和等线胀系数接头[49]。按照连接方式主要包括铰接、螺接、胶接等。对于遥感器的承力结构来说，装配应力和时效变形是必须严格控制和避免的，因此基本不会采用焊接工艺。

1. 铰链连接

铰接属于间隙连接，是一种非全约束连接方式，它通过不同的连接方式实现不同的结构自由度。图 5－4 所示为铰链连接接头示意图。铰链连接的特点包括[50]：

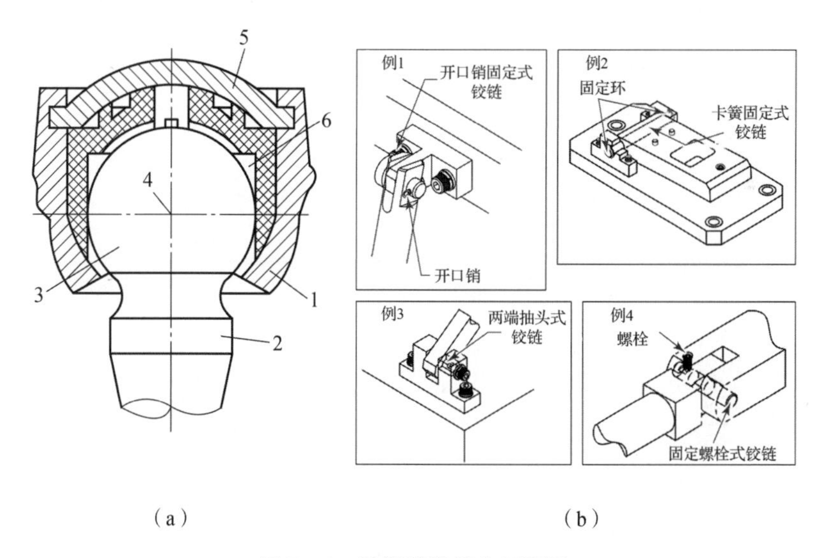

图 5－4　铰链连接接头示意图

（a）球铰连接；（b）其他形式铰链

1—支座；2—连接轴；3—球体；4—球心；5—挡块；6—球壳

（1）承载能力强，具有较高的阻尼特性，可以使振动衰减。

（2）装配特性好，可设计运动特性。

（3）杆系结构受力状态简单，便于分析及承载力计算。

（4）缺点是零件较多，加工精度要求高易产生间隙，造成主支撑结构的不稳定性。

（5）运动部件间需防冷焊处理等。

2. 螺纹连接及胶接连接

螺纹连接和胶接都属于全约束连接，被连接件之间不存在间隙，不会产生相对运动，胶接连接属于空间相机中的一种常见的桁架杆连接形式，接头与主结构间一般采用螺纹连接，最后依靠胶黏剂的固化完成接头与桁架杆的连接任务。其特点是：

（1）结构简单，加工方便。

（2）连接强度高，疲劳强度大，抗冲击性能好。

（3）胶层有阻尼特性。

（4）应力分布较为均匀，且结构稳定性高。

（5）易产生装配误差及装配应力。

图 5－5 所示为螺栓连接示意图。

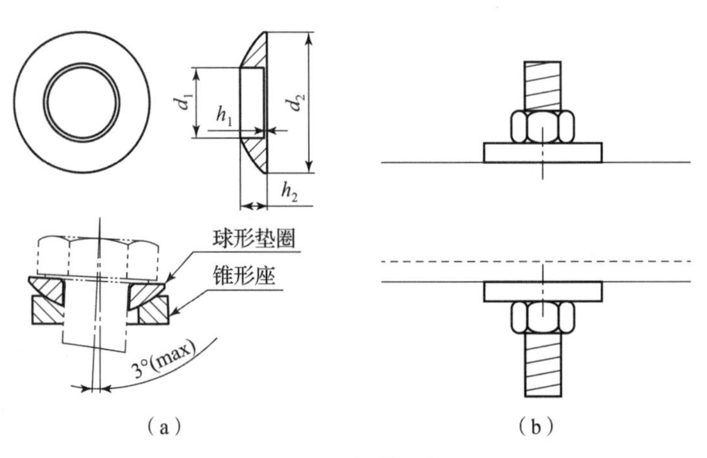

图 5－5　螺栓连接

（a）带球铰的螺栓连接；（b）螺栓连接

3. 柔性连接

柔性连接是指削弱接头处的结构刚度，保持良好的轴向刚度，削弱横向和弯矩刚度，使接头处的弯矩扭矩与剪力传递能力减弱，主要传递轴向力。这种柔性接头的结构刚度可根据自由度分配结果进行设计，以控制接头处的力按照期望的方向进行传递。在光学遥感器产品设计中，经常会用柔性铰链代替机械铰链，在保持一定的自由度释放的同时避免间隙和摩擦问题，如 Herschel 望远镜的次镜支撑结构的安装脚就采用了柔性设计，降低了弯矩的传递。图 5－6 所示为柔性铰链结构。

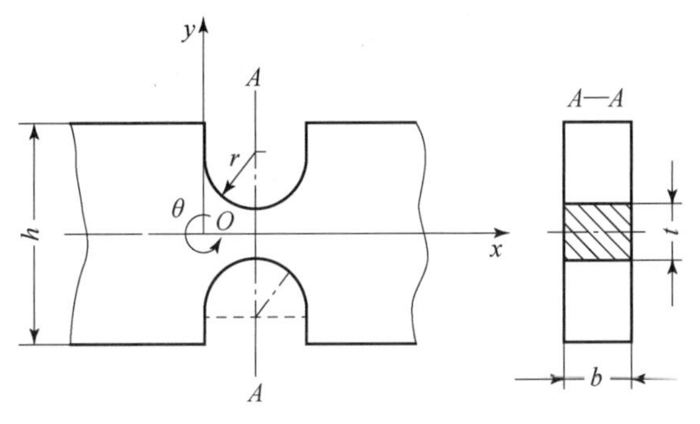

图 5－6　柔性铰链结构

4. 刚性接头

对于刚性接头而言，有以下几种形式。

(1) 金属接头。选用铝合金或钛合金作为接头材料时，由于整体金属接头重量和尺寸偏大，可以将接头拆分为不同零件，然后组装在一起。如图 5－7 所示为铝合金簇状多维接头；金属接头加工工艺相对简单，结构形式多样，也可设计成复杂的展开机构。但带来的问题是结构重量增加，热膨胀系数大，接头与管件材料的热膨胀系数差异较大，对结构的精度有较大影响。

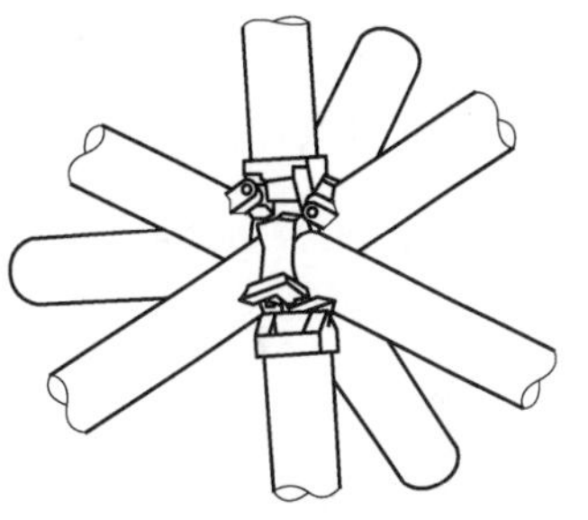

图 5－7　铝合金簇状接头

(2) 复合材料接头。为避免金属接头的缺点，工程中使用碳纤维增强树脂基复合材料制造接头，如图 5－8 所示。为制得尺寸稳定性好的多通道碳纤维复合材料接头，国外先后开发了三维编织和 5 轴缠绕成型技术。对于增强材料，多采用高强碳纤维、芳纶纤维等；对于基体材料，则开发了固化收缩率小、耐热性能、耐空间环境性和耐湿热性能均好的氰酸酯、双马来酰亚胺树脂等高性能树脂，以提高空间结构的减重效率、可靠性和寿命；同时，降低此类树脂的固化温度，以降低固化应力，提高空间结构的尺寸稳定性。复合材料接头可以根据力学性能及装配需要设计成不同的连接方式，常见的有插缝式接头、管式簇状接头、正交斜角接头等。

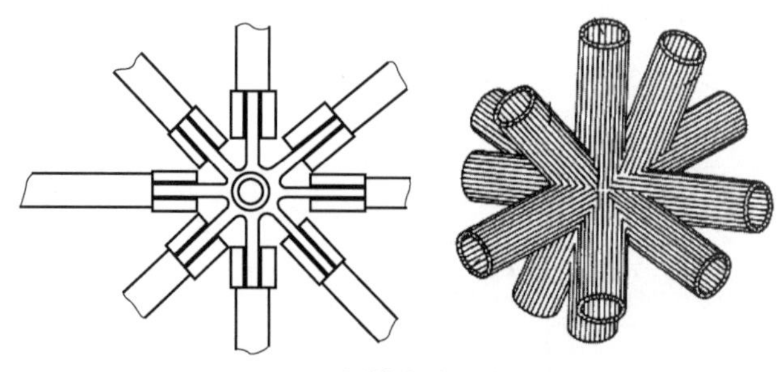

图 5-8 插缝复合材料接头

（3）阻尼复合材料接头。随着国内航天活动的进一步深化，人们越来越重视结构功能一体化的设计思路。近几年，随着大型空间柔性展开结构的快速发展，设计和制造高刚性的阻尼复合材料接头成为研究热点。工程中一般通过填充高阻尼材料来提高结构的阻尼值。从材料、设计、工艺和性能评价等技术措施入手，在保证结构强度和刚度的前提下，研究提高空间结构阻尼的方法，使空间结构获得良好的动力学稳定性，达到结构减振、提高疲劳寿命的目的。

图 5-9 所示的阻尼结构，可通过刚性外壳来保证刚度，通过特殊的结构设计，将固态和液态阻尼材料通过一个刚性的拱形环连接在一起，组成一种黏滞流体阻尼减振器。此阻尼减振器在结构刚度不变的情况下，具有良好的阻尼减振效果，可用于制造航天器阻尼结构。

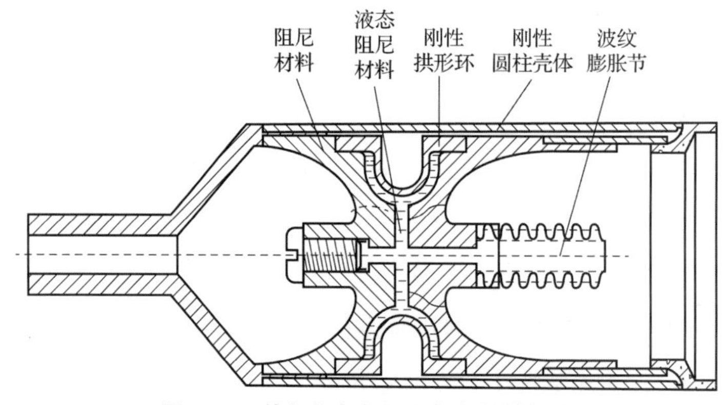

图 5-9 单向和多向阻尼复合材料接头

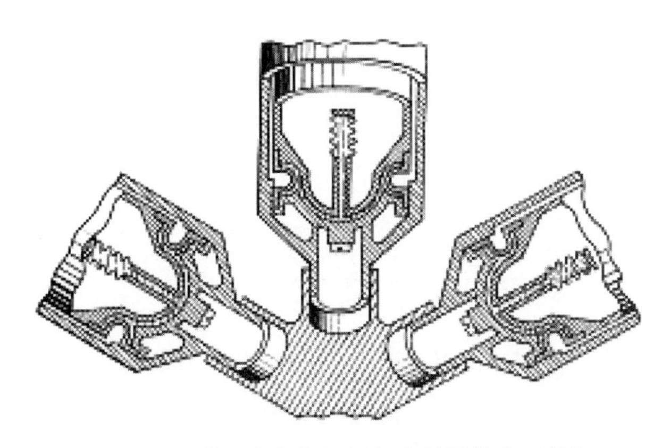

图 5－9　单向和多向阻尼复合材料接头（续）

5.2.5　蜂窝夹层结构

蜂窝夹层结构，即蜂窝夹层板、蜂窝板，因其内部形状与蜂巢相似而得名，是一种基于仿生学原理的特殊结构材料，具有比刚度大、比强度高、工艺简单、抗疲劳等诸多优点。

夹层结构是指由两块强度高、厚度薄的面板，在其中间以轻质的夹芯通过胶黏剂胶接而成的结构。夹层结构的受力原理相似于“工”字梁的受力原理。其面板相当于工字梁的翼板而承受弯曲应力；夹芯相当于工字梁的腹板而承受剪切应力，即蜂窝夹层结构相当于分散腹板的工字梁。这种结构大大改善了结构件的受力情况，从而使其具有高的比强度和比刚度（一般可使结构的重量减少 15%～30%），较高的弯曲刚度；优异的气密性和隔热性；同时其结构具有可设计性，具有平整的平面适应设备的安装且结构简单，生产周期短，生产成本低，从而在卫星及遥感器结构中得到广泛应用，减轻了结构重量，增加了有效载荷比重。

空间用蜂窝夹层结构主要分为碳面板/铝蜂窝夹层结构、铝面板/铝蜂窝夹层结构、Kevlar 面板/Nomex 纸蜂窝夹层结构、玻璃钢面板/铝蜂窝夹层结构、玻璃钢面板/Nomex 纸蜂窝夹层结构，涉及产品种类繁多。表 5－1 列出了蜂窝夹层结构常用材料。

表 5 – 1 蜂窝夹层结构常用材料

面板常用材料	蜂窝芯常用材料	胶黏剂常用材料
铝面板	铝蜂窝	J – 47 系列
Kevlar 面板	Nomex 纸蜂窝	J – 78 系列
玻璃钢面板	—	—
碳纤维面板	—	—

蜂窝夹层结构形式如图 5 – 10 所示，在蜂窝夹层结构中，面板主要承受轴向载荷和面内剪切力，蜂窝主要用来保持面板的相对位置，并承受弯曲和剪切力。

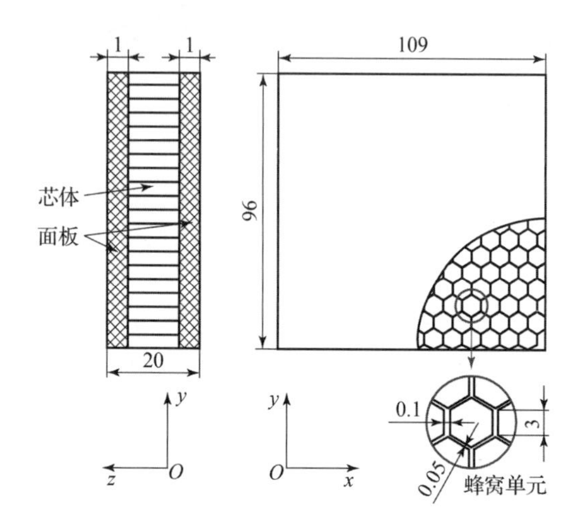

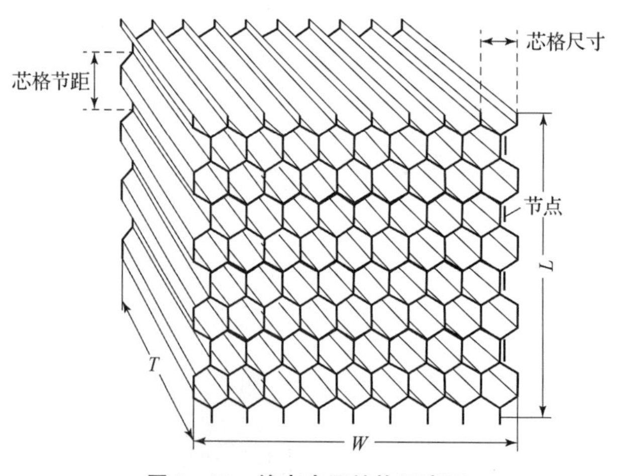

图 5 – 10 蜂窝夹层结构示意图

铝蜂窝是夹层结构中最常用的夹芯介质，是一种轻质的结构材料，遥感器使用的铝蜂窝一般为正六边形蜂格、有孔铝蜂窝。常用的铝蜂窝根据相机基板力学性能和重量要求进行选用，典型的性能参数如表 5－2 所示。

表 5－2　常用铝蜂窝

规格	材质	密度/（kg·m⁻³）	平面压缩强度/MPa	纵向剪切强度/MPa	横向剪切强度/MPa	最高使用温度/℃
0.03×3	LF2	44	1.13	0.89	0.52	170
0.03×5	LF2	27	0.45	0.44	0.24	
0.04×4	LF2	39	0.91	0.75	0.43	
0.05×4	LF2	53	1.56	1.18	0.69	

蜂窝夹层结构刚度加强方式一般有以下四种方式。

（1）增加蜂窝芯高度。蜂窝夹层结构是一种特殊的工字梁结构，面板是工字梁的翼板，蜂窝是工字梁的腹板。增加蜂窝芯高度即可增加工字梁的高度，提高截面惯性矩，从而提高蜂窝夹层结构弯曲刚度，因此在结构尺寸条件允许下尽量增加蜂窝芯的高度以提高结构的刚度。

（2）增加面板厚度。面板厚度增加即增加了蜂窝夹层结构工字梁的翼板厚度，从而提高了蜂窝夹层结构的弯曲刚度。

（3）在蜂窝夹层中增加加强梁。在蜂窝夹层中增加加强梁，可提高加强梁方向的蜂窝夹层结构截面惯性矩，从而提高加强梁方向的蜂窝夹层结构弯曲刚度。将加强梁安置在设备安装点，有利于力的传递，因此蜂窝夹层结构中镶嵌加强梁可提高整个结构的刚度。如图 5－11 所示为蜂窝加强结构。

（4）选用规格尺寸小的蜂窝。在蜂窝夹层结构中，蜂窝作为工字梁的腹板，起到支撑作用。规格尺寸小的蜂窝，其弯曲刚度相对比较大，在一定程度上可提高蜂窝夹层结构刚度。同时，规格尺寸小的蜂窝，其剪切强度大，可承受更大载荷，因此在质量条件允许下选用小尺寸规格的蜂窝可提高蜂窝夹层结构刚度和承载能力。

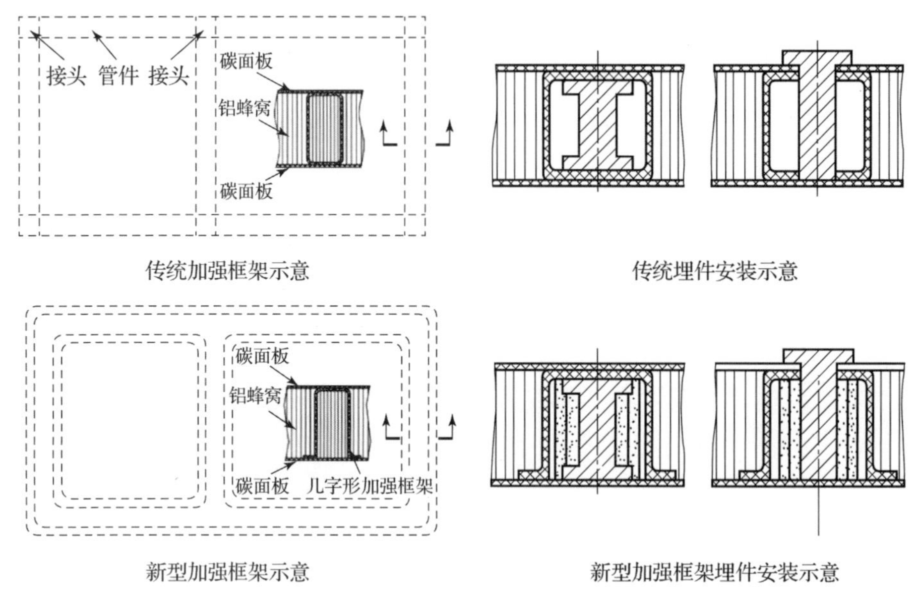

图 5-11 蜂窝加强结构

5.2.6 约束阻尼设计

5.2.6.1 固有阻尼

阻尼材料是将固体机械振动能转变为热能而耗散的材料，主要用于振动和噪声控制。材料的阻尼性能可根据它耗散振动能的能力来衡量，评价阻尼大小的标准是阻尼系数。航天发射所带来的环境力学载荷，要求空间光学遥感器的设计中需重点考虑阻尼减振的需求。此外，为消除活动机构或部件的振动对在轨光学成像质量的影响，阻尼材料还应用在这些部件的安装支架上。

本节重点对复合材料的阻尼特性进行说明。随着复合材料在空间光学遥感器中的应用日益广泛，以及材料科学研究的不断深入，如何更确定性地发挥复合材料的优异特性，以及更为全面地量化地掌握复合材料结构产品的热、力学特性，是实现结构高稳定高可靠的前提。

复合材料与金属材料完全不同，一般认为其阻尼机理主要有[51-53]：

(1) 树脂基体和纤维的固有黏弹性。复合材料阻尼的贡献主要来自树脂基体，碳纤维、Kevlar 纤维等增强材料也有一定的阻尼作用。

(2) 界面阻尼。界面相是指邻近纤维表面，且具有一定厚度的区域。由于纤维和基体的不连续，界面相内存在较大的剪切应变，这为耗散能量提供了前提。

（3）材料破坏而产生的阻尼。主要有树脂和纤维之间的滑移及摩擦阻尼，以及基体开裂和纤维断裂造成的能量耗散。

（4）局部应力集中的非线性黏弹性阻尼。在大振幅/高应力条件下，纤维之间局部区域内存在高度应力和应变集中而呈现出明显的非线性阻尼特性。

（5）热弹性阻尼。热弹性阻尼由从复合材料压应力区域到拉应力区域的循环热流动而引起。

普通纤维增强复合材料的阻尼是金属材料的几十到几百倍，但在大多数情况下仍然无法满足工程应用的需要，必须尽量提高复合材料的阻尼性能。提高和改善复合材料阻尼性能的主要途径可总结如下：

（1）提高复合材料组分的阻尼性能，如采用高阻尼性能的树脂基体和纤维。

（2）在结构表面进行阻尼处理，将黏弹性阻尼材料粘贴于结构表面，即自由阻尼；也可在上面再覆盖一层约束层，即约束阻尼。

（3）采用两种以上的纤维混杂铺层，制备混杂复合材料。

（4）在纤维表面覆盖高阻尼层，因为纤维和基体的界面存在较大的剪切应变，在该高剪切应变区域加入高阻尼材料是提高复合材料阻尼的有效方法之一。

（5）共固化阻尼层，在复合材料内部增加黏弹性阻尼层，这是提高结构阻尼性能的一种有效途径。

5.2.6.2 附加阻尼

将黏弹性材料附着在结构的有效位置上，再在黏弹性材料外表面增加刚性材料，通过黏弹性材料剪切变形产生阻尼并吸收能量。黏弹性阻尼材料在系统受到外激励作用下时，能够在宽频范围内起到良好的减振效果，而且对很小的振动位移也能够有良好的减振效果。同时由于自身组成特点，不能单独起到承力效果，必须有依附基体组成复合结构[54]。按照阻尼材料的约束状态可分为以下两种阻尼结构。

（1）自由阻尼结构，如图5－12（a）所示。将黏弹性阻尼材料附加在结构层表面上，当结构层振动时，阻尼层随结构层一起振动，在摩擦力和剪切力的共同作用下产生拉压变形，使机械振动能量被消耗或转化为热能，进而起到减振降噪的效果。

（2）约束阻尼结构，如图5－12（b）所示。将黏弹性阻尼材料附加在结构层和刚度较大的约束层（通常是金属板）之间，当结构层在振动过程中产生弯曲变形时，结构层与约束层之间发生相对位移，黏弹性阻尼材料受剪产生往复剪切变形使一部分机械能被消耗掉[55]。

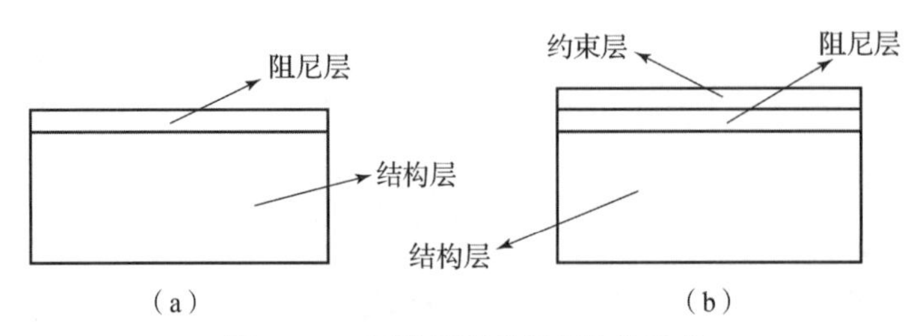

图5－12　两种黏弹性阻尼结构样式

由结构层和黏弹性材料层组成的“自由阻尼层结构”其组成结构简单，就是将阻尼层直接铺设到需要减振的结构上，系统在受到外激励作用时，铺设的阻尼材料与被减振结构相当于一个整体，当系统的剪切变形远大于结构本身的拉伸变形时，就可通过变形消耗系统能量来达到一定减振效果。这种结构的减振效果与阻尼层、结构层的厚度有关，其表达式为：

$$\eta = \beta \frac{k_{ab}[12h_{ab}^2 + h_{12}^2(1 + k_{ab})^2]}{1 + k_{ab}[12h_{ab}^2 + (1 + k_{ab})(1 + k_{ab})^2 h_{12}^2]} \tag{5-3}$$

式中：β——阻尼损耗因子；

k_{ab}——结构层与阻尼层的拉伸刚度比；

h_{ab}——结构层与阻尼层中心线距离差与结构层厚度之比；

h_{12}——结构层厚度与阻尼层厚度之比。

在阻尼层的上下表面分别黏附结构层和阻尼层，形成“约束阻尼结构”。这种约束阻尼结构目前主要有两种应用形式，一种是板式约束阻尼结构，另一种是筒式约束阻尼结构，都是通过阻尼层与约束层、结构层之间相互作用。在外激励作用下，阻尼层发生变形使得阻尼层伸长，而约束层会对阻尼层有一个恢复力来阻止阻尼层伸长，形成这样的一个往复过程，从而达到减振效果。这种结构相对于自由阻尼层结构，能够更大地提高阻尼的作用效果，有更好的减振效果，因此被广泛地应用到航空航天领域。

约束阻尼层结构的结构损耗因子 η 的表达式如下：

$$\eta=\beta\frac{XY}{1+(2+Y)X+(1+Y)(1+\beta^2)X^2} \tag{5-4}$$

其中，对于一般组合的约束阻尼结构的刚度 Y 的表达式为：

$$Y=\frac{3e_a(1+h_a)^2}{(1+e_ah_a^3)(1+e_ah_a)} \tag{5-5}$$

系统的剪切参数 X 的表达式为：

$$X=\frac{1}{\sqrt{(1+Y)(1+\beta^2)}} \tag{5-6}$$

式中：β——阻尼损耗因子；

X——剪切参数；

Y——刚度；

e_a——结构层厚度与阻尼层弹性模量之比；

h_a——结构层与约束层厚度值之比。

在约束阻尼结构的基础上，有学者根据约束阻尼结构的边缘效应还提出了分段约束阻尼层结构，这种结构是在约束阻尼层的基础上将阻尼层或者是阻尼层-约束层切断，但这种结构对材料有限制，同时受阻尼层厚度及切口数量等因素影响，要求较高，通用性和适用性较差，故未能大范围应用。

5.3　主次镜间结构设计

5.3.1　设计原则

顾名思义，这类结构用于承担主镜与次镜之间的连接任务。其长度变化会影响主次镜的间距；其各相位长度变化的不一致会影响次镜相对于主镜的倾斜；其前后端面的平动会影响次镜相对于主镜的偏心，其径向线胀系数对次镜的方位也有一定影响。这些因素将综合影响相机在轨的像面稳定性、焦距稳定性、畸变稳定性、指向稳定性，而且在所有因素中处于绝对主导地位。因此结合实际工程实现能力对主次镜间结构提出了非常高的要求，具体如表 5-3 所示。

表 5-3 主次镜间结构设计要素

序号	设计要素	设计要求或原则	典型指标
1	线胀系数	整体轴向线胀系数小，接头结构要考虑不对其进行放大； 在满足轴向线膨胀要求的前提下，径向线胀系数尽量小	±0.3E-6/℃
2	湿胀系数	湿度对主次镜间结构长度的影响小； 温度及湿度在一定的范围内 [如 (20±2)℃范围内，湿度在 15%~60%] 变化时两平面平行度变化小	影响小于 2 μm
3	刚体位移	光轴水平时，对次镜装配面承受相应的负载情况下，该处沉降小	
4	刚度	主次镜间结构基频高，满足整机频率分配要求	高于 120 Hz
5	试验影响	振动试验、真空热循环及真空辐照对其两端平面平行度的影响小； 两端平面相对轴向位移及径向位移小	

5.3.2 构型形式

在承力结构章节，已经进行了说明，遥感器常用的主次镜间支撑结构有筒式、桁架式、筒与支撑杆组合式等。筒式结构具有对称性好、易加工、易装调等特点，在中、小型遥感器结构中得到广泛应用。桁架式结构的设计思想基于变构件受弯曲载荷为拉压载荷的结构优化设计原则，具有比刚度高、重量轻、适于长焦距大口径光学系统布局等优点。常用的构型结构如图 5-13 所示。

在次镜支撑杆的设计中，有三杆结构和四杆结构两种。在设计分析中主要考虑的要素是一阶固有频率、重力作用下的次镜刚体位移、扭转角度、轴向刚度以及由于杆系进入光路而带来的遮拦。通过以上的对比分析来确定具体的杆系构型。

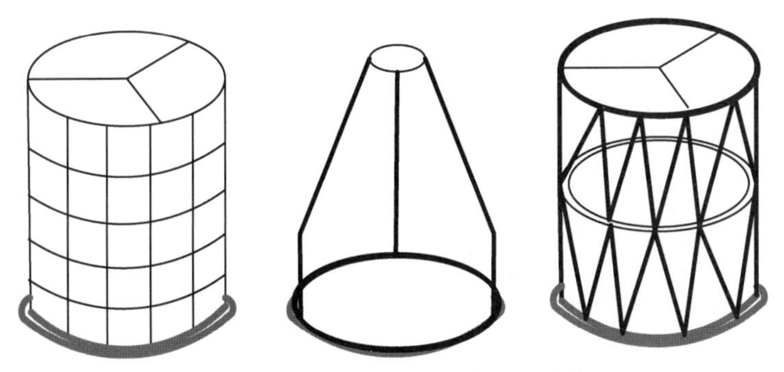

图 5-13　三种典型的主次镜间结构

5.3.3　结构等效刚度计算

要获得优异的成像质量，主次镜间结构的变形、次镜的面形以及由前镜身结构造成的主镜面形的综合影响均要满足光学系统设计给出的主、次镜位置公差要求。因此在设计连接结构形式时，需对本结构的等效刚度进行预估。主次镜间的结构为典型的悬臂结构，其受力模型简化为一端固定、一端加载一个集中力以及整个轴向长度上加载均布载荷的悬臂结构，如图 5-14 所示。根据部件公差分配要求，在连接结构自身重量及次镜系统重量作用下，前端面挠度τ_{max}一般需达到 μm 量级，具体数值根据光学设计公差确定。在本指标的约束下，初步确定连接结构的刚度 E。

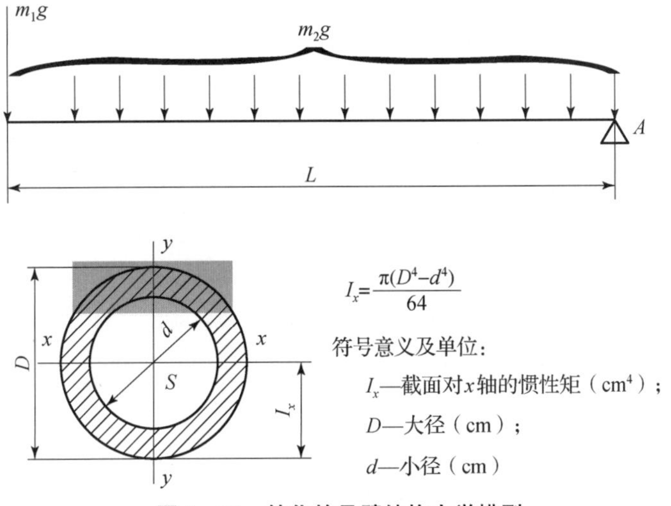

图 5-14　简化的悬臂结构力学模型

5.3.3.1 筒式结构

在次镜系统重量及自身重量的作用下，连接筒前端面的最大挠度为：

$$\tau_{\max} = m_1 g L^3/(3EI) + m_2 g L^3/(8EI) \tag{5-7}$$

式中：$\tau_{\max}$——次镜最大挠度；

m_1——次镜组件质量；

m_2——主次连接结构质量；

L——主次连接结构的长度；

I——截面的等效惯性矩，对于筒式连接结构，$I = \pi(D^4 - d^4)/64$。

通过上述公式，在知道次镜最大扰度的要求下，可求得主次连接结构的等效弹性模量 E。在具体的结构设计中，根据工程实施的具体工况，取安全裕度后，作为结构设计的目标。

5.3.3.2 桁架结构

根据光学系统结构的特点，合理调整桁架杆的数量、连接位置和分布形式对提高整个相机结构的强度和刚度、减小结构变形具有非常重要的意义。桁架结构单元如图 5-15 所示。为了获得稳固结构，一般将桁架杆两两相交构成一系列稳定的三角形结构。针对桁架结构，假设桁架杆为二力杆，且桁架的截面尺寸相同且采用各向同性的材料，则等效刚度可以按照如下公式计算：

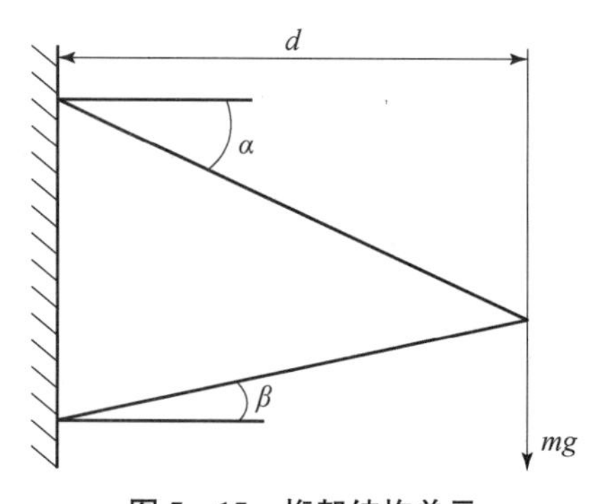

图 5-15 桁架结构单元

$$\tau_{\max} = \frac{mgL}{EA}\left[\frac{\cos^3\alpha + \cos^3\beta}{\cos\alpha\cos\beta\sin^2(\alpha+\beta)}\right] \tag{5-8}$$

式中：m——次镜组件质量；

L——桁架单元水平跨距，即主次连接结构的长度；

α，β——各桁架杆与水平线的夹角；

A——桁架杆横截面积。

上式可预估桁架形式的主次连接结构的等效弹性模量 E。

5.4　与平台对接结构设计

遥感器与平台对接时，根据光轴的指向，分为立式安装和卧式安装，如图 5-16 所示。目前遥感器与平台的连接方式分为刚性连接、柔性连接、运动学支撑等三个方式，对应的底部支撑为刚性支撑、柔性支撑和运动学支撑等[56]。

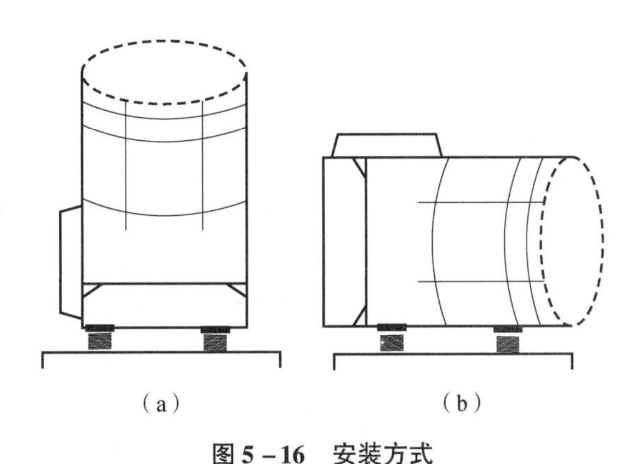

图 5-16　安装方式

(a) 立式安装；(b) 卧式安装

5.4.1　刚性支撑

遥感器设计的早期，由于光学系统的形式比较单一，同轴光学系统占主流，因此早期的遥感器大多为同轴光学遥感器。同轴遥感器由于光学系统的特点宜设计成纵长形状，且机身为圆筒形结构，质心位于主反射镜附近，考虑到圆形遥感器及卫星平台连接面的要求，以及遥感器谐振频率对支撑件刚度的要求，一般采用刚性连接架这种连接形式。而对于离轴光学遥感器而言，由于开始时遥感器的地面像元分辨率不高、遥感器整体结构规模较小，所以可以采用刚性连接形式。

刚性连接支腿是最简单、最直接的连接形式，为了防止过约束现象发生，刚性支撑结构一般采用三点支撑；由于刚性连接形式简单，使得刚性支撑与遥感器间装配工艺相对容易，在遥感器与星平台连接时，对接方式简单且指向精度较高。但是刚性连接最大的缺点是热适应较差，在遥感器与外界环境有温差时不能提供有效的变形来适应遥感器结构的变形。此外，刚性连接动力学性能差，在外界振动量级较大时没有隔振的作用，不具备降低遥感器响应的功能，这几个缺点严重地影响了遥感器的成像质量。

5.4.2 柔性支撑

高分辨率大型空间遥感器意味着其搭载的光学系统需要更高的精度以及更小的变形输入，一种方式是在光机系统与卫星平台间采用柔性支撑结构，以减少卫星平台由于温度及装配精度等产生的变形对光机系统的影响。

随着空间光学遥感器对地分辨率的不断提高和对成像质量（MTF）的要求越来越高，刚性连接越来越不能满足成像要求，柔性支撑正是在充分考虑了刚性支撑缺点的基础上提出来的。柔性支撑基于柔性铰链原理，分为柔性铰链结构和类柔性铰链结构两种形式。得益于超精密机械加工技术的改善和微纳机械精度的提高，柔性铰链以其体积小、精度高、运动灵敏度高及稳定性高的优点，广泛应用于航空、航天、机器人、超精密机械等领域。柔性铰链的柔性具有可设计性，同时柔性铰链的变形为弹性变形，且变形可逆。柔性支撑系统设计要求保证光机系统稳定性，减小卫星平台变形影响及互相耦合；同时要求柔性支撑结构保证光学相机整体刚度，且满足动、静力学特性要求。典型柔性支撑结构形式如图 5－17 所示。

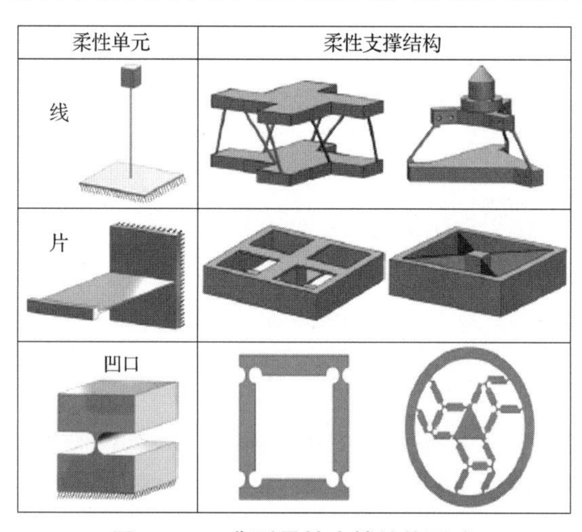

图 5－17 典型柔性支撑结构形式

柔性铰链结构是以牺牲结构件的自身刚度为代价的，受到外载荷时柔性铰链可以通过产生一定量的变形来实现吸收应变能进而实现应力卸载的目的。柔性铰链在遥感器中主要应用于底部支撑及光学反射镜的支撑上。因为光学反射镜对支撑结构的内应力要求比较高，光学反射镜的面形 RMS 值一般都为十几纳米，因此为了避免应力通过反射镜的支撑引起反射镜的面形变化而导致遥感器的成像质量发生变化，需要合理地设计支撑的柔性结构。同理，在柔性铰链结构成为遥感器的底部支撑时，也是基于吸收变形的思想。因此，遥感器支撑结构可用三组柔性铰链对遥感器进行约束。柔性铰链结构可以在一定程度上消除由于装配所产生的装配应力，同时可以部分地消除由于采用不同结构材料导致材料热膨胀系数的不匹配而产生的温度应力。

柔性支撑结构设计主要考虑柔性片的厚度、高度以及角度等因素。下面主要从两点对结构进行分析[57]：

（1）自由度释放方向的确定。利用有限元仿真分析手段确定每个支撑结构的最佳自由度释放方向，判据是反射镜角度变化最小。

（2）柔性支撑结构的构型优化设计。通过优化柔性片的数量、高度、厚度等参数，在对空间遥感相机装星刚度减小最小的条件下最大限度地释放卫星底板的热变形。

一种常用的柔性铰链结构和基于柔性铰链原理设计计算的原理图如图 5－18 所示[58]。

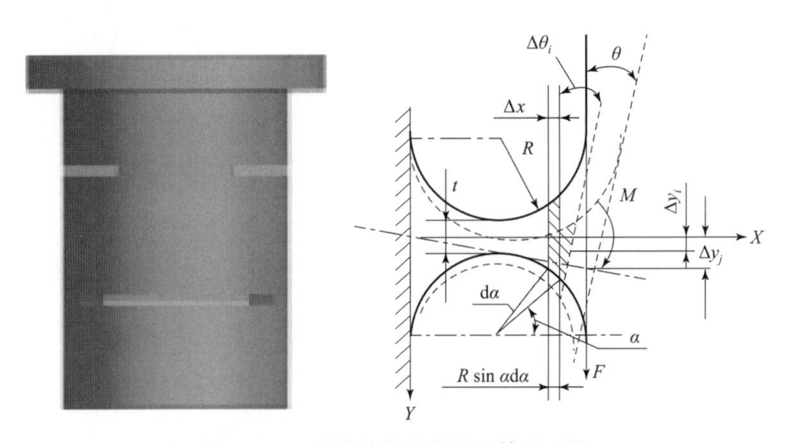

图 5－18　柔性铰链结构及计算原理图

柔性铰链设计要点是铰链厚度 t 的选择，因转角刚度随厚度 t 的增大而增大，且成二次曲线比例关系。一般规模的设计考虑到遥感器对底部支撑的刚度及指向精度要求，变形量一般为 0.01~0.05 mm 量级，具有一定的热适应能力，同时，柔性形式的准运动学底部支撑设计时，由于柔性环节的存在，一般需要配以锁定解锁机构来保证遥感器顺利通过地面力学环境和发射时振动的要求。

优点：柔性铰链可设计，且可以根据遥感器的变形要求对柔性参数如最小厚度 t、切割圆半径 R、宽度 b 等几何尺寸进行设计选择，热适应性能较好。

缺点：过约束、柔性使得底部支撑的刚度减弱明显，遥感器的一阶谐振频率较低，需要另加解锁结构对遥感器进行辅助支撑。

5.4.3 运动学支撑

空间光学遥感器的支撑结构将遥感器安装在飞行器的结构上，是连接遥感器与飞行器的机械部件，也是影响成像质量的重要因素。为满足光学系统的成像要求，其设计需保证在轨的光轴指向，同时需要隔离或降低机体平台精度对遥感器性能的影响。运动学支撑可以完全满足遥感器的底部支撑要求，并且可以通过自由度设计及结构优化完全消除过约束，同时不需要辅助支撑，可以有效减轻底部支撑组件的重量且具有良好的静力学动力学特性，鉴于上述条件，支撑结构应尽量降低由机体平台相对位移施加于遥感器的应力值和应变值。因此，空间光学遥感器的支撑结构设计广泛地采用运动学支撑方案[59,60]。

苏格兰物理学家 J. C. Maxwell 是最早提出运动学设计的概念，他指出运动学支撑物体的自由度受到的约束数等于 6。20 世纪 40 年代，英国的 T. N. Whitehead 提出了运动学设计的基本要求[61]。20 世纪 60 年代，J. mcleod 提出了精确约束的概念，指出运动学支撑的机械机构不存在过约束和欠约束，具有“运动学正确”的约束模式和期望的自由度。1999 年，D. L. Blanding 出版了《Exact Constraint: Machine design using kinematic principles》一书，推进了运动学结构设计的发展。

运动学支撑基于完全约束理论设计，完全约束是指物体空间运动自由度和作用在物体上的约束之间是一一对应关系，物体没有过约束和欠约束。在运动学定位支撑结构的设计中，过约束容易引起残余应力、发生变形、降低成像质量，对构件加工的精度和成本提出了更高要求。通过合理的设计，可以减少甚至消除过约束，降低由于加工和装配误差引起的内应力。自由度计算可由下式计算：

$$F = 6(n - j - 1) + \sum_{i=1}^{j} f_i \tag{5-9}$$

式中：F——机构的自由度；

n——包括支撑结构的构件数目；

j——运动副的数量；

f_i——第 i 个运动副的自由度。

在空间中的刚体有6个自由度，即沿3个正交轴的平移和绕3个轴的旋转。如果旋转相对数量的约束使其空间自由度数为零，则这个刚体的空间位置就完全确定了，这是运动学支撑设计的基础。

运动学支撑结构的可设计参数包括：

（1）支撑结构高度。支撑结构高度取决于支撑杆件的长度，这个参数关系到支撑杆件的临界应力、结构的稳定性以及支撑的刚度。

（2）构件配合，即构件间的连接方式。主要包括间隙的大小以及平衡间隙分布的设计，这是最重要的一个参数，涉及整个支撑结构的运动学精度和动力学性能。

（3）组件材料。合理选择材料是设计成功的关键。

（4）组件横截面形及厚度。这个关系到支撑结构的强度、刚度及稳定性。

（5）轻量化孔的分布，主要关系到支撑结构的重量。

5.4.3.1 “3-2-1”式运动学支撑

“3-2-1”式运动学支撑基本原理如图5-19所示。“3-2-1”支撑方式即“点-V形槽-平面”支撑方式。这里有一个假设，就是物体必须压在支撑结构上，由于物体本身的重力，可以使其正好压在支撑结构上。当没有重力时，可以通过设置弹簧来保证物体和支撑结构完全接触[62,63]。

在 A 点的球铰约束物体的 X、Y、Z 三个方向的平动；在 B 点的V形槽约束物体 Y、Z 两个方向的平动。A 和 B 共同约束了物体绕 Y 轴和 Z 轴转动，而允许物体绕 X 轴转动。在 C 点的平面约束了物体垂直于 XY 平面的运动，即约束了物体绕 X 轴转动。A、B、C 三点分别约束了物体3个自由度、2个自由度、1个自由度，因此这种形式被称为“3-2-1”式。遥感器入轨后的重力卸载、应力释放、热变形产生的影响可以通过支撑结构的转动来消除。

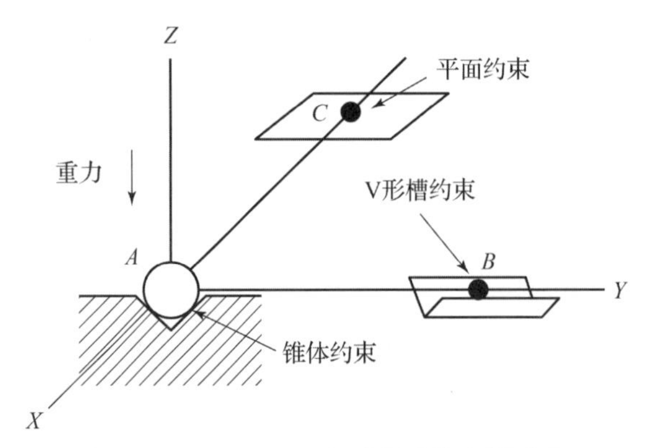

图 5-19 “3-2-1”式运动学支撑原理

5.4.3.2 “2-2-2”式运动学支撑

运动学支撑的另一种常见布置形式是三组切线布置的双脚架[64,65]，即“2-2-2”形式，如图 5-20 所示。在温度发生变化、支撑结构与组件收缩量差别很大时，三组双脚架仍能减小偏心误差。切向双脚架通常在支杆端部采用柔性结构，允许结构绕支撑点转动，可以避免使用机械铰链。遥感器入轨后的重力卸载、应力释放、热变形产生的影响可以通过柔性结构的变形来消除。

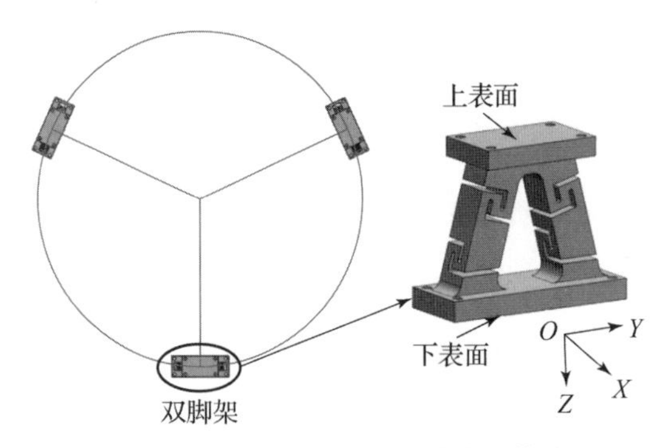

图 5-20 “2-2-2”式运动学支撑原理

物体平面内的移动自由度由三组双脚架的任意两组来限制，垂直平面的移动自由度由三组双脚架共同限制。平面内的转动自由度由三组双脚架的任意两组来限制，绕平面的转动自由度由三组双脚架共同限制。三组双脚架等效约束了刚体 6 个自由度，相当于每个双脚架各约束 2 个自由度，故称为“2-2-2”形式。

5.4.3.3 “Hexapod”式运动学支撑

设计中遥感相机与卫星平台往往采用直接对接式的方案，且为满足连接强度和刚度的要求，对接的接口平台面积较大。所以，运动学支撑结构模型是无法采用单链支撑的，需要采用多条运动支链共同协作完成，这样，支撑结构从机构学的角度形成了空间并联机构。很多的运动学连接平台也是采用空间并联机构，例如著名的 Steward 平台，空间并联机构普遍具备高精度、高网刚度、高承载能力等特性，以空间并联机构作为遥感相机的运动学支撑结构是可行的。

“Hexapod”式的运动学支撑一般为 3 点支撑，由 6 个首尾相连的支杆组成，如图 5－21 所示。12 个连接点（每个支杆有 2 个）应采用球铰或者柔性铰链等不同的铰链形式，避免在调整杆长过程中对支撑结构产生过约束。遥感器入轨后的重力卸载、应力释放、热变形产生的影响可以通过支杆两端的铰链来消除。

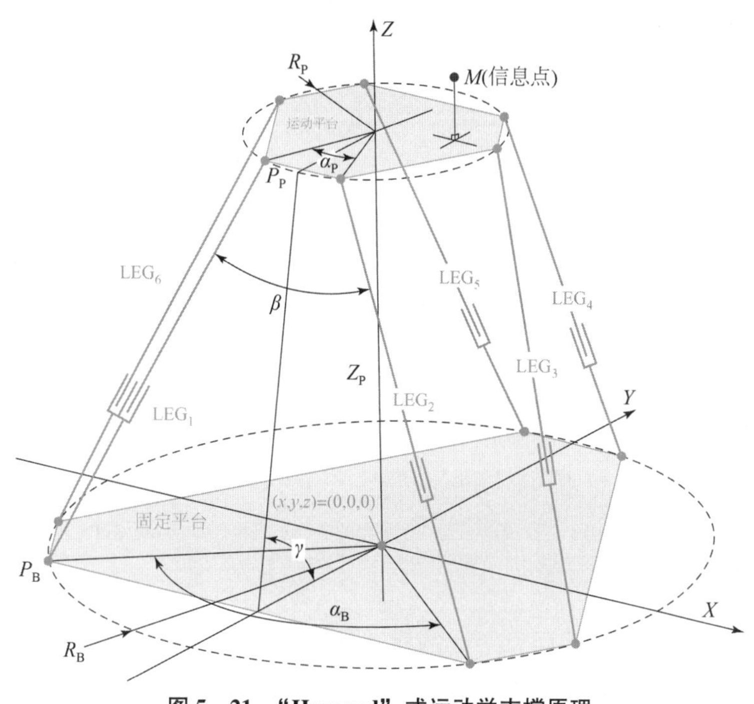

图 5－21　“Hexapod”式运动学支撑原理

光学组件 3 个方向的平动由 3 个连接点共同限制。平面内的转动自由度由 3 个连接点的任意两点来限制，绕平面的转动自由度由 3 个连接点共同限制。3 个连接点等效约束了刚体 6 个自由度。

第 6 章
光学组件结构设计

6.1 概述

遥感器上的光学组件有反射镜、透镜、分色片、滤光片等各个种类，在光学系统中扮演着不同功能的角色，其中反射镜是最主要的一类。对于反射镜而言，只有反射面参与光学系统的光线传播，反射镜的镜体只需保证反射面的完整，其他部位可以做轻量化设计，从而大幅地减小重量，同时反射镜的背部空间可用作支撑结构的设计空间，为镜体提供均衡稳固的安装；另一种重要的类型是透镜，透镜材料对内部缺陷要求非常严格，受到材料制备工艺的限制，很难制成大口径透镜，因此目前在轨运行着的空间光学遥感器，特别是 500 mm 以上口径的遥感器，基本全部采用了基于反射式的主光学系统。下面以反射镜组件、透镜组件的结构设计为例对设计思路和原则等进行论述。

6.1.1 设计思路

光学组件的设计是空间光学遥感器光机结构设计中最重要的设计内容之一。在早期的空间光学遥感器研制中，光学组件的设计思路自然地继承了地面望远镜。但相比于地面应用，光学组件在天基的应用会面临更多的技术挑战，例如发射段振动的作用，运载能力对重量的限制造成的高轻量化问题，空间环境的粒子辐射、温度波动的影响等，这些独特之处进一步影响了空间光学组件的设计和技术发展。空间光学组件与地面反射镜组件的特点对比如表 6-1 所示。

表6-1 空间光学组件与地面反射镜

序号	工序	空间应用	地面应用
1	加工	（1）轻量化程度高，接触式加工易出现网格效应，对加工方法和工艺的要求高； （2）径厚比大，刚度低，光学加工需要特殊的重力卸载工装保障加工精度	（1）轻量化程度低，或基本不轻量化，无网格效应等问题； （2）径厚比小，刚度强，普通支撑即可满足加工要求
2	检测	需考虑天地一致性问题。对光学元件在地面检测过程中的环境（振动、温湿度、气压、气流等）需进行严格控制，对地面检测过程中的误差需进行有效和精准的分离和标定，检测方法复杂	研制与使用环境一致，无须考虑天地一致性问题
3	镀膜	（1）反射镜轻量化程度高，需采用特殊的工艺实现微应力镀膜，有效控制在轨运行时的应力释放； （2）需进行膜层均匀性的高精度校正； （3）需考虑空间环境对膜层强度及表面特性的影响，保证膜层性能在遥感器寿命期内满足要求； （4）镀膜工艺复杂	（1）地面可维护性强，对膜层寿命、膜层应力及厚度均匀性等要求不高； （2）地面反射镜对抗辐照的要求低； （3）工艺简单
4	支撑	（1）由于不可维护性，支撑结构需保证空间反射镜在寿命期中保持位置和面形的精度； （2）需要具备空间热环境的适应性，保证光学镜面在热载荷作用下的精度； （3）需要足够的抗力学能力，保证地面试验、发射段振动作用下的安全可靠； （4）需要考虑地面重力环境下的检测要求，保证光学元件性能的天地一致性	（1）光学元件的位置可定期维护和调整，对支撑的长期稳定性要求低； （2）支撑结构不需要经受发射段力学作用，但需考虑地震、风载等； （3）需要具备地面热环境的适应性； （4）研制与使用环境一致，设计考虑因素相对简单

以轻量化率的对比为例，图 6－1 反映了反射镜面密度随研制时间呈现不断降低的趋势。从图中可以看出，在地基望远镜中使用的反射镜，无论是传统光学系统还是主动光学系统，反射镜面密度都在 100 乃至数百千克每平方米以上，并且下降趋势较为缓慢；而空间望远镜项目的反射镜面密度则如虚线所示，已经以极为陡峭的下降趋势进入数十千克每平方米的范围，轻量化率远高于地基应用。

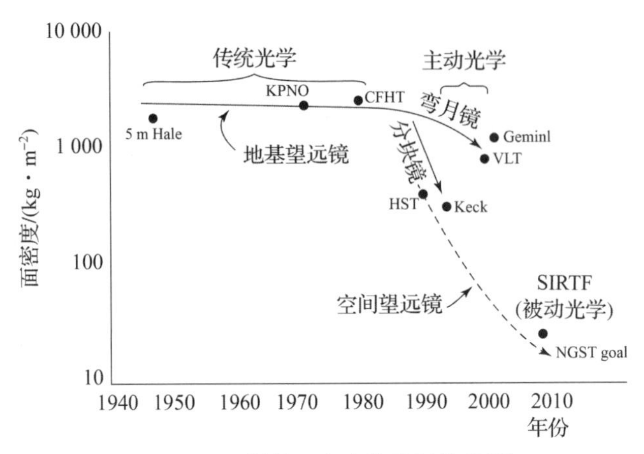

图 6－1　反射镜面密度的降低趋势[66]

对于空间反射镜，特别是大口径空间反射镜，由于轻量化率的不断提高，传统的刚度设计思路已经无法解决其在地面重力环境和空间微重力环境下面形不一致的问题。目前通行的解决途径是，反射镜支撑结构只解决定位问题，而不保证光学镜面在重力作用下的面形，通过巧妙的检测试验和精准的仿真分析来从地面检测结果中剔除重力的影响。因此，大口径空间光学组件的设计重点之一是对重力影响的定量分析、严格控制、精确补偿，这贯穿于反射镜制备、检测、整机装调测试等各个研制环节。

综上所述，空间光学组件的基本设计思路是：以保证在轨工作环境中的性能符合设计要求为目标，在满足组件加工、检测、装调、转运和发射等各阶段的环境要求的基础上，尽可能实现最大程度的轻量化设计，并且兼顾研制周期和成本的约束。

6.1.2　设计原则

光学元件通过支撑结构与空间望远镜主结构连接。光学元件支撑的设计目标是保证其在轨工作性能，包含两个方面：一是确定光学元件的空间位置，保证在光学系统中的相对位置关系；二是保持镜面面形精度，保证在光路中对入射光的会聚效果。因此，一方面需要将光学元件视为刚体，运用运动学原理约束其 6 个自由度（如不计绕光轴的旋转，则也需要约束其 5 个自由度）；另一方面需将光学元件视为弹性体，运用弹性力学原理，建立支撑与镜面弹性变形的关系，以追求镜面的最小变形。反射镜支撑的基本设计原则就是要综合考虑这两个设计目标，使定位精度和面形精度满足在轨工作阶段的要求，并根据整个光学镜头的研制历程对地面装调、系统检测和运输、发射等阶段的要求给予必要的兼顾。

根据以上讨论，光学元件组件设计要遵循以下一般性原则：

（1）运动学支撑。运动学支撑是指支撑结构相互独立地约束了光学元件的 6 个运动自由度，既没有欠约束，也没有过约束，也称之为静定支撑。在运动学支撑条件下，光学元件的受力状态与结构本身或者安装在一起的周围结构的刚度无关，不受周围环境弹性变形的影响，也就意味着光学元件不会因外力作用的变化而发生变形。这一特点使得运动学支撑的光学元件能够在各种力、热环境试验前后保持性能稳定一致，并且易于建模仿真、预测和评估。

（2）减少摩擦力不确定性的影响。摩擦力的影响机制复杂，接触表面的抛光、涂层、温度、污染、受力等状态的细微差异都可能引起摩擦力的剧烈波动，并且这些影响因素难以有效控制，导致摩擦力无法准确测量和描述。因此光学元件的支撑结构要严格控制螺纹连接、铰链运动副等的使用，并对螺纹连接点胶接加固、铰链改用柔性元件代替。特殊设计使用活动铰链的，对摩擦力影响进行针对性分析，预测最大影响包络。

（3）无热化设计。光学元件与支撑结构的热膨胀特性应匹配，通过材料的选择和支撑结构的热补偿、热卸载设计等尽量减小这种不匹配所导致的热应力。由于材料热膨胀特性是关于温度的函数，所以在选择材料时要注意匹配要求指的是光学元件工作温度范围下的特性。同时关注胶接环节的热变形协调，以减小径向热应力为设计目标，通过选择合适的胶黏剂和胶接厚度实现热应力最小化。

（4）无应力装配。由于零件加工的尺寸形位误差以及重力等载荷的作用，光学组件在装配过程中会产生变形，影响光学性能。光学组件设计要求考虑装配工艺，有效控制装配应力的引入。减小装配应力的措施主要有胶黏剂和柔性铰链的使用。

6.1.3 设计优化方法

遥感器对光学元件具有极高指标要求，在早期的研究中，通常是通过人工迭代来找支撑点数量及位置分布的最优解。这种计算往往是一个需要多个软件共同完成的仿真流程，在人工穷举迭代的工作方式下，支撑点的数量、位置、力值大小等参数的调整完全依靠分析人员的经验，迭代次数无法预料，整个过程产生的大量数据的分析处理也很复杂，工作量十分繁重。随着试验设计和优化算法等相关理论的发展，以及 Isight 等流程自动化辅助软件的出现，目前可实现对多个软件共同完成的复杂仿真计算过程的参数修改和迭代计算。

6.1.3.1 优化设计思想

结构的优化设计主要包括拓扑形状优化和尺寸参数优化两个方面。拓扑形状优化是以最初模型为基础，通过优化迭代不断改变指定区域的材料属性，将设计区域的单元移走来获得最优解。因此，定义需要拓扑优化的区域和优化参数是关键，优化后能够给出设计区域不同位置的材料对于优化目标的贡献程度，供设计人员做判断和取舍。尺寸参数优化通常是在拓扑优化完成后、形状已经确定下来的状态进行的，对结构上各特征的尺寸进行优化。对于反射镜组件的设计优化，反射面的参数是由光学设计方案确定的设计输入，是不能够改变的。可以优化的尺寸参数包括反射镜的轻量化结构参数、支撑点的数量和分布参数、支撑结构的材料参数和杆径、壁厚等参数，它们共同构成了反射镜组件的设计空间。

反射镜组件的优化目标可能是总重量、模态频率或者一定载荷作用下的面形质量，根据具体设计案例中以上指标的关注度进行选择。通常以面形质量为优化目标，重量、基频作为约束条件。除此之外，约束条件还包括镜坯轻量化加工的工艺约束如最小筋厚，光学加工的工艺约束如格子效应，过载作用下的强度约束如安全裕度等。

在优化算法的选取上并没有一定之规。优化理论经过多年的发展，形成了下山法、直接搜索法、序列二次规划法、模拟退火法、遗传算法、多岛遗传算法、神经网络等许多优化算法。在反射镜组件设计问题上，由于大量参数组成的设计空间中，很可能存在多个局部最优解，遗传算法、神经网络等方法能够避免优化问题过快收敛到局部最优解，因而具有一定优势。

6.1.3.2　试验设计理论

试验设计[67]（Design of Experiments，DOE）是利用概率论和数理统计手段制定科学合理的试验方案，以便尽快获得优化方案的一种数学方法。反射镜组件参数优化问题的变量往往超过十个，应用试验设计理论能够揭示设计空间特性，探索参数与目标间、各参数间的影响关系，指导参数的选择，获取较好的优化起点。

试验设计算法包括参数试验、全因子设计、部分因子设计、正交数组、中心组合设计、Box - Behnken 设计、拉丁超立方设计和优化拉丁超立方设计等多种。参数试验是试验设计的一种基本算法，它研究每个设计因子与其他所有因子独立的情况下该因子对响应的敏感性，所以该方法不提供有关交互作用的信息。过去凭借经验进行试算的方法可以认为是一种对参数试验的应用。全因子设计就是试验中所涉及的全部试验因素的各水平全面组合形成不同的试验条件，计算量庞大，特别是对于结构优化问题，每次优化都需要求解高次有限元方程。因此全因子设计只适合试验因子和水平数目较少的试验设计中。部分因子试验取全部因子设计中的部分样本点进行试验，比全因子更加高效，但试验规模越小，获得有价值的信息越少。对于因子数量和水平均较多的设计空间，目前最有效的试验设计方法是优化拉丁超立方方法。拉丁超立方由 M. D. Mc Kay、R. J. Beckman 和 W. J. Conver 首先提出，其原理是在设计空间内通过等概率随机采样获得正交分布样本点，使所有试验点尽量均匀地分布在设计空间内，具有良好的空间填充能力和均衡性；能够在尽可能少的试验点个数的情况下得到较高精度的响应面方程。拉丁超立方设计对水平值分级宽松，试验次数可以人为控制。优化拉丁超立方设计改进了随机拉丁方设计的均匀性，使因子和响应的拟合更加精确真实。优化拉丁超立方设计方法使所有的试验点尽量均匀地分布在设计空间，具有非常好的空间填充性和均衡性。

6.1.4　设计结果的评价

评价反射镜面形精度的方法有波面误差法和几何光学近似法。目前，波面误差法被国内外广为采用，主要包含面形误差均方根值 RMS 和峰谷值 PV。几何光学近似法采用斜坡误差对面形精度进行评价，斜坡误差在分析镜面中高频误差时，有较大优势，在分析低频误差时，效果不明显。因支撑变形引起的镜面畸变主要表现为中、低频误差，故本书在分析支撑变形对反射镜面形质量影响时采用 RMS 和 PV 值作为镜面支撑畸变的评价指标，评价支撑变形对测量结果的影响。其中峰谷值 PV 即面形的最高处与最低处的落差[68]。

1. 泽尼克（Zernike）多项式

Zernike 多项式由 F. Zernike 于 1934 年提出，是机械和光学软件间数据转换的有效载体，具有互为正交、与线性无关以及与 Seidel 像差的对应关系等特性。

在极坐标系下 n 项 Zernike 多项式为：

$$\Delta Z(r,\theta)=A_{00}+\sum_{n=2}^{\infty}A_{n0}R_n^0+\sum_{n=1}^{\infty}\sum_{m=1}^{n}R_n^m[A_{nm}\cos(m\theta)+B_{nm}\sin(m\theta)] \tag{6-1}$$

式中：

$$R_n^m(r)=\sum_{t=0}^{\frac{n-m}{2}}(-1)^t\frac{(n-t)!}{t!\left(\frac{n+m}{2}-t\right)!\left(\frac{n-m}{2}-s\right)!}r^{n-2t} \tag{6-2}$$

A_{nm}、B_{nm}为泽尼克系数；

n 和 m 分别为径向和环向的波数，而且 $n-m$ 必须为偶数，且 $n\geqslant m$ 的 Zernike 多项式的每一项都有一种光学像差与之对应，如表 6－2 所示。

表 6－2 Zernike 多项式含义

序号	n	m	多项式项	中文名称
1	0	0	1	偏移
2	1	1	$r\cos(\theta)$	倾斜—A
3	1	1	$r\sin(\theta)$	倾斜—B
4	2	0	$2r^2-1$	离焦
5	2	2	$r^2\cos(2\theta)$	一阶象散—A
6	2	2	$r^2\sin(2\theta)$	一阶象散—B

续表

序号	n	m	多项式项	中文名称
7	3	1	$(3r^2-2r)\cos(\theta)$	一阶慧差—A
8	3	1	$(3r^2-2r)\sin(\theta)$	一阶慧差—B
9	4	0	$6r^4-6r^2+1$	一阶球差

2. 镜面面形误差

理想的圆开口光学系统由波相差均方根 W_{rms} 引起的 MTF(ν)下降因子 ATF(ν)为：

$$\mathrm{ATF}(\nu)=\left[1-\left(\frac{W_{\mathrm{rms}}}{0.18}\right)^2\right]\left[1-4(\nu-0.5)^2\right] \tag{6-3}$$

式中，ν 为归一化的空间频率。

由上式可知，波相差直接影响光学系统成像质量，且波相差导致的系统 MTF 下降无法通过装调来调整修正。因此，反射镜的波相差是反射镜优化设计的重要指标之一。波相差一般用均方根误差 RMS（Root - Mean - Square）和波峰 - 波谷 PV（Peak - Valy）值表示。其中，

RMS 值为面形变化量的均方根值，即

$$\mathrm{RMS}=\sqrt{\frac{1}{N}\sum_{i=1}^{N}(\Delta z_i-\Delta\bar{z})^2} \tag{6-4}$$

PV 值为面形变化量的最大值和最小值之差，即

$$\mathrm{PV}=\max(\Delta z_i)-\min(\Delta z_i) \tag{6-5}$$

式中，N 为反射镜镜面节点数；Δz_i 为第 i 个节点的面形变化量；$\Delta\bar{z}$ 为面形变化量的平均值。对于小像差系统，变形一般以波长为单位的波相差表示。

3. 镜面刚体位移

反射镜的镜面刚体位移是影响反射镜成像质量的另一个重要因素。通常情况下，镜面刚体位移可通过光机系统装调进行调整，但望远镜装调完毕后，各个镜面的相对位置已经固定并不可调整。当空间望远镜所处的工作环境发生重力释放或环境温度变化时，新的刚体位移将随之产生，这将导致望远镜的视轴漂移，降低其成

像质量。因此，不同工况下镜面的刚体位移也是反射镜优化设计的重要指标之一。

6.2 反射式光学组件结构设计

6.2.1 反射镜结构设计概述

6.2.1.1 材料选择

目前空间光学遥感器的反射式光学元件使用的材料主要有 ULE、Zerodur、SiC、Be。材料的热膨胀系数（CTE）与温度有关，随温度不同而变化。

表 6-3 列出了光学材料的应用，表 6-4 列出了光学材料的特性。

表 6-3 光学材料应用

材料	望远镜项目	
	地基	天基
ULE	Subaru	Hubble，Geoeye，KH，WFIRST
Zerodur	Keck 1，Keck 2，VLT，ELT	SOFIA，Chandra，SPOT，Pleiads
SiC	ELT	Herschel，SPICA，GAIA，Euclid
Be	VLT，Keck	JWST

表 6-4 光学材料特性

项目	熔石英	ULE	RB - SiC*	CVD - SiC*	Zerodur	Be
弹性模量/GPa	73.2	67.7	364	465	91	300
密度/($kg \cdot m^{-3}$)	2 200	2 200	2 950	3 200	2 530	1 850
热膨胀系数/($10^{-6}K^{-1}$)	0.48	0.03	2.44	2.4	0.05	11
热导率/($W \cdot m^{-1} \cdot K^{-1}$)	1.37	1.31	172	198	1.36	210
表面粗糙度/nm	0.5	0.5	1	1	0.5 - 1	

注：

*根据工艺不同，材料特性不同。表中为一组典型参数。

*SiC 陶瓷因制备工艺不同可分为若干种，常用于反射镜的有热压烧结 SiC（HP - SiC）、反应烧结（RB - SiC）、常压烧结（Sintered - SiC，SSiC）、化学气相沉积（CVD - SiC）。RB - SiC 能够制备大尺寸、复杂形状的产品，其结构几乎完全致密。

反射镜材料的选择，重点考虑如下特性。

1. 热稳定性

在空间条件下即使有温控，光学组件的温度变化也成周期性变化，这要求镜体材料有很好的热稳定性；温度变化时镜体的热变形取决于热膨胀系数 α，热导率 k 和导温系数 D，$D=k/(\rho C)$，其中 ρ 为密度，C 为比热容；具有小的$\frac{\alpha}{k}$和$\frac{\alpha}{D}$的材料热稳定性比较好。

2. 重力变形

由于镜体是在空间失重环境下工作，而镜体加工却是在地面重力环境完成，这就要求镜体材料的重力变形要小，重力变形取决于$\frac{E}{\rho(1-\gamma^2)}$或简化为比刚度$\frac{E}{\rho}$，其中 E 为弹性模量，γ 为泊松比，比刚度大的材料重力变形小。

3. 空间环境适应性

在空间工作环境下镜体会不断受到宇宙高能射线的辐射，辐射后反射镜应在形状和物理性质方面保持稳定，一般来说，原子系数低的材料辐射稳定性较好。

低地球轨道距离地面 100～1 000 km。其空间环境具有带电粒子和太阳电磁射线等，因此环境十分恶劣，对航天器材料有着不可忽视的影响。大多数的光学材料工作时几乎完全暴露在外层空间辐照环境下，空间辐照环境对材料的损伤具有累积性特征，它们在空间辐照环境下暴露一定时期后，其光学性能都会有不同程度的变化，从而影响光学系统甚至是整个航天器的使用寿命。

针对反射镜，其膜层的在轨抗空间辐射能力是影响遥感相机寿命长短的因素之一。针对 10 年长寿命，应选择多层介质膜提高膜层的牢固度和抗环境适应能力。

4. 可加工性

作为空间用反射镜材料应有较高的轻量化程度，良好的机械加工和光学加工性能，可获得所需要的形状和表面粗糙度。

5. 可获得性

在国际竞争的大环境下，材料的来源也必须加以考虑。

6.2.1.2 径厚比

反射镜的径厚比是镜体构型设计之前重要的参数之一，其决定了轻量化程度，后续加工参数的设计等。径厚比与材料的比刚度、密度和所允许的镜面面形变化有关。设计之初，可先依照圆形反射镜的经验公式进行径厚比的初步选择，公式由 Roberts 给出[69-71]：

$$\delta = \frac{3\rho g a^4}{16Et^2} = \frac{3\rho g\left(\frac{D}{t}\right)^2 D^2}{256E} \tag{6-6}$$

式中：δ——最大自重变形（μm）；

ρ——材料密度（kg/m^3）；

g——重力加速度；

a——圆盘半径，$a = D/2$(m)；

E——材料弹性模量（GPa）；

t——圆盘厚度（m）。

反射镜在抛光过程中，需要在镜表面施加一定压力，这样会对芯材板筋之间的表面造成局部变形，即“重力变形效应”，也称为“网格效应”，最终在镜面形成与背部轻量化孔轮廓一致的网格变形，使镜面形状不精确。针对此问题，Vukobratovich 研究了在加工过程中单个蜂窝单元的最大变形量与镜面厚度的关系，并给出了公式[72]

$$\delta = \frac{12\psi p B^4(1+\mu^2)}{Et_f^3} \tag{6-7}$$

式中，ψ 为形状因子，其取值与轻量化孔的形式有关；p 为反射镜在加工时均匀分布在镜面上的压力；B 为内切圆直径；μ 为材料泊松比；t_f 为镜面厚度。当反射镜加工过程中 $p = 65$ kPa，$B = 30$ mm，$\mu = 0.18$，单个蜂窝最大变形量 $\delta = \lambda/10$（$\lambda = 632.8$ nm）时，初步确定镜面厚度为 $t_f = 6$ mm。根据以上经验公式及经验参数可初步确定反射镜结构参数。

对于径厚比，Robert 给出的实心圆形平板反射镜的经验公式只能作为轻量化反射镜设计的一个参考。在实际的工程实践中，径厚比的确定更多地还要考虑反射镜组件的设计空间约束，需留出足够的空间作为支撑结构设计使用。

6.2.1.3 轮廓设计

反射镜的外形可以根据光学设计的反射面参数、设计空间、镜体材料的工艺性、减重需求等做各种各样的选择。反射镜的基本形状与通光口径关系密切，可以是圆形、矩形或者跑道形等，后表面经常会设计成平背形、同心圆形、非同心圆形、锥形、双拱形、单拱形等形状，不同的外形的力学性能也有差异[73]，如图6-2所示。Youder等人对具有相同通光口径和曲率半径的不同背部形状的实心反射镜的体积和重量进行了比较，背部形状为单拱形的反射镜具有最轻的重量，如表6-5所示。由表6-5可知，单拱形具有最高的轻量化率，双拱形、锥形、非同心圆形次之，同心圆形和平背形轻量化率最低。

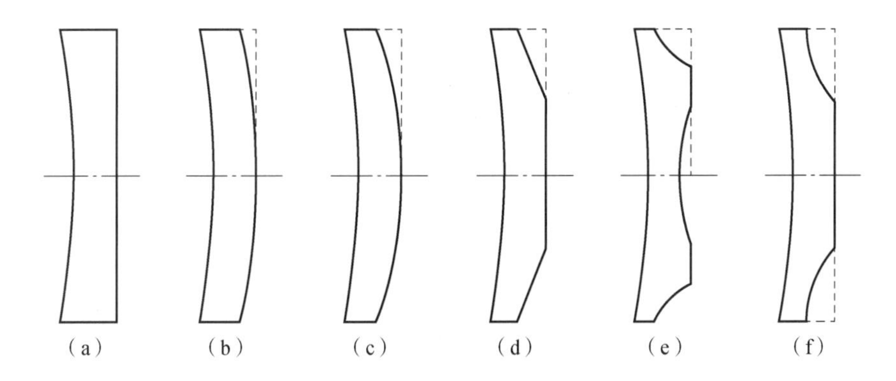

图6-2 不同背部形状的实心反射镜

(a) 平背形；(b) 同心圆形；(c) 非同心圆形；(d) 锥形；(e) 双拱形；(f) 单拱形

表6-5 不同背部形状实心镜的质量比较

镜体背部形状	体积/($\times10^{-3}$ m^3)	质量/kg	相对质量/%
平背形	13.69	30.21	100
同心圆形	12.56	27.71	91.72
非同心圆形	7.54	16.65	55.11
锥形	7.47	16.47	54.52
双拱形	6.38	14.06	46.54
单拱形	4.22	9.30	30.78

一般来说对于同轴反射镜来说，镜体轮廓直接沿着光轴方向加厚是最常见的设计形式；而离轴反射镜，如果仍然沿光轴方向加厚，镜体截面将呈楔形，这对反射镜的加工、支撑、装调都会增加困难。为了使反射镜的镜面在地面加工、检测、装调等过程中可以大致水平或竖直状态放置，离轴反射镜也经常设计成机械轴具有一定离轴角的形式，特别是对于圆口径的离轴反射镜，使镜体结构具有中心对称性，可以降低轻量化设计和加工的困难，并有利于重力作用下面形误差的控制。

6.2.1.4 轻量化设计

航天器发射能力的限制和昂贵的代价，更促使反射镜轻量化成为关键设计内容之一。反射镜重量的主要评价系数包括面密度和轻量化率。由于反射镜的重量与体积相关，是通光口径的立方关系，而反射面的面积是通光口径的平方关系，因此面密度这一指标与反射镜口径仍存在关系，在应用该指标时须注意不同口径的反射镜不能用相同的面密度标准来评价轻量化设计效果。轻量化率的定义是轻质镜相比相同外形和光学参数的实心镜，减小的那部分质量所占的比例。轻量化率与口径大小没有必然联系，评价效果更为合理。

反射镜的轻量化设计与镜体材料的选择和加工工艺有关。比如微晶玻璃的焊接工艺不成熟，只能采用机械加工去除的方式进行减重，轻量化结构为背部开放或半开放的，并且轻量化孔的底部只能是平面或者一系列的台阶；SiC 的轻量化与镜坯制备方法有关，多采用背部开放的结构；美国康宁公司的 ULE（Ultra Low Expansion）超低膨胀玻璃能够借助熔化焊接、熔接工艺或切割工艺，制成夹层式的封闭结构。

轻量化开孔除了形状的选择，轻量化孔的大小也是需要设计优化的参数。这里需要考虑的因素包括去除工艺、镜体强度，还包括光学加工时可能发生的压印效应。压印效应是由于轻量化引发的，光学加工设备作用在反射镜面上的压力在分别经过轻量化孔的隔板和镂空处时，因为局部结构刚度不同，面板发生变形，导致加工去除效率发生改变，反射面在微观上出现轻量化网格的“压痕”。近些年还发展了叠层轻量化技术。叠层式结构将反射镜的中间夹芯层在厚度方向上分层研制，通过定位技术将两层或者数层具有不同格子尺寸的夹芯层进行组合。这种结构将反射镜的截面拓扑形式由单尺度提升为多尺度，形成了类似高低筋搭配结构，进一步拓展了设计空间。采用这种结构后，反射镜可以在整体上使用大尺寸格子，而在靠近面板的高度使用小尺寸格子，从而兼顾轻量化率与镜体刚度。对于相同口径的反射镜，在满足同样设计要求的情况下，叠层结构相比传统结构具有显著的重量优势，特别是在超大口径反射镜应用上，这种优势更加突出。

反射镜镜面的参数由光学设计确定，在轻量化设计中的变量主要包括镜体厚度、镜体背部形状、镜体背部轻量化形式、镜体轻量化孔类型等。

1. 镜体背部结构轻量化形式

常见的反射镜背部轻量化结构形式包括背部开放式、背部半封闭式、背部封闭式等，如图 6－3 所示。背部开放式结构具有较高的轻量化程度，其轻量化孔可以在镜坯制备时一次成型，也可以通过后期对镜坯进行机械加工获得，工艺性较好，但其结构比刚度较低，力学性能较差，如图 6－3（b）所示；背部半封闭式结构通常采用一次成型的制备方式，也可以由实心基体切削加工而成，其轻量化孔的形状和大小受切削刀具等加工设备和加工工艺的限制，背部半封闭式结构具有比背部开放式结构更高的比刚度，如图 6－3（c）所示；背部封闭式结构由材料相同的反射镜部件连接而成，连接的方法包括融合粘接、熔化焊接、胶接、铜焊接等，如图 6－3（d）所示。

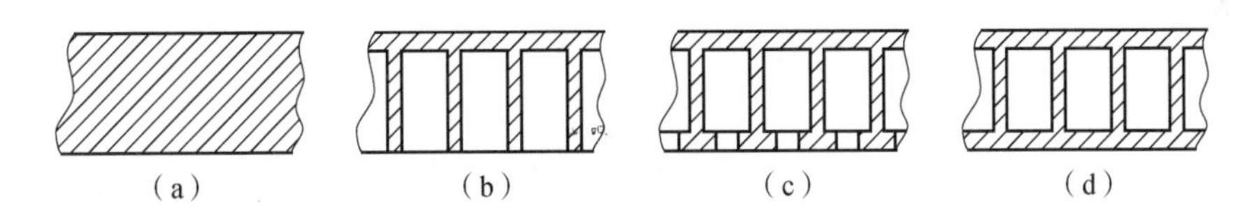

图 6－3　反射镜轻量化结构形式

(a) 实体式；(b) 背部开放式；(c) 背部半封闭式；(d) 背部封闭式

2. 反射镜的轻量化孔

常见的反射镜轻量化孔主要包括三角形孔、四边形孔、六边形孔、圆形孔和扇形孔，如图 6－4 所示。在轻量化程度方面，当各轻量化孔内接圆直径相同时，扇形孔和四边形孔最高，六边形孔和三角形孔其次，圆形孔最低。三角形孔、四边形孔和六边形孔加工工艺相似，当三种轻量化孔内接圆尺寸相同的情况下，虽然使用三角形轻量化孔的反射镜重量增加近10%，但具有更好的结构刚度且面形精度更好，另外四边形孔和六边形孔引起的网格效应比三角形孔严重；圆形孔是六边形孔的简化，虽然易于加工，但其轻量化率较低；扇形孔多用于具有中心圆孔的圆形反射镜，根据筋的排布可分为断续筋式和连续筋式扇形孔，虽然扇形轻量化孔具有较高的轻量化率，但其结构刚度不及三角形轻量化孔。

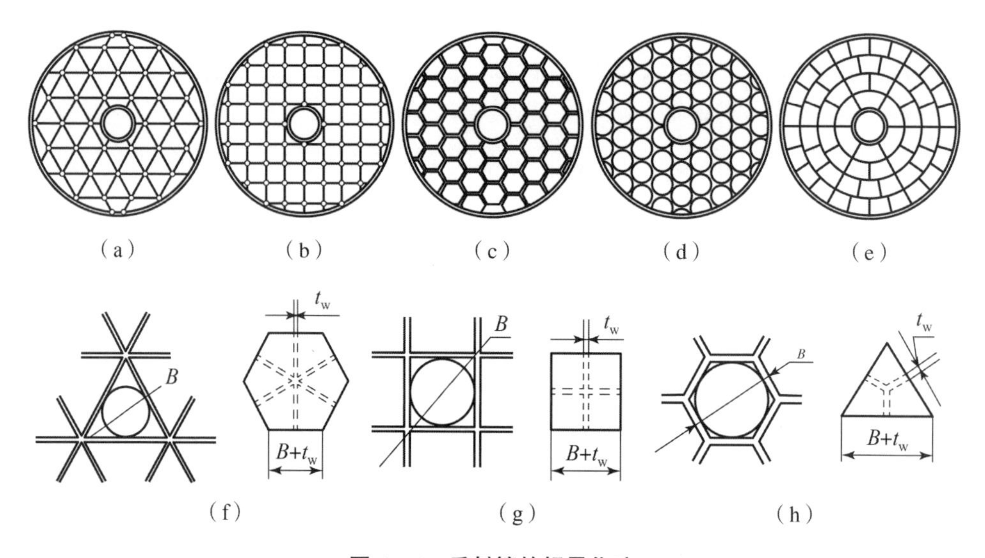

图6－4　反射镜的轻量化孔

(a) 三角形孔；(b) 四边形孔；(c) 六边形孔；(d) 圆形孔；(e) 扇形孔

(f) 三角形；(g) 正方形；(h) 正六边形

6.2.1.5　抗环境载荷

光学元件在研制过程中会开展力学、热学、真空等环境试验，使得光学元件所处的外力作用状态不断变化，设计需求和设计约束也不同，并且差异程度会随着光学元件口径的增加而变得更加显著。表6－6汇总了一般情况下光学元件要经历的主要阶段及其载荷环境。光学元件支撑要保证定位精度和面形精度满足在轨工作阶段的要求，并且合理兼顾地面装调、系统检测和运输、发射等阶段的要求。要求支撑结构能够在多种受力状态下保持性能稳定，具有对载荷环境变化的适应性。

表 6-6 空间光学元件经历的主要阶段及相应载荷环境

阶段		反射镜加工	地面装调阶段				运载发射阶段	入轨工作阶段
			裸镜面形检测	支撑结构安装	组件面形检测	系统测试		
载荷环境	静力	重力、支撑力、加工作用力	重力、支撑力	重力、支撑力、装配应力	重力、支撑力、装配应力	重力、支撑力、装配应力	重力、支撑力、加速度过载、装配应力	装配应力
	动力	加工振动、冲击、噪声等	环境振动	环境振动	环境振动	环境振动、振动试验	火箭振动、声压、冲击	微振动
	热	加工区域复杂热环境	试验室温波动	试验室温波动	试验室温波动	试验室温波动、模拟热试验	整流罩热环境	热控设计环境
	气压	常压气流扰动	常压气流扰动	常压气流扰动	常压气流扰动	常压气流扰动、模拟真空	整流罩气压及气流变化	无
	其他	转运、检测等	转运、翻转等	胶冷却收缩、转运、翻转等	转运、翻转等	转运、翻转等	—	—
面形需求		最佳	最佳	面形变化满足分配指标	重力卸载后面形满足指标	重力卸载后面形满足指标	无	尽可能接近最佳
总要求		精准、安全、高效	精准、稳定	稳定	稳定	稳定	安全	精准、稳定

6.2.1.6 设计仿真要素

反射镜设计仿真要素见表 6－7。

表 6－7 反射镜设计仿真要素

序号	设计仿真要素	分析内容
1	基频分析	支撑结构应能承受发射时的过载要求，不能损坏反射镜，因此要求反射镜组件具有较高的基频
2	自重分析	相机最终是在太空微重力的环境下使用，而在地面装调时必定会受到重力的影响，因此要保证在装调检测方向上，自重对面形精度的影响较小
3	温升分析	受相机自身温度的变化影响，反射镜及其支撑部分的温度也会在一定范围发生变化，从而产生热应力。这就要求支撑部分具有良好的热应力卸载能力，降低热应力对反射镜面形精度的影响
4	安装面强迫位移分析	支撑结构与相机主框架为面接触，由于机械加工误差，支撑结构与相机主框架的安装面相对于理想平面存在一定变动量。当施加螺钉预紧力时，安装面相当于产生了一定的强迫位移，故这种强迫位移对反射镜面形精度的影响要满足使用要求

6.2.2 反射镜支撑结构

6.2.2.1 支撑设计原则

面向工程实现，随着反射镜口径的增大，轻量化率不断提高，反射镜的径厚比很大，镜面对支撑应力、温度以及重力的敏感度也在迅速增大，极易受环境影响。在加工、装调、检测、运输、发射及在轨工作中受力状态将不断变化，这些变化将影响反射镜的成像质量。因此，在设计反射镜支撑时，在保证反射镜静定支撑的同时，要求其具有良好的力、热稳定性和应力卸载能力。设计原则如下。

1. 静定支撑

反射镜通过支撑结构与望远镜主体相连。为了实现反射镜的空间定位，同时不因过约束而引入应力影响面形，需要通过支撑结构对反射镜进行静定支撑。静定支撑作为最稳定的约束状态，将刚体的 3 个平动自由度和 3 个转动自由度相互独立约束。被静定支撑的刚体不会因外加载荷的变化产生内应力。

2. 刚度

空间光学遥感器承受的主要载荷为发射时运载火箭产生的力学载荷，这需要结构的固有频率大于规定值或在某个频率范围外，最大限度地降低望远镜的动态耦合效应，从而降低光机结构承受的动载荷，保证结构的强度。另外，反射镜的刚体位移会影响其与其他光学元件的相对位置，导致光学系统成像质量降低。因此，反射镜支撑应具有足够的刚度。由于结构的固有频率与结构支撑的刚度直接相关，因此反射镜支撑的结构设计多以反射镜组件的固有频率作为设计指标。

3. 减少摩擦力不确定性的影响

在振动环境中，依靠摩擦力保持相对固定的接触面难以分析预测，相对于无摩擦的接触面来说具有内在的不稳定性。确定两个接触面之间的摩擦系数比较困难，因为有许多相关的影响因素难以控制，例如加工后的表面状态、表面涂层状态、表面污染程度、载荷大小等。这些因素的微量变化都会引起摩擦力不可预计的变化，导致在设计分析时难以对摩擦力的影响进行控制。减少摩擦力不确定性的影响有助于使结构在力学环境试验中保持稳定。摩擦力主要存在于螺纹连接和运动副中。对于螺纹连接可以采用点胶工艺以减少摩擦力不确定性影响。对于运动副，在运动位移量级较小的情况下可以使用柔性铰链替代传统铰链副。

4. 热稳定性

反射镜组件在地面装调检测、在轨工作中有着不同的温度环境，温度变化会使圆形反射镜在径向和轴向相对支撑产生差分膨胀或收缩。由于不同的材料热膨胀系数各不相同，因此温度变化将导致反射镜与支撑结构产生不同的热变形，导致热应力的产生，降低反射镜面形精度。因此，在设计反射镜结构形式时，通常采用两种方法降低热应力：选择与反射镜热膨胀系数相近的材料用于反射镜支撑结构；通过设置柔性环节吸收反射镜与支撑结构热变形不一致产生的热应力。

一块自由状态的反射镜可以看作一个有 6 个自由度的空间物体，即有沿 3 个正交坐标轴的平动和绕 3 个坐标轴的转动。对反射镜进行安装可以看作对其自由度进行约束，通常有以下 3 种安装形式。

1. 满足运动学原理的安装

即反射镜 6 种可能的运动通过与支撑结构的单点接触而被单独制约，该反射镜即被运动学约束。

如图 6－5 所示，固定在 3 个相互正交的平面上的 6 个球代表矩形反射镜的支撑结构，反射镜与所有 6 个球保持点接触，反射镜被静定支撑，没有过约束。在理想状态下，反射镜受到的外力应通过反射镜的重心，在布置支撑点的位置时，支撑点应关于重心位置对称，或支撑力通过反射镜的质心面。这样反射镜表面不会因受到额外的力矩而变形。

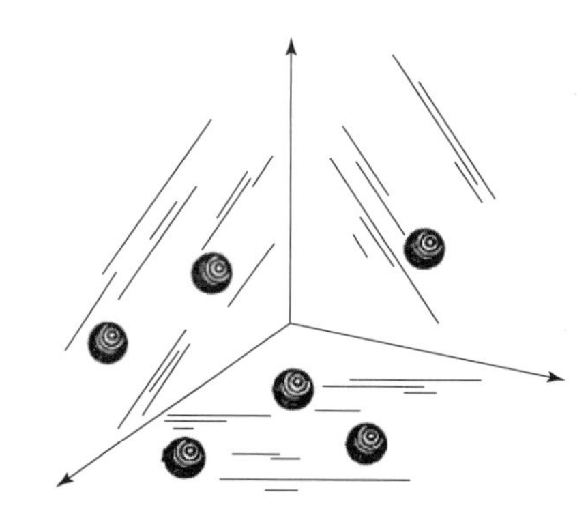

图 6－5　一个矩形反射镜球面点接触的运动学安装

支撑力的合力与反射镜受外载荷的关系为：

$$p_{\min} = M \cdot f_{s} \cdot \sum a_{G} \tag{6-8}$$

式中：$p_{\min}$——反射镜的最小支撑力；

M——反射镜的质量；

f_{s}——安全系数；

$\sum a_{G}$——反射镜上所有外部施加的静态和动态力的矢量总和，包括固定的加速度、随机振动、谐振和冲击，每一种力都表示为重力加速度 a_{G} 的倍数。

2. 满足半运动学原理的安装

图 6－5 所示的点接触概念在实际应用中很难真正实现，实际的反射镜支撑结构如图 6－6 所示，通常采用小面积接触代替点接触。在同一坐标面内的接触

面经过加工精确地共面，不同坐标面内的接触面彼此之间成 90°的角度关系。

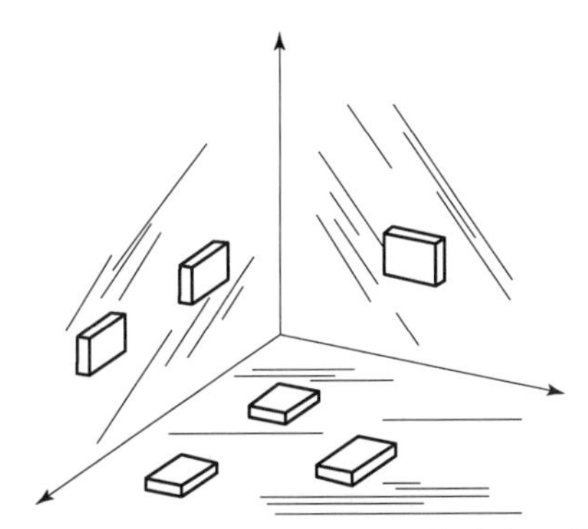

图 6-6　一个矩形反射镜小面积接触的半运动学安装

3. 过约束安装

即反射镜的一种运动受到了多种方式的约束，该反射镜即是被过约束，该种约束形式会使反射镜容易受到镜座从外部施加的力而变形。光学反射镜的变形是非常不期望发生的，因此，设计师应尽力避免引入过约束。

6.2.2.2　支撑方式的确定

反射镜的支撑方式与镜体结构，所处的力、热环境等密切相关，经过多年的工程实践，一般采用“胶悬浮”方案以及多点支撑结构等以实现对反射镜最大限度的卸载。如果按照支撑位置来描述，根据空间反射镜大小、形状以及对反射镜面形精度要求的不同，反射镜的支撑方式一般分为中心支撑、周边支撑、背部支撑和侧面支撑[74]。

1. 中心支撑

中心支撑方式主要应用在中心有孔的反射镜上。它的设计是在中心孔壁上打有一系列的盲孔，将支撑组件胶接于盲孔内，从而实现中心支撑，如图 6-7 所示。通常中心支撑适宜于中小口径的反射镜，大口径反射镜一般采用中心孔支撑结构方式结合背部支撑方式实现反射镜的固定。中心支撑结构对于中心筒的刚度以及中心筒的材料比较限制。另外中心支撑结构一般应过反射镜重心，否则在重力作用下，镜面会产生像散；支撑结构与反射镜的线胀系数要尽量接近，避免在温度变化时造成局部接触面应力增加，面形质量下降。由于反射镜在中心支撑方式下边缘变形较为明显，所以该支撑方式适用于质量相对集中在中心部位的反射镜。

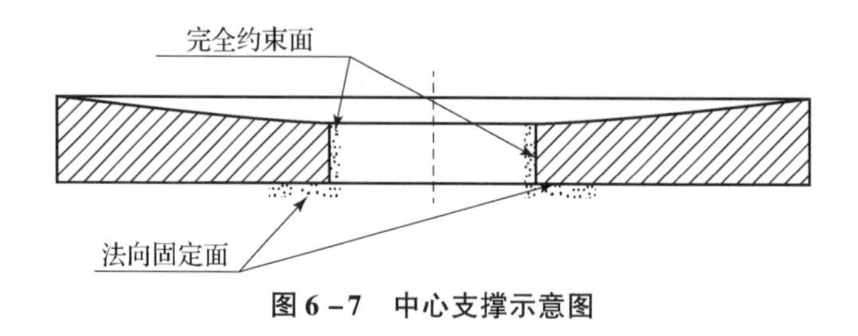

图 6-7　中心支撑示意图

2. 周边支撑

周边支撑方式，顾名思义就是在反射镜外侧面进行支撑的方式。周边支撑方式的装配形式简单，通光口径内无遮挡，并且能很好地减少反射镜因空间微重力的作用而导致边缘变形，适用于尺寸较小、形状均匀的圆形反射镜和透镜。但是由于占用了反射镜外部的空间，这种支撑方式将使空间光学系统的整体尺寸增加。

周边支撑的胶悬浮分为轴向和径向，如图 6-8 所示，一般注胶需分批进行。

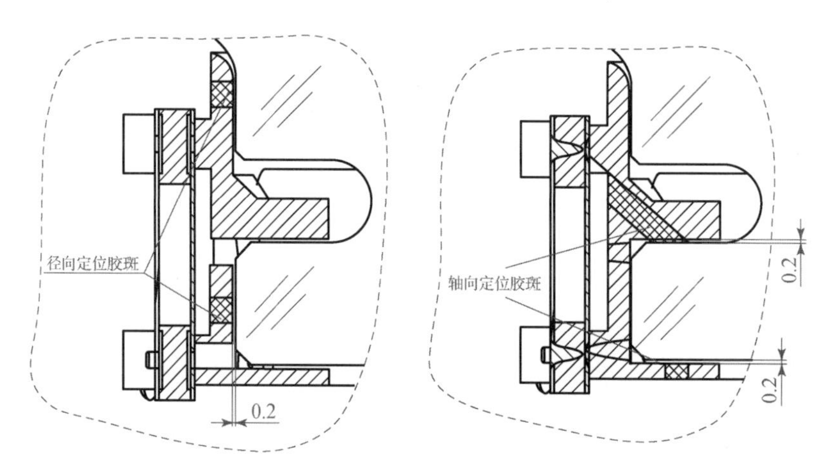

图 6-8　反射镜组件胶悬浮

3. 背部支撑

背部支撑是在反射镜背部通过盲孔或曲面与支撑结构胶接。背部支撑对反射镜的尺寸和形状无特殊要求。与其他几类相比，在不增大光学系统整体尺寸的情况下，背部支撑可以充分利用反射镜背部的设计空间，通过各种连接结构将反射镜的重量分配到背部的支撑点上，有效地降低反射镜在自身重力作用下的镜面变形，提高面形质量，因此背部支撑适用于大口径反射镜的支撑。背部支撑有三点支撑、六杆 Bipod 支撑、“Whiffle - Tree” 支撑等，其中后两者可以说是从三点支撑上衍生发展出来的。多点支撑方式的适用特性对比如表 6 - 8 所示。

表 6 - 8　多点支撑方式的适用特性对比

支撑方式	重力影响面形	反射镜口径的适应性	反射镜刚度的适应性	结构复杂性	强迫位移及热载荷适应性	发射时是否需要辅助支撑
三点	低	低	低	低	高	是
六杆 Bipod	中	中	中	中	中	是
Whiffle - Tree	高	高	高	高	低	否

三点支撑直接基于三点定面原理，三个定位点可以是实际点，也可以是虚拟点。对于半径为 R 的等厚无孔圆形平板镜，理论分析表明三个点的最佳位置均布在半径为 $0.645R$ 的圆周上。对长条形反射镜，支撑点位置受长宽比等形状参数影响。在更多应用中，除三个主点定位以外，通常会有多个辅点，应用柔性元件将主镜与背板相连，著名的哈勃望远镜的主镜采用了背部三点与切向三点的支撑方式，如图 6 - 9 所示。

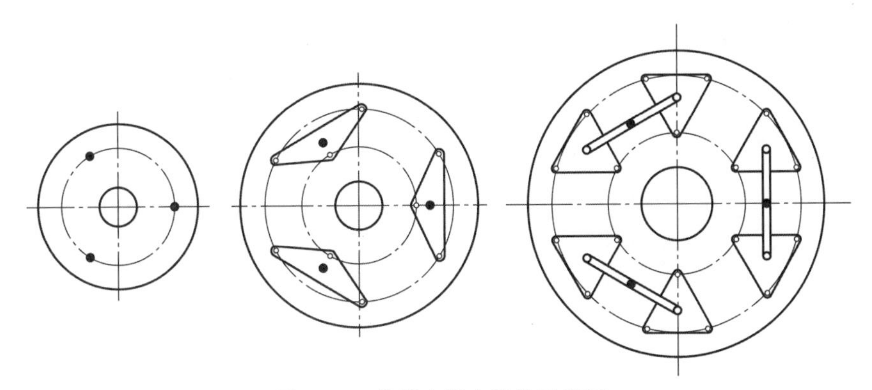

图 6 - 9　背部支撑点结构示意图

4. 侧边支撑

侧边支撑[75]是以反射镜的侧壁作为定位基准的支撑方式。为了避免倾覆力矩产生，侧边支撑的支撑位置一般需通过镜体光轴水平方向的质心面。在反射镜对称的两个侧面上加工有一定数量和深度的盲孔，采用胶接方式在盲孔处放置有与光学反射镜线胀系数相匹配的柔性支撑结构，如图 6 - 10 所示。通过合理设置柔性环节，侧边支撑可有效消除装配应力和温度变化产生的热应力。

对于圆形反射镜，侧边支撑通常绕圆周对称分布；对于长条形反射镜，侧边支撑通常呈左右或上下分布。常见的侧边支撑有 A - Frame 侧边支撑、Bipod 侧边支撑、切向支撑等。

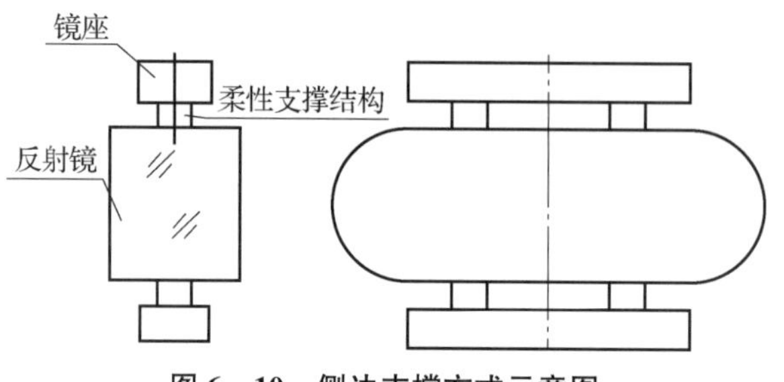

图 6 - 10　侧边支撑方式示意图

在实际设计工作中，工程人员需根据各个反射镜的尺寸规模与工作状态，综合运用以上四种支撑方式，以满足对反射镜组件的各项性能要求。

6.2.2.3　多点支撑的理论基础

1. 支撑点数量的理论计算

反射镜背部支撑点的数量与反射镜的材料、反射镜尺寸大小及限定的镜面变形量有关。支撑点数量增加时，重力分配更加均匀，反射镜变形降低；但增加支撑数量会带来过约束等问题[76]。因此，在工程应用中，在满足镜面变形要求的前提下，支撑点的数量越少越好。

当然，支撑点数量越多，反射镜在重力作用下的面形质量越好，支撑结构刚度越高；但同时也会带来支撑结构的设计难度、复杂度、组件总质量的增大以及热卸载效果的下降。因此，支撑点数量的确定原则是在满足反射镜的地面装调、系统检测、运输发射和在轨工作等阶段要求的前提下越少越好。支撑点数量和分布确定之后，支撑结构形式也就随之确定。Couder、Hall、Nelson 等人通过大量理论推导与仿真试验[77]，总结了一系列反射镜自重变形与支撑点数目以及反射镜材料特性、口径大小、厚度等参数间的经验公式，并且给出不同的支撑点分布形式的效率系数。

Couder 针对圆形平板反射镜通过大量的理论推导得出如下公式：

$$\delta = C_n \cdot \frac{E}{\rho} \cdot \frac{H^2}{D^4} \tag{6-9}$$

式中：δ——光学镜的“变形安全系数”，当镜面变形正好不影响成像时，$\delta = 1$；$\delta < 1$ 时则表明变形量已超出要求了；

C_n——n 点支撑下，$\delta = 1$ 时的比例系数；与支撑系统的选取有关；

ρ——反射镜材料的密度；

E——反射镜材料的弹性模量；

H——镜体厚度；

D——反射镜直径。

通过对多种多点（3 点、6 点、9 点、18 点、36 点）支撑方案的研究，Couder 得出了多点支撑下的 C_n 经验值，见表 6－9。这些经验值对支撑方案的选择有良好的指导作用。

表 6－9　Couder 设计的多点支撑方式比较

支撑点数	3 点	6 点	9 点	18 点	36 点
系数 C_n 的经验值	5.8×10^2	5.2×10^3	7.5×10^3	8.0×10^4	2.2×10^5
Couder 设计的多点支撑	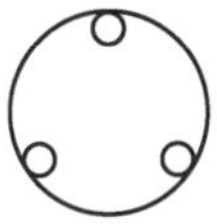	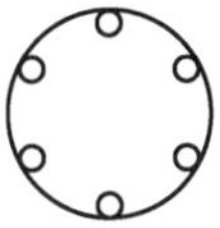	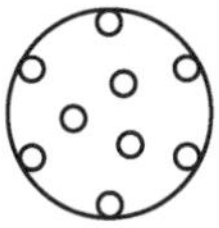	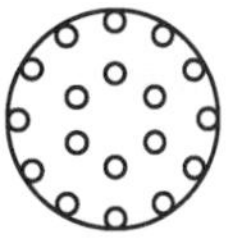	

根据上述成果，Hall 对圆饼形反射镜在自身重力下的镜面变形与最少支撑点个数的关系进行了研究，并给出了经验公式：

$$N = \left(\frac{1.5r^2}{t}\right)\left(\frac{\rho g}{E\delta}\right)^{\frac{1}{2}} \tag{6-10}$$

式中：N——支撑点数量；

r——反射镜半径；

t——反射镜厚度；

ρ——反射镜材料密度；

E——反射镜材料的弹性模量；

δ——反射镜允许的 PV 值。

一般来说，对反射镜的 PV 值要求是 RMS 值的 4～6 倍。举例如下，如果面形 RMS 要求按照 $\lambda/5$，反射镜允许的 PV 值为 1 个波长，则对应 $N\approx16$；如面形 RMS 要求按照 $\lambda/10$，反射镜允许的 PV 值为 0.5 个波长，则对应 $N\approx23$。考虑到空间遥感器的大口径反射镜通常采用超轻质设计，面形精度要求极高，同时考虑 Whiffle－Tree 支撑结构的扩展要求，N 分别可以取 18 和 27。

2. 支撑点位置分布的理论计算

支撑点位置分布的一般依据是“每个支撑点支撑相等面积的区域且在区域质心”的原则。对于圆域轮廓的反射镜，通常支撑点呈每 120°圆周均布 3 组。根据 Hindle 在一篇关于反射镜悬浮系统的文章中所述，平衡半径把直径为 D 的平板反射镜分为两部分：一个中心盘占总重量的三分之一；一个圆环盘占总重量的三分之二。在非常接近且略大于平衡半径的一个圆上等角距离地分布着 6 个支撑点。6 个支撑点和 12 个支撑点分别位于半径为 R_1 和 R_0 的内外圆上。图 6－11 给出了 18 个支撑点的典型分布以及一种 27 个支撑点的分布形式。27 个支撑点在扇形上按照 2－3－4 分布支撑点，120°扇形分为 9 块大小相等区域。将这一 27 点分布方案与文献给出的其他分布形式进行比较，在仿真对比中表现出了更好的支撑效果。

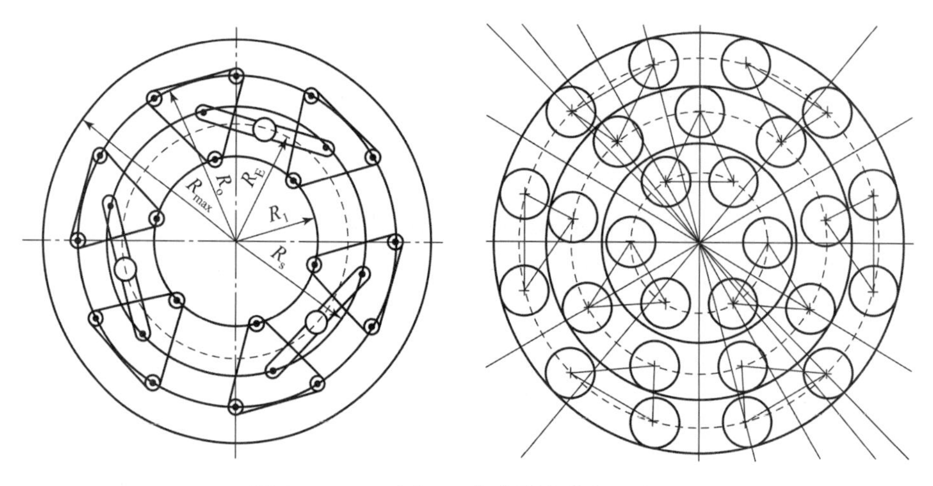

图 6－11 18 点与 27 点支撑点分布示意图

3. 自由度分配的方法

空间中的任何物体都具备6个自由度[78]，包括3个轴向平移自由度 T_x、T_y、T_z 和3个绕轴旋转自由度 R_x、R_y、R_z。反射镜支撑技术应该首先考虑反射镜的定位问题。反射镜的支撑既要保证反射镜面形精度稳定可靠，又要保证反射镜位置和角度姿态稳定。事实上，反射镜精确定位，是保证反射镜具有确定位姿且能维持较高面形精度的前提，即既不能出现欠约束也不能出现过约束。欠约束的反射镜有部分自由度未被限制，位置和转角精度很难达到光学要求，而且在振动条件下反射镜在未被限制自由度的方向上响应会很大，往往造成结构破坏而不能工作。相反，过约束的反射镜，会有多个约束条件约束同一自由度或同一方向运动，在反射镜内部产生应力，在温度、振动等外部条件发生变化扰动时，内应力容易发生转移，使反射镜环境适应性变差，面形精度很难保证。总之，越是精密的光学元件越需要精确定位，反射镜面形精度要求很高，当然需要符合精确定位原理。

应用传统的 Kutzbach - Grubler 公式可以计算反射镜的自由度：

$$M = 6(n-1) - \sum_{i=1}^{g} u_i \tag{6-11}$$

式中，n 为构件数；u_i 为给运动副约束的自由度数；g 为运动副数量。

分析反射镜自由度时可以将反射镜看成刚体。反射镜的柔性支撑结构是具有不同方向柔性的组合结构，柔性结构的自由度释放则根据自由度分配的结果进行。

具体而言，在静定支撑条件下，通过建立6个关于力和力矩的方程，反射镜的受力状态等可以解析求得。如果增加更多约束，支撑条件由静定变为超静定，方程组的解也从唯一解变成无穷解。这意味着反射镜的状态可以在解空间中任意变化，反射镜设计性能始终不稳定，无法准确地预示和解释其在力、热载荷作用下的表现。这种情况下，尽管有限元分析的结果可能毫无问题，甚至从数据上看很理想，但这只是无穷解中的一组。设计师必须进行大量的可能性预测和分析，才能较好地覆盖反射镜实际可能出现的种种情况，但是又带来了数据处理的难题。因此，实践中精密机械设计越来越关注结构的自由度设计。

考虑以反射镜机械轴为 Z 轴的圆柱坐标系，反射镜的6个自由度即为沿 $R/$

T/*Z* 的3个移动自由度以及绕 *R*/*T*/*Z* 的3个转动自由度。反射镜支撑结构由3点扩展而来，例如 Whiffle - Tree 支撑系统，在结构组成上都包括3套相同的子支撑结构。最简单的3点定位运动学支撑有球面 - V 槽 - 平面（Ball - Vee - Flat）系统，但是该形式不具有中心对称性，不适合圆形反射镜。此外3点运动学支撑还有3V 槽系统，如图6 - 12 所示。3个V形槽与3个球构成支撑系统。每个V槽约束了反射镜背部的小球的 *Z* 向和 *T* 向两个自由度，3个V槽共同约束了反射镜的6个自由度。

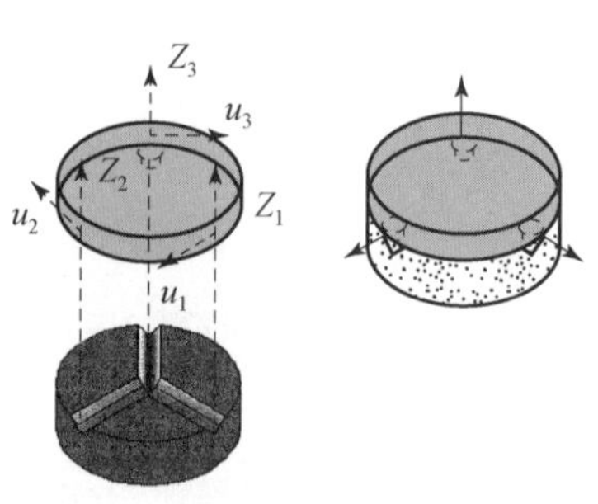

图6 - 12　3V 槽运动学支撑

对于6点支撑，自由度分配与 Stewart 并行机构是一样的，每个支撑杆约束反射镜在该支撑杆轴向的移动自由度，6个支撑杆实现对反射镜的静定支撑。

6.2.2.4　Whiffle - Tree 支撑

在过去的百年间，Whiffle - Tree 结构分别由各国学者相继提出。1845 年，Thomas Grubb 提出利用一种摇板结构将支撑力分布到与镜面背部相接触的支点上，并命名为 Whiffle - Tree 结构[79]。1945 年，在一篇关于反射镜悬浮系统的经典文章中，Hindle 叙述了一种以其名字命名的安装技术，并详细介绍了9点、18点的多点机械悬浮安装布局。

Whiffle - Tree 支撑是基于运动学轴向3点定位原理发展而来的支撑系统[80]。3个定位支撑点通过球头/关节铰链、横梁/三角板将支撑点扩展为2或3的倍数，这些支撑点与反射镜背部连接，共同分担反射镜的重力和其他载荷，获得满足面形精度的支撑点布局。由于空间应用中球头/关节铰链连接存在间隙控制、防冷焊、摩擦力不确定等问题，通常用柔性元件代替。由于过去空间望远镜的反射镜口径相对较小、轻量化程度低，对 Whiffle - Tree 多点浮动静定支撑的应用需求较小。Whiffle - Tree 结构的应用主要集中在地基天文望远镜项目中，如 TMT、E - ELT 等。随着空间望远镜主镜口径不断增加，Whiffle - Tree 结构在航空航天项目中的应用也逐步增多。典型的案例是由 NASA、德国航空太空中心（DLR）和大学太空研究协会（URSA）共同合作的红外线天文学观测望远镜项目——同温层红外线天文台（SOFIA），其2.7 m 口径主反射镜采用了侧面6点 Bipod 支撑和背部18点 Whiffle - Tree 支撑的组合支撑方式[81]，复合两种静定支撑方式，实现反射镜在重力、过载等力学环境下变角度工作的面形精度。图 6－13 所示为不同支撑点数量的 Whiffle－Tree 构型。

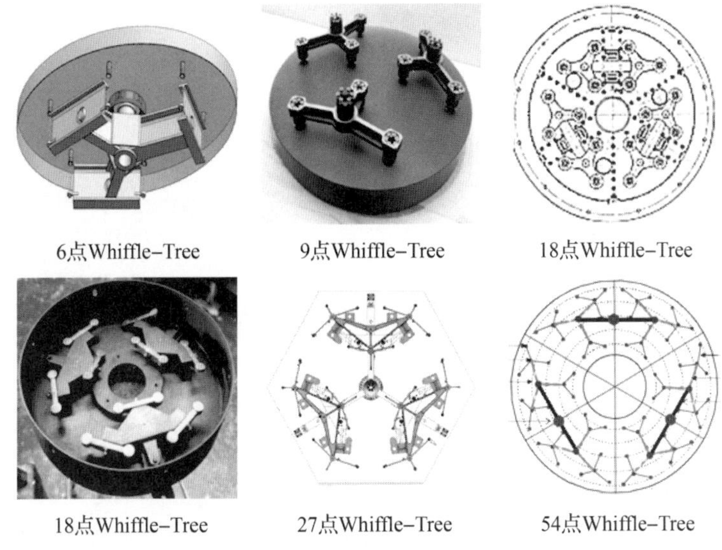

图 6－13　不同支撑点数量的 Whiffle－Tree 构型

Whiffle－Tree 支撑系统中的每套子支撑结构提供对反射镜的 Z 向、T 向两个约束。对于 Whiffle－Tree 支撑的扩展特性，记最初的 3 个支撑点为 1 级支撑点，每扩展一次之后的点分别逐次记作 2 级支撑点、3 级支撑点等。在运动学上，自由度的分配方案并不是唯一的，自由度的约束与释放可以根据结构功能的设计而定。

对于 18 点支撑系统，每套子支撑先由 1 个 1 级支撑点扩展为 2 个 2 级支撑点，进一步每个 2 级支撑点扩展为 3 个 3 级支撑点。点数的直接扩展会导致约束的增加，因此在点数扩展的同时必须进行约束的释放。每个 1 级支撑点提供了 Z 向、T 向 2 个约束，2 个 2 级支撑点也应分别约束 Z 向、T 向 2 个自由度。但此时会额外引入绕两点连线的中垂线的转动约束，需要在 1 级支撑点处设计对这个自由度的释放。进一步，每个 2 级自由度扩展为 3 个 3 级支撑点。根据对称性，可设计内圈的 3 级支撑点约束 Z/T 2 个自由度，外圈的 2 个 3 级支撑点只约束 Z 向。此时会额外引入对 2 个绕 R/T 轴转动的约束。于是在对应的 2 级支撑点处需要设计 2 个自由度释放。这样每套 6 点子支撑系统（见图 6－14）实现了严格遵循运动学原则的支撑点扩展。

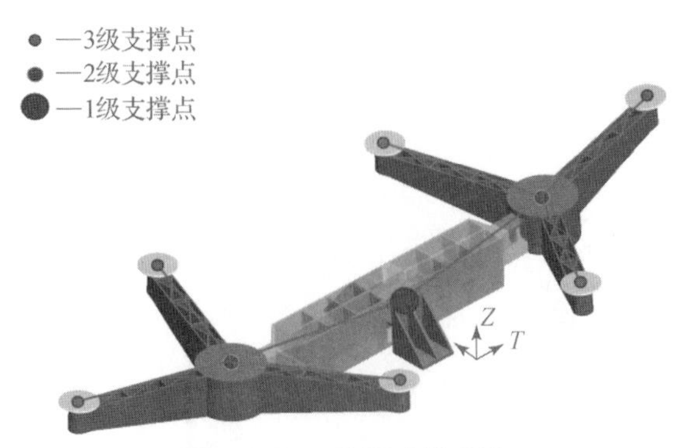

图 6－14　6 点子支撑系统

对于 27 点支撑系统，每套子支撑先由 1 个 1 级支撑点扩展为 3 个 2 级支撑点，进一步每个 2 级支撑点扩展为 3 个 3 级支撑点。点数的直接扩展会导致约束的增加，因此在点数扩展的同时必须进行约束的释放。每个 1 级支撑点提供了 Z 向、T 向 2 个约束，3 个 2 级支撑点中 2 个对称分布的 2 级支撑点只约束 Z 向自由度，另一个约束 Z 向、T 向 2 个自由度。但此时会额外引入绕 R/T 轴转动的约束，需要在 1 级支撑点处设计对这 2 个自由度的释放。进一步，每个 2 级自由度扩展为 3 个 3 级支撑点。根据对称性，可设计中间的 1 个 3 级支撑点约束 Z/T 2 个自由度，其余的 3 级支撑点只约束 Z 向。此时会额外引入对 2 个绕 R/T 轴转动的约束。于是在每个 2 级支撑点处需要设计两自由度释放。这样每套 9 点子支撑系统（见图 6－15）实现了严格遵循运动学原则的支撑点扩展。

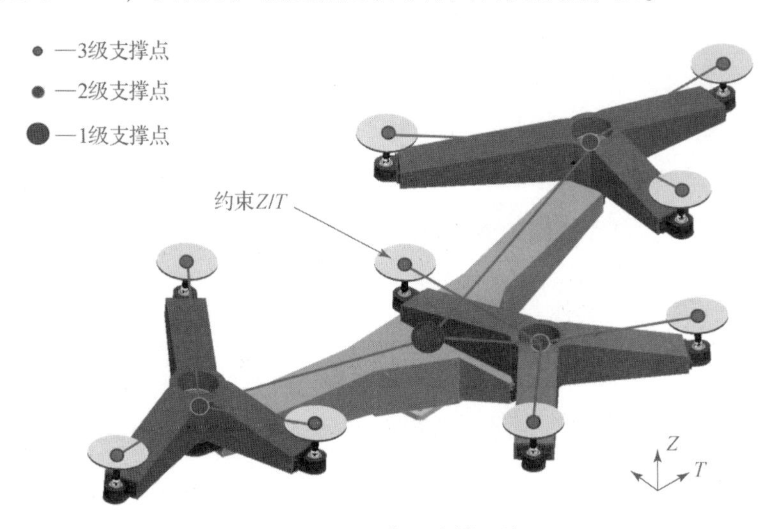

图 6－15　9 点子支撑系统

6.2.2.5　Bipod 支撑

六杆支撑是目前空间望远镜主镜应用最多的支撑方式。Herschel、SPICA、SNAP、ALADIN、WorldView－4 等空间大口径望远镜的主反射镜都采用了 Bipod 支撑设计。NASA 于 2013 年发射的太阳过渡层成像光谱仪（ISIR），搭载高分辨率紫外相机，其上的 9 块反射镜都采用了 Bipod 支撑设计[82]，如图 6－16 所示，其中包含圆形、矩形和多边形反射镜，实现各反射镜在 8～15 mm 不同子孔径下优于 1 nm 的面形精度。

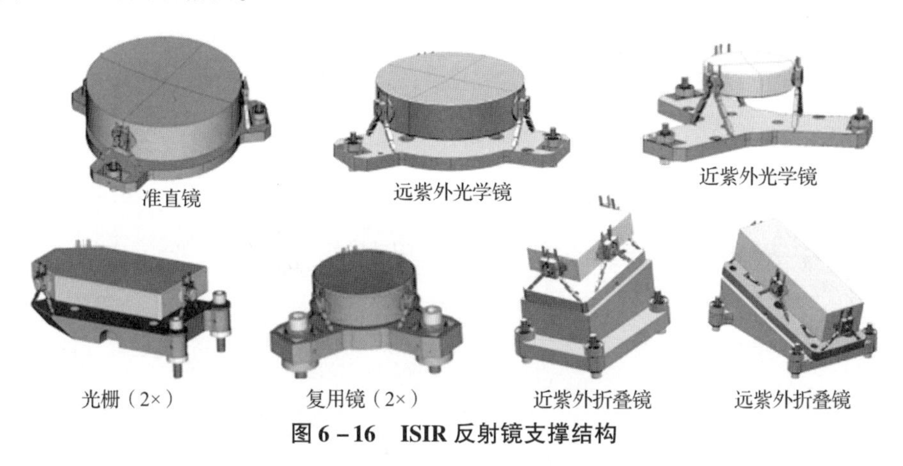

图 6－16　ISIR 反射镜支撑结构

六杆支撑由 6 个长度可设计的支杆两两一组构成 3 组 Bipod 即两脚架结构，固定到反射镜的背部或侧面。Bipod 有正立使用和倒立使用两种情况，正立使用的反射镜背部有 3 个支撑点；倒立使用的反射镜背部有 6 个支撑点。每一个 Bipod 支撑结构的瞬时支点为其虚的枢轴位置，整个六杆支撑系统类似于 Hexapod 并联机构，通过雅克比矩阵分析能够得到反射镜位置对每根杆长度变化的敏感度，以及关于支撑杆方位角的函数。在每根 Bipod 支架的两端常常设计细颈状结构的柔性环节，使其具有高的轴向刚度和低的横向刚度。Bipod 柔性支撑结构在保证反射镜良好热稳定性的同时，可以有效降低外界动态载荷对反射镜的影响；不仅具有良好的动态特性，且能在力热耦合载荷下保持较好的面形。Bipod 支撑结构设计的要素如图 6－17 所示。

Bipod 支撑系统由 3 个 Bipod 元件组成。理想的 Bipod 元件由 2 个杆件以及 4 个球铰链转动副组成。根据修正的 Kutzbach－Grubler 公式可计算支撑系统的空间机构自由度[83,84]：

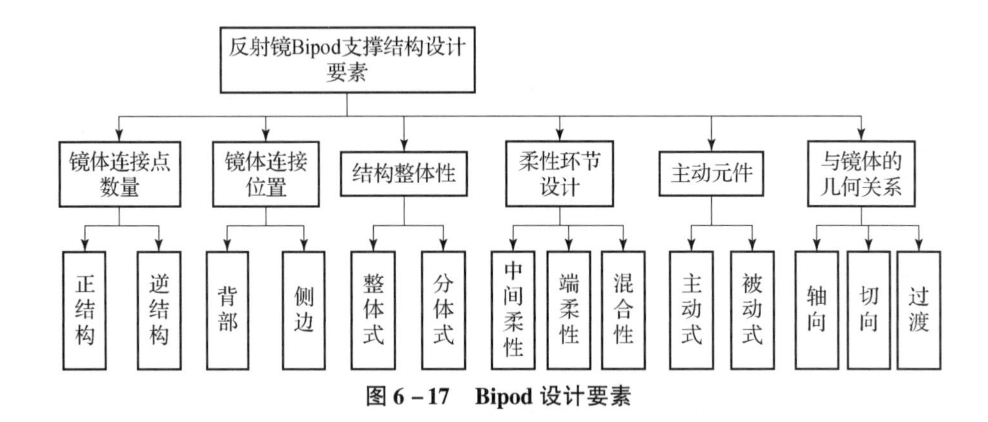

图 6－17　Bipod 设计要素

$$M = d(n - g - 1) + \sum_{i=1}^{g} f_i + \nu - \zeta \tag{6-12}$$

式中，M 为空间机构自由度；d 为机构阶数，对于一般空间机构，$d=6$；n 为构件数量；g 为运动副数量；f_i 为第 i 个运动副的自由度；ν 为冗余自由度；ζ 为局部自由度。

Bipod 支撑系统的理论模型如图 6－18（a）所示，根据上述公式可计算系统自由度为：

$$M_{\text{Bipod}} = 6 \times (8 - 12 - 1) + 12 \times 3 - 6 = 0 \tag{6-13}$$

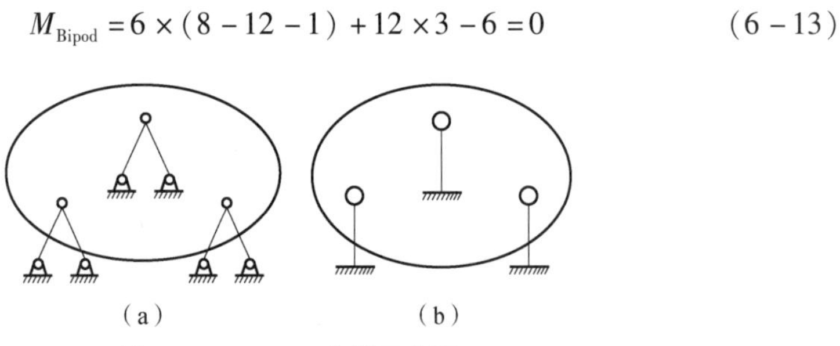

图 6－18　Bipod 支撑示意图

可见 Bipod 支撑恰好约束了反射镜的全部 6 个自由度，实现了静定约束。

Bipod 杆与主镜的空间相对位置变化对主镜组件的基频有一定的影响，因此，以主镜组件的基频为目标，对 Bipod 杆与主镜的空间相对位置进行优化分析。Bipod 杆与主镜的空间相对位置用两个位置参数变量来表示，一个位置参数为 Bipod 杆在主镜背部的投影与主镜半径的夹角（α），如图 6－19 所示。为保证主镜支撑结构的稳定性，Bipod 杆支脚与主承力板接口半径应大于主镜背部支撑半径，因此，Bipod 杆在图 6－19 中角度范围 3 内的变化不需进行分析计算，而角度范围 1 与角度范围 2 中 Bipod 杆与主镜的空间相对位置是相同的，因此，只需要分析 Bipod 杆在角度范围 1 中变化时对主镜组件基频的影响。

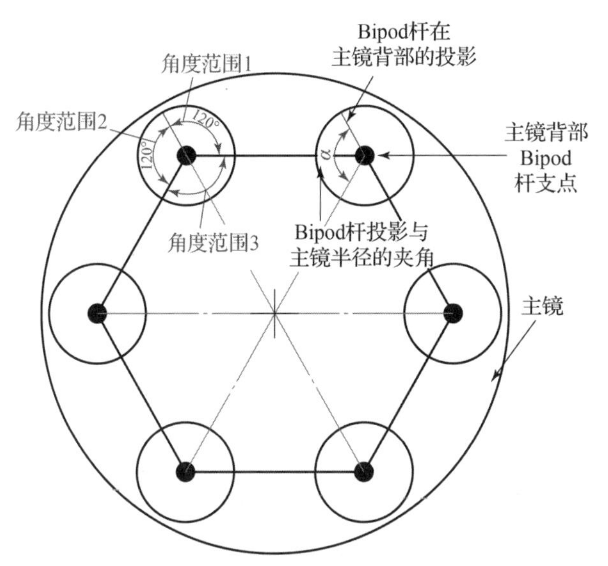

图 6－19　Bipod 杆在主镜背部的投影与主镜半径的夹角（α）示意图

Bipod 杆与主镜的空间相对位置的另一个位置参数为 Bipod 杆与主承力板的夹角（β），如图 6－20 所示。

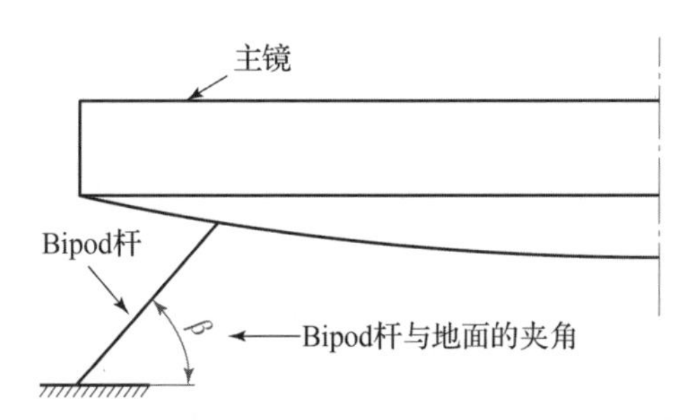

图 6－20　Bipod 杆与主承力板的夹角（β）示意图

Bipod 杆相对反射镜的位置主要由空间限制决定，Bipod 杆自身的柔性环节则需根据光学组件的力学工况进行具体设计。Bipod 柔性元件涉及的设计参数较多，如 Bipod 柔性元件的长度、柔性元件之间的夹角以及布置位置、柔性元件削弱部分的尺寸、柔性元件的材料参数等。建立这些结构参数与反射镜面形卸载能力之间的关系，对于柔性元件的选取和设计具有重要意义[85]。Bipod 柔性环节的分类见表 6－10。

表 6-10　空间反射镜支撑结构的 Bipod 柔性元件使用分类

序号	分类方式	柔性元件形式	应用案例
1	结构完整性	一体式 分离式	Pleiades 主镜 SNAP 主镜
2	与反射镜的连接点数	正 Bipod 逆 Bipod	Hershel 主镜 Kepler 主镜
3	柔性位置	凹口式 叶片式 混合式	Hershel 主镜 Kepler 主镜
4	安装点位置	侧边支撑 背部支撑	Pleiades 主镜 Astro-F 主镜
5	Bipod 平面法线方向	水平 竖直 倾斜	SOFIA 主镜 Pleiades 主镜 Kepler 主镜

6.2.3　反射镜重力卸载结构设计

空间遥感器的光学组件的工作环境是零重力的，而在地面加工和检测过程中是受到重力作用的，因此必须对反射镜进行重力卸载，在地面模拟出零重力环境，获得相应的反射镜性能，以便对在轨工作性能进行预测和评估。由于空间遥感器的成像质量对反射镜面形有极高的要求［对于可见光波段成像，一般要求镜面的面形均方根值（RMS 值）优于 $\lambda/50$（$\lambda=632.8$ nm）］，然而，许多因素都会导致空间反射镜入轨后的面形与加工的最优值相比发生退化，这些因素除了重力释放外，还包括由于空间热环境导致的热变形、由于反射镜与支撑结构之间的装配应力引起的变形、发射载荷引起的残余变形，以及长时间周期内的时间稳定性引起的变形等，通常情况下，考虑到各个因素的影响再加上计量的不确定水平，给重力释放分配的误差是非常小的，以 HST 主镜的研制为例，只有大约 $(\lambda/350)_{rms}$ 可用作重力释放的误差分配。由此可见，空间反射镜在研制过程中对重力卸载支撑的卸载精度要求极高[86]。

根据检测状态的不同，反射镜的重力卸载方法分为光轴水平重力卸载和光轴竖直重力卸载两类。当反射镜以光轴水平状态进行检测时，重力作用方向平行于反射面，此时通常采用吊带等将反射镜悬吊起来，或者在反射镜背部设置一定数量的杠杆平衡重物进行卸载。当反射镜以光轴竖直状态进行检测时，重力作用方向垂直于反射面，此时通常可采用气囊、多点计量支撑等卸载方式。在以上卸载方式中，多点计量支撑的卸载方式具有适应性强、设计精度高、使用灵活、模块化等特点，在工程应用中日益广泛。多点计量支撑会在反射镜背部设置一定数量的卸载单元，卸载单元通过机械式、气压式或电磁式等方式对反射镜提供卸载力。卸载力的数量、位置和大小依据有限元模型分析结果进行优化，使得反射镜在重力作用下的面形变化最小，其设计思想与主动光学的反射镜支撑设计非常相似。只要卸载点数量足够多且布置空间足够，理论上多点计量支撑可以满足任意一个反射镜的卸载需要，并且实现很高的卸载精度。口径越大的反射镜，卸载难度越大，采用多点计量支撑方式进行卸载的必要性也越高。

无论是光轴水平状态还是光轴竖直状态进行反射镜的面形检测时，采用约束条件简单的多点主动支撑重力卸载均更能获得较高的面形卸载精度。在方案的设计和实施中应着重考虑以下几个方面：

（1）卸载点的数量及位置、卸载力的大小及约束条件，其作为反射镜重力卸载的决定性要素，直接关系到理论模型能达到的面形误差控制精度。在仿真分析过程中应考虑有限元网格密度、单元类型与阶数、边界条件、模型特征简化等因素对结果的影响，确保理论分析结果可靠，同时应保证理论卸载方案具有足够的抗扰动能力及工程余量。

（2）卸载单元方案的选择与设计，包括杠杆式、气动式、液压式、机电式等，不同的方案各有优缺点，需要结合实际需求优化。

（3）理论卸载精度的保证，即工程实施精度的控制，也是高精度重力卸载的一个关键环节。从理论到实施的转化应考虑反射镜加工轮廓误差的补偿、卸载点位置误差的控制以及卸载单元输出力方向及大小的控制、减小摩擦等。

（4）卸载精度的验证，一方面可通过重力及卸载力共同作用下多个方向测得的面形进行直接对比的方式进行，另一方面也可通过仅重力作用下多方向叠加得到的 $0g$ 面形进行辅助验证。

6.2.3.1 卸载力求解方法

卸载力的确定方法主要有模式定标法和阻尼最小二乘法[86]。模式定标法是ESO的L. Noethe提出的，以反射镜自由谐振模式作为镜面面形误差拟合的基底，进行校正力的解算。VLT和NTT的主镜面形校正力求解均应用模式定标法。这种方法侧重机械结构特性，产生模式所需的能量最小，并且这些模式是正交的；其次，复杂的定标计算可以预先完成，卸载力的计算只需要调出每种模式各圈促动器的最大力进行拟合即可，过程简单，计算速度快，在薄镜面内具有正交性和完备性。但对于复杂的轻量化镜体，镜面模态在镜面区域内不正交，无法组成镜面面形误差的拟合基底。

另一种方法即阻尼最小二乘法的原理如下：设在反射镜面上选取 m 个点，支撑点的数量为 n，通常有 $m>n$。记镜面上第 i 个点的位移为 $d_i(i=1,\cdots,m)$，第 j 个支撑点处的促动器产生的支撑力为 $f_j(j=1,\cdots,n)$，则有

$$\boldsymbol{d}=\boldsymbol{M}\cdot\boldsymbol{f} \tag{6-14}$$

式中，$\boldsymbol{d}=(d_1\ \ d_2\ \ \cdots\ \ d_m)^{\mathrm{T}}$；$\boldsymbol{f}=(f_1\ \ f_2\ \ \cdots\ \ f_n)^{\mathrm{T}}$；$\boldsymbol{M}$ 为反射镜的柔度矩阵，$m\times n$ 维，要求 $\boldsymbol{M}$ 为列满秩矩阵，也就是要求 $\boldsymbol{M}$ 的 n 个列向量线性无关。

由线性代数的定理，$\boldsymbol{M}\in\mathbf{R}^{m\times n}$，$\boldsymbol{d}\in\mathbf{R}^{m\times 1}$，则方程组 $\boldsymbol{d}=\boldsymbol{M}\cdot\boldsymbol{f}$ 有解的充要条件是存在 $\boldsymbol{M}$ 的广义逆矩阵 $\boldsymbol{M}^{-}$，使得

$$\boldsymbol{M}\boldsymbol{M}^{-}\boldsymbol{d}=\boldsymbol{d} \tag{6-15}$$

成立。在有解的情况下，方程组的通解为

$$\boldsymbol{f}=\boldsymbol{M}^{-}\boldsymbol{d}+\boldsymbol{Y}-\boldsymbol{M}^{-}\boldsymbol{M}\boldsymbol{Y} \tag{6-16}$$

其中，$\boldsymbol{Y}$ 为任意 $n\times 1$ 向量。此处，我们可以取 $\boldsymbol{Y}$ 为零向量，则有

$$\boldsymbol{f}=\boldsymbol{M}^{-}\boldsymbol{d} \tag{6-17}$$

伪逆矩阵 $\boldsymbol{M}^{+}$ 是特殊广义逆矩阵，且有定理表明，若 $\boldsymbol{M}$ 为列满秩矩阵，则

$$\boldsymbol{M}^{+}=(\boldsymbol{M}^{\mathrm{T}}\boldsymbol{M})^{-1}\boldsymbol{M}^{\mathrm{T}} \tag{6-18}$$

代入式（6-17）有

$$\boldsymbol{f}=(\boldsymbol{M}^{\mathrm{T}}\boldsymbol{M})^{-1}\boldsymbol{M}^{\mathrm{T}}\boldsymbol{d} \tag{6-19}$$

式（6-19）就是最小二乘法的数学表达。引入阻尼因子后则有

$$\boldsymbol{f}=(\boldsymbol{M}^{\mathrm{T}}\boldsymbol{M}+\boldsymbol{\alpha}\boldsymbol{E})^{-1}\boldsymbol{M}^{\mathrm{T}}\boldsymbol{d} \tag{6-20}$$

式中，$\boldsymbol{\alpha}$ 为阻尼因子；$\boldsymbol{E}$ 为单位矩阵。

在重力卸载应用中，当一定的卸载力组合存在一个面形残余误差 $\boldsymbol{d}$ 时，只需求取相应的 $\boldsymbol{M}$，进而得到对应的校正力 $\boldsymbol{f}$，补偿到原有卸载力组合上，即可实现对卸载力的优化。

阻尼最小二乘法对镜面是否为圆形、力促动器是否按圆形分布、位置是否精确都没有要求，变量也可以不是力，因此，在实际应用中，阻尼最小二乘法应用更为广泛。

6.2.3.2　卸载点布局及卸载力综合优化

对于卸载点数量和位置的优化，重力卸载结构与反射镜支撑结构在设计中面对的问题是相同的。位置约束确定后，给定重力和支撑力，通过有限元法可得到相应的镜面支撑变形，为方便分析这种变形对反射镜面形质量的影响，需采用与评价光学系统元件面形精度相同的指标来评价支撑变形对镜面质量的影响。在反射镜支撑设计中，对支撑点的作用可有两种理解，即将支撑点当作限制镜体相应接触点的位置约束或者理解为对镜体接触点的施力点，即位置约束或者力约束，这与有限元仿真时的位置边界条件和力边界条件概念相类似。

位置约束是通过限制反射镜支撑点处的位置来达到控制反射镜变形的目的。力约束是通过反射镜支撑点力的大小控制来达到控制反射镜支撑变形的目的，具体思路如图6－21所示[68]。

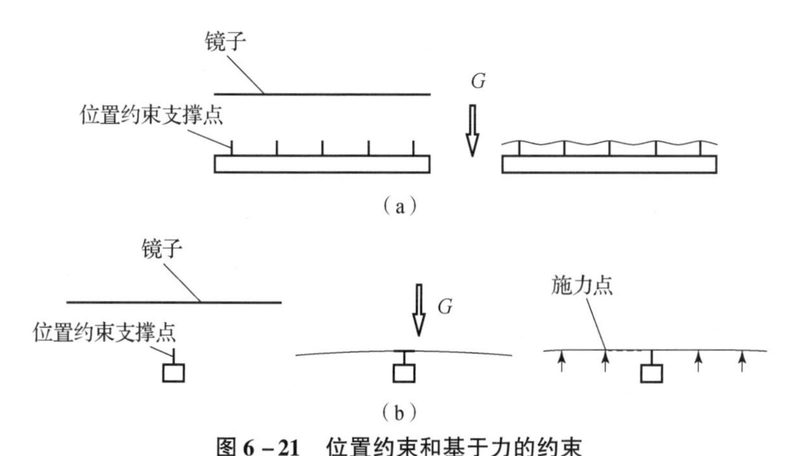

图6－21　位置约束和基于力的约束

(a) 位置约束示意图；(b) 力约束示意图

图6－21 (a) 表示位置约束的情况，通过多个支撑点与反射镜的接触表面来约束反射镜的面形畸变，使得反射镜在重力和支撑作用下的面形畸变较小，通

过图中所示的各支撑点的上下位置，来保证反射镜在支撑点处的变形最小。图6-21（a）通过保证支撑前后5个支撑点的高低位置不变，即在重力作用下这些与镜面接触点的相互高低位置不变，来实现镜子的变形控制。

图6-21（b）表示力约束的情况，镜子在中心位置有一个位置约束点，在重力作用下它的周边会产生向下的变形，通过在其中心位置外的多点施加支撑力，使其面形畸变接近其理想面形。

从支撑效果上来说，力约束和位置约束只要布局合理都能对反射镜的镜面畸变进行有效控制，但二者所构成的支撑系统的刚性差异会较大。图6-21（a）所示的系统轴向刚性与多个支撑点的刚性有关，而图6-21（b）所示系统，其轴向刚性只与中心支撑点刚性有关，在同样支撑点刚性前提下，前者刚性优于后者。基于位置约束思想的支撑，需要支撑点刚性较好，同时要保证各支撑点与反射镜背面对应点的贴合足够一致，才能起到多个点同时约束镜子沿重力方向的变形，在实际结构设计时难度较大，要制造一个和镜子底面同时接触的多点硬性支撑是比较难的。

基于力约束的思想是，除较少的位置约束外，通过施加与重力反向的外力，使得在重力作用下的较大变形降低到可以接受的范围之内，即对重力进行一定程度上的卸载。它只需要满足在某一支撑点处的力的要求即可，而不要求施加支撑力的支撑结构的刚性，气动和液压支撑的实现也是基于这一思路。位置约束和力约束的本质不同，在支撑刚性上，位置约束支撑的刚性要足够大，而力约束时支撑刚性可以很高也可以很低。高刚性支撑和低刚性支撑都可以提供足够的抵抗反射镜变形的支撑力，达到同样的静力学支撑效果，但二者动态响应不同，因为反射镜检测是在静止状态下进行的，无动态响应要求，因此允许采用低刚性施力单元，采用低刚性施力单元可降低支撑框架变形对支撑力大小的影响，同时还可起到定频隔振作用。

采用有限元法，基于反射镜模型，给定相应位置、力边界条件，即可求解出相应镜面支撑变形，通过数据提取和拟合，可得到镜面支撑畸变面形及其PV和RMS值。当反射镜结构、尺寸、材料等确定后，已知支撑点数及镜面支撑畸变要求，求解最优支撑力分布及作用位置的问题，是一个优化问题。综合运用有限元法和工程优化法对支撑点位置、数量、支撑力大小、方向等进行优化设计，是严格控制反射镜镜面支撑畸变的需要。响应面法（Response Surface Methodology,

RSM)[87]是一种综合试验设计和数学建模的优化方法，它可通过对代表性的局部各点进行试验，回归拟合全局范围内因素与结果间的函数关系，并得到各因素最优水平值。

基于有限元的响应面优化法是在参数化模型基础上实现的，反射镜支撑力优化问题，求解流程如下：

（1）建立参数化有限元模型，将设计变量如支撑环带半径、支撑垫半径、支撑点数目、支撑力大小、方向等定义为可变参数。

（2）设定所需设计变量及目标变量。将所关注的有限元计算结果定义为目标变量，如光轴方向变形最大值、镜面变形最大最小值之差等，为其设定优化条件；给定可变参数变化范围，建立设计空间。

（3）添加约束条件。

（4）选用试验设计点生成方法，生成设计点。

（5）仿真计算，得到最优值。

（6）对最优值对应样本点进行有限元计算，比较有限元仿真和响应面法计算的结果，如果误差达到收敛判据，可认为该点是全局最优解。否则可将该最优值作为新子域初始点，再次进行新子域内最优值求解，通过不断反复迭代，逐步逼近全局最优解。

图6-22所示为求解最佳支撑力的响应面法流程。

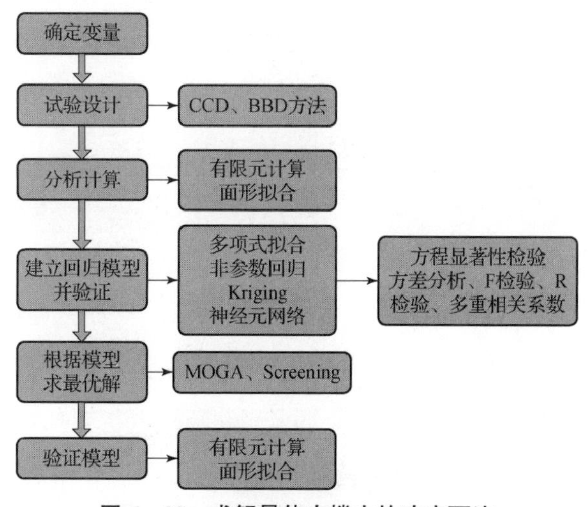

图6-22　求解最佳支撑力的响应面法

6.2.3.3 卸载单元选型

多点计量支撑的卸载单元通常可以设计成一个功能模块，作为实验室通用设备，用于任何一个反射镜加工检测过程的重力卸载装置上。为了能够在反射镜背部有限的空间中设置足够多的卸载单元，卸载单元应当紧凑设计，横截面尽可能地小。

按照产生卸载力的促动器形式，卸载单元可以分为机械式、气压式和电磁式：

（1）机械式的卸载单元即丝杠升降机，如图 6－23 所示，通过蜗轮丝杠传动机构在丝杠的端部产生位移，进而对反射镜产生作用力，能够提供 10 N～10 kN 量级的卸载力，适用范围较宽，但受到传动方式的限制，力值精度会比较差，并且必须配备相应的力传感器测量实际的卸载力值。

（2）气压式的卸载单元采用气缸作为促动器，通过压缩气体的压力推动活塞产生推力，如图 6－24 所示为日本藤仓 SC 系列的一款气缸，具有对压力变动的优秀追踪性能，经校准后气压值与输出力值之间可建立起准确的对应关系，通过气阀控制输入气压就能够改变输出力，输出力范围为 2.5～47.5 N，输出力精度可达到 ±0.35 N。

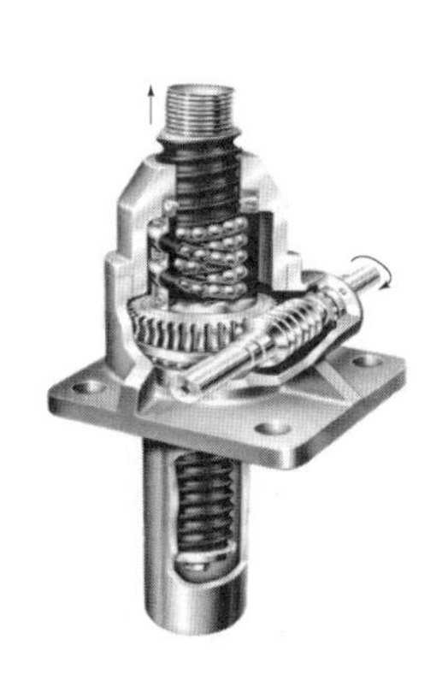

图 6－23 丝杠升降机

图 6－24 气缸促动器（藤仓 SC 系列）

（3）电磁式的卸载单元采用电机作为促动器。电机包括旋转电机和直线电机两类，直线电机更适合卸载单元使用，旋转电机需通过球铰将电机输出轴的转动变成直线运动。

6.3 透镜光学组件结构设计

6.3.1 结构方案

工程实践中，透镜的包络尺寸、材料等，光学设计已经直接给出。结构设计工程师根据透镜位置约束、大小、重量、装配顺序等具体情况，开展具体设计。透镜组件结构设计中通常采用托框和直装两种结构形式。根据光学设计的公差分析情况，镜组偏心要求相对较低的采取直装结构，而偏心要求高的透镜组件采取托框的结构形式，开展定心加工。

1. 直装式

直装的结构形式，是指多片透镜装在同一个镜筒中，各透镜紧靠在镜筒的内侧靠面或者辅助靠面上。这种结构形式简单，易于拆装，但是定心的精度不高。该结构下透镜的定心精度主要取决于镜筒的加工精度、光学元件几何外圆的加工精度、镜筒和透镜配合面的同轴度、端面与配合面的垂直度等公差。

对于镜筒壁厚，需综合考虑力学环境要求、镜体大小等，根据经验，透镜直径为150 mm以下的镜筒壁厚一般选择在2～4 mm。

2. 托框式

对于中心误差控制精度要求高的透镜系统，需采用托框式的结构形式。目的是装框后通过定心加工，使光轴与托框的外圆同轴，与托框的端面垂直，实现光学基准到机械基准的引出，进而保证整体透镜组的光学公差。透镜入框的形式有几种，具体如表6－11所示。

表6－11 透镜入框的支撑结构形式

序号	结构形式	说明
1	包边结构	将透镜放入镜框中，在精密车床上用专用工具把镜框边缘挤压弯折，包住透镜
2	卡环结构	镜框内加工一凹槽，放置卡环将透镜固定。一般卡环某处留有切口，使其可以弹性地安装到位。其压紧力很难准确控制

续表

序号	结构形式	说明
3	压圈结构	用具有内螺纹或外螺纹的压圈把透镜压紧在镜框内的一种连接形式，多数配合胶圈一起使用。一般适合中、小口径透镜装框
4	压块结构	采用分段压块，配合胶垫一同对透镜进行轴向固定的一种连接形式。一般适合中、大口径透镜装框

每片透镜单独装框，待透镜在其镜框中固定好后，以此片透镜的光轴作为机加工轴心加工此镜框与镜筒的配合尺寸，即定心加工。每个镜框定心加工好后组装在一起进行装调。

如压圈结构形式，透镜轴向通过压圈固定，透镜定位面与托框之间直接接触，以保证透镜在轴向的位置精度。通过托框周向的注胶孔，周向均布地在托框与透镜之间注入弹性胶，借助胶的自适应特性保证透镜与托框间的热应力卸载，同时实现透镜径向定位支撑和轴向双向约束作用。胶斑圆心应尽量通过或接近透镜重心且与光轴垂直的平面内，如图 6－25 所示。

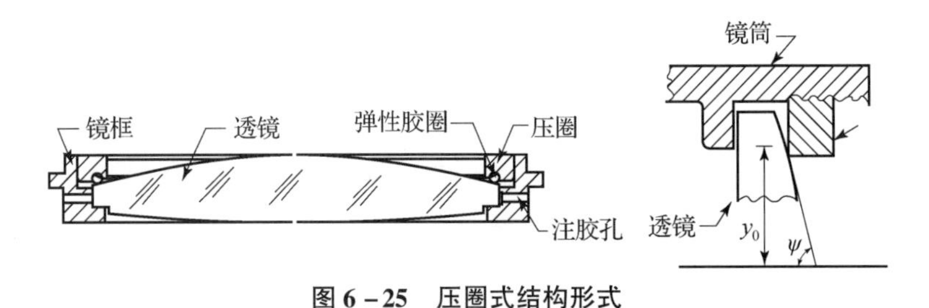

图 6－25 压圈式结构形式

透镜组结构设计结果如图 6－26 所示。

6.3.2 胶斑强度分析

最小胶接面积根据发射时的过载来计算，最小胶接面积为

$$Q_{\min} = W \times a_G \times f_s / J \tag{6-21}$$

式中：W——光学元件的质量；

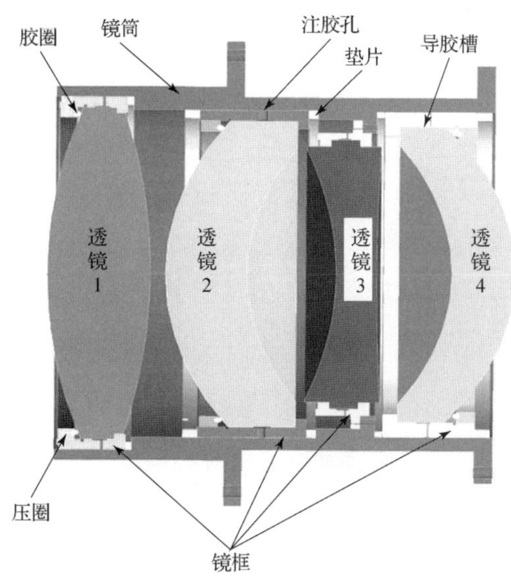

图6-26　可见光非调焦组件结构形式

a_G——光学元件可能承受的最大加速度；

f_s——安全系数；

J——胶的剪切强度。

在胶的固化过程中，胶斑体积会有收缩，这种变化会对光学元件的面形带来影响，在仿真分析中，可采用热影响来模拟胶的收缩对光学元件面形精度的影响，胶的等效线胀系数如下所示：

$$\text{equivalentCTE} = 1 - \left(\frac{100 - \Delta V\%}{100}\right)^{\frac{1}{3}} \tag{6-22}$$

6.3.3　机床定心工艺性要求

由于受到结构件的机加精度以及光学镜头装调误差的影响，一片透镜在进行装框工作时，不可能保证结构框本身的机械轴与透镜的光轴重合。为了提高透镜装框精度，机床定心是必不可少的工作。机床定心的目的是使镜框的机械轴与透镜的光轴重合，为光学镜头的实验室定心提供保证。它是保证光学系统最终成像质量的关键一环。

在进行机床定心工作时，首先通过近轴成像公式

$$\frac{n'}{l'} = \frac{n}{l} + \frac{n' - n}{r} \tag{6-23}$$

确定被定心透镜两个球心像的位置。式中 l 为物距，l' 为像距，n 为物方折射率，n' 为像方折射率，r 为曲率半径。

将调心工装安装在机床主轴上，透镜组件通过过渡环与调心工装连接（透镜用镜头纸保护，只留中间一个小孔）。调焦对心器安装在机床尾座上，它发出的光线经过其光学系统后到达被定心透镜，经透镜反射又返回调焦对心器内，使被定心透镜的前后表面球心像成在检测仪器的分划板上，观察者通过目镜组可看清两个像。

如图 6－27 所示，光轴与机械轴重合时，调焦对心器发出的光按原路返回，这时随着机床主轴的旋转，在对心器的目镜上看到的球心像位置不变。如果光轴与机床主轴不重合，当机床主轴转动即透镜绕镜框的机械轴转动时，由于对心器固定不动，所以从目镜中看到的球心像在绕机床主轴做圆周运动。如果被调球面镜的球心相对机械旋转轴有一个微小的变化量 Δ，则反射像改变 2Δ，该量经系统放大后为 ΔC，根据测得 ΔC 的大小、方向，再除以系统放大倍率，指导调整球面镜平移或倾斜，使球面镜球心同转台机械旋转轴重合。然后根据图纸要求对被定心透镜镜框进行加工，保证镜框的机械轴与透镜光轴重合。

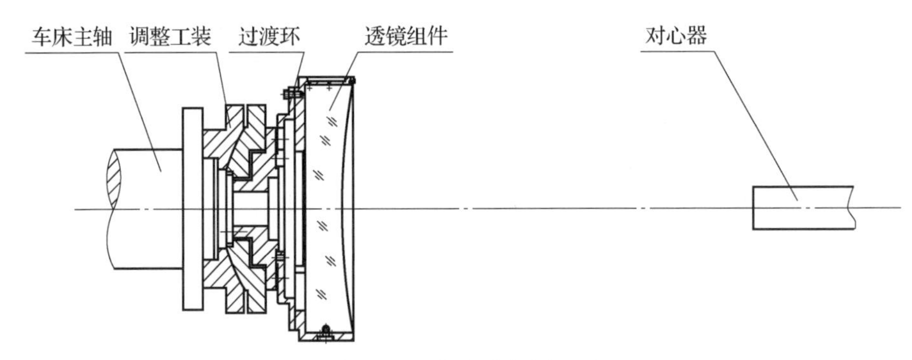

图 6－27　机床定心原理图

球心像偏心量 $\Delta\alpha$ 计算公式一般为

$$\Delta\alpha = \frac{\Delta C/2}{2 \times \beta} \times 206\ 265 \tag{6-24}$$

式中：$\Delta\alpha$——球心像偏心量；

ΔC——经系统放大后的偏心量；

β——系统放大倍率。

在对球心像调整完毕后，进行镜框的机械加工时，要注意监测球心像的偏心量变化。如果由于机械加工的切削力或振动使球心像偏心量不满足设计要求，则要重新进行定心工作后再进行机械加工。

6.4　低温光学组件设计

6.4.1　低温光机结构设计原则

低温光学系统，是指使用制冷设备将光学元件及其支撑结构，降温到满足探测任务需求的低温工作环境下的光学系统。低温光学系统的研制涉及多学科技术的融合，从设计、制造、装配到检测，均与常规光学系统有很大不同，其研制的复杂性引出了一系列技术难题，如低温下材料热特性变化、系统光学参数热致变化（如折射率产生热梯度）、热梯度致光学零件产生内应力（如压致双折射）及面形变化、低温污染及冷焊等。

低温光学系统的光机结构设计，不仅要求结构稳定、承受得住发射环境的冲击振动，也要求镜头在降至低温环境下进行工作时，能够对系统内部温度梯度所引起的热负载进行充分卸载，保证较好的成像质量，同时满足系统对重量的苛刻限制。

为了保证低温工作时的成像质量，低温光学系统设计必须遵循“无热效应”的设计原则。

1. 理想的无热化设计

（1）全反射式原则。对于反射镜面，光线由反射面反射而不射入光学元件内部，从而避免了材料内部的光学特性随温度发生变化，如折射率梯度、热应力双折射以及色差等。所以，对于低温光学系统，尽可能全部采用反射式的系统。

（2）整体性设计原则。整体性设计要求材料的选择应满足热特性匹配原则，最简捷的办法就是让系统中的所有光学元件及结构件都使用同种材料制备。当环境变化且控温均匀时，整个光学系统都按相同的比例缩放，无须调焦便可保证像质不发生变化；从原理上讲，此时的温度变化对光学系统的成像不产生影响。

2. 退化后的准无热化设计

理想的情况下，为满足材料热特性匹配的要求，光学元件及其支撑结构需选用同种材料，然而，当镜头在设计时被迫使用多种材料，这种整体性设计哲学便不再有效。造成这个结果的原因往往是系统中某些光学元件使用了不适于用作支撑结构件的材料，例如使用玻璃材料的透镜、棱镜及反射镜等。此时最重要的是尽可能选用热膨胀系数相匹配的材料，另外还想通过结构的柔性设计，来实现对温度载荷的卸载。

6.4.2 材料选择

低温光机结构设计时的材料选择要素：

（1）光学性能要求：反射镜的材料表面必须可以加工到光学级粗糙度的光滑表面，从而实现镜面反射，且可镀覆有匹配热特性的高反射率膜系。

（2）力学性能要求：由于空间任务对重量有着苛刻的限制，高比刚度的材料应优先考虑，在此基础上强度满足设计要求即可。

（3）热特性要求："均匀控温的难度"决定材料热特性的选择方向。

控温的均匀度较好时，在满足材料热特性匹配的前提下，选用高热导率材料可提高光机结构的温度均匀性，增强对复杂热工况的适应性，降低热控成本。均匀控温难度较高时，选择 CTE 较小的材料，能保证存在较大温度梯度时光学元件的面形精度与相对位置关系，从而保证成像质量。

C/SiC 材料在低温下有很好的性能，其常用于低温光学镜头的研制中。图 6-28 表示了 C/SiC 复合材料从室温到低温的热膨胀系数。C/SiC 在室温下的热膨胀系数（CTE）为 2.2 ppm/K，在 100 K 温度下为 0 ppm/K。在低温下，材料的线胀系数更适用于光学镜头的应用[88]。

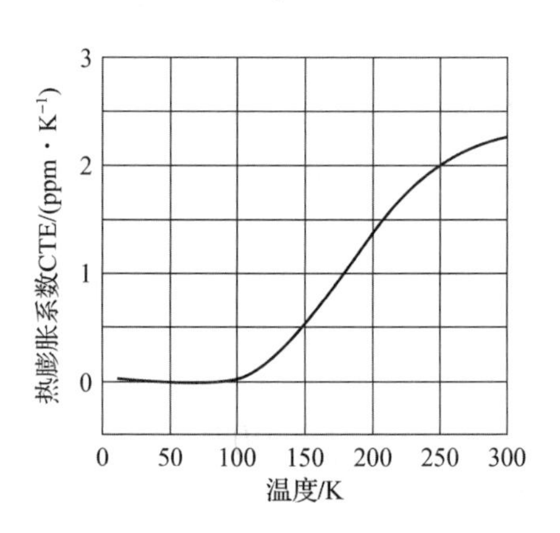

图 6-28 SPICA C/SiC 复合材料热膨胀系数

6.4.3　低温反射式镜头结构

6.4.3.1　高脚杯支撑

对于小口径光学元件，俗称“高脚杯支撑”的单点支撑方式为典型的（准）运动支撑。该支撑方式要求反射镜与支座使用同种材料，并设计为一个整体，为了不使背部法兰处的装配应力、热应力传递到反射镜主体上，将安装法兰设计在远离反射镜主体的位置，并在法兰上切割一些细槽进一步弱化安装孔与反射镜主体之间连接的刚度。这些柔性环节能保证一定移动自由度的前提下，不影响反射镜的定位和面形精度。

图 6 – 29 列出了用 SiC – 54® 和 Cesic® 材料制造的两种高脚杯支座形式的反射镜，两反射镜设计口径为 170 mm，设计质量小于 1.3 kg，在 30 K 的深低温工况下，SiC – 54 反射镜面形 RMS 值为 9.6 nm，Cesic 反射镜面形 RMS 值为 2.9 nm。

图 6 – 29　SiC – 54® 反射镜和 Cesic® 反射镜

为尽可能降低因 CTE 不同而造成的热应力，反射镜的支撑板可选用在低温下与 SiC 有较小 CTE 差的 C/SiC 材料。为提高反射镜的定位和面形精度，Gabby Kroes 等人对这种支撑的结构形式做了进一步改进，如图 6 – 30 所示。其中反射镜背部基座的中心销钉孔用于精确定位，3 道经尺寸优化的细槽将反射镜主体与 3 个螺栓孔及防转销钉孔隔开。这些细槽的设置，不但增加了背部法兰盘的柔性，还延长了装配面处的装配应力及热应力与反射镜主体之间的传导路径，因此可得到更好的光学性能。

图 6－30　改进型高脚杯支座

6.4.3.2　柔性支撑耳

对于较大口径的反射镜而言，背部单点支撑已经不能胜任光学面形的精度要求，须采用三点支撑形式。三点支撑结构中，3 个用于卸载应力的支撑耳片应设计在以反射镜质心为圆心的圆周上，且成 120°圆周均布。为避免低温下材料的热特性失配，可根据设计的需要，来选择是将支撑耳片与反射镜主体设计为一体，还是与反射镜的支撑结构设计为一体。图 6－31 给出了两种柔性耳片与反射镜同体的三点支撑结构。在图 6－31（a）中，反射镜安装孔周围精心设计的槽形，不仅能卸载全部 3 个旋转自由度，还能卸载平行于镜面方向的 2 个平移自由度。在图 6－31（b）中，每个安装耳片处特别设计的柔性连杆可以卸载所有 6 个自由度，它使反射镜能够承受特别恶劣的发射环境。为了满足定位的需要，两个例子中的 3 个耳片上都设计了 2 个定位销钉孔。

（a）

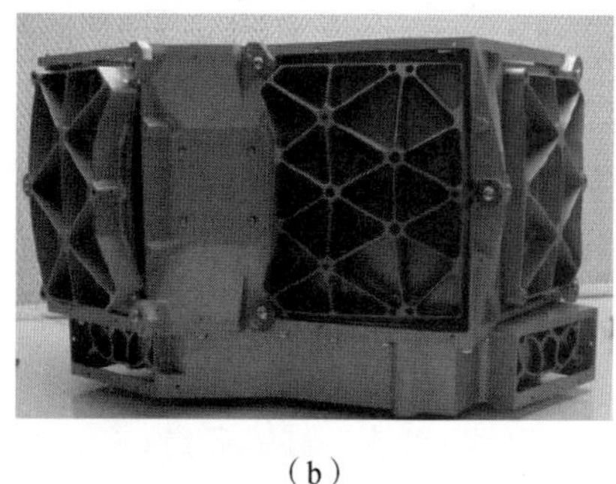

（b）

图 6－31　两种一体式的三点支撑结构

（a）VISIR 镜子；（b）JWST MIRI 镜子

这类支撑结构设计的关键环节是柔性支撑耳片，每处柔性环节为镜体提供一个径向膨胀/收缩的自由度，以卸载/补偿不同 CTE 引起的热应力。在安装这类支撑结构时，还需施加恰当的预紧力，以及卸载/补偿不同材料轴向热收缩形变差，并改善低温下装配面处的摩擦性能。

6.4.3.3　Bipod 支撑

对于大口径反射镜而言，背部多点支撑是较好的支撑形式，其中应用较多的是 Bipod 和 Tripod 结构，针对低温光学系统中使用 Bipod 结构，通常有以下几点需要注意：

首先，Bipod 结构必须与反射镜材料有较好的热匹配性；

其次，应设计柔性环节用以卸载装配应力和热应力。

SOFIA 次镜和 ASTRO – F 主镜的支撑 Bipod 结构如图 6 – 32 所示。如图 6 – 32（a）所示，此类反射镜支撑方式的柔性环节设计，应设计在反射镜的支撑背板上。如图 6 – 32（b）所示，将反射镜支撑的柔性环节，设计在 Bipod 的支撑腿上也是个不错的改进形式。

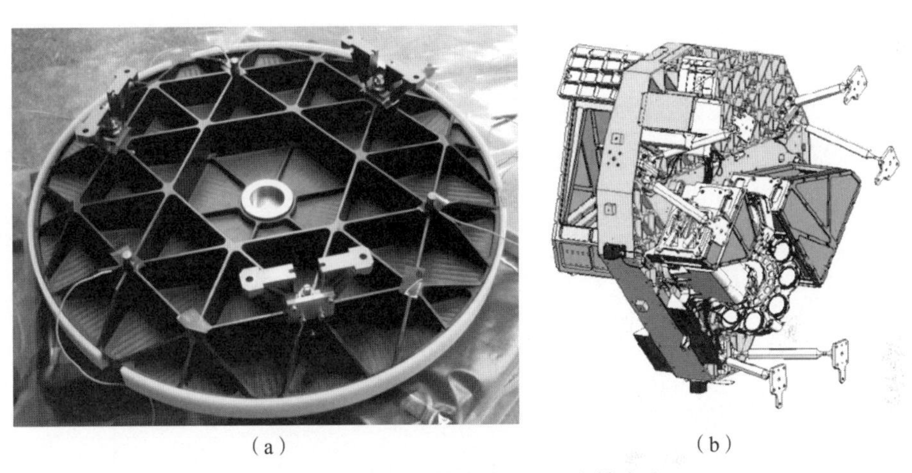

（a）　（b）

图 6 – 32　两种反射镜的 Bipod 支撑方式

（a）SOFIA 次镜及 Bipod 支撑；（b）FGS 装置

6.4.4　低温透射式镜头卸载结构

6.4.4.1　理论基础

根据“整体性设计原则”，在设计低温光学系统时，包括光学元件及结构件在内的所有元件应选用同一种材料制备。这样当环境变化且控温均匀时，整个光学系统都按相同的比例缩放，无须调焦也可保证像质不变，即温度变化对光学系统的成像不产生影响。然而在许多应用中，例如包含中继光学系统的情况，镜头的设计不得不使用多种材料，在一个仪器中，每个零件都有各自独立的“静力平衡点”，无论周围环境是温升还是温降，这个点始终保持稳定而不会发生改变[89]。若镜头中的光学元件和机械结构使用了不同的材料，那么当温度发生变化时，光学表面就会相对其安装位置发生收缩或膨胀，而这个相对运动的参考点正是“静力平衡点”。图 6－33 给出了几种安装结构的静力平衡点的位置。

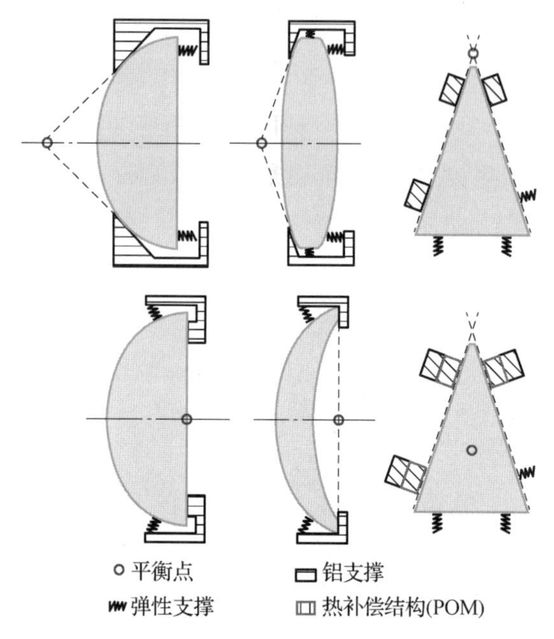

图 6－33 几种安装结构的静力平衡点的位置

6.4.4.2 结构构型

在一个包含中继光学的低温光学系统中，中继光学部分的低温设计和常温设计是设计的关键点和难点。低温设计，用于预测在低温工作环境下仪器的性能；常温设计，则用于常温下各元部件的制造、集成、装校和试验。对于验证时间较短且急于将系统投产的阶段，“无须再次装校”是系统设计时追求的目标。正因为在低温工作环境下对光学元件进行装校几乎不可能实现，所以这两种设计模式都必不可少。

低温镜头结构设计的难点在于常温支撑刚度和低温下热应力卸载的综合优化[90,91]。作为空间应用的镜头结构而言，其会经历卫星发射过程中的振动与冲击，因此结构首先应具有一定的刚度以适应相应的力学条件，这一需求与结构热应力卸载需求相矛盾，加大了低温折射式镜头的结构实现难度，而对于口径 200 mm以上的透镜来说尤为突出。

为了解决大口径低温透镜热应力卸载问题，采用多级分散弹性支撑设计，将外部常温边界到内部低温边界的整个应力卸载链路分割为若干个环节，以降低每个环节的卸载实现难度，同时加长了热传递路径，从而增加了低温端到高温端的热阻，可以大大减小漏热，降低镜头制冷量需求。透镜元件的弹性支撑方式为镜框内径环面上的卸载槽设计。通过卸载槽在低温下的微量形变，降低镜框的局部刚度，使热应力得以卸载。整个镜头的弹性支撑方式为轻量化筒状支撑框的薄片型连接耳设计，通过连接耳在低温下的微量形变，降低镜头支撑框径向刚度，对透镜间接产生的热应力得以卸载。

常用的卸载支撑方式有：

（1）传统支撑，如图6－34（a）所示，既要求弹簧的弹性模量足够高，以保证光学元件的位置不松弛下垂，又要求其弹性模量应足够低，以避免光学元件上出现应力过载，然而在现实中很难找到这样一种能满足弹性模量双重要求的弹簧。尤其是针对尺寸较大的光学元件而言，因为这种情况下热变形差也会变得很大。

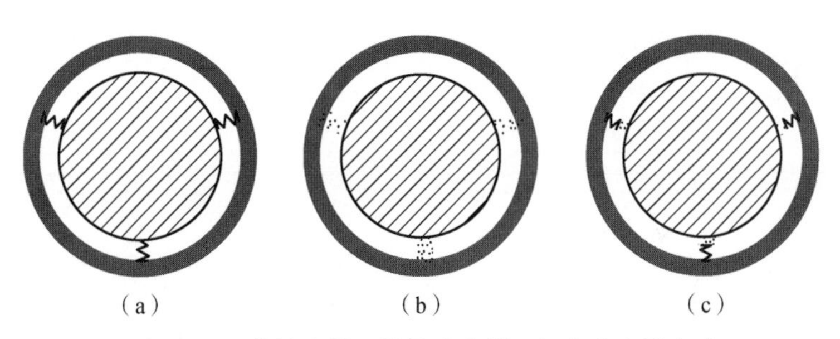

图6－34 传统支撑、补偿式支撑、组合式支撑方式

（a）传统支撑；（b）补偿式支撑；（c）组合式支撑

（2）补偿式支撑，如图6－34（b）所示，是将传统运动学框中的板簧/铰链换成一种经特别设计的支撑垫，用以补偿光学元件和其支撑结构之间的热致变形差。这种补偿支撑垫有较高的CTE，且尺寸需“量身定制”，以便其收缩量刚好等于光学元件和其支撑结构之间的热致变形差。然而低温下材料的CTE很难精确测量，因此也很难估计玻璃材料上应力过载的风险。

（3）组合式支撑，如图 6－34（c）所示，对补偿式支撑做了一些改进，它组合使用了补偿支撑垫和弹簧。其中绝大部分热致收缩差由高 CTE 的补偿垫予以补偿，剩下制造及 CTE 残差由高弹性模量的弹簧作为补偿。这种设计能为尺寸较大的光学元件提供非常好的定位精度，是种能够重复使用的运动学安装方式。

由于透镜的轴向支撑与径向支撑在本质上属于同类问题，因此以上理论是透射式光学元件支撑的普适原理。

第 7 章
焦面组件结构设计

典型的空间光学遥感的焦面组件由光电探测器组件、拼接组件、焦面电路组件、散热组件等构成。探测器组件中的结构为探测器与焦面组件的连接提供了机械接口，焦面组件中最重要的结构之一是拼接组件，根据不同的探测器拼接需求，提供器件拼接的支撑。焦面组件中的电路组件与遥感器中其他的电子学单机相同。在遥感器应用中，探测器的工作温度与成像系统的信噪比息息相关，因此焦面结构设计与热控系统的设计结合得比较紧密，良好的散热链路，可以确保遥感器在轨长期稳定运行以及成像期间的器件性能。

焦面结构是一个机、电、热高度集成的组件。如图 7 – 1 所示。焦面结构的设计关注点就是为探测器件提供工作所需的环境。

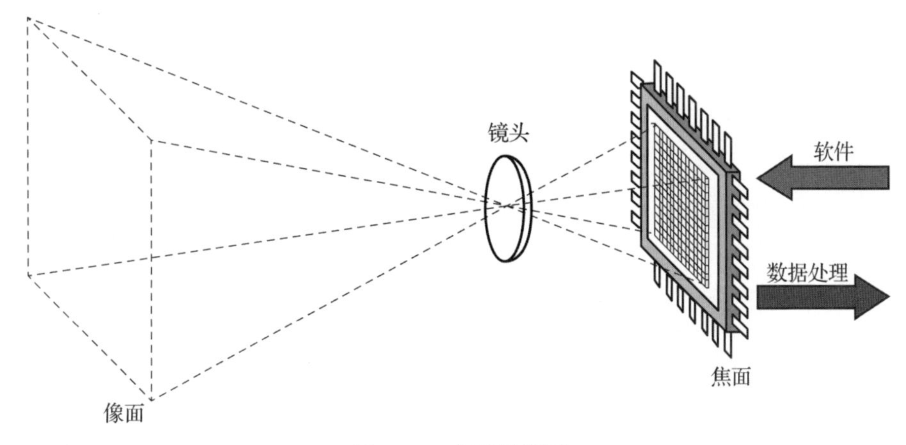

图 7 – 1　焦面示意图

焦面组件结构设计的主要任务是精确保证探测器在焦面组件中的位置关系，

对光电探测器件（CCD、CMOS 等）位置精度影响较大的因素主要是制造装配的精度、产品运输及发射过程的力学环境、在轨运行的环境作用以及电子学设备工作发热导致的热变形等。在焦面结构设计中主要考虑以下要素：

（1）合理的约束。外接口要能完成组件定位，具有足够的刚度及稳定性，不会由于过定位而产生装配应力。

（2）组件轻量化设计。焦面重量的减轻，能够为探测器件等电子学元器件提供更好的力学环境。

（3）力学环境适应性好。焦面组件的结构件应具有足够的强度、刚度以及结构稳定性，以满足光电探测后端的稳定性。

（4）温度自适应性好。航天光学遥感器入轨进入正常工作状态后，焦面组件内的电子器件是内热源之一。如所用材料的线胀系数差异，导致在温度变化的作用下，集成在焦面平面上的探测器组件与焦面基板的热变形不同。加上大尺寸效应，这种变形差异会显著影响探测器件的位置精度，进而造成遥感器指标的下降。因此，焦面组件中的连接结构需要具有温度自适应性，以消除或削弱由于线胀系数的不同而产生热变形。

（5）良好的工艺性，特别是拼接的工艺性。设计过程中要充分考虑结构件的加工以及装配工艺性，便于生产和装调。

（6）防污染。需要考虑地面装调测试期间及在轨期间的防污染要求，必要时设计主动污染防控系统。

7.1 拼接结构

在空间光学遥感器的诸多技术指标中，大视场一直是成像光学系统的一个重要发展方向，是最大限度获取地面信息的直接途径。相机视场范围的扩大意味着成像焦面长度的增大，器件的拼接是实现超大视场的技术途径之一。对于拼接组件而言，要满足光学系统视场需求、力学性能要求、拼接精度要求、安装调整要求、热稳定性要求等。

拼接结构需保证器件的拼接精度，主要包含三方面内容：共焦精度、直线性精度、像元重叠精度。

（1）共焦精度指拼接后的器件响应面应在同一个平面内，且在光学系统的焦面上。

（2）直线性精度指线阵探测器拼接后，有效像元在同一条直线上。

（3）像元重叠精度或搭接精度，指器件两片器件实际搭接的像元间距与理论值之间的差异。

拼接结构的设计根据器件尺寸、拼接数量等确定基本的几何尺寸，以满足安装点要求，并有足够的操作空间，接口包括：

（1）光学接口，主要包括光谱特性、杂光、线阵长度等；结构设计满足杂光拟制结构的安装点位置及数量要求。

（2）电子学接口，包括器件包络、电路板尺寸、安装孔位、安装间距等；满足电子学的安装位置、插拔空间、走线路径及接地要求。

（3）安装接口，与镜头的机械接口，包括质量特性等。

（4）热接口，满足器件及电路的散热要求。满足热管、加热器、热敏电阻等热控元件的布置要求，满足热控元件走线路径的要求。

在设计拼接结构方案前，一般需进行探测器件数量的校核，可根据地面幅宽、地面像元分辨率和所选器件的像元数计算得出，计算公式如下：

$$n_{器件} = \frac{L}{GSD}/N \tag{7-1}$$

式中：$n_{器件}$——器件数量；

N——所选器件的像元数；

L——地面幅宽（km）；

GSD——地面像元分辨率（m）。

拼接基板作为探测器、焦面电子学及相应热控元件的支撑结构，需具有较高的热稳定性和较高的刚度，同时兼顾零件的加工性和轻量化要求。材料主要为钛合金、SiC/Al、Invar 合金、C/SiC 等材料。

7.1.1　线阵拼接

7.1.1.1　机械拼接

机械拼接是指将光电探测器件在机械上首尾搭接的方法。由于元器件成品都有封装结构，具有一定的几何尺寸，实际像元数也大于探测器件的有效像元数，因此直接将两个探测器件拼在一起中间一定会产生缝隙，在成像时则成为拍照的盲区，使数据受损。为了实现无缝物理连接，现在机械拼接则多使用探测器件交错排列的拼接模式，如图 7－2（b）所示，器件交错排布在中轴线两侧，相邻器件间错开一定距离，从而去除了器件封装的影响。相比于光学拼接，机械拼接方式由于没有分光棱镜，所以没有色差，能量不分散，光能利用率高。

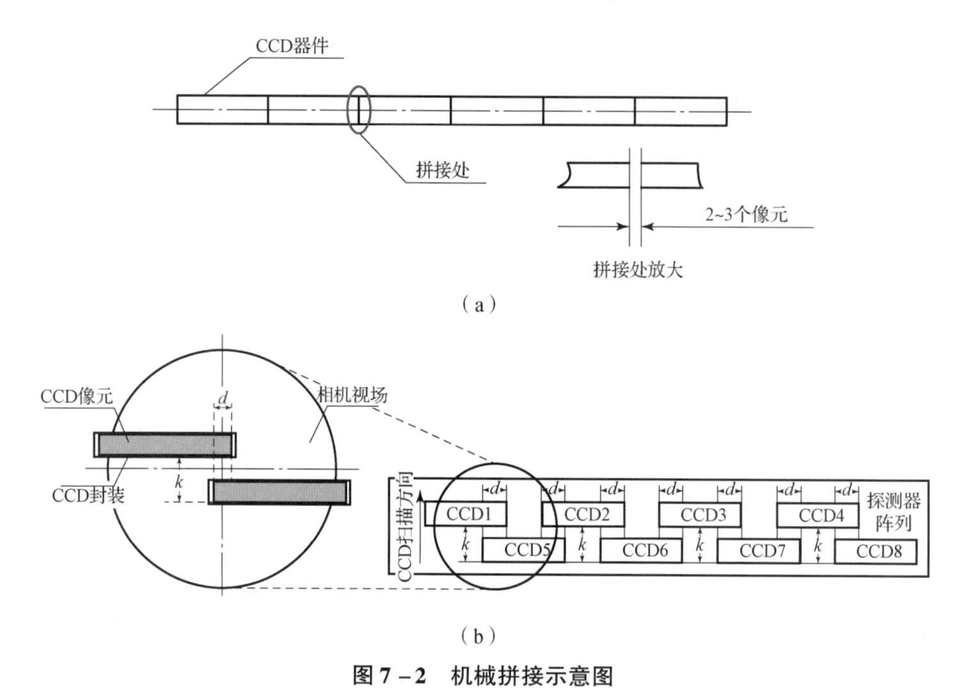

图 7－2　机械拼接示意图

（a）首尾相连机械拼接原理示意图；（b）交错排列拼接原理示意图

7.1.1.2　光学拼接

利用分光的方法将光学系统的视场内光线分为多路，形成等光程的焦平面，在每个平面对应不同的位置放置光电转换器件，各器件在光学视场内首尾像元有效搭接，由此实现探测器件的光学拼接。光学拼接中的分光镜又可采用半透半反式或全透全反式。全透全反式（见图 7－3）光能利用率高，但这种方法要求连接起来的探测器件之间的边界必须与相应的全透全反表面的边界对齐，而且当从一个阵列渐渐向相邻阵列跨越时，相对照度减少，大部分像元受渐晕影响，从而使信噪比下降。半反半透分光镜光能利用率低，但易于装配。

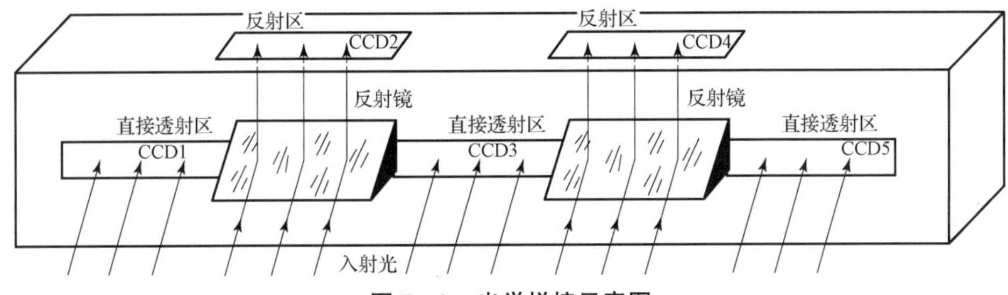

图7-3 光学拼接示意图

在光学镜选择上，主要有半反半透镜、棱镜、反射镜（屋脊镜）等，如图7-4所示。

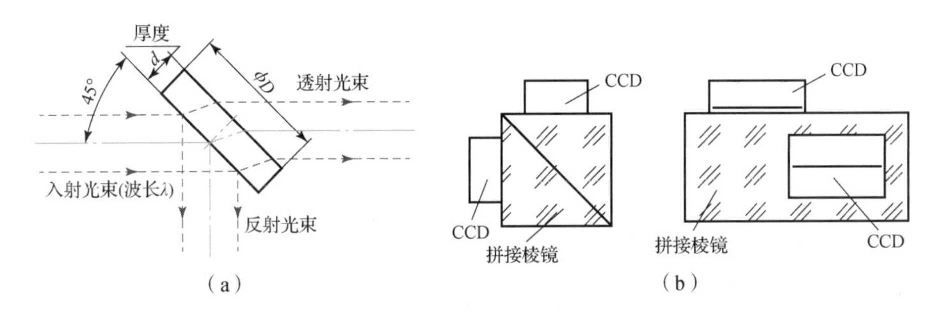

图7-4 拼接镜示意图

(a) 半反半透镜；(b) 拼接棱镜

光学镜组件的设计需满足位置调整的要求。拼接镜的外轮廓分为沿线阵方向和垂直线阵方向，垂直线阵方向的轮廓主要取决于光学系统 Y 向视场的角度。拼接镜的外轮廓尺寸一般要在包络光学设计所确定的全部光线的前提下留有余量。沿线阵方向的轮廓主要取决于拼接区域的中心位置的选取以及光学系统的结构形式，在这个方向时光学镜不允许倒棱，还需控制镜子边缘的塌边，以减小拼接的搭接损失。

光学拼接的目的是通过分光镜实现多片探测器的“首尾”连接，使探测器共面、共线，增加相机幅宽；由于拼接反射镜在光路中切割光路，会导致渐晕区；渐晕区大小取决于出瞳、反射镜、像面相对位置关系；渐晕区存在的问题是能量非线性降低及拼接区的 MTF 降低等。

光学拼接时，能量渐变区的重叠像元复核采用下列公式：

$$n = \mathrm{PG} \cdot s/(f-s)/\mathrm{Pixel} \tag{7-2}$$

式中：f——出瞳距（mm）；

s——拼接反射镜与器件光敏面的距离（mm）；

Pixel——像元大小（mm）；

PG——出瞳直径（mm）。

7.1.1.3 视场拼接

视场拼接也称为机械交错拼接，是将光电探测器件装配成双列交错式焦面形式，即在同一平面上，利用第二行光电探测器件正好填补第一行光电探测器件所形成的间隙，相邻光电探测器件的首尾像元对齐或重叠一定距离，在遥感器飞行方向上两行光电探测器件错开一定位置。该拼接方式结构简单，不会引入色差，能满足大视场的要求，在大视场空间光学遥感器中得到了广泛应用。视场拼接如图 7－5 所示。

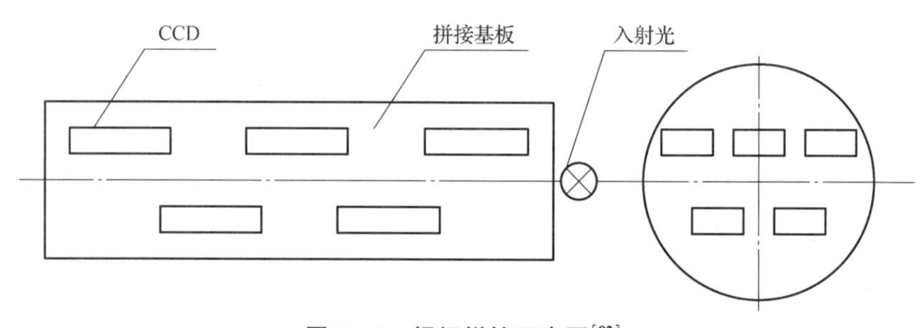

图 7－5 视场拼接示意图[92]

视场拼接的探测焦面，由于其在飞行方向上的位置不在一条直线上，因此两行探测器的成像时刻是不一致的，如 HiRISE 成像焦面，如图 7－6 所示[93]。机械交错拼接的图像处理是采用电子学对接的方法，通过积分延时处理产生清晰的宽幅大视场图像。

对于视场拼接的探测焦面而言，需重点关注如下问题：卫星在轨飞行时，卫星偏流角和俯仰角两个因素会造成焦面搭接漏缝的现象，为避免这个现象，需通过搭接更多的像元进行补偿。具体的计算公式如下：

（1）补偿偏流角引起漏缝的重叠像元数计算：

$$n_{DA} = D_{de} \tan\theta / \text{Pixel} \tag{7-3}$$

式中：n_{DA}——补偿偏流角误差引起漏缝的重叠像元数；

D_{de}——视场拼接两行探测器同名像元在飞行方向的间距（mm）；

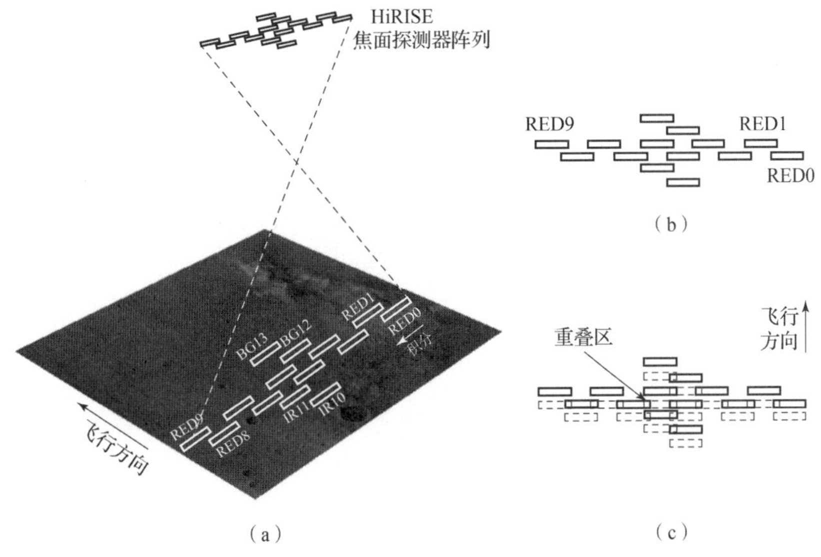

图 7－6　视场拼接的探测器件成像关系

(a) 推扫成像示意图；(b) $t=t_0$；(c) $t=t_0+\Delta t$

θ——偏流角误差（°）；

Pixel——像元大小（mm）。

（2）补偿俯仰角引起漏缝的重叠像元数计算：

$$n_{\mathrm{PA}i}=\frac{fL_i}{\mathrm{Pixel}\ \sqrt{D_{\mathrm{de}}^2+4f^2}}\left[\frac{1}{\cos(\alpha+\beta)}-\frac{1}{\cos(\alpha-\beta)}\right] \tag{7-4}$$

式中：$n_{\mathrm{PA}i}$——第 i 个拼缝处补偿俯仰角的重叠像元数；

f——相机焦距（mm）；

L_i——第 i 个拼缝处距离中心像元的距离，即拼缝处的像高（mm）；

α——相机在轨成像时最大俯仰角（°）；

β——相机的半视场角（°）。

由偏流角、卫星姿态等引起的像移速度矢量和积分速度矢量不匹配问题，已有广泛的研究。而由畸变引起的像移速度矢量和积分速度矢量不匹配问题是相机固有的属性，无法通过调整卫星姿态进行补偿。畸变引起的失配角可通过焦面拼接时将探测器偏转一定角度进行补偿，这种方法称为弧形拼接，简称弧拼。

探测器弧形拼接方案，不论是枕形畸变还是筒形畸变，弧形拼接的方向都与畸变曲线的方向相反[94]。

图 7 - 7 所示为探测器弧拼示意图。

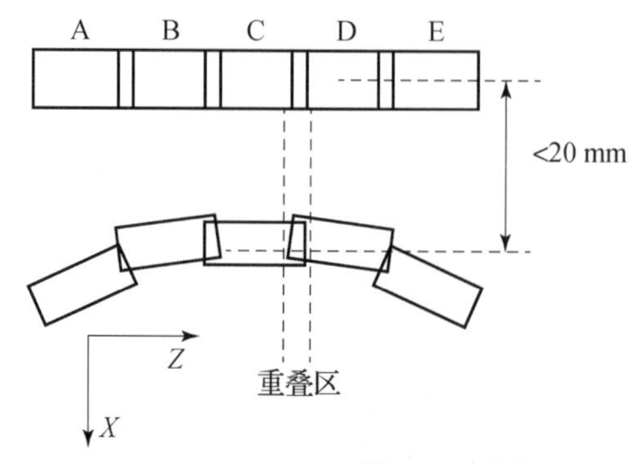

图 7 - 7　探测器弧拼示意图[95]

7.1.1.4　小结

以上各种线阵器件方案的优缺点归纳如表 7 - 1 所示。

表 7 - 1　线阵器件拼接方案优缺点分析

拼接方案	光学拼接	机械/视场拼接
优点	(1) 具有视场无缝、无渐晕，几何关系固定而且结构形式简单、可靠等特点； (2) 对于全反射光学系统会引入色差，影响成像质量； (3) 棱镜的拼接长度受到镜坯材料、加工精度和棱镜胶合水平的限制	(1) 不损失探测能量； (2) 拼接后固有精度较为稳定
缺点	(1) 像面照度有拼缝，即存在搭接区； (2) 拼接反射镜装配精度高，工艺复杂	(1) 错行所造成的时间延迟需由图像的后期处理解决； (2) 拼接区存在渐晕、鬼像等现象； (3) 卫星偏流角会带来 CCD 片间视场出现漏缝

7.1.2　面阵拼接

面阵器件拼接方法受光学系统形式、拼接器件数量的多少以及拼接精度、光学系统后截距的长短等诸多条件制约。直接首尾相连平铺式的机械拼接方式，本节不再赘述。考虑以上制约条件的不同，并结合研究所以往线阵 CCD 器件光学拼接的经验，面阵探测器的光学拼接有全反射式拼接法、棱镜拼接法、单心球面系统拼接法等拼接方案。

7.1.2.1　全反射式拼接法

全反射式拼接法是利用光学原理，在主光路后截距中引入反射式分光元件，使不同视场的光线被位于不同空间位置的器件接收，经后续处理形成一个连续的、完整的像。该拼接方法成像关系相对复杂，对后截距长度要求较为苛刻，但是能有效地解决非可拼接器件存在的器件光敏面小于器件机械尺寸的问题，是解决大面阵阵列的行之有效的措施之一。同时，全反射式拼接不会附加任何像差，可用于任何形式光学系统中；可实现无缝拼接，但是分光反射镜锐角处易出现塌边，拼缝处像质易受损。

根据可实现的拼接器件数量的多少，可分为 2×2、3×3、4×4、2×3、$2\times n$ 等情况，以下分别就不同情况的构型方案分析如下。

例如：2×2 构型方案。

根据采用的反射镜类型、反射镜空间布局的不同，可实现 2×2 面阵器件拼接。采用三片直角反射棱镜分光。首先通过一次分光反射棱镜将光学系统分为两个子视场，再通过两个二次分光反射棱镜，分别将两个子视场进行二次分割，分割方向与一次分割方向互相垂直，四块面阵 CCD 器件分别位于每个子视场焦面上，以此完成四块面阵 CCD 器件的拼接，具体如图 7－8、图 7－9 所示。棱镜边缘渐晕图像的探测与软件复原，可以实现对各子视场图像的无间隙拼接；同时通过控制相邻视场图像重叠区域的大小，可以最大限度地减小拼缝处图像渐晕的影响。

7.1.2.2　棱镜拼接法

棱镜拼接是光学拼接的一种，其特点是：放在光学系统像方的拼接棱镜会产生各种像差，特别是色差。因此这种拼接方式只能用在折射式光学系统或折反射式系统类型中进行校正，而不能用在全反射式系统中。

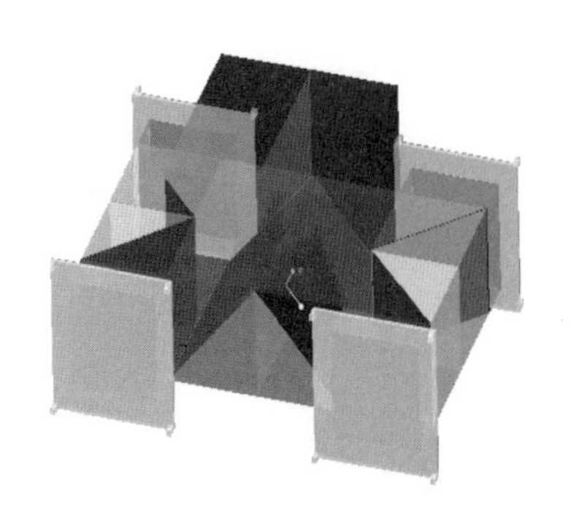

图7-8 2×2 拼接构型方案示意图

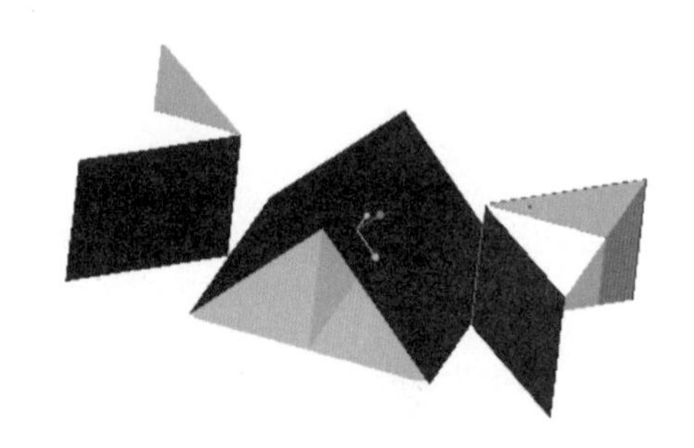

图7-9 2×2 拼接构型方案反射镜布局示意图

棱镜拼接法构型方案与全反射式拼接方法原理相同，仅在分光元件上有所区别，将全反射式拼接中分光反射镜置换成以反射面为对角面的立方体棱镜，为了平衡光程差，全反射式拼接中不经反射直接入射至面阵器件的光路中，加入等光程的立方体棱镜，如此即可实现棱镜式拼接。

常用的一种棱镜式拼接为在立方体棱镜的对角面（即分光面）上镀半反半透膜，该方案可实现 $2\times n$、$n\times n$ 面阵器件拼接，具体如下所述。一次分光通过分光棱镜实现半反半透分光，透射部分与反射部分各占一半能量，视场为全视场，反射光向右射向二次分光反射镜，二次分光反射镜相间排布，另一部分透射光直接向下射向二次分光反射镜，二次分光反射镜可以根据需要在弧矢方向排放任意多个，因此可实现 $2\times n$ 焦面拼接。图 7-10 所示为 $2\times n$ 拼接构型方案示意图，图 7-11 所示为 $2\times n$ 拼接构型方案反射镜布局示意图。

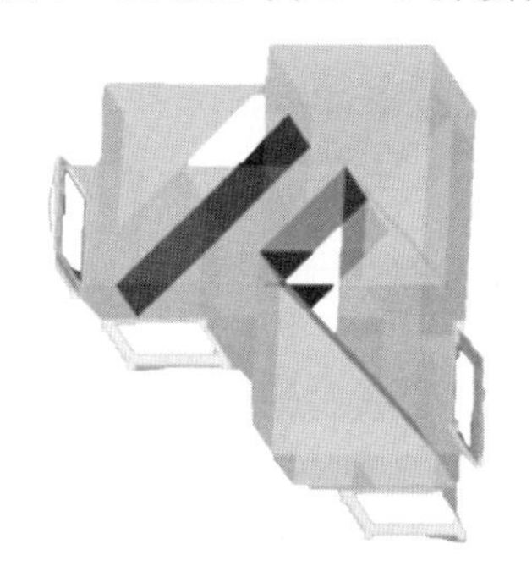

图7-10 $2\times n$ 拼接构型方案示意图

图7-11 $2\times n$ 拼接构型方案反射镜布局示意图

该方式最大的缺点是各个焦面接收到的能量为光学系统能量的 50%，对于能量较紧张的系统，不建议采用。凝视成像或者 TDI 模式成像可考虑采用该方案。

7.1.2.3　单心球面系统拼接法

单心球面系统[96]实现面阵器件光学拼接原理如图7-12所示，第一组透镜为单心球透镜，由物方来的光束经单心球透镜成像在形状为球面的第一像面上，再经过9组转像物镜将第一像面上的像分成9路各自独立的光束，最后成像在第二像面的9个平面上，从而达到拼接的目的。图7-12中仅表示了一个截面，可安置3个面阵CCD器件。如在9个成像平面上安置CCD面阵器件即可实现CCD光机拼接。

该方案中通过光学以及机械方法实现CCD拼接仅仅完成了大视场拼接的第一步，只有将多个各自独立的CCD单元坐标系有机地结合起来，即完成CCD数字拼接并建立整个相机的数学模型才算最终完成CCD的拼接。

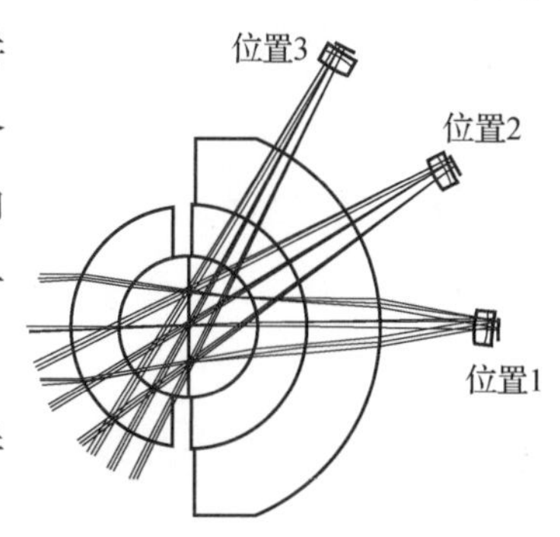

图7-12　单心球面系统光学拼接原理示意图

该方案可真正实现面阵器件的无缝拼接，拼接处图像质量不受影响，但是采用二级成像系统，系统复杂、外形尺寸大，常用于地面测试系统。

7.1.2.4　小结

以上各种面阵器件拼接方案的优缺点归纳如表7-2所示。

表7-2　面阵器件拼接方案优缺点分析

拼接方案	全反射式拼接	棱镜拼接	单心球面系统拼接
优点	（1）可实现无缝拼接； （2）不引入附加像差； （3）不受光学系统形式限制	（1）可实现无缝拼接； （2）通过工艺手段可尽量避免拼接处塌边影响，拼缝处图像质量稍好； （3）原理上可实现 $n \times n$ 任意多片面阵器件拼接	可实现无缝拼接
缺点	（1）锐角加工工艺限制，易出现崩边，对拼缝处质量有影响； （2）对后截距有要求； （3）面阵共焦精度受镜头 F 数大小的影响	（1）对后截距有要求； （2）有附加像差存在，仅能用于透射式或折反射式系统； （3）面阵共焦精度受镜头 F 数大小的影响	（1）二次成像系统，系统复杂、外形尺寸大； （2）仅适用于地面测试系统

7.2 探测器组件

7.2.1 可见光探测器组件

在探测器组件机构设计时，应对与器件相接触的主要零件材料做充分考虑，使其线胀系数尽可能与器件封装材料陶瓷的线胀系数（0.35×10^{-6}/℃）相近[97]。厂家提供的器件一般没有合适的机械接口，先将单片器件封装在专门设计的结构盒内，结构应精密加工，消除装卡应力并具有便于安装和修调的机械接口，能够保证器件稳定可靠地固定在焦面基板上，同时也提供安装和固定器件热控的接口。

1. 线阵探测器组件

以线阵 CCD 组件为例，如图 7－13 所示，CCD 组件由 CCD 器件及 CCD 支架组成。二者通过边缘涂环氧结构胶的方式成为一体。CCD 组件再通过位于 CCD 器件两端的调整垫片螺接在拼接基框上。调整垫片的作用就是保证各个探测器的像面拼接的共面性等精度。组件设计及材料选择要确保由热载荷和重力载荷引起的最坏情况下的像面位置在要求范围内[98]。

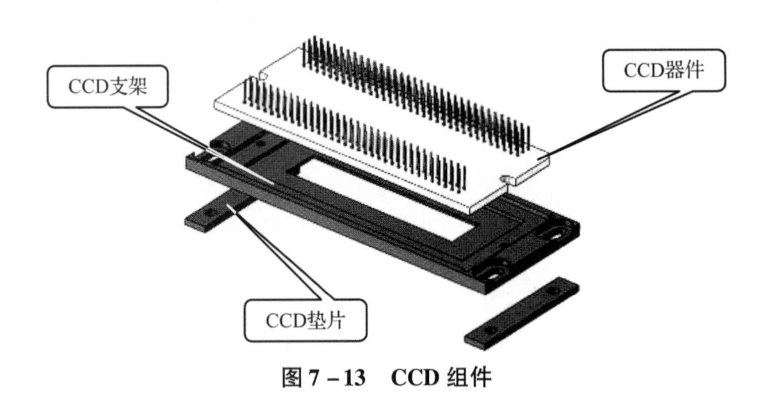

图 7－13 CCD 组件

2. 面阵探测器组件

针对面积较大的面阵器件，往往采用装框的结构形式，其结构设计思路类似于透镜组件的胶悬浮思想，主要由探测器、探测器托框以及压块组成，如图 7－14 所示。探测器采用装框注胶、压块压紧的方式固定：探测器托框与探测器实测尺寸配做，保证两侧间隙各 0.05 mm，装框时在探测器侧边均匀涂抹厚度约

0.05 mm 的结构胶，然后通过安装于托框上的四个压块压紧固定；探测器与托框、压块之间加装 0.1 mm 厚的 XM23 胶垫，以避免探测器与结构件之间的硬接触。

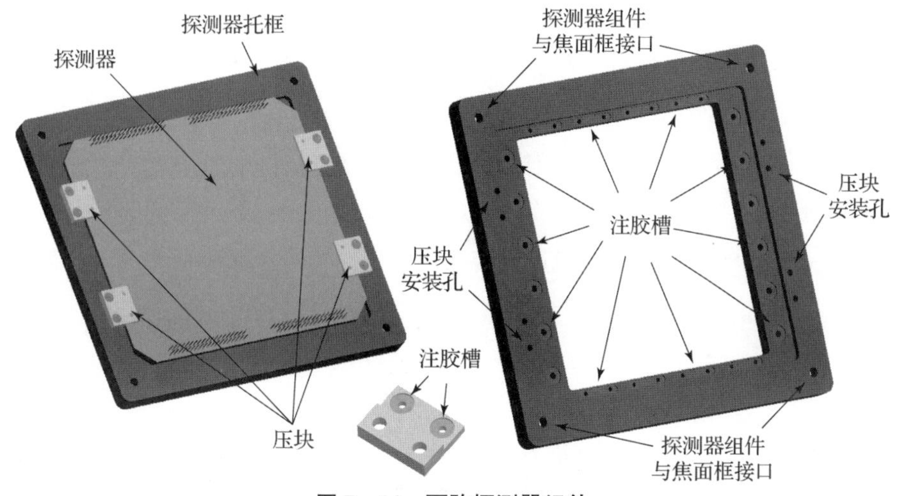

图 7-14　面阵探测器组件

7.2.2　红外探测器组件

由于红外探测器需进行制冷，冷环境造成红外焦面存在热应力的问题。如长波探测器工作在 60 K 的环境下，而装配和加工均在室温下进行。红外探测器焦面组件涉及钛合金、紫铜、殷钢、蓝宝石、LTCC 以及硅基片等多种材料，各材料的热膨胀系数不一致，在常温降至工作温度的过程中必然伴随热变形和热应力的产生。红外探测器组件（见图 7-15）的设计主要关注杜瓦及冷链的设计、探测器组件热应力卸载的设计。

图 7-15　红外探测器组件[99]

1. 杜瓦

杜瓦其实并不神秘，在100多年前它仅仅是一个人的名字。1893年，杜瓦宣布发明了一种特殊的低温恒温器（Cryostat）——后来称为杜瓦[100]，用来储存低温液体。杜瓦其实就是一个绝热容器，它将外界的热量与内部的低温环境隔断，其结构如图7-16所示。一般在杜瓦冷平台上安装有红外探测器、滤光片支架、滤光片、冷屏、低温辐射屏等。为了提高红外探测器的信噪比，在红外探测器上方安装了滤光片、滤光片支架及冷屏结构。组件结构的内表面均需进行消杂光处理。在滤光片支架及冷屏外侧通过安装低温防辐射屏可有效降低辐射热。针对长线列探测器组件，其规模较大、冷平台的负载较重，杜瓦冷平台的力学支撑多设

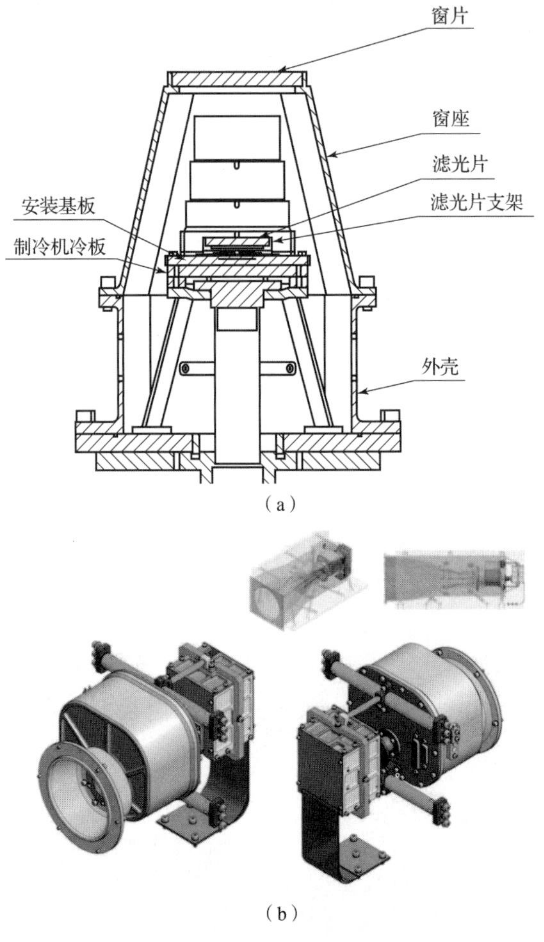

图7-16 杜瓦结构示意图[101]

（a）结构图；（b）实物

计为桥式两点支撑结构。两点支撑多为高强度、低热导率的薄壁结构，以满足冷平台的力学要求及较低热传导漏热。

2. 冷链

红外探测器与制冷机耦合有两种方式，即直接耦合与间接耦合。直接耦合即探测器与制冷机的冷头之间直接连接，这种耦合方式可以减轻系统的重量且能有效降低冷损，一般适用于耦合接触面积较小、一对一制冷情况。间接耦合为探测器与制冷机的冷头之间采用柔性“冷链”进行连接。这种耦合方式适用于超长线列红外焦面组件与大冷量制冷机的耦合，或者一台制冷机对多个波段类型红外探测器的情况[102]。

直接耦合的结构形式不再赘述。间接耦合的构型中，冷链的传热性能对整个组件的性能影响非常严重。对冷链的要求是传热温差尽可能小。可选择用低温热管或高热导率材料制作冷链。其中高热导率的固体材料作冷链的方案最为常用。

（1）柔性冷链的结构形式：柔性冷链按形状结构分类，可分为链状、片状、丝状和部分异形冷链[103]。各种类型的冷链结构都是通过将冷链分割成多层薄片或多根导热丝的方法，来减小冷链整体结构的惯性矩以获得结构的低刚度。此外，利用多点柔性冷链实现制冷机单点冷源与超长线列冷平台的冷量传输。

（2）冷链材料：柔性冷链采用的材料主要有 3 大类，即铜、铝及石墨材料。在红外探测器常工作的温度区 80 ~ 100 K，无氧铜的热导率最大，柔性石墨材料其次，1100 号铝金属热导率最低。石墨材料具有高热导率、良好的力学性能和低密度，是制作柔性冷链最理想的材料。石墨冷链示意图如图 7 - 17 所示。

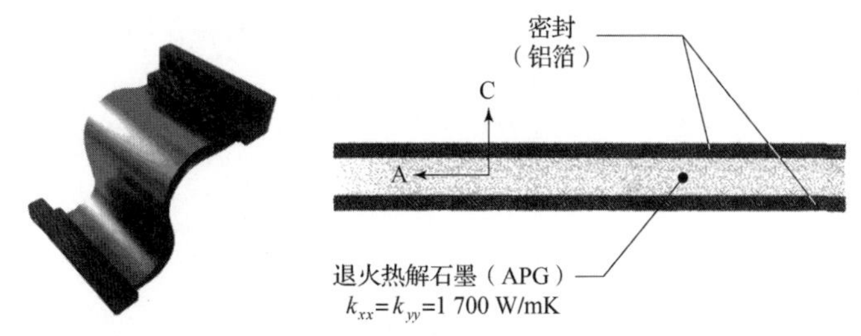

图 7 - 17　石墨冷链示意图

柔性冷链的性能主要在力学和热学两个方面，在设计中应考虑：①柔性冷链整体本身的热导率或热阻；②柔性冷链的各个方向的刚度；③柔性冷链的隔振效果；④柔性冷链的疲劳特性。最终，需要对冷链的热阻、刚度、隔振效果和疲劳特性进行测量，给出柔性冷链完整的指标性能。

7.3 电子学组件结构设计

7.3.1 概述

电子学组件是空间光学遥感器电气部分的核心，焦面组件的设计中必定会涉及电子学组件的设计。由于卫星平台和工作轨道空间的特殊性，因此所搭载的专用电子设备在结构设计方面也有其特殊性。电单机的设计要素主要包括电子设备的结构构型设计、电磁兼容性设计、抗辐照结构设计、抗力学环境设计、磁设计和热设计等各个方面。

7.3.2 结构构型设计

7.3.2.1 电单机结构构型

电子学设备的结构设计，以电路板为核心，在分析接口要求及环境要求之后，确定机箱的结构形式、层高、尺寸、电路板支撑形式等。遥感器电单机结构形式并不复杂，一般是盒式结构，有层叠式、插拔式等形式。

1. *层叠式*[104]

电路板组件采用模块化设计，包括印制板、印制板上侧连接器和印制板下侧连接器，印制板上侧连接器和印制板下侧连接器均与所述印制板连接；相邻模块之间通过印制板下侧连接器和印制板上侧连接器连接；所述紧固装置用于模块与模块之间的连接固定。表 7-3 列出了层叠式电子学设备结构的构型形式、图例及结构特点等。

表 7-3 层叠式电子学设备结构

序号	构型形式	图例	结构特点	说明
1	水平层摞		整体组合刚度好，重心较低	需要注意安装面平面度，必要时需要组合加工

续表

序号	构型形式	图例	结构特点	说明
2	竖直层摞		层数较多时重心偏高，刚度较弱，但易于保证安装面平面度	

2. 插拔式

插件通过左右导轨或导槽与侧壁连接，通过内置插座板与底座连接，构成插拔式结构。此结构加工更简单，散热性能好。表7－4列出了插拔式电子学设备结构的构型形式、图例、结构特点等。

表7－4　插拔式电子学设备结构

序号	构型形式	图例	结构特点	说明
1	相对于安装面水平插拔		子板数量少	尽可能使用最大面作为安装面
2	相对于安装面垂直插拔		子板数量多	

作为电子元器件的安装基板，印制电路板（Printed Circuit Board，PCB）一般安装在相应的结构框架上，依次组装成一个电子设备安装在载荷或舱体平台上，在发射过程中经受严酷的力学环境考核。抑制电路板在力学环境下的加速度响应，避免其上电子元器件封装的失效，对航天器成功发射是至关重要的，也是电子学产品结构设计和优化的关键环节。

对电子学产品中的电子元器件而言，其所能承受的振动量级是一定的，需要在设计中对不满足要求的元器件采取某些措施使其加速度响应降低。并且不同元器件及不同布局对应 PCB 的力学参数有较大的差异。因此，对经受振动冲击的电路板，一般用两阶段物理失效法来预测其可能的机械故障：第一阶段，给定一些假设，结合有限元模型预测电路板的振动响应；第二阶段，根据一系列的失效准则，判断电路板上的元器件能否经受相应的变形或加速度。在冲击较大的环境条件下，还需关注针脚的应力仿真。

7.3.2.2 机械接口设计

遥感器电子学设备通常采用底面凸耳形式进行安装，安装位置根据构型布局确定，可以分别在相机主体结构和卫星结构上。在航天产品设计中，一般参照建造规范执行。典型的凸耳设计如图 7－18 所示。

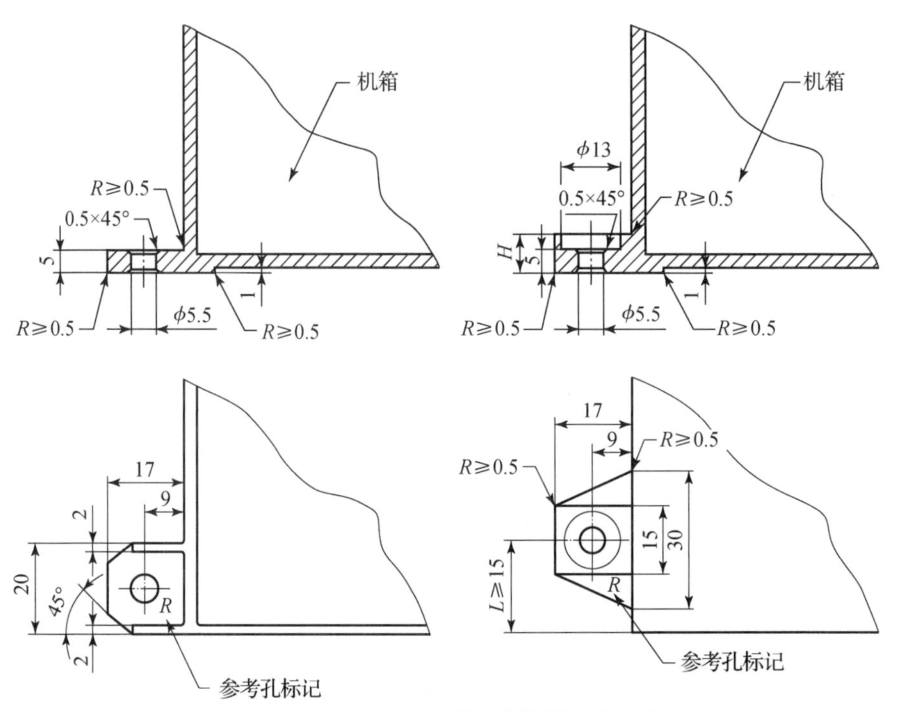

H值和R值由设计者根据强度要求确定
“R”标识可做在凸耳附近机箱侧壁上

图 7－18　凸耳设计要求

各安装孔中心相对于参考孔中心的位置度为 0. 1 mm，凸耳有共面度要求。

凸耳边沿应倒圆角，最小圆角半径为 0. 2 mm，以避免造成伤害。设备在表面发黑处理时，凸耳安装孔平垫区域应做保护，以确保设备装星后能够良好接地。

设备安装一般采用 M5 的紧固件，相应的设备安装点点数规定为：

（1）质量小于等于 12 kg 时，采用 4 ~6 个安装点。

（2）质量大于 12 kg，且等于或小于 16 kg 时，采用 6 ~8 个安装点。

（3）两个相邻安装点之间的距离一般应小于 300 mm。

质量大于 16 kg 的设备、有特殊的结构和动力学要求的设备、有高频接地要求的设备、安装精度要求很高的设备、外形尺寸很大或很小的设备、发热量大的设备、需要次结构的设备等，其安装点的数目、位置和安装孔的大小需和主体结构开展一体化设计或确认。

7.3.2.3　表面处理

对于电子设备采用的铝合金材料，需进行表面处理。设备外表面必须镀覆热控涂层——黑色阳极氧化，半球红外辐射率要满足卫星平台的要求；外表面不能作黑色阳极氧化处理的，则可以喷涂热控涂层（比如 E51 – M 黑漆），半球红外辐射率要满足卫星平台的要求。镀涂后，涂层表面还要求采取严格保护措施，防止受到污染。

为满足结构搭接的要求，结构框搭接区以及电连接器安装面局部应进行导电阳极化表面处理，以保证良好的导通能力。

7.3.3　电磁兼容性设计

电磁兼容性（Electromagnetic Compatibility，EMC）是指设备或系统在其电磁环境中符合要求运行并不对其环境中的任何设备产生无法忍受的电磁干扰的能力。因此，EMC 包括两个方面的要求：一方面是指设备在正常运行过程中对所在环境产生的电磁干扰（Electromagnetic Disturbance）不能超过一定的限值；另一方面是指设备对所在环境中存在的电磁干扰具有一定程度的抗扰度，即电磁敏感性（Electromagnetic Susceptibility，EMS）。

对于空间应用的电气设备而言，电磁屏蔽设计是在轨可靠性及鲁棒性设计的重要内容。对于结构设计而言，在电磁兼容性方面主要涉及屏蔽的结构形式、材料以及特定的附加的屏蔽涂层等。简言之，结构设计在实现优异的电磁兼容性上的应用，主要是利用屏蔽结构或屏蔽体阻止电磁场在空间上的传播，电磁场在通过金属或对电磁场有衰减作用的屏蔽层或阻挡层时，会受到一定程度的衰减，即产生了电磁屏蔽作用[105]。

7.3.3.1 遥感器电单机电磁环境概述

电磁屏蔽按其原理分为电场屏蔽（静电屏蔽和交变电场屏蔽）、磁场屏蔽（低频磁场和高频磁场屏蔽）和电磁场屏蔽（电磁波的屏蔽）。在航天产品中，主要涉及静电屏蔽、静磁屏蔽两类。

按照上述分类对遥感器所处的电磁环境说明如下。

1. 静电屏蔽

静电屏蔽的目的是防止外界的静电场进入需要保护的某个区域。

静电屏蔽依据的原理是：在外界静电场的作用下导体表面电荷将重新分布，直到导体内部总场强处处为零为止。接地的封闭金属壳是一种良好的静电屏蔽装置。接地的封闭金属壳把空间分割成壳内和壳外两个区域，金属壳维持在零电位。根据静电场的唯一性定理，可以证明：金属壳内的电场仅由壳内的带电体和壳的电位所确定，与壳外的电荷分布无关。当壳外电荷分布变化时，壳层外表面上的电荷分布随之变化，以保证壳内电场分布不变。因此，金属壳对内部区域具有屏蔽作用。壳外的电场仅由壳外的带电体和金属壳的电位以及无限远处的电位所确定，与壳内电荷分布无关。当壳内电荷分布改变时，壳层内表面的电荷分布随之变化，以保证壳外电场分布不变。因此，接地的金属壳对外部区域也具有屏蔽作用。在静电屏蔽中，金属壳接地是十分重要的。当壳内或壳外区域中的电荷分布变化时，通过接地线，电荷在壳层外表面和大地之间重新分布，以保证壳层电势恒定。从物理图像上看，因为在静电平衡时，金属内部不存在电场，壳内外的电场线被金属隔断，彼此无联系，因此，导体壳有隔离壳内外静电相互作用的效应。

如果金属壳未完全封闭，壳上开有孔或缝，也同样具有静电屏蔽作用。

2. 静磁屏蔽

静磁屏蔽的目的是防止外界的静磁场和低频电流的磁场进入某个需要保护的区域，这时必须用磁性介质做外壳。静磁屏蔽依据的原理可借助并联磁路的概念来说明。把一高磁导率的材料制成的球壳放在外磁场中，则铁壳壁与空腔中的空气可以看成是并联的磁路。由于空气的磁导率接近于 1，而铁壳的磁导率至少有几千，所以空腔的磁阻比铁壳壁的磁阻大得多。这样一来，外磁场的磁感应通量中绝大部分将沿着铁壳壁内“通过”，“进入”空腔内部的磁通量是很少的，这就达到了磁屏蔽的目的。

外壳的厚度和磁导率对屏蔽效果有很明显的影响：外壳越厚、磁导率越高，屏蔽的效果就越好。因此，在重量和体积受到限制的情况下，常常采用磁导率高达几万的坡莫合金来做屏蔽壳，而且壳的各个部分要尽量结合紧密，使磁路畅通。

可见，由于所要屏蔽的场的特性不同，因而对屏蔽结构的要求和屏蔽效果也不相同。

7.3.3.2　结构屏蔽

卫星的载荷舱中集中了许多电子设备和电缆线束、大功率辐射信号源和高灵敏度的敏感部件、强电和弱电、微弱的模拟量信号和数字脉冲信号，各种信号在一个有限的面积和空间内，设备要都能够互不干扰、协调地正常工作，必须对整个系统进行合理有效的电磁兼容布局，一般通过用板间距离和设备的隔离来减弱电磁干扰。

空间光学遥感器结构屏蔽设计应满足如下要求：

（1）干扰频率低于 100 kHz 时，采用高磁导率的铁磁材料屏蔽，根据屏蔽设计要求设计壳体的厚度，但开口不应在磁通垂直方向。

（2）干扰频率高于 100 kHz 时，采用良导体材料屏蔽，壳体的厚度可只考虑满足机械设计要求即可。

（3）机壳内部的金属结构、PCB、电缆等会影响机壳的谐振频率，应首先计算机壳的谐振频率，优化设备内部布局设计，使谐振频率高于所关注频率，敏感器件远离谐振位置。谐振频率计算公式如下：

$$f=150\sqrt{(m/l)^2+(n/W)^2+(p/H)^2} \tag{7-5}$$

式中：f——谐振频率；

m，n，p——机壳任一轴向上两平行金属板间的半波长倍数，通常为整数（如 0、1、2、3）；

l，W，H——机壳结构的长、宽、高。

（4）屏蔽壳体的各类搭接面、接地桩应保证导电性能良好，确保壳体间任一两点间的搭接电阻不大于 10 mΩ；屏蔽壳体应接地良好，接地电阻小于 2.5 mΩ。

（5）如果单层屏蔽不能满足要求，可采用多层屏蔽的方式，提高屏蔽效能。

（6）尽量减少壳体上的孔缝，若必须开孔缝，则孔缝尺寸尽量小于辐射信号波长，且避免将屏蔽壳体孔缝安排在转角处。

7.3.3.3 搭接与接地

GJB/Z 25—1991《电子设备和设施的接地、搭接和屏蔽设计指南》中明确提到，搭接是指在两金属物体之间建立一个供电流流动的低阻抗通路。搭接方法通过机械或化学的方法把金属物体间进行结构固定。良好的搭接才可以保证良好的接地和实现较好的屏蔽。航天电子学产品搭接的目的是：

（1）防止静电电荷的积聚。

（2）降低噪声，保持电缆屏蔽的完整性及维持电缆的低损耗。

搭接分为直接搭接和间接搭接：

（1）直接搭接是指把两个导体界面直接进行机械连接。这种机械方法可以用螺纹紧固装置，也可用铆接熔焊钎焊等工艺将搭接对象连接起来。

（2）间接搭接是借助中间过渡导体（金属搭接条或片）把两个金属结构件在电气上连接起来。搭接片的固定方法有螺栓、铆钉、熔焊、钎焊或堆焊。用螺钉与齿状式锁紧垫圈来紧固搭接片，可获得金属间可靠的电接触。

搭接电阻的要求说明如下：

（1）在仅用于防止静电电荷的场合，等于或大于 50 kΩ 的电阻值仍然是允许的。

（2）为降低噪声，则要求获得低于 50 mΩ 的通路电阻。

（3）1 mΩ 的搭接电阻属于高质量的接点，电阻越低，对大电流提供的保护越好。在航天产品上，电子设备壳体上不存在大电流的干扰，因此没有必要为使搭接电阻变小而花费更多的精力。

（4）搭接的直流电阻小于 2.5 mΩ，是良好的搭接，可以保证良好的接地和实现较好的屏蔽。

电子学设备可通过安装接触面或接地桩形式同主体结构或卫星结构实现电搭接。设备的机箱材料应是导电的，机箱材料与卫星结构材料应能相容。设备如采用接地桩形式（见图 7－19），应通过搭接带（片）同卫星结构连接。卫星结构也可采用搭接带（片）形式实现结构间电搭接。

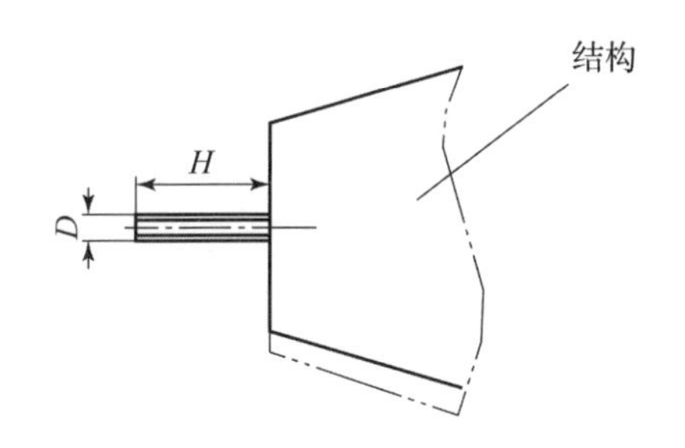

	D	H
星体结构	M4	10~12
设备结构	M4	10~12 (适用于C、D类产品)
设备结构	M3	8~12 (适用于A、B类产品)

接地桩应可靠固定在结构上，并有防松措施；
每个接地桩另配2个螺母、2个平垫，用于紧固接地线；
接地桩、螺母、螺杆均镀金。

图 7－19　接地桩设计要求

7.3.4　抗辐照结构设计

根据轨道空间和工作寿命计算处的累计辐射剂量，除合理设计电路、合理选择元器件和材料，结构设计时，还可以进行抗辐射加固设计。优先考虑构件抗辐射屏蔽，必要时选择附加抗辐射屏蔽；同时，通过合理的布局来提高元器件的抗辐射能力。

例如：以一个机箱为例，机壳是一个屏蔽体，随着结构壳体的厚度尺寸增加，进入电子学单机或产品的辐射总剂量显著减少。在航天产品的环境规范中对机壳的屏蔽能力有较成熟的定义。目前，对电子学产品的壳体进行涂覆特殊涂层的方法由于操作易行、效果显著并且不增加遥感器重量的优势而得到较为广泛的应用。表 7－5 给出了多种不同材料对同一辐射环境的吸收剂量和剂量减小百分比[106]。这里，剂量减小百分比按照下式计算：

$$\Delta D = (D_{\text{in}} - D_{\text{out}})/(D_{\text{in}} \times t) \tag{7-6}$$

式中：ΔD——单位质量屏蔽厚度的剂量减小百分比；

D_{in}——屏蔽材料的入射剂量；

D_{out}——屏蔽材料的出射剂量；

t——屏蔽厚度。

表 7-5 不同材料的成分、质量屏蔽厚度和吸收剂量

材料	成分	厚度/$(g \cdot cm^{-2})$	剂量减小百分比/$[\% \cdot (g \cdot cm^{-2})^{-1}]$
Cu	铜	11.3	1.2
Al	铝	7.0	1.6
PETI-5	苯基乙炔基聚酰亚胺	5.0	2.4
Gr-Epox10	铅-环氧复合物	10.0	3.2
Pure C	纯碳	4.0	3.2
Expoxy	纯环氧	1.3	3.8

7.3.5 结构热匹配性设计

空间光学遥感器电单机属于高密度集成的单机设备，随着系统计算量的增加，电单机的功耗也在增加。在空间运行时，由于没有空气对流效应，则需要对高功耗的元器件进行分析，建立散热路径，保证仪器正常工作。国内外研究者分析发现，电子设备的故障率随着自身温度的升高呈指数关系变化，其失效原因有55%归结于温度超过器件的规定值[107]。

当遥感器在轨工作时，内部电子设备产生一定的热量，成为遥感器的内热源，其中焦面电路是重要内热源之一。随着遥感器设计指标的不断提高，焦面电路设计中采用了越来越多的高速器件，这些高速器件工作时消耗大量电能，并转化为热能。这部分热量若不及时排散出去，会引起电子元器件的温升，从而对电子元器件的寿命、可靠性产生不利影响。有研究表明，超过55%的电子设备的失效形式是由温度过高引起的可靠性将降低5%，单个半导体元件的温度在70~80 ℃水平上每升高1 ℃，系统崩溃的影响急剧增加，因此电子器件的热可靠性设计在电子器件发展中具有举足轻重的作用[108]。

热匹配性设计考虑如下几个方面：

(1) 零件选用具有较高导热系数的材料。

(2) 设备结构设计时，必须保证最佳热流路径，即尽可能减小传导热阻和

接触热阻。

(3) 若有热敏元器件，要进行温度防护设计。

(4) 发热元器件的合理布局设计。

(5) 要求设备的安装接触面有非常高的平面度和粗糙度；设备的底面应尽可能是整体平面，特别是对于处于热管交界处的设备；否则，必须采取子结构。

(6) 要合理布局设备的安装点。

(7) 设备外表面必须涂覆高辐射率的热控涂层。

(8) 热耗大的元器件要考虑附加散热措施；通过金属导热板或导热条、金属框架等与机箱壳体连接，并在接触界面填充导热填料。

图 7-20 所示为大热功耗元器件散热结构。

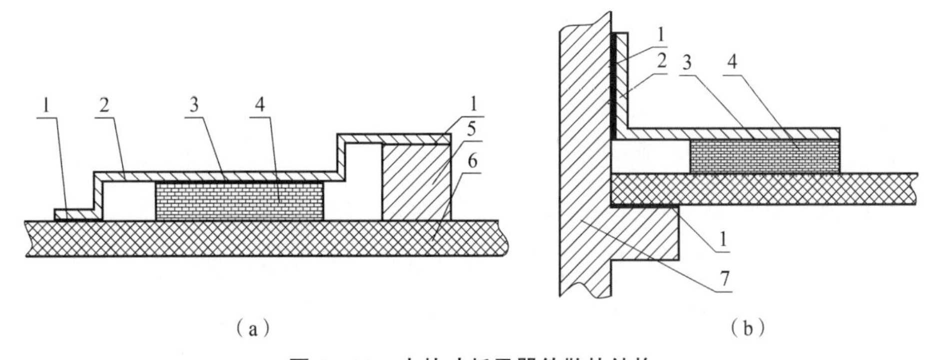

图 7-20　大热功耗元器件散热结构

(a) 金属框架散热结构；(b) 设备外壳散热结构

1—硅橡胶；2—导热板（条）；3—硅橡胶垫；

4—电子元器件；5—金属框架；6—印刷电路板；7—设备外壳

7.3.6　抗力学环境设计

电单机的抗力学环境设计的宗旨是确保电子元器件的正常工作。电子元器件经过焊接或表贴的方式连接在印制电路板或插件上，并组成了电子设备结构。电子设备元器件损伤形式有：

(1) 元器件在恶劣的工作环境下发生虚接和脱接现象，造成在工作中输出的电信号不正常或信号稳定性差。

(2) 元器件在恶劣的工作环境下发生失效和破坏的现象，例如振动过大时会使器件的管脚发生断裂，如图 7－21 所示。无论是元器件的损伤或是它与其他组件的连接形式发生破坏，都将导致电子设备出现故障，从而影响整个飞行任务。

图 7－21　力学试验造成器件管脚断裂

电单机的抗力学环境设计，就是选择合理的结构形式，主要的措施包括[109]：

（1）适当提高机箱结构的刚性。

（2）对带盒体的电子模块或微波器件，在条件允许的情况下，其盒体通过适当增加加强筋来提高自身的刚度；在电性能允许的情况下，内部还采用灌封技术进行整体或局部加固。

（3）印制板形式的电子模块，除了黏结一层铝板（导热板）来提高其刚性外，还可以增加一些结构零件来提高自身刚性；在调试完成后，部分印制板可以用硅橡胶进行灌封。

（4）对于母板这类印制板，通常采用多点固定在对应的零件上，并且用环氧玻璃钢板支撑加强。

（5）装配时，要求消除安装间隙，尽量减小安装内应力的存在。

（6）紧固件和连接器必须采取可靠的防松措施。

（7）元器件，尤其是晶体管等大质量的器件，除要考虑安装方向外，还要根据管腿类型、焊接方式等合理采取加固措施（机械固定、胶黏固定、局部灌封固定等）。

（8）内部应尽量避免用导线、电缆进行电气连接；凡无法避免的走线及高频电缆，均应采取措施进行加固。

（9）对电子模块上的元器件进行合理的布局设计。

第 8 章 功能结构设计

所谓功能结构，主要是指不参与力学行为，不直接决定产品的功能实现，而是起到保证遥感器功能性能指标达成度及实现优异性的结构。这类结构并不是辅助结构，在整个遥感器系统中，是不可或缺的。本章主要介绍消杂光结构和温控结构。

8.1 消杂光结构

消杂光结构是指用于截断杂散光路，遮挡特定的杂散光线而设计的以拟制杂散光为主要功能的结构，是保证空间光学遥感器在轨成像质量的重要组成部分。消杂光结构的功能要求主要包括：

（1）可以截断特定的杂散光路，拟制特定的杂散光线。

（2）结构表面对杂散光的吸收能力强。

（3）提供对外安装的机械接口，用于消杂光结构自身与主体结构或卫星结构的安装。

消杂光结构主要由内外镜筒、视场光阑、里奥光阑和挡光板等组成。内外镜筒可消除大部分一次杂光，其内部挡光环采用多级设计；视场光阑放置在一次像面处；里奥光阑放置在出瞳处，消杂光的同时可控制轴外像点弥散；挡光板位于光路的折叠部分，可消除直接入射到焦面上的残余一次杂光。

8.1.1 杂散光来源

杂散光可分为一次、二次和高次杂散光。凡由仪器内壁表面、镜框、光学零件表面及其他能产生杂散光的表面经一次反射或散射产生的射向成像面的，而且在视场角以内的非成像光线，即为一次杂散光。一次杂散光再经仪器内壁表面等的反射或散射所产生的射向像面的，并在视场角以内的非成像光线为二次杂散光。依此类推，可产生高次杂散光。

杂散辐射的主要来源分为3类，具体如下。

1. 外部辐射

对空间光学遥感器而言主要指太阳光、地物散射光和大气漫射光。外部辐射经光学系统内部多次折反射到达探测器。第一类是光学系统视场外部的辐射能，进入系统后经系统内部构件的多次反射、折射或者衍射到达探测器。这种杂散辐射通常来源于视场外强光源的背景辐射、太阳及邻近的地面强辐射等，因此是星相机（星敏感器）杂散光抑制设计与分析所主要考虑的。

2. 内部辐射

内部辐射有两个方面的要素，一是指电子元器件、温控热源等产生的红外内辐射，二是指成像光线非正常传递。光学系统视场内部的成像光线，经过非光路表面的非正常传递而进入探测器，一般包括因光学表面问题引起的透镜表面散射，如玻璃内部闪点、结石、气泡和条纹的散射，光线在光学零件、机械结构元件表面和接收器表面之间的散射、反射等。

3. 透射系统中，光学元件形成的鬼像

任何光学系统，由于多种原因，都存在一些非预定光线最后投到成像面上，它是影响光学系统正常成像的有害光束。大部分杂散光并不在像面上成像，而在像面上产生一个亮的背景，使图像对比度下降，影响成像质量；还有一些高亮度的目标，会在像面上形成鬼像（也称次像）[110]。

8.1.2 表面结构

表面结构对于杂散光的消除尤为重要。若表面结构的不连续尺寸小于光谱高频段的波长，这种形貌的表面在光谱“看来”，是平滑的表面，不会发生多次内反射；反之，若表面结构的不连续尺寸大于光谱低频端波长，这种形貌表面在光谱“看来”，是不平滑表面或粗糙表面，会发生多次内反射。当表面粗糙度很大，并且有“光陷”孔穴的形貌时，这样的表面结构对消杂光是很有利的。

过渡型的表面结构，其不连续尺寸介于所要吸收的光谱的高频端和低频端之间，这种类型的表面形貌对表面光谱吸收性能的影响，要同时考虑多次内反射及表面层折射率的变化。

图 8-1 所示为材料的表面反射示意图。显然，在同种材料上，图 8-1（c）的光谱消杂光能力要比图 8-1（b）消杂光能力好；而图 8-1（b）的消杂光能力要比图 8-1（a）的消杂光能力好。由于表面凹凸不平，并呈现许多“蜂窝”“峰峦”状、“深谷”状不规则的表面，当光达到表面后，经多次吸收和反射，光的能量逐渐衰减，就达到了强烈的消杂光作用，使遥感照片的清晰度和分辨率更加提高。

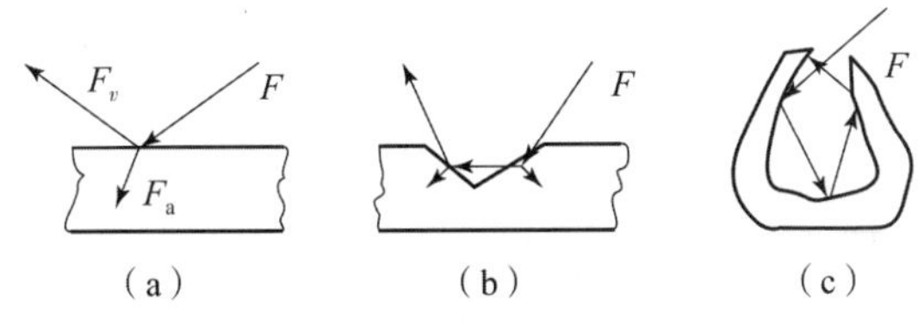

图 8-1　表面反射示意图[111]

在空间光学遥感器的结构设计中，对光所经历的结构，往往进行类似的表面处理。一般的工艺方法包括喷砂、化学烧蚀等，以形成粗糙的表面状态，同时通过阳极化、电镀、喷漆或热处理等方式，进一步增强结构表面的吸光特性，从而满足遥感器消杂光的要求。

表面处理的目的是降低双向散射分布函数 BSDF（Bidirectional Scattering Distribution Function）。BSDF 是一个既包括入射方向又包括散射方向的函数，定义为表面在某一方向上的亮度与到达该表面的辐照度之比值。它表示源物体表面的散射特征，只与材料表面本身的特性有关。

BSDF 包括双向反射分布函数 BRDF、双向透射分布函数 BTDF 和双向衍射分布函数 BDDF。BRDF 用于描述表面的漫反射状态，而 BTDF 则用来描述介质的透射特性。而对于衍射，我们用 BDDF 来表示由衍射引起的亮度与表面接收到的辐照度之比。杂散辐射分析中，由于主要考虑表面的反射特性，所以只考虑材料表面的 BRDF 值[112]。

消杂光结构的表面处理方法主要有表面打毛、喷砂、黑色阳极化、喷涂、贴消光膜等，结构表面消杂光的涂层会带来镜面污染的风险，经过多年的技术创新和工程探索，常用的涂层已经可以覆盖遥感器大部分的要求，消杂光结构表面处理方式及涂层的分类及性能如表 8－1 所示。

表 8－1　消杂光结构表面处理方式及涂层的分类和性能

类别	名称	反射率	光谱范围
电镀	镀黑镍	0.08～0.1	太阳光谱段
	镀黑铬	0.05～0.08	太阳光谱段
阳极化	铝合金超黑	0.03～0.07	可见光谱段
	铝基复合材料发黑	≤0.08	可见光谱段
	铜氧化发黑	0.05～0.08	太阳光谱段
化学转化	钛发黑 TC4	≤0.08	太阳光谱段
	钢发蓝	≤0.10	太阳光谱段
热处理	钛合金渗碳发黑	≤0.15	可见光谱段
涂层	S956 黑漆	0.05～0.09	太阳光谱段
	E51－M（ERB－2）黑漆	0.05～0.09	太阳光谱段
附加结构	加工消光纹	可设计	太阳光谱段
	粘接铝蜂窝	可设计	太阳光谱段
	粘贴消光膜	0.01	太阳光谱段

对于当前复合材料结构占主导的光机结构中，喷漆是主要及有效的消杂散光表面处理方式。喷漆的技术要求包括：

（1）表面喷涂均匀，不得有划伤、裂纹、油污及明显颗粒。

（2）涂层厚度为 0.06～0.15 mm。

（3）黑漆的表面反射率≤6%。

（4）黑漆表面吸收率≥0.94。

（5）黑漆半球发射率≥0.86。

（6）黑漆附着力≥5 N/mm^2，要求涂层附着牢固。

（7）在扫描电子显微镜下观察漆层和断面形貌，放大倍数不小于 1 000 倍，要求漆层致密。

8.1.3　外遮光罩

外遮光罩是空间相机光学系统的重要组成部分之一，其主要目的是阻挡来自视场外的辐射，例如直接到达像面或者探测器的太阳光等。外遮光罩通常用来遮挡部分地气光及其他杂散光进入相机的镜头及窗口玻璃，同时可以利用结构表面材料的特性，将进入外遮光罩的杂散光最大程度地吸收，从而确保得到较高的信噪比。对于焦距长、口径大、视场宽的反射光学系统，成像对比度的提高、成像质量的改善具有重要意义。在航天遥感器中，外遮光罩主要被使用在 R.C (Ritchey - Chretien) 系统中。一般来说，外遮光罩的长度受到系统结构尺寸的限制，因此不可以随便选择。如果单纯依靠外遮光罩来消除杂散光，会导致外遮光罩长度过长，而外遮光罩的长度与一阶振动频率成正比，即长度越长一阶振动频率则会越低，结构实现度很低。同时，外遮光罩的添加也无法完全消除一次杂散光对系统的影响。因此，外遮光罩需要具有足够的长度，并采用发黑手段或者挡光环，从而满足抑制杂散光的效果。

遮光罩是抵挡外部杂光进入光学系统的首要屏障，能在不改变光学系统的情况下，有效抵挡大角度杂散光。其设计原则为：应至少满足一次杂光不能直接进入光学系统，同时不可遮挡视场内光线。

遮光罩的遮光筒通常有两种形状：圆柱形和圆锥形。典型遮光罩相关的尺寸计算[113,114]如图 8 -2 所示，图中为一级遮光罩几何结构。

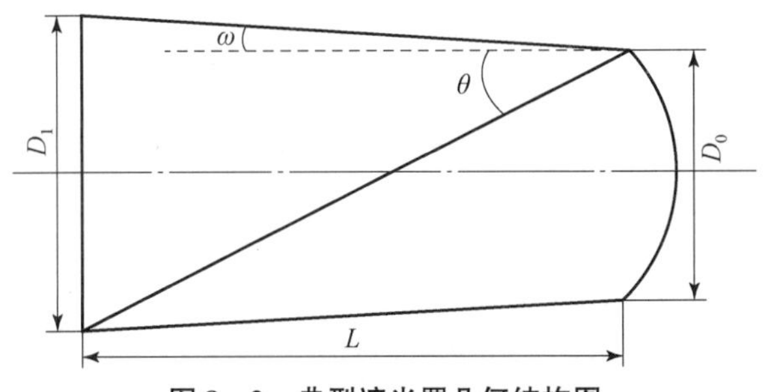

图 8 -2　典型遮光罩几何结构图

图中，D_0 为光学系统通光口径，D_1 为遮光罩外口径，ω 为光学系统的视场角，θ 为杂散光源的抑制角，L 为遮光罩的总长。光学系统口径、视场角及杂光的抑制角决定了遮光罩的长度：

$$\begin{cases} L = \dfrac{D_0}{\tan\theta - \tan\omega} \\ D_1 = D_0 + 2L\tan\omega \end{cases} \tag{8-1}$$

8.1.3.1 挡光环

遮光罩和挡光环消除杂散光是光学系统中传统的杂光抑制措施。通常，为了进一步提高遮光罩对杂散光的抑制能力，将在遮光罩内壁采取深层发黑、挡光环、消光齿等各种细微处理，不同的处理方式会使杂散光抑制能力相差几个数量级。遮光罩配合挡光环可达到使大于杂光抑制角的一级杂光不能直接照射到主镜上的效果。但有时系统还要求遮挡大部分二级杂光，此时挡光环的设计至关重要。挡光环的布置分为两种：高度相等的挡光环遮光罩和梯度挡光环遮光罩。无论采取哪种形式的遮光罩和挡光环，其中心思想都是抑制大于杂散光抑制角入射的一级散射杂光直接照射到主镜上，并且保证挡光环不遮挡视场内的光线。研究表明，在小角度抑制时，挡光环的楔角结构略优，但楔角带来的加工难度大于直角。

图 8－3 所示为外遮光罩挡光环示意图。

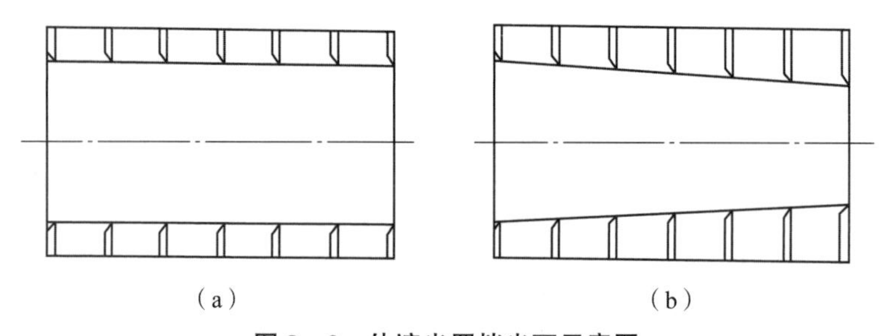

图 8－3 外遮光罩挡光环示意图

(a) 高度相等的挡光环遮光罩；(b) 梯度挡光环遮光罩

具体到圆柱形遮光罩内部挡光环的参数确定上，可依据下面的计算[115]。

图 8－4 中，A、B 分别表示遮光罩前端口上下端点；O'、O 分别表示遮光罩后端口上下端点。M、N 分别表示通光孔径的上下端点；C_i 表示遮光罩挡光环顶点，其中 $i=1$，2，3。P_i 表示 M、C_i 两点所在直线与遮光罩桶壁的交点，且 P_1 点即是 O 点。ϕ_0 表示遮光罩内直径；ϕ 表示通光孔径；L 表示遮光罩前端面到后端面的长度。A、C_i 所在直线为 y_i，M、P_i 所在直线为 H_i。

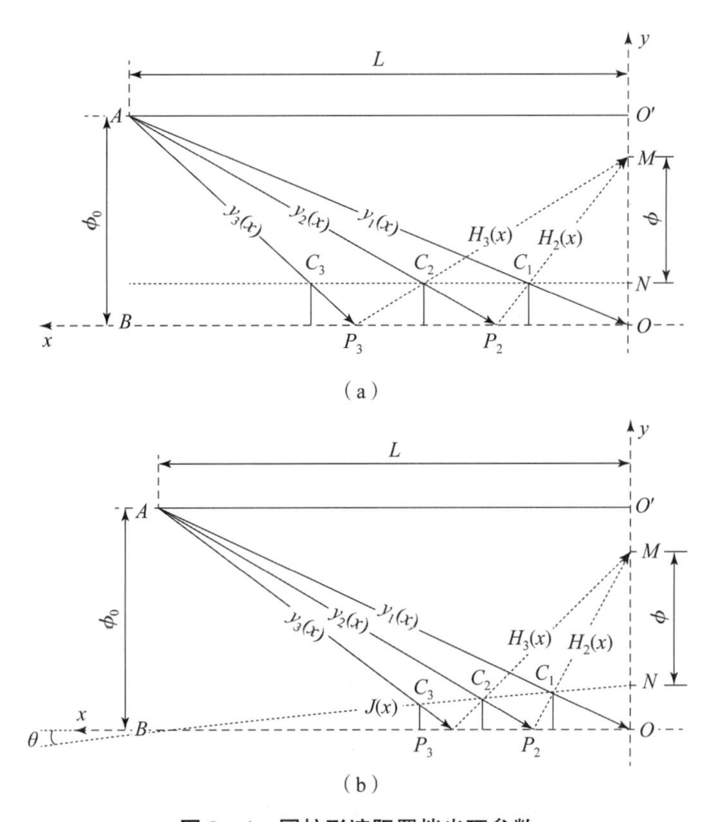

图 8-4　圆柱形遮阳罩挡光环参数

(a) 挡光环等高分布；(b) 挡光环梯度分布

根据几何关系可知：

$$\begin{cases} C_{1,x} = \dfrac{\dfrac{\phi_0 - \phi}{2} L}{\phi_0} \\ H_2 = -\dfrac{\phi}{C_{1,x}} x + \phi + \dfrac{\phi_0 - \phi}{2} \\ C_{n,x} \leqslant L \leqslant C_{n-1,x} \end{cases} \tag{8-2}$$

针对梯度布局的挡光环，则 N、B 所在直线为 $J(x)$，θ 表示遮光罩的半视场角。

$$C_{1,x} = \frac{\phi_0 - \phi}{2} / (\tan\theta + \phi_0 / L) \tag{8-3}$$

挡光环的个数及位置可根据上式计算得出。

8.1.3.2 蜂窝夹层遮光罩

采用微小蜂窝结构代替挡光环的抑制措施也被应用在遥感器中，其原理是在遮光罩内壁形成大量的“光陷”孔穴，以消除杂散光。

蜂窝夹层型遮光罩可分为双层蜂窝夹层型遮光罩和单层蜂窝型遮光罩。其中，双层蜂窝夹层结构可满足遮光罩担当一部分结构连接功能的要求。这种结构消杂光的性能取决于蜂窝的大小、蜂窝表面的涂层以及蜂窝的高度。

图 8－5 所示为蜂窝表面与其他表面的对比图。

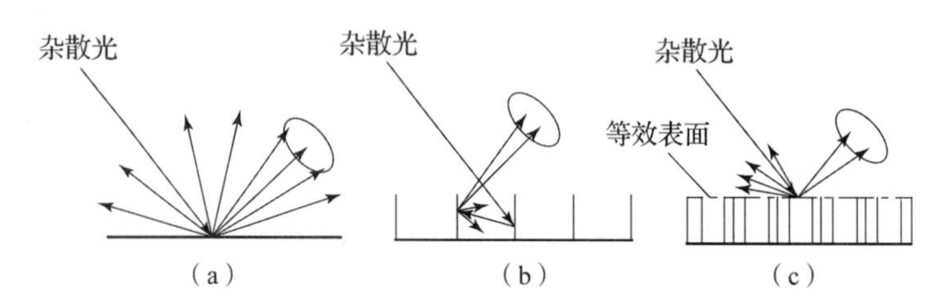

图 8－5 蜂窝表面与其他表面的对比

(a) 涂层；(b) 光阑；(c) 蜂窝

由前面已知，消杂光涂层本质上是降低表面的 BRDF 数值，减小杂散光散射成分的能量。挡光环主要依靠对杂散光的多次散射和吸收；但一般情况下需设置的数目较多，光线的散射方向具有不确定性，挡光环边缘还会产生较为严重的衍射效应，从而导致消光效果变得不是很理想。蜂窝结构则因低反射率和很强的后向散射而能够很好地抑制杂散光[116]。蜂窝夹层遮光罩典型结构如图 8－6 所示。

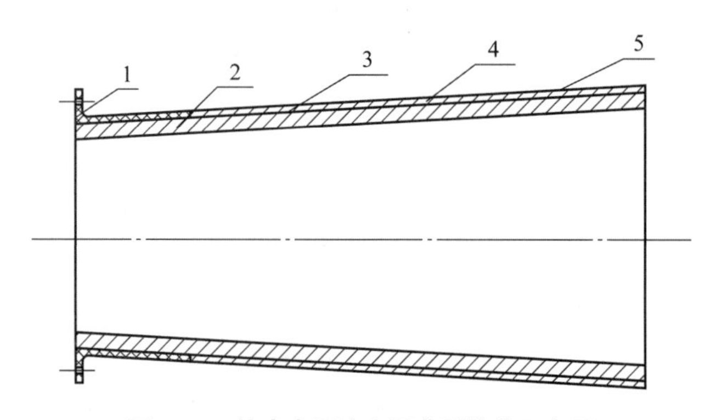

图 8－6 蜂窝夹层遮光罩典型结构示意图

1—法兰；2—消光蜂窝；3—内蒙皮；4—结构蜂窝；5—外蒙皮

8.1.4 主次镜遮光罩

主次镜遮光罩常被应用在 R. C 系统中。由于 R. C 系统结构的特殊性，仅仅具有外遮光罩和挡光环是不够的，还需要在其主镜与次镜上设计遮光罩。主次镜遮光罩如图 8 - 7 所示。应在确定外遮光罩及次镜遮光罩的长度后再决定主镜中心孔的遮光罩。基本法则是：主镜中心孔遮光罩应该能够遮挡从次镜遮光罩边缘入射直接穿过主镜中心孔的光线，并且，不会遮挡从入瞳边缘入射的边缘视场光线以及从次镜遮光罩边缘入射的边缘视场光线。

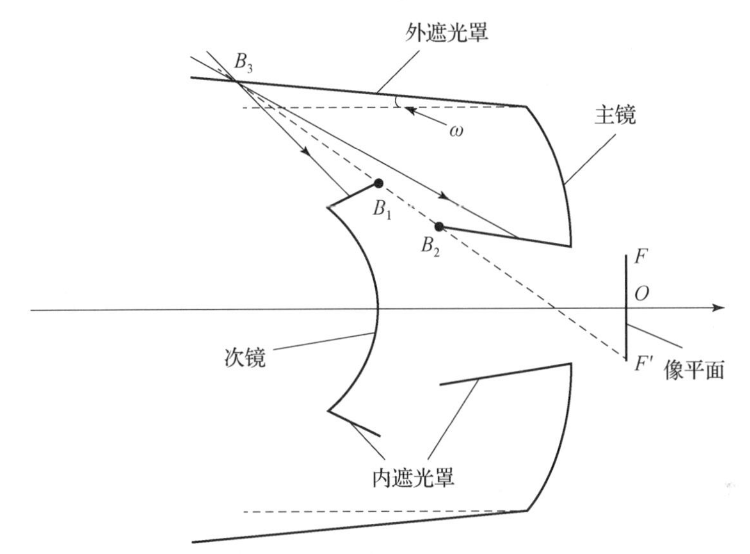

图 8 - 7 主次镜遮光罩的几何参数

次镜遮光罩的设计应该是遮挡小角度入射的不经过主镜、次镜反射而经由中心孔到达三镜的光线。通常，次镜遮光罩张角越大，则中心遮拦越大，中心视场光线将会被更多地遮挡；次镜遮光罩张角越小，则边缘遮挡越大，边缘视场光线则会被更多地遮挡。

对于如图 8 - 8 所示的同轴三反系统来说，一次像位置靠近主镜背面，由于视场较大，一次像大小和主镜中心孔直径相当。因此，在主镜中心孔位置设置视场光阑并不能完全限制杂光。而且，通过一次像位置处视场光阑的杂光只要经过三镜都有可能落在像面。因此，次镜遮光罩的设计应该遮挡小角度入射的不经过主、次镜反射而经由中心孔到达三镜的光线，即满足外遮光罩端点 E 和次镜遮光

罩的边缘点 A 以及三镜下边缘点 C 三点共线，如图 8－8 所示。

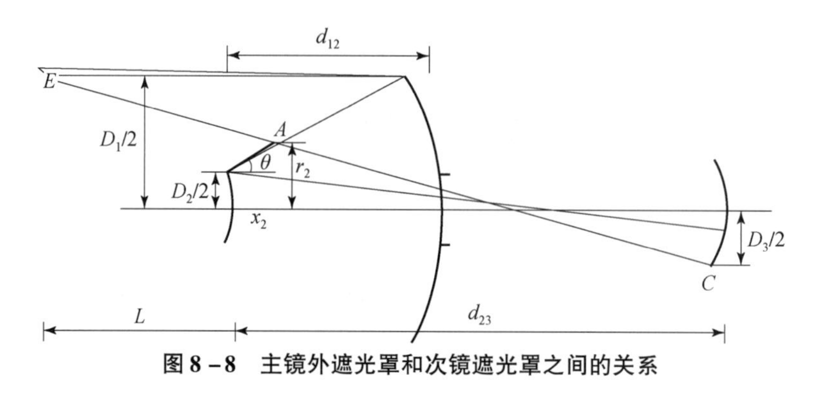

图 8－8　主镜外遮光罩和次镜遮光罩之间的关系

为了更好地提高传递函数，采用百叶窗式的次镜遮光罩是一种可行的方法。如图 8－9 所示，已知次镜有效口径 $C-C_1$，次镜遮光罩的外端点 A 的坐标，百叶窗叶片的长度 L，光学系统的半视场角 ω_1 和偏视场角 ω_2。首先过 A 点作一条线段 AB，其长度是百叶窗叶片的长度 L，与 Z 轴的夹角为 ω_1，此时的 AB 就是第一片叶片的母线。过 B 点作一条直线，其与 Z 轴的夹角为 ω，$\omega=\sqrt{\omega_1^2+\omega_2^2}$，与 AC 交于 A_1 点，以 A_1 点为新的叶片顶点继续上面的步骤，依此类推，可以作出各个叶片的母线。

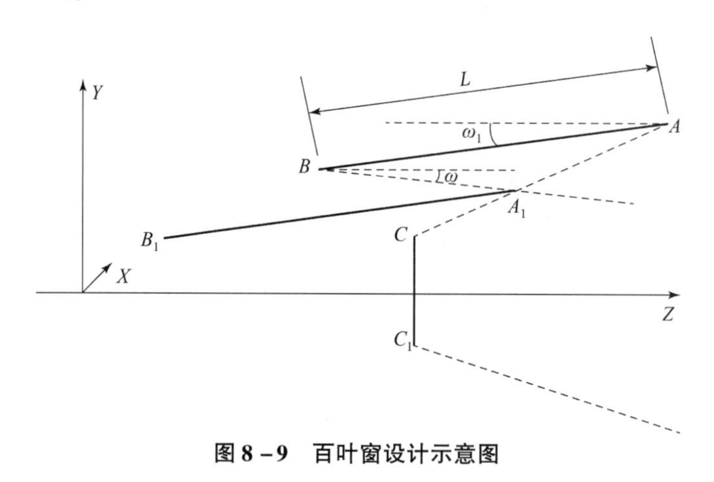

图 8－9　百叶窗设计示意图

8.1.5　光阑

解决杂散光问题另一个有效途径是运用光阑组合抑制杂散光，它直接影响着关键表面和照明表面的面积。不限制光学系统中的成像光束，而只对从视场外射入的光能和镜头内部反射及散射的杂散光等起部分限制作用的光阑称为消杂光光阑。

通常在透射式光学系统中，光阑是抑制杂散光的主要手段，光阑被分为三种，分别是孔径光阑、视场光阑及里奥光阑，各个光阑的放置位置对系统杂散光有重要影响。

孔径光阑能够直接影响杂散光路的形成。在孔径光阑之前（物空间）的表面一般不能成为“关键表面”，除非它参与系统成像，或者作为中心遮拦或者参与渐晕，或者能对需要加工的零件尺寸进行放大。孔径光阑越靠近像面，则杂散光抑制效果越好。

视场光阑通常放置在中间像或者像面位置，它通常不能直接消除杂散光路，但能够限制“被照明表面”能量的传递，即视场光阑会减少“重点”表面被杂散光直接照射，即减少次散射面，也能够减小到达“重点”表面上的杂散光能量，从而在很大程度上减少了一次散射杂散光。对于线阵 CCD 相机而言，CCD 是最基本的视场光阑。

里奥光阑通常放置在孔径光阑的像位置，用来阻挡由孔径光阑和视场光阑的衍射光。在相机中，一般孔径光阑和视场光阑已经由光学系统确定，因此，里奥光阑的位置选择就很关键。比如红外光学系统中，冷屏相当于里奥光阑，对杂散光的抑制有非常明显的效果。

8.1.6　红外杂散辐射拟制

不同于可见光波段下的杂散光拟制设计分析，红外波段尤其是长波红外下的光学系统自身辐射较为严重，因此其杂散辐射的分析与抑制与可见光相比有很大不同。红外杂散辐射通常也可分为三类[117-119]：

第一类是光学系统视场外光源发出的辐射光线，经过光学系统表面的多次反射与散射、口径的衍射等作用到达探测器表面，这类杂散辐射称为外部杂散辐射，如太阳辐射、地球辐射、大气漫射光等，这与可见光系统是类似的。

第二类是红外光学系统内部器件表面自发辐射传输到探测器表面的光线，这类杂散辐射称为内部杂散辐射，所有的红外光学系统都有此类杂散辐射。

第三类是光学系统正常的成像光线以一些非正常的传播途径到达探测器表

面，这类杂散辐射称为非成像杂散辐射，通常是由于镜面污染或镜面粗糙、光学元件表面对成像光线的散射导致的，这类杂散辐射在采用低散射光学元件（对散射光有着极其严格要求）的散射敏感红外光学系统中有很大的影响。

红外系统的外部杂光和内部自身杂散辐射的抑制在一定程度上是相互制约、相互矛盾的，遮光罩、挡光环与消光陷阱等措施能够显著有效地抑制外部杂光，但会增加自身辐射的发射面积和辐射能量，不利于自身杂散辐射的抑制，因此需对其内外杂散辐射进行综合抑制，通过分析求得最优解。

具体到热辐射分析方面，可通过控制对系统的杂散光有严重影响的物体温度，使温控后的系统元件在成像谱段范围内具有较低的辐射率。在杂散辐射分析中，通常从找出关键面和照明面入手。探测器直接能看到的表面称为关键面，可通过采用光线倒追法得到。被杂光光源直接照射到的表面称为照明面，可通过光线正追找出，既是关键面又是照明面的表面被定义为重要面，一个光机零件按照关键面、照明面和重要面的概念划分，可以有四种表面，如图 8－10 所示。不管是不是照明面，所有关键面（如面 1 和面 3）均会对探测器的红外辐射形成内部杂散辐射。当关键面恰好被外部杂光光源照射时（如面 1），它便成了重要面；在重要面上发生的一次散射直接进入红外探测器后，便形成了外部杂散辐射。当杂光光源照射的表面为非关键面时（如面 2），发生的散射进不了探测器，便形成不了杂散辐射。因此，关键面是红外杂散辐射发生的内因，照明面是外部杂散辐射发生的外因。内因起作用只会发生内部红外杂散辐射，内因与外因同时起作用才会发生外部红外杂散辐射。面 3 可被探测器直接看到，但没有杂光光源照射，此时内因起作用而外因不起作用，只会形成仪器内部的红外背景热辐射[120]。

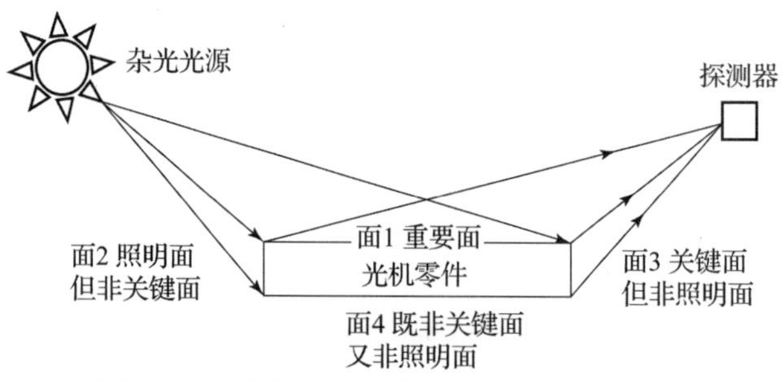

图 8－10　杂散光拟制分析中表面分类示意图

根据维恩位移定律，对于在常温下工作、探测波段为 8～12 μm 的长波红外系统，仪器背景热辐射比较严重，其计算公式为：

$$\phi = \frac{\int_{\lambda_1}^{\lambda_2} P_\lambda(T)\,\mathrm{d}\lambda}{\pi} \varepsilon \tau \Omega A_{\mathrm{d}} \tag{8-4}$$

式中：ϕ——仪器背景辐射通量；

$P_\lambda(T)$ ——普朗克函数；

ε——仪器内部关键面的反射率；

τ——该关键面到探测器的光学效率；

Ω——关键面对探测器的立体角；

A_{d}——红外探测器的面积。

在实际工程应用中，一方面针对光机系统的关键面，对其结构形式和光学材料进行选择与优化设计来减小光学发射表面的数量、发射率及发射面积，这包括对漫反射吸收表面的发射率进行优化来平衡外部和内部杂散辐射的影响。另一方面，光机内部结构的温度对内部红外杂散辐射影响很大，降温是最有效的方法，是红外低温光学的发展方向之一。再者，针对红外光学系统的特性，通常还采用冷栏和温栏相匹配的方法来消除系统中的杂散光。

1. 挡光板

为了降低阳光入侵光学系统带来的外杂光影响，在空间光学遥感器的内部设置隔热板，目的是减少阳光对光学系统结构件的直照，防止进入相机内部的漏光杂散辐射影响内部的光学器件及电子器件工作（见图 8－11）。这部分能量会引起隔热板自身的温升，产生杂散辐射。降低隔热板温升，使其温度场均匀化，可起到降低杂散辐射的效果。挡光板的布置位置由杂散光分析设计师给出。

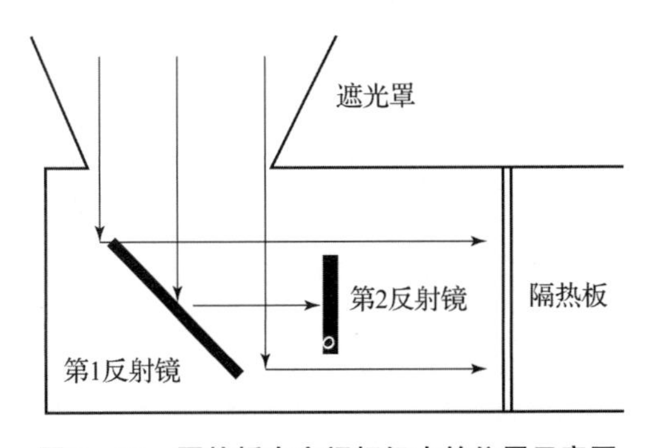

图 8－11　隔热板在空间相机中的位置示意图

2. 低温光阑

相对而言，设置光阑以减小关键面的立体角，选择合适涂层以减小关键面的发射率也能够有效抑制内部红外杂散辐射，并具有较强的实用性。红外焦面探测器为了抑制自身的热激发，需要制冷。为减小到达探测器的背景辐射，在红外探测器前需设置一个利用探测器自身制冷装置冷却的屏蔽罩——冷光阑。当冷光阑效率为100%，即冷光阑作为系统出瞳时，冷光阑又称为里奥光阑。里奥光阑能进一步减小杂散辐射的传播途径，因为其和孔径光阑共轭（孔径光阑在物方），能阻挡视场外的杂散辐射的传播，使得一部分关键面不再能被探测器看见或者能被看见的面积减小，并使得衍射杂散辐射经过孔径光阑和里奥光阑的两次衰减。

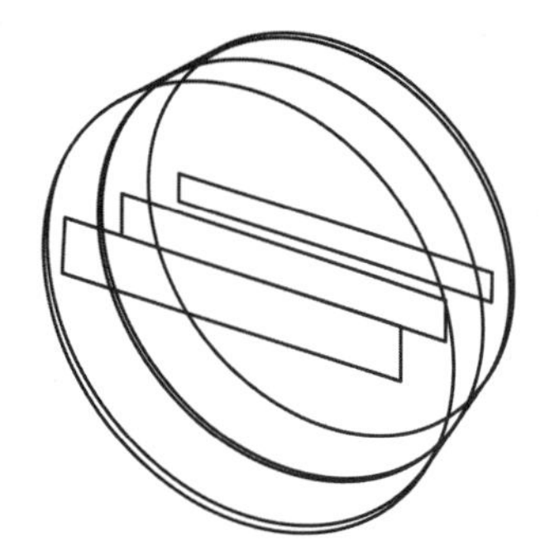

图8－12　里奥光阑结构示意图[121]

里奥光阑设计时应在满足杂散辐射抑制要求的条件下，尽可能地减少其结构的复杂性。里奥光阑一般有圆柱状、圆锥状两种形式，光阑内壁的挡光环设计方法与上面提到的遮光罩内壁挡光环设计方法类似。如图8－12所示，设置在探测器前面的里奥光阑同时减小了关键面的立体角和重要面的面积，有效降低了红外遥感器的内部和外部杂散辐射。

8.2　温控结构

光学遥感器热控结构设计的原则，主要有以下几点：

（1）根据被动热控和主动热控的要求，提供热控涂层、多层隔热材料、隔热垫以及薄膜电加热器等的安装界面。

（2）光、机、电、热设计有机统一。热设计应与光机设计时光学材料、结构材料的合理选择以及结构装配技术相结合，以提高相机热设计的可靠性。

（3）根据散热面和采取有效的隔热措施的要求，建立合理的结构热传导路径。

温控结构设计接口如图8－13所示。

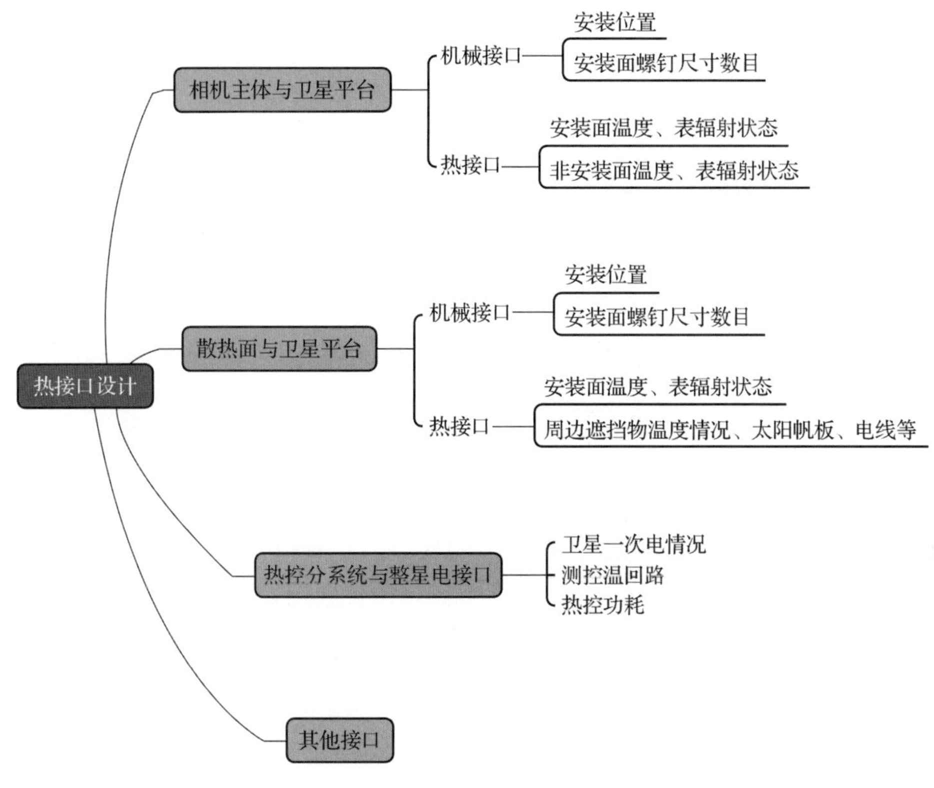

图 8 – 13　温控结构设计接口

8.2.1　辅热结构

辅热结构一般应用于光学镜头，细化来说就是主承力结构及光学组件，这些结构组件有非常高的稳定性要求，一方面采用热屏蔽的方式隔绝可能接收到的外部热扰动，另一方面则通过辅助换热实现对目标的高精度温度控制。这类结构一般根据控温对象的构型进行具体方案的设计。图 8 – 14 所示为辅助加热结构原理示意图。

用于反射镜组件及承力结构的热控辅热结构，常采用铝板制造，配备具有大面积覆盖的加热器。此外，结构上安装热敏电阻和热传感器，以保持产品工作期间结构的温度水平及温度梯度。图 8 – 15 所示为 ALADIN 相机结构加热辅助结构布局示例。

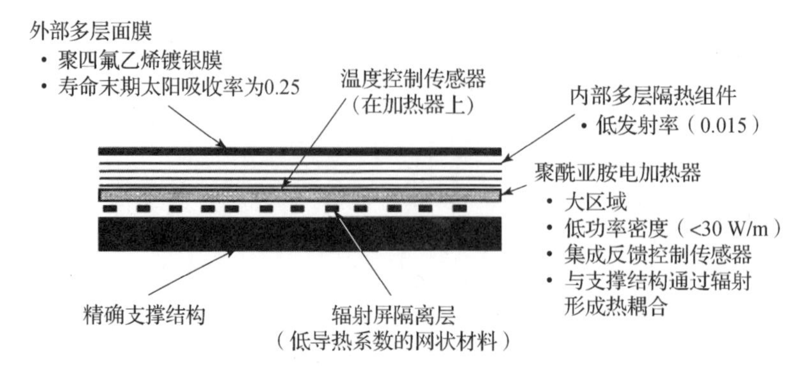

图 8－14 辅助加热结构原理示意图

图 8－15 ALADIN 相机结构加热辅助结构布局示例[122]

8.2.2 集热结构

集热结构的设计，一方面对于采用综合热管理的遥感产品，或者热功耗非常大的设备，需要考虑热量存储，以利用热能的再利用或循环散热。

另一方面，针对相机的内热源，除温控仪、制冷机等少数设备在轨长期工作外，其余均为短期工作，每轨工作时间大约为 10 min，短期工作的设备总功耗一般非常大。如果按照传统的散热补偿方案，要降低热源与散热面的温度波动，就需要充足的热设计余量，散热面积与加热补偿功耗都会很大，这些资源是卫星无法提供的。因此必须要考虑在轨的热量存储。

通过设计相变储能装置，一方面与电子设备直接贴合，用以吸收其短期工作热耗，并且在整个吸热过程中保持相对恒温，从而降低了设备的温度波动。另一方面与两相换热管管路耦合，在设备不工作期间，相变装置的蓄热缓慢向热管释放，并传递至星外散热面，实现热量的排散[123]。

8.2.3　散热结构

8.2.3.1　热管

1. 槽道热管

槽道热管是一种利用槽道界面张力的作用使液相工作介质回流，从而实现吸液芯的热管。即具有实现热管多相传热、热阻更小、传热系数更高等功能的同时，利用槽道界面张力的作用可以使液相工作介质回流，从而实现吸液芯的功能。槽道热管按照槽道形状可以分为三角形、矩形、梯形以及“Ω”形等。

“Ω”形轴向槽道热管具有更强的毛细泵压和更好的吸液芯渗透性，其导热性能和均温特性均表现优越，且能安全、可靠、稳定地运行在真空和微重力的环境下，成为卫星热控系统、微电子元器件散热等领域中广泛使用的传热器件，如图 8 – 16 所示。

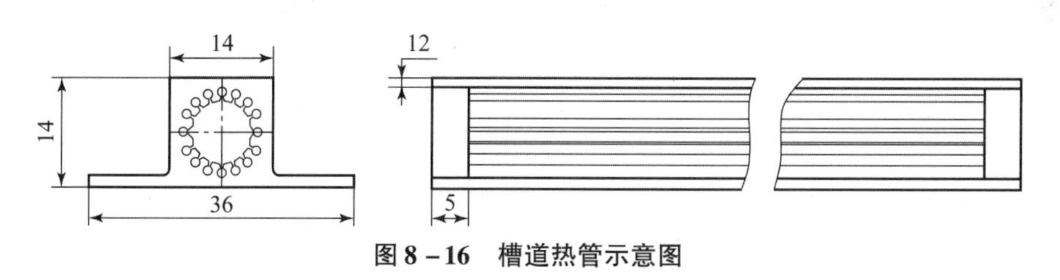

图 8 – 16　槽道热管示意图

2. 桁架热管

桁架热管是将多段普通槽道热管连通，使之成为一个内部槽道都相互连通的大型桁架式结构。桁架热管在起到一定支撑结构作用的同时，还可充分发挥热管的高效传热和均温作用。利用桁架热管，既可实现将内部热源工作热耗高效均匀地传递至相机主体结构，同时也可抑制各方位外热流不均以及各方位对冷黑空间角度不一造成的温度不均，在节省主动控温功耗的同时，也可降低所需主动加热回路路数。图 8 – 17 所示为桁架热管示意图。

图 8 – 17　桁架热管示意图

桁架热管可显著提升相机热管理及结构热控一体化设计效率；与单根普通槽道热管弯曲必须满足最小弯曲半径要求相比，桁架热管的直角接头设计可以不受最小弯曲半径的限制，显著节省热管布局空间，降低结构布局难度。平面正交桁架热管还可替代现有大功率行波管及激光雷达相控阵 TR 组件等大热耗仪器设备采用的正交预埋热管传热方式，解决目前正交热管系统存在的搭接热阻较大，采用正交热管带来的工艺、工序复杂等问题。

3. 环路热管

环路热管（Loop Heat Pipe，LHP）与 CPL 均属于毛细泵驱动两相流体回路，技术原理大致相同，都是利用蒸发器内毛细结构产生的毛细压力为回路提供驱动力，差别主要在于储液器位置不同。LHP/CPL 无机械运动部件，具有数百瓦至千瓦级的传热能力，并能通过控制储液器温度实现一定精度的控温功能。国外 LHP/CPL 的空间应用已经非常成熟，典型案例如美国 ICEsat 卫星的地球科学激光测高系统（Geoscience Laser Altimeter System，GLAS），采用 LHP 为激光器散热，同时实现了 ±0.2 ℃的高精度温度控制[124]。

环路热管是指一种回路闭合环形热管，如图 8 - 18 所示。高散驱比环路热管技术是基于环路管的并联应用方法。该方法重点解决分布热源、大热量、长距离的热量传输。通常槽道热管受限于传热极限、刚性结构等，导致需求热管数量近百根，结构布局错综复杂。而高驱散比环路热管技术优势明显，仅 4 ~ 6 根便能对该项目所有热源实施综合热管理，使热源间实现相互冷热补偿，能显著节约能耗及外辐射器面积/重量资源；同时，柔性传热管线（如管路采用外径 3 mm 的不锈钢管）实现热源与外辐射器件间的力学解耦，保证相机几何稳定性。

由于重力的原因引起毛细泵内工质的分布状态的差异会造成环路热管启动失败，设计时需考虑环路热管在地面定焦、定标，相机热真空试验以及整星热试验时的方位，具必须保证不出现蒸发器朝上的状态。

8.2.3.2 导热索（带）

导热索用于需要散热的可动部组件上，如需要进行调焦的焦面组件。活动焦面组件都安装移动调焦机构，用于在轨修正离焦量，焦面的活动性使热管无法直接安装在焦面组件上。另外，活动焦面组件需要采用刚度较小的连接方式实现结构解耦，连接组件质量要足够小，以避免焦面组件变形，影响成像质量。为此，需采用导热带（Thermal Strap）这种柔性高效热传递方式实现焦面与散热器高效热耦合连接，降低冷、热端温度梯度，提升焦面组件温控能力，实现功率较大活

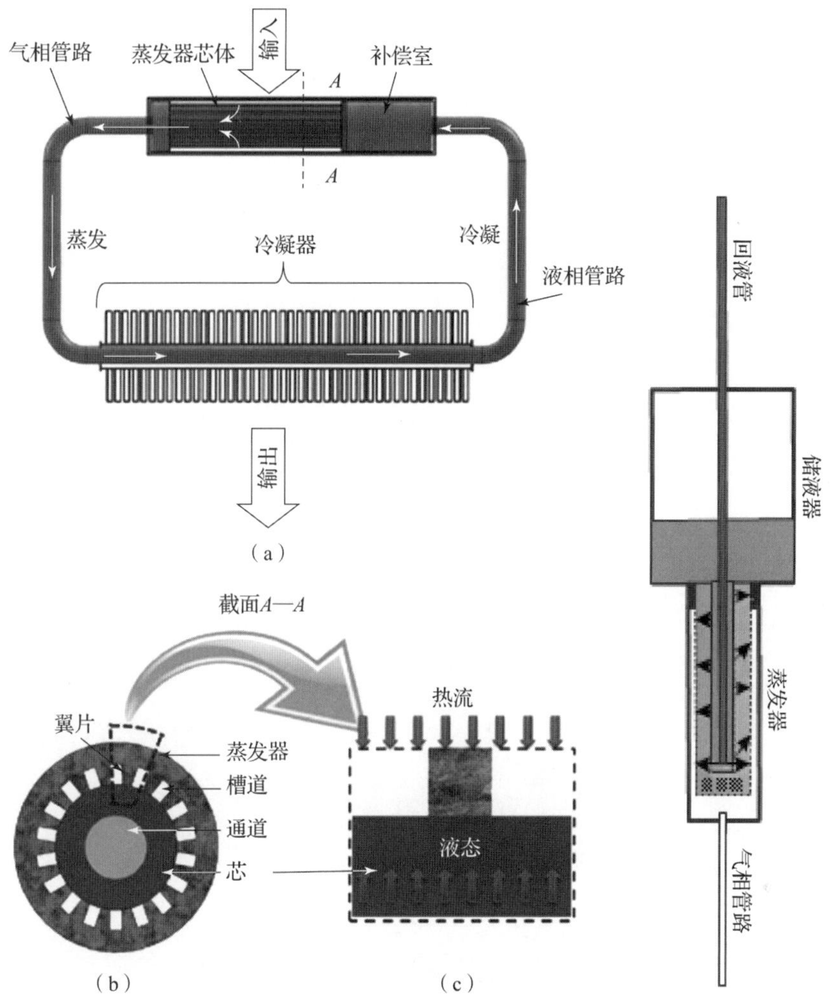

图 8 – 18　环路热管示意图[125]

动焦面组件与外界的高效换热。导热索示意图如图 8 – 19 所示。

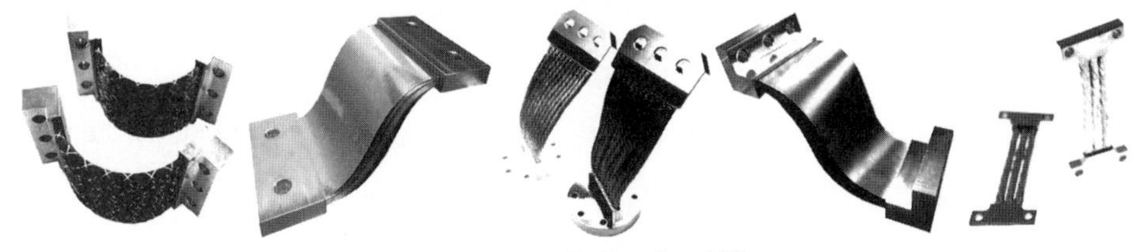

图 8 – 19　导热索示意图[126]

柔性导热索主要由刚性端子和主体段柔性导热带等组成。其工作原理为：热刚性端子与活动部件连接，将内热源产生的热量通过安装接触面传递到热端刚性端子。热端刚性端子通过接触面将热量传递给主体段柔性导热带，主体段柔性导热带以同样的方式将热量传递到冷端刚性端子，冷端刚性端子与散热器连接，通过这种高效热耦合连接方式将传递的热量通过散热器排散到外界环境中。活动部件需要移动时，活动部件连接导热带的热端与冷端刚性端子通过柔性导热带产生相对运动。

从导热索的工作原理可以看出，其导热热阻还是比较大的。其导热性能是指柔性导热带热端刚性端子与冷端刚性端子之间的热阻值，热阻值越小，导热性能越好。

图 8-20 所示为导热索热导率定义。柔性导热带的热传导计算公式为：

$$C_{raw} = (Q_{htr} - Q_{leak})/\Delta T \tag{8-5}$$

式中：C_{raw}——柔带热导率；

Q_{htr}——热功耗；

Q_{leak}——漏热；

ΔT——温差，$\Delta T = T_h - T_c$。

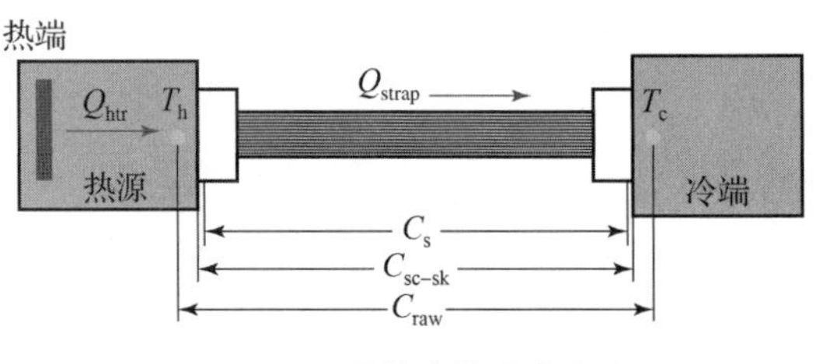

图 8-20 导热索热导率定义

柔性导热带热阻为主体段柔性导热带与两刚性端子串联热阻之和，即

$$\begin{cases} R_{raw} = R_S + R_J + R_L \\ R_S = \dfrac{L}{\lambda A} \end{cases} \tag{8-6}$$

式中：$R_{raw} = 1/C_{raw}$为柔性导热带热阻；R_S为主体段柔性导热带热阻；R_J和R_L分别为热端刚性端子和冷端刚性端子与主体段柔性导热带之间的热阻，热端和冷端刚性端子与主体段柔性导热带的安装方式设计一致，热阻R_J与R_L相等，只需要计算其中一个热阻值即可。在获得主体段柔性导热带的热阻后，即可以根据所选用的柔带材料的热导率λ、所需柔带的长度L，计算柔带的截面积A。

8.2.3.3 散热板

散热面与隔热层设计是被动热控设计的两大关键环节。散热面布局设计的任务是根据遥感器主体与卫星平台、待散热内热源与遥感器主体之间的相对位置，以及对卫星各个方位外热流的分析，确定合理可行的散热面布局方案，为热控设计后续的极端/典型工况分析提供设计输入，同时也为相机结构设计提供依据。

具体来说，遥感器的内热源控温的途径为，利用热隔离的手段，减小不必要的热耦合关系；通过散热面将电子器件工作时产生的热量通过导热板、热管、柔性导热索等传递到散热板上直接辐射到太空，而电子器件（特别是光电转换器件）不工作时则采用补偿加热的方法来保证温度的稳定性。

在结构的方案设计阶段，一般对散热板的面积进行估算[127]，可参照的公式如下：

$$Q = \varepsilon A\sigma (T_b^4 - T_c^4) \tag{8-7}$$

式中：T_c——相机外部空间的环境温度，$T_c = 4$ K；

T_b——散热板的表面温度；

Q——散热板辐射的热量（内热源工作功耗）；

ε——散热板表面发射率，取 0.93；

σ——斯特潘 - 波尔兹曼常数，其值为 5.67×10^{-8} W/(m^2 · K^4)。

根据上式，在给定的散热板表面温度下，可预估散热板的面积 A。

散热板结构较为简单，材料一般选择导热率高的铝板，在充分考虑轻量化设计的前提下，提供热管布置的安装位置。散热面一般粘贴太阳反射器（OSR）。

8.2.4 隔热结构

通过对隔热材料调研、分析和试验，隔绝结构间热传导最有效的方法是用导热系数低的非金属材料来制作连接过渡结构。

复合玻璃钢有一定隔热效果，但加工表面平整度、硬度、光洁度都很难满足设计要求。

聚氯乙烯和聚酰亚胺（PI）作为隔热材料，隔热效果都很明显，但聚氯乙烯材质较软，受热易变形[128]。聚酰亚胺是一类主链含重复的酰弧胺基团的聚合物，按性能分为热塑性聚酰亚胺和热固性聚酰亚胺。由于聚酰亚胺分子中具有十分稳定的芳杂环结构，其具有优异电绝缘性、耐磨性、抗高温辐射和物理机械性能。遥感器隔热垫结构优选聚酰亚胺，制作聚酰亚胺隔热垫片及聚酰亚胺薄膜，安装于卫星平台上。隔热垫片的厚度由热控设计师通过仿真分析给出。

8.2.5 热控涂层

相机热控使用的热控涂层有：E51 - M 室温固化黑漆、黑色阳极氧化、石英玻璃镀铝片等。

（1）E51 - M 室温固化黑漆（发射率≥0.85）用在粘贴于相机内部的加热片的外表面、遮光罩内表面。

（2）黑色阳极氧化（发射率≥0.85）用于相机内部金属零件表面。

（3）石英玻璃镀铝片用于散热面，太阳吸收比 α_s 为 0.13（寿命末期 α_s 退化为 0.22），半球发射率 ε_h 为 0.79。

第 9 章
遥感器结构仿真分析

9.1 概述

结构仿真分析伴随着结构设计的每一步，结构设计方案中每一个方案的选择和每一个设计结果的验证，都离不开结构仿真分析的验证支持，因此结构的设计过程与仿真分析密不可分。结构仿真分析能够通过数值方式对设计方案的功能性能进行识别和检验，帮助设计人员判断设计效果是否达到预期，哪些部位、哪些方面需要进行改进，以及改进的方向在哪里。结构改进之后再次通过仿真分析复算重新验证，如此反复迭代，才能逐步得到一个合理有效的设计方案。

本章首先说明遥感器分析模型的建模流程和方法，然后阐述静力仿真分析、模态仿真分析、动力学仿真分析和热光学仿真分析等分析项目和要求。

9.2 结构分析模型的建立

9.2.1 建模流程

有限元法是求解大型复杂结构在外界载荷激励作用下响应的一种有效方法，为了能有效地求解空间光学成像遥感器支撑结构、光学元件支撑结构及其他关键部组件的力学响应，为使有限元模型能比较真实地等效于实际结构，需遵循以下原则。

（1）质量特性等效：建立遥感器结构几何模型，有限元模型的质量、质心位置、质量分布尽量与实际结构等效。

（2）刚度特性等效：模型所选用的结构材料参数、结构形式等尽量与实际结构等效。

（3）阻尼特性等效：模型所选用的阻尼系数与实际结构的阻尼系数尽量接近。

（4）载荷边界等效：进行有限元分析时所用的边界条件、载荷等尽量与试验、未来实际工作状态所用的支撑方式、激励形式一致[129]。

有限元模型建模流程如图 9－1 所示。

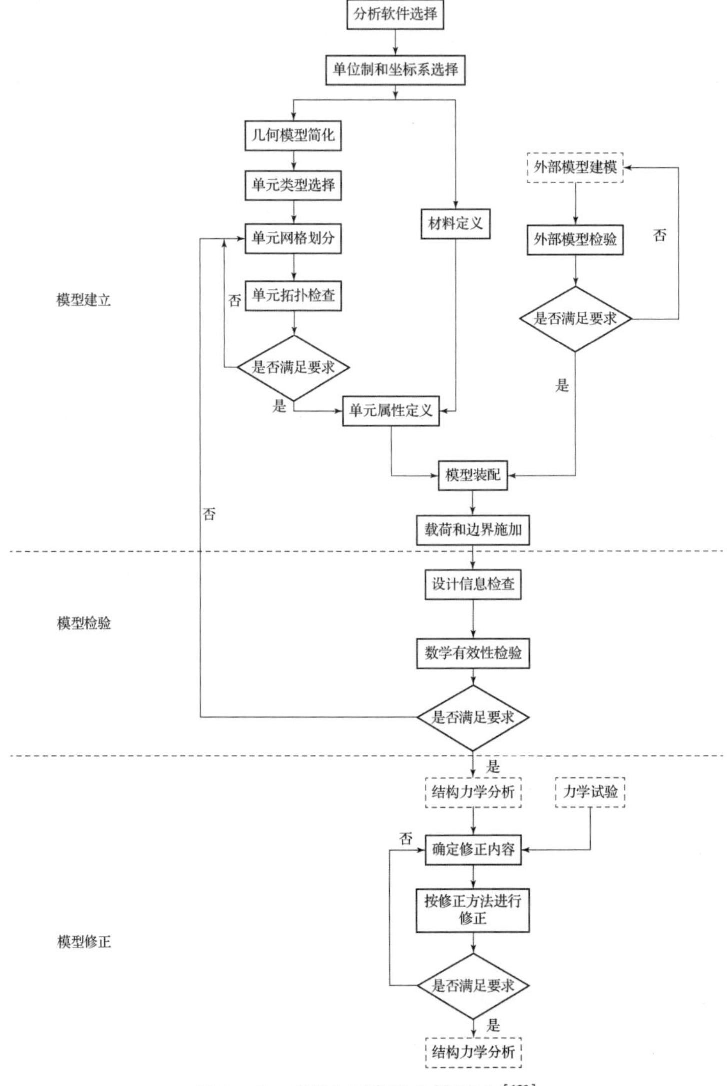

图 9－1　有限元模型建模流程[130]

9.2.2　遥感器有限元模型建立

9.2.2.1　单位制和坐标系选择

1. 单位制选择

对有限元模型的单位制选择，一是要考虑到遥感器仿真分析时经常需要关注的光学面形变化，nm 级的变形也不可忽略，选择 mm 单位有利于仿真结果的后处理。二是与上下级进行有限元模型的交换及协同仿真时，需保持单位制的一致。常用的两种单位制如表 9－1 所示。

表 9－1　有限元模型单位制

物理量	国际单位制	毫米制
长度（Length）	米（m）	毫米（mm）
时间（Time）	秒（s）	秒（s）
质量（Mass）	千克（kg）	吨（t）
力（Force）	牛（N）	牛（N）
密度（Density）	千克/米^3（kg/m^3）	吨/毫米^3（t/mm^3）
应力（Stress）	帕（Pa）	兆帕（MPa）
能量（Energy）	焦（J）	毫焦（mJ）
功率（Power）	瓦（W）	毫瓦（mW）

2. 坐标系选择

整机坐标系定义：参照卫星坐标系定义；分析模型的整机坐标系应优先选用卫星飞行坐标系。

部组件坐标系定义：部组件的坐标系定义主要以方便部组件的分析为原则。

9.2.2.2　模型简化原则

几何模型简化的一般要求如下：

（1）应根据结构的几何与受力特征，将其抽象为点、线、面或体。

（2）对于采用质量元模拟的集中质量，几何模型取位于质心处的点，如遥感器整机分析时的一些电子学单机。

(3) 对于截面规则的梁杆结构，几何模型取中心线或惯性主轴等其他特征线，如主承力结构的桁架杆、反射镜支撑杆等。

(4) 当板壳结构的厚度方向尺寸远小于另两个方向时，几何模型取板壳结构的中面或上下表面，如轻量化后的反射镜壁板、承力框架等。

(5) 对于三个方向尺寸量级相当的结构，应采用实体进行几何建模，如透镜或实心反射镜等。

(6) 导入 CAD 模型前，应对分析结果影响不大或远离分析关键部位的几何细节（如螺纹孔、倒圆角等）进行简化。

9.2.2.3 单元类型的选择

单元类型选择的一般要求如下：

(1) 在能满足分析要求的前提下，优先选用形状规则、精度高、计算效率快的单元类型。

(2) 框架、桁架、轴等结构一个方向的尺寸远大于另两个方向的时，若只承受轴力或扭矩，采用杆单元模拟，若承受横向力和弯矩，采用梁单元模拟。

(3) 板壳结构的两个方向尺寸均大于第三个方向尺寸，且为 10 倍以上时，采用板壳元模拟。

(4) 结构部件的三个方向尺寸量级相当时，采用实体单元模拟。

(5) 对于结构部件之间的接头或特殊连接处，采用弹簧单元或多点约束单元模拟。

(6) 连接结构刚度很高且不需要详细建模时，采用刚性单元模拟。

(7) 进行应力集中区域的强度校核时，宜采用规则的四边形单元或六面体单元模拟应力集中区域。

9.2.2.4 单元网格的划分

1. 单元几何形状

单元应具有良好的几何形状，如正三角形单元、正四边形单元等。

2. 网格密度确定

应选择合适的网格密度，一般要求如下：

(1) 应力梯度大的区域网格应加密，或选择高阶次的单元。

(2) 对于几何特性（如尺寸、截面等）或物理特性（如弹性系数等）有突变的部位，在划分单元时该部位应作为单元的边线，必要时应对该部位的网格进行加密。

（3）进行强度分析建模时，结构网格应加密；进行稳定性分析建模时，在压应力和剪应力相对严重的区域，网格应加密，确保有足够的单元表示失稳波形。

（4）自用模型规模节点规模少于60万，提供卫星节点规模少于10万。

3. 不同类型单元的连接

梁单元与板壳单元、梁单元与体单元以及板壳单元与体单元的连接处应保证单元节点位移相协调。

9.2.2.5 材料的定义

应根据所使用的结构材料特性和分析类型定义材料性能参数，要求如下：

（1）金属等线弹性各向同性材料一般定义弹性模量、泊松比及材料密度。

（2）复合材料单向层及蜂窝芯一般按正交各向异性材料定义，包括各方向的弹性模量、剪切模量、泊松比及材料密度。

（3）层合复合材料一般定义各层的材料属性、铺层角度、单层厚度、沿单元法向的铺层顺序等。

（4）进行弹塑性分析时，除了定义材料的弹性性能外，还应定义材料的塑性性能，包括应力-应变关系、屈服极限、强度极限等。

（5）进行频率响应、时域响应等动态分析时，应根据分析需要定义材料的阻尼系数。

（6）进行热应力及热变形分析时，应定义热膨胀系数和参考温度。

9.2.2.6 单元属性的定义

应根据单元特性定义其相应的属性，要求如下：

（1）对于集中质量单元，可根据需要定义其质量、惯量及其相应的参考坐标系等质量特性信息。

（2）对于梁单元，应定义梁截面的参考坐标系、截面面积、抗弯和抗扭刚度、剪切修正系数等。

（3）对于板壳单元，若为各向同性材料结构，只需定义厚度；若为夹芯结构或层合复合材料结构，可按层合复合材料定义，并确认铺层角度零度的方向，也可利用试验结果直接定义层合板的等效刚度特性，且考虑横向剪切修正系数。

（4）当梁或板壳单元的节点与自身中性面不重合时，应定义中性面的偏置。

（5）对梁和板壳单元，可根据其上仪器设备等非结构质量分布，定义合适的非结构质量值，模拟质量特性。

（6）对于实体单元，应定义材料名称和材料方向。

9.2.2.7 胶层建模

前面已经提到，在遥感器的结构中胶黏剂的应用主要有两类，一是结构件的装配连接，二是光学元件的卸载支撑。在工程应用中，胶层很薄。环氧胶仅有零点几毫米，RTV 胶仅有 1~2 mm。在建立胶层有限元模型时，如果对胶层进行详细建模，在胶层厚度方向建立很小尺寸的单元，一般认为至少 3 层单元才能有效反映厚度方向的应力变化。为了兼顾单元质量，即长宽比的限制，需要在其宽度方向建立相应尺寸单元。同时，为了单元的协调性，周边零件也要建立相应尺寸单元，从而会产生大量单元，需要大量的计算资源[131]，因此对胶黏剂的建模需要根据关注的力学问题具体地进行分析。

胶层主要承受以下四种载荷：拉伸、剪切、剥离、撕裂，如图 9－2 所示。为分析方便，上述四种载荷可简化为拉伸和剪切两类，剥离和撕裂都可以分解为拉伸和剪切。其中，胶层受剪时强度最大[132]。

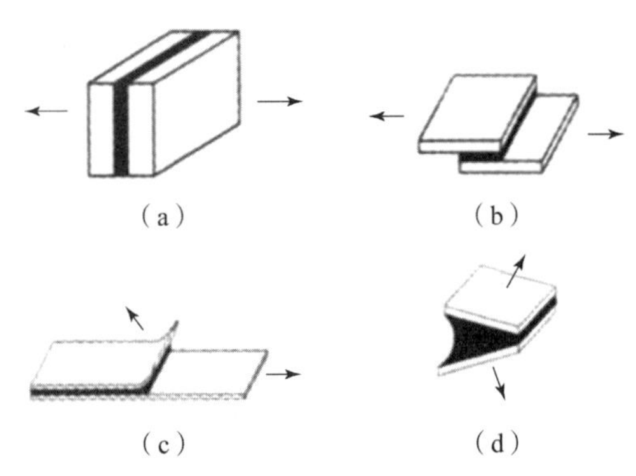

图 9－2 胶层承载示意图

(a) 拉伸；(b) 剪切；(c) 剥离；(d) 撕裂

针对胶层的建模一般可采用的建模方式包括：

（1）弹簧元模拟胶层，由两个刚性单元分别连接上下被胶接件，刚性单元之间采用分别模拟胶层 X、Y、Z 三个方向刚度的弹簧元，胶层应力、应变可通过弹簧元的计算结果转化得到。

（2）二维线弹性单元，采用二次高阶单元，材料为各向同性[133]。

（3）三维单元，根据有限元理论使用一层或三层体单元描述材料特性，反应胶层真实的应力应变关系。

9.2.2.8　蜂窝板参数等效

三明治夹心理论首先将蜂窝夹芯等效成一厚度不变的各向异性层并进行等效计算，得到等效参数，在有限元软件中建立蜂窝板的层板（Laminate）模型就可以很方便地进行有限元分析。由于这种等效处理的对象为蜂窝夹芯，因此其等效模型可以灵活地用于处理多夹芯层蜂窝板。

在早期的蜂窝夹层结构分析模型中，为了简化分析，通常忽略蜂窝芯层的面内刚度和弯曲刚度。事实上，虽然蜂窝芯层很软，但由于它相对蒙皮而言具有较大的厚度，因此忽略其面内刚度和弯曲刚度必然会导致不可忽视的误差。三明治夹心理论假定芯层能抵抗横向剪切变形并且具有一定的面内刚度，上、下面板服从 Kirchhoff 假设，忽略其抵抗横向剪应力的能力，则蜂窝芯层可以等效为一均质的厚度不变的正交异性层。正六边形蜂窝胞元和蜂窝板整体结构示意图分别如图 9－3 所示。

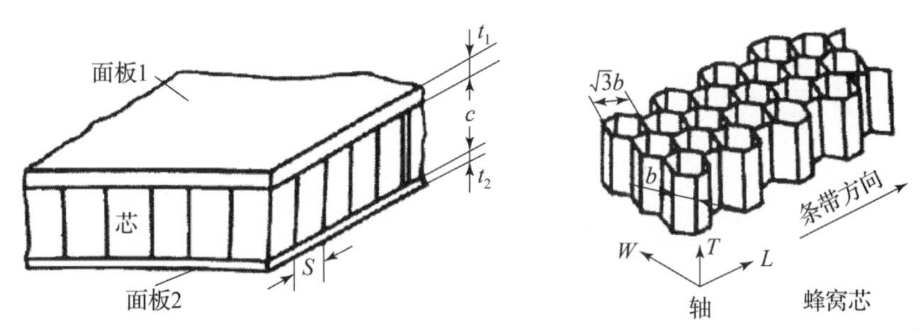

图 9－3　蜂窝夹芯结构的主要参数

1. 复合材料蜂窝夹层板的弯曲刚度[134]

（1）当复合材料蜂窝夹层板的上下面板的厚度相同、材料相同、面板较厚，需考虑面板自身的弯曲刚度时，其弯曲刚度系数（单位宽度上的刚度）的计算公式为：

$$\begin{cases} D_i = \dfrac{E_{fi} \times t_f \times (t_f + c)^2}{2\lambda} + \dfrac{E_{fi} \times t_f^3}{6\lambda}(i = x, y) \\ \lambda = 1 - \nu_{xy}\nu_{yx} \end{cases} \tag{9-1}$$

式中，ν_{xy}、ν_{yx}表示面板的等效泊松比；E_{fi}表示面板的等效弹性模量（$i = x, y$）；t_f 表示面板的厚度（$t_f = t_1 = t_2$）；c 表示芯体的高度。

（2）当复合材料蜂窝夹层板的上下面板的厚度相同、材料相同、面板较薄，可忽略面板自身的弯曲刚度时，其弯曲刚度系数（单位宽度上的刚度）的计算公式为：

$$D_i = \frac{E_{fi} \times t_f \times (t_f + c)^2}{2\lambda} \tag{9-2}$$

2. 复合材料蜂窝夹层板的拉压刚度

当复合材料蜂窝夹层板的上下面板的厚度相同、材料相同、不考虑蜂窝芯的面内拉压刚度时，其拉压刚度系数（单位宽度上的刚度）的计算公式为：

$$H_i = 2E_{fi} \times t_f \tag{9-3}$$

3. 复合材料蜂窝夹层板的剪切刚度

当复合材料蜂窝夹层板的上下面板的厚度相同、材料相同、面板较薄时，其横向剪切刚度系数（单位宽度上的刚度）的计算公式为：

$$\begin{cases} U_{LT} = \dfrac{(t_f + c)^2}{c} G_{CLT} \approx (t_f + c) G_{CLT} \\ U_{WT} = \dfrac{(t_f + c)^2}{c} G_{CWT} \approx (t_f + c) G_{CWT} \end{cases} \tag{9-4}$$

式中，G_{CLT}，G_{CWT}分别表示芯体在 LT 和 WT 面内的剪切模量；t_f 表示面板的厚度（$t_f = t_1 = t_2$）；c 表示芯体的高度。

9.2.3 模型缩聚技术

9.2.3.1 数学缩聚模型

数学缩聚模型基于有限元模型生成，采用固定界面子结构法将结构动力学特性的关键信息缩减为三个矩阵：刚度矩阵［K］、质量矩阵［M］、加速度变换矩阵［ATM］。基于缩聚模型，可实现基频和频响的快速分析和迭代，是支撑参数优化设计的重要基础。

1. 广义刚度矩阵

$$[KAA]=\begin{bmatrix}[K_{bb}]_{j\times j} & \mathbf{0}\\ \mathbf{0} & [K_{\eta\eta}]_{n\times n}\end{bmatrix}_{(j+n)\times(n+j)} \tag{9-5}$$

$$[K_{\eta\eta}]_{n\times n}=\lambda=\mathrm{diag}[\omega_1^2,\omega_2^2,\cdots,\omega_n^2] \tag{9-6}$$

式中，$[K_{bb}]_{j\times j}$矩阵对应于出口节点的约束模态部分；$[K_{\eta\eta}]_{n\times n}$矩阵为对角矩阵，对应于主模态坐标；对角线元素为各阶模态 ω_i^2；n 为截取的主模态阶数。

广义刚度矩阵中，j 对应于对接面出口节点的自由度数，n 对应于在固定界面下给定频段内的主模态阶数。

2. 广义质量矩阵

$$[MAA]=\begin{bmatrix}[M_{bb}]_{j\times j} & [M_{\eta b}]_{j\times n}\\ [M_{b\eta}]_{n\times j} & [I_{\eta\eta}]_{n\times n}\end{bmatrix}_{(j+n)\times(n+j)} \tag{9-7}$$

式中，$[M_{bb}]_{j\times j}$矩阵对应于出口节点的刚体质量矩阵；$[I_{\eta\eta}]_{n\times n}$矩阵为单位矩阵；$n$ 对应于主模态坐标截取的主模态阶数。

广义刚度矩阵中，j 对应于对接面出口节点的自由度数，n 对应于在固定界面下给定频段内的主模态阶数。

3. 加速度变换矩阵

$$[ATM]=[[GU2T]_{3m\times j}\quad [GU2Q]_{3m\times n}]_{3m\times(j+n)} \tag{9-8}$$

式中，输出加速度自由度为内部节点的第1、2、3 自由度；$[GU2T]_{3m\times j}$表示输出自由度与出口节点约束模态对应的部分；$[GU2Q]_{3m\times n}$表示输出自由度与广义模态坐标对应的部分；m 为关心其加速度的内部节点个数；n 为截取的主模态阶数。

广义刚度矩阵中，j 对应于对接面出口节点的自由度数，n 对应于在固定界面下给定频段内的主模态阶数。

9.2.3.2 状态空间模型

状态空间模型主要用于指向抖动协同分析，指向抖动协同分析基于图9-4所示的框图来进行。

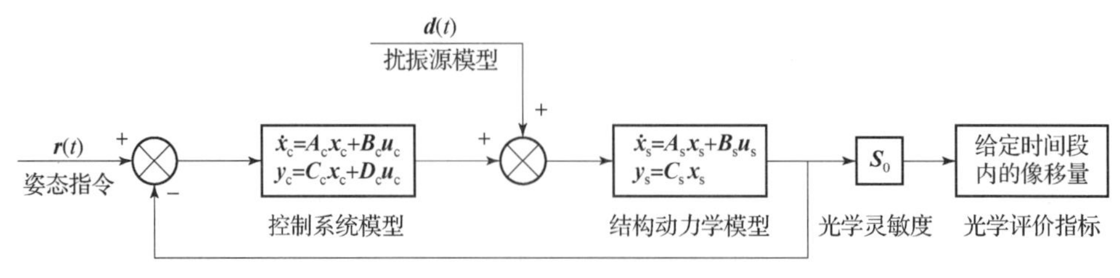

图 9－4　分析框图

分析流程以结构动力学模型为基础，辅以控制系统模型构成闭环反馈控制模型，从而可以完成在扰振载荷作用下卫星姿态稳定度及结构关键部位振动响应的闭环仿真。光学灵敏度环节的作用是利用仿真分析得到的相机光学元件动力学响应换算出曝光时间内的像移像元数等有效载荷直接关心的性能指标，作为评估扰振影响的依据。

1. 结构动力学状态空间模型

基于有限元方法的结构动力学方程可以写成下式：

$$\begin{cases}\boldsymbol{M}\ddot{\boldsymbol{x}}+(\boldsymbol{D}+\boldsymbol{G})\dot{\boldsymbol{x}}+\boldsymbol{K}\boldsymbol{x}=\boldsymbol{B}_v\boldsymbol{v}+\boldsymbol{B}_w\boldsymbol{w}\\ \boldsymbol{y}=\boldsymbol{C}\boldsymbol{x}\end{cases}\tag{9-9}$$

在方程中，$\boldsymbol{x}$ 为 $n\times1$ 节点位移向量，$\boldsymbol{M}$ 为质量阵，$\boldsymbol{D}$ 为阻尼阵，$\boldsymbol{G}$ 为陀螺阵，$\boldsymbol{K}$ 为刚度阵。其中，$\boldsymbol{M}$ 为对称正定矩阵，反映了结构的质量特性；$\boldsymbol{G}$ 为反对称矩阵，反映了结构上安装的高速转动部件，如飞轮、控制力矩陀螺等产生的陀螺效应；$\boldsymbol{K}$、$\boldsymbol{D}$ 分别反映了结构的刚度、阻尼特性，当航天器处于在轨自由状态时，二者均为半正定矩阵；$\boldsymbol{v}$ 为控制力向量，$\boldsymbol{w}$ 为扰振力向量，$\boldsymbol{B}_v\boldsymbol{v}$ 与 $\boldsymbol{B}_w\boldsymbol{w}$ 分别为二者的输入变换矩阵，反映了载荷输入点的位置并包含了相关的坐标变换信息。在方程中，$\boldsymbol{y}$ 为输出向量，$\boldsymbol{C}$ 为输出变换矩阵。输出变换矩阵 $\boldsymbol{C}$ 的作用是从位移向量 $\boldsymbol{x}$ 中选择部分关心的节点与自由度作为输出向量 $\boldsymbol{y}$。

对于小规模结构，可以直接采用上式所示的模型。对于大规模复杂结构，采用模态缩聚后的状态空间模型，以下标“s”代表结构（structure），有

$$\begin{cases}\dot{\boldsymbol{x}}_s=\boldsymbol{A}_s\boldsymbol{x}_s+\boldsymbol{B}_s\boldsymbol{u}_s\\ \boldsymbol{y}_s=\boldsymbol{C}_s\boldsymbol{x}_s\end{cases}\tag{9-10}$$

其中：

$$x_s = \begin{bmatrix} q \\ \dot{q} \end{bmatrix} \quad A_s = \begin{bmatrix} 0 & I \\ -\Lambda & -(2\sigma + g) \end{bmatrix}$$

$$u_s = \begin{bmatrix} v \\ w \end{bmatrix} \quad B_s = \begin{bmatrix} 0 & 0 \\ b_v & b_w \end{bmatrix}$$

$$C_s = [c \quad 0]$$

这里，状态变量 x_s 由结构的模态坐标及其导数构成；系统矩阵 A_s 由模态坐标下的刚度矩阵、阻尼矩阵、陀螺矩阵构成，反映了结构本身的动力学特性；输入向量 u_s 由控制力向量 v、扰振力向量 w 构成；输入变换矩阵 B_s 反映了载荷输入点的位置及其振型分量信息；输出变换矩阵 C_s 的作用是从状态变量 x_s 中取出模态位移 q 并重构出所关心的节点自由度在物理坐标下的位移作为系统输出。

2. 控制系统状态空间模型

在以评估扰振对遥感卫星成像质量影响为目的的一体化建模分析中，控制系统的作用主要是使航天器视线维持在零位附近，克服扰振载荷引起的低频姿态漂移。因此，采用适当简化的模型即可满足分析的需要。控制系统的模型可以写作状态空间形式（下式）并串联在前向通路中，其输入量 u_c 为姿态控制误差，输出量 y_c 为施加在执行机构节点的控制力矩。

$$\begin{cases} \dot{x}_c = A_c x_c + B_c u_c \\ y_c = C_c x_c + D_c u_c \end{cases} \tag{9-11}$$

9.3　静力分析

遥感器及其组件在研制过程中始终处在重力环境中，同时还会经历加工、起吊、翻转、运输等作业过程，在随航天器发射时会受到准静态载荷作用，这些都是遥感器设计分析必须考虑的静载荷条件。按照载荷类型大致可以分为机械载荷静力分析和热载荷静力分析两类。静力分析是遥感器结构仿真分析的基本内容，研究遥感器结构在静载荷和准静载荷作用下的力学行为，评估其刚度、强度和稳定性等性能。

9.3.1 分析内容

遥感器的各个部组件和整机都需要做过载分析。载荷量级由研制任务的要求给出，通常来自运载火箭的准静态载荷条件并结合航天器结构的放大。通过过载分析，得到关注的结构位置处的应力水平，结合材料的许用应力评估安全裕度是否充足，评估各处结构的最大变形量是否会导致与其他结构发生干涉及碰撞，对结构刚度强度的设计合理性和改进必要性做出判断。遥感器静力载荷的仿真主要围绕光学组件及承力结构。

1. 反射镜组件

反射镜组件需要开展的静力分析种类是最多的，从制造到使用的各个流程都需要进行仿真分析，包括：

（1）反射镜（包括夹芯结构镜体的面板、蜂窝芯等零件）在镜坯制备和光学加工过程中的吊装、转运操作的分析。

（2）反射镜进行外轮廓机械加工需要翻转，翻转过程的安全性分析。

（3）反射镜进行光学加工时的压印效应分析。

（4）反射镜进行裸镜面形检测的重力卸载分析。

（5）反射镜与支撑结构的零件进行注胶粘接后的胶斑固化收缩影响分析。

（6）反射镜与支撑结构的装配过程通常有多个步骤，过程中可能会设置中间的面形检测，并且可能涉及工位转移。每一个需要进行面形检测的状态都要做相应的吊装转运安全性分析和重力卸载分析。

（7）反射镜组件在重力作用下、各种检测方位的面形分析。

（8）反射镜组件的过载分析。

（9）反射镜组件在实验室环境、在轨工作环境的温度场作用下的面形分析。

（10）反射镜组件在安装时由于安装接口加工误差或装配误差导致的强迫位移，或者由于安装面的热变形导致的强迫位移作用下的面形分析。

以上都是反射镜组件通常要做的静力分析。在实际工程研制过程中，经常会有针对特定任务、特定设计方案而增加的静力学工况，以及在研制过程遇到问题时、经过讨论认为需要补充检验的工况。

2. 承力结构

对于承力结构及一些大型结构件，为了考核和验证其静刚度，获取载荷－位移曲线，会进行单独的静力试验，同时开展相应的静力试验预示分析。

整机结构静力分析以遥感器与卫星平台对接面为位移边界，组件级的分析则以与主结构的连接面为位移边界，约束形式根据结构件具体连接方式来确定。如果连接面所在的零部件或工装对分析对象的结构性能有影响，应建立该零部件或工装的有限元模型一同参与分析。对于如反射镜重力卸载效果验证分析这种只有作用力、无约束条件的，可以采用惯性释放约束，或约束典型位置使模型成为静定结构，但需注意约束位置的选择必须对分析结果不构成显著影响。

9.3.2 准静态载荷

准静态载荷校核公式如下：

$$G = S + \sqrt{L^2 + R^2} \tag{9-12}$$

$$G' = N \cdot G \tag{9-13}$$

式中：G——综合载荷；

G'——准静态载荷；

S——稳态载荷；

L——低频正弦振动载荷；

R——高频随机振动载荷；

N——安全系数，取1.5。

设计初始阶段，S一般取值为3～9g，按照小卫星平台准静态载荷计算，S取9g。

9.4 模态分析

9.4.1 分析内容

模态是机械结构的固有特性。模态分析可获取遥感器在一定构型的刚度、质量分布和边界条件下的模态，可以迅速地对遥感器结构方案进行初步评估，预示遥感器各组件的环境趋势，指导力学试验的关注位置选择、传感器布置、工装设计和振动抑制等工作。模态分析还可以获取有效模态质量比，较高的模态有效质量意味着此阶模态将会引起较高的基础反作用力。

9.4.2 相关性分析

相关性分析（Correlation Analysis）是指对两个或多个具备相关性的变量元素进行分析，从而衡量两个变量因素的相关密切程度，衡量相关密切程度的统计分析指标称为相关性系数，其计算方法中最简单也最常用的为积差法，使用两个变量的协方差与两变量的标准方差的乘积之比来计算。

相关性分析在工程中主要用于评估仿真模型数据和物理实测数据的逼近程度。相关性分析的目的是：

（1）验证用于动力学分析的有限元模型精度。

（2）在执行物理模态测试之前，确定加速度传感器和激励点的最优位置。

模型修正功能可以帮助工程师优化试验方案，对比分析试验结果与仿真结果，然后有针对性地对仿真模型进行自动修正，使得仿真模型能够更好地与试验结果匹配起来，进而为更加全面的系统响应预估与分析提供高质量的数值仿真模型。

相关性分析流程如图 9－5 所示。

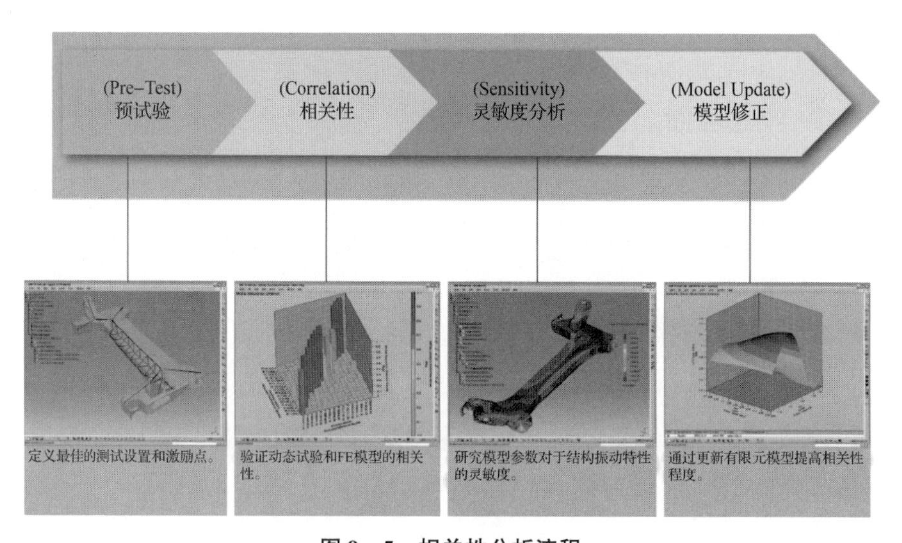

图 9－5 相关性分析流程

用于灵敏度分析的参数包括材料属性参数和单元属性参数等，而修正模型的优化目标可以是整个系统质量、某一阶相关性很差的固有频率，或者是单位载荷条件下的振动水平等。通过灵敏度分析的结果来推断模型中需要修正的部位，并从指定参数中找出影响最大的参数。进一步通过驱动有限元求解器的优化功能模块，可以完成优化迭代过程，从而使仿真模型与试验模型匹配。

相关性分析结果如图 9－6 所示。

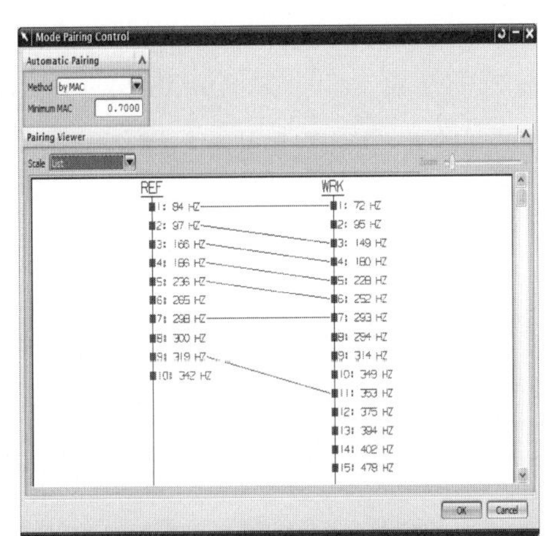

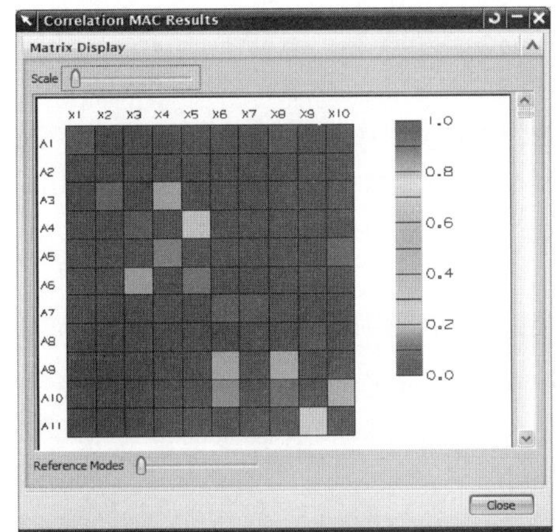

图 9－6　相关性分析结果

9.5　结构动力学仿真

9.5.1　正弦振动分析

正弦振动分析，也称频响分析，用来验证结构设计的合理性和优化设备布局，为正弦振动试验制定下凹条件提供依据，指导试验传感器和应变片分布，预示正弦振动试验响应。商业有限元软件通常都提供两种分析方法：直接法和模态法。前者直接对振动方程进行求解，计算量大，耗时长；后者采用模态叠加法，求解规模和耗时大幅减小，在工程实践中应用更广。通常遥感器前几阶主要模态对响应贡献较大，为得到更好的计算精度，模态求解时的截止频率应高于正弦振动激励频率上限，一般不低于 1.5 倍，或者模态有效质量比累计达到 90% 以上，并保留刚体运动模态[135]。

在建模方面，频响分析的模型与模态分析的模型基本一致。分析的载荷条件，包括载荷量级和激励频率范围，应根据卫星平台提供的数据设置，进行三个方向上的频响分析，模态临界阻尼在主振频率处的取值范围一般为 0.03 ~ 0.05。过高的响应量级对遥感器的光学性能会构成巨大威胁。如果频响分析得出光学元件、结构较薄弱位置的响应很大或者存在共振时，一方面应考虑结构加强和布局调整，另一方面要考虑正弦振动试验时如何制定下凹条件。可以对试验条件进行下凹的物理基础是正弦振动试验的量级超过了运载火箭发射时的实际力学条件，但下凹量级的下限值一般不低于星箭耦合分析的结果。两个方面的措施在遥感器的初步设计、详细设计、鉴定/正样研制等不同阶段，侧重点也不一样。

9.5.2 随机振动分析

遥感器随航天器发射入轨的过程中，受到的振动可以分为确定性振动和随机振动两类，前面介绍的正弦振动属于确定性振动，本节介绍随机振动的方面。在仿真分析中，我们用遥感器安装界面上的加速度平稳随机过程代表实际随机振动，对遥感器的动力学响应进行预示。

随机激励信号在某时刻的幅值与相位不可准确预测，但其概率密度函数可以解析表达，通常认为是具有高斯分布（正态分布）特征。随机信号具有不确定性，在任一瞬时都有全频率带宽内的频率成分存在，但可以针对随机信号的功率谱密度、标准差等统计量指标对其进行评价。

随机振动分析的输入使用频率响应的输出结果，与给定的随机振动激励的谱密度进行卷积，得到响应的功率谱密度，统计计算得出均方根值。由于随机振动分析的输入和结果都是以功率谱密度给出的，因此需要理解功率谱密度的概念以及均方根值 σ 和 1σ、3σ 的含义。针对稳态响应的仿真分析，输入条件相当于持续时间无限但幅值有限的信号，也就是功率信号，该信号的自相关函数的傅里叶变换，描述了信号功率随频率的分布特点，就是功率谱密度。均方根值 σ 是功率谱密度曲线下的面积的开方，是功率谱信号的标准方差，其统计意义反映了在随机振动过程中，响应幅值不超过 σ 值的概率是 68.3%，响应幅值不超过 2σ 值的概率是 95.4%，响应幅值不超过 3σ 值的概率是 99.73%。

在初始设计阶段可以采用 Miles 公式快速预估随机振动引起的响应载荷。一般来说，任何复杂的动力学结构都可以看作是由许多单自由度振子系统组成，因此复杂结构可被简化为单自由度的系统，其相对输入点的均方根加速度响应为：

$$\ddot{z}_{rms} = \sqrt{\frac{\pi}{2} f_0 Q W(f_0)} \tag{9-14}$$

式中：f_0——单自由度系统的固有频率；

$W(f_0)$——固有频率 f_0 处激励的功率谱密度；

Q——放大因子。

9.6 热光学分析

9.6.1 概述

空间光学遥感器开展热光学分析的目的是：

(1) 定量地研究温度场波动对光学系统性能的影响规律。

(2) 准确地对光机主体提出温度要求以保证光学系统的性能（传统）。

(3) 实现以光学指标作为热设计的最终评价标准（先进的）。

(4) 从热的角度给结构、光学设计提出合理建议与要求，实现光机热一体化设计。

9.6.2 分析方法

对于光学系统，特别是大口径、达到光学衍射极限的光学系统，微小的温度梯度都会对成像质量产生影响。从光学设计角度，很难在如此高的精度上对热设计直接提出准确合理的温度要求。这样在使用以温度为最终指标的热设计方法处理高分辨率相机设计时会遇到困难。因此，热控设计采用迭代优化的热光学集成分析方法，以最终的光学指标为热控设计进行评价，为热控设计提供准确、合理的指导。

热分析首先根据空间光学遥感器结构和轨道参数进行空间外热流计算，然后结合遥感器的热控设计方案进行热边界条件的设定，最后进行遥感器的热分析计算。热分析计算的各工况下的温度场数据将作为热载荷施加于遥感器结构分析中，通过对遥感器进行热弹性分析，得到结构模型的位移场，其中主要是表征各光学表面的镜面节点位移。各镜面节点的位移一般会通过拟合的方式转化成各镜面的刚体位移和高阶表面变形，并最终传递给光学模型进行光线追迹。空间相机系统波像差（WFE）、系统离焦量（System Focus Shift）、有效焦距（Effective Focal Length，EFL）以及弥散斑半径（RMS Spot Radius）作为灵敏度分析的主要光学性能参数。

图 9－7 为热光学集成分析流程示意图。

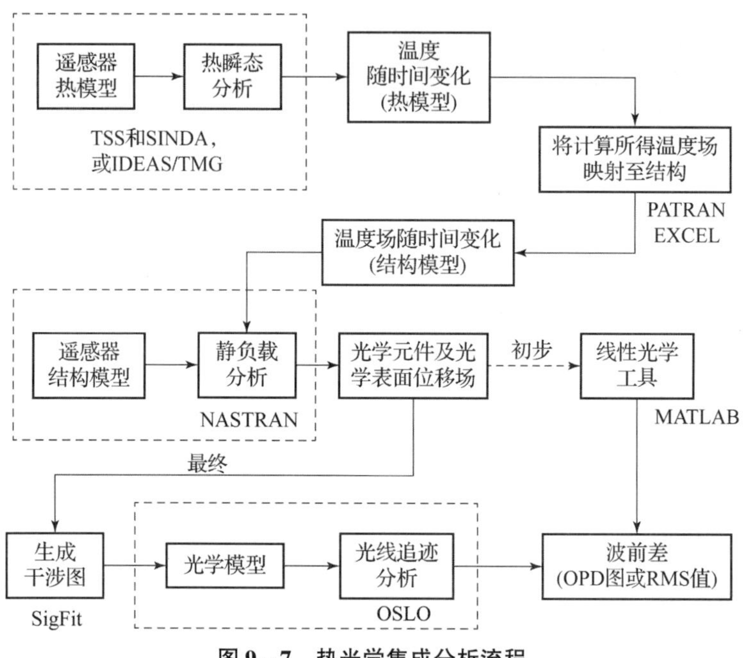

图 9－7　热光学集成分析流程

热光学设计分析的流程一般是：热分析首先根据空间光学遥感器结构和轨道参数进行空间外热流计算，然后结合遥感器的热控设计方案进行热边界条件的设定，最后进行遥感器的热分析计算，得到相机主体的温度场结果。热分析计算的各工况下的温度场数据将作为热载荷施加于遥感器结构分析中，通过对遥感器进行热弹性分析，得到结构模型的位移场，其中主要是表征各光学表面的镜面节点位移。各镜面节点的位移一般会通过拟合的方式转化成各镜面的刚体位移和高阶表面变形，并最终传递给光学模型进行光线追迹[136]。

9.6.3　光学灵敏度矩阵

灵敏度矩阵是表征光学系统各个像差对光学元件偏心倾斜失调的敏感程度的矩阵，可以通过分别给定每个元件单位失调量，例如0.1 mm或0.1°，根据泽尼克系数的变化f/x求出。从数学上讲，像质是光学元件位置的函数，也可以理解为像差是失调量的函数[137]。

遥感器的温控及结构的变化、卫星的姿态晃动、相机的结构振动等因素均会导致光学系统的成像点在探测器平面上与标称位置发生偏离，即像移。像移映射至物方则表现为空间遥感器视场中心与地面的标称目标位置发生偏离，即视线偏移，高频的视线偏移可以称为视线抖动。

图9－8（a）~（c）给出了三种可能导致空间遥感器发生像移的模式，分别为相机整体运动、光学元件运动以及探测器运动。

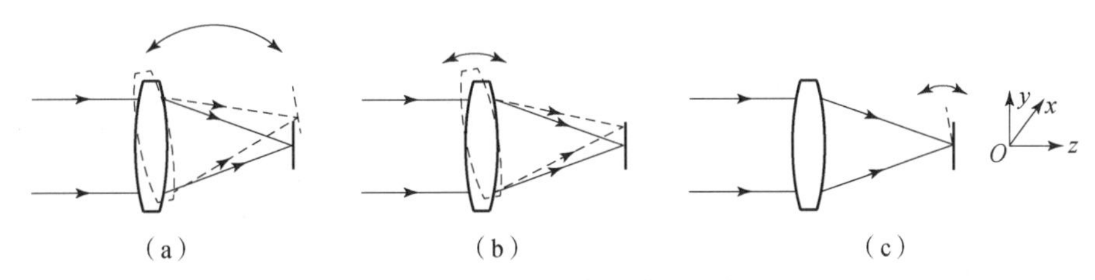

图9－8　空间相机像移模式示意图

（a）相机整体运动；（b）光学元件运动；（c）探测器运动

定义像移向量$\boldsymbol{\delta X}_{\text{image}}$及光学元件、探测器运动向量$\boldsymbol{\delta X}_{\text{optics}}$如下：

$$\boldsymbol{\delta X}_{\text{image}} = \begin{bmatrix} \delta x_{\text{image}} \\ \delta y_{\text{image}} \end{bmatrix} \tag{9-15}$$

$$\boldsymbol{\delta X}_{\text{optics}} = \begin{bmatrix} \boldsymbol{\delta X}_1 \\ \boldsymbol{\delta X}_2 \\ \vdots \\ \boldsymbol{\delta X}_n \end{bmatrix}, \quad \boldsymbol{\delta X}_i = \begin{bmatrix} \delta x_i \\ \delta y_i \\ \delta\theta_{xi} \\ \delta\theta_{yi} \end{bmatrix} \tag{9-16}$$

式中，i代表构成光学系统的光学元件编号。一般来说，像移向量$\boldsymbol{\delta X}_{\text{image}}$与光学元件的位移向量$\boldsymbol{\delta X}_{\text{optics}}$之间存在非线性的函数关系。即：

$$\boldsymbol{\delta X}_{\text{image}} = f(\boldsymbol{\delta X}_{\text{optics}}) \tag{9-17}$$

在相机结构小变形条件下，可以通过多元函数泰勒展开并保留一阶导数项进行线性化，即

$$\boldsymbol{\delta X}_{\text{image}} = \boldsymbol{S}_{\text{o}} \cdot \boldsymbol{\delta X}_{\text{optics}} \tag{9-18}$$

式中，$\boldsymbol{S}_{\text{o}}$称为光学灵敏度矩阵，下标“o”代表光学（optics），其表达式为：

$$\boldsymbol{S}_{\text{o}} = \begin{bmatrix} \dfrac{\partial \delta x_{\text{image}}}{\partial \delta x_1} & \dfrac{\partial \delta x_{\text{image}}}{\partial \delta y_1} & \dfrac{\partial \delta x_{\text{image}}}{\partial \delta \theta_{x1}} & \dfrac{\partial \delta x_{\text{image}}}{\partial \delta \theta_{y1}} & \cdots \\ \dfrac{\partial \delta y_{\text{image}}}{\partial \delta x_1} & \dfrac{\partial \delta y_{\text{image}}}{\partial \delta y_1} & \dfrac{\partial \delta y_{\text{image}}}{\partial \delta \theta_{x1}} & \dfrac{\partial \delta y_{\text{image}}}{\partial \delta \theta_{y1}} & \cdots \end{bmatrix} \tag{9-19}$$

光学灵敏度矩阵可以通过近似解析方法求得，也可以通过在光学系统设计软件中依次对每个光学元件及探测器进行微幅平移、转动并计算像移量来获取。有了空间遥感器的光学灵敏矩阵，便可以通过分析得到每个光学元件的响应情况，计算出探测器位置的像移量。

虽然光学灵敏度矩阵是通过单独偏移每个光学元件及探测器来得到的，但相机的整体运动导致的像移量作为一种特殊的运动形式同样可以用来计算。对于刚度较高、以整体运动为主的相机，可以根据相机视轴（LOS）角变化量，直接近似计算像移量。

9.6.4 温度场映射

光机热集成仿真的一个关键过程是热分析求得的温度场作为边界条件向结构分析模型上的加载过程。相比于结构分析模型，热分析模型的网格通常要更粗糙，这主要有以下几方面原因：

（1）温度场在相同材料及规则几何形状下基本呈线性变化，模型细化会很大程度上降低计算效率，而计算精度并不会有很大提高。

（2）热分析与结构分析计算方法不同，其单元类型定义与结构分析有限元模型单元类型定义不完全相同。

（3）热辐射定义及计算时间较长，过于细化的热分析模型会造成求解溢出。

目前常用的映射方法主要包含临近节点插值法、热传导法和形函数插值法三种[138]。为简化模型，首先考虑稳态、传导时，公式简化为：

$$C_{\text{T}}\dot{T}_{\text{T}} + RT_{\text{T}}^4 + K_{\text{T}}T_{\text{T}} = Q \tag{9-20}$$

式中：K_{T}——热传导系数；

T_{T}——节点温度；

$\dot{T}_{\mathrm{T}}$——节点温度对时间的积分；

Q——热载荷；

C_{T}——比热容；

R——辐射传热系数。

由于光机热集成仿真的一个关键过程是将热分析求得的温度场作为边界条件向结构分析模型上的加载过程，将节点温度由热模型映射到结构模型，可得：

$$\boldsymbol{T}_{\mathrm{k}} = \boldsymbol{L}\boldsymbol{T}_{\mathrm{T}} \tag{9-21}$$

式中，$\boldsymbol{T}_{\mathrm{T}}$ 为与热分析模型相近节点的结构分析模型节点温度矩阵，$\boldsymbol{L}$ 为线性插值矩阵。由于结构分析模型的节点多于热分析模型，对于其他多出节点温度可由以下公式求出：

$$\begin{bmatrix} \boldsymbol{H}_{\mathrm{KK}} & \boldsymbol{H}_{\mathrm{UK}}^{\mathrm{T}} \\ \boldsymbol{H}_{\mathrm{UK}} & \boldsymbol{H}_{\mathrm{UU}} \end{bmatrix} \begin{bmatrix} \boldsymbol{T}_{\mathrm{K}} \\ \boldsymbol{T}_{\mathrm{U}} \end{bmatrix} = \begin{bmatrix} \boldsymbol{Q}_{\mathrm{K}} \\ \boldsymbol{0} \end{bmatrix} \tag{9-22}$$

式中，$\boldsymbol{H}$ 为热传导矩阵；下标 K 代表与热分析模型相近节点的结构分析模型节点温度，即已知节点温度；下标 U 代表结构分析模型中多出节点的温度，即未知节点温度；$\boldsymbol{Q}_{\mathrm{K}}$ 为热载荷。

9.6.5　数据处理

光学系统性能分析技术重点需要解决光机主体热变形分析数据与光学分析软件间的接口数据转换问题和光学系统性能分析方法问题。由于目前可以直接应用的光学系统性能分析软件较多，如 Zemax、Code V 等商用软件，因此寻求恰当的接口数据转换方法是光学系统性能分析技术的研究重点。经过分析比较，本节建议采用目前较为常用的 ZERNIKE 多项式拟合作为光机主体热变形分析数据处理和接口数据转换的方法，详述如下[139]。

1. 光机主体热变形分析数据的预处理

在光机主体热变形有限元分析模型中，设 Z 为遥感器的光轴方向，XY 为垂直光轴的平面，X、Y 的具体方向可根据具体情况而定。通过光机主体热变形分析，得到镜面节点变形量。

从结构有限元模型中得到的热变形结果中筛选出有效光学表面的节点变形数据无法直接用于进行 ZERNIKE 拟合，其原因在于节点位置还随着 X 和 Y 方向变化而发生改变，从而导致在 XY 平面上的变化量不再是有限元分析的 dZ 值，因此需要对光机主体热变形分析数据进行预处理。图 9－9 说明了预处理所采用的方法，设变形前反射镜上有一点 Z_0，变形后为 Z_0'，Z_0' 在弧矢方向对应的变形前的点为 Z_1，则在小扰动（dx，dy，dz）作用下，垂度方向变形 ds 可用下式计算：

$$\mathrm{d}s = \Delta z - (z_1 - z_0) \tag{9-23}$$

其中，z_1 和 z_0 的值可由曲面方程求得，如图 9－9 所示。

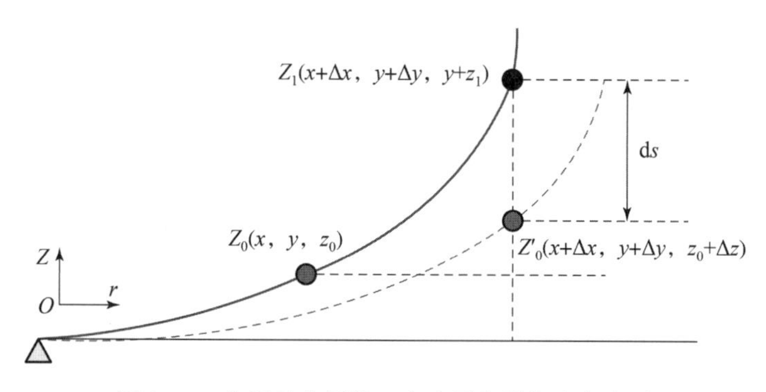

图 9－9　有限元分析的 Z 向变形和弧矢方向变形

2. ZERNIKE 多项式拟合

ZERNIKE 多项式是光学分析中常用的公式，可以作为热变形有限元分析与光学分析的结合点。一般光学分析软件均能识别并利用 ZERNIKE 多项式进行高精度像质分析。下面给出了在光机主体热变形分析数据的预处理基础上利用（x，y，ds）进行 ZERNIKE 多项式拟合的方法。ZERNIKE 多项式表达式为：

$$Z_n^L(\rho,\theta) = R_n^L(\rho)\Theta_n^L(\theta) \tag{9-24}$$

式中，$R_n^L(\rho)$ 为仅与径向有关的项；Θ_n^L 为仅与幅角有关的项；Z 为 ZERNIKE 多项式；n 为多项式的阶数，取值为 0，1，2，…；L 为任意正的或者负的整数，其值恒与 n 同奇偶，且绝对值小于或等于阶数。

在单位光瞳内连续波面可以表示为 ZERNIKE（圆域或环域）多项式的线性组合形式：

$$w(x,y,\varepsilon) = \sum_{j=1}^{L} a_j U(j,x,y,\varepsilon) \tag{9-25}$$

式中，$w(x,y,\varepsilon)$ 为连续波面函数；$U(j,x,y,\varepsilon)$ 为直角坐标系下的 j 项 ZERNIKE 多项式；L 为拟合总项数；a_j 为第 j 项 ZERNIKE 多项式系数。

设被拟合的波面由 N 个离散采样点组成 $S(x_i,y_i), i=1,2,3,\cdots,N$，其余波面函数拟合的最小二乘条件可表示为：

$$\Delta = \sum_{i=1}^{N} [a_j U(j,x_i,y_i,\varepsilon) - S(x_i,y_i)]^2 \to \min \tag{9-26}$$

上式写成矩阵形式为：

$$\boldsymbol{Ua} = \boldsymbol{S} \tag{9-27}$$

求解得到系数向量 $\boldsymbol{a}$ 后，将该向量输入光学分析软件的相应接口数据列表，即可进行光学系统的性能分析，求得在该试验工况下相机的成像质量和光学系统性能参数。

第10章 遥感器结构试验

10.1 概述

在空间光学遥感器研制的全生命周期中，需经历各种类型的环境载荷，包括振动、噪声、冲击、加速度等，这些载荷可能对遥感器及其组件造成结构变形或损坏，其引起的故障会影响飞行任务的完成，甚至导致整个任务失败[140]。因此，我们必须应用力学环境试验的方法对故障发生的可能进行预判并妥善处理，保证产品具有足够的可靠性。

遥感器结构试验的类型包括静力、尺寸稳定性、模态、正弦振动、噪声、随机振动、冲击等试验。

10.2 静力试验

一个结构是否开展静力试验需要根据实际研制情况决定。广义上静力试验对应于所有的静力分析工况，反射镜组件在重力环境中进行面形测试也可以认为是静力试验；通常意义上的狭义的静力试验，指的是通过专门的加载设备对结构施加静载荷或准静态载荷，试验中使用测试设备测试与结构工作性能相关的参数如应力、变形，从而评估结构的承载能力。

结构静力试验的目的在于：

(1) 获得结构整体的刚度和保持尺寸稳定性的能力。

（2）确定结构在一定静载荷作用下的应力分布和变形形态分布。

（3）确定结构的最大承载能力。

（4）从承力的角度评价结构承受静载荷时，传力路径的合理性。

（5）验证理论分析、有限元仿真及优化设计方法的可靠性，或由试验提出新的理论和计算方法。

（6）通过试验中产品的变形特性与理论分析的比较判断产品发生损伤的可能，暴露结构设计的薄弱环节，验证被试件工艺实施的效果。

进行结构静力试验，须先对被试件的状态进行确认，对试验工装和加载装置的状态以及与被试件的接口进行评估，然后根据静力试验大纲及细则的要求进行产品的安装并同测量位移、应变和载荷的仪器一起调试。静力试验示意如图10－1 所示。

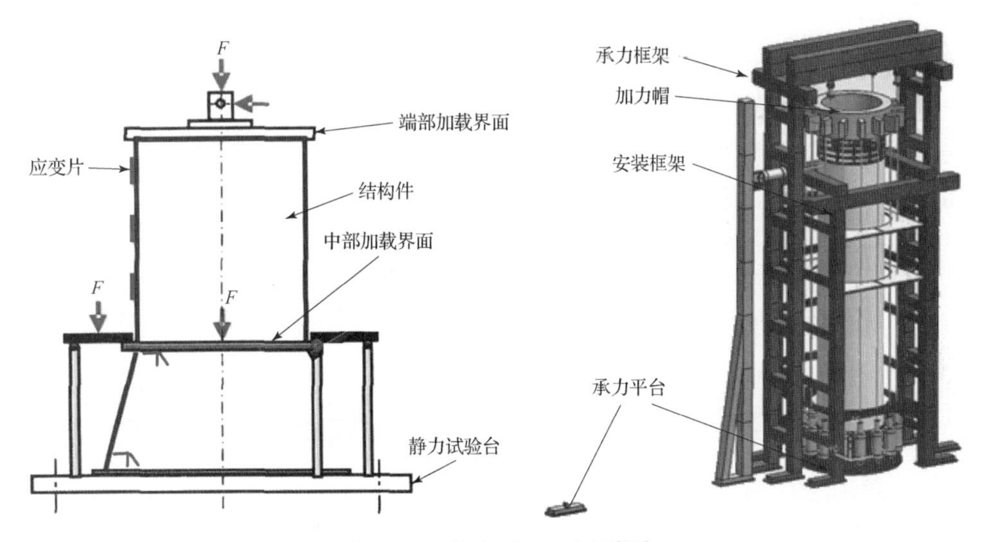

图 10－1　静力试验示意图[141]

调试完毕后，可按下述两步进行试验。

（1）预试验阶段。由于结构静力试验的安装环节较多，包括边界、工装以及产品连接等，在正式试验前一般均要进行必要的预试验，目的是消除上述装配实施过程的间隙等不确定因素，为之后试验测试数据的获取提供较为可靠的基础。预试验的实施按一定程序逐级缓慢地加一不大的载荷，对位移和应变测量点进行观察和监视，找出结构承力和变形的基本趋势，其成功的基本判据是所有测点在完全卸载后，基本可以回零，试验中关注被试件、支持系统、加载装置和测量设备的可靠性。预试验一般开展 2～3 次。

（2）正式试验阶段。常先取预计载荷的 5%～10% 为初始载荷，测量初始应力、应变和位移。在确定数据有效后，按一定的程序逐级、均匀、缓慢地加载，并逐次测量和记录各应变测量点、位移测量点和载荷测量点的数据。同时，参试人员需仔细观察试件结构状态，直至达到预定的载荷（如设计载荷、使用载荷等）或预定的试验状态。正式试验有时须反复多次。最后检验被试件，细察其残余变形和破坏情况，并对记录的位移、应变和载荷等数据做数据处理和误差分析，以得出科学的试验结论。

静力试验的关注点是：试验的载荷 - 应变曲线、载荷 - 位移曲线是否呈线性，卸载后应变和位移点是否回零正常。

10.3 稳定性试验

10.3.1 消应力试验

振动消除应力（Vibrating Stress Relief，VSR）又称振动时效，其目的是通过控制激振器的激振频率，使被试产品发生共振，从而让被试产品产生适当的交变运动，导致结构内部发生微观上的黏弹塑性力学特性变化，从而降低被试产品的局部峰值应力，并且达到均化被试产品残余应力场的目的，最终保证振动后被试产品的尺寸稳定精度。

振动时效的力学解释一般认为，被试件在受迫振动时，被施加了循环应力，结构的交变应力与残余应力存在叠加的现象。当应力增加的结果达到一定的数值后，在应力集中最严重的部位就会超过材料屈服极限而发生塑性变形，塑性变形降低了该处残余应力的峰值，并强化了材料基体。而后，振动又在另一些应力集中较严重的部位上产生同样作用，直至振动附加应力与残余应力叠加的代数和不能引起任何部位的塑性变形为止，此时，振动便不再产生消除和均化残余应力的作用[142,143]。

振动消除应力有三个要素：激振力、激振频率和振动时间。此三个参数均为动态参数，将随时间呈规律性变化。

1. 激振力

激振力选取的主要依据为：动应力与残余应力之和大于材料的屈服极限，且动应力小于疲劳极限。要使残余应力在宏观上得到降低，激振产生的动应力与残余应力之和必须大于材料的屈服极限。在被试件强度的允许条件下，激振动应力越大，残余应力消除的效果越好。在确定激振力大小之前，先估计被试件的残余应力值大小及应力较大的地方。当然，激振力不能过大，如果与残余应力相加大于屈服强度很多，会引起被试件结构大量变形，甚至引起被试件的局部破坏。另外，需考虑到受迫振动下被试件的疲劳损伤，在动应力的最大值小于被试件材料的疲劳极限时，其可以经历无限次循环而不破坏，因此动应力值不能超过材料的疲劳极限值。

2. 激振频率

振动时效的本质就是在共振状态下，可用最小的振动能量使物体产生最大的振动应力，所以在共振处施加激振载荷可以说是最经济的，使物体中残余应力消除得最多，获得尺寸稳定化效果最好。各种被试产品的共振频率不同，是由于产品的构型布局、结构材料、刚度等因素造成的。刚性及对称性好的工件固有频率高。一般来说，低阶振动噪声低，对设备要求也没高阶振动高。高阶频率振动，处理效果均匀，但高阶振动，对设备要求比低阶振动高，但处理时噪声较大。大量的试验表明，采用峰值较高、频率较低的共振峰进行时效处理效果最好。在低频振动时残余应力峰值下降最为明显，而在高频振动时比较均匀，在振动时效处理时可综合考虑上述因素来选择其一，可采用高低频振动时效相结合的方法。考虑到共振状态，振动不稳定，可能对激振设备或工件产生损伤，一般可选用被试件在偏离固有频率附近激振。在时效处理过程中，工件的共振频率会有所下降，所以，激振频率理论上不应是固定不变的，应随激振过程的进行而调整[144]。

3. 振动时间

通过振动消除结构的残余应力时，结构内部变形存在增减交变的现象，最后到稳定状态，这需要时间的积累，特别是在激振力较小的情况下，材料的塑性变形需要振动次数的积累。即使动应力较大时，结构内部的滑移变形、结构微观的位置变化抵消运动都需要一定的时间，但时间过长又会牺牲疲劳强度。因此，合理选择振动时间对振动时效的结果起着关键性的作用，可以通过对工件振幅以及间次的振动前后一致性监测来控制时间。此外，可以通过振幅的时域曲线来确定时间，被试件在一定的激振动应力和激振频率下振动一段时间后，振幅时域曲线会变平，说明应力已下降到较低的水平并趋向平衡。

10.3.2 真空放气试验

遥感器上的反射镜组件经常用到如室温硫化硅橡胶等胶黏剂作为连接材料，实现反射镜的低应力固定。在胶黏剂由液态转为固态的过程中，由于物相变化以及固化过程在整个胶黏剂斑块上的不同步，在胶黏剂斑块中产生了固化应力。在遥感器入轨后，胶黏剂在真空环境中会出现放气现象，使得内部应力状态发生变化，导致反射镜的受力条件随之改变，进而造成面形误差。对反射镜组件进行真空放气试验，提前促使胶黏剂环节的放气影响显露出来，并在试验过程中通过安排温度拉偏的载荷作用，能够有效地释放固化应力，在装调阶段减小面形误差来源。

遥感器上经常使用环氧树脂或氰酸酯等树脂基复合材料制作承力结构。由于树脂材料的吸湿特性，在地面环境中复合材料结构零件会出现湿涨现象，即由于吸收水汽而导致的尺寸增大。对遥感器上的复合材料构件进行真空放气试验，使结构恢复到接近于在轨真空环境的尺寸状态，在这一状态下对遥感器进行检测和标定，能够保证遥感器性能的天地一致性。需要指出的是，如没有采取构件表面防水涂层等措施，在真空放气试验后，复合材料构件会重新吸收空气中的水汽直至饱和，这在遥感器结构件的研制过程中需采取防护措施。

10.4 模态试验

10.4.1 试验目的

空间光学遥感器模态测试的目的有以下几个方面：

(1) 确定空间遥感器结构传递特性，包括模态频率、模态振型、模态阻尼比等模态参数。

(2) 检查空间遥感器结构动态特性是否符合设计要求，发现其结构设计薄弱环节，为结构修改提供依据。

(3) 为空间遥感器数学模型的验证和修改、响应预示、振动控制、稳定性分析以及遥感器与卫星的动力学耦合分析提供依据。

10.4.2　试验流程

空间光学遥感器进行模态试验的一般流程如图 10－2 所示。

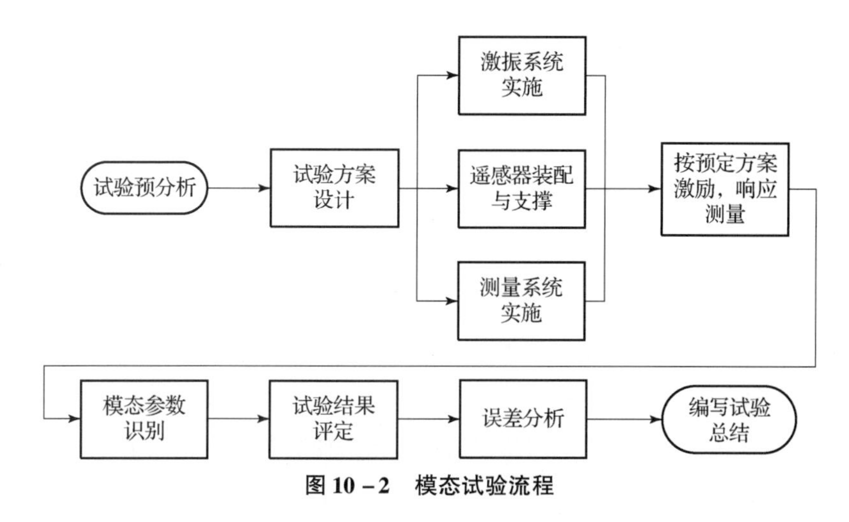

图 10－2　模态试验流程

模态试验的分析过程是理论模态分析的逆过程。首先，模态试验测得激励和响应的时间历程，运用数字信号处理技术求得频响函数或脉冲响应函数，得到系统的非参数模型；然后，通过参数识别得到系统模态参数；最后，根据需要分析出系统的物理参数。

10.4.3　试验实施要点

设计合理的模态试验方案应当根据试验目的和要求，结合试验条件和以下试验要点形成。

(1) 被试件安装固定的方式。模态试验的边界条件一般分为固定边界、弹性边界和柔性悬吊边界。

固定边界，即通过试验工装将试验件固定到基础上，一般要求工装基频达到试验件基频的 3～5 倍；

柔性悬挂边界，即近似模拟自由状态，悬挂系统固有频率不应超过试验件基频的0.2倍，悬挂位置要选择试验件结构刚度较大处，悬挂方向应方便激励的加载和起振。悬挂的方向应尽量与结构主振方向垂直，被试产品在悬吊时需保持稳定，悬吊点尽量布置在质心上方。安装在被试产品上的附加连接件，不应超过被试产品总质量的2%。

（2）试验激励方式的选择。模态试验按激励点可分为单点激励和多点激励。按激励信号分，不同的激励方式会产生不同形式的激励信号，如扫描正弦信号、步进正弦信号、猝发随机信号、猝发快扫信号、冲击信号、周期随机信号等，分别具有不同适用性。常用的力锤加载产生的冲击激励，特别适用于线性低噪声系统。空间遥感器一般采用单点激励方式，当产品质量超过800 kg时需考虑多点激励方法。对于激励信号的选择，可根据产品结构的力学特性、试验频带和设备条件等确定。单点激励下只要激励点不在模态节点上，可以获得结构的全部模态信息。各种激励方法的结构频响计算公式可参照GJB 2706A。

（3）试验信号和数据的处理方法。信号处理方法主要运用开窗、幅频变换、统计处理等数学工具和滤波器，将采集信号中的关键有用信息筛选出来，为模态识别做好准备。模态参数识别的难点之一是模态阶数的确定，对此应通过频响函数的幅频特性、计算模态指示函数、奇异值分解等方法及相互比较综合确定。信号和数据的处理通常都集成在数据采集与处理系统中，并配套有相应的专用软件。

（4）激励点和响应点的选择布置。激励点的选择可以根据仿真分析结果、安装和加载便利性、人员经验等确定。由于结构在不同位置上的输入阻抗不同，相同的激励信号可能产生不同激振力，对试验结果构成影响。使用力锤施加冲击信号时，激励点的选择应使激振能量能够传递到整个结构上。需要获取多个方向模态时要考虑在各方向上安装多个激振器。响应测点取决于关心的频率范围和模态数目、试件上关心部位等，以此确定测点数量和位置。一般来说，响应点应较均匀地分布在试件的主体结构上，对于关心的局部模态可以在相应局部考虑多布置响应点。

（5）试验结果有效性评估。试验有效性是试验数据价值的基础。为了保证试验结果有效，试验方案中应当安排不同的激励方法和不同的参数识别算法进行互验。常用的有效性评定方法有 4 种。第一种是互易性检验。一般假设试件结构遵从 Maxwell 互易性原理，输出点 i 对输入点 j 的响应等于输入点 j 对输出点 i 的响应。例如力锤加载法可以通过多点敲击单点测量来验证是否符合互易性原理。第二种是相干性检查。在采用单点随机激励时，计算激励信号和响应信号的相干函数，取值区间是（0，1），一般应大于 0.8。第三种是模态特性相关性检验，即比较固有频率和振型与预示分析的频率、振型的差异，看看是否差异非常大甚至违背常理。第四种是重复试验、多次测量，排除偶发事件的影响。

10.5　环境模拟试验

10.5.1　试验状态建立

10.5.1.1　振动台选择

遥感器各类力学环境试验，一般通过振动试验台实施。振动试验台的选用应考虑下列因素：

（1）频率范围应满足试验条件的上、下限频率要求。

（2）需用推力 F_T 为：

$$F_T = ma \leqslant F_0 \tag{10-1}$$

式中：F_T——试验需用推力（N）；

m——试件、夹具、振动台台面、动框组成的运动系统总有效质量（kg）；

a——试验规范给定的最大加速度（m/s^2）；

F_0——振动台的额定推力（N）。

（3）根据试验条件计算出的最大位移应小于振动台的最大额定位移，即

$$D = \frac{250a}{f^2} \leqslant D_{max} \tag{10-2}$$

式中：D——计算出的最大位移（mm）；

f——与加速度对应的频率（Hz）；

D_{max}——电动振动台给定的最大位移（mm）。

10.5.1.2 试验夹具设计

工装夹具是动力学环境试验的传力部件，它把载荷传递给试件，使试件在规定的试验量级下得到考验。工装夹具性能的好坏直接影响到试验的真实程度和可靠程度，然而这一点往往被人所忽略。例如，在试验前，随便拼凑一个夹具，对它的性能所知甚少，结果由于夹具结构或材料选择不当，产生诸多工装与产品耦合的非真实的力学特性，严重的使产品承受不应有的过大载荷而损坏。因此，合理设计工装夹具非常重要。工装夹具设计应遵循以下几个原则：

（1）要求其频响曲线平坦，工装夹具的一阶固有频率一般至少要高于试件一阶固有频率的 3～5 倍，以避免试件和夹具的耦合振动。

（2）工装的结构对称性好，连接面上各点响应要一致，以确保载荷输入的均匀性。

（3）夹具的高度应小于试验频率上限波长的 1/4。$\left(\text{波长 } \lambda = \frac{v}{f} = \frac{1}{f_{\max}}\sqrt{\frac{E}{\rho}}\text{，其中 } v \text{ 为夹具所用材料的声速，} f_{\max} \text{ 为上限频率，} E \text{ 为弹性模量，} \rho \text{ 为材料密度}\right)$

（4）由于工装的结构特点而产生的横向载荷应尽量小。

（5）在振动台推力允许时，工装质量最好是被试件的 2～4 倍，以减少试件对振动台的反共振。

（6）工装制作完成后，应对其进行试验鉴定，检验其动特性是否符合上述要求。

试验夹具的设计[145]过程实际上是一个试验方案优化设计的过程。若用理想的振动台、夹具和受试产品，则从台面到受试产品各个连接点的运动都应该是一致的。但在工程应用中无法达到理想状态，一般产品做刚体运动时都会产生非主振方向的平移和摇摆，此外，局部的动变形也会影响连接点运动，因此，在几个连接上的运动振幅和相位并不相同。振动工装设计的关键是在保证连接可靠的前提下如何提高传递精度，将台面振动传递到产品时的失真程度降到最小。

工装夹具对试验准确性影响的理论分析也可应用振动理论做简单的分析。将安装被试件的夹具固定在振动台面上，则试件和夹具与振动台的活动系统构成二自由度的振动系统。若忽略阻尼，其力学模型图可简化为图 10－3 所示。

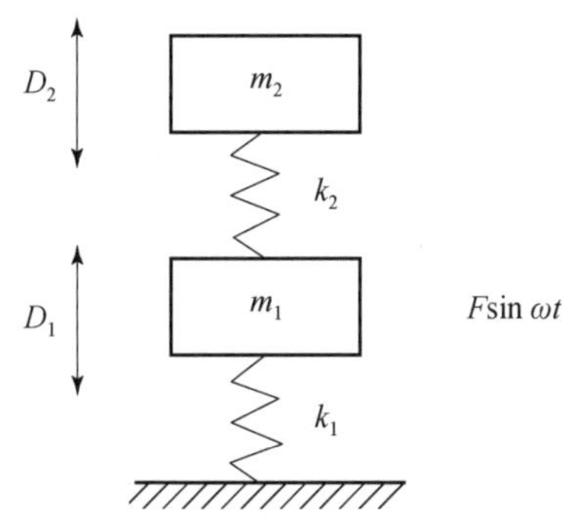

图 10－3　二自由度振动系统力学模型

图中，m_1 为振动台活动系统的质量；

m_2 为试件与夹具的质量；

k_1 为振动台活动系统刚度；

k_2 为夹具与连接件刚度；

D_1 为振动台台面的位移振幅；

D_2 为试件的位移振幅；

$F\sin\omega t$ 为振动台的激振力；

$\omega = 2\pi f$ 为振动台的振动角频率。

对于上述二自由度振动系统，D_1 与 D_2 的关系为：

$$\lambda = \frac{D_1}{D_2} = \frac{1}{1 - \left(\frac{f}{f_0}\right)^2} \tag{10-3}$$

式中，λ 为夹具的传递系数；f_0 为由 m_2、k_2 组成的振动系统的固有频率。

10.5.2　振动试验

振动试验包括正弦振动试验和随机振动试验。该试验是遥感器研制的关键环节之一，合理地制定振动试验条件，避免“过”和“欠”试验对遥感的研制非常重要。对于含有光学元件的遥感器产品，研制过程中因为振动试验出现精度问题，引起归零，是常有的现象。

目前，遥感器的研制还存在不同程度的过试验现象，增加了遥感器的重量和研制成本。

10.5.2.1 试验目的

（1）在方案研制阶段，通过试验检验遥感器结构对振动条件的适应性，得到该设计方案的结构的响应特性，验证和修正仿真分析模型，为初样设计提供基础和改进思路，为各部位的组件级振动试验条件的制定提供依据。

（2）在初样研制阶段，通过试验考核遥感器结构承受鉴定级正弦振动的能力，验证初样产品设计合理性，为设计修改和正样研制提供依据，为正样产品验收试验提供参考。另外，通过试验数据能够确定或修正组件级振动试验的条件。

（3）在正样研制阶段，通过试验验证产品是否能够通过正样产品验收级振动条件并保持性能，暴露出在加工、装配等制造过程中可能发生的质量问题。

典型试验条件如图 10－4 所示。

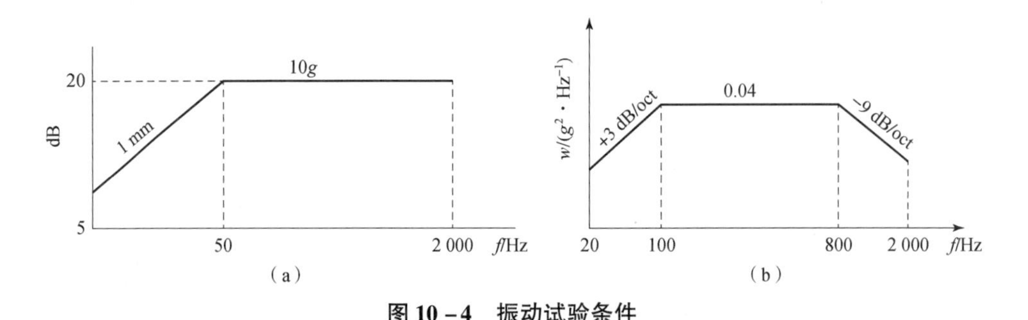

图 10－4 振动试验条件

（a）正弦扫描振动试验；（b）随机振动试验条件

10.5.2.2 试验边界

振动试验时，试验产品通过振动工装与振动台台面连接。振动工装的性能关系到激励传递特性，直接影响到振动试验的实际量级。要求振动工装尽可能做到：基频高于试验的上限频率或至少不低于试验产品基频的 3～5 倍，工装与试验产品的连接状态模拟试验产品的实际连接，连接面各处的响应特性一致，非主振方向的振动小。

10.5.2.3 试验条件

正弦振动试验时，试验件受到的激励是振动频率按照扫描速率随时间变化的正弦振动，理论上在试验过程中的任意时刻，激励的频率是唯一的。随机振动试验的激励是一个服从给定功率谱密度曲线的稳态随机振动信号，试验过程中的任意时刻，激励的频率都是综合的、符合给定曲线的，试验量级的实际值是按照一定的统计正态分布随机变化的。

振动试验的振动量级分为预振级、特征级、验收级、鉴定级和准鉴定级。预振级和特征级在整个试验频段上为恒定加速度，预振级的目的是检查测试振动系统、测量系统、工装等的情况。通常正弦振动试验中的预振级为 0.05g，特征级为 0.1g；随机振动试验中的特征级为 0.5g（RMS）。在一些大型遥感器的振动试验中，由于响应放大倍数很高，预振级和特征级量级可能更小。验收级条件根据发射段力学环境制定，鉴定级条件是验收级条件的 1.5 倍，准鉴定级条件则为鉴定级同量级或验收级的 1.25 倍，但扫描速率按照 4 oct/min。对应不同阶段的试验，通常采用不同的试验条件。方案阶段和初样阶段的试验包括对设计进行鉴定的目的，多按照鉴定级条件进行；正样阶段的试验目的是验证产品，采用验收级条件即可。

1. 正弦试验条件

航天产品的正弦振动试验的加载一般通过频域的方式进行，分为线性扫描和对数扫描两类。

线性扫描，即单位时间扫过多少赫兹，单位是 Hz/s 或 Hz/min。

$$S_1 = \frac{f_H - f_L}{V_1} \tag{10-4}$$

式中：S_1——扫描时间（s 或 min）；

$f_H - f_L$——扫描宽带，其中 f_H 为上限频率，f_L 为下限频率（Hz）；

V_1——扫描速率（Hz/min 或 Hz/s）。

对数扫描，频率变化按对数变化，扫描率可以是 oct/min，对数扫描的意思是相同的时间扫过的频率倍频程数是相同的。倍频程的计算公式如下：

$$n = \frac{\lg \frac{f_H}{f_L}}{\lg 2} \tag{10-5}$$

式中，n 为倍频程（oct）。则扫描速率及时间可计算为：

$$\begin{cases} R = \dfrac{\lg \frac{f_H}{f_L} / \lg 2}{T} \\ T = n/R \end{cases} \tag{10-6}$$

式中：R——扫描速率（oct/min 或 oct/s）；

T——扫描时间（min 或 s）。

2. 随机试验条件

在随机振动试验标准中常给出加速度功率谱密度随频率变化曲线（见图 10－5），并以此为参考谱形进行随机振动控制试验。加速度功率密度谱 PSD 表示随机信号通过中心频率的均方值，并无实际现实意义。总的加速度均方值表示总振级，即总能量。

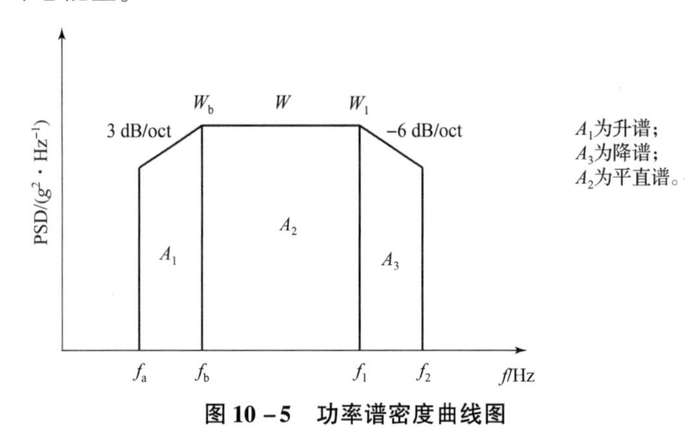

图 10－5 功率谱密度曲线图

随机振动加速度总均方根值的计算，利用升谱和降谱以及平直谱计算，其中：

平直谱计算公式为

$$A_2 = W \cdot \Delta f = W \times (f_1 - f_b) \tag{10-7}$$

升谱计算公式为

$$A_1 = \int_{f_a}^{f_b} w(f)\mathrm{d}f = \frac{w_b f_b}{m+1}\left[1 - \left(\frac{f_a}{f_b}\right)^{m+1}\right] \tag{10-8}$$

降谱计算公式为

$$A_3 = \int_{f_1}^{f_2} w(f)\mathrm{d}f = \frac{w_1 f_1}{m-1}\left[1 - \left(\frac{f_1}{f_2}\right)^{m-1}\right] \tag{10-9}$$

式中，$m = N/3$，N 为谱线的斜率（dB/oct）；$w(f)$ 为加速度功率谱密度。

加速度总均方根值为

$$g_{\text{mis}} = \sqrt{A_1 + A_2 + A_3} \tag{10-10}$$

加速度功率谱密度斜率（dB/oct），按如下公式计算：

$$N = 10 \cdot \lg \frac{w_H}{w_L} / n \tag{10-11}$$

式中：$n = \lg \frac{f_H}{f_L} / \lg 2$——倍频程（oct）；

w_H——频率 f_H 处的加速度功率谱密度值（g^2/Hz）；

w_L——频率 f_L 处的加速度功率谱密度值（g^2/Hz）；

N——斜率（dB/oct）。

振动试验一般需做 X、Y、Z 三个方向，先后顺序可结合预示分析结果、振动台当前状态等确定。每个方向的试验中，可按照如下顺序进行：

预振级→第一次特征级→验收级→第二次特征级→鉴定级→第三次特征级。

低量级（预振级和特征级）试验用于测定结构的模态特性和动态响应特性，可按照线性关系粗略预估试验产品在高量级（验收级和鉴定级）试验时的响应量级，判断是否会发生超过结构可承受的设计上限的情况。如果超出限幅要求，就需要根据低量级试验数据进行高量级试验的下凹条件制定。对高量级试验前后的相同低量级试验结果进行对比，可以有效判断试验产品的状态是否发生变化。通常情况下，如果试验产品的基频出现显著的下降，说明可能发生了损坏[135]。

10.5.2.4　试验控制

试验控制多采用多点平均控制和限幅控制。平均控制就是在试验产品和工装的连接面均布多个控制点，按照所有控制点的平均输入进行控制。限幅控制是当试验产品的某处结构有一定的加速度承载上限而振动试验过程中很可能超过该上限的情况下需要采取的控制方式，通过对试验产品相应位置的响应加速度量级进行限幅，形成反馈控制来保证不发生过试验。

1. 下凹控制

载荷产品振动试验条件由平台给出，试验条件的制定往往参照星箭耦合分析的振动环境预示或实测加速度谱，采取直线包络的形式给出。这种试验条件没有反映星箭振动耦合时卫星对运载、载荷对卫星的反共振，也就是在共振频段载荷的机械阻抗相对卫星的机械阻抗是不可忽略的。然而在实际工程中，由于振动台相对是个刚体，在试验时同样的频段遥感器的机械阻抗相对于振动台的机械阻抗是很小的，此时采用直线包络给出的试验条件必然导致航天器在这些频段的过试验。所以需对试验条件进行修正，在这些频段将试验条件谱加速度值下凹，称为下凹控制，假设初始试验条件谱为 $A(f)$，修正系数为 $C(f)$，修正后为 $A'(f)$[146]，如图 10-6 所示，则有

$$A'(f) = C(f)A(f) \tag{10-12}$$

$$C(f) = \frac{1}{1 + \Omega_1/\Omega_2} \tag{10-13}$$

式中：Ω_1——遥感器结构在载荷平台对接面上的机械阻抗；

Ω_2——卫星在星箭对接面上的机械阻抗。

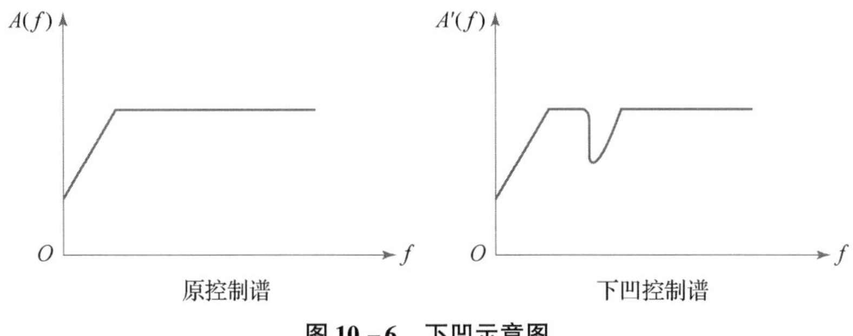

图 10-6 下凹示意图

（1）用单频振动试验进行产品动力学标定。

为确定下凹量级，需确定加速度响应控制点与应变之间的关系，在产品振动试验前需进行动力学标定。动力学标定的方法为单频振动，单频振动频率横向激励和纵向激励一般取产品基频的 1/5。量级一般为 0.1g、0.2g、0.3g。

（2）正弦振动试验下凹控制准则。

①主体结构的受力不大于准静态载荷的设计值。

②振动量级不小于星箭耦合分析或整星力学分析的量级（考虑 1.25 倍或 1.5 倍安全余量）。

③关键单机的输入在整机试验中不超过单机试验的试验条件。

（3）下凹控制量级在特征级试验后，分不同的试验实施方向进行验收级、鉴定级响应量级的计算，确定具体的下凹频段、带宽及量级。

2. 响应限幅控制

加速度响应控制需要依靠建立有限元模型来分析计算响应预示值，建模精确度及仿真边界的模拟会影响仿真分析的准确性，特别在高频部分。加速度响应控

制有两种控制方法：一种是控制关键部位的加速度响应不超过预示值，使重要的部组件（如光学组件等）不经受过试验，这是目前防止过试验采用的主要方法之一；另一种是限制试验件质心加速度响应使试验件受力不超过预示值。质心加速度响应控制虽然比较理想，但通常质心处的加速度难以测量或无法测量，因为有时质心处不可达或无法安装加速度计。

有时为了保证遥感器某些关键部位振动时响应不要超过临界值，造成产品损坏，除了对接面主控点进行加速度控制外，在这些关键的部位也预先设定加速度传感器，一旦发现响应值上升增大并将超出预先设定的临界值时，控制输出信号会优先减小，原有的控制点振动值也减小，以确保该部位响应不超过预限值。此时控制谱出现的类似主动下凹情况，称为响应控制或限幅，如图 10－7 所示。

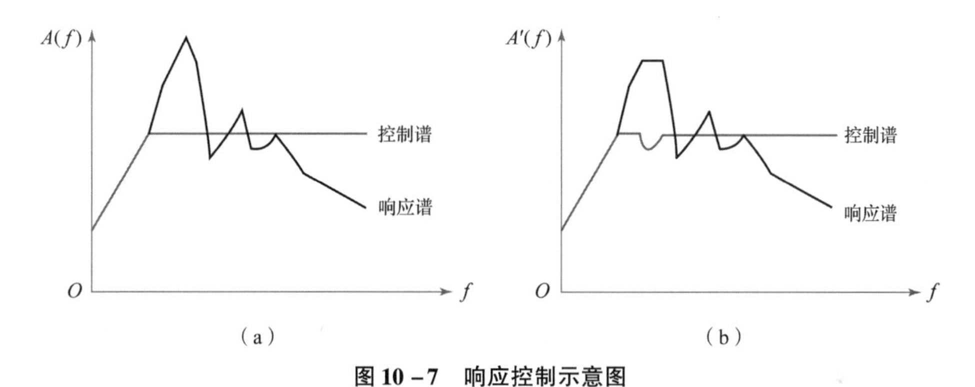

（a）　　　（b）

图 10－7　响应控制示意图

（a）未采用响应控制；（b）采用响应控制

10.5.2.5　试验结果评价

试验结果的评价一般包括：

（1）试验获得的遥感器基频是否满足总体要求，满足运载火箭要求。

（2）试验获得的遥感器结构关心位置的响应量级如何，是否在结构承受范围内。

（3）高量级试验前后的特征级扫频是否发生了显著的频率漂移，如果发生了需识别原因是否为结构损伤。

（4）对于遥感器整机或反射镜组件，振动试验后还应安排面形测试和位置精测，评估振动试验是否造成了超过允差的面形误差或装配位置误差；对于电单机，应检测试验后的电性能是否合格。

10.5.3 冲击试验

空间光学遥感器冲击试验的目的是验证光学遥感器承受某种（火工解锁）冲击环境并能正常工作的能力。航天器与运载之间的连接包带爆炸解锁、航天器本身携带的火工品爆炸解锁或者空间光学遥感器自带的火工解锁装置会给遥感器带来较为严酷的冲击环境，冲击载荷一般表现为短时瞬态、高频和高量级的特点，可对含有敏感器件（如继电器、晶振、微电子芯片等）以及含有脆性材料的光学元件组件造成损伤，因此遥感器发射前，需要对遥感器能否承受冲击载荷进行充分的分析和评估。

国军标规定了两种冲击波形，半正弦波和后峰锯齿波。空间光学遥感器冲击试验的典型冲击波谱模拟设备是电动振动台与落下式冲击试验机。

1. 落下式或摆锤式冲击试验

该方法在早期的遥感器冲击试验中常用，使用方便，试验费用低廉，重复性也较好。但由于它的试验波形单一且不规范、控制调整困难、重现性差等固有问题，经常导致试验不应有的损坏。在没有更适合的试验设备，或者允许试验有较大的保守性时，仍可以使用该方法。

试验时，摆锤式试验机的起吊臂牵引摆锤上升到预定位置，释放后摆锤自由落下，锤头击打安装试验件的水平台面。平台受到摆锤冲击，反复撞击试验台基座上的弹性缓冲器，从而产生衰减的复杂振荡冲击波形。摆锤式冲击试验示意图如图 10-8 所示。

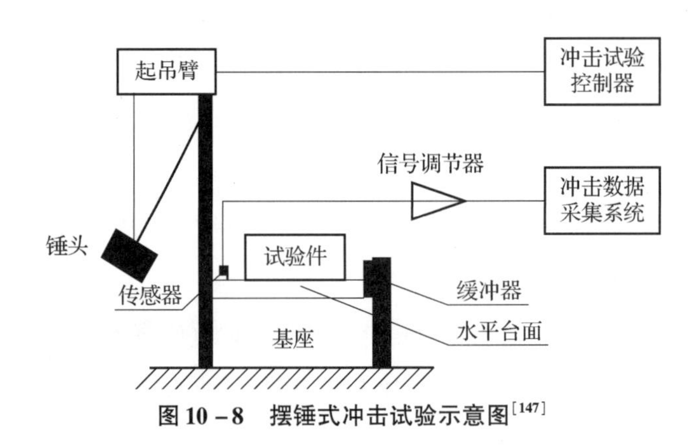

图 10-8 摆锤式冲击试验示意图[147]

2. 振动台冲击试验

利用振动台系统进行冲击谱的模拟已经成为当前冲击试验的主要方法。其控制精度高、调试简单。振动台的最大冲击激振力，一般以额定随机/正弦激振力的 2 倍计，因此振动台产生的冲击加速度幅值有一定的限制，而且振动台一般采取刚性夹具工装，不能模拟真实的边界条件，容易产生较大的过试验现象，这点需要在工程实践中进行关注。振动台加载的典型冲击时域谱如图 10－9 所示。

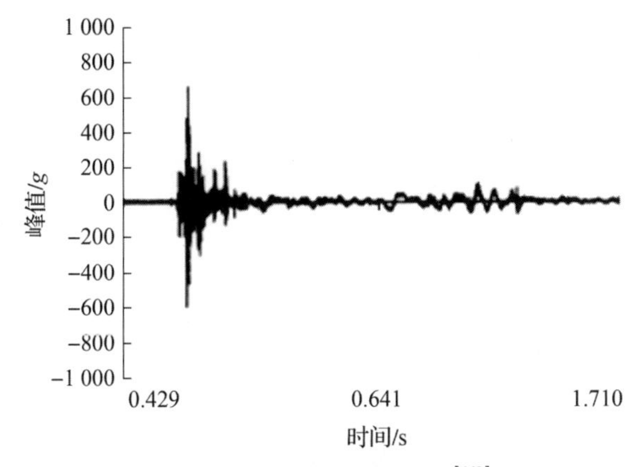

图 10－9　典型冲击时域谱[148]

当采用电动振动台实施冲击试验时，瞬态推力估算公式如下：

$$A_{\max \cdot t} = \alpha \frac{F}{M} \tag{10-14}$$

式中：$A_{\max \cdot t}$——瞬态加速度峰值；

F——振动台额定推力；

M——运动部件质量和；

α——大于 1 的系数。$\alpha = 10$，对高频冲击；$\alpha = 2$，对低频冲击。

3. 用火工装置进行模拟

直接使用冲击载荷的来源即火工装置来产生冲击环境，模拟效果会更好。目前火工品冲击试验多在整机级或者整星级试验中进行，能够建立更加真实的边界条件和结构传递特性，冲击响应的结果更有效。这种方法的缺点在于需要考虑费用和安全性。

10.5.3.1　试验流程

空间光学遥感器冲击试验的试验步骤按下列顺序进行。

（1）对遥感器外观及功能进行检测（试验前对 MTF 及基准镜的位置进行标定）。

（2）安装模拟件或质量模拟块并粘贴控制传感器。

（3）试验设备预调及设计冲击试验参数。试验前应对设备进行预调，保证试验满足规定的试验条件及其允许偏差。预调时一般选用结构特性相似的模拟件或质量模拟块，其质量及与冲击平台或振动台台面的质心相对位置应尽量与遥感器一致。

（4）连续冲击两次得出的控制曲线满足试验条件和允许偏差要求，并确定试验参数。

（5）将模拟件或质量模拟块更换为遥感器，并进行安装。

（6）按试验大纲进行冲击试验并按 Q/W 1088.3 的要求进行相应测量机数据处理。

（7）判断试验数据的有效性。

（8）换方向重复（2）~（7）的试验步骤。

（9）对遥感器外观及功能进行复检。做出遥感器是否通过本次冲击试验考核的判断。

10.5.3.2 试验边界

试件通过夹具装在试验设备上，夹具应尽量轻而有足够的刚度和阻尼。为使试验件在试验频率范围内有较均匀的传递特性，对夹具的动特性进行测试是必要的。经验表明，在振动台上通过刚性夹具对试验件进行冲击试验时，在其内部产生的响应比在实际卫星结构状态时高许多倍，这导致了试验件不真实的破坏。为了尽量模拟实际的结构状态，应考虑试验件边界条件和阻尼的匹配。

10.5.4 噪声试验

航天器的声振环境主要在其发射、上升和返回过程中产生。在这个过程中，空间光学遥感器需要随卫星承受通过整流罩内声场传递的声载荷。声环境激励下的环境效应相当复杂，包括声疲劳寿命、性能失效和工艺故障等，难以用理论分析的方法预估，因此开展遥感器的噪声环境试验是遥感器研制过程中的重要环节。

10.5.4.1　试验目的

噪声试验的目的是检验空间光学遥感器经受声环境的能力。遥感器噪声试验在混响室中进行，由混响室噪声源产生激励，引起与飞行条件近似的结构振动，有效重现结构振动响应，以达到声环境的模拟要求。作为工程试验问题，噪声试验不需要模拟真实的声场特性，而是寻求产生相似振动响应的等效声场。

10.5.4.2　噪声试验与随机振动试验的互替性评价

噪声试验包括声功能试验、声疲劳试验。与随机振动试验相比，噪声试验的特点如下：

（1）噪声模拟环境的声压级谱与声源特性和实验室空间的声学效应有关，还与试验件的声阻抗特性有关。

（2）高声强声波传播时，声场呈现明显的非线性效应，导致输入谱与试验声空间的声谱非线性传递有关。

（3）声环境谱的频带一般为 20～10 000 Hz，比随机振动试验频带宽。

（4）声模拟环境试验对试验件为全向激励，较之单轴或多轴振动台随机振动激励，更接近真实的环境特点。

对某些产品，可以用随机振动试验代替噪声试验。由于加载方式的特点和条件制定的习惯，随机振动试验往往更加苛刻，对结构的考核更保守。但严格地讲，噪声环境的激励状态、频带和谱形并不能完全由随机振动环境模拟，环境效应也有差别。一般规定：当总声压级超过 135 dB，而且对声敏感的试验件（表面积质量比大、低阻尼的试验件，如遮阳帆板、大型薄壁遮光罩），必须进行声环境试验。

10.5.4.3　试验边界

噪声试验中，试验件应安装在混响室的中心位置，试验件的主表面应尽可能避免与混响室墙壁平行，一般选择呈 45°。试验件应采用弹性支撑或悬挂，以达到约束边界的基频小于 25 Hz 或最低试验频率的 1/4。当试验件质心过高或存在不稳定因素时，应对其采取保护措施。

10.5.4.4　试验条件

噪声试验的量级也分为特征级、验收级、鉴定级。试验条件以试验中各频段的声压级和持续时间来描述。声压级是待测声压与参考声压比值的 20 倍对数，单位为 dB（分贝）。声压级的度量方式更符合人的耳朵对声振动的主观“响度感觉”。

由于噪声激励是通过混响室加载到试验件的，混响室的声特性对于试验条件也很重要。理想条件的噪声试验应在理想的混响声场中进行。但混响室受到封闭空间、形状、规模、设备能力等限制，实际上提供的是不均匀的驻波振荡声场。一般认为，试验件的体积小于混响室体积的 1/10 以下，而且试验件离混响室墙壁的距离大于最低试验频率所对应波长的 1/2 时，可以接受边界效应的影响。对于试验真实性和有效性非常关注的大型试验件，正式试验前，可使用模拟件进行预调试验。

噪声试验不分方向，按照如下顺序进行：

第一次特征级→验收级→第二次特征级→鉴定级→第三次特征级。

为避免过试验，特征级试验通常在采集到有效数据后即停止。

试验控制传声器数量一般为 4 个或根据需要可有更多个，声谱以 1/3 倍频程带宽分辨率进行控制，控制传声器在每个滤波器带宽中进行实时平均控制，如果不能实时平均，应进行声压级测量并确定用合适的传声器作为控制点。试验控制传声器一般应放在遥感器表面与最近的声室墙壁之间距离的 1/2 处，但距试验件表面和声室墙壁均小于 0. 5 m。

试验声压级允许偏差：31. 5 ~ 40 Hz， ±5. 0 dB；50 ~ 2 000 Hz， ±3. 0 dB；2 500 ~ 10 000 Hz， ±5. 0 dB；总声压级， ±1. 5 dB。

某空间光学遥感器声试验典型条件如图 10 - 10 所示。

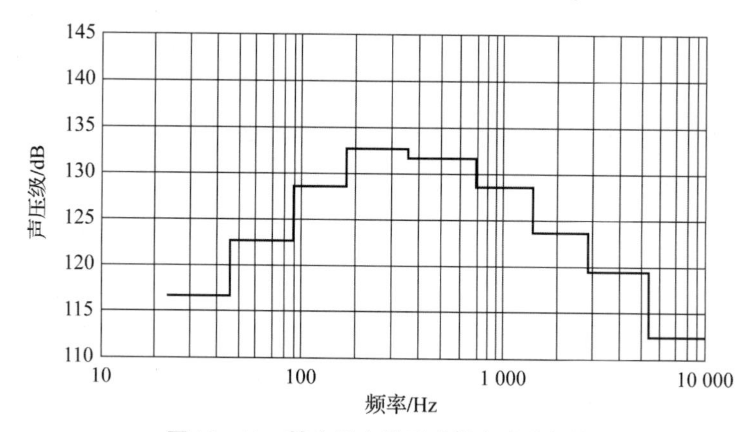

图 10 - 10　某空间光学遥感器声试验条件

10.5.4.5　试验控制和测量

目前声试验的控制方式多采用闭环计算机控制。考虑声场的不均匀性，通常采用多个控制点进行声场平均控制。一般测量用的传声器围绕试验件四周进行布置，对于尺寸较大的试验件，可在较长的尺寸方向的 1/4、3/4 处布置两组传声器。传声器距离试验件应大于最低试验频率所对应波长的 1/2 或试验件到墙壁距离的一半。

10.5.4.6　试验流程

空间光学遥感器噪声试验按如下步骤进行：

（1）对遥感器外观及功能进行检测（试验前对 MTF 及基准镜的位置进行标定）。

（2）按遥感器尺寸和技术要求选择试验设备及仪器，确定试验方案。

（3）试验设备预调及设计冲击试验参数。

试验前在混响室空室状态下按试验条件进行预调。预调时，声传感器数目、安装位置、声谱形状等应与正式试验时相同。根据遥感器声特性，总声压级可比试验条件提高 1～3 dB。

（4）安装空间光学遥感器至支架车（工装）。

（5）对声控制点通道进行导通检查和灵敏度校准，对响应测量点进行导通检查。

（6）设置试验参数开始试验。

为使声场控制稳定，试验时应逐级加载。一般从比试验总声压级低 6 dB 的量级开始，逐级加载到试验条件要求的量级。

（7）按试验大纲进行声试验，并按 Q/W 1088.1 的规定进行相应测量及数据处理。

（8）判断试验数据的有效性。

（9）对遥感器外观及功能进行复检。做出遥感器是否通过本次声试验考核的判断。

10.5.4.7　试验结果评价

噪声试验通过对以下方面的评估，判断试验件是否安全顺利通过试验。

（1）试验后对试验件外观进行检查，重点关注大面积薄壁结构、紧固件等，以及对试验件进行功能性能测试。

（2）对试验获取数据的判读，包括高量级试验前后的两次特征级试验的响应数据是否吻合，特征级、验收级、鉴定级3个量级试验的响应数据是否具有与输入条件相同的比例关系。

10.6 遥感器振动试验中的典型情况及处理

10.6.1 复合材料结构频率漂移

特征级结构响应曲线对比法是传统的航天产品振动试验中结构评价技术，通过对比分析全量级振动试验前后特征级试验响应曲线，获得产品的传递特性、共振频率和各阶幅值放大系数等结构特性，识别结构在振动试验过程中可能发生的故障。在振动中，频率漂移量是指结构进行振动试验后共振频率的变化量与结构进行振动试验前共振频率的比值，通常频率漂移量在3%～5%范围内即认为结构满足刚度和强度要求。具体来说，典型的不一致现象包括三种，即共振峰漂移、共振峰数量变化、共振峰幅值变化。

1. 共振峰漂移

结构振动响应曲线出现共振峰漂移（亦称频率漂移），特别是基频主峰漂移，表示结构的固有频率发生了不可逆变化，是振动试验中最常出现也是设计者最关心的现象。典型的有两类，一是随振动量级逐步增大固有频率连续降低的现象，二是给定量级的振动试验前后检测到的基频不一致现象，如图10－11所示。

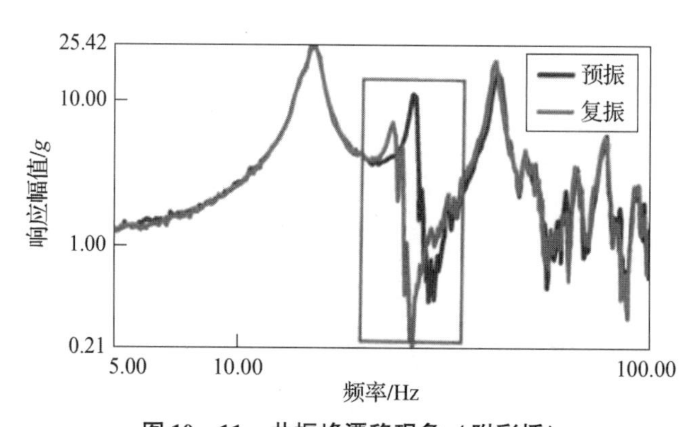

图10－11 共振峰漂移现象（附彩插）

2. 共振峰数量变化

共振峰数量变化是指共振峰数量的增加或减少，常见的有双峰变单峰、共振峰消失等，即结构固有频率的增加或减少。该现象多发生在局部结构的振动响应中，意味着局部结构发生了不可逆变化。意大利 AIT 实验室对大面积伽马射线天文望远镜（GLAST 望远镜）在正样随机试验中对比不同振动量级响应曲线，发现加速度响应共振峰频率点向低频漂移，且在基频主峰处出现明显扩散现象，如图 10－12 所示。

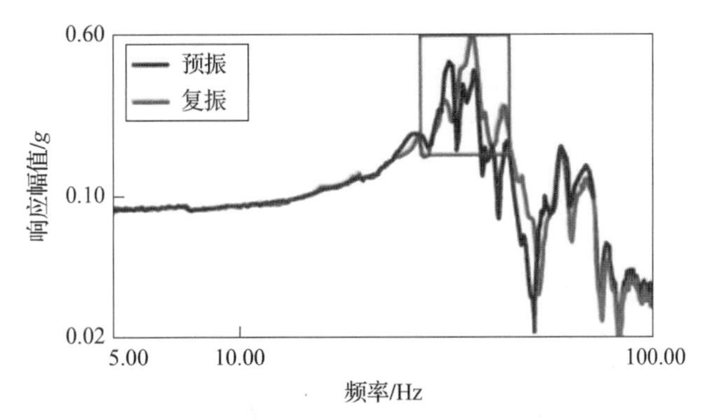

图 10－12　试验前后响应双峰变单峰现象（附彩插）

3. 共振峰幅值变化

经过大振动量级振动试验后，复振响应曲线共振峰幅值常发生变化（增大或减小），且往往伴随着其他预复振不一致现象，如共振峰漂移和共振峰数量变化，如图 10－13 所示。这种变化意味着结构阻尼特性发生改变，从而影响结构共振响应幅值。

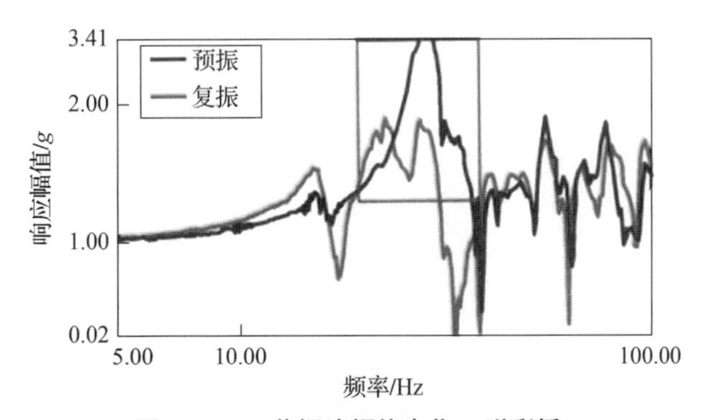

图 10－13　共振峰幅值变化（附彩插）

频率漂移的问题分析起来比较复杂，但是对于遥感器这类复杂结构而言又不可避免。在试验过程中存在结构系统装配状态的改变、应力释放、材料本身非线性等，这属于正常范畴；但也有可能是连接状态发生较大变化或结构破坏等不可逆变化造成的。

国内外主要根据引起结构非线性的因素，用理论和试验方法分析了接触非线性、材料非线性、结构损伤等因素对预复振试验不一致的影响。下面对特征级试验对比前后不一致的可能原因进行简要说明。

1. 接触非线性

在接触间隙 100 μm 的低频响应处出现响应跳跃现象，证明结构间隙的存在是造成峰漂移的原因，此外还包括间隙大小、预紧力、系统阻尼和随机间隙对频率漂移的影响。

2. 材料非线性

材料非线性是指材料的应力应变本构关系是非线性的，如材料弹塑性、复合材料各向异性等。现代遥感器结构中广泛采用纤维增强复合材料、蜂窝夹层复合材料，短纤维增强和长纤维增强结构的非线性特性又有所不同，铝蜂窝结构充满空隙，结构不连续，面板与蜂窝间的胶层也是非线性材料。

3. 结构损伤

在地面力学环境试验中，结构局部损伤是导致结构失效的常见原因之一。由于遥感器结构“轻质高强”的要求，航天器结构广泛采用复合材料，在振动试验中容易产生分层、脱胶、纤维断裂等与复合材料相关的损伤。结构损伤必然导致整体刚度、阻尼等结构力学特性发生变化，从而影响结构局部动力响应的变化。

4. 连接件松动

结构间的螺栓连接件松动，会造成连接刚度发生变化。

10.6.2 光学组件振动

1. 振动对反射镜胶接的影响

胶作为连接结构件和具有高镜面面形精度反射镜的过渡载体，一方面要有一定的黏结强度来克服空间光学遥感仪器在运输、地面力学试验、发射等过程带来的振动、冲击、加速度等力学载荷，这些载荷都可能对胶接产生破坏作用，发生强度失效；另一方面，工程实践表明，胶在各种不同力学环境作用下，其胶接强度、胶接力等状态可能会发生变化，这种变化可能使反射镜的高精度镜面面形精度变差，从而导致空间光学仪器成像质量下降。

2. 主光学组件柔性环节应变测量[149]

在进行动力学试验时，要使用应变传感器测量力学样机关心部位的应变状态。进行动力学环境试验时通过应变采集系统结合应变片进行测试，应变片多采用三向应变花。对每处应变花采集到的三处应变信号进行计算可求得测点处的最大主应力及其方向。柔性支撑最大应力往往出现在柔性环节中。若无法在特定位置粘贴应变片，则需在柔性支撑的就近部位，具有足够的较为平整的表面粘贴应变片。可以通过对此处应变的测量值，与仿真分析中此处的应力数值进行比较。若仿真值对测点区域的预测具有一定的准确性，则可认为仿真的最大应力对试验件的峰值应力也具有可信度较高的预测意义。

第三部分

遥感器机构设计与验证

第 11 章 遥感器机构设计概述

机构是由组成机构的各个构件通过运动副连接起来并且彼此具有确定相对运动的实物组合体，用以实现预定运动或传递动力。遥感器机构的设计具有高精度、高可靠、长寿命的要求。在开展设计时，需对结构设计的技术要求进行充分分析，对承载结构、驱动及传动元件、控制与反馈元件等进行选型，并对可靠性进行针对性分析。本章对主要机构的基本内容进行介绍。

11.1 遥感器机构设计的特点和要求

11.1.1 机构设计中的关键问题

光学相机机构设计关键问题如表 11－1 所示。

表 11－1 光学相机机构设计关键问题

序号	结构特性	重点关注的问题	重点单机
1	高动态	伺服类或减振、隔振类机构动态特性和稳定性	隔振机构、稳像机构
2	高精度	遥感器机构需具备光学级的精度，主要包括分辨率、定位精度及重复定位精度 3 个层面的问题	定标机构

续表

序号	结构特性	重点关注的问题	重点单机
3	高稳定性	指向稳定性	六维调整机构
4	高可靠性	长期运转的可靠性	热控相关机械泵、制冷机

（1）分辨率：指的是系统能够产生的最小步距。即给控制系统一个运动指令，设备的运动轴能够运动的最小距离。分辨率取决于反馈系统的分辨能力以及机械传动系统。

（2）定位精度：指的是机构到位停止时实际到达的位置和要求到达的位置之间的误差。比如要求一个轴走 100 mm，结果实际上它走了 100.01 mm，多出来的0.01 mm 就是定位精度。定位误差包括伺服系统、检测系统、传动系统等的误差，还包括移动件导轨的几何误差。

（3）重复定位精度：指的是同一个位置两次定位产生的误差。比如要求一个轴走 100 mm，结果第一次实际上走了 100.01 mm，重复一次同样的动作走了 99.99 mm，这之间的误差 0.02 mm 是重复定位精度。重复定位精度受控制系统特性、传动环节的间隙与刚性以及摩擦特性等多种因素影响，一般情况下，重复定位精度是呈正态分布的偶然性误差，它会影响执行功能的一致性，是一项空间光学遥感器机构中非常重要的精度指标。

从精度的量级而言，一般来说，分辨率 > 重复定位精度 > 定位精度。重复定位精度，至少是定位精度的 2 ~ 3 倍，最多不超过 10 倍。根据试验结果，作者总结的经验是 7 倍左右的关系。

与其他航空航天产品相比，空间光学遥感器的机构设计具有以下一些特点。

11.1.2 高精密驱动要求

传统驱动装置一般采用电机加减速器、滚珠丝杠等转换机构的方式，该类驱动方式虽然行程大，负载驱动能力强，但结构较为复杂，整体尺寸较大，且多级传动链使得运动精度降低，已经越来越难以兼顾精密驱动、大行程和微小型化的设计要求。

在光学遥感器中对精密驱动部件的要求一般包括体积小、重量轻、精度高、无磁场干扰、可靠性高等要求，特别是在以空间变形镜、精密二维指向、稳像以及在轨振动主动控制等多个组件中，研制新型的精密驱动装置具有更加迫切的需求。采用新型压电功能材料的压电作动机构，具有高精密、高频率、体积紧凑、无电磁干扰、低功耗等优点，作为一类新型驱动机构在各个领域的应用越来越广泛，为空间精密机构的设计提供了一条新的路线。

11.1.3　高运动精度要求

遥感器机构的高运动精度要求，广义来说包括两个层面，一是运动的分辨率，二是运动到位后的位置精度。这些都与机构调整的部件相关。对于光学遥感器而言，运动的分辨率需要匹配能够调整光学像质的精度水平，运动到位的位置精度能够匹配保持光学像质的精度水平。

遥感器机构误差产生的因素有很多，与传统机构一致，可以概括为静态误差、动态误差及其他因素造成的误差。静态误差是指机构在生产、加工、装配过程中产生的误差，主要包括加工误差、安装误差、传动误差和测试测量误差等；动态误差主要包括运动副间隙、运动副构件间的接触碰撞、运动副构件间的摩擦磨损、空间高低温交变等因素造成的机构误差。例如指向机构，其精度分析的内容应包括不对中、翘曲、动载荷、热变形、控制系统和稳定性误差、摩擦力、齿间游隙、驱动电机波动等引起的精度偏差等。

静态误差可以通过建立相对应的数学误差模型进行分析，还可以通过误差试验的方法对机构误差进行测量和分析，并通过对控制进行反馈补偿的方法来降低误差对精度的影响。而机构动态误差则具有非线性的特点，动力学特性也极为复杂，很难通过控制补偿的方法来进行调节，严重影响机构精度。

机构误差的分析及确定方法有如下几种[150]。

1. 计算法

（1）参数传递函数微分法（零件尺寸误差与机构的折合误差）。单参数的作用误差为：

$$\delta_{作用x} = [\partial f(x)/\partial x]\Delta x$$

（2）机构转换法（用简单机构代替复杂机构，如用节径摩擦轮代替齿轮副）。

（3）瞬时臂法（瞬间等效，如连杆代替凸轮机构）。

（4）运动函数法。在很多情况下，分析机构动态过程并不关心任意瞬间作用点的实际位置，而是希望在较短的时间 Δt 前，把机构作用点振动幅度控制在允许的范围 Δx 内。

（5）谐波分析法。机构位置是时间的周期函数，如轮系、齿轮传动及振动系统，分析机构误差可用谐波分析法，位置函数表达为基波和 n 倍频率的高次谐波的叠加。

2. 试验分析

在机构试验后，需通过测试数据的分析进行机构误差或精度的评估。评估一般采用 3σ 标准。σ 值的正态分布曲线如图 11－1 所示。

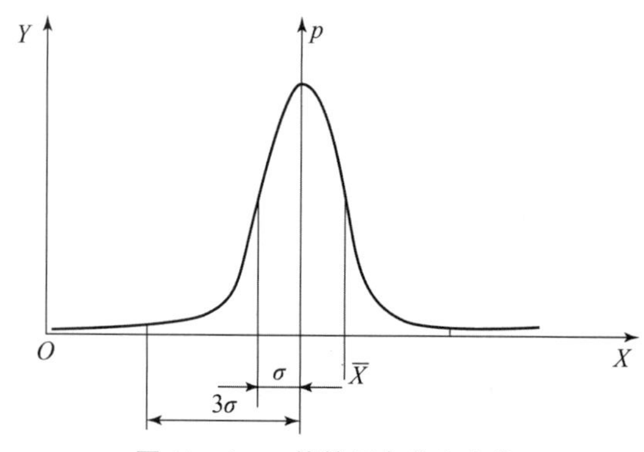

图 11－1 σ 值的正态分布曲线

单参数多次测试的数学期望如下：

$$\sigma_x = \sqrt{\sum_{i=1}^{n\to\infty} \frac{(X_i - \bar{X})^2}{n}} \tag{11-1}$$

式中：X_i——每次测试值；

$\bar{X}$——测试值的算术平均。

11.1.4 润滑及防冷焊要求

空间润滑问题涉及高低温、氧化还原介质、超高真空、高比负荷、高低速度、多次启动和停止、射线（紫外、原子氧等）等特殊工况，要求润滑材料与技术具有高可靠性，并要求具有超长寿命[151]。干润滑因其在真空中有极好的性能和热稳定性，故经常用于航天领域。湿润滑则用于具有高滑动速度、长使用寿命，或者需要恒定摩擦系数的高负荷机械装置。在一般的航天器中均有所采用。

当航天器处于超高真空环境时，航天器运动部件的表面处于原子清洁状态，无污染。而清洁、无污染金属接触面间原子键结合造成的粘接现象和金属活动部件面间过度摩擦造成凸点处局部焊接，导致金属撕落、转移，并进一步造成接触面粗糙度增加的现象，称为冷焊效应[152]。

对于空间用机构的防冷焊，零件表面一般进行涂覆 MoS_2 膜层防冷焊处理，有膜层厚度、摩擦系数、耐磨寿命、附着力等要求，相应指标按照 Q/WHJ 68—2000《星用粘接润滑干膜通用规范》测得。

对遥感器而言，机构润滑要充分考虑光学元件防污染的要求。

11.1.5　高可靠性及长寿命要求

空间光学遥感器随平台在轨运行后，如出现故障，将很难对其执行维修工作，即使可以修复，其成本和代价也是极其高昂的。目前报道的对空间光学探测仪器进行在轨维修养护的例子只有对“哈勃”太空望远镜的维修，耗资达数亿美元。

可靠性是空间复杂机构的一项重要技术指标。

随着宇航行业工业能力的整体提升，空间科学仪器的寿命要求已经到了 8 ~ 10 年，空间光学遥感器也不例外。对于调焦机构、定标机构等这类间歇性运动的机构而言，长寿命的话题显得并不迫切，但是对于稳像机构、制冷机等长期工作的机构而言，长寿命和高精度、高性能并存的要求，是遥感器机构设计中需要解决的关键技术。

11.2　机构设计的内容

机构在设计伊始应明确输入条件，包括机构组成、坐标系定义、工作模式、功能要求、性能要求、负载特性及接口要求、寿命及可靠性要求、环境适应性要求、安全性要求、维修性要求、测试性要求、试验要求等。

机构设计应完全满足设计输入条件，实现要求的功能、性能，结构的安全系数和安全裕度应满足相关标准要求，机构应满足光、机、电、热等结构的约束，具有良好的可操作性。设计应优先采用成熟的材料、元器件、成熟技术和制造工艺，优先采用通用化、系列化、组合化的设计技术，同时考虑经济型要求。

11.2.1 承载结构设计

11.2.1.1 机构用材料的选用

机构材料选用一般应遵循以下原则：

（1）活动接触表面的材料应采取防止在真空环境下冷焊和摩擦焊的措施及减小摩擦的润滑措施。

（2）在冲击载荷下易引起裂纹的材料不能用于任何火工品作动装置附近。

（3）极值温度和湿度下材料的膨胀和收缩应不影响机构的功能和性能。相对运动的配合面零件应采用相同的材料，防止因热膨胀系数不同导致活动部件卡死。必要时，还应采取相应的热控措施，防止材料性能变化过大以及由此导致的机械故障。

（4）机构材料的选用应满足相关标准规范要求，常用的机构零件材料选用可参考表 11－2。

表 11－2　机构材料选用

序号	名称	常用材料	常用牌号	密度/($kg \cdot m^{-3}$)	弹性模量/GPa	泊松比	热膨胀系数/($10^{-6} \cdot ℃^{-1}$)
1	支撑结构	铸钛	ZTC4	4 530	114	0.29	9.1
		钛合金	TC4R	4 450	113	0.34	7.89
2	轴系	不锈钢	9Cr18	7 700	200	0.3	10.4
		钛合金	TC4R	4 450	113	0.34	7.89
3	大齿轮	铝合金	5A06	2 800	69	0.3	20
		钛合金	TC4R	4 450	113	0.34	7.89
4	小齿轮	不锈钢	0Cr17Ni4Cu4Nb	7 700	200	0.3	10.4
		钛合金	TC4R	4 450	113	0.34	7.89
5	磁铁吸盘	电磁纯铁	DT4	7 870	80.7	0.29	11.76

11.2.1.2　支撑结构设计

支撑结构为机构的整体支撑，同时提供机构与遥感器主体的机械接口，支撑结构应满足以下要求：

（1）固有频率高，承载能力要满足力学环境的综合要求。

（2）在载荷作用下，应力分布均匀，无过大应力集中点。

（3）满足相机主体的机械接口要求，拆装方便。

（4）尺寸稳定性好，加工工艺性好。

（5）在满足以上要求前提下，尽量减小体积和重量。

11.2.1.3　轴系结构设计

机构轴系一般由轴、滚动轴承及过渡件等组成，为负载提供支持，实现活动部件与支持结构的有效连接，保证负载绕轴系的轴线转动指定角度，实现负载的位置切换，当负载较小时可直接采用电机直接驱动。轴系设计的原则如下：

（1）轴系需要提供与负载及支撑结构的接口。

（2）轴系结构应尽可能简单，受力合理，有足够的刚度和强度，有良好加工工艺性，轴上零件定位可靠，便于拆装和调整。

（3）根据环境因素、精度要求、运转性能指标，确定轴系结构的间隙和公差分配。

（4）根据支撑方式计算并校核发射阶段轴系支撑部件的静载。

（5）校核轴系中电机轴、转轴、销钉、键等零件的扭转及弯曲强度裕度。

（6）机构负载质量应尽量沿圆周均匀或对称分布。必要时，进行配平等静平衡设计，预留装调接口，避免偏心力矩影响机构性能。

（7）电机力矩应有足够的裕度。驱动力矩选取需考虑环境影响和使用条件的最恶劣环境，同时负载力矩应考虑地面测试重力矩、电机启动力矩、轴承受力及预紧引起的摩擦力矩、热变形引起的摩擦力矩等。

（8）当使用齿轮副进行传动时，应分别对大小齿轮进行齿面接触疲劳强度、齿根弯曲疲劳强度、过载情况下的强度校核。

11.2.1.4　轴承选型

机构支撑应能提供较高的定位精度、支撑动静刚度和承载能力，并且需具备低而平均的摩擦阻力，为结构提供尽可能对称的刚度。遥感器常选用的轴承形式有机械轴承或挠性支撑，见表 11－3。

表 11－3 推荐支撑方式

序号	机构性能要求	推荐支撑方式
1	（1）整周旋转或大角度旋转（$\theta \geqslant \pm 15°$）； （2）承载能力要求高； （3）寿命长（指向运动次数、圈数高）	固体润滑机械轴承
2	（1）小角度旋转（$\pm 5° \leqslant \theta < \pm 15°$）； （2）寿命长（指向运动次数、圈数高）	固体润滑机械轴承
3	（1）小角度旋转（$\theta < \pm 5°$）； （2）承载能力较小； （3）无摩擦，不需润滑； （4）寿命长（指向运动次数、圈数高）	挠性支撑

1. 挠性枢轴

挠性枢轴，它是一种无摩擦的弹性支承，依靠弹性材料绕定轴变形来实现相对转动，没有金属与金属的直接接触，只有分子间的内摩擦，因而摩擦力矩极小，旋转角程高达 60°。枢轴的结构如图 11－2 所示，由两组三个十字交叉片簧（窄片簧Ⅰ、Ⅱ和宽片簧）和两个相同的圆柱形空心片簧座组成，片簧与片簧座之间采用焊接连接。

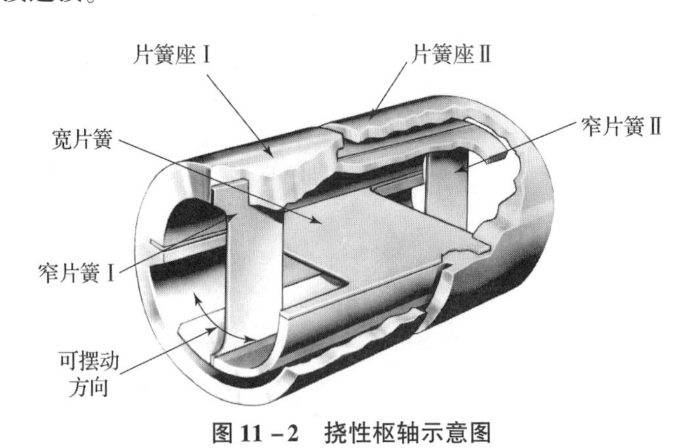

图 11－2 挠性枢轴示意图

2. 轴承

机械轴承包含滚动轴承和滑动轴承。轴承选型时主要考虑配合的轴孔尺寸，承受载荷的类型、大小、温度、转速、寿命、精度等因素。根据情况选择防冷焊固体润滑轴承或油脂润滑轴承，选择油脂润滑轴承时，需考虑防污染要求。轴承选择的步骤如下。

（1）选择轴承类型。仅承受径向载荷，或承受轴、径向载荷，但径向载荷大于 2 倍轴向载荷情况，可选择深沟球轴承；承受纯轴向载荷或轴向、径向联合载荷，但轴向载荷大于 2 倍径向载荷情况，可选择角接触轴承。轴承简图如图 11－3 所示。

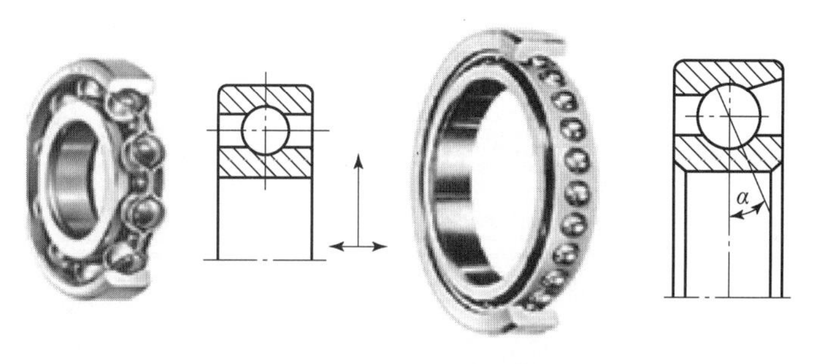

图 11－3　轴承简图

（2）选择轴承型号。根据轴孔空间尺寸初选轴承型号；根据力学环境，校核安全静载。长期运转轴承，校核安全动载。

（3）选择轴承游隙（适用于深沟球轴承）。一般选用 0 组游隙；旋转精度要求高、温控环境好时可选择更小组别游隙；环境温度变化大、轴壳热变形大时可选择较大组别游隙。

（4）选择轴承预紧方式（适用于角接触球轴承）。角接触球轴承使用时必须预紧；满足轴系刚度和旋转精度要求的前提下选用轻预紧力；环境温度变化小时，可选择刚性加载方式，环境温度变化大时，可选择弹性预紧方式。典型固体润滑轴承参数见表 11－4。

表 11-4 典型固体润滑轴承参数

轴承	代号	基本尺寸/mm			安全动载(径向载荷)/N	安全静载(径向载荷)/N	摩擦力矩/(g·cm)	
		d	*D*	*B*	≤1 GPa	≤3.2 GPa	启动	最大
角接触球轴承	708C	8	22	7	30	1 200	3.0	2.5
	7000C	10	26	8	48	1 800	2.5	4.5
	7002C	15	32	9	75	3 000	4.0	8.5
	7003AC	17	35	10	110	4 300	3.0	3.0
	7004AC	20	42	12	150	5 500	6.5	6.5
	71805C	25	37	7	70	2 300	3.5	3.5
	71906C	30	47	9	120	5 000	4.5	5.0
	71911C	55	80	13	360	13 600	11.0	11.5
深沟球轴承	608	8	22	7	24	550	3.0	3.0
	618/6	6	13	3.5	9	200	1.5	2
	6004	20	42	12	80	2 000	5.5	7.5
	6005	25	47	12	100	2 500	6	8.5
	6010	50	80	16	300	6 300	10.5	12.0
	61906	30	47	9	100	2 300	4.5	4.5
	16002	15	32	8	50	1 200	3.5	4.5
	16003	17	35	8	60	1 300	3.5	3.0

11.2.2 驱动元件设计

11.2.2.1 步进电机

步进电机是一种将数字脉冲信号转化为机械角位移或者线位移的数/模转换控制电机。通常所说的步进电机一般是指机电一体化设备，包括步进电机及其驱动器，当步进电机驱动器接收到一个脉冲之后就驱动步进电机转动一个固定的角度，即步距角。步进电机不像其他电机那样连续旋转，而是以一定的步距角一步一步做增量运动，因此而得名。所以在应用中通过控制脉冲个数来控制步进电机转动的角位移，达到精确定位的目的；同时也可以通过控制脉冲的频率来控制步进电机转动速度和加速度，达到调速的目的。

步进电机的种类繁多，性能特点也各有差异，按照基本构造和工作原理可分为三种类型：磁阻式（也称反应式），即 VR（Variable Reluctance）型；永磁式，即 PM（Permanent Magnet）型；混合式，即 HB（Hybrid）型。

遥感器常用的步进电机及参数指标见表 11－5。

表 11－5　常用步进电机选型

型号	J45BYG450（B）	J55BYG450	J70BH004
相数	4	4	2
分配方式	四相八拍/四相四拍	四相八拍/四相四拍	四相八拍/四相四拍
步距角	0.9°/1.8°	0.9°/1.8°	1.8°
电压	5 V	5 V	28 V
静态相电流	2.5 A	1 A	1 A
最大静转矩	≥176 mN·m	≥392 mN·m	≥1.2 N·m
最大空载启动频率	≥500 Hz	≥500 Hz	≥200 Hz
空载运行频率	≥1 000 Hz	≥800 Hz	≥300 Hz
负载启动频率	50～200 Hz （140 mN·m）	≥250 Hz （196 mN·m）	四相四拍 0.495 N·m 四相八拍 0.7 N·m （10～40 Hz）
定位力矩	≥26.4 mN·m	≤43 mN·m	≥0.1 N·m

11.2.2.2　伺服电机

伺服电机是在机电伺服系统中控制传动机构运转的电动机，既是系统中的动力部件，又是控制部件，是机电伺服系统的核心组成之一。常用的伺服电机有直流伺服电机、无刷直流伺服电机、永磁同步伺服电机、交流感应电机、开关磁阻电机、直线电机等。为了满足航天工程的实际应用，其机电伺服系统所采用的多相电机应具有高可靠性、高比功率、短时大功率输出能力以及平稳转矩输出等特性。

高精度的伺服电机，主要体现在以下两方面。

其一，负载往往都是有限转角运动或者低速扫描。对一般的星上设备，驱动单元的最高转速可能就每分钟十几转。过快地加减速或者扫描动作是不允许的，因为这会产生一个冲击加速度，进而对整星的姿态产生影响。

其二，要求控制性能精密，因此很多场合下，电机加减速器的驱动方式往往被低速直驱所取代，而直驱又带来其结构的特殊问题。

常用直驱式永磁伺服电机，如图 11 - 4 所示。

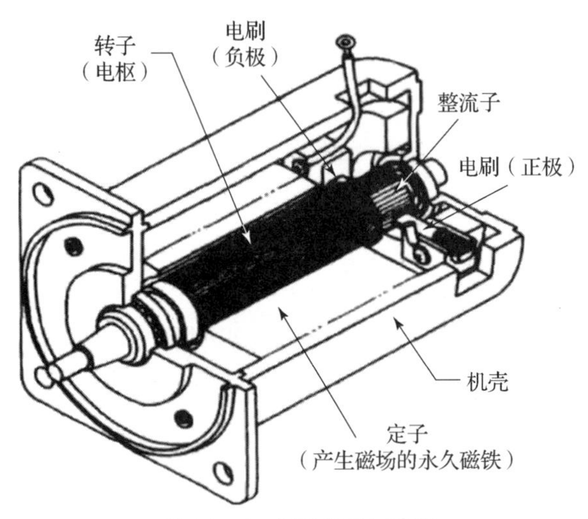

图 11 - 4　伺服电机示意图

11.2.2.3　音圈电机

音圈电机有高加速度、高速度、快速响应、平滑力特性等优良性能，无齿槽力矩影响。摆角音圈电机其外形尺寸可以根据摆动角度定制，其功率因数大，既可以增大驱动力矩，又可以尽量减小电机尺寸、降低重量。音圈电机的工作原理是依据安培力原理，即将通电导体放在磁场中，就会产生力 F，力的大小取决于磁场强弱 B、电流 I，以及磁场和电流的方向。

音圈电机的电控延时短，响应快，并具有线性力 - 行程特性，以及较高的电 - 机能量转化率。这些属性使音圈电机具有平滑可控性，成为应用在各种形式伺服模式中的理想装置，而且作为精密快速机电控制系统的重要执行部件，音圈电机更适用于要求快速高精度定位的控制系统。摆角音圈电机系列应用于激光技术中的镜面定位器、摆动型阀门致动器、摆动型定位系统以及飞行控制器等方面，涉及半导体行业、自动化、航空和航天工业领域，摆角音圈电机在航天航空领域应用得较多，摆角音圈电机运动示意图如图 11 - 5 所示。

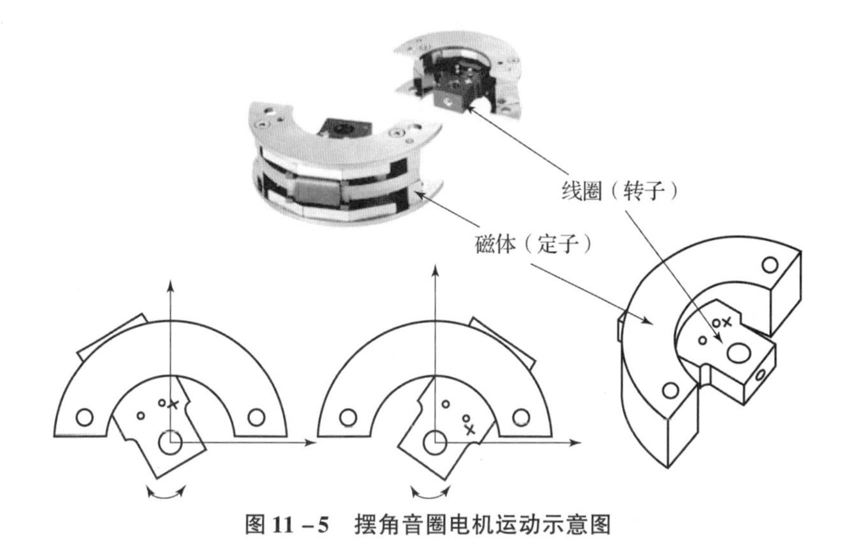

图 11 - 5　摆角音圈电机运动示意图

基于安培力原理制造的音圈电机，是简单的、无方向转换的电磁装置，且可靠性高，能量转换效率高，加上音圈电机的快速、平滑、无嵌齿、无滞后响应等特性，使音圈电机可以很好地应用在需要高速、高加速度、直线力或转矩响应的伺服控制中。

优势：力矩波动小，输出力矩与电流成正比，动态响应快，已有在轨使用经验。

劣势：摆角有限，由于不是封闭磁场，存在漏磁现象，使得效率降低，体积较大；动圈式的散热较困难，需权衡功耗和散热的措施。

11. 2. 2. 4　压电陶瓷驱动器

压电陶瓷驱动器（PZT）利用了逆压电效应的原理，当高压信号作用到压电陶瓷上时，可产生微位移运动。因此，压电陶瓷常被作为感应器、微位移器和换能器等需要微位移控制的场合。压电驱动具有良好的线性特性，其原理如图 11 - 6 所示[153]。

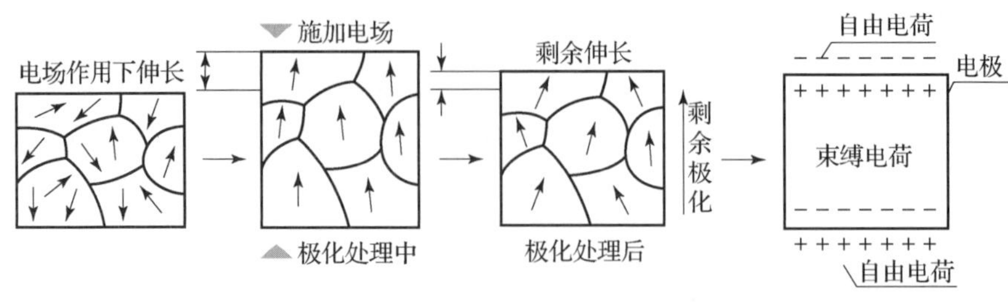

图 11－6　压电驱动原理

压电效应有 d33 模式和 d31 模式。d33 模式是压电陶瓷片在厚度方向上的机械变形，d31 模式是由于厚度方向的伸缩造成平面的变形，如图 11－7 所示。d31 模式主要用于使结构产生弯曲。为了增大压电陶瓷促动器的位移，层叠式压电陶瓷（d55 模式）是由许多相同的压电陶瓷片叠加而成，如图 11－7 所示，采用层叠式结构能够在较低的电压下产生较大的位移量。

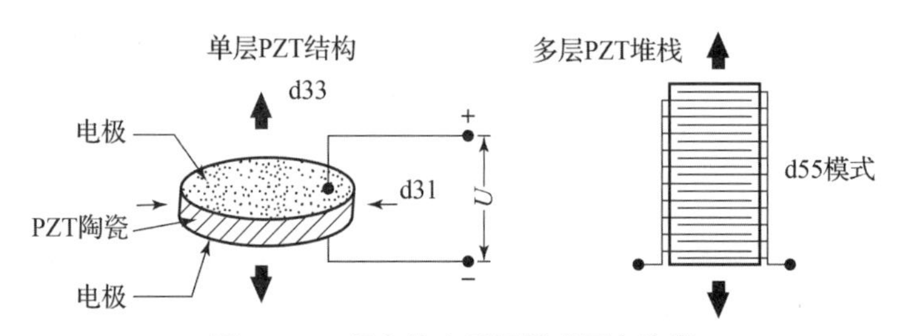

图 11－7　压电效应及层叠式压电陶瓷

层叠式的压电陶瓷不仅能够产生较大的位移量，而且能够提供较大的促动力，但是压电陶瓷的性质使其只能承受压力（即产生推力）而不能承受拉力。为了使压电陶瓷作为促动器能够承受一定的拉力，需要一定的预压力进行结构封装。需要注意的是压电陶瓷对侧向力的承受能力也非常有限，侧向的力会导致层叠的损坏。

图 11－8 所示为各种类型的裸压电陶瓷和 PI 公司的封装式压电陶瓷促动器。

压电陶瓷促动器具有体积小、推力大、响应频率高的优点，但是由于材料的原因，具有退滞、蠕变等效应，采用闭环控制的方式能够较好地提升促动器的精度。PZT 促动器具有如下特点：

（1）运动精度高，位移分辨率最高能达到 1 nm 以内，控制分辨率可达到 2～5 nm/V，理论上压电陶瓷器件可以获得极高的位移分辨率。

图 11－8　各种类型的裸压电陶瓷和 PI 公司的封装式压电陶瓷促动器

（2）响应速度快，响应时间在微秒量级，可应用在快速定位系统中，在输出位移 1 nm 时最高频响能达到数千赫兹，并且运动不存在间隙，保持稳定的直线输出。

（3）抗电磁干扰能力强，外界磁场对压电陶瓷产生影响极小。

（4）功耗低，压电陶瓷通过逆压电效应将电能转化为机械能，外部表现为压电陶瓷产生位移。当压电陶瓷处于保持状态时，作为负载器件，其上消耗的电能极低。

（5）环境适应性好，能够用于低温或真空环境。压电陶瓷工作机理是通过电压变化来改变其位移量的，并且压电陶瓷的机电耦合效应速度快，不会与外界发生热交换，整个促动过程可以视为绝热过程，所以温度对压电陶瓷的影响可以近似忽略。在真空环境中，压电陶瓷不会产生磨损，因此应用在空间环境中十分有益。

（6）控制难度大，不过由于压电陶瓷的机电耦合效应，所需驱动电压较高，最大输出位移一般有几十微米。并且压电材料本身具有非线性、迟滞等不良效应，会增加控制难度。

在工程应用中，根据精密调整机构的高位移分辨率和输出位移量程需求，选择合适的压电执行元件，如 PI 公司生产的压电陶瓷促动器 P845.40，其性能参数如表 11－6 所示。其利用内部集成的电阻应变片（Strain Gauge Sensor，SGS）位移传感器检测其位移变化，满足精密的闭环控制要求。

表 11-6 PI 公司典型压电杆性能参数

型号	长度	质量	最大行程	位移分辨率	最大推力	静态刚度	谐振频率
P845.40	101 mm	156 g	60 μm	0.6 nm	3 000 N	57 N/μm	7.5 kHz

11.2.2.5 磁致伸缩驱动器

1972 年，Clark 等首先发现 Laves 相稀土-铁化合物[154]，其磁致伸缩特性在室温下是 Fe、Ni 等传统磁致伸缩材料的 100 倍，这种材料称为超磁致伸缩材料。从那时起，对磁致伸缩效应的研究才再次引起了学术界和工业界的注意。20 世纪 80 年代末，德国柏林大学 KieseWetter 教授就利用超磁致伸缩材料棒作为一种新型的尺蠖式驱动器，并将其命名为 KieseWetter 驱动器[155,156]。这是世界上第一台超磁致伸缩驱动器。

超磁致伸缩材料（Giant Magneto strictive Material，GMM）具有伸缩效应变大、机电耦合的系数高、响应速度快、输出力大等特点。其结构原理如图 11-9 所示。

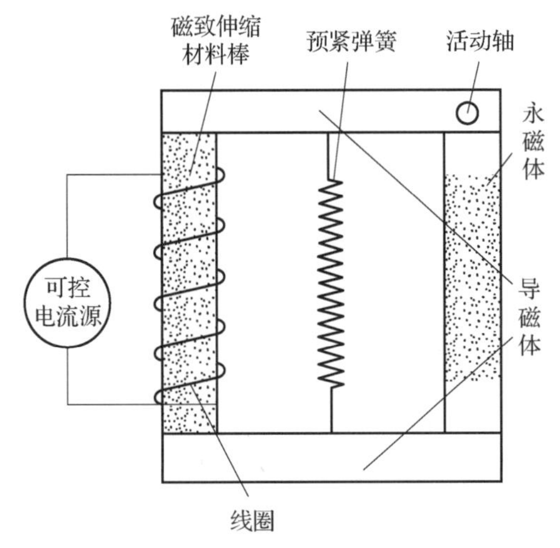

图 11-9 磁致伸缩驱动器原理

超磁致伸缩驱动器结构设计主要是根据驱动器的工作要求，以超磁致伸缩材料的特性为核心，设计驱动器的各个参数，尽量使超磁致伸缩棒在线性区域工作，具有尽可能大的机电耦合系数和磁致伸缩系数，减小响应不灵敏区域[157]。

11.2.2.6　弹簧

弹簧驱动装置作为一种无源驱动方式广泛应用在空间展开机构的展开驱动源中。弹簧驱动主要将释放弹簧储存的弹性势能转化为动能，其工作特点取决于弹簧的特性。根据承载特点，弹簧类型可分为拉伸弹簧、压缩弹簧、扭转弹簧和蜗卷弹簧。拉压弹簧提供轴向驱动力，扭转、蜗卷弹簧提供绕轴向的驱动扭矩。

弹簧作为一种无源驱动，具有结构简单，在机构中布置灵活，占用空间小、质量小、可靠性高等特点，缺点亦非常明显，即展开到位的冲击力大，一般要配合阻尼装置控制展开速度。另外，弹簧驱动只适用于一次性展开的机构中。在展开机构的锁紧装置中也广泛应用了弹簧装置，用于压紧或约束锁紧销。

弹簧驱动应用实例如图 11－10 所示。图 11－10（a）中上弦为可对等折叠展开杆件，杆中间为可反向限位的折叠接点，可与 6 个杆件相连，连接点小，3 个腹杆为普通杆件，可绕毂转动，正四面体单元按照一定的规律扩展成一个大型桁架，图 11－10（b）为两端带扭簧的杆件及杆端接点，两端扭簧在同一平面上，使得杆件仅受平面内力，扭簧与接点尺寸极小，可有效传递扭矩、剪力、轴力。图 11－10（c）为可伸展臂结构，其 3 个棱为扭簧驱动可同步展开机构。

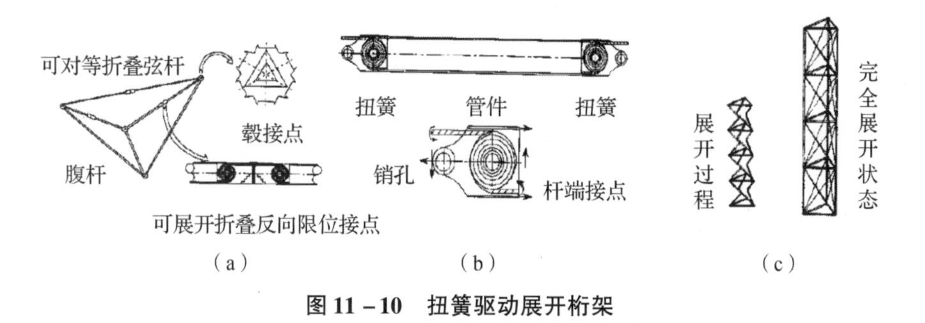

图 11－10　扭簧驱动展开桁架

（a）四面体单元；（b）杆单元（宏单元）；（c）三棱柱伸展臂

11.2.3　传动与减速

常用于运动形式转化的机构主要包括凸轮机构、滚珠丝杠及由曲柄滑块机构变异得来的双滑块机构等。如凸轮传动的特点是结构和装配工艺简单，工作可靠，但凸轮曲线加工难度较高，加工周期长。丝杠传动的特点是结构简单，体积小，重量轻；缺点是不能自锁，精度较低，稳定性差等。因此在设计过程中，综合考虑负载大小、减速比、尺寸和重量限制等因素，尽可能选择结构简单、技术成熟、传动环节少的传动与减速元件；遥感器常用的传动减速机构如表 11 – 7 所示。

表 11 – 7 传动减速机构的特点及应用范围

序号	类型	主要特点	应用范围
1	齿轮减速器	主要有圆柱齿轮减速器、圆锥齿轮减速器和圆锥 – 圆柱齿轮减速器三种类型； 效率高、寿命长、维护简便； 减速比相对较小	常用，应用广泛，适宜传动比需求较小的部件
2	蜗轮蜗杆减速器	具有反向自锁功能，有较大的减速比，输入、输出轴相互正交； 一般体积较大，传动效率不高，精度低，输入转速不能太高	多应用于要求有较大的减速比或要求具有反向自锁功能的活动部件
3	行星齿轮减速器	传动比大、结构比较紧凑、相对体积小、回程间隙小、精度较高、额定输出扭矩大、使用寿命长；在高速时的结构动平衡特性较为优异，且易于润滑； 结构较复杂、制造精度要求较高	多用于有高精度、长寿命要求的活动部件
4	谐波齿轮减速器	传动比大、精度高、回差小、承载能力高、效率高、体积小、传动平稳； 能在密封空间和辐射介质工况下正常工作； 柔轮寿命有限、不耐冲击，刚性与金属件相比较差； 输入转速不能太高	多应用于小体积、高精度和高承载能力等要求的活动部件

11.2.3.1 齿轮副

齿轮副是两个相啮合的齿轮组成的基本机构。如果负载较大，可以使用 1 级或 2 级齿轮副减速。在各种传动形式中，齿轮传动在遥感器的机构设计中广泛使用。其特点包括传动精度高，如渐开线齿轮的传动比，在理论上是准确、恒定不变的，这是精密机械与仪器的关键要求；适用范围宽；齿轮传动传递的功率范围极宽，可以实现平行轴、相交轴、交错轴等空间任意两轴间的传动；工作可靠，使用寿命长；传动效率较高，一般为 0.94～0.99。常用的齿轮副类型包括多级齿轮减速、行星齿轮。图 11－11 所示为齿轮副示意图。

图 11－11　齿轮副示意图

11.2.3.2　蜗轮蜗杆

蜗轮蜗杆可以获得较大的单级传动比，用于两个交错轴之间传递扭矩，其传动平稳，广泛应用于高精密仪器设备中。由于蜗轮蜗杆机构的大减速比，适合于微调机构，其特点是可以产生较大的传动比，并具有自锁功能；缺点是体积大，质量重。如图 11－12 所示为蜗轮蜗杆示意图。

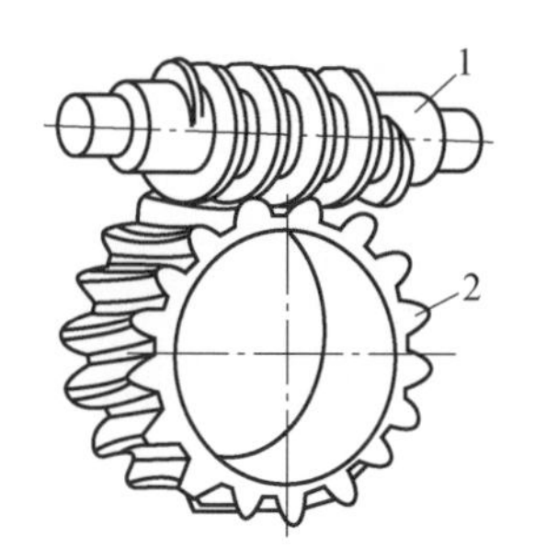

图 11－12　蜗轮蜗杆示意图

1—蜗杆；2—蜗轮

11.2.3.3　谐波减速器

在国外，谐波减速器早已广泛应用于航天产品，技术相对成熟。目前，美国、日本、德国等航天工业强国均有专门从事空间谐波生产和研究的研究所及公司。最为著名的是日本的 Harmonic Drive（HD）公司设有专门研制空间谐波减速器的部门，开发出了系列化的航天用谐波减速器[158]。美国“先驱者 10/11 号”及欧空局发射的空间飞行器中，谐波减速器在空间太阳翼展开机构、天线指向机构和空间机器人、机械臂等空间机构的驱动及传动系统上充当了关键的活动部件。

谐波减速器由柔轮、刚轮和波发生器组成，其中波发生器由柔性轴承和凸轮组成；工作时，波发生器使柔轮产生弹性变形，谐波刚轮、柔轮间的啮合齿轮利用此变形实现传动；谐波传动具有结构紧凑、质量轻、体积小、单级传动比大、传动精度高、啮合齿对数多、承载能力大和回差小（可实现零回差）等优点。然而，谐波传动过程中，柔轮在载荷作用下产生周期性变形，载荷沿圆周呈非均匀分布，与柔轮中性线不相切，柔轮发生周向扭转变形的同时，还产生一定的径向变形。在上述复杂的应力状态下，柔轮易发生疲劳和磨损。表现形式为刚度下降、传动精度下降或传动效率下降。图 11 – 13 所示为谐波减速器示意图。

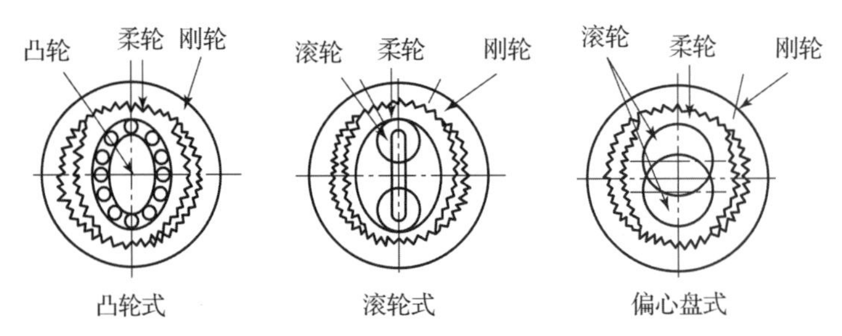

图 11 – 13　谐波减速器示意图

11.2.3.4　运动形式变换

1. 滚珠丝杠

滚珠丝杠是精密机械上最常使用的传动元件，其主要功能是将旋转运动转换成线性运动，或将扭矩转换成轴向反复作用力，同时兼具高精度、可逆性和高效率的特点。机械传动效率可达 92%～98%。由于滚珠丝杠中滚珠的滚动摩擦远远小于螺纹副的摩擦，因此它的效率更高，更适合用于对力矩要求较大的机构中。

滚珠丝杠机构由螺母、丝杠、滚道、滚珠和支撑结构组成，如图 11 – 14 所示。滚珠丝杠的螺母和丝杠均开有螺纹槽，螺纹槽和滚珠为间隙配合，以使得滚珠能够在滚道内光滑滚动，滚道绕着丝杠有一个完整的回路，滚珠可循环使用。

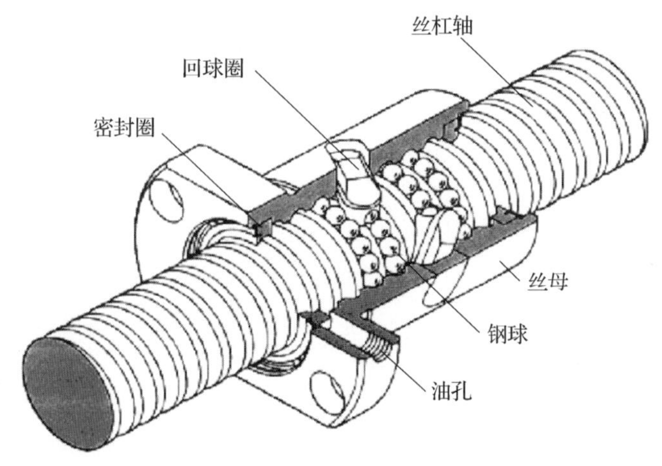

图 11－14　滚珠丝杠示意图

2. 凸轮机构

凸轮传动的结构简单，容易装配。齿轮、凸轮等运动件经过相应处理后有良好的机械性能，无冷焊和卡滞现象，同时具有良好的抗振动冲击能力。但凸轮曲线在加工过程中精度要求较高，增加了其生产成本，同时凸轮调整方式所能达到的精度较低。图 11－15 所示为凸轮机构示意图。

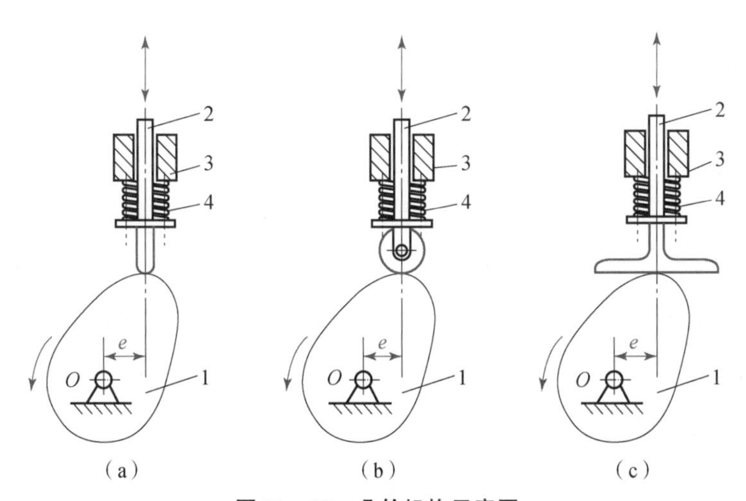

图 11－15　凸轮机构示意图

(a) 尖顶凸轮机构；(b) 滚子凸轮机构；(c) 平顶凸轮机构

1—凸轮；2—从动件；3—机架；4—弹簧

11.2.3.5　轴系（传动）精度分析

对一个轴系，常常用主轴回转轴线的位置变动量（主轴的回转误差）来表征轴系的回转精度。

在图 11－16 中，主轴实际回转轴线 AB 相对理想回转轴线的位置可分解为三个独立的分量，轴向窜动 $z(t)$、纯径向移动 $x(t)$ 和 $y(t)$、纯角度摆动 $\alpha(t)$ 和 $\beta(t)$，因此，主轴的回转误差也可看作由三个误差分量，即轴向窜动误差、径向晃动误差以及角运动误差组成。

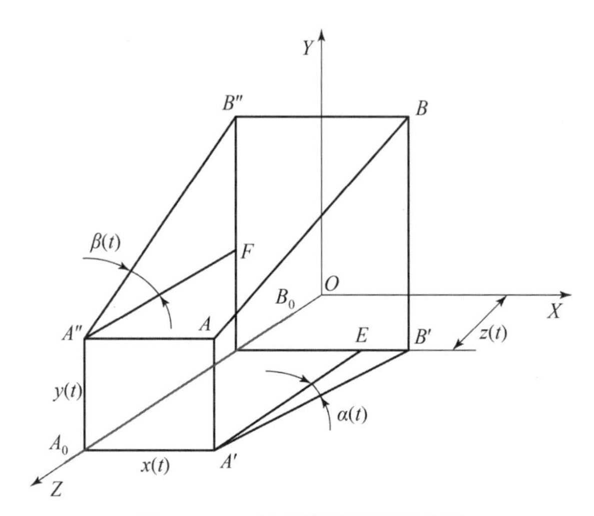

图 11－16　轴系误差要素示意图

影响轴系精度的因素：

（1）轴系零件的尺寸误差的影响。在由主轴与轴承组成的轴系中，若轴承中的滚动体的直径不一致，将引起主轴的径向晃动误差和角运动误差。这种误差每当最大的滚动体通过承载区时会出现一次，其周期与保持架的转速有关。

（2）轴系零件的形状误差的影响。在由主轴与轴承组成的轴系中，轴承内圈滚道、外圈滚道以及滚动体的形状误差将使主轴产生径向晃动误差和角运动误差。

以上两种影响轴系精度的因素可通过主轴受载引起的弹性变形抵偿部分误差影响。

（3）轴系零件的位置误差的影响。影响轴系精度的位置误差主要是指轴系零件垂直度误差和同轴度误差，对由主轴和轴系支撑元件（轴承、枢轴等）组成的轴系来说，一般为同轴度误差，其角运动误差最大值的表达式为：

$$\Delta\gamma_{\max} = \frac{\Delta f_k + \Delta f_z}{L_x} \tag{11-2}$$

式中，Δf_k、Δf_z 分别为孔同轴度和轴同轴度，L_x 为轴的跨距。

（4）装配质量的影响。装配间隙不当的影响：装配间隙过大，主轴径向晃动误差和角运动误差会增大；装配间隙过小，会使轴系结构件变形，回转精度变差。

装配方式不当的影响：对轴系元件和结构件有偏心的轴系，装配前对偏心标定，装配过程使偏心相消可提高轴系的径向晃动误差和角运动误差；对双轴承支撑轴系，正确配置前后轴承的位置，可使轴系回转精度增高。如图 11－17 所示。

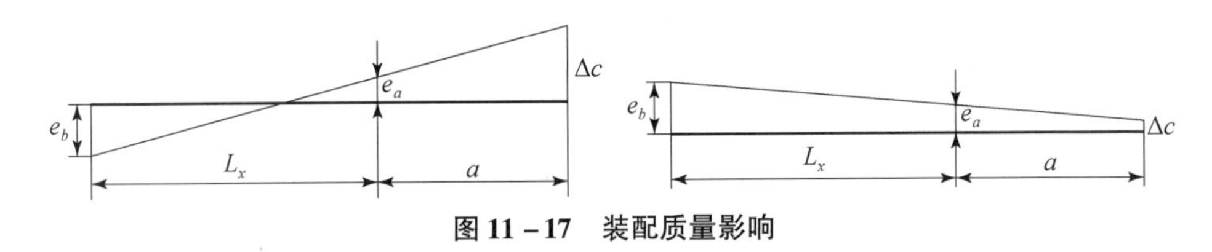

图 11－17　装配质量影响

（5）温度的影响。对精密轴系而言温度变化将引起轴系配合间隙的改变、润滑油黏度的变化、轴系零件的变形以及由此产生的应力作用等，对此可进行热结构力学计算确定。

（6）摩擦与润滑的影响。轴系摩擦力对其精度的影响体现在两方面：一方面直接影响回转精度，特别是不稳定的摩擦力，会引起轴系的周期性晃动；另一方面引起轴系有效驱动力矩变化，使其运行过程中转动速度发生改变。

（7）磨损的影响。轴系在长期使用后，由于机械和化学作用产生磨损，对轴系零件的形状、尺寸和相互位置都有不同程度的影响，导致主轴径向晃动误差、角运动误差以及轴向窜动误差增大，轴系回转精度明显下降。对常见的轴承支撑轴系，磨损主要指滚珠及对应滚道的磨损。

（8）轴系零件变形的影响。轴系零件变形包括三种情况：温度引起的变形、零件加工和长期使用而引起的变形、设计或装配不当或其他外力引起的变形。这些变形将导致轴系阻力矩变大或回转精度变差。

11.2.4　控制与反馈部件设计

11.2.4.1　位置反馈元件

切换机构一般实现的功能是在几个特定位置往复切换，需要具备位置反馈功能，一般常用的反馈元件包括光电对、电位计、旋转变压器、圆感应同步器、光电编码器等。在实际应用中，根据测角范围和测角精度等要求，选择相应元件。其主要特点及适用性说明如表 11－8 所示。

表 11－8 测角元件特点

名称	特点	适用性
光电对	体积小、安装方便； 能实现反馈特定位置信息功能，可靠性较高； 需与挡光片配合使用，单侧间隙不小于 1.5 mm	精度优于 1%
精密电位计	结构简单，价格低廉，性能稳定； 对环境条件要求不高，输出信号大，转换简便； 非整周测角，存在盲区； 存在摩擦，动态响应差，寿命短	测量变化缓慢的量，常用作位置信号发生器，如调焦机构中
旋转变压器	可以达到较高的测角精度，测角精度范围为 $10'' \leqslant \theta \leqslant 5'$； 环境适应性强，对安装要求较低； 可整周测角； 可提供换向信号	在遥感器活动部件中可广泛应用
圆感应同步器	工作原理与旋转变压器相同，测角精度进一步提高，优于 3″； 可整周测角	应用于测角精度要求高的活动部件中
光电编码器	可以达到很高的测角精度，同时具有分辨能力强和高可靠的特点，精度优于 1″； 对安装的要求较高，结构复杂，可提供换向信号	在遥感器活动部件中可广泛应用
霍尔元件	能给出固定角位置所对应的信号，可靠性较高，如能给出角度的零位信号，可提供换向信号	

1. 旋转变压器

旋转变压器（Resolver/Transformer）是一种电磁式传感器，又称同步分解器。它是一种测量角度用的小型交流电动机，用来测量旋转物体的转轴角位移和角速度，由定子和转子组成。其中定子绕组作为变压器的原边，接受励磁电压，励磁频率通常用 400 Hz、3 000 Hz 及 5 000 Hz 等；转子绕组作为变压器的副边，通过电磁耦合得到感应电压。

图 11－18 所示为旋转变压器的结构及原理。

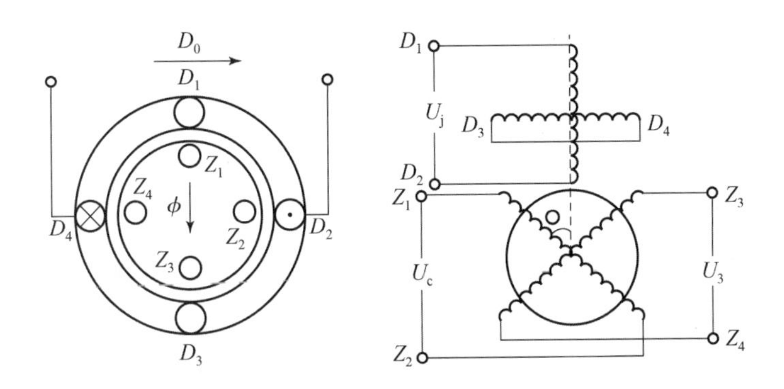

图 11－18　旋转变压器的结构及原理

采用最多的是双通道正余弦旋转变压器，其输出电压与转子转角的函数关系成正弦或余弦函数关系，该旋转变压器不仅把精度提高到秒级，且结构简单、可靠。目前国内高精度的宇航级旋转变压器以 21 所为代表，其测角精度可达 8″，重复精度可达 4″。

2. 圆感应同步器

圆感应同步器是一种电磁感应位置检测元件，它是 20 世纪 50 年代美国 Farrand 公司根据美国空军提出的要求而发明的。其基本工作原理是利用电磁耦合原理实现，通过对转子施加激磁信号，则在其有效导体上就有变化的电流流过，从而引起变化的磁场；同时定子上的有效导体处在这个变化的磁场中，产生感应电压，该感应电压的频率与转子的激磁频率相同，其幅值与定子有效导体和转子有效导体的相对位置有关，从而实现角度测量的目的。圆感应同步器如图 11－19 所示。

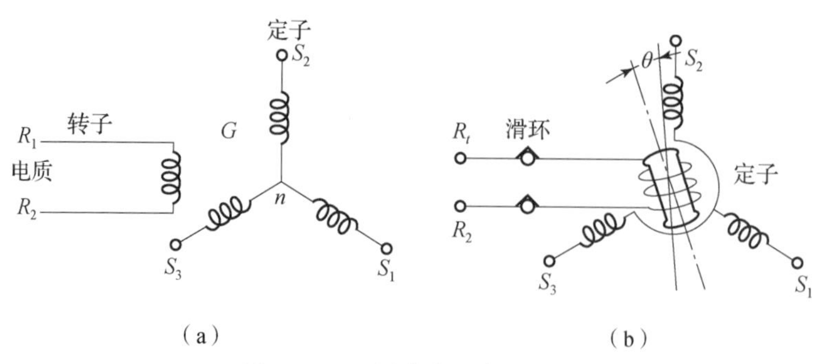

图 11-19 圆感应同步器原理

圆感应同步器的特点是：

（1）具有较高的精度与分辨力。其测量精度主要取决于印制电路绕组的加工精度，温度变化对其测量精度影响不大。

（2）抗干扰能力强。感应同步器在一个节距内是一个绝对测量装置，在任何时间内都可以给出仅与位置相对应的单值电压信号，因而瞬时作用的偶然干扰信号在其消失后不再有影响，平面绕组的阻抗很小，受外界干扰电场的影响很小。

（3）使用寿命长，维护简单。定子和转子互不接触，没有摩擦、磨损，所以使用寿命很长，它不怕油污、灰尘和冲击振动的影响。

（4）工艺性好，成本较低，便于批量化生产。

3. 光电编码器

光电编码器是一种高精度的数字式角度传感器。其集光、机、电于一体，以高精度计量圆光栅为测量元件，采用光电接收管接收光学信号，通过光电元件等组成的检测装置检测莫尔条纹的变化，并转化为电信号，可直接与处理电路连接进行细分计算，从而实现高精度测量及精密控制。光电编码器具有精度高、非接触、无磨损、可靠性高、测量范围广、体积小、质量轻、抗干扰能力强等优点。

光电编码器主要由发光元件、光栅盘、狭缝、光电接收管、数据采集与处理电路组成，其原理如图 11-20 所示。其中光栅盘即编码盘，是编码器的测量元件。光栅式光电编码器测量的基础为莫尔条纹技术。

当前国产的航天用光电编码器已应用于多个在轨型号中，可提供 24 位二进制绝对角度数据，测角精度为 1″（1σ）。

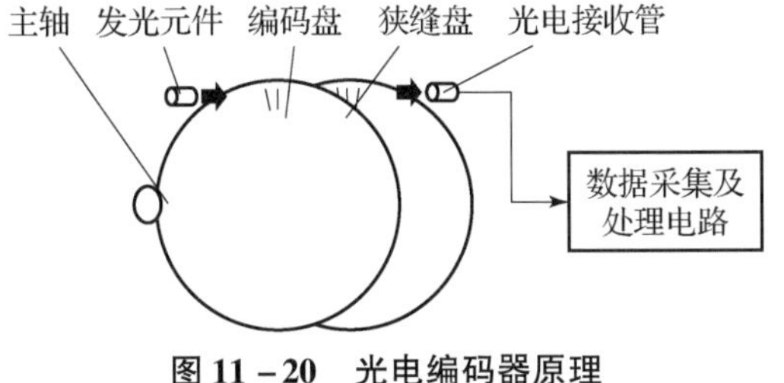

图 11－20　光电编码器原理

11.2.4.2　限位设计

对于转动角度或行程有限的机构，需要对其设计限位功能，限制负载的运动范围在最大运转角度范围或最大位移范围内。机构限位设计分为机械限位设计和软件限位设计。

设计机械限位常用的方式有两种，即磁靠面限位、Kelvin 定位。

1. 磁靠面限位

对于定位精度较高的机构，由位置反馈元件粗定位后，设置可调螺栓配合永磁钢实现机械的精确定位。在设计中无论是在标定位置，还是非标定位置中，都可采用机械限位装置，安全可靠。

（1）锁定装置可设计成永磁锁定式，可简化结构和控制，即用永久磁钢作为磁场源，用导磁材料作为衔铁以产生锁定力矩。锁定力的大小、结构尺寸都可以根据需要进行设计，为了实现结构紧凑，减轻质量，采用磁感应强度大的磁钢材料。

（2）结构上需做特殊设计，保证锁定状态和打开状态磁路都形成自身闭合，以减小漏磁对卫星上其他电子设备的电磁干扰。

考虑 1.5 倍吸合裕度，永磁钢的吸合力矩按下面公式计算：

$$1.5\times(T_M+T_{定})\leqslant T_{磁钢}\leqslant(T-T_M)/1.5 \tag{11-3}$$

$$T_{磁钢}=F_{磁钢}\cdot L_{磁钢} \tag{11-4}$$

式中：T——驱动力矩；

T_M——轴系摩擦力矩（mN · m）；

$T_{定}$——电机定位力矩（mN · m）；

$T_{磁钢}$——永磁钢的吸合力矩（mN · m）；

$F_{磁钢}$——永磁钢的吸力（N）；

$L_{磁钢}$——永磁钢的力臂（mm）。

磁靠面定位机构，需校核在寿命末期，定位面的磨损量是否满足机构的定位精度要求。

2. Kelvin 定位

机构组件的精密定位，需通过限制其多个自由度来实现。在光学设计实践中，最典型的两种定位装置分别是 Kelvin 运动支撑与 Boyes 运动支撑[159,160]。如图 11－21 所示，这两种支撑方式的共同点在于本质上都是通过不同定位块间的组合，实现对整个定位机构六自由度上的约束，从而达到精确的、一致性高的定位。其不同点在于组合方式选择的不同。

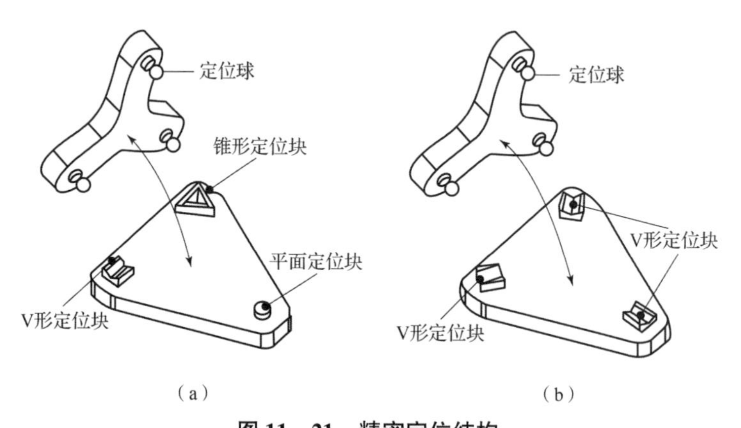

图 11－21 精密定位结构

（a）Kelvin 支撑；（b）Boyes 支撑

Kelvin 支撑与 Boyes 支撑这两种典型支撑方式中共有 3 种类型的定位块组合，分别有 1 个、2 个、3 个接触点，每个接触点均由球与平面接触产生。图 11－22 所示为各种定位块组合中的接触方式。

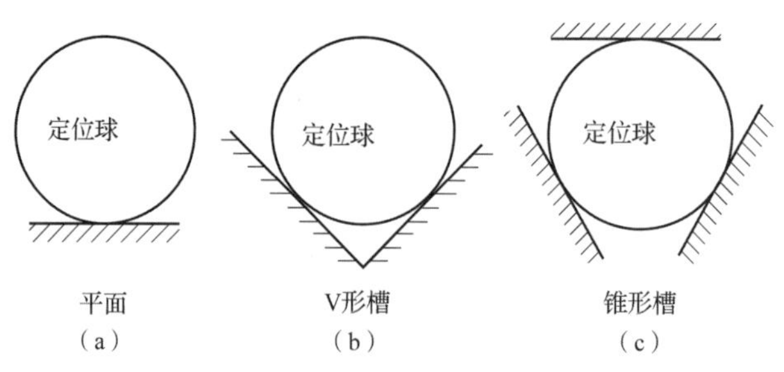

图 11－22 定位块接触方式

（a）定位球与平面接触；（b）定位球与 V 形槽接触；（c）定位球与锥形槽接触

Kelvin 支撑与 Boyes 支撑在考虑重复定位误差方面，开展设计的注意事项包括：

（1）Boyes 支撑的重复定位误差受锁紧力的不一致性的影响比 Kelvin 支撑的要小。

（2）增大定位球直径可以减小锁紧力的不一致性引起的重复定位误差（绝对值），并且减小的趋势逐渐变缓。

（3）在这类支撑结构的设计中，通常选择高许用应力的材料，如钛合金等。同时增加定位球直径来提高机构的重复精度，通过减小定位装置连接界面的接触面积，减小微滑动区域，并对定位装置采取淬火处理，提高接触表面硬度，提高接触刚度，来保证定位锁紧后的微动力学稳定性。

运动支撑的设计就是基于精确约束理论以实现两个结构之间的精确定位。基于以上的定位接触方式，在工程实践中，常根据产品的特点采用改进型的 Kelvin 支撑。即把 Kelvin 支撑分成三个独立的部分，分别限制三个自由度、两个自由度和一个自由度。在主约束位置，限制三个自由度的定位装置提供了杯球形接触面，同时提供了三点中的一点来定义接触平面。在次约束位置有一个限制两个自由度的定位装置提供了凹槽中的球面来固定第一个定位装置的旋转和建立接触平面的第二点。在第三约束位置有一个限制一个自由度定位装置的球体，提供了锁定机构接触平面的最后一点。如图 11－23 所示。

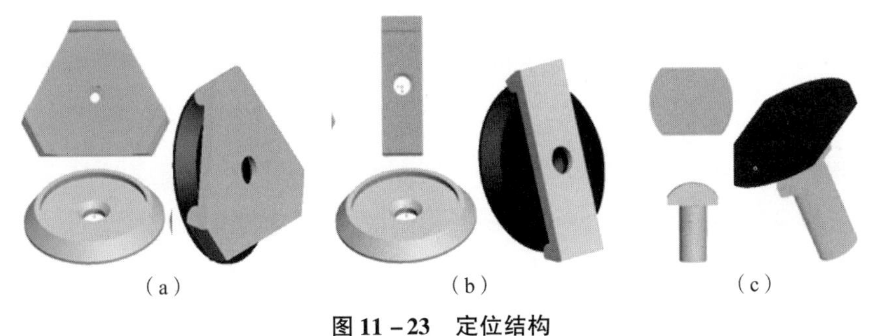

（a）　　（b）　　（c）

图 11－23　定位结构

（a）3－DOR；（b）2－DOR；（c）1－DOR

软件限位，则在机构控制软件中设置限位角度，当接收到的绝对角度值超过限位数值时，不响应相关指令，以达到限位的作用。

11.2.4.3 锁定设计

为保证切换机构在地面力学试验和发射过程中不会受损，需要考虑转动部件的锁定设计，并保证锁定组件具有一定的安全系数。主要有以下三种锁定方式：

（1）电机自锁，计算发射过程或力学试验时，负载偏心力矩、轴系摩擦力矩等转换到电机轴上所需的锁定力矩，如果步进电机自身定位力矩足够，则可采用电机自锁，公式如下：

$$T_{定}/[(T_a - T_M)/i] > 1.5 \tag{11-5}$$

式中：T_a——发射过载下的负载偏心力矩（mN·m）；

i——减速齿轮副传动比。

（2）电机加电锁定，如果电机定位力矩不足，则计算步进电机加电保持齿距是否满足要求。

（3）电磁铁锁定，如果电机加电保持仍无法满足锁定要求，则考虑使用电磁铁吸合方式锁定，发射后在轨断电解锁。这已经在限位设计章节进行了讨论。

11.2.4.4 定位（到位）精度分析

对于遥感器机构，除机构执行过程中的精度以外，还需重点关注到位精度。大量机构涉及光学组件，参与成像过程。那么机构执行到位后的精度保证，就尤为重要。

在机构设计章节已经对限位及锁定设计进行了简要的说明。机构的精度定位有两种典型的实现途径，一是采用微位移技术，如采用压电陶瓷驱动微动平台宏微双重驱动，或压电叠堆与柔性机构结合，实现纳米级的分辨率和定位精度；二是通过精密定位装置的辅助，通过机械定位的自由度全约束实现高精度，也就是精确约束。

精确约束理论的核心是一个构件的运动自由度和作用在构件上的约束之间一一对应的关系（没有过约束和欠约束），其约束数和自由度数之间满足公式[161]：

$$n = 6 + f - d \tag{11-6}$$

式中：n——结构的独立约束数；

f——结构的柔性自由度数；

d——结构所需要的运动自由度数。

任一独立刚性构件在空间具有六个自由度，欲使机械结构中每一构件都能获得功能所要求的相对运动或相对固定关系，都必须通过不同的约束限制该构件不需要的自由度。与利用过约束弹性平均理论和精加工配作等方式实现精确定位的方法相比，精确约束理论由于采用点接触精确约束刚体的自由度，消除了由于加工误差和环境因素对定位精度的影响。

由于运动支撑结构的设计满足精确约束的设计理论，则每一个约束点的位置变化只引起结构沿该约束的方向发生的平移或转动，而不影响其他约束点发生位置变化。因此可以利用结构的几何参数矩阵来分析运动支撑的定位精度。此外，无论是哪种方式的精确定位，接触是实现定位的前提，那么总体的定位误差不可回避地要考虑由局部变形误差带来的影响，分析如下。

1. 接触力分析

根据结构的力平衡和力矩平衡方程可得：

$$\begin{bmatrix} n_1 & \cdots & n_p \\ r_1 \times n_1 & \cdots & r_p \times n_p \end{bmatrix} \begin{bmatrix} F_1 \\ \vdots \\ F_p \end{bmatrix} = \begin{bmatrix} F_a \\ T_a \end{bmatrix} \tag{11-7}$$

式中：F_i——接触点接触力的矢量；

n_i——接触力的方向向量；

r_i——接触力施力点力矩臂；

F_a——外力；

T_a——外力矩。

式（11－7）可简化为：$\boldsymbol{SF}_{\mathrm{c}} = \boldsymbol{F}_{\mathrm{g}}$，$\boldsymbol{S}$ 为结构几何参数矩阵，$\boldsymbol{F}_{\mathrm{c}}$ 为各接触点接触力矩阵，$\boldsymbol{F}_{\mathrm{g}}$ 为外力和外力矩矩阵。作为精确约束的系统（$n = 6 - d$），矩阵为方阵，接触力可由下式得出：

$$\boldsymbol{F}_{\mathrm{c}} = \boldsymbol{S}^{-1}\boldsymbol{F}_{\mathrm{g}} = \boldsymbol{M}_{\mathrm{gc}}\boldsymbol{F}_{\mathrm{g}} \tag{11-8}$$

式中，$\boldsymbol{M}_{\mathrm{gc}}$ 只由结构几何参数确定，建立了结构总体外力和力矩（结构总体坐标系下，坐标原点为反射镜中心）与接触点局部接触力之间的转换关系，可以看作是从“总体”坐标空间到“局部”坐标空间的转换矩阵。

2. 接触变形

接触变形可由接触弹性物体的赫兹理论得出，接触应力可用于评估设计可行性。由于刚体假设，为满足各接触点接触变形要求，结构必须作为一个整体运动，而且运动必须垂直各接触点的法线方向。

3. 总体定位误差

根据能量守恒定律，系统的弹性势能的增长等于外力做功：

$$W=\frac{1}{2}\boldsymbol{\delta}_{c}^{T}\boldsymbol{F}_{c}=\frac{1}{2}\boldsymbol{\delta}_{g}^{T}\boldsymbol{F}_{g} \tag{11-9}$$

式中，$\boldsymbol{F}_c$ 为接触力，$\boldsymbol{\delta}_c$ 为接触变形，$\boldsymbol{F}_g$ 为施加的外力，$\boldsymbol{\delta}_g$ 为总体定位误差。

设定总体定位误差为：$\boldsymbol{\delta}_g=\begin{pmatrix}\boldsymbol{\delta}\\ \boldsymbol{\varepsilon}\end{pmatrix}$，其中 $\boldsymbol{\delta}$ 为平移误差，$\boldsymbol{\varepsilon}$ 为旋转误差。

合并上述两个公式，可得总体定位误差为：

$$\begin{cases}\boldsymbol{\delta}_{g}^{T}\boldsymbol{F}_{g}=\boldsymbol{\delta}_{c}^{T}\boldsymbol{F}_{c}=\boldsymbol{\delta}_{c}^{T}\boldsymbol{M}_{gc}\boldsymbol{F}_{g}\\ \boldsymbol{\delta}_{g}=\boldsymbol{M}_{gc}^{T}\boldsymbol{\delta}_{c}=\boldsymbol{M}_{cg}\boldsymbol{\delta}_{c}\end{cases} \tag{11-10}$$

式中，$\boldsymbol{M}_{cg}$ 可以看作是从“局部”坐标空间到“总体”坐标空间的转换矩阵。

11.2.5 线束管理

遥感器大行程机构应重点考虑随动电缆的走线设计，随动电缆尽量从轴心穿出，走线时线缆应既不影响活动部件运转，又不产生过大的扭转力矩，同时避免引线钩挂或卡塞，要考虑随动电缆可靠性和寿命，必要时应进行相关试验。

整周旋转或大角度旋转（$\theta>180°$）时，需要使用滑环的方式，将引线从活动部件接至固定部件；对于小角度旋转（$\theta<\pm180°$），可以采用滑环或螺旋绕线的方式将引线从活动部件接至固定部件。

航天用滑环结构如图 11-24 所示。

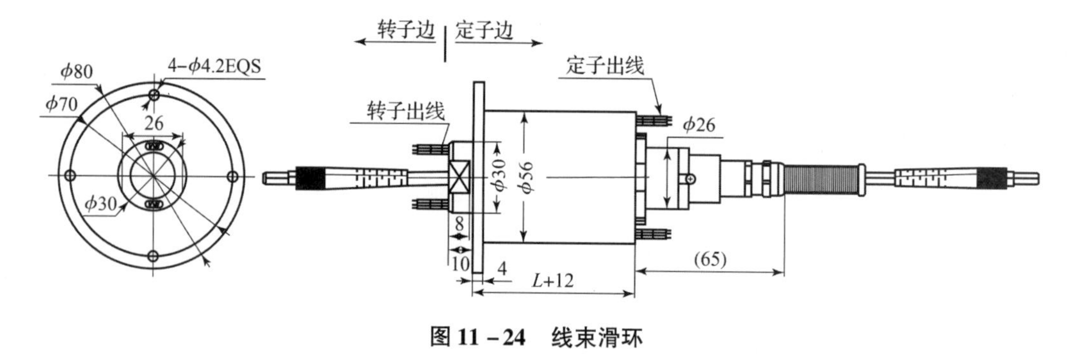

图 11-24　线束滑环

11.3　机构高可靠长寿命设计

机构可靠性设计分析是遥感器机构设计的重点内容。本节单独进行说明。在工程实践中，往往按照表 11 –9 的要求开展可靠性项目的梳理和检查。

表 11 –9　机构设计可靠性检查清单

序号	检查项目	输入条件	检查要点
1	设计要求满足情况	总体对机构的设计技术要求	技术要求内容合理、全面，对全寿命周期内的环境条件及工作任务分析清晰
2	机构总体方案	机构构型、功率需求、机构在轨环境条件、机构在轨工作模式、功能要求、性能要求及接口	多方案定性比较
3			系统设计，方案优化，可靠性与其他设计的指标权衡
4			可动组件设计
5			机构设计
6	材料与工艺的选择与控制	机构方案	确定新材料、新部件、新工艺及新技术
7	抗力学环境设计	机构方案	确定固定点数量，优化连接点位置。机构的模态分析、机构强度分析、动态包络及变形分析
8	裕度设计	机构方案	力矩裕度、安全裕度满足规范要求
9	刚度设计	机构方案	发射状态和收拢状态固有频率满足技术要求
10	润滑设计	机构方案	润滑剂和润滑工艺选用合理，满足遥感器全寿命期间的工作要求
11	冗余设计	机构方案	冗余设计合理

续表

序号	检查项目	输入条件	检查要点
12	耐空间环境设计	空间环境参数	机构设计满足真空及空间环境影响的要求
13	接地及防静电要求	建造规范	按规范实施接地及防静电设计

上述的设计内容，均涉及可靠性的概念，因此在提高航天机构可靠性方面，主要的方法总结如下[162]。

（1）简单化设计。结构的复杂度，原则上带来了更多故障率风险，因此针对航天用机构的设计，应该避免复杂的、无谓的、过分冗余的设计，尽量使得结构简单、高效。

（2）冗余设计。冗余设计是通过采用重复配置资源的方式来提高系统可靠度。关键功能部件采用冗余设计方法，提高可靠度。如在执行机构中，可通过使用双电机、双编码器的结构设计方式，提高机构的可靠度；火工机构中采用双点火器的冗余设计来提高可靠度。冗余设计是以增加系统质量、体积、成本、功耗为代价，来提高系统可靠度的方法，在具体使用时，应综合考虑、分析，权衡利弊。

（3）润滑设计。润滑设计需充分考虑机构所经历的各种环境，如地面测试、火箭发射、在轨飞行等，综合考虑零件材料的特性，选取合适的润滑方式以确保机构有效润滑，保证机构的可靠度。

（4）裕度设计。裕度设计，也就是安全裕度设计，是对所设计的产品在精度、刚度、强度等方面留有余量设计。由于材料的性能、加工精度、装配精度、人员操作等均有一定的不确定性，以及航天产品天地不一致的特点，裕度设计是航天产品的基本原则之一，通过对产品进行裕度设计，可规避一些潜在的风险，提高系统的可靠度。

（5）静电防护设计。对于有静电防护要求的机构，如含电子学元器件、火工品等的机构，必须进行静电防护设计，避免元器件损坏或火工品被杂散电流误引爆、误动作。

(6) 可靠性试验。由于航天产品长寿命、高可靠的要求，对关键功能部件除了开展可靠性分析外，还需进行必要的可靠性测试试验，通过试验来验证其可靠性，同时也可根据试验结果指导设计工作。

11.3.1 裕度设计与校核

11.3.1.1 驱动力矩校核及裕度分析

1. *启动力矩*

步进电机一般设计一步起速，从0达到一定转速，需要的启动力矩可由下述公式得到：

$$T_1 = \frac{J\pi\theta f_1^2}{180} \tag{11-11}$$

式中：J——转动组件转换到电机轴上的转动惯量（$kg \cdot mm^2$）；

θ——电机步距角（°）；

f_1——一步起速达到的转速（Hz）。

在实际校核中，需考虑预紧产生的摩擦力矩、轴承受力引起的摩擦力矩、热变形引起的轴承摩擦力矩等。

2. *发射锁定力矩*

在发射阶段，机构负载存在偏置，该偏心量产生的力矩为M_1，此时轴承的摩擦力与偏心量产生的力矩方向相反，摩擦力矩在预紧作用下为M_2，将这两组力矩折合到电机轴上，可评估电机的自身定位力矩是否能在发射阶段保证该机构的锁定，如不能，在发射阶段需要加电保持，再确定电机加电保持力矩是否可以保证机构的锁定功能。

3. *力矩裕度校核*

机构最主要的特征就是运动。机构的可靠性R可用“在规定时间内，在规定条件下，驱动力$F_{动}$大于阻动力$F_{阻}$的概率或驱动力矩$M_{动}$大于阻动力矩$M_{阻}$的概率”来表征，计算力矩裕度时，需要考虑所有最坏工况及其组合，最坏工况至少应包括：

（1）空间环境，尤其是温度环境。

（2）由储存时间引起的静摩擦和动摩擦的可能变化。

（3）装配时的对中影响。

（4）锁定力。

（5）阻尼器阻力。

（6）热变形和载荷变形。

（7）润滑性能的变化。

（8）安装接口刚度、安装误差和变形的影响。

机构传动裕度计算在国内外标准中有相关的规定，国外的规定如表 11－10 所示[163]。

表 11－10　国外标准中提到的裕度设计

项目	美国军用标准 MIL－HDBK－83577	欧洲空间组织标准 ECSS－E－30
静力裕度 MOS_{sf}	$MOS_{sf}=100\times\left(\frac{F_d-F_{nd}}{F_r}-1\right)\geqslant\beta$ $\beta=\begin{cases}1.75\text{（方案设计）}\\1.50\text{（初步设计）}\\1.25\text{（初样设计）}\\1.00\text{（正样设计）}\end{cases}$	准静力比： $\frac{F_d}{F_r}\geqslant2$
静力矩裕度 MOS_{sm}	$MOS_{sm}=100\times\left(\frac{M_d-M_{nd}}{M_r}-1\right)\geqslant\beta$ $\beta=\begin{cases}1.75\text{（方案设计）}\\1.50\text{（初步设计）}\\1.25\text{（初样设计）}\\1.00\text{（正样设计）}\end{cases}$	准静力矩比： $\frac{M_d}{M_r}\geqslant2$
动力裕度 MOS_{df}	$MOS_{df}=100\times\left(\frac{F_d-F_r}{F_{nd}}-1\right)\geqslant0.25$	动力比： $\frac{F_d-2F_r}{F_i}\geqslant1.25$

续表

项目	美国军用标准 MIL－HDBK－83577	欧洲空间组织标准 ECSS－E－30
动力矩裕度 MOS_{dm}	$MOS_{dm}=100\times\left(\frac{M_d-M_r}{M_{nd}}-1\right)\geqslant 0.25$	动力矩比： $\frac{M_d-2M_r}{M_i}\geqslant 1.25$
注：F_d 和 M_d 分别表示驱动力和驱动力矩；F_r 和 M_r 分别表示阻力和阻力矩；F_{nd} 和 M_{nd} 分别表示产生规定加速度所需的驱动力和产生规定加速度所需的驱动力矩；F_i 和 M_i 分别表示所需加速度引起的惯性力和所需加速度引起的惯性力矩；MOS 是英文 Margin of Safety 的缩写。		

依据中国国家军用标准 GJB 4038—2000，静力矩及动力矩裕度按如下公式计算。

（1）静力矩裕度：在极值环境条件下，可动组件在运动过程中的任意位置上，最小静力矩裕度必须大于 1（当用电机驱动时，一般还要求大于 2）。在可动组件研制的各阶段，最小静力矩裕度要求如表 11－11 所示。静力矩裕度计算公式如下：

$$MS_s=\frac{M_d}{M_r}-1 \tag{11-12}$$

（2）动力矩裕度：如无特殊要求，可动组件的动力矩裕度必须大于 0.25，同时也应考虑到，过高的动力矩裕度有时会造成危害，如冲击载荷过大。动力矩裕度计算公式如下：

$$MS_d=\frac{M_d-M_r}{M_a}-1 \tag{11-13}$$

式中：M_d——驱动力矩；

M_r——阻力矩；

M_a——产生加速度所需力矩。

（3）具体到电机静态力矩裕度 η_s 和动态力矩裕度 η_d 分别按下式计算：

$$\begin{cases}\eta_s=kM/R-1\\ \eta_d=(kM-R)/M_{max}-1\end{cases} \tag{11-14}$$

式中：k——齿轮传递效率，一般取0.85～0.9；

M——电机最小启动力矩（mN·m）；

R——最大静态负载力矩（mN·m）；

M_{max}——最大惯性力矩（mN·m）。

表11-11 研制阶段所需的最小静力矩裕度

研制阶段	所需最小静力矩裕度
方案设计	1.75
初样设计	1.50
关键设计	1.25
验收/鉴定试验	1.00

11.3.1.2 关键部件裕度设计及强度分析

1. 空心圆截面轴扭转强度校核

空心圆截面轴的扭转强度校核（按最薄弱处计算），按下式计算：

$$\tau \leqslant \frac{T}{W_T} = \frac{T}{\pi/16 \times D^3 \left[1 - \left(\frac{d}{D}\right)^4\right]} \tag{11-15}$$

$$[\tau] = \tau_b / S \tag{11-16}$$

式中：T——轴所承受的扭矩（mN·m）；

W_T——轴的抗扭截面模量；

d——空心圆截面内径（实心轴时$d=0$）（mm）；

D——空心圆截面外径（mm）；

τ_b——材料许用切应力；

S——安全系数，至少取2。

当$\tau \leqslant [\tau]$，则负载轴满足扭转强度要求。

2. 负载轴弯曲强度校核

齿轮作用在轴上的合力F可以分解为切向力F_x及径向力F_y。轴在互相垂直的F_x、F_y作用下，在轴的支承上产生互相垂直的支反力R_x、R_y。直齿圆柱齿轮传动时，F_x、F_y按照下式计算：

$$F_x = \frac{2T}{d}(\mathrm{N}) \tag{11-17}$$

$$F_y = F_x \tan(\alpha + \rho)(\mathrm{N}) \tag{11-18}$$

式中：d——齿轮分度圆直径（mm）；

α——压力角，通常为20°；

ρ——摩擦角，约为5°43′。

求出 R_x、R_y 后，即可分别求出作用在互相垂直的平面内的弯矩（M_x、M_y），再应用矢量合成原理，合成弯矩 M 按下式计算：

$$M = \sqrt{M_x^2 + M_y^2} \tag{11-19}$$

根据强度理论，计算当量弯矩，再确定危险截面，校核危险截面应力。当量弯矩 M_e 及危险截面应力 σ_b 按照下式计算：

$$M_e = \sqrt{M^2 + (\alpha T)^2} = \sqrt{M^2 + \left(\frac{[\sigma_{-1b}]}{[\sigma_{0b}]}T\right)^2} \tag{11-20}$$

$$\sigma_b = \frac{M_e}{W} = \frac{M_e}{\pi/32 \times D^3\left[1 - \left(\frac{d}{D}\right)^4\right]} \leqslant [\sigma_{-1b}] \tag{11-21}$$

式中：α——应力校正系数；

$[\sigma_{-1b}]$——材料在对称循环应力状态下的许用弯曲应力；

$[\sigma_{0b}]$——材料在脉动应力状态下的许用弯曲应力；

W——轴的抗弯截面模量。

3. 轴承强度校核

遥感器机构的转速一般较低，当转速小于 10 r/min 时，是低速运转的机构，其主要失效形式是塑性变形，因此需要进行静强度的校核。

设机构中的负载转子重量 $M = 1.39g$，根据使用条件可知，在发射阶段组件不工作处于静止状态，承受加速度为 $G = 25g$ 的过载，此时轴承受到的冲击载荷最大，此时的静载荷 C 为：

$$C = M \times G \times 9.8 \tag{11-22}$$

如采用角接触球轴承，其安全静载荷为 C_{0r}，由此可知当 $C \ll C_{0r}$时，轴承承载能力满足力学强度条件。

4. 齿轮强度校核

齿轮是遥感器机构中最常用的传动元件，考虑到防冷焊处理和高耐磨性，小齿轮材料选取聚酰亚胺 SP3，在确定了齿轮的工况后，根据圆柱齿轮传动的强度校核计算公式，需校核组件运行过程中的齿轮疲劳强度，这包括齿面接触疲劳强度以及齿根弯曲疲劳强度。

（1）齿面接触疲劳强度的校核。

以小齿轮为例，式中相关计算参数根据《机械设计手册》中关于渐开线圆柱齿轮传动的定义取值。小齿轮分度圆上的圆周力 F_t 及接触应力 σ_H 按下列公式计算：

$$F_t = \frac{T_{堵}\theta}{d_{p2}/2} \tag{11-23}$$

$$\sigma_H = Z_H Z_E Z_{\varepsilon\beta}\sqrt{\frac{F_t}{bd_{p2}}\frac{u+1}{u}K_A K_\nu K_{H\beta}K_{H\alpha}} \tag{11-24}$$

式中：Z_H——节点区域系数；

Z_E——材料弹性系数；

$Z_{\varepsilon\beta}$——接触强度计算的重合度与螺旋角系数；

b——齿宽；

d_{p2}——小齿轮分度圆直径；

u——齿数比，$u = z_1/z_2$；

K_A——使用系数；

K_ν——动载系数；

$K_{H\beta}$——齿向载荷分布系数；

$K_{H\alpha}$——齿间载荷分配系数。

许用接触应力 σ_{HP} 按照下式计算：

$$\sigma_{HP} = \frac{\sigma_{H\mathrm{im}} Z_N Z_W Z_x}{S_{H\min}} \tag{11-25}$$

式中：$\sigma_{H\mathrm{im}}$——齿轮的接触疲劳极限应力；

Z_N——接触强度计算的寿命系数；

Z_W——工作硬化系数；

Z_x——接触强度计算的尺寸系数；

$S_{H\min}$——接触强度最小安全系数。

当 $\sigma_H < \sigma_{HP}$ 时，则齿面接触疲劳强度满足要求。

（2）齿根弯曲疲劳强度的校核。

齿根弯曲应力按下式计算：

$$\sigma_F = \frac{KF_t}{bm} Y_F Y_s Y_\varepsilon \tag{11-26}$$

式中：K——综合系数，由《机械设计手册》查取；

m——齿轮模数；

Y_F——齿轮的齿形系数，由《机械设计手册》查取；

Y_s——齿轮的应力修正系数，由《机械设计手册》查取；

Y_ε——齿轮的重合度系数。

齿轮的重合度 ε_α、许用弯曲应力 σ_{FP} 按照下式计算：

$$\varepsilon_\alpha = \left[1.88 - 3.2\left(\frac{1}{z_1} + \frac{1}{z_2}\right)\cos\beta\right] \tag{11-27}$$

$$\sigma_{FP} = \frac{\sigma_{FE} Y_N Y_{\delta relT} Y_{RrelT} Y_x}{S_{F\min}} \tag{11-28}$$

式中：σ_{FE}——齿轮材料的弯曲疲劳强度基本值；

Y_N——弯曲强度计算的寿命系数；

$Y_{\delta relT}$——相对齿根圆角敏感性系数；

Y_{RrelT}——相对表面状况系数；

Y_x——弯曲强度计算的尺寸系数；

$S_{F\min}$——弯曲强度最小安全系数。

当 $\sigma_F < \sigma_{FP}$ 时，则齿轮齿根弯曲疲劳强度满足要求。

11.3.2　冗余设计

冗余设计，简而言之就是备份的设计。“冗余容错”设计是指对完成某功能的硬件或软件，通过增加更多的硬件或软件，将之设计成出现故障或错误时仍有能力完成其承担的功能。冗余设计是提高可靠性的重要手段，由于“冗余容错”设计需要使用更多的硬件或软件，一般是在采用其他提高可靠性手段后仍不能满足要求时采用。

在遥感器结构中鲜有进行冗余设计的结构构型，在机构设计中，由于长期在真空中工作，以及热环境的变化，一般在有单点故障的环节上，设置冗余机构。NASA 的宽视场红外测量探测器（WISE）扫描机构就通过冗余设计装备了冗余电机、同步感应器及相应的控制电路以延长寿命，提高任务的可靠性[164]。再比如红外相机的定标机构，红外相机定标机构如果发生卡滞等问题，将遮挡相机的通光路径，根据遮挡的情况，会造成载荷成像功能的部分或全部丧失。在这种情况下，则需要一套冗余的机构设计，如退出机构，确保在发生故障时，能够确保光路恢复。

在遥感器的机构中，可称为单点故障的机构包括可展开遮光罩、红外定标机构、快门机构等，在设计时需考虑冗余设计。

11.3.3 机构润滑设计

空间机构的润滑要求在前面已经提及，具体而言包括三种，即液体润滑、脂润滑和固体润滑[162]。

（1）固体润滑是通过在摩擦副之间涂敷或溅射摩擦系数较低的粉末状或薄膜状固体材料，以降低其摩擦与磨损。

（2）液体润滑是指在摩擦副之间加入由基础油与添加剂调制而成的液体，以降低其摩擦与磨损。

（3）脂润滑是指在摩擦副之间加入一种由稠化剂和润滑液体所组成的具有塑性的半固态液体，以降低其摩擦与磨损。

液体润滑必须在结构上采取很多必要的措施，以防止润滑失效或造成污染。因此在遥感器的机构中很少应用。脂润滑也因其易于挥发和化学特性的不稳定性，限制了其在空间机构中的应用。

固体润滑的研究除了包括润滑材料的研制及其润滑作用机理、失效机理和结构与性能关系等方面的探索外，固体润滑材料性能的表征参数、评价测试方法及质量控制指标等也是其重要的组成部分。

利用固体润滑剂对摩擦面进行润滑的技术称为固体润滑技术。固体润滑是用固体微粉、薄膜或复合材料代替润滑油（脂），通过隔离相对运动的摩擦面以达到减摩和耐磨的目的。这种能够降低摩擦、减少磨损的固体物质称为固体润滑剂。随着现代科学技术的进步，固体润滑材料已从单一的微粉黏结膜或单元的整体材料发展成为由多种成分组成的复合材料。目前，可作为固体润滑剂的物质包括石墨、二硫化铝等层状固体物质，塑料和树脂等高分子材料，软金属及各种化合物等。现在固体润滑材料的作用机理和使用方法的研究也得到迅速的发展，并出现了许多制造设备和应用这些材料的新工艺新技术。

众多固体润滑材料中，在航空航天领域，MoS_2 固体润滑剂是应用较为广泛的一种，这是由 MoS_2 晶体的特殊结构所决定的。MoS_2 属于六方晶系的层状结构，其晶体是由 S－Mo－S 三个平面层组成的单元层。在单元层内部，每个钼原子被三棱形分布的硫原子包围，它们以很强的共价键结合在一起。每个单元层的厚度为 0.625 nm，各层之间的距离为 1.230 nm，在 1 μm 的润滑层内就有大约 1 600 个单元层。在同一层里的 S－Mo 原子是以很强的共价键结合的，而层与层之间是以很弱的范德华力相连接。因而 MoS_2 极易从层与层之间劈开，同时 MoS_2 与金属底材间有很强的吸附性，易于在对偶面之间形成转移膜使摩擦发生在 MoS_2 单元层之间。因而 MoS_2 具有良好的固体润滑性能和较低的摩擦系数。

由于遥感器基本上无大承载机构，且固体润滑具有无污染等特点，因此遥感器机构大量采用固体润滑。如机构轴承润滑采用“沟道溅射 MoS_2 + 固体自润滑保持架”的润滑方案。轴承的保持架选用自润滑材料制作，能够在轴承运转中持续形成转移润滑膜，维护轴承润滑；在轴承滚道上，采用物理气相沉积方法溅射 MoS_2 固体润滑薄膜，为轴承提供良好的初始润滑膜，该润滑膜和转移膜相互配合和补充，为轴承提供良好的润滑，并且防止真空冷焊的发生。MoS_2 的基本性能见表 11－12。

表 11－12　MoS_2 的基本性能

项目	量值	项目	量值
色泽	蓝灰色	空气氧化	400 ℃以上
晶型	六方晶系	熔点/℃	1 800
密度/($g \cdot cm^{-3}$)	4.5~4.8	比电阻/($\Omega \cdot cm$)	851

续表

项目	量值	项目	量值
摩擦系数	0.03 ~ 0.09 （大气 400 ℃）下	热导率 /[W·m^{-1}·K]	0.13（40 ℃）; 0.19（430 ℃）
耐压性/MPa	2 800	热膨胀系数/$℃^{-1}$	10.7×10^{-6}（基面）
使用温度/℃	-180 ~ 343	黏附性	结合力强， 不损伤金属表面

目前国内比较先进的 MoS_2 镀膜工艺主要有溅射法和离子镀两种方法。其中溅射法是世界各国通常使用的方法，工艺比较成熟，使用效果也比较好。离子镀是近二十年才发展起来的一种新技术，其具有许多优点，但在国内还基本上处于实验室阶段，技术上还不太成熟，所以在实际应用中还不常使用。

除镀层外，在遥感器机构中使用的固体润滑保持架基体材料或者齿轮副的其中一只齿轮常采用自润滑材料制造，如聚四氟乙烯和聚酰亚胺。表 11-13 为两种材料的空间环境适应性能的比较。它们都属于热塑性材料，加热会变软，但即使接近其分解温度也不会变成黏稠的流体状态，所以对它们不能采用一般的热塑性塑料的成型工艺，如注射、浇铸等，通常采用模压法。其基本原则是先冷压，后烧结。保持架的整个模压工艺流程为：物料准备—混合—压制成型—烧结—冷却定型。

表 11-13 两种材料空间环境适应性能的比较

材料	高分子结构	摩擦系数	耐磨性	自润滑	转移性	高比强性	抗辐射能力
聚四氟乙烯	带状	0.05	差	优	优	良	差
聚酰亚胺	球晶状	0.17	优	一般	一般	优	优

11.3.4 机构间隙和间距设计

所有活动部件相对运动零件的尺寸公差都应进行累积公差分析和在轨温度环

境下的间隙分析，以防产生过大摩擦或被卡住。机构应正确选择与周围其他结构件、热控包覆层和航天器各种设备间的静态间距和动态间距，在航天器发射和所有在轨工作期间，所确定的间距和间隙均应予保持。选择间距和间隙时通常应考虑：

（1）避免机构的干涉。

（2）制造、组装和对中的误差。

（3）温度和温度梯度引起的变形。

（4）动环境。

（5）载荷和减压等引起的变形和松弛。

例如：为保证机构可靠性，应保证具有相对运动部件的最小间隙。机构转动部件与固定零部件的最小间隙应不小于 1 mm；热控实施后，机构转动部分与相机主体之间的最小间隙不小于 5 mm；霍尔元件与霍尔磁钢感应面的距离应控制在 1.5 ~2.5 mm；光电对组件与挡光片之间的单侧间隙应大于 1.5 mm；电路板焊点边缘与结构件之间最小间隙应大于 2.5 mm。

机构的干涉检查是机构设计中的重要内容。干涉检查一般分为以下两部分内容。

1. 静态干涉检查

对静态的装配体进行干涉检查，即在装配体环境下对机构的装配情况进行干涉检查，可通过布尔运算进行。

2. 运动干涉检查

产品在运动中如果出现干涉现象，通常代表着碰撞和磨损，在实际设计中，我们要尽量去避免。在这里，对于简单和复杂干涉检查，主要分类标准是维度：简单干涉检查只涉及现实空间的三个维度（如长、宽、高），而复杂干涉检查是在简单干涉检查基础上添加时间维度，即机构在长时间运转后，出现了干涉现象，这也是大多数产品的真实工作状态。这时一般需开展预测性维护方案和裕度设计。

（1）简单运动干涉检查。

对于简单动态装配体检查，我们主要分两种方式，一种是靠机构传递运动，另 一种是靠接触传递运动。检查项目包括：机构内部干涉分析、运动包络分析、工作空间分析、线缆线束干涉检查等。

（2）复杂运动干涉检查。对于一个运动的产品，它在真实环境下的运动，除了考虑三维的干涉外，还需代入时间这个维度。特别应用于空间的机构产品，会受到空间环境的影响，因此非线性机构的功能退化，会造成运动干涉。

11.3.5 活动部件寿命设计

机构寿命受固体润滑轴承、电机、减速传动系统寿命的影响，应按照机构工作模式及在轨切换次数要求，分析各零部件的寿命。一般应选用航天标准化的轴承产品，按照产品手册设计机构，使轴承使用过程不超过额定动载荷、额定静载荷、接触应力、额定转速，此时轴承累计运转寿命可大于 1×10^7 转。

步进电机所用的主要原材料包括磁钢、铝合金、环氧树脂、漆包线等，经在轨验证，具有耐高温、耐辐照等特性。通常可能出现的故障模式有线圈绕组断路、短路、绝缘性不好，引出线断路、短路和破损。电机研制时，所有产品均需要通过高低温筛选试验，选用前应经过标准的功能、性能测试。常用成熟型号步进电机寿命可达 10^9 小时，寿命试验数据达 1×10^7 转。

普通齿轮副固体润滑膜，经相关试验验证能满足 3.6×10^5 转的寿命要求。成熟型号产品的谐波减速器寿命可达 10^7 转。

必要时，应根据使用工况对机构开展寿命试验。

第 12 章 步进类机构设计

12.1 概述

本章描述的步进类的机构界定为采用步进电机驱动或者采取步进的运动形式使负载按指令运转至指定位置或角度的装置，实现光谱变化或光路变化等。步进机构的构型一般可以分为两端支撑结构和单端支撑结构。负载小、结构简单的机构，一般采用单端支撑、电机直驱的形式。对温度适应性要求和可靠性要求高的机构，可采用 1 对角接触球轴承和单个深沟球轴承的支撑形式。如空间受限，可采用 1 对角接触球轴承支撑。如负载较大，可以使用 1 级或 2 级齿轮副减速。如负载又大、精度要求又高，可采用谐波减速器进行传动。典型机构如调焦机构、定标机构、滤光装置、光路切换机构、旋转光栅、热门机构等。

12.2 单自由度调焦机构

12.2.1 调焦机构功能

空间光学遥感器在轨工作，除任务级的成像、测绘等工作模式外，还有在轨维护模式。例如，针对成像类的光学遥感器，由于空间环境等因素的影响，相机会出现离焦、散焦现象。当通过地面或在轨标定的方式，获取了成像误差源后，就需要高精度地调整执行机构进行相应元件的调整，以恢复系统的波前。

一般技术要求会明确规定调焦机构应满足的调焦范围及精度，其主要指标包括：

(1) 调焦机构自身质量及负载质量。调焦机构的质量是调焦机构设计的一项重要指标，一方面影响成本，另一方面影响空间光学遥感器的质心和模态；负载则决定了调焦机构元件的选型。

(2) 调焦机构的刚度。调焦机构的刚度是机构稳定性的前提。

(3) 调焦机构自锁功能。调焦机构的自锁性能关系到机构在发射、运输、环境模拟试验即拍摄过程中的位置稳定性。

(4) 调焦范围。调焦范围也是调焦机构的重要指标，足够的余量能保证机构适应不同的轨道成像需求。

(5) 调焦分辨率。调焦分辨率是空间光学遥感器获得好的图像的关键，包括最小调焦量及调焦精度，以及在调焦过程中运动的偏心及倾斜精度。

调焦机构是遥感器上很常见的一类机构，设计流程和方案较为成熟。

12.2.2 调焦方式的选择

空间光学遥感器常用的调焦方式大体分为反射镜移动调焦和焦面移动调焦。

1. 反射镜移动调焦

反射镜调焦是反射式光学系统常见的调焦方式，常用于镜头后截距较长、调焦精度要求较高的长焦距大型相机，其方式通过移动反射镜改变焦面位置，调焦原理如图 12－1 所示。在大型遥感器中，特定的平面反射镜的尺寸与重量相比于焦面组件或镜头通常要小很多，在光学系统允许的情况下采用这类反射镜调焦模式，往往更容易保证调整后的位置精度，对电机的负载也较小。

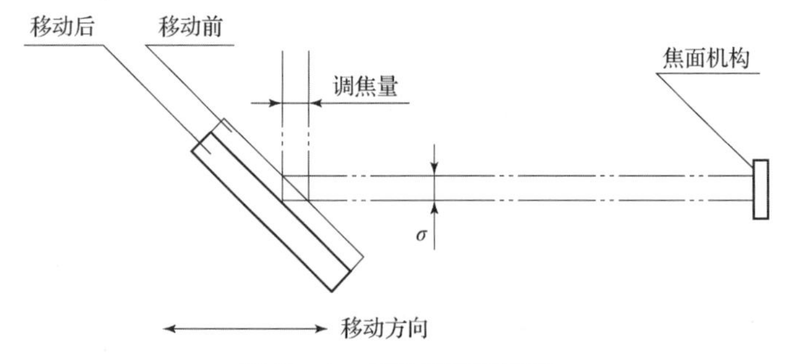

图 12－1 反射镜移动调焦

美国于 2006 年 3 月到达火星勘测轨道（Mars Reconnaissance Orbiter，MRO）的高分辨成像科学试验（High Resolution Imaging Science Experience，HiRISE）相机，焦距达到 12 m，其调焦形式为由调焦机构驱动第二折转镜进行调焦[165]。反射镜调焦在国内光学遥感器中也得到了大量应用。

2. 焦面移动调焦

焦面移动调焦是通过移动成像介质（胶片或光电转换器件）感光面进行调焦，在国内外空间光学遥感器中较为常见。从光系统和结构空间等因素上考虑，常用于装机空间小、焦面部件较小的相机，调焦原理如图 12－2 所示。

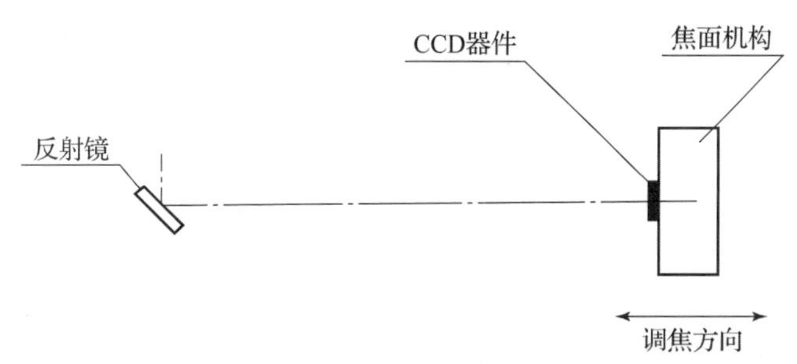

图 12－2　焦面移动调焦

12.2.3　光学系统焦深的定义

焦深，是焦点深度的简称。光学成像系统的焦深指的是当系统像面移动造成的系统波像差变化不超过四分之一波长时，则认为这个像面可以移动的范围便是光学系统的焦深。焦深由相机镜头的相对孔径决定，其计算公式如下：

$$\delta = 4F^2\lambda \tag{12-1}$$

式中：δ——光学系统的焦深；

F——镜头相对孔径的倒数；

λ——入射光波长。

在空间光学遥感相机设计中，首先考虑的指标是在获得尽可能宽的地面覆盖宽度的同时，可以保持尽可能高的空间分辨力。但是，在空间光学遥感的应用中，外界环境的变化，包括温度、振动和冲击等，都会引起光学系统的像面离焦，影响系统的空间分辨力，通常采用图像处理的方法对遥感图像进行后期处理，来提高系统的空间分辨力，但是当像面离焦量过大时，光学系统的调制传递函数出现零值，降低空间分辨力，并造成与该频率对应的空间信息无法传递，影响遥感图像的后期处理质量。此外，图像的后期处理通常需要已知光学系统的离焦量，但是对于空间光学遥感相机来说，离焦的产生因素很多，很难准确预知确切的离焦量，为了解决因离焦引起的空间分辨力降低，遥感器通常采用主动调焦补偿机构或是加入温度控制系统的方法。这无疑会增加系统的体积、重量、功耗和成本，并使整个系统复杂化，容易出现各种问题，这些应对方案在空间遥感相机普遍追求小型化、轻量化是不可取的。这些问题也迫使科研人员想方设法研究新结构的光学系统，目的是使空间遥感相机同时实现大视场、高分辨和轻质量，扩展系统焦深是解决此问题的一个有效途径，系统焦深的扩展可以使系统容许的像面离焦量增大，从而增强系统对外界环境变化的抵抗能力。

12.2.4 直线调焦机构组成及精度

12.2.4.1 调焦机构方案

典型的调焦机构采用一块活动基座通过运动机构安装于固定座上，通过步进驱动及减速元件推动活动基座运动，从而达到调焦的目的。

调焦机构按传动方式的不同，常用的有丝杠螺母式调焦机构和凸轮式调焦机构。丝杠螺母调焦结构简单，易于加工且费用低，但在真空低温条件下，在两个极限运动位置易产生卡滞现象，抗冲击振动能力差；而凸轮调焦方式精度高，凸轮、齿轮等运动件表面经特殊处理后无冷焊、无卡滞现象，有很好的抗冲击振动能力，同时结构也比较简单，但对凸轮曲线加工要求较高。

丝杠螺母传动的移动式调焦机构的调焦平台作为空间相机的重要组成部分，包括结构基座、电机及减速机构、传动机构、导向机构和移动平台。该系统具有很高的接触非线性特征。其机构组成示意图如图 12－3 所示[166]。

凸轮驱动机构的基本组成为，活动部件借助背部柔性支撑结构安装在活动支架上，活动支架上设置有直线导轨，借助直线导轨安装在调焦支架上。调焦凸轮通过轴承安装在活动支架上，调焦凸轮的一端与驱动组件相连，另一端与反馈电位计相连。步进电机通过一对齿轮将力传递给蜗轮，通过联轴节将调焦凸轮与蜗轮连接在一起，蜗轮副具有自锁功能，保证调焦后，被调部件位置不变。调焦电机工作时，借助减速器将力传递给凸轮，调焦凸轮旋转带动活动支架沿光轴方向

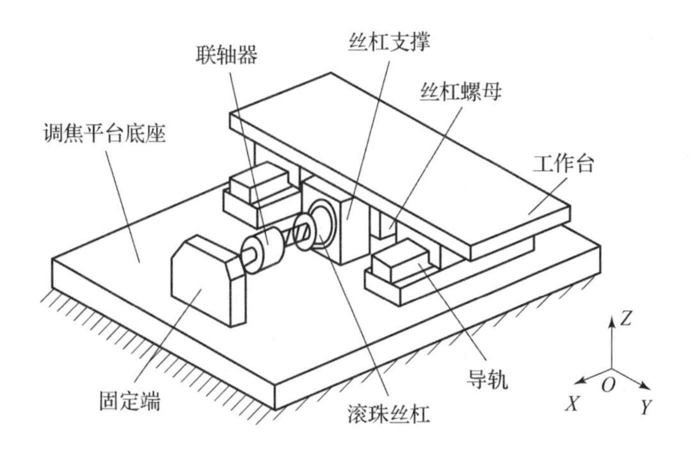

图 12－3　丝杠螺母式调焦机构

上下移动，实现调焦，调焦电位计负责反馈调焦位置。凸轮驱动调焦机构示意图如图 12－4 所示。

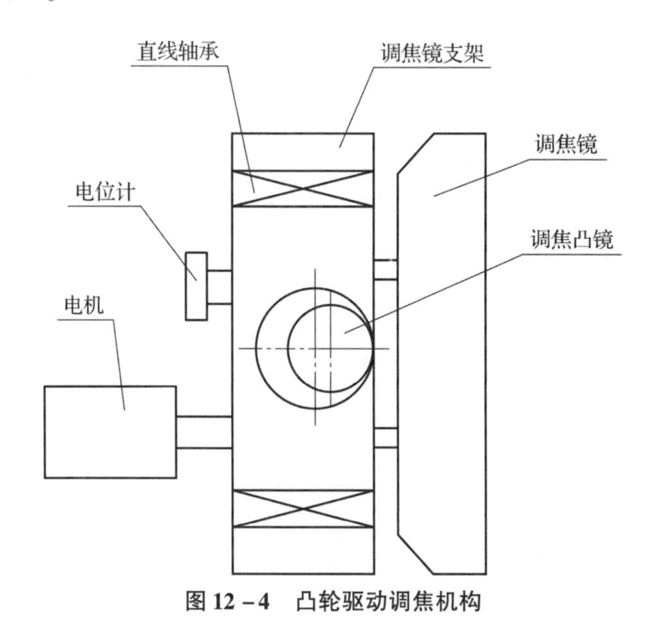

图 12－4　凸轮驱动调焦机构

12.2.4.2　调焦机构误差组成

1. 误差分类

调焦机构的误差同样分为装配误差、动态误差。装配误差也称静态误差，它表示在选定的零部件和加工、装配水平下，机构装配完成后的误差概率分布情况。如采用反射镜调焦，调焦镜初始的位置、角度误差可以通过光检消除，但是轴系角度误差将影响机构的运动。动态误差是机构的运动精度，反映运动过程中的位置、角度误差，包含动态定位误差、动态离轴和角度误差，是评定机构精度的最终指标。

以丝杠螺母式调焦机构为例，从试验结果来看，影响调焦机构精度的主要因素有：

（1）直线导轨的自身误差。包括两端 V 形槽中心线的直线度、滑轨与滚珠接触部位的尺寸偏差、滚珠直径的偏差等引起的误差，调焦机构中所选用的直线导轨的精度等级。

（2）步进电机的驱动误差。步进电机的丢步导致滚珠丝杠的旋转度数不准确。

（3）编码器的检测误差。编码器自身存在的装调误差引起的检测误差。

（4）滚珠丝杠的误差。采用的滚珠丝杠的轴向间隙等误差。

（5）直线导轨和滚珠丝杠的安装误差。由于直线导轨和丝杠轴线的不平行度引起的误差等。

2. 调焦精度

调焦精度是指以任何步数调焦停止在调焦有效范围内任意位置与理论位置的误差。相机允许的离焦误差是相机的半倍焦深，因此相机调焦精度指标是比半倍焦深小的量。此外，设计时还要保证调焦分辨率即调焦机构能够实现的最小调焦距离要小于调焦精度指标。

调焦精度是由调焦机构传动链各环节间隙量大小决定的，调焦位置误差 δ 可以表示为：

$$\delta = \sqrt{\sum_{i=1}^{n} \delta_i^2} \tag{12-2}$$

式中，δ_i^2 为减速机构间隙、轴承轴向游隙、滚珠丝杠副轴向间隙等传动各误差因素。

3. 直线性误差

直线精度指调焦过程中活动部件的倾角变化，其中包含水平、垂直两个方向倾斜角。直线精度主要由导向装置自身精度和安装精度（包含间隙配合量）决定。因此应该选择直线行走精度较高的导向装置，并且导向装置安装精度应满足安装要求和精度值要求。

倾角误差 Δ 可以通过下式表示：

$$\Delta = \sqrt{\sum_{i=1}^{n} \Delta_i^2} \tag{12-3}$$

其中：

$$\Delta_i = \arctan(\eta_i / L_i) \tag{12-4}$$

η_i 分为三种误差源：一是安装面平面度、平行度或安装孔同轴度；二是导向装置自身直线性误差；三是装配间隙。L_i 为 η_i 的跨度。

通过零件形位公差要求和间隙严格配合均能达到要求，此外，简化结构、减少装配环节、消除间隙也能减小 Δ 值，提高精度。

12.3　谱段切换机构

某些遥感器具备在轨进行谱段切换的功能，这个功能由谱段切换机构来承担。谱段切换机构装配有不同谱段的滤光片或偏振片，根据成像模式的需求，进行谱段的切换。滤光片切换机构具有下列特点：

①滤光片口径小；②滤光片面形精度要求低；③滤光片数量多；④滤光片定位精度要求高；⑤机构工作环境温度低；⑥机构在光路方向占用空间大等特点。从结构形式来看，有滤光轮和滤光盒两类机构。

根据切换机构的驱动形式划分，一般分为步进电机直接驱动、步进电机 + 减速齿轮副间接驱动三种方式，其优缺点如表 12 - 1 所示。

表 12 - 1　谱段切换机构的驱动形式

驱动形式	优点	缺点
步进电机直接驱动	（1）结构简单； （2）锁定力矩要求小	（1）驱动力矩有限； （2）功耗大； （3）步距误差影响较大
步进电机 + 减速齿轮副驱动	（1）驱动力矩大； （2）功耗小； （3）步距误差影响较小	（1）齿轮啮合间隙影响稳定性； （2）锁定力矩要求大

续表

驱动形式	优点	缺点
步进电机 + 谐波齿轮减速器驱动	（1）驱动力矩大； （2）控制精度高	轴系安装精度要求高

12.3.1 功能及性能指标

（1）切换机构需要具有根据遥控指令将指定谱段滤光片切入成像光路，实现相机多光谱或偏振成像的功能。

（2）切换机构需要具有反馈工作谱段信息的功能。

（3）具有发射阶段运动部件锁定及入轨后解锁的功能。

除通用的重量、外包络、基频、结构裕度、工作温度适应性、锁定解锁等机构指标外，谱段切换结构的指标还包括：

根据光学镜片设计余量，为保证滤光片切入时不遮挡光路，要求单片滤光片光轴定位精度≤0.5 mm。为保证多谱段图像像元匹配精度，要求滤光片旋转倾斜精度≤±15″。由于可见光谱段滤光片对温度敏感性较高（工作温度为 20 ℃ ± 2 ℃），因此驱动电机需尽可能在保证足够驱动力矩裕度的同时，选取小型、低功耗电机，为保证切换机构在轨工作性能，电机力矩裕度需满足静态力矩裕度≥1，动态力矩裕度≥0.25。谱段切换机构指标如表 12－2 所示。

表 12－2　谱段切换机构指标

序号	指标内容	指标说明
1	相邻谱段之间切换时间	不同谱段切换，机构执行所需的时间
2	光轴定位精度	切换到位后，光轴的位置精度
3	重复定位精度	多次切换后，位置的重复定位精度
4	滤光片组件安装精度要求	滤光片组件安装至相机主体上后，B1 谱段滤光片前表面与相机光轴夹角为 90°±1′。

续表

序号	指标内容	指标说明
5	滤光片安装精度要求	以 B1 谱段滤光片前表面为基准面，其余各谱段滤光片及偏振片前表面相对该基准面倾斜≤±30″
6	线偏振片安装精度要求	线偏振片垂直放置，角度精度控制在±1°范围内

12.3.2 滤光轮设计

滤光片切换机构根据滤光片的类型分为透射式滤光轮和反射式滤光轮机构。

1. 透射式滤光轮机构

在透射式滤光轮机构中光线透过滤光片在焦平面上进行成像，往往在近似圆盘形的滤光轮基座周围均匀安装透射式滤光片，圆盘形滤光轮基座中部安装有驱动机构，机构驱动滤光轮进行圆周转动以实现各滤光片间的切换，如图 12－5 所示。透射式滤光轮机构的缺点是结构尺寸较大，在光机结构中易与其他结构发生干涉；而且，其结构形式为典型的悬臂结构，结构强度低，刚度差，发射主动段产生的冲击和振动易使结构产生破坏。

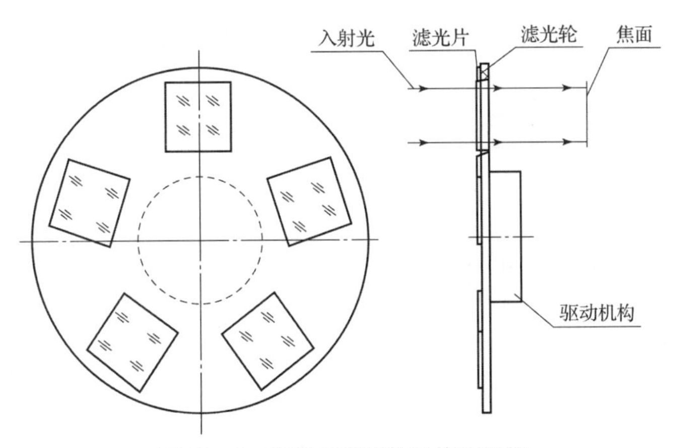

图 12－5 透射式滤光轮机构原理图

滤光轮切换机构根据驱动形式可分为中心驱动式和周边驱动式两种方式。中心驱动式滤光片切换机构的驱动轴位于滤光片轮盘中心，采用步进电机配合位置反馈元件实现滤光片的精确切入光路。这种中心支撑结构形式，使整个滤光装置处于悬臂支撑状态，组件整体刚度较差。为了提高支撑刚度，另外一种形式是将中心支撑结构形式改为周边支撑结构形式，采用周边驱动式。即采用圆环形大尺寸交叉滚柱轴环支撑在滤光装置周边，这样使中心悬臂支撑改为大面积的周边支撑，使滤光装置的支撑刚度得到大幅增大的同时精度也有了明显提高，从而能够满足更高的设计要求[167]。

2. 反射式滤光轮机构

在反射式滤光轮机构中光线入射到滤光片后反射到焦面上进行成像，往往在近似正多棱柱体结构件外侧面安装反射式滤光片，正多棱柱体结构件轴线两端安装法兰与两侧的滤光轮驱动机构连接，机构驱动滤光轮绕正多棱柱体结构件轴线旋转以实现各滤光片间的切换，如图 12 – 6 所示。反射式滤光轮机构的缺点是反射式滤光片制备工艺复杂，驱动机构转动精度要求高，滤光片装配精度要求高，装配难度大。所以，应结合项目特点，综合考虑。

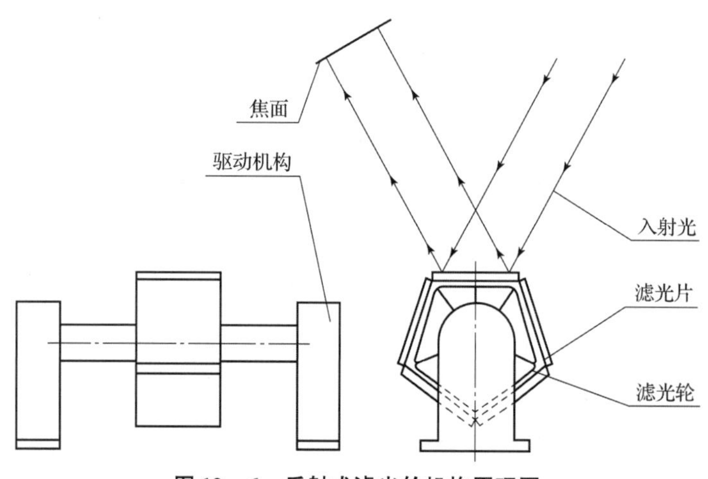

图 12 – 6　反射式滤光轮机构原理图

根据滤光轮机构的工作模式，机构由滤光片组件、滤光轮转盘、支撑轴、轴承、步进电机、传动齿轮副、霍尔器件、基座等构成。它们的作用分别为：滤光片组件提供相应谱段的滤光盘及其支撑框架；滤光轮转盘用于安装滤光片组件和磁钢，在电机通过一级传动的带动下能够旋转，并将滤光片切入光路成像；支撑轴和轴承组成轴系，与基座相连，用来支承机构转子（含滤光片组件、转盘以及大齿轮等）；采用步进电机作为驱动机构，传动部件为安装在电机轴上的小齿轮和与滤光轮连接的大齿轮形成的一级齿轮传动副，步进电机驱动小齿轮、小齿轮带动大齿轮旋转，使指定的滤光片切入光路成像；霍尔器件用于确定机构零位；基座是该机构的主要支撑结构，用于将机构安装到相机主体结构上，并支撑电机、机构转子、轴系以及霍尔支架等；导热铜环用于将电机运行过程中产生的热量传导出去，其中铜环内表面涂覆导热硅脂与电机相连。

12.3.3　滤光盒设计

滤光盒组件采用“电机 + 齿轮齿条”方案，滤光盒组件由滤光片盒组件及驱动组件、霍尔组件、锁定电磁铁等组成。其中滤光片盒组件由滤光片、滤光片框、支撑板、齿条等构成，如图 12 – 7 所示。先由电机驱动齿轮组，输出级齿轮驱动齿条框完成直线往复运动，从而实现不同谱段滤光片、偏振片的快速切换和星上定标功能。主体框架组件为滤光片提供结构支撑，机构的运动原理由电机驱动齿轮齿条，驱动运动负载（滤光）沿轨道方向直线运动；两端霍尔元件提供到位监测功能。影响滤光盒组件定位精度的因素包括运动步距、霍尔定位精度、运动方向间隙及滤光片装框间隙等；影响滤光片组件重复定位精度的因素主要包括电机步距精度、霍尔定位精度。发射时电机加电锁定，地面调试、运输时，电机定位力矩锁定。

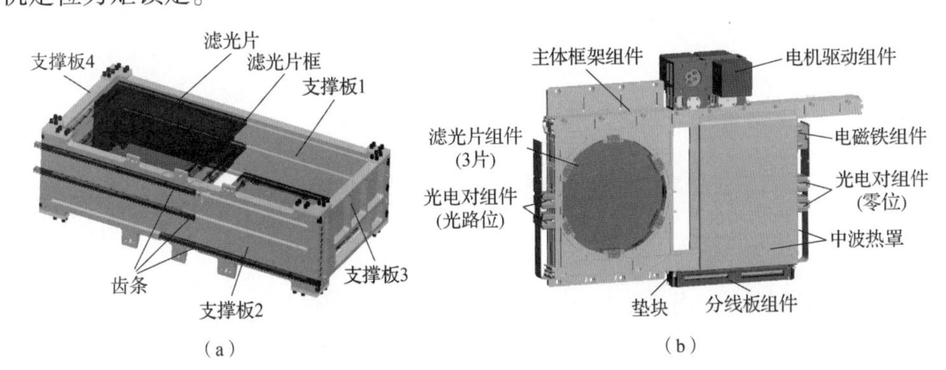

图 12 – 7　滤光盒内滤光片组件

（a）滤光片组件；（b）滤光盒主体

12.3.4　精度分析

12.3.4.1　谱段切换时间

结合遥感器不同的拍照模式，遥感器需要进行星上大尺寸旋转滤光运动机构控制以切换不同谱段的光进入光路，同时实现可见光通道多模式成像[168]。

以旋转滤光运动机构为例，滤光机构切换具有多个位置，示意图如图 12－8 所示，从一个位置到另外一个位置时有两条途径，但仅有一条是最短路径。因此，在收到任意谱段切换指令后，自主计算出最短路径，以实现最高效率的谱段切换。

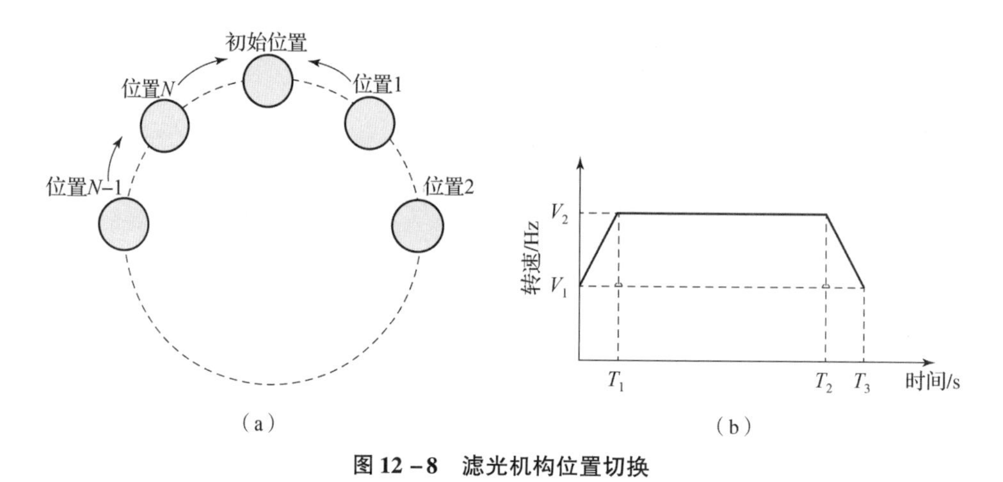

图 12－8 滤光机构位置切换

（a）旋转滤光机构位置示意图；（b）旋转滤光机构速度控制曲线

对于滤光轮机构，设滤光片圆周均布，则滤光片的切换时间按如下公式计算：

$$t=\frac{\frac{360}{n}\cdot i}{f_2\cdot\theta} \tag{12－5}$$

式中：n——均布的滤光片数量；

θ——电机步距角；

f_2——电机运行频率。

由于旋转滤光运动机构尺寸较大，在系统运动时折算转动惯量较大，同时系统对谱段切换还有较高的时间要求，为了解决上述问题，在控制方式上往往采用变速控制。在系统启动后，逐步加速，保证驱动电机输出足够的转动惯量，当滤光片达到足够的转速后保持匀速运动状态。为了防止过冲，当切换快要到位时，逐步降低转速。旋转滤光机构转速加速度、时间以及匀速运动频率均需要根据谱段切换特性进行计算。变速控制既能保证驱动电机输出足够的转动惯量，又能节约谱段间切换时间，有效保证了遥感器大尺寸旋转滤光运动机构的可靠控制。

12.3.4.2　滤光片位置精度

滤光片的位置误差有轴向位移、径向位移、倾斜误差等，其影响因素主要包括轴承跳动、轴承游隙、滤光片安装台阶平面度、滤光片安装面与轴承孔的垂直度等。

（1）滤光片组件倾斜度由其安装平面的平面度决定，则该面引起的倾斜角度为：$\arctan\left(\frac{\delta_1}{D}\right)$，其中 δ_1 为安装面平面度，D 为滤光片安装台阶面的包络直径。

（2）滤光轮机构安装精度由轴承跳动 δ_2、滤光片组件在机构上的安装平面度 δ_3、滤光片安装面与轴承孔的垂直度 δ_4 决定，则滤光轮安装的倾斜角度为：$\arctan\left(\frac{\sqrt{\delta_2^2+\delta_3^2+\delta_4^2}}{D}\right)$。

12.3.4.3　切换定位精度

对于谱段切换机构而言，定位精度是需要关注的指标之一。影响这一精度的因素包括运动步距、霍尔定位精度、运动方向间隙及滤光片装框间隙等，影响滤光片组件重复定位精度的因素主要包括电机步距精度、霍尔定位精度。

定位精度指的是组件经运动后，预期位置与实际指向之间的偏差。它实际是一种角度误差，直接影响系统的定位精度。影响定位精度有四方面因素，即位置测量精度、机构装配误差、机构控制精度、电机步距角误差。机构装配误差一般包括转轴的不同轴造成的倾斜量、转轴与安装面的平行度误差、霍尔组件安装误差、轴系晃动量误差、轴系倾斜量等，其中前三项装配误差在光学装调时可以标定消除。

$\delta_{1晃}$、$\delta_{1测}$、$\delta_{1步}$、$\delta_{1控}$、$\delta_{1轴}$分别为轴系晃动量误差、测量误差、电机步距角误差、机构控制精度、轴系倾斜量。

机构的定位精度：

$$\delta_{1总}=\sqrt{\delta_{1晃}^2+\delta_{1轴}^2+\delta_{1步}^2+\delta_{1控}^2+\delta_{1测}^2} \tag{12-6}$$

机构重复定位精度是运动组件经转动后，每次回到同一位置时的偏差。影响机构重复定位精度的因素主要有电机步距角误差 $\delta_{2步}$、霍尔元件的重复定位精度

$\delta_{2测}$、轴系晃动量 $\delta_{2晃}$、机构控制精度 $\delta_{2控}$，所以有：

$$\delta_{2总} = \sqrt{\delta_{2晃}^2 + \delta_{2步}^2 + \delta_{2控}^2 + \delta_{2测}^2} \tag{12-7}$$

12.4 定标机构

可见－近红外探测器性能相对较稳定、响应一致性较好，该类空间光学遥感相机一般在发射前会进行实验室定标，入轨后遥感器随卫星在轨长期运行，光学元件和电子器件老化、空间环境变化，会造成响应度下降[169]。在轨后有的会利用地面定标场作场地定标，也有的会利用在轨标定较好的相机进行交叉定标。

随着卫星寿命由 3～5 年延长到 8～10 年以及定量化应用的需求，仅靠发射前辐射定标数据，已经无法真实地反映可见－近红外空间光学遥感相机在轨状态，因此需设置星上辐射定标装置，定期进行在轨的辐射定标。

对于红外谱段成像遥感器而言，受地物的非朗伯体的反射特性、大气传输特性、传感器响应特性等因素的影响，在成像时需精确标定光谱响应函数。一般采用较多的是星上定标，方法是利用置于成像光路中的黑体，通过改变黑体温度，测量红外探测器的响应输出量，对热红外谱段进行定标。根据黑体辐射普朗克定律，辐亮度与温度有一定对应关系，因而也可得出红外多光谱扫描仪输出量与黑体温度的方程式[170]。

国内外空间光学遥感相机开展在轨辐射定标已较成熟，如表 12－3 所示。

表 12－3 典型星上定标方式[171]

序号	遥感器	辐射定标方式	星上辐射定标精度
1	多角度植被传感器 VGT（法国）	定标时，定标光路旋转至视场内，利用定标光路将定标灯信号引入主光路。由步进电机在 2 min 内步进 101°视场，完成全视场的定标	5%

续表

序号	遥感器	辐射定标方式	星上辐射定标精度
2	多角度成像光谱辐射计 MISR（美国）	采用漫反射板反射太阳光进行星上绝对辐射定标，漫反射板不工作时收起，从而受到保护，约每月进行一次辐射定标	3%
3	高级沿轨扫描辐射计 AATSR（英国）	星上辐射定标在红外通道采用两个稳定的高精度黑体定标源，在可见－近红外通道采用星上漫反射板进行定标	在轨绝对定标精度：4%（可见－近红外）
4	欧空局 SPECTRA 计划中的多光谱多角度遥感器	VNIR 和 SWIR 谱段采用太阳漫反射板定标，TIR 谱段采用黑体定标，并通过指向镜进行切换	2%～5%（可见－短波）
5	中分辨率成像光谱仪 MODIS（美国）	每次扫描周期内，通过扫描镜旋转，分别指向漫反射板、光谱辐射定标装置、黑体、冷空间实现定标	5%（对于波长小于 3 μm 的谱段）

12.4.1　红外定标机构

12.4.1.1　红外定标机构功能

空间光学遥感器红外通道在轨对地成像时，红外探测器像元辐射响应的不一致性、在轨性能退化以及光学系统的像差等都会对成像质量造成影响，反映在视觉效果上就是图像灰度不均匀，并有类似噪点或条纹噪声的现象出现。为了消除获取图像中辐射响应不一致的现象，需要设计星上定标装置以实现在轨辐射定标，对成像链路进行一致性校正，从而获得具有更优视觉效果的图像，提高成像质量。

（1）设计功能要求在系统成像前，黑体定标机构能够将高温黑体和低温黑体依次切入光路，非定标时间黑体定标机构不能遮挡光路。结合外形尺寸、重量及刚度要求，机构设计时应着重考虑运动方式简便可靠、结构紧凑、结构刚性好的运动形式，并结合机构定位精度选择机构传动方式。

（2）设计功能要求非定标时间（对地成像时），黑体定标机构不能遮挡光路，因此设计时应考虑机构运转可靠性，主要考虑机构运动部件轴系摩擦力矩随空间环境的变化、机构运动部件和固定部件之间的间隙随空间环境的变化，选择驱动元件时留有足够的驱动力矩裕度，设计时对运动部件和固定部件之间留有足够的间隙。

（3）设计功能要求发射时通过加电可以实现对机构的锁定，故设计时应考虑锁定方式简便、可靠性高、产品成熟度高、可获得性优的锁定方式。

（4）根据性能要求中的黑体控温精度要求，结合产品寿命及可靠性要求，并考虑到元器件获得性和继承性，选用高精度热敏电阻作为测温元件。

（5）根据性能要求中黑体温度点、温度稳定性要求，结合环境温度要求、功耗要求、产品寿命及可靠性要求，并考虑到元器件获得性和继承性，高温黑体选用加热片作为加热元件，低温黑体选用半导体制冷器作为制冷元件。

（6）根据性能要求中黑体发射率、温度均匀性要求，设计中应着重考虑黑体材料的选择、黑体表面形状设计、黑体表面处理方式的选择。

12.4.1.2 红外黑体定标机构方案

星上定标机构按照其所处相机光路的位置可以分为两类，全光路定标和半光路定标；按照定标口径的大小可以分为全口径定标和部分口径定标。其中以全光路全口径定标的定标效果最好，能够实现相机成像环节的绝对定标，并且实现理想的非均匀校正。部分光路全口径定标主要用于非均匀校正。

红外定标机构分为两类，一是通过将黑体切入光学系统，完成定标，二是通过驱动切换镜摆臂的结构形式将切换镜切入光路，通过切换镜反射将固定黑体的辐射能量切入光路，完成定标，叫切换镜定标，如图 12－9 所示。

无论采取哪种机构，在非定标时不能遮挡光路，当需要进行定标时，依次将高温黑体和低温黑体切入光路中或将黑体辐射能量切入光路，对探测器进行定标。能实现该要求的黑体定标机构完成切换功能的方案有如下两种。

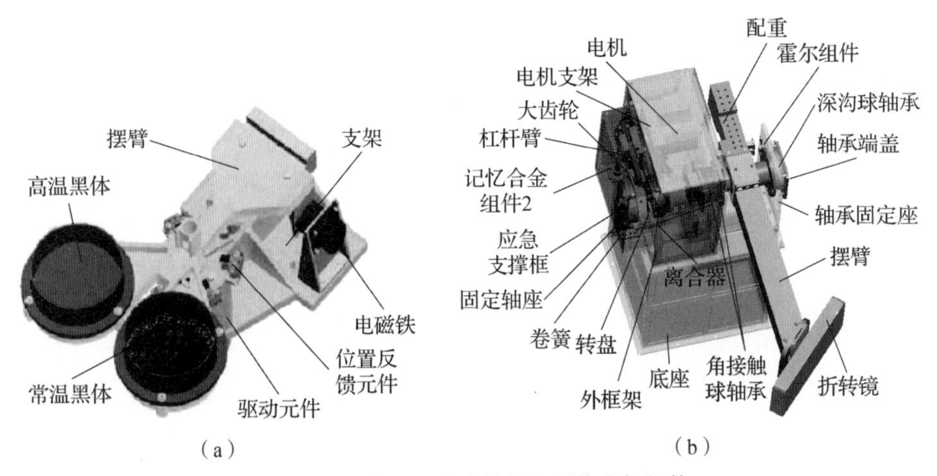

图 12 -9　某卫星遥感器星上黑体定标机构

(a) 黑体切换定标机构；(b) 切换镜定标机构

1. 平移切入光路

采取平移机构驱动黑体进入、退出光路的运动方式，如图 12 -10 所示，它由高温黑体组件、低温黑体组件、平移机构（包括电机、导轨、滚珠丝杠、移动板）、底座等组成，发射主动段时通过电机加电自锁，高温黑体组件和低温黑体组件安装在移动板上，底座通过螺栓固定在相机结构上。

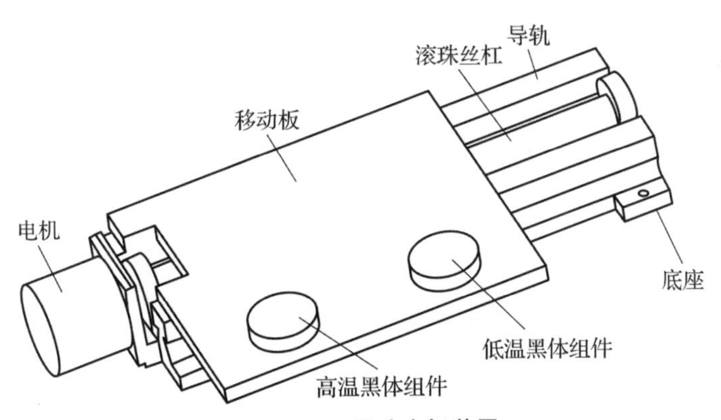

图 12 -10　平移定标装置

平移机构运动原理：电机通过滚珠丝杠将电机转动转化为丝杠螺母的平移，丝杠螺母和移动板固接，移动板和导轨滑块固接，丝杠螺母带动移动板沿导轨平移，高、低温黑体组件安装于移动板上，从而实现将高、低温黑体切入、切出光路。

该方案的优点：发射主动段可以通过电机加电锁定，无须另增锁定机构。

该方案的缺点：活动零部件多，机构运动相对复杂，结构较大。

2. 摆动切入光路

采取摆动机构驱动黑体进入、退出光路的运动方式，如图 12－11 所示，它由高温黑体组件、低温黑体组件、摆动机构（电机、摆动板）、锁定组件、底座等组成，高温黑体组件和低温黑体组件安装在摆动板上，底座通过螺栓固定在相机结构上。

摆动机构运动原理：电机直接带动摆动板摆动，高、低黑体组件安装于摆动板上，从而实现将高、低温黑体切入、切出光路。

该方案的优点：活动零部件少，机构运动方式简单，结构形式紧凑。

该方案的缺点：发射主动段时电机加电自锁力矩无法满足锁定要求，需要另外增加锁定机构。

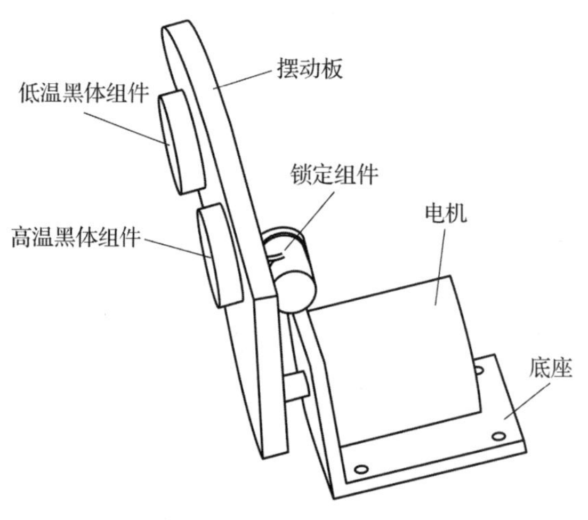

图 12－11　摆动定标机构

12.4.2　漫反射星上辐射定标机构

12.4.2.1　漫反射星上定标的原理

航天光学遥感器的星上定标精度主要取决于星上定标辐射源本身的稳定性、测量精度、定标方式及航天光学遥感器的稳定性。为满足高精度星上辐射定标要求，可利用太阳作为辐射定标源，太阳光是一个均匀且高度稳定的朗伯光源，通过漫反射板实现全口径、全视场、全光路绝对辐射定标，同时设置参考漫反射板，用于漫反射板在轨性能衰减的校正。也可使用朗伯发射器和光源产生定标光源，光源安装在朗伯发射器内。光源发光时，光线经过朗伯发射器内表面的多次反射，在出射口形成均匀的辐亮度面光源。以太阳照射的漫反射板作为星上定标辐射源的全口径、全光路定标方式，对工作在可见光、近红外和短波红外谱段的航天光学遥感器来说是一种比较好的星上定标方式。这种定标机构应用于高光谱相机、大气参数测量仪等对绝对定标精度要求高的光学遥感产品上。

以太阳光作为光源，采用漫反射板的太阳辐射定标原理如图 12－12 所示，其功能是在合适的时机，将漫反射板在相机入瞳前端切入或展开，太阳光作为定标光源照明 BRDF 已知的漫反射板，形成光谱辐亮度已知的面光源，作为空间辐射标准对相机进行定标。通过观测该标准光源，结合实时响应模型可建立已知输入与其输出的数值关系，实现高精度星上辐射定标[172]。

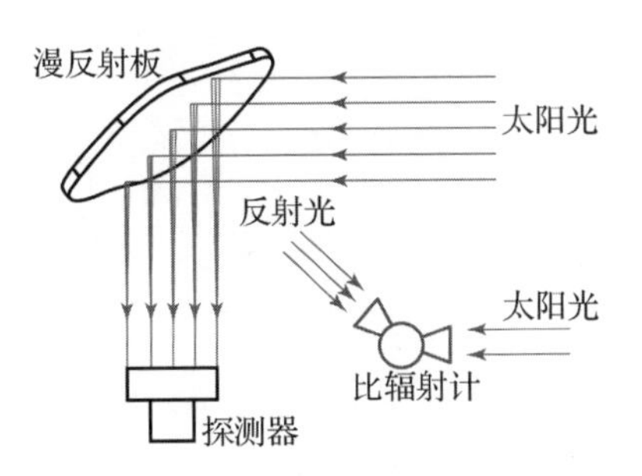

图 12－12　漫反射板星上定标原理

12.4.2.2　漫反射板定标机构方案选择

漫反射板定标机构亦有两种形式：

一是定轴切入式。如 2011 年，法国宇航局 SENTINEL－2 多光谱仪设计研发了一套定标快门机构（Calibraton and Shutter Mechanism，CSM），本机构具有发射锁紧功能。通过带谐波齿轮减速器的混合步进电机驱动矩形盖板转动，棘轮机构实现盖板在三个任务位置的位置保持。太阳漫反射板尺寸为 792 mm×288 mm，由聚四氟乙烯材料（PTFE）制成。该机构设置了限位开关来防止 CSM 超出操作角度，撞到周围零件，定标机构如图 12－13 所示[173]。

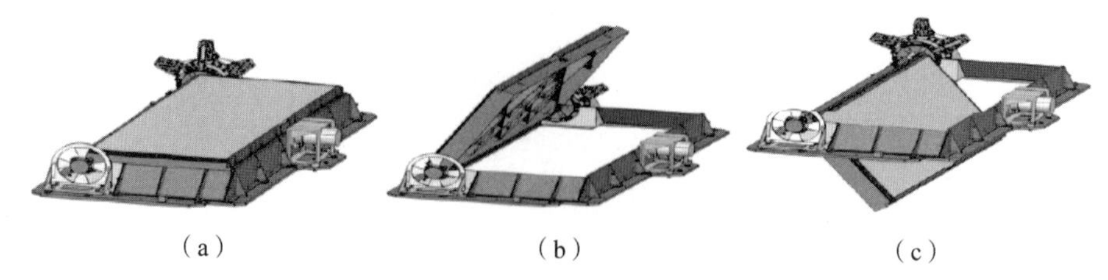

图 12 – 13 SENTINEL – 2 定标机构

(a) 闭合位置；(b) 开式位置；(c) 定标位置

二是旋转切入式，机构形式类似滤光轮机构。星上定标系统由定标转盘、传动机构、电机、旋转变压器、挡光板、遮光罩、地球窗口玻璃等组成。定标转盘有 5 个工作位置，如图 12 – 14 所示，分别为观测窗口、辐射定标漫反射板、光谱定标漫反射板和遮光位置。不同的工作位置对应着相机的不同工作模式[174]。

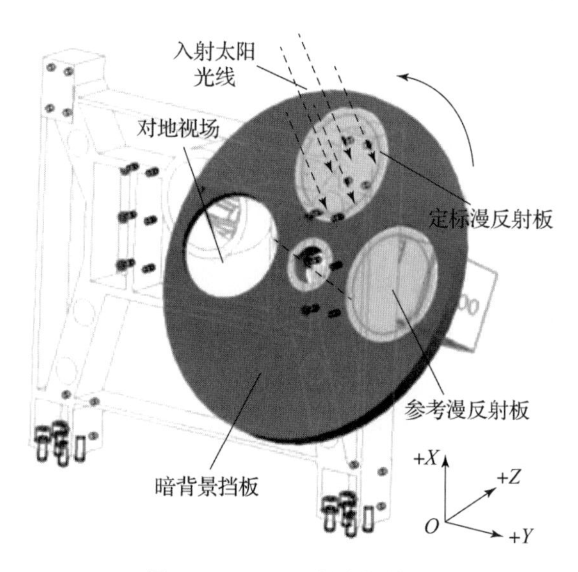

图 12 – 14 漫反射定标转盘

12.4.2.3 漫反射板结构设计

从“太阳 + 漫反射板”的星上定标方式中可以看出，漫反射板材料的选择，是星上定标系统的关键所在。最佳的漫反射板材料，其特性应接近理想朗伯体，同时还需具有高反射率以及均匀光谱反射比分布。常见的漫反射板材料有硫酸钡、铝、聚四氟乙烯（PTFE）、石英等，铝漫反射板的漫反射特性与余弦特性的偏差较大，且其反射率较低，但它抗紫外能力强，在真空环境下光学性能稳定；

石英漫反射板、硫酸钡漫反射板和聚四氟乙烯漫反射板具有良好的余弦特性，在可见和近红外波段光谱反射比较平坦，但是聚四氟乙烯漫反射板的反射率更接近于 1，达到 99% 以上，因此聚四氟乙烯是优选的漫反射板材料。聚四氟乙烯漫反射板具有高漫反射比、光谱平坦、高朗伯特性及在轨性能稳定性好等特点，已经被广泛地用于国外星上定标装置，如 MODS、VIIRS、MERIS[175]。

根据相机视场及漫反射板相对主镜的距离，由几何关系确定漫反板的尺寸，图 12－15 给出了实验室测量的定标漫反射板的 DHR 方向半球反射比，在 420～2 400 nm 光谱区反射率高于 95%，且光谱平坦。

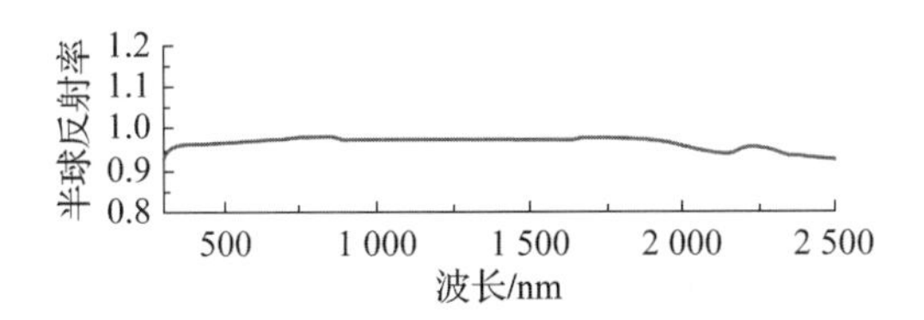

图 12－15　聚四氟乙烯漫反射板半球反射率

由于聚四氟乙烯材质偏软、刚度差，不能单独作为航天结构件使用。往往配置基板保证反射板保持形状及相对几何关系，基板表面需进行黑色阳极化处理，减少定标时散光的影响，同时基板上装配性能追踪样片及立方镜。典型的漫反射板组件如图 12－16 所示。

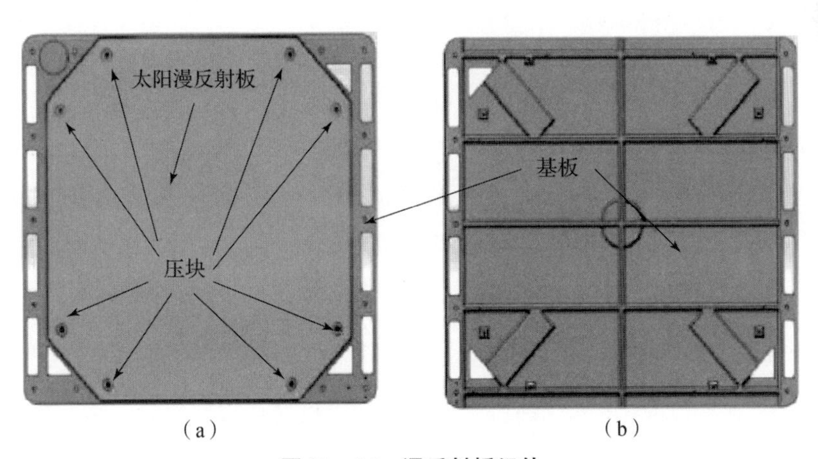

图 12－16　漫反射板组件

(a) 漫反射板；(b) 基板

12.5 热门机构

12.5.1 功能要求

稳定的热环境对于相机成像质量有着极其重要的作用，由于很多时候卫星无法为相机调整姿态规避太阳，为改善镜头入光口附近区域热环境，很多遥感器采用在入光口增加热门的设计，当遥感器成像时热门打开，当成像结束时热门关闭。这样可以提升相机镜头温度均匀性，从而降低温度对成像质量的影响，且节省为保持镜头温度水平而带来的功耗。热门机构具有的功能包括：

（1）减少从镜头前部孔径开口处的漏出热量，降低遥感器对轴向梯度的主动热控要求，降低热控功耗。

（2）减少空间辐射对光学件（膜层）和光电转换器件（CCD、CMOS 等）的辐照时间，起到一定防辐照作用。

（3）降低空间碎片的撞击概率，提高相机安全性。

（4）具有一定的激光防护能力，提高相机可靠性。

（5）可实施应用拓展，热门关闭时还可以当作定标黑体。

12.5.2 机构方案选择

国外部分敏捷型遥感卫星，采用在相机遮光罩外沿加设热防护门（简称热门）的方式进行漏热保护[176]。

一是定轴切入式，如 Ikonos 也采用了单片式定轴上翻式的热门/防护门（Thermal Door）的设计。从图 12－17 中可看出该热门/防护门转动角度大于 180°。

热门机构一般由热门盖板、驱动机构、减速机构、压紧锁定机构、位置检测装置等组成。热门驱动机构通电后，步进电机通过齿轮传动带动热门由关门位置运动到开门位置，开门霍尔传感器输出开门到位信号，热门停止转动，电机断电，由电机定位力矩将热门保持在开门位置。收到关门指令后，热门驱动机构通电，步进电机通过齿轮传动带动热门由开门位置运动到关门位置，关门霍尔传感器输出到位信号，热门停止转动，电机断电，由电机定位力矩将热门保持在关门位置。

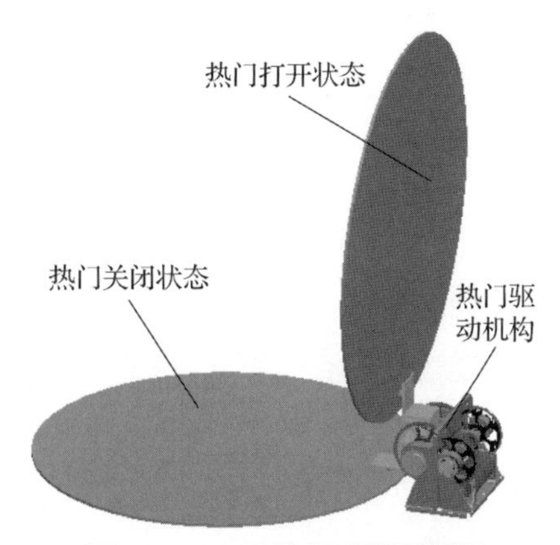

图 12－17　开关门过程示意图

二是旋转切入式。主要由以下部分连接该机构和镜头的接口结构[177]。

(1) 引导门运动和闭开位置自锁的支撑和预装门的臂，承载安全装置，由薄钛合金板制成，尽量减少门与机构之间的导热流量。

(2) 配置安全装置，在主要机构故障时抛掉热门。

(3) 热门配置专用的热防护层。

(4) 具有两个分离绕组的齿轮头步进电机，确保电机本身的冗余。

图 12－18 所示为旋转切入热门机构。

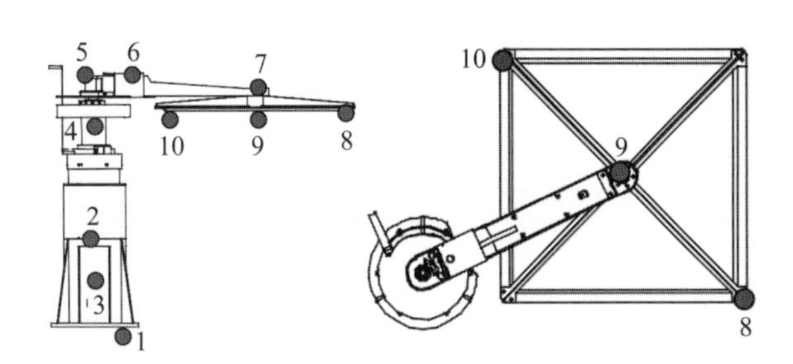

图 12－18　旋转切入热门机构

1—底座；2—电机舱；3—电机控制器；4—运动平台；5—位置传感器；6—旋转器；7—热门固定点；8，9，10—热门内部测温点

第13章 伺服类机构设计

13.1 概述

伺服类机构界定为应用实时运动传感或实时视觉传感测量信息，进行连续闭环反馈控制，实现对各类光机组部件乃至光学遥感器整机完成高精度的光束定位、光程调制、动态跟踪等功能的机构。

这类机构的特点是精密、高动态。精密性特指在光学遥感领域，由于作用距离远，仪器精度高，其伺服系统的伺服性能需达到光学探测角分辨率；高动态要求则随探测效率、时效性而提升。

随着我国对光学遥感信息获取的精确性、快速性需求不断增加，精密伺服系统（包含光机运动伺服系统和机器视觉伺服系统）已成为提升光学遥感器探测性能，拓展系统功能的关键分系统之一。图13-1所示为光学遥感器中伺服控制系统的发展与应用。

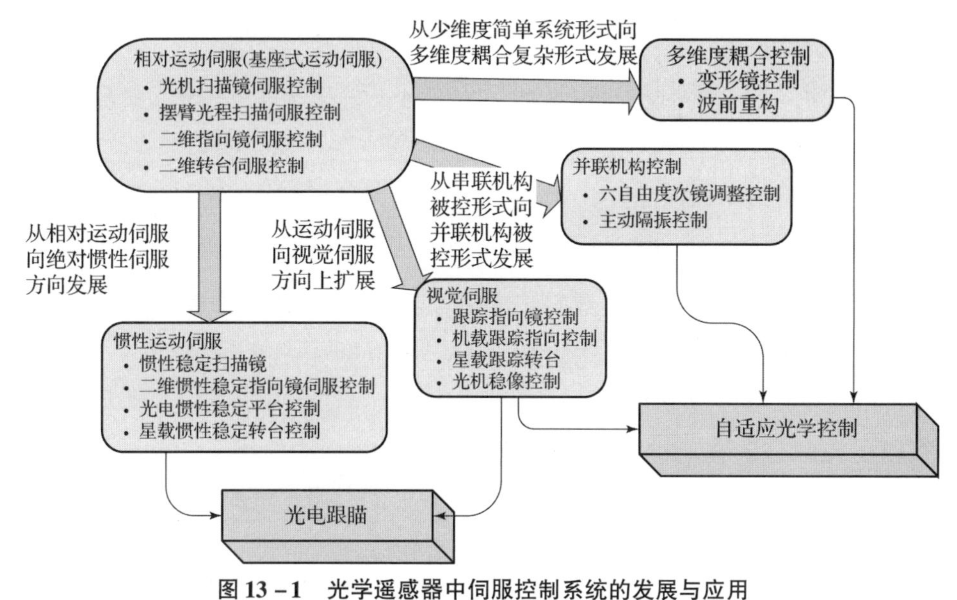

图 13－1　光学遥感器中伺服控制系统的发展与应用

13.2　一维扫描机构

空间光学遥感器中应用的一维扫描机构，主要有以下两个用途。

(1) 通过扫描或指向，实现遥感器的侧视功能，提高对特定地区的观察能力。扫描成像原理如图 13－2 所示。

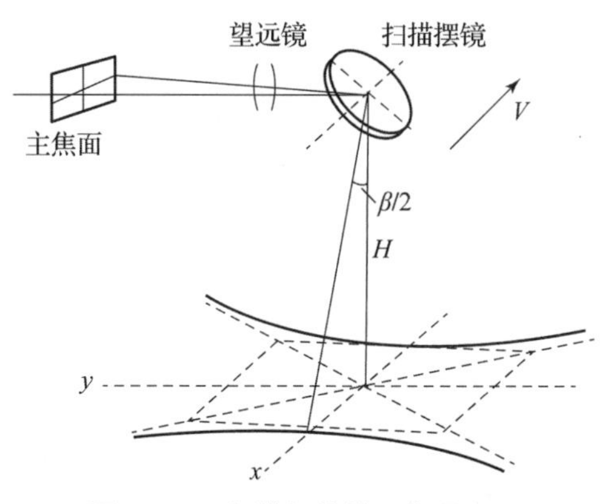

图 13－2　扫描机构的工作原理图

(2) 为保证成像系统的积分时间，要使光学系统的光轴在一次积分时间内始终指向同一探测目标。为达到这一目的，理论上可以有整星机动调节姿态、遥感器自身运动调节姿态以及在光学系统前端增加扫描指向机构以调整光路三种方法。通常来说，第三种使用扫描机构的方法在工程应用上性价比最高，三种方法也在许多项目中得到了实践的检验[178,179]。

扫描机构或指向机构在机械结构上是类似的，只是实现的功能不同，用来扫描成像时称为扫描机构，而用来指向定位时则称为指向机构。对于摆扫型和推扫型两类扫描型遥感相机，为实现立体成像功能（如 SPOT 卫星上的 HRG 相机）或指向定标源进行定标的功能（如 EOS AN－1 卫星 ASTER 中的 TIR），其扫描机构同时也具备了指向定位功能。典型扫描镜机构的指标如表 13－1 所示。

表 13－1　国外空间光学扫描镜机构指标

项目	HRG 扫描机构	WISE 扫描机构	MODIS 扫描机构	GIFTS 指向镜	某指向镜	GLI 扫描镜
扫描镜尺寸	未知	未知	未知	280 mm × 450 mm	358 mm × 514 mm	未知
驱动方案	步进电机直驱	未知	直流无刷电机	未知	直流无刷电机	步进电机
润滑方式	固体润滑	固体润滑	固体润滑	固体润滑	固体润滑	固体润滑
镜体材料	未知	铝	铍	SiC	SiC	铍
精度	未知	扫描线性度 5″	11 mrad	4″	10″	±0.08°

本节讨论的扫描机构主要是摆镜机构，相比于传统的机械扫描机构，服务光学系统的扫描机构其各项精度要求通常很高，这就对机构的润滑设计、光学元件的支撑及轻量化设计、高精度伺服电机控制技术等提出了更高的要求。

13.2.1　扫描机构设计的一般性原则

扫描机构是光机扫描型相机接收地物光学信息通道的第一个环节，是相机的重要部组件，其轴系寿命、扫描镜、测角及控制精度是相机正常工作的前提，扫描机构设计需要考虑的因素有下面几个。

（1）轴系刚度设计：扫描机构轴系刚度应满足扫描控制要求，一般轴系扭转刚度为扫描控制频率的 15 倍以上。

（2）轴系强度设计：轴系结构中主要支持零件选择时，应考虑能够承受主动段力学过载而不致发生结构破坏。

（3）轴系运转精度设计：轴系运转精度主要包括径向跳动、轴向跳动、轴系阻力矩波动量及轴系运转重复精度，上述精度指标直接决定扫描机构测角精度及控制精度。

（4）扫描镜设计：扫描镜作为扫描机构的主要负载，其质量特性直接影响机构结构设计，扫描镜设计应从材料选择到镜面加工成型等多方面考虑。

（5）测角元件的选择：测角元件为机构运转提供角度位置反馈，其精度直接决定扫描测角精度和控制精度。

（6）驱动电机的选择：驱动电机为机构运转提供动力，电机力矩特性直接决定扫描控制精度。

13.2.2　扫描机构功能及性能指标

扫描装置的特性参数与图像质量密切相关，下面对主要扫描特性参数做简要介绍。

1. *有效扫描角度*

有效扫描角度是指沿扫描方向对景物进行扫描成像的角度范围。有效扫描角度越大，成像幅宽越宽。对于低轨卫星，幅宽增大便于缩短重访周期。有效扫描视场一般根据具体应用来确定，并受限于扫描方式。比如，对于气象和海洋观测，要求有效扫描视场大，多采用旋转扫描方式。有效扫描角度决定了扫描装置的工作方式，根据卫星轨道高度与地面幅宽要求，有效扫描视场按如下公式计算：

$$\mathrm{EFOV} = 2\arctan(L/H) \tag{13-1}$$

其对应有效扫描角度按下式计算：

$$\alpha = \mathrm{EFOV}/4 \tag{13-2}$$

式中：EFOV——有效扫描视场（°）；

α——有效扫描角度（°）；

H——卫星轨道高度（km）；

L——地面幅宽（km）。

2. 扫描周期与扫描频率

扫描周期定义为从一个扫描起始到下一个扫描起始的时间间隔。扫描周期的倒数即为扫描频率。在其他条件一定时，扫描频率越低、探测器驻留时间越长，时间加长便于提高辐射分辨率。扫描频率与轨道高度、空间分辨率和扫描探测器元件数等有关。在一定条件下，频率会影响相邻扫描条带之间的重叠或漏扫。

3. 扫描效率（正反扫线性段扫描时间与扫描周期之比）

扫描效率定义为一个扫描周期中对景物进行扫描成像的时间（即有效扫描时间）所占的比例。当其他条件一定时，扫描效率越高，探测器驻留时间越长，探测器驻留时间加长便于提高辐射分辨率。扫描效率与扫描方式等因素有关。

4. 扫描非线性度（线性段内）

扫描非线性度（线性段内）是指线性段内任意角度的角速度与平均角速度（符合设计要求的角速度）的最大偏差。对景物进行扫描成像时，通常要求在有效扫描视场内扫描角度随时间线性变化（扫描角速率恒定），即要求线性扫描。

扫描非线性主要取决于扫描控制精度。例如：一维扫描机构转角控制精度为±0.04°，测试精度为±0.01°。

5. 扫描不一致性

扫描不一致性指不同扫描周期之间的偏差以及双向扫描型航天光学遥感器同一扫描周期内正扫和反扫之间的偏差，它主要取决于扫描控制精度。扫描不一致性会影响各扫描条带之间图像的配准。

6. 接口

应具有协调的内部接口和外部接口关系，提供热控、电控等安装接口，与主支撑结构或卫星结构的安装接口，及与景物模拟器的安装接口；提供精测用的引向镜，符合接口数据单要求。要保证反射镜转轴与镜头光轴的垂直度要求。

7. 其他

包括在发射段具有锁紧功能；运动部件采取防冷焊措施；满足防污染、防辐射要求；成像时具有反射镜制动功能；整个组件应具有良好的刚度和强度，能够按规范要求通过各项鉴定试验。

13.2.3　扫描机构方案选择

扫描结构的运动方式一般根据工作模式，由总体确定。一般分为整周连续旋转扫描和有限角度摆动扫描两种方式。

当要求扫描视场大而空间分辨率较低时，比较适合采用旋转扫描方案，原因是采用旋转扫描方案可以实现较大的扫描视场。

当要求扫描视场较小而空间分辨率较高时，比较适合采用摆动扫描方案，原因是采用摆动扫描方案可以实现较高的扫描效率，便于提高空间分辨率。

其优缺点如表 13 –2 所示。

表 13 –2　整周连续旋转扫描和有限角度摆动扫描的优缺点对比

序号	对比项目	整周连续旋转扫描	有限角度摆动扫描
1	润滑（针对支撑结构）	滚珠轴承一般采用固体润滑	一般采用枢轴支撑，不需要润滑
2	力矩波动	轴承摩擦力矩波动较大	枢轴支撑无力矩波动
3	扫描线性度	较差	较好
4	功耗	较大	较小
5	质量	较大	较小
6	装配工艺性	较好	较差（驱动元件及测角元件需要调整）
7	扫描剖面位置重复度	较高	较低
8	测角元件精度要求	较低	较高

从结构形式而言，一维扫描机构的构型一般可分为单端支撑和双端支撑结构。其主要技术特点，如表 13 –3 所示。

表 13－3 常用扫描装置构型

序号	类型 1：单端支撑结构	类型 2：双端支撑结构
1		
2	（1）一般适用于体积小、质量轻的扫描镜； （2）扫描镜的装配和更换比较方便； （3）温度环境适应性较好； （4）抗力学环境能力较差； （5）加工工艺性较好； （6）稳定性较差	（1）一般适用于体积大、质量大的扫描镜； （2）扫描镜的装配和更换比较困难； （3）温度环境适应性较差； （4）抗力学环境能力较好； （5）加工工艺性较差； （6）稳定性较好

13.2.4 扫描机构设计组成

针对运动机构部分，主要包括轴系支撑部分、电机驱动组件部分、角度反馈部分、机械锁定部分、限位部分等，扫描机构组成示意图如图 13－3 所示。

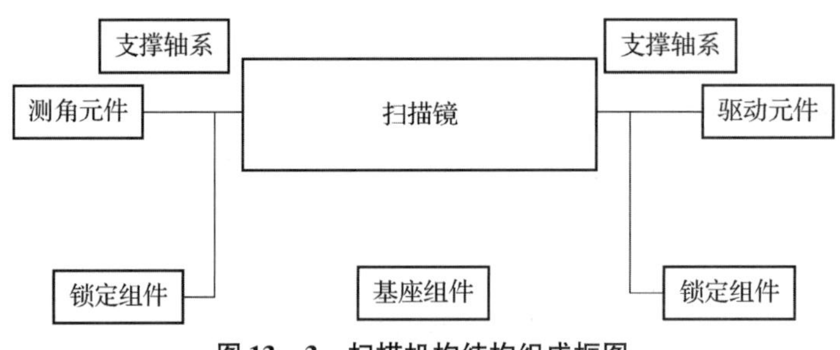

图 13－3 扫描机构结构组成框图

目前扫描机构的支撑方式包括枢轴和角接触球轴承两种方式，且采用枢轴支撑占大多数。角接触球轴承一般用于轴系整周旋转，枢轴支撑相对于传统轴承支撑，具有无摩擦、寿命长、不涉及润滑和预紧、精度和可靠性更高的优点。

在一维扫描机构中，电机驱动方案的选择主要取决于运动过程中负载力矩的变化，扫描镜一般在限定的角度（如有限角度 $-5.25° \sim +5.25°$）范围内往复摆动，则轴系负载不是传统轴系中的轴承摩擦力矩，而是与摆角正相关的弹性扭矩。因此要求扫描机构的驱动部件工作时输出力矩大小可调节，且驱动部件输出力矩的波动有极其严格的要求，否则将直接影响轴系的运动精度。例如，采用旋转式音圈电机，这是一种结构特殊的有限转角电机，兼具力矩电机的特点，同时满足航天产品小型轻量的要求，具有精度高、响应快、容易控制等优点，适用于短行程快响应的高精度闭环伺服控制系统。

角度反馈元件主要包括旋转变压器、光电码盘、感应同步器三种方式。由于旋转变压器电器角度误差较大；感应同步器虽然精度上可以满足要求，但是一方面由于其输出为模拟信号，对信号的调理电路要求非常苛刻，不适合批量生产，且成品率非常低；另一方面，目前一般用于感应同步器精度标定的仪器为激光陀螺仪，其使用条件也非常严格，长时间工作存在零点漂移问题，这对高精度调试应用中需要迭代误差修正精度来说有很大的难度。绝对式光电编码器是采用光学编码盘作为测量基准的一种传感器，它具有精度高、测量范围广、体积小、质量轻、寿命长和工作可靠等优点，在低速精密扫描控制机构中有广泛的应用前景。因此，这类机构中，采用光电码盘作为测角元件。

13.2.4.1　一维摆动扫描机构示例

一维摆动扫描机构广泛应用于红外光机系统中，一般为平面反射镜摆动扫描。其主要由扫描镜、基座、驱动元件和测角元件组成，以当前最高精度扫描机构为例，采用音圈电机作为驱动元件，感应同步器作为测角元件、挠性枢轴作为轴系支撑元件，采用铍扫描镜，基座采用铸造钛合金。其动态扫描测角精度可达 $1''$（3σ），扫描非线性度优于 0.5%，有效摆扫角度可达 $\pm 5.5°$。扫描镜采用铍基底，采用线切割三角形孔进行轻量化，轻量化率达到 65% 以上，表面玻璃化改性，最终光学加工镀膜形成光学镜面，基座采用铸造特种合金，基座中枢轴孔采用高精度镗床加工，枢轴孔同轴度可达 0.02 mm（单一基准），扫描机构寿命可达 5.7×10^7 摆扫循环以上。扫描机构采用刚性机械锁定技术，发射主动段采用刚性机械锁将扫描镜锁定在 0°位置，减小主动段枢轴过载，确保枢轴安全可靠。一维摆动扫描机构如图 13－4 所示。

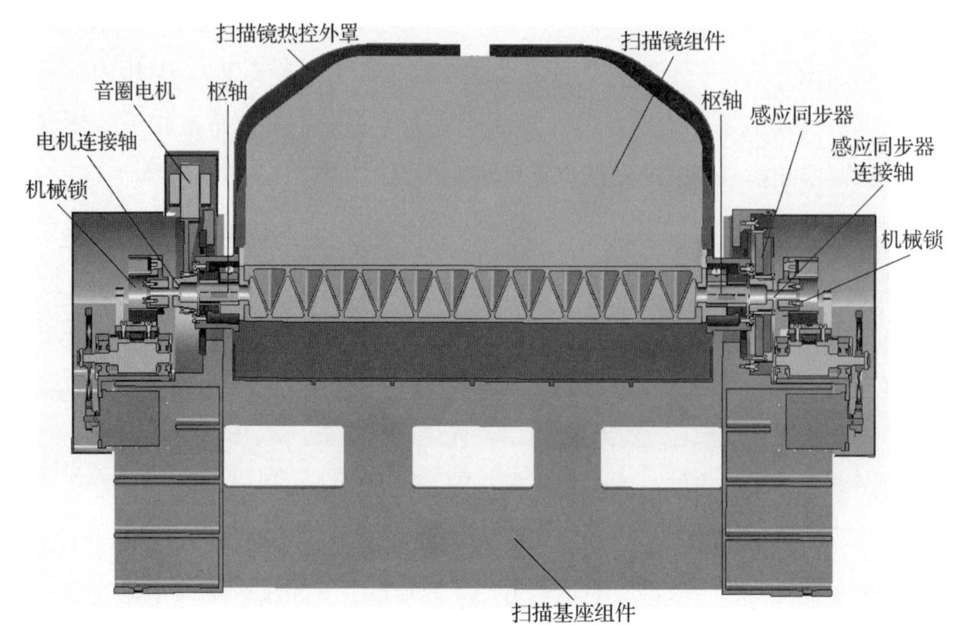

图 13－4 一维摆动扫描机构

13.2.4.2 一维旋转扫描机构示例

一维旋转扫描机构一般为光机系统统一旋转，以某水温水色扫描仪为例，其主要由驱动电机、油脂润滑轴承、光机系统、光电编码器组成，在轨长期开机，寿命为 8 年，望远扫描装置转速为 68.6°/s，在轨共转 4.8×10^7 圈，半角扫描装置转速为 34.3°/s，在轨共转 2.4×10^7 圈，且全寿命周期内要求望远扫描装置和半角扫描装置的扫描线性度优于 0.3%，半角扫描装置的同步跟随精度 $< \pm 16''$。其中光机结构采用铝基碳化硅（SiC）材料，基座采用铸造钛合金，如图 13－5 所示。

13.2.5 扫描机构精度分析

13.2.5.1 消颤振功能

平面镜组件往往作为扫描机构的负载，由于其参与光学成像，在敏捷成像的前提下，当机构摆动到指定位置后，摆动扫描机构能在较短的时间（如 2 s）内消除负载的颤振，保证成像过程中的镜面稳定。

摆镜快速摆动快速稳定按照如下公式进行校核[180]：

$$M_q = J_x \cdot \alpha + M_f \tag{13-3}$$

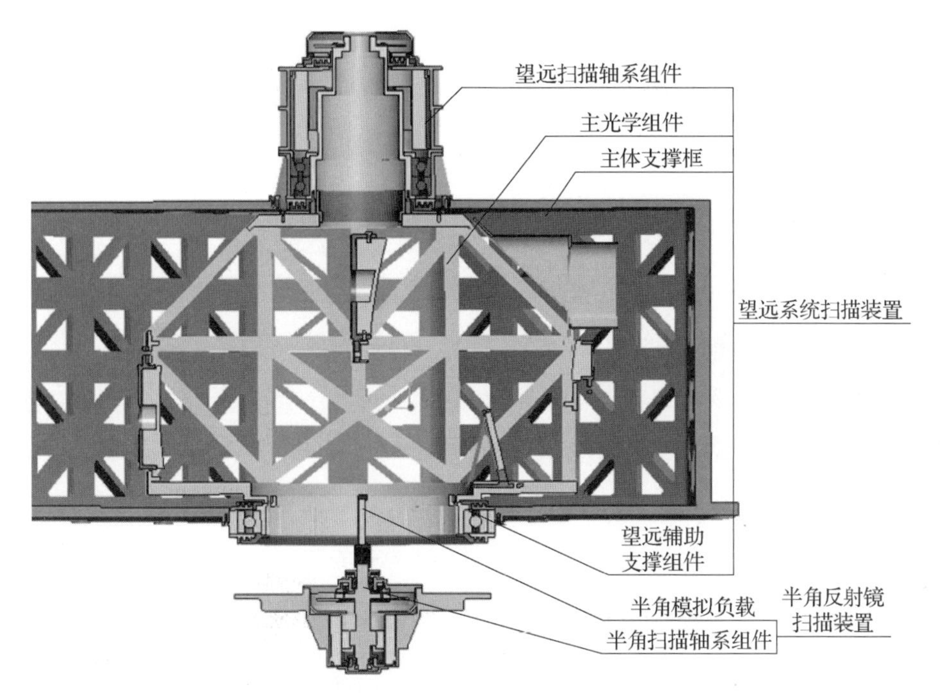

图 13－5　一维旋转光机扫描机构

式中，M_q 为驱动力矩；α 为摆镜角加速度；M_f 为阻力矩；J_x 为椭圆形镜体的转动惯量，且 $J_x=(m/4)\cdot a^2$。其中，a 为椭圆的长半轴，已由系统参数要求确定；m 为质量。

摆镜系统在稳定位置处的系统阻尼主要由机构活动部分的构型和材料决定。为使摆镜能快速稳定，需摆镜身有较大的刚度，在中心传力部分可采用局部加强的设计，以增强局部的扭转刚度。在工程设计中，必须要求摆镜的质量轻、转动惯量小，且要求驱动电机的输出力矩大，才能获得较大的角加速度，实现快速启动。为实现扫描系统的快摆快稳，还要求驱动电机的启动、停止的响应时间短。传统电磁式电机存在电磁滞后，响应时间长，且输出力矩不足，无法满足要求；超声电机的运动部件惯量小，启动速度快，断电响应时间短，位置和速度控制性好，转矩密度大，可实现低速大转矩的直接驱动。因此，活动部件的主体，如摆镜设计需采用轻量化设计，并对厚度进行控制，以减小转动惯量；为实现快速响应，镜体可采用两侧支撑的方式，将传动轴与镜体固连，采用直接驱动或间接驱动的方式。摆镜在稳定位置处的振动方程为：

$$J_x\ddot{\theta} + c\dot{\theta} + k\theta = 0 \tag{13-4}$$

式中，θ 为角位移；c 为阻尼；k 为刚度。有阻尼自由振动的解为：

$$\theta(t) = \mathrm{e}^{-\xi\omega t}\left[\theta_0\cos(\omega_r t) + \frac{\dot{\theta}_0 + \xi\omega\theta_0}{\omega_r}\sin(\omega_r t)\right] \tag{13-5}$$

式中，$\theta(t)$ 为随时间的角位移量（振动量）；ω 为固有频率，且 $\omega = \sqrt{k/J_x}$；ξ 为系统阻尼比，且 $\xi = c/(2J_x\omega)$；$\omega_r = \omega\sqrt{1-\xi^2}$；$\theta_0$ 为系统初始角位移。

13.2.5.2 摆角控制精度

1. 摆镜的转角误差

转角误差是摆镜的运动机构所产生的摆镜指向与理论值之间的偏离。转角误差的来源主要有电机的驱动误差、蜗轮蜗杆的传动误差、轴系误差以及编码器的测量误差等。这些误差通过均方根误差的方法进行分析。

2. 摆镜的定位误差

摆镜的定位误差，首先考虑部组件的误差。反射镜在装入镜框时产生的装调误差主要有两种来源：①反射镜相对理论位置存在不确定性的平移；②反射镜镜面与理论镜面位置存在夹角，即反射镜存在侧倾、扭转等。其他的误差，包括定位方式及定位面等带来的误差，这在前面已经阐述。

上述两种误差产生的影响，使得地球表面采样点发生偏移，入射光不能完全充满视场。当指向摆镜存在转角误差时，如图 13－6 所示。

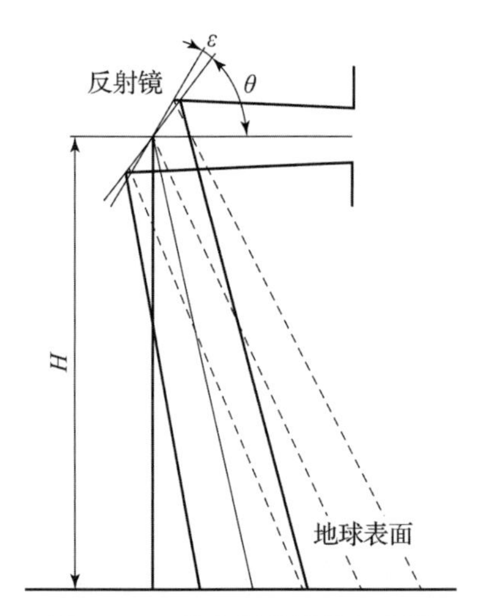

图 13－6 转角误差计算示意图

理想状况下，指向摆镜与主光学系统光轴的夹角为 θ，有一微偏角 ε，地面观测误差为 δ。理想情况下，主光线与轨道高度 H 的夹角为 $2\theta-90°$；有偏角 ε 时，经反射镜后主光线与 H 的夹角为 $2\theta+2\varepsilon-90°$，因此，可以得出[181]：

$$\delta=\tan(2\theta+2\varepsilon-90°)\cdot H-\tan(2\theta-90°)\cdot H \tag{13-6}$$

可见，一维摆镜在转动过程中的转角误差 ε 为：

当 $\theta<45°$时，

$$\varepsilon=\frac{1}{2}\arctan\left(\frac{H\tan 2\theta}{H-\delta\tan 2\theta}\right)-\theta \tag{13-7}$$

当 $\theta>45°$时，

$$\varepsilon=\frac{1}{2}\arctan\left(\frac{H\tan 2\theta}{H-\delta\tan 2\theta}\right)-\theta+\frac{\pi}{2} \tag{13-8}$$

$\theta<45°$时，转角误差随着入射角的增大而增大；$\theta>45°$时，转角误差随着入射角的增大而减小。

13.2.5.3　扫描线性度

挠性枢轴具有无摩擦、无须润滑、对灰尘不敏感、抗辐射、不产生内摩擦腐蚀、适于高真空、适于微型化、性能可控、寿命长及成本低廉等优点。因此，采用挠性枢轴的扫描机构利于实现高扫描线性度，基于挠性枢轴的扫描机构在高扫描线性度及其工程实现、高可靠性及长寿命等方面有较大的优势。但考虑枢轴的柔性特点、摆扫的小角度、驱动力矩和电流较小，外界环境（如微振动干扰）更易对基于挠性枢轴的扫描系统产生影响，进而影响扫描线性度等精度指标。这需要根据机构所处的工况进行综合分析。

影响光机扫描线性度和重复性的因素主要有电机的性能、传感器的精度和控制线路采用的控制方法等。

13.3　二维指向机构

光电捕获（Acquisition）、跟踪（Tracking）、瞄准（Pointing）组合的 ATP 系统被广泛运用于对地观测、天文观测、目标自动捕获跟踪，以及空间光通信等领域，同时应用环境也被拓展到各种平台上，除了地基外，还包括车载、舰载、机载以及空天。二维指向机构，一般应用在对空间目标探索和目标跟踪的光学遥感器上，以实现对特定目标的探测。二维指向机构的第二种常用的应用是面阵凝视型空间光学遥感器，特别是低轨的遥感卫星。随着近年来面阵探测器的发展，凝视型的空间光学遥感器也得到了长足的进步。凝视型空间光学遥感器不需扫描就能成像，整幅图像几乎是同时获取的，具有成像效率高、畸变小、能够提供较长的积分时间以获得比较高的辐射分辨率等优点，但由于地球的自转等因素的影响，必须设法解决像移问题。像移补偿功能被集成到二维指向机构中，以便更好地对地凝视成像[182]。

13.3.1 概述

空间光学遥感器系统中使用的二维伺服系统，主要有二维指向镜和二维转台两大类。两者都可以用于定位、扫描、跟踪和仿真测试等。望远镜整体扫描的方式，将通过转台伺服系统驱动整个主体机构，这种方式由于望远镜体的负载惯量大，所需力矩较大，动态响应较差，且其扫描运动会对卫星姿态产生较大影响，不利于卫星姿态控制系统的设计，但是其有一个优点是不会产生像旋转问题。指向镜伺服系统的负载是指向镜，其惯量较小，动态响应较好。在光学和成像特性方面，指向镜的视轴存在倍角特性，即反射光线的偏转角度为反射镜偏转角度的2倍[183]；另外，指向镜的扫描视场较小，存在像旋和视场畸变[184]，在采用多元探测器时需设法校正像旋。转台与指向镜的对比分析如表13－4所示。

表13－4 转台与指向镜的比较

指标	二维转台	二维指向镜
扫描范围	可做到360°	< ±90°
负载	整个相机头部	指向镜
扫描机构质量	较重	较轻
扫描机构体积	较大	较小
扫描电机驱动力矩	较大（几至几十牛·米）	较小（几至十几牛·米）
电机功率	较大（几十瓦）	较小（几至十几瓦）
反应速度	较慢（几百毫秒）	较快（几十至几百毫秒）

续表

指标	二维转台	二维指向镜
控制精度	角秒级	亚角秒级
视场畸变	无	有
应用方向	实现遥感器整机光束指向大范围机动	实现动态视场拼接和高机动成像观测功能

空间二维转台机构是依附在空间卫星上用于实现跟踪定位功能的机构，根据机构形式的不同分为串联指向机构和并联指向机构。其中串联指向机构可以分为单轴指向机构、双轴指向机构、三轴指向机构和多轴指向机构，以双轴指向机构最为常见[185]。由于空间目标轨道运动特性复杂，相对角速度变化范围大，目标的识别难度大。因此，二维跟踪指向机构的集成度非常高，工作模式也很复杂，需要多传感器加持并完成测量。例如光电跟瞄子载荷是基于空间目标的探测信息实现对目标的识别、跟踪与侦查监视，其中的二维跟踪机构及控制系统以目标成像信息、测距信息或者位置指向信息为输入条件，实现二维转台的目标高精度稳定跟瞄或者精确指向运动。典型的二维机构产品如图 13－7 所示。

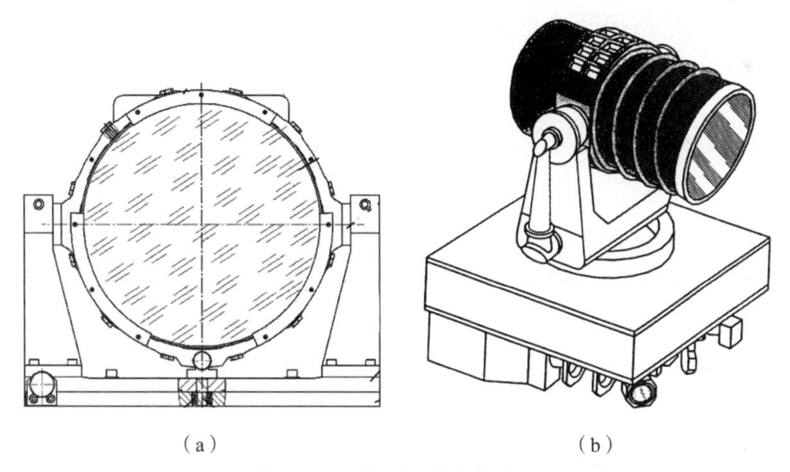

图 13－7　典型二维机构产品

(a) 高精度二维指向摆镜；(b) 高精度二维转台[186]

用于空间领域的二维伺服系统具有以下特点：

(1) 常采用直接驱动的方式。由于没有齿轮传动机构，直接驱动实现了电机与负载间的刚性耦合，消除了传动误差，提高了传动精度。同时也减弱了非线性摩擦力和轴系等弹性形变的影响，提高了定位精度和速度稳定性。但由于直接驱动技术没有齿轮等减速机构，因此需要电机直接驱动负载做低速运动，这就给控制系统提出了一定要求，如转矩扰动、低速度测量问题等。

(2) 定位精度高。定位精度一般可以达到角秒级甚至亚角秒级，如风云四号多通道扫描辐射成像仪。这就意味着需要使用高精度的角度传感器（如光电编码器或感应同步器)，以及先进的信号处理方法。

(3) 低速度稳定度好。扫描成像通常要求速度范围在几度每秒至几十度每秒之间，速度稳定度在5%左右；沿轨像移补偿时速度在零点几度每秒，速度稳定度需在2.5%左右。

(4) 响应带宽比较宽。例如用于空间光通信的精跟踪系统，要求视轴能够快速跟踪目标运动轨迹，速度环带宽通常达到几十赫兹至几百赫兹。

(5) 空间可靠性要求高。为了克服空间强辐射、高低温和热真空等恶劣环境，通常需要通过备份、降额、冗余等设计来提高可靠性。

13.3.2 方案选择

13.3.2.1 机构构型

光学遥感器常用的二维指向机构说明如下，在工程应用中需根据调整对象及工作模式进行选择。二维指向机构的构型可以分为框架机构和非框架机构，常用的构型如表13-5所示。

表13-5 常用二维指向机构构型

框架机构	
类型1：外支撑框架机构	类型2：内支撑框架机构
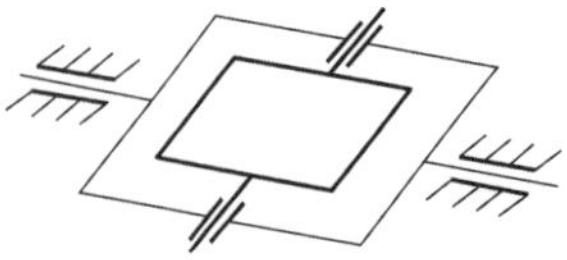	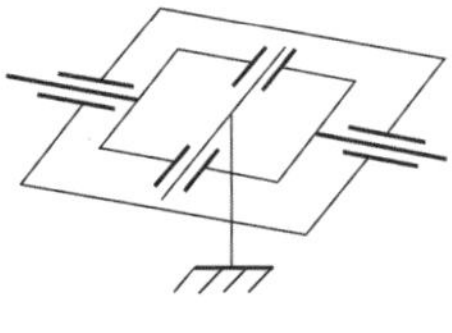

续表

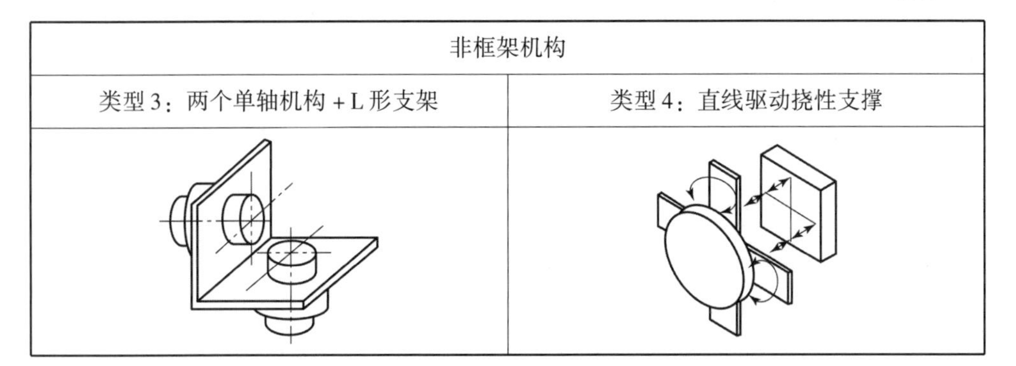

非框架机构	
类型 3：两个单轴机构 + L 形支架	类型 4：直线驱动挠性支撑

1. 二维指向机构性能指标与构型选择对应关系

二维指向机构性能指标与构型选择对应关系见表 13－6。

表 13－6　推荐构型

机构性能要求	推荐构型
（1）要求实现整周旋转； （2）被驱动对象为指向镜时，要求指向镜绕位于反射面内的两条固定轴线旋转	类型 1
（1）要求体积质量小； （2）要求被驱动对象的装配和更换方便	类型 2
（1）小角度指向； （2）被驱动对象为指向镜时，要求指向镜绕位于反射面内的两条轴线旋转	类型 1 类型 4

2. 框架机构

框架机构把两个转动自由度分开，每个框架实现一个独立的转动自由度，它又可分为外支撑框架机构和内支撑框架机构。

（1）外支撑框架机构中，外框架具有一个转动自由度，内框架具有两个转动自由度，被驱动对象安装在外框架上，结构层次清晰，框架本身可以实现整圈连续转动。

（2）内支撑框架机构中，外框架具有两个转动自由度，内框架具有一个转动自由度，被驱动对象安装在外框架上。其优点是被驱动对象的装配和更换更方便，与外支撑框架机构相比，其结构质量小，但框架本身不能整圈连续转动。

二维指向机构的框架主要有封闭式的 O 形、敞开式的 U 形和 T 形等 3 种。其主要特点如表 13－7 所示。

表 13－7　二维指向机构框架结构方案

序号	方案概述	特点
1	O 形支撑结构，一般用于内框架和中框架	对称性好、整体刚度大、易于实现整圈旋转、结构简单、紧凑、体积小、结构频率高，适用于高速旋转
2	U 形/T 形支撑结构，即内外环结构形式，内外环均采用力矩电机驱动、测角传感器反馈，进行闭环伺服控制，到位后采用电磁致动器进行锁定，一般用于外框架和中框架	对称性差、整体刚度差，用于低速摆动运动、应考虑配重问题、结构复杂、体积大，要实现较高的结构频率时结构笨拙，因此对测角精度要求高，对驱动电机的性能要求高

3. 非框架机构

该类型可以看作是类型 1 的单端支撑，为不完整框架形式。

13.3.2.2　驱动方式

从原理上讲，二维指向的驱动方式有单端驱动、双端驱动，或直接驱动和采用减速间接驱动几种形式（见表 13－8）。如对二维机构的低速性能要求不高，则通常采用高性能电机，通过单端直接驱动或双端直接驱动的方式。因为间接驱动的齿轮等传动部件的啮合间隙会影响指向精度。

表 13－8　二维指向常用的驱动形式

驱动形式	优点	缺点
直接驱动	有利于提高动特性和精度	低速性能基本上取决于驱动元件的性能

续表

驱动形式	优点	缺点
间接驱动	超低速性能好，驱动大转动惯量所需动力小，可提高系统固有频率	齿轮啮合间隙、轴系间隙等会影响精度和指向稳定性
单端驱动	结构简单、惯量小	结构对称性差，可能需要配重
双端驱动	可以减小大结构的变形，结构对称性好，用于刚度较弱的大结构	结构复杂，惯量大，要保证双端动力完全一致较困难

13.3.3　二维指向跟踪平台

13.3.3.1　二维指向跟踪平台的功能及关键指标

二维指向机构的功能要求一般为：可实现二维转动调整功能；任意位置均可断电自锁；发射主动段的锁定功能。面向工程应用，在设计遥感器二维指向机构时，主要实现如下功能。

1. 运动控制及角度测量功能

根据管理控制组件发送的参数配置和控制模式，完成二维机构的转台跟踪运动、位置保持等控制功能，并可实现控制参数的切换。按照同步时序的要求，测量出二维转台的角度和角速度并打上对应的时戳，输出到管理控制组件。方位轴及俯仰轴机构在控制器的作用下，能实现上百度范围的指向与跟瞄，由于旋转范围较大，无法选用无摩擦小角度摆动枢轴作为支撑元件，因此一般选用轴承作为跟踪机构的支撑元件。

2. 零位修正功能

可以通过指令参数修改转台的电气零位。

3. 自检功能

能够对通信状态、内部各功能单元（比如码盘、电机等）工作状态进行诊断；能够自主完成转台工作范围内的自检功能。

4. 安全设计要求

限位要求：要求设计软限位和硬限位。具有防飞车功能。需根据不同限位角度设计俯仰与方位两套限位组件，限位块与限位座配合角度公差需大于转动范围。

5. 守时及通信功能

接收管理控制组件发送的秒脉冲和时间数据，完成本地守时。外部输入秒脉冲信号缺失时，继续按照本地时钟生成秒脉冲，秒脉冲的特性保持不变。通过总线接收管理控制组件的控制指令，反馈二维跟踪转台的工作状态遥测数据、距离测量数据。

在二维指向跟踪平台的设计中，还需重点关注以下两个方面的分析。

1. 角动量干扰分析

光电跟踪平台系统转动负载惯量较大，工作过程中因为运动姿态的改变，会对整星的姿态控制产生干扰。角动量的计算公式为：$L = J \times \omega$［其中 L 为角动量，J 为轴上的转动惯量（$kg \cdot m^2$），ω 为角加速度］，根据公式可以计算出轴的最大角动量。计算出的角动量一般不能满足整星平台姿轨控对残余动量的要求。因此在二维指向跟踪平台上的两轴均需加入动量补偿设备，以抵消转台的跟瞄运动对整星平台的影响。

2. 稳定性分析

整星能够实现的姿态和控制精度是有限的，如姿态指向精度（成像期间）、姿态稳定度（成像期间）的指标，一般不能满足指向平台的跟踪精度的要求。因此在指向平台上，需加入惯性稳定环节，以补偿整星平台的不稳定的姿态控制。

13.3.3.2 机构组成及特点

转台机构部分由支撑框架、俯仰驱动组件（包括执行电机、角度传感器、支撑轴承、支撑结构件）、俯仰制动组件（包括电磁制动器、支撑轴承、支撑结构件）及方位组件（包括执行电机、角度传感器、支撑轴承、电磁致动器、支撑结构件）构成。其中电机为转台执行部件，用于驱动转台按控制要求规律运动；角度传感器起反馈转台位置状态作用，用于控制系统闭环；制动器用于低速拍照时锁止使用；支撑轴承用于活动零部件和非活动零部件之间连接。其中俯仰驱动组件和俯仰制动组件分别安装在光学分系统组件的两端，分别作为驱动源和辅助支撑共同作用带动主光学组件旋转。光电二维指向转台的示意图如图 13－8 所示。

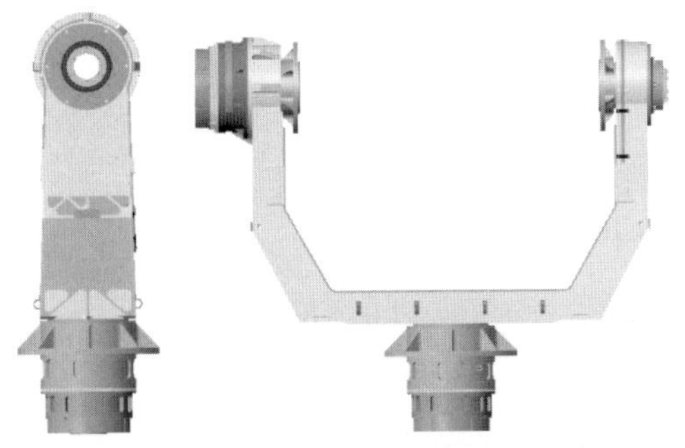

图 13－8　光电二维指向转台方案示意图

俯仰轴系采用浮动—固定—浮动支撑方式，该方式可以保证大跨距支撑的轴系刚度，同时能够保证在轨的热环境适应性。方位轴系采用固定—浮动支撑方式，该方式可以有效提高轴系支撑刚度，同时能在保证光电编码器的安装精度的前提下有效降低轴系重量。图 13－9 所示为两种轴系方案。

该轴系布置方式可以有效适应热环境，及时释放热变形避免产生热应力。

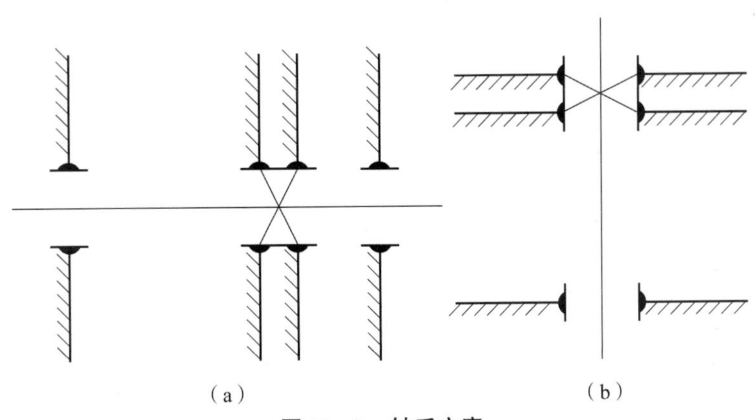

图 13－9　轴系方案

(a) 俯仰轴轴系方案；(b) 方位轴轴系方案

永磁同步电机是一种将电信号转变为机械角位移的机电元件，其角位移、转矩能力与输入电流、电压相关。永磁同步电机结构简单、功率密度大、效率高、运行可靠、环境适应能力强，是交流伺服系统的主流电机，被广泛地应用在各种伺服系统及其他各领域中。相比步进电机，其控制精度高、低频特性好、过载能力强。

光电编码器是位置的角度传感器，经过驱动控制单元上的专用电路变换成数字信号提供给控制器软件，以满足各种控制算法的需求；角度传感器起反馈摆动机构位置状态的作用，用于控制系统闭环。

光电转台驱动组件采用模块化一体设计的思路，电机和编码器本身不自带轴承，共用驱动组件轴承以节省重量。驱动组件设计时，将永磁同步电机、光电编码器、轴承、输出轴按模块集成为一个整体，可作为独立成套部件直接应用到转台机构中。

13.3.4 二维指向镜机构

二维指向镜应用于扫描范围要求不高的场景中，同时二维指向镜相较于二维转台具有更小的体积，更低的功耗，更快的响应，更高的精度。遥感器通过指向镜沿轨和穿轨二维机械摆动，实现不同目标、区域的跟踪观测。

指向镜机构的原理与跟踪平台一致，由指向镜、高精度二维轴系、驱动元件、测角元件以及支撑结构组成。指向镜作为负载，其质量更小，在设计时通过分析，在支撑结构、轴系以及动力源上进行适应性选择即可。典型的指向镜方案如图 13－10 所示，同样为方位－俯仰型结构形式，其安装在相机主体内，设计时对其安装方式及空间要求要进行分析确认。

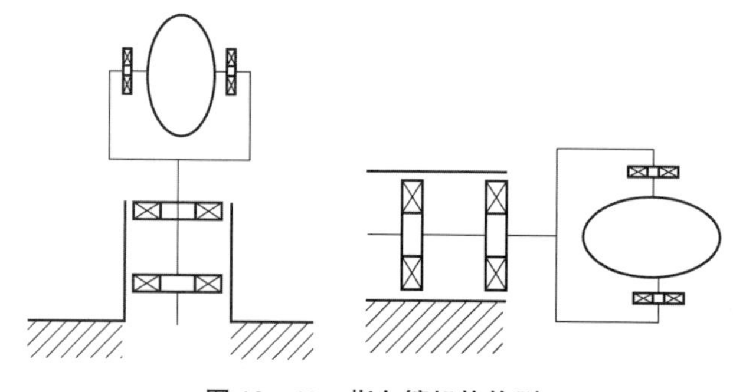

图 13－10 指向镜机构构型

当指向镜绕 x 轴摆动以实现平行于 y 轴方向的扫描时，则与不变的反射光矢量相对应的入射光矢量将随着指向镜旋转而旋转，由于探测器像元没有同步跟踪转动，所以像在探测器平面上相对产生了旋转，造成像倾斜。对于采用单元探测器的系统，45°扫描镜所引起的像旋可以不考虑，但是对于多元探测系统，由于有多个瞬时视场，需要考虑由 45°扫描镜所引起的像旋。

光机消像旋转的方法有导流环消像旋、道威棱镜消像旋、K 镜消像旋等。

（1）导流环消像旋采用了与 45°扫描镜平行的像旋转补偿镜，使像旋转补偿镜和安装在导流环上的探测器一起跟踪 45°旋转扫描反射镜的像严格同步旋转。这种方式的缺点是机械设计难度大、仪器的转动惯量大、导流环会产生电磁干扰等，而且如果采用带辐射制冷器的红外探测器时，辐射制冷器不能一起旋转，因此应用受到限制。

（2）道威棱镜消像旋机构，使用道威棱镜和 45°扫描镜配合，当道威棱镜和 45°扫描镜绕同一轴做同向转动，且转角始终保持为 45°扫描镜转角的一半时，能够消除像旋转，但是受棱镜材料的限制，这种方法难以同时覆盖可见光谱段到红外谱段。

（3）K 镜消像旋机构，采用三面成 K 形排列的平面镜，并使 K 镜旋转方向与 45°旋转扫描反射镜相同且转速为 45°旋转扫描反射镜转速一半使系统消像旋，这种方式也存在系统光路加长、体积增大、在较小的瞬时视场下光路配准难度大的问题[187]。

在工程中，根据光学设计的要求、结构包络的约束，以及在轨工作的特点，综合分析，选用合适的消像旋机构。

13.3.5　二维机构指向精度分析

二维机构一般具有两个转动副，能完成对目标的跟踪和定位功能，其必须满足高精度的指向要求，因此二维指向机构必须达到一定的精度要求，才不会使卫星因为误差过大而导致失效。主要包括跟踪精度、跟踪稳定度、回零精度、指向精度测试。其中：

（1）回零精度、指向精度采用自准直仪测试。

（2）利用最大速度工况下的运动曲线作为脱靶量指令，对跟踪转台的跟踪精度、跟踪稳定度进行测试。跟瞄过程在分系统中进行测试。

13.3.5.1　目标跟踪性能

（1）方位跟踪误差计算方法：

$$\Delta_{方位跟踪} = \bar{\Delta} + 3 \times \sqrt{\frac{\sum_{i=1}^{n} (\Delta_i - \bar{\Delta})^2}{n-1}} \tag{13-9}$$

式中，Δ_i 为第 i 次的跟踪目标方位脱靶量；$\bar{\Delta}$ 为 n 次跟踪目标方位脱靶量的平均值；n 为测量时间段内的采样次数。

俯仰跟踪误差的计算方法与方位跟踪误差的计算方法相同。

（2）连续转台跟踪速度稳定度。连续转台跟踪速度稳定度计算方法：

$$\Delta_{\text{连续转台跟踪速度稳定度}} = \sqrt{\frac{\sum_{i=1}^{n-1}(v_i - v_o)^2}{n-1}} \tag{13-10}$$

式中，v_i 为连续测量角速度数据；v_o 为设定的转台跟踪速度；n 为测量时间段内的采样次数。

俯仰转台跟踪速度稳定度的计算方法与连续转台的计算方法相同。

（3）步进转台跟踪速度稳定度。步进转台跟踪速度稳定度计算方法：

$$\Delta_{\text{步进转台跟踪速度稳定度}} = \sqrt{\frac{\sum_{i=1}^{n}(v_i - \bar{v}_i)^2}{n-1}} \tag{13-11}$$

式中，v_i 为第 i 次的转台方位输出角速度；$\bar{v}_i$ 为第 i 次的转台方位角速度真值；n 为测量时间段内的采样次数。

俯仰跟踪速度稳定度的计算方法与步进转台的计算方法相同。

二维指向机构是两轴运动，两轴是正交的，其误差公式为：

$$e = \sqrt{\Delta_{\text{方位}}^2 + \Delta_{\text{俯仰}}^2} \tag{13-12}$$

式中，e 为两轴的综合误差；$\Delta_{\text{俯仰}}$ 为俯仰轴误差；$\Delta_{\text{方位}}$ 为方位轴误差。

在系统指标分解后，机构设计对俯仰和方位两个轴的误差进行分配；目标的跟踪精度对应机构的指向偏差［如 $0.01°(3\sigma)$］，目标的跟踪稳定度对应机构的速度偏差［如 $\leqslant 0.04°/\text{s}(3\sigma)$］，速度的偏差是一个和时间相关的量，且需根据角速度的不同进行分段约束。

13.3.5.2 指向精度指标分配

（1）初始零位：首先考虑二维指向机构的初始零位的对准误差，无论是方位向还是俯仰向，均需考虑机械加工误差、初始零位的标定误差以及重复到零位的定位误差等。

（2）二维机构指向精度的误差可分为机械误差和测量误差，机械误差包括轴系误差和由于环境如结构热变形造成的误差退化；测量误差则包括测量元件的测量误差、解算电路的解算误差。

平板式连接、类型 I 二维指向机构机械误差分析如下：

(1) 机械误差主要包括由于机械加工、装配、轴承跳动等原因造成的轴系误差和结构热变形误差两个组成部分。将机械误差分解到两个正交轴之后，指向机构机械误差坐标定义及误差组成如图 13－11 及表 13－9 所示。

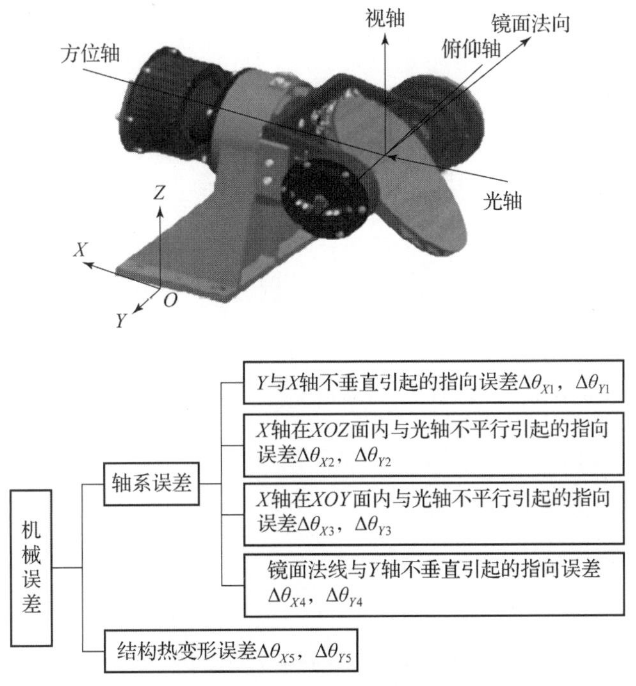

图 13－11　二维指向机构误差分析坐标定义及误差构成

表 13－9　二维指向机构机械误差组成

项目	总误差	轴系误差				结构热变形误差
		Y 与 X 轴不垂直	X 轴在 XOZ 面内与光轴不平行	X 轴在 XOY 面内与光轴不平行	镜面法线与 Y 轴不垂直	
方位向误差	$\Delta\theta_X$	$\Delta\theta_{X1}$	$\Delta\theta_{X2}$	$\Delta\theta_{X3}$	$\Delta\theta_{X4}$	$\Delta\theta_{X5}$
俯仰向误差	$\Delta\theta_Y$	$\Delta\theta_{Y1}$	$\Delta\theta_{Y2}$	$\Delta\theta_{Y3}$	$\Delta\theta_{Y4}$	$\Delta\theta_{Y5}$

（2）机构指向精度，在统计意义上，按照以下公式计算：

$$\Delta\theta_X = \sqrt{\Delta\theta_{X1}^2 + \Delta\theta_{X2}^2 + \Delta\theta_{X3}^2 + \Delta\theta_{X4}^2 + \Delta\theta_{X5}^2} \tag{13-13}$$

$$\Delta\theta_Y = \sqrt{\Delta\theta_{Y1}^2 + \Delta\theta_{Y2}^2 + \Delta\theta_{Y3}^2 + \Delta\theta_{Y4}^2 + \Delta\theta_{Y5}^2} \tag{13-14}$$

式中：$\Delta\theta_X$——方位向总误差（°）；

$\Delta\theta_Y$——俯仰向总误差（°）；

$\Delta\theta_{X1}$——Y 与 X 轴不垂直引起的方位向误差（°）；

$\Delta\theta_{X2}$——X 轴在 XOZ 面内与光轴不平行引起的方位向误差（°）；

$\Delta\theta_{X3}$——X 轴在 XOY 面内与光轴不平行引起的方位向误差（°）；

$\Delta\theta_{X4}$——镜面法线与 Y 轴不垂直引起的方位向误差（°）；

$\Delta\theta_{X5}$——结构热变形误差引起的方位向误差（°）；

$\Delta\theta_{Yn}$——与上述方位向误差类推。

13.4 稳像机构

13.4.1 光学稳像原理

高分辨率成像系统中，由于卫星速高比变化、姿态变化、光机平台颤振、地球自转、成像参数失配引起的像移，造成图像模糊、图像几何扭曲、谱段配准精度下降，严重影响高分辨率图像质量，限制了有效信息的获取，成为制约高分辨率对地观测系统进一步发展的瓶颈之一。为测得视轴的稳定性，需设计专门的稳像系统。在 1995 年和 1998 年发射的空间太阳望远镜 SOHO 和 TRACE 中采用了稳像系统，2006 年发射的 Hinode（Solar－B）卫星上也使用了类似的稳像系统，如图 13－12 所示[188]。稳像系统中的快摆镜结构形式也是由镜体和驱动机构组成的，驱动机构由 3 个压电陶瓷促动器构成，3 个促动器在镜后放置成 120°，控制镜体的转动。

研制高分辨率的空间遥感器，就必须对稳定成像技术及像质增强技术进行专项研究。稳像技术主要探究平台颤振对相机的影响情况，研究高分辨率对平台的姿态要求，研究稳定成像的实现方法。像质增强的内涵是建立从像空间到物空间

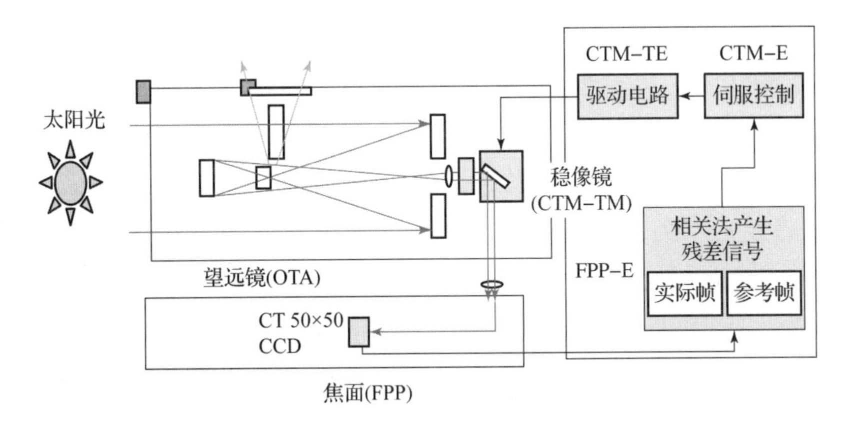

图 13 – 12　Hinode 的图像稳定系统

的逆映射，消除遥感成像链路中图像质量退化因素的影响，实现物像之间的线性比例关系的重建，提高成像系统的成像质量，充分发挥获取图像的应用效能。若要测得视轴的毫角秒级的抖动情况，需拟制像质的退化。典型的光学稳像系统原理图如图 13 – 13[189]所示。

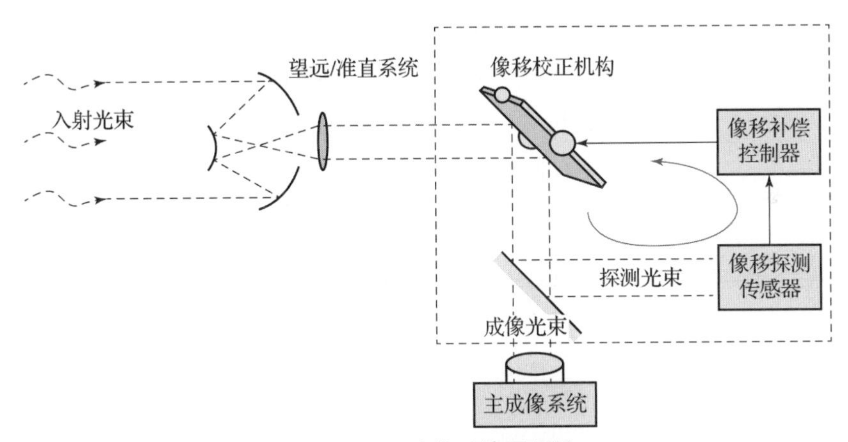

图 13 – 13　稳像系统原理图

有很多种进行像移补偿的方法，常用的补偿方法有机械补偿法、光学补偿法、电子学补偿法和图像补偿法。具体来说：

（1）机械补偿法通过移动成像介质来实现像移补偿，像面上各点补偿速度一致，早期的航空胶片相机常用这种补偿方法，缺点是对机械机构制作精度要求高，若驱动大惯量负载则需要大功率传动装置。

（2）光学补偿法是通过移动空间光学遥感器的光学部组件、焦面或整个相机，使得探测器在曝光时间内始终对同一目标成像，从而消除像移。常用的光学补偿法有摆镜补偿和移动焦面补偿[190]。当然，如通过由惯性系统和伺服控制系统组成的稳定平台来稳定整个相机系统，当视频相机或者平台有偏移运动产生时，惯性元件的作用是能够迅速检测到平台姿态角的变化情况，并将其输出的测角信号经过放大后通过伺服系统来反向补偿平台的抖动，从而保证相机能够稳定成像[191]。

（3）电子学补偿法主要针对 CCD 类遥感器，通过电荷转移技术来消除像移，包括面阵 TD 模式像移补偿法和阶梯式像移补偿法等。

（4）图像补偿法属于软件法，通过建立图像的退化模型进行图像复原，从而进行后期的像移补偿。各种补偿方法的优缺点见表 13－10[192]。

表 13－10　像移补偿方法优缺点

<table>
<tr><th colspan="2">补偿方法</th><th>优势</th><th>缺点</th></tr>
<tr><td colspan="2">机械补偿法</td><td>像面上各点补偿速度一致，可以实现二维补偿</td><td>对机构设计和制作精度要求高</td></tr>
<tr><td rowspan="2">光学补偿法</td><td>摆镜补偿</td><td>物方摆镜补偿视场大，可以与指向机构结合起来，连续观察动态目标，提供更长的驻留时间</td><td>对扫描镜指向精度要求高</td></tr>
<tr><td>移动焦面补偿</td><td>与快速反射镜、高速微动平台结合可以实现高频像移补偿</td><td>获取像移量的相关跟踪器对环境要求苛刻</td></tr>
<tr><td colspan="2">电子学补偿法</td><td>电子学控制，没有附加机构</td><td>只能实现飞行方向运动补偿，偏流角会影响补偿效果</td></tr>
<tr><td colspan="2">图像补偿法</td><td>图像后期恢复，采用算法实现，不对原系统产生影响</td><td>不是真正提高信噪比，算法复杂，实时处理较困难</td></tr>
</table>

13.4.2　光学稳像机构方案选择

由前面内容可知，一般有两种光学稳像方法：摆镜补偿和移动焦面补偿，分别实现对成像光轴偏移和焦面像移的补偿。摆镜补偿是指通过压电陶瓷等器件促动反射镜连续或间歇转动，实现像移补偿。摆镜补偿系统具有定位精度高、带宽大等优点，如图 13－14 所示。稳像机构通过压电陶瓷（PZT）驱动摆镜，并保证其运动平稳、无间隙、无机械摩擦、位移分辨率高。通过高精度的导向机构保证高精度小位移的准确运动，利用柔性支撑技术实现压电陶瓷的准确定位与无应力安装。指向功能由电机驱动轴系转动实现，指向到位后进行锁定，为稳像镜工作提供高刚度支撑。

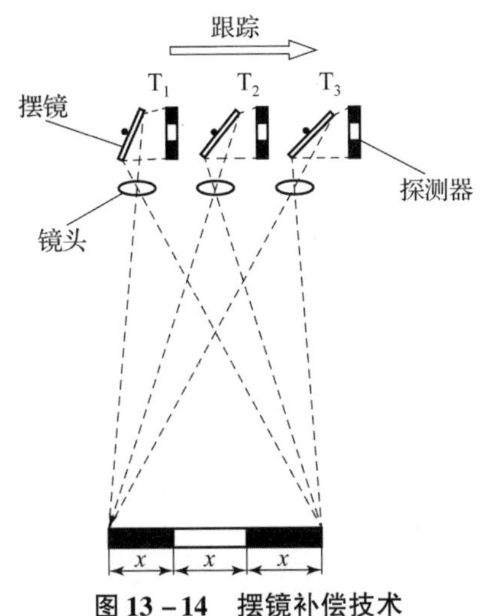

图 13－14　摆镜补偿技术

移动焦面补偿方法是指直接通过驱动压电器件推动焦面移动来对像移进行补偿。这种补偿方式不改变成像系统的光学结构，只需要改造焦面，补偿精度取决于运动估计精度和机构执行精度，也是一种高精度运动补偿方法，如图 13－15 所示。

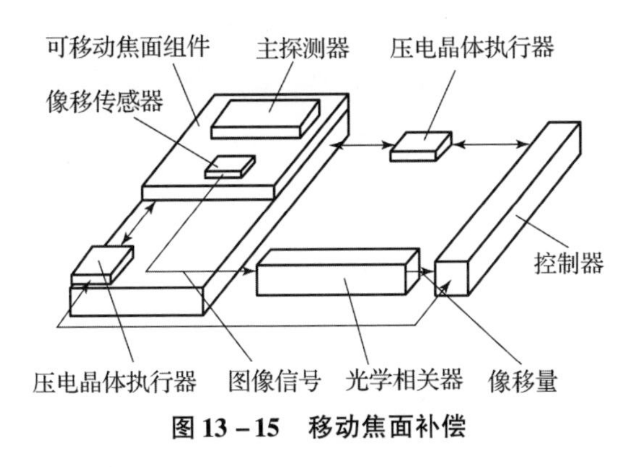

图 13－15　移动焦面补偿

摆镜补偿和移动焦面补偿技术都能够实现高效高精度的像移补偿，但是两种方法都需要引入压电执行器件等活动部件，降低了系统可靠性，因此对系统的设计、装配与调校要求增加。像移补偿系统应满足以下几方面的要求：

（1）保证像面上各点都需达到必要的补偿精度，且补偿残差在允许范围内。

（2）像移补偿不能影响相机其他部分的工作。

（3）像移补偿机构不能降低成像系统的可靠性和成像质量，如不能导致离焦、降低光学透过率等现象发生。

（4）需在成像期间实现自动实时补偿，不需要额外干预。

13.4.3 稳像镜单元设计

稳像镜单元主要包括致动器、稳像镜、基板等部分。稳像镜又称快速转向镜（Fast Steering Mirror，FSM），通过控制光轴的方向来对光束到达方向的变化进行校正，达到稳像的目的。FSM 的机械谐振频率对图像稳定控制系统的带宽有重要影响，理论上 FSM 镜机械谐振可由以下公式计算：

$$f' = \frac{f_0}{\sqrt{1 + I_M/I_0}} \tag{13-15}$$

式中，f'为摆镜镜面加摆镜平台的谐振频率；f_0 为摆镜平台的谐振频率；I_M 为摆镜镜面的转动惯量；I_0 为摆镜平台的转动惯量。

在平台确定后，摆镜镜面的转动惯量 I_M 越小，摆镜的谐振频率越高；摆镜的口径越大 I_M 越大，谐振频率也越低。在口径固定的情况下减小摆镜镜面的质量和厚度，可以减小 I_M，提高谐振频率，这就是要求摆镜轻量化的原因。

轻量化摆镜镜面及其装卡技术，主要涉及轻量化摆镜设计、装卡结构设计及摆镜、装卡和平台的装配工艺问题。设计目标为保证装配于平台的摆镜面形符合设计要求及摆镜谐振频率满足设计要求。

13.4.4 稳像机构设计

稳像机构有时也称快摆镜机构，其设计主要包括的特性指标有：摆角范围、最小摆动分辨率以及工作带宽等。由于结构设计中，各设计参数是相互耦合的。快摆镜的实际工作能力与快摆镜的机械结构设计、驱动机构选择合理性、控制系统处理实时性、控制算法的合理性、传感器精度等特性都有关系。

13.4.4.1　设计要素

1. 摆角范围

摆角范围是指快摆镜能够稳定的最大角度范围，一般用机械摆角表示（根据几何光学理论，机械摆角与光学摆角之间存在 2 倍关系）。对于复合轴稳像系统结构，粗级稳像跟踪机构主要实现大转角范围的粗调整，精级稳像跟踪机构主要负责小转角范围的精密调整，二者共同作用实现大转角范围、高精度的稳定和指向跟踪。快摆镜需要的摆角范围主要是由精密稳像系统的工作环境要求精度决定的，即前级稳像所能达到的最高稳像精度。快摆镜机械角范围可以用来确定促动器的最大行程，在考虑一般裕度条件下，摆角范围是促动器最大行程的 2 倍。

2. 摆角分辨率

快摆镜摆角分辨率指的是稳像系统能够探测并实现的最小转角，这个指标决定了稳像系统的最终稳像精度。角分辨率主要与促动器运动的最小分辨率以及支撑结构布局方式有关；并且为了实现角秒量级运动分辨率，必须要求整个支撑机构采用具有无间隙、无回程差的精密运动部件。

3. 工作带宽

工作带宽一般指精密稳像系统正常工作频域带宽，系统的工作带宽主要受稳像系统响应要求、控制系统最高响应能力以及工作环境的扰动频率范围所决定。为了实现快速稳像，设计的稳像系统需要有高的工作带宽，带宽越高，响应越快，同样控制系统响应能力要求也就越高。其中快摆镜的结构、机构的设计对系统闭环带宽有重要影响。

4. 结构刚度

稳像系统的结构刚度主要是指快摆镜机构的结构刚度，即为系统的谐振频率，是决定系统工作带宽的决定因素，因此在结构设计过程中，应尽量做到结构紧凑、质量轻、刚度高。

5. 有效通光口径

快摆镜的有效通光口径体现了系统所能稳定光束的直径大小。快摆镜大小决定了本系统的工作负载，最终限制了系统的结构刚度。

13.4.4.2 典型机构部件

稳像镜中的驱动、传动等传统机构元件的选择本节不再赘述，在工程中根据指标的要求相应地选择即可。下面主要针对稳像机构中的微位移实现进行介绍。

1. 微位移放大构型

根据光学稳像系统补偿机构的运动要求，为了适应不同位移区间的驱动机构，同时也要保证致动元件本身的性能，需选择合适的放大机构将输出的位移放大，极小位移的线性放大，本身就是精度提升的手段。在微位移促动机构中常采用的放大方式有杠杆放大、桥式放大、压曲放大、三角放大等多种形式，如图13－16所示。杠杆放大机构虽然能实现高倍数放大，由于杠杆受力会发生弯曲，导致位移和力的关系存在非线性，而且在设计成多放大率时导致结构尺寸变大，不利于促动器小型化。桥式、压曲和三角放大这三种放大形式类似，放大倍数只与斜边和直角边的夹角角度有关，在运动过程中如果角度的变化很小，则可以认为放大倍数不变[193]。

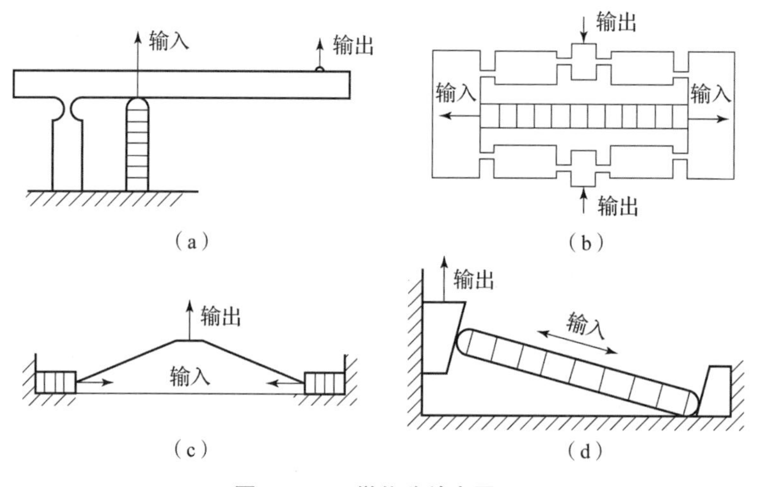

图13－16 微位移放大原理

(a) 杠杆放大；(b) 桥式放大；(c) 压曲放大；(d) 三角放大

2. 柔性微位移支撑

微位移机构及支撑结构主要应用在高精密运动系统中，在空间精密光束指向、激光通信、超精密加工与测量以及微机械制造等领域有广泛应用，它可以实现微米、纳米量级的运动输出。相对于传统的接触式运动副，其具有体积小、运动精度高，响应速度快，动态性能好等特性。桥式放大即采用了柔性元件，柔性元件具有无摩擦、无间隙、无噪声、运动精度高等优点，现在微位移机构设计中多采用柔性元件作为运动关节。

常见的快摆镜支撑微位移机构设计为具有高刚度特性的两维摆动机构，快摆镜的支撑架通常有内外框架式和柔性并联式两种结构。框架式结构将快摆镜固定在高低和方位方向运动的内外框架式结构上，由精密轴承支撑。柔性并联式结构则将快摆镜固定在一个由柔性环与柔性支撑构成的系统上。柔性支撑限制快摆镜三个方向的直线运动和绕一个轴的转动，只允许其绕 X、Y 各自轴转动。采用柔性铰链技术来支撑镜面，具有精度更高、谐振频率更高、没有摩擦、无须润滑等优点。

3. 稳像机构位移分辨率分析

根据设计完成的促动机构参数、微位移机构参数可以计算快摆镜的最大行程以及位移分辨率，其计算公式如下[194]：

$$P=\frac{d_{\max}\cdot k}{2\cdot r\cdot \pi}\times 180\times 3\ 600 \tag{13-16}$$

$$M_{\mathrm{r}}=\frac{s\cdot k}{r\cdot \pi}\times 180\times 3\ 600 \tag{13-17}$$

式中，P 为快摆镜最大行程；$d_{\max}$ 为压电杆最大行程；r 为快摆镜半径；k 为微位移机构行程放大比；M_{r} 为快摆镜分辨率；s 为促动机构运动分辨率。

快摆镜的运动精度是其设计的首要考虑因素，对于装配好的快摆镜，首先进行运动学性能测试，以验证其运动性能设计的合理性。

13.5　遮光罩随动机构

遮光罩随动机构主要针对地球同步轨道空间遥感器设计。在轨运行时，其光学系统的成像质量往往受到杂散光和热流量的影响，特别是太阳辐射引起的干扰，主要原因是遮光罩的长度有限，同时太阳光线打在遮光罩内壁上引起的反射会带来杂散光和热流量等一系列问题。

13.5.1 规避角分析

规避角分析针对在静止轨道运行的空间光学遥感器，由于其轨道距离地球较远，在午夜附近地球阴影无法遮挡相机（除地影期外），遥感器将出现日凌现象，若不进行规避会对光学发射镜表面的镀膜、焦面探测器等造成损伤，严重时将影响相机的使用寿命或相机失效。同时由于静轨光学相机采用斜切遮光罩，斜切部分在轨展开，相机在轨使用时要求其遮光罩内壁不能受照，导致以杂光、热斑等形式影响相机的正常成像，因此，卫星每日中午也需进行阳光规避。

相机阳光规避是保证静轨光学相机在轨正常运行的重要环节，需要通过设计阳光规避模式，利用星体姿态机动使相机避开太阳，满足相机在轨正常使用要求。本节初步设计了一种规避阳光的姿态机动策略，为相机在轨正常飞行提供参考。

1. 规避角分析

静轨光学相机在工作时，相机光轴指向地球，因此午夜附近相机内部会受到阳光照射。在分析该问题时，主要考虑太阳与相机光轴的夹角，该角的取值范围为 0 ~ 180°，角度越小表示相机越容易受到阳光直射影响。

相机遮光罩能够提供的遮阳效果对于高轨遥感卫星的工作影响很大。考虑到重量、相机热控、在轨展开的相关问题，静轨相机常采用随动斜切遮光罩，斜切部分在轨展开，相关尺寸如图 13 – 17 所示，根据方案设计结果，典型斜切角为 25°。同时根据相机在轨使用要求，在任何时候，阳光均不能照射到相机遮光罩内壁。基于上述分析，将阳光规避约束转换成几何约束条件为：阳光入射矢量在本体系 $+XOZ$ 面投影与本体系 $+Z$ 轴夹角不小于 25°。

2. 阳光规避策略设计

因此根据静止轨道相机在轨运行状态，静轨光学相机每天需进行两次姿态机动，完成阳光规避。规避机动均为卫星在轨自主实现，如图 13 – 17 所示。默认情况下，在星下点无偏置的情况下，当地时间每天 01：46—11：45，卫星 $+X$ 轴为飞行方向，12：13—22：14，卫星 $-X$ 轴为飞行方向。11：45—12：13 为正午阳光规避时间，22：14—01：46 为午夜阳光规避时间。

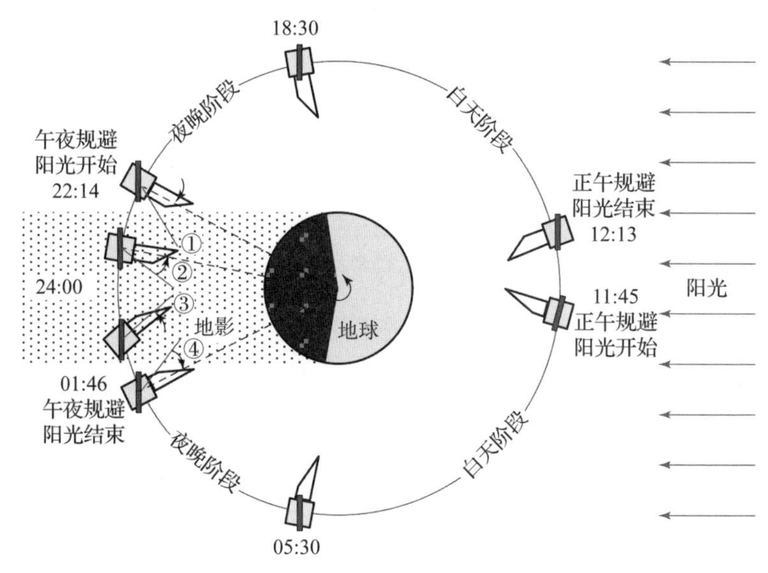

图 13－17　卫星阳光规避示意图

13.5.2　随动遮光罩尺寸确定

遮光罩的随动，就是让遮光罩具备相对于太阳入射角度的随动功能，对日形成遮蔽，可更加有效地解决太阳引起的杂散光和热流量问题。

随动功能的原理是通过检测太阳方位来不断调整其姿态，使其短边背离太阳，当阳光从斜前方入射到罩口时，光线能从短边直射出去，避免了光线在罩体内壁上反射而引起的杂散光和热流量问题，如图 13－18 所示。

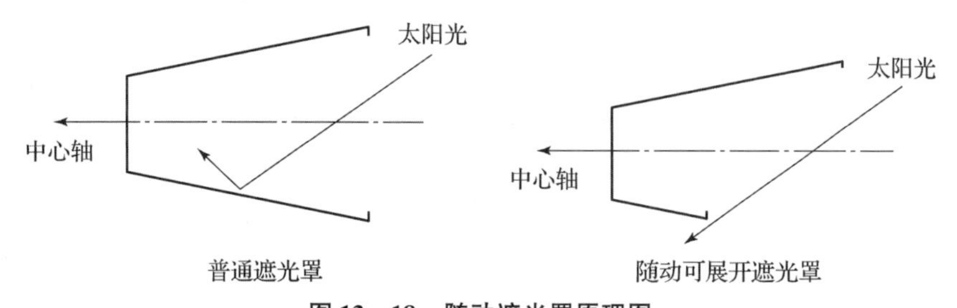

图 13－18　随动遮光罩原理图

遮光罩尺寸确定示意图如图 13－19 所示。

根据遮光罩截面尺寸，可以得到如下的几何关系：$a/H=\tan\alpha$。太阳光进入光学系统的状态可分为三种情况：

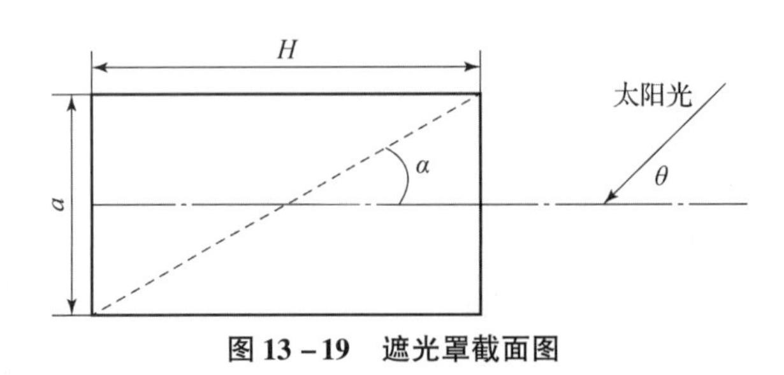

图 13-19 遮光罩截面图

(1) 太阳光与遮光罩中心夹角 $\theta \geqslant 90°$ 时，太阳光不会进入外遮光罩，因此这个时间段内光学系统成像环境较为理想。

(2) 太阳光与遮光罩中心夹角 $\alpha \leqslant \theta \leqslant 90°$ 时，太阳光会直接照到遮光罩内壁，但无法到达内部光学系统。但是通过遮光罩内壁的反射可能引入杂光，影响成像质量。

(3) 太阳光与遮光罩中心夹角 $\theta < \alpha$ 时，即接近午夜时刻，此时会有部分阳光穿过遮光罩直接射入光学系统内部，热环境较差，严重影响系统成像质量。

为保证更长可成像时间及考虑可展开遮光罩的研制难度，当 $\theta = 25°$ 时，为规避与光轴夹角为25°以上的阳光不直接照射到次镜筒及次镜组件上，如口径 a = 3 300 mm 的相机而言，外遮光罩长度应为 7 077 mm。此时，平均每天不可成像时间为 2.3 h 左右。

13.5.3 随动遮光罩方案

13.5.3.1 太阳定位及随动策略

由于遮光罩的姿态根据太阳入射角度而变化，因此太阳定位的精度对遮光罩最终的蔽日效果有较大的影响。目前，太阳定位可以通过太阳敏感器或者天文公式计算两种方法来实现[195]。

目前关于太阳敏感器的研究已经十分成熟。随动可展开遮光罩可以通过在外部安装一个太阳敏感器来对太阳方位进行精确定位，然后根据相应的坐标变化计算出遮光罩的最佳位置，最后通过执行机构将遮光罩转动到预定的姿态上来。

另一种方法是直接利用天文公式计算实时的太阳方位角。常用的天文算法如基于儒略日天文算法的太阳定位技术，通过加上一些精确的修正公式，可达到较高的精度。相应的计算可以由星上系统完成，并将结果实时反馈给执行机构，完成对遮光罩的驱动。随动策略是关于遮光罩跟踪精度和姿态控制策略等方面的研究。遮光罩跟踪精度与太阳辐射在罩体内壁的反射面大小有关。跟踪精度越高，反射面能被控制得越小，但是过高的跟踪精度会造成遮光罩姿态的频繁调整，因此需要综合考虑两方面的因素。由于随动可展开遮光罩具有柔性负载的低频振动特性，为了不激励系统中的柔性模态，可以采用一些算法来优化控制遮光罩姿态调整的瞬时输出力矩，使输出的瞬态力矩与姿态振动相抵消，达到减小振动的目的。

13.5.3.2　机构方案

随动遮光罩往往采用斜切的构型设计，其运行原理是：系统在轨运行时通过检测太阳与遮光罩的相对位置来转动罩体到一个理想位置，此时遮光罩长边对太阳光形成遮蔽，斜射的太阳光线从短边直射出去。相比于目前常见的直筒形遮光罩，其优点是避免了反射光线带来的杂散光问题，同时又削弱了太阳辐射反射进光学系统的热量[196]。

系统运行时，先利用太阳敏感器检测太阳相对于遮光罩的方位角，并将实时的方位角信息传递给控制系统，然后控制系统根据得到的太阳位置信息计算出遮光罩需要转动的角度，最后通过驱动步进电机来带动遮光罩旋转到理想的遮蔽位置。考虑到遮光罩旋转速度缓慢以及转动过程中对卫星平台的扰动，必须选择一种低速平稳的电机控制方案。

随动机构设计分为上、下底盘，滑轮组和电机驱动单元 4 个部分，如图 13 - 20 所示。其中，上、下底盘可以通过滑轮组实现绕中心轴的相对转动，转动所需的力矩由电机通过钢丝提供。展开机构全部安装在上底盘，下底盘固定于相机遮光筒上，整个遮光罩就可以实现在电机驱动下绕中心轴的旋转运动。

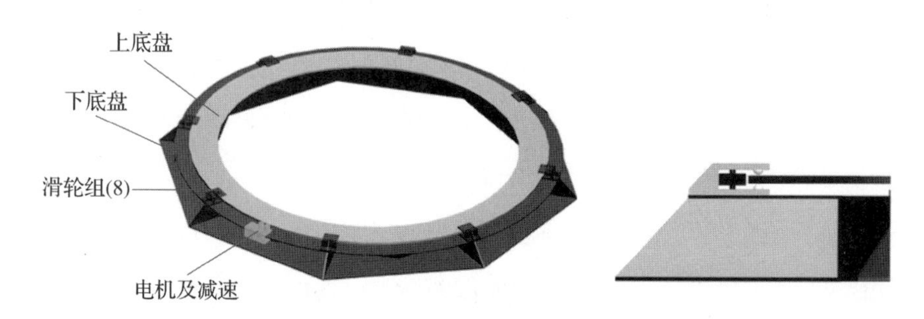

图 13 - 20　随动机构示意图

13.6 高精度六自由度并联机构

13.6.1 概述

1965 年，Stewart 关于并联机构的著名文章发表在英国杂志 IMechE 上。Stewart 描述了将一种 6 - DOF 运动平台用于飞行模拟器的运动系统，并引起了学术界的广泛关注[197]。因此，至今虽然典型的六自由度运动平台并不是当时 Stewart 提出的三角平台结构，但是仍然被称为 Stewart 平台。如图 13 - 21 所示，典型的 Stewart 并联机构由上平台、下平台和 6 条可伸缩支腿组成。如果将下平台固定，在 6 条可伸缩支腿的作用下，可以实现上平台在直角坐标系 3 个坐标轴方向的平动和绕 3 个坐标轴的转动，即可以实现上平台姿态的调整。

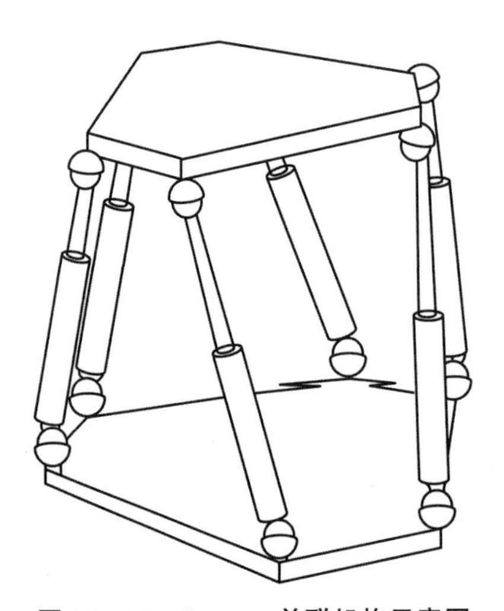

图 13 - 21 Stewart 并联机构示意图

六自由度并联机构平台是一种多变量和非线性的复杂系统，平台结构设计首先考虑其运动学及动力学问题，这也是研究运动平台控制策略的基础。六自由度并联机构平台的运动学分析，就是求解输入构件与输出构件之间的运动学关系。运动学分析一般包括位置分析、速度分析和加速度分析，其中最重要的是位置分析。当已知支杆的长度，求解动平台的位姿称为位置正解问题；反之，当已知动平台的位姿，求解支杆的长度称为位置反解。对位置正解的研究有助于精度分析、工作空间分析及奇异性分析等；而位置反解是运动平台机构设计的基础，也是速度分析、加速度分析及动力学分析的前提。这在机构仿真分析章节进行详细说明。

在空间光学遥感器的应用中，六自由度并联机构主要有如下典型应用。

1. 精确指向平台

卫星等航天器上的光学有效载荷，对指向精度的要求越来越高，仅靠提高整个航天器的姿态控制精度不仅成本高，而且精度也越来越难以保证。而且当有两个以上有效载荷需要指向不同目标时，该方法是难以满足要求的。

例如：ESA（欧洲空间局）研制的位于国际空间站上的精确指向平台。该并联平台的下平台与空间站主结构相连，上平台与大气观测仪器 SAGE Ⅲ相连[198]，空间站在轨运行期间，该平台带动大气观测仪器实现对地心的精确对准。

2. 精密调整平台

为了保证望远镜的工作性能，需要对光学元件的位置、姿态、型面等进行实时控制，以保证镜头处于期望的状态。

3. 隔振平台

航天器在轨运行时，控制系统的动量轮转动、控制力矩陀螺等执行部件的工作、遥感器自身的低温制冷装置以及扫描机构的工作等会带来振动；这些振动中，低频振动的振幅较大，而高频振动的振幅较小，这些振源的存在都将降低精密的空间光学有效载荷的在轨性能。六自由度机构是实现振动隔离的技术途径之一。

本节讨论六自由度机构作为精密调整的应用。隔振平台的应用在下章讨论。

13.6.2 高精度六自由度机构功能特点

13.6.2.1 功能描述

在空间光学遥感器在轨展开、光学镜面支撑及成像补偿等领域，并联机构起着越来越重要的作用。

1. 反射镜支撑及面形调整功能

随着空间光学遥感器的分辨率越来越高，长焦距、大口径是其必然的发展方向。当遥感器的口径达到一定的量级，受到运载的约束以及地面制造难度的增大时，采用整体口径式的主镜显然难以实现。可以通过采用分块镜的形式解决超大口径光学遥感器建造的问题。例如，可展开式的空间大口径光学主镜由分块子镜拼接构成，发射时主镜及支撑机构折叠收拢，入轨后依次同步驱动展开，在主动控制下精确地拼接成一个共相位主镜。分块镜共相位的调整往往需要高精度六自由度机构实现。

2. 光学元件位姿调整功能

随着温湿度和成像镜姿态等因素的变化，主次镜间的相对位置也将实时变化，会给光路带来很大的影响。当主镜、次镜相对位置发生变化时，会造成光路偏差，将导致系统成像质量变差，同时影响指向精度和跟踪精度。为保证主次镜光路的精确重合与对准，需要对次镜的位置与姿态做实时调整，即及时调整主、次镜相对位姿，使偏差控制在合理的误差内。在工程实际中，主要是调整次镜的位姿，这在大型光学望远镜次镜调姿过程中发挥着重要的作用。大型光学望远镜次镜调姿机构通常有自由度、行程、精度和遮光面积等性能要求，而对于调姿平台而言，将其应用于大型光学望远镜次镜调姿过程中面临的主要技术困难就是在修正姿态变化量时，次镜的调姿机构定位精度能力，以及在外力作用下，次镜调姿机构对抗变形的能力[199]。

13.6.2.2 遥感器用精密调整六自由度机构特点

为实现上述功能，六自由度机构的设计原则主要包括以下几个方面。

(1) 需具备精确的位姿测量能力。用于精密调整的 Stewart 平台关心的是位姿信息，通常采用两种传感方式：通过测量各促动杆位移计算平台位姿（间接测姿）；对平台姿态进行测量（直接测姿）。而直接测姿又可分为：①绝对测姿：通过安装于平台上平面的星敏感器、太阳敏感器、陀螺仪等直接获取平台姿态；②相对测姿：通过图像传感器、激光位移传感器组等测量平台上平面相对于航天器本体的姿态。

(2) 适合空间环境的高精度关节的设计及制造。关节的精度是保证并联平台运动精度的重要条件，关节的灵活运动，是保证整个并联平台工作可靠的前提。

(3) 设计中需关注并联平台真实几何参数的识别。由于加工、装配误差的存在，导致并联平台的真实几何参数偏离设计参数，所以在仿真或物理实验中，必须识别出真实的几何参数，而后把它代入控制模型，这样才能保证并联平台的运动精度。

（4）考虑并联平台的快速响应控制能力。遥感器在轨维护调整的时间是非常有限的，因此并联机构除了高精度的特性要求，还需具有较快的响应速度。另外，要有效隔离高频振动，以减少对调整精度的影响。

（5）精确地设计和实施六自由度机构与被调部件及基础平台的连接。要实现并联平台的精确调整，必须确保安装的精确定位，保证安装误差在允许的范围内。同时，安装支座还要具有良好的阻尼特性。

除此之外，面向空间应用及遥感器的特殊需求，六自由度并联结构还需关注以下几个方面：

（1）发射主动段锁定及抗力学环境设计。并联机构由于柔节、铰链等柔性、活动组件的应用，其抗发射主动段的能力有限，在机构设计中，往往需要增加锁定解锁装置。

（2）微重力环境下并联机构运动学设计。

首先是仿真分析，空间环境条件复杂，存在诸多影响因素，因此在仿真时可做如下假设：第一，忽略重力。空间环境实际是微重力，不同高度有不同的数量级，仿真时用无重力状态代替微重力。第二，设所有零件均为刚体。第三，忽略摩擦。宇宙空间由于是高真空环境，因此不易采用液体润滑剂，现在已经研制出膜润滑等干润滑剂，所以此处忽略摩擦的影响。第四，忽略材料的影响。选择保证宇航条件正常工作的特种材料即可[200]。第五，施加重力，仿真重力对运动学关系的影响。在此仿真分析的基础上，下一步是开展地面试验，即验证在微重力环境前提下设计好的并联机构，在地面重力的影响下是否仍能有效地工作。

（3）小工作空间下的驱动链路设计。Stewart 并联机构的分辨力主要取决于各驱动支链的分辨力。由于遥感器紧凑型设计的理念和轻量化的基本要求，在实际工程中，小工作空间下设计各驱动支链分辨力非常困难，这会造成特定结构参数平台分辨力受限于驱动支链分辨力。因此，在设计时需要根据平台分辨力要求，进行驱动支链位移分辨力逆解运算，得到所需的驱动支链分辨力；依据工程实际，判定该分辨力的驱动支链是否可以工程实现，如果可以工程实现，可再依据驱动支链分辨力进行正解运算，计算平台的分辨力。

（4）在轨位姿掉电保持设计。遥感器在轨维护是周期性的，当位姿调整到位后，在下一个调整周期前，需要六自由度机构能够稳定地保持位置，以满足在轨运行要求。掉电保持的要求，一方面，要求减小在轨运行的功耗消耗；另一方面，对掉电后的位置保持机构的设计提出了高精度的要求，不能因为机构掉电的抱紧等动作对位姿精度造成影响。

13.6.3 高精度并联机构方案选择

精密 Stewart 平台，主要构成包括动平台、定平台、6 个单腿驱动杆以及 12 个运动副，根据对六自由度位姿调节的设计要求，选择六支链的并联机构作为基础构型。常见的运动副见表 13－11 及图 13－22。

表 13－11 常见运动副

运动副	允许的运动	约束的自由度	允许的自由度
转动副（R）	一转动	5	1
移动副（T）	一平动	5	1
圆柱副（C）	一转动一平动	4	2
球铰链（S）	三转动	3	3
平面副（P）	两平动一转动	3	3
万向铰（U）	两转动	4	2
螺旋副（H）	一螺旋运动	5	1

对上面的几种运动副进行分析。调整的重量较大时，由于万向铰和球面副的连接处刚度较低，不宜使用。平面副显然也不适合应用在支撑结构中。最适合应用的就是转动副。它的自由度仅为 1，便于运动学设计，同时，它的循环对称性好，接触面光滑，间隙比较容易控制，承载特性较高，具备良好的运动学和动力学性能。根据所采用的运动副的类型，六自由度并联机构常用运动支链构型如图 13－23、图 13－24 所示[201－203]。

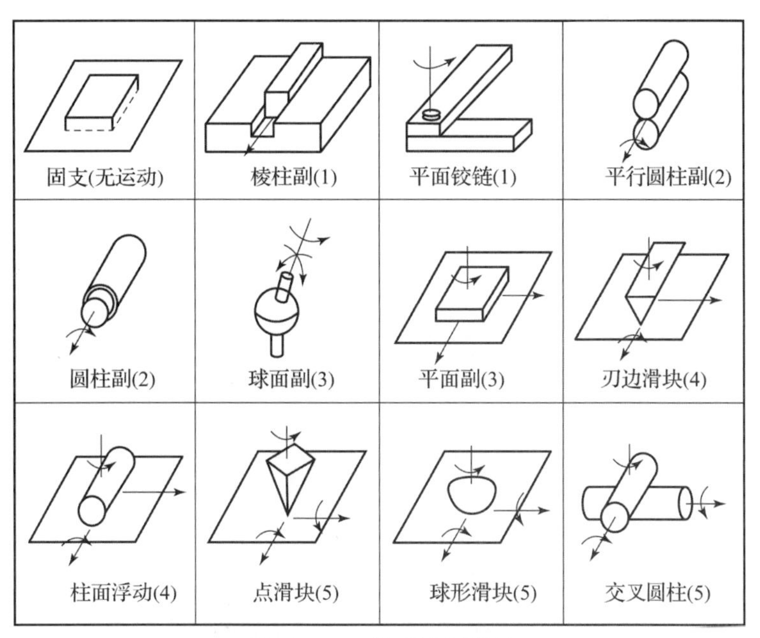

图 13－22　运动副示意图

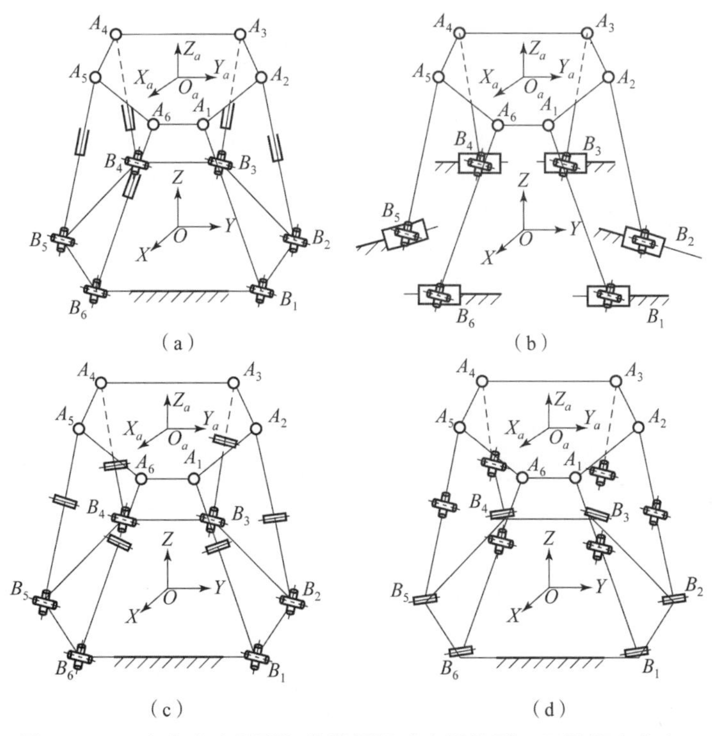

图 13－23　六自由度并联机构常用运动支链构型（无局部自由度）

（a）6－UPS；（b）6－PUS；（c）6－URS；（d）6－RUS

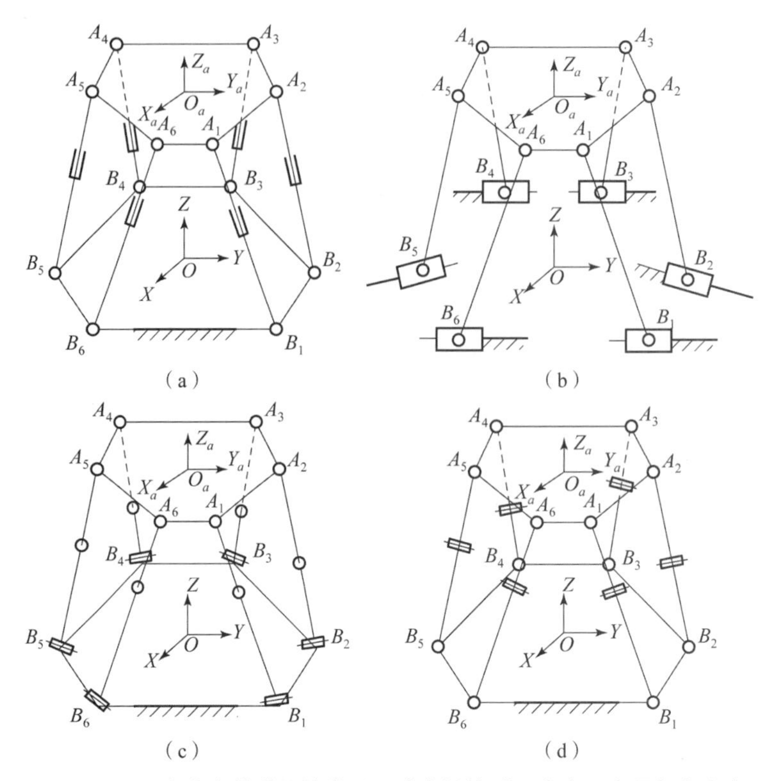

图 13－24 六自由度并联机构常用运动支链构型（含有 6 个局部自由度）

(a) 6－SPS；(b) 6－PSS；(c) 6－RSS；(d) 6－SRS

几种典型的构型分析如下：

(1) 6－SPS 型并联机构，上下铰点通过 2 个球铰链连接，这样使得该支链有 7 个自由度，增加了一个绕杆长方向上的局部自由度，对于实际中，螺旋副是由电机带动的丝杠－螺母组成的，每个腿中存在绕上下球铰连线转动的局部自由度将使固定在支链上的电机存在一个无法控制的转动，从而难以保证机构的运动精度，但液压缸形成的圆柱副是通过活塞的位移实现驱动的，不受局部自由度的影响，液压形式的驱动形式不能在航天产品中应用，所以该结构形式不宜采用。

(2) 6－UPS 型并联机构，一端为 U 型万向铰链，一端为 S 型球铰链与上下平台连接，该形式通过移动副作为驱动关节，其他关节作为被动铰链约束，实现并联机构的六自由度运动，但在实际应用过程中，由于球铰链凹槽球面加工困难，且接触面大，摩擦阻力大，所以在高精度的并联机构上鲜有用该结构形式的。国外（日本、德国）同类球铰链通过在球头和球窝间增加滚动体的设计形式能够实现极小的摩擦阻力，但国内目前还没有相关产品。

（3）6 – URS 型并联机构，该结构形式与 6 – UPS 型并联机构相比，将 R 转动副（绕杆长方向）+U 型万向铰链代替 S 型球铰链，该结构形式增加了杆长方向的尺寸，增加了一个活动关节，也降低了驱动支链的刚度，所以在高度方向上尺寸有限制，并联机构尽量避免采用该结构形式。U 型铰链具有拉压强度高，可以通过轴承预紧的方式消除轴向和径向间隙，从而提高驱动支链的精度。

通过自由度分析可知，6 – URS、6 – RUS、6 – UPS 和 6 – PUS 四种构型均含有 6 个自由度。而 6 – SPS、6 – PSS、6 – RSS 和 6 – SRS 构型含有 12 个自由度，其中 6 个自由度为局部自由度，绕支链或者支链局部自身旋转，这些局部自由度对整个机构的运动学分析影响较小，但是影响局部的动力学分析。在 6 – URS、6 – RUS 构型中常采用力矩电机驱动，6 – UPS 和 6 – PUS 的驱动方式常选择为直线驱动，直线驱动相对于力矩电机驱动，控制特性更简单。此外，在相同的直线驱动行程内，6 – UPS 与 6 – PUS 机构相比，6 – UPS 可达工作空间较大，并且该机构结构简单、驱动方便。综上分析，6 – UPS 是六自由度并联机构系列中应用最广泛的一种。

空间光学遥感器用的并联机构，也选择 6 – UPS 并联机构作为六自由度位姿调节机构的基础构型。

13.6.4　纳米级高精度六自由度机构设计

并联机构是一个多输入、多输出系统，杆间耦合性强，容易产生奇异位形。对并联机构的结构优化设计，就是对并联机构的运动学和动力学进行设计，通过严谨的仿真分析，得到调整平台的构型、结构和运动特性等主要参数。

13.6.4.1　运动学架构设计及分析

在六自由度机构的优化设计过程中，首先要保证达到调整位姿所提供的运动指标，转化到设计语言描述就是使并联机构上平台有足够的运动空间和运动速度，而上平台的运动是由 6 个支杆的伸缩实现的。可见，作为设计参数而言，支杆伸缩量的变化量即行程的变化是最直观的。支杆的伸缩量是评价此类机构性能的一个重要参考量。

用于空间光学遥感器次镜调整时，其需求是多自由的。需要六自由度机构比较全面地覆盖运动范围，因此仿真运动采用正弦函数复合运动的形式。取在复合运动中6个支杆的伸缩量绝对值的最大值最小为最优目标函数，即：

$$f(x)=\min(\max(\max|L_i(x)-L_i(0)|)) \tag{13-18}$$

x 是自变量，由设计变量 r、R、α、β、H 组成，$x=[r\quad R\quad \alpha\quad \beta\quad H]=[x_1\quad x_2\quad x_3\quad x_4\quad x_5]$，$L_i(0)$表示在中位时第 i 个支杆的长度，$L_i(x)$表示上平台在复合运动中第 i 个支杆的长度。

其中：r 为上铰点分布圆半径；α 为上铰点分布角；R 为下铰点分布圆半径；β 为下铰点分布角；H 为中位时上下平台之间的高度。

确定目标函数后，就需要确定函数的约束条件。

由于支杆有一定的尺寸，因此为了避免发生干涉，要求上下铰点分布角 α 和 β 对应的边长应大于相应支杆的直径，并且分布角应小于 $\pi/6$，即

$$\arcsin\left(\frac{r\_strut\_up}{r}\right)\leqslant\alpha\leqslant\pi/6 \text{ 和 } \arcsin\left(\frac{r\_strut\_bottom}{R}\right)\leqslant\beta\leqslant\pi/6;$$

对于一般的并联机构，通常固定平台要比动平台具有更大的参数值，而且为了避免奇异性的影响，上铰圆半径与下铰圆半径要有一定的差值，因此需设定 $r<R$；考虑到机构的工作空间，及其在复合运动中的空间限制，需设定驱动杆行程范围；根据万向铰的转角范围需设定铰链转角范围参数，如目前可以买到的万向铰达到3°，故设定万向铰的铰链范围为 $0\leqslant\gamma_u\leqslant3°$，下平台万向铰转角范围为 $0\leqslant\gamma_d\leqslant3°$。因此可以得到下面的限制条件：

（1）边界约束：

$$\left[250\ \ 250\ \ \arcsin\left(\frac{r\_strut\_up}{r}\right)\ \arcsin\left(\frac{r\_strut\_bottom}{R}\right)\ 100\right]\leqslant x\leqslant[252\ \ 254\ \ \pi/6\ \ \pi/6\ \ 120]$$

（2）线性约束：
$$\begin{cases} r-R\leqslant0 \\ L_{\min}-\min(L_i)\leqslant0 \\ \max(L_i)-L_{\max}\leqslant0 \\ \max((\gamma_d)_i)-3°\leqslant0 \\ \max((\gamma_u)_i)-3°\leqslant0 \end{cases}$$

Stewart 并联机构的分辨力主要取决于各驱动支链的分辨力。实际工程中，各驱动支链的分辨力有限，这会造成特定结构参数平台分辨力受限于驱动支链的分辨力。因此在设计时，需根据平台分辨力的要求，进行驱动支链分辨力逆解运算，得到所需的驱动支链分辨力。

综上，在多约束条件情况下设计平台构型时，必须采用多目标一体化优化设计方法。在并联机构设计时，需以降低各促动杆耦合、增大平台转角并减小误差传递矩阵为设计目标，进行平台构型一体化优化，从而实现较大工作空间和较高运动控制精度。此外，并联机构的优化设计问题还可从以下几个方面考虑：以运动平台轨迹上运动条件数之和最小为设计目标；考虑动平台和基础平台作用力对运动轨迹误差的影响。以转动与平动误差之和最小为设计目标，进行刚性最大设计；以全工作空间运动条件数之和与平台质量的加权和为设计目标同时考虑平台一阶模态频率约束；考虑工程技术中的限制条件，综合工作空间、承载能力及运动的逆解精度等指标构建设计目标函数；基于条件数最优构型，以平台实际安装工况为约束，以控制能耗最小为设计目标等[204]。

13.6.4.2　工作空间求解及构型设计

机构构型关系到 Stewart 台的工作空间、负载能力、运动控制精度及振动控制效果等性能。不同用途的天基精密跟瞄 Stewart 平台，其构型设计的目标也不尽相同。当只用于精密定位、跟踪等任务时，构型设计需重点考虑的是平台的工作空间和运动控制精度。

六自由度精密调节机构的工作空间可以分成以下几种情况：可达工作空间、定位姿工作空间和完全工作空间[205]。

（1）可达工作空间，即上平台中心能够达到的位置和姿态。将可达工作空间分为可达姿态工作空间和可达位置工作空间。可达姿态工作空间：上平台中心能达到的所有姿态的集合。可达位置工作空间：上平台中心能达到的所有位置的集合。

（2）定位姿工作空间。定位姿工作空间分为：①定位置的姿态工作空间：给定位姿调节机构上平台中心位置，上平台能达到的所有姿态的集合。②定姿态的位置工作空间：给定位姿调节机构上平台姿态，上平台中心能达到的所有位置的集合。

（3）完全工作空间，即位姿调节机构上平台在满足给定约束条件下的所有位姿向量的集合。完全工作空间分为：①定位置的姿态完全工作空间：给定上平台中心位置范围，上平台中心在该位置范围内，上平台能达到的所有姿态的集合。②定姿态的位置工作空间：给定上平台姿态范围，上平台中心在该姿态范围内，上平台中心能达到的所有位置的集合。

在工作空间求解中，根据对六自由度位姿调节的要求，进行位姿调节构型优选，构建位姿调节机构的三维模型。采用多体动力学分析软件对位姿调节机构进行运动仿真，通常采用运动学正解的方法，根据一、二阶影响系数矩阵，求解得到支杆的速度与加速度，并用微分法验证支杆的驱动速度与加速度等参数，最终分析得到位姿调节机构可达工作空间、定位姿工作空间和完全工作空间，验证机构是否满足调节范围设计要求。

13.6.4.3 关键部件选择

常用的 Stewart 型六自由度并联机构平台主要由底座平台、底座铰链、促动器、运动平台铰链、运动平台组成。通过对六根驱动杆的协调控制，运动平台可实现沿空间 X、Y、Z 轴的平移和绕 X、Y、Z 轴的转动共 6 个自由度的运动，从而实现位置和姿态的变化。

对于六自由度并联机构，如何实现高分辨力的驱动支链是六自由度并联机构设计的重点和难点。随着滚珠丝杠机构加工装配技术的提高，直流伺服电机和滚珠丝杠的伺服驱动机构具有越来越高的刚度和精度。

因此在并联机构的结构设计中，重点关注两个关键部件：促动器与铰链的设计。促动器按驱动形式主要包括液压驱动、气压驱动、电磁驱动等形式，其中电磁驱动最为常用。电磁驱动也包括伺服电机、直流电机、音圈电机、压电陶瓷等驱动形式。铰链也是制约六维并联平台转动范围、定位精度和载荷能力的关键部件。铰链的形式包括万向铰链、柔性铰链、球铰链等。

国内外，针对不同的工程项目已有很多研究成果，如用于詹姆斯·韦伯太空望远镜（JWST）次镜调整的六维精密指向平台[206]，采用无刷直流伺服电机、谐波减速器驱动小导程（1 mm）精密滚柱丝杠的促动形式，能够实现大载荷、高精度的次镜调整。用于外太空观测的霍比·埃伯力天文望远镜六维平台[207]，综合了高刚度、高精度、高承载能力、安全性、电机冷却等特性，采用交流伺服电机、蜗轮蜗杆减速驱动螺母丝杠的结构形式。美国喷气推进实验室（JPL）针对复杂空间环境的光学载荷指向任务，设计的六维平台采用不锈钢灵活轴芯万向铰链实现低摩擦旋转，能够实现较高的指向精度。气象观测望远镜（ISST）的次镜和相机六维调整平台，结合高刚度、无摩擦的特点，提出了柔性铰链的设计方案[208]。Aio 公司研制的六维精密定位平台利用球铰链转动灵活、间隙小、承载力大的特点，来实现精密定位。

1. 促动器

促动器对高精度调整 Stewart 平台的精度及振动控制能力起决定性作用。实际应用中，单独使用某种促动器通常无法达到所期望的高精度的调整效果。因此，基于现有的成熟技术开展复合促动技术研究具有较高的工程应用价值。复合促动器设计的关键在于：不同驱动机理的促动器需在行程、精度、动态特性等方面相互配合、取长补短，使复合促动器总体达到促动行程大、运动精度高、动态特性好的特点。此外，应考虑不同种类促动器差异，合理设计两者连接部分的机械结构，确保可靠性。常用的有 Picarnotor 及滚珠丝杠与压电陶瓷复合促动器；两级音圈电机复合、直线电机与压电陶瓷复合、磁致伸缩促动器与压电陶瓷复合等[204]。宏微促动器也属于此，宏微促动器即将两种不同驱动原理的促动器组合起来，使促动器兼备大行程、高精度和高动态特性。

另外，近年来出现的各种新型直线促动技术为 Stewart 平台性能的提高提供了新的选择，典型器件有永磁同步直线电机、直线超声电机、Nexine 直线驱动器等。

2. 铰链设计

六自由度平台铰链结构的理想情况是无间隙、无摩擦与磨损，并且有足够的刚度。无间隙当然是较为理想的情况，在工程中为消除和减小间隙，往往需要对铰链施加一定的载荷，然后载荷使铰链产生摩擦，这种摩擦又影响位移驱动的效果，乃至影响到平台的定位精度。因此，设计铰链时应综合考虑平台的技术要求，合理选取间隙量与载荷值。

上面已经说明，铰链的形式有多种，包括球铰链、柔性铰链、万向铰链等。对于球铰链而言，铰链旋转灵活、转动角度大，运动学模型简单。然而，球铰链的间隙对平台精度的影响不可忽视。柔性铰链无间隙、无摩擦，然而低刚度、小行程是柔性铰链的缺点，此外，也很难确定柔性铰链的旋转中心。十字轴万向铰链在施加预载荷的条件下能够达到高精度、中等载荷的运动。然而，空间光学设备大都是高刚度、高载荷的设备，需要很好的稳定性和长寿命。因此，万向铰链能满足高刚度高稳定性的要求[209]，万向铰链常利用角接触轴承对铰链径向轴向预紧来减小间隙。这种铰链刚度能够使得整个平台具有较大的刚度。此外，该铰链能够在低速运动情况下实现小间隙、低摩擦、长寿命、高刚度的功能。万向铰链传动的示意图如图 13－25 所示。

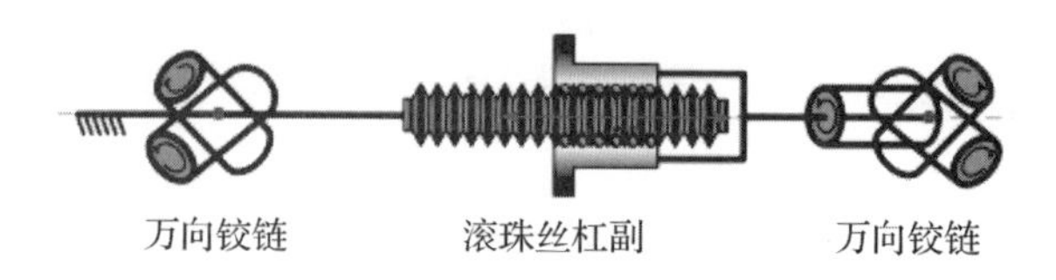

图 13－25　万向铰链传动

3. 传感器

传感器对空间光学遥感器进行精密调整 Stewart 平台闭环性能至关重要，通常要求传感器精度高出平台控制精度至少 1 个数量级。传感器在技术上成熟，可靠度比较高，且很多经过了空间环境的检验，因此天基精密 Stewart 平台的传感器可直接移植现有传感器技术。

（1）激光位移传感器：借助运动平台的测量块，可实现并联机构运动范围、重复定位精度、分辨率的测试。可采用激光测振仪对并联动平台的角位移进行直接测量。也可采用间接折算的方法来进行，采用 LVDT 测量上平台时对中心具有一定偏置的确定点测量其直线位移，通过与中心点偏置值的关系，可以计算得到相应的转角值及精度。图 13－26 所示为激光测量示意图。

（2）光栅尺：光栅尺由标尺光栅和光栅读数头两部分组成。在测量系统中，标尺光栅固定在固定套筒上，光栅读数头固定在移动套筒上，通过外部驱动带动移动套往返运动，使得标尺光栅和光栅读数头产生相对运动[211]。

13.6.5　六自由度机构精度分析要点

对并联机构的优化设计及控制器设计都离不开对其运动学和动力学的仿真研

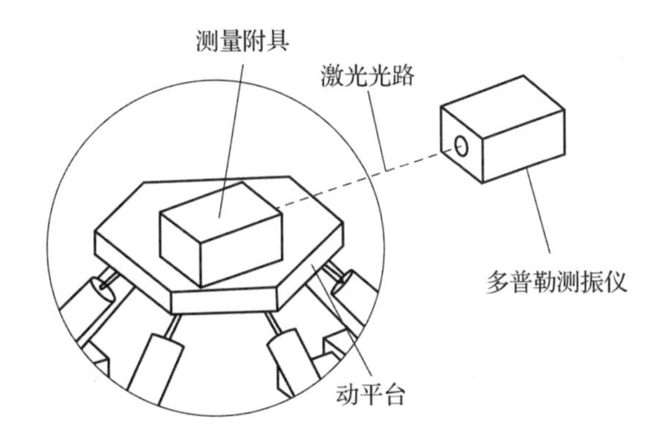

图 13－26　激光测量示意图[210]

究：并联机构的优化设计需要建立目标函数（例如同等位姿杆长最小），以此目标函数为优化目标确定多组结构参数；对六自由度并联机构的控制也可分为基于运动学逆解控制和动力学逆解控制，这同样需要深入研究并联机构的运动学和动力学。然而，对并联机构的研究不可能也不必在很多参数尚未优化的情况下制造实体机构，或是直接在实体机构上试验尚未验证、优化的控制算法，因为这是成本极高、不安全的，也是很难收到良好效果的。这就可以采用虚拟样机技术来实现对并联机构的研究。在概念设计阶段，通过多体动力学理论和软件，对设计阶段的产品进行虚拟性能测试，达到提高设计性能、降低设计成本的目的。通过虚拟样机进行仿真模拟，提前获取并联机构的各种性能，进一步完成设计工作。

具体到位姿精度的分析，作为并联机构的重要性能指标，从精度设计的角度，一方面，需要采用不同的方法研究并联机构的结构误差对位姿精度的影响，提高分析的精度和效率；另一方面，需要根据并联机构位姿精度设计要求，对结构参数的误差进行合理的分配，保证并联机构的装配质量，因此有必要从并联机构精度分析、铰链间隙对精度的影响以及并联机构精度综合 3 个方面展开分析[212]。

图 13－27 所示为 Stewart 并联机构虚拟样机。

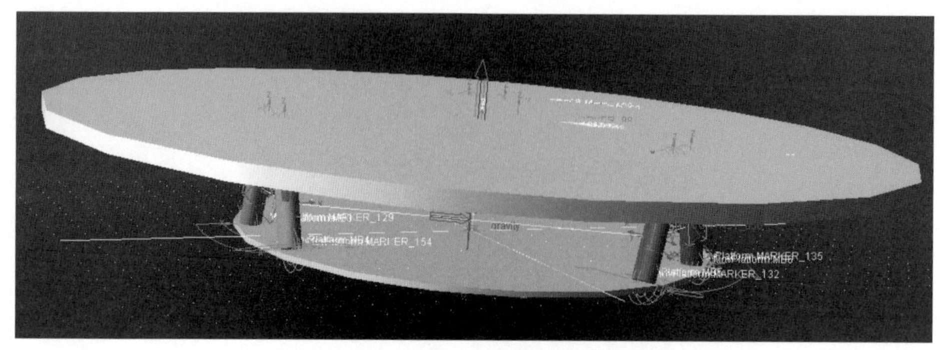

图 13－27 Stewart 并联机构虚拟样机

运动副间隙是并联机构位姿精度影响显著的因素之一。由于铰链间隙引发的误差是不可避免的，作为不可标定的误差量，如何系统地降低其影响，削弱该项误差在总误差的比重，成为精度设计中的一项重要研究内容。该研究集中于串联机构及平面机构，而空间机构涉及的较少，其研究方法可归为三类[213]：基于统计分析的方法、基于 Jacobian 矩阵的关联速度方法和基于虚功原理方法。本处不再赘述。

第 14 章 减振隔振机构

14.1 概述

从动力学角度，光学遥感卫星主要面临两个主要问题：①发射主动段的振动冲击对精密仪器的影响；②在轨工作期间姿态抖动和微振动对观测质量的影响。前者不仅涉及卫星的安全可靠性问题，而且会大幅度提高遥感设备的制造成本和制造难度；后者则将直接影响卫星的性能，对于机动对地观测卫星，还会严重影响图像获取效率[214]。因此本章主要讨论两部分内容，即主动段减振及在轨隔振。

在卫星的寿命周期内，卫星发射过程中的动力学环境最为恶劣，会受到一系列振动和冲击载荷的作用，是造成发射失败的主要原因。对于光学遥感器而言，精密部件对振动和冲击敏感，易损坏。根据美国 NASA 1971 年进行的一项统计，卫星损伤的原因有 41% 可以直接归咎于发射过程的振动与声学载荷，另有 25% 原因未知的损伤中也不能排除由振动所导致的问题[215]。对卫星实施减振来改善发射段的动力学环境，不仅可以显著降低卫星在发射过程中可能遇到的损伤，提高可靠性，而且还可以帮助降低卫星的结构重量，因而成为结构机构设计师的努力方向。

因搭载的各类运动部件（如动量轮等高速转动部件、太阳翼驱动机构等步进部件、变轨调姿发动机等喷气部件）正常工作时会产生扰动，将导致航天器结构参数随时间变化的幅度较小的弹性变形，及/或整体的相对标称（稳定）姿态随时间变化的幅度较小的往复运动。因与传统意义上的结构振动和姿态变化相比，幅值至少小1个数量级甚至更高，所以为区别起见，将前者称为微振动，后者称为抖动。微振动的最主要特征是不会造成结构破坏，而姿态抖动因采用一段时间内的平均值和正态分布表述（姿态稳定度），随着分辨率等性能指标不断提高，例如，遥感卫星的有效载荷焦距越来越长，口径越来越大，对微振动和姿态抖动的敏感度也越来越高。为了保证并提高成像质量，国内外开展了遥感卫星的振源分析和振动与抖动的在轨测试工作，并根据微振动和姿态抖动的特点发展了多种抑制和解决方法。

光学遥感器进行减振及隔振设计时要充分考虑遥感器动态特性和在卫星平台上的安装特点。减隔振结构的设计应考虑如下基本要求：

（1）减隔振器结构需要同时在3个平动方向（纵向及两个横向）上降低传递到遥感器上的振动载荷。

（2）在降低纵、横向刚度以提高阻尼的同时，要保证侧倾刚度。由于光学系统的构型特点，多数的遥感器为细长体，如果只考虑为了隔振而降低遥感器和卫星平台纵向和横向连接刚度，这同时也将降低遥感器相对于平台的侧倾刚度，将会在遥感器顶端产生很大的横向位移，带来破坏性的危险。因此应尽量考虑隔振结构3个方向的等刚度设计。

（3）需要考虑卫星长时间在轨工作时，隔振结构的性能和尺寸稳定性。

14.2 减振隔振原理及方法

隔振技术分为主动隔振技术和被动隔振技术，近年来两者的结合应用越来越广泛。被动隔振技术可靠性高，主动隔振技术效率高。

14.2.1 被动减振隔振

被动隔振原理如图14－1所示，一个典型的被动隔振系统可以简化为弹簧－质量－阻尼系统。

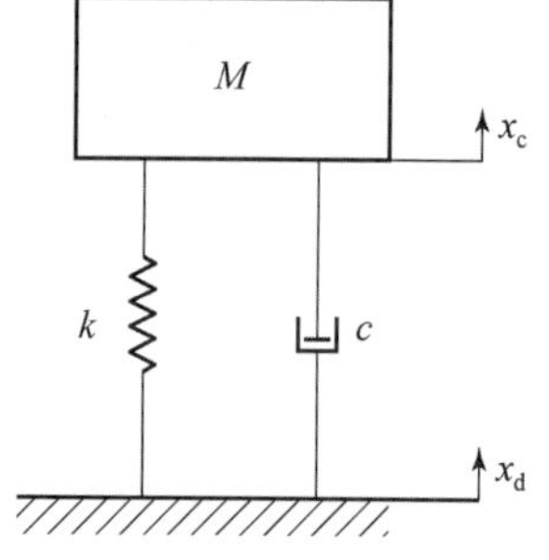

图14－1 被动隔振原理图

如图14－1所示的单自由度隔振系统，M为运动平台的质量，k 和 c 分别表示弹簧的刚度和阻尼器的阻尼系数。被动隔振模块由一个刚度为 k 的弹簧和一阻尼系数为 c 的阻尼器组成，系统的固有频率为 $\omega_n=\sqrt{k/M}$，隔振系统的阻尼比设为 ξ，这里 $c/M=2\xi\omega_n$。经拉普拉斯变换得到扰动位移 x_d 与负载位移 x_c 之间的传递函数为：

$$\frac{x_c(s)}{x_d(s)}=\frac{1+2\xi s/\omega_n}{1+2\xi s/\omega_n+s^2/\omega_n^2} \tag{14-1}$$

图 14－2 给出了式（14－1）的传递性频率响应曲线，这里横轴为振源频率 ω 与固有频率 ω_n 之间的比值。

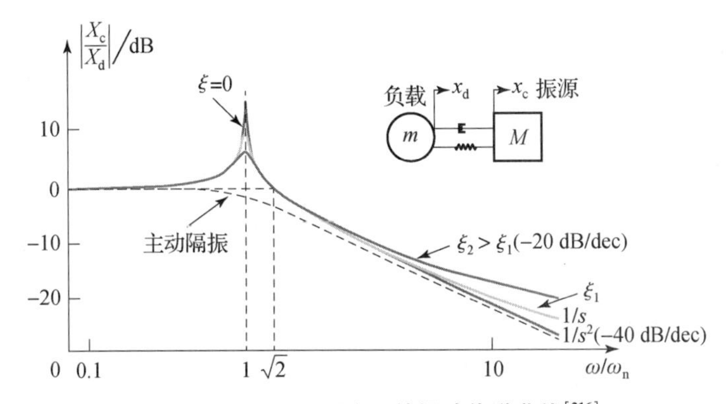

图 14－2　不同阻尼比下的振动传递曲线[216]

从频率响应曲线可知：

（1）当激振频率与系统的固有频率一致时，频率响应曲线出现主振峰，说明在这个频率上系统振动有很大的放大倍数。

（2）当激振频率 $\omega=\sqrt{2}\omega_n$ 时，频率响应曲线与 0 dB 相交，称此处频率为临界频率，当振源频率高于此临界频率时，系统的被动隔振起作用。

（3）当激振频率远低于结构谐振频率时，负载位移与振源位移几乎一致，就像负载与振源之间通过刚性连接着。但是，当振源频率远高于谐振频率时，频率响应曲线快速下降，负载的位移快速减小。

（4）当增加阻尼比 ξ 时，在谐振频率处峰值减小，但是在高频处的衰减率也减小，这意味着高频的隔振性有所降低。

（5）为了使谐振峰下降，并在高频处的衰减率快速下降，这时就需要对振动进行主动隔离。

14.2.2 主动减振隔振

主动隔振技术是通过获取传感器的信号，从而得到被控对象的振动状态，经过合适的控制器计算出主动执行器的输出量，执行器作用于被控对象，使被控对象的振动消失或减小，从而达到主动隔振的目的。从主动隔振的原理上来看，主动隔振系统的简化结构可以转换为含有传感器、执行器以及控制器的弹簧－质量－阻尼系统，传感器和执行器与控制器配合实现主动减振隔振，如图 14－3 所示。

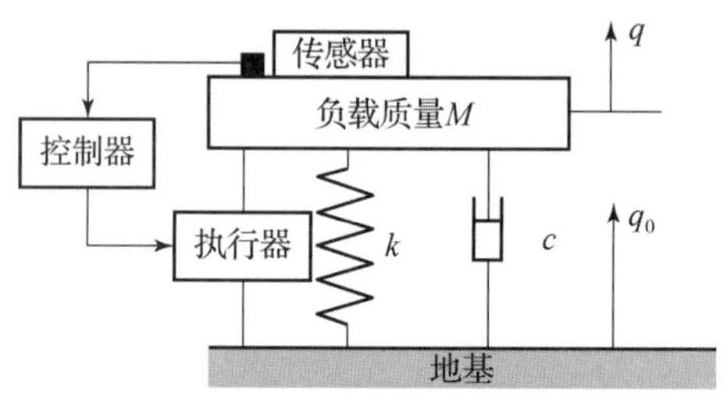

图 14－3 主动隔振原理图

1. 控制器

在振动主动控制系统中，针对不同的物理量有不同的控制方法，其所得到的控制效果也不同，比如基于被控对象位移信号的主动控制算法，隔振效果相当于改变隔振系统的刚度，基于被控对象速度信号的主动控制算法，其隔振效果相当于改变隔振系统的阻尼，从隔振传递率曲线上可以明显看出共振峰值降低了；基于被控对象的加速度信号和力信号的主动控制算法，其隔振效果相当于改变隔振系统的质量，使隔振系统的固有频率和共振峰值都降低。所以控制器是施加振动主动控制中重要的环节。

2. 传感器

在振动主动控制中常用的传感器主要有位移传感器、速度传感器、加速度传感器和力传感器等。其中压电加速度传感器应用最为广泛，压电式加速度传感器的原理是利用压电陶瓷或石英晶体的压电效应，在加速度计受振时，质量块加在压电元件上的力也随之变化。当被测振动频率远低于加速度计的固有频率时，则力的变化与被测加速度成正比。其固有频率一般在 30 kHz 左右，市场上能买到的压电加速度计动态测量范围为 0 ~ 1 000g；非线性误差为 1% 的力传感器很常见，但当负载质量很大时，高灵敏度的加速度传感器很难找到。

3. 执行器

主动隔振器中的执行部件，其作用是基于采集到的振动信号经过合适的控制规律作用于被控对象来达到振动控制效果。随着主动隔振控制技术的快速发展，对致动器提出了更高的要求，近年来智能致动器应用也越来越广泛。其中在振动主动控制中常用的致动器有液压致动器、气动致动器、电磁致动器、智能材料致动器等。

电磁致动器是基于通电导体在磁场中产生的洛伦兹力的工作原理，其中最常用的电磁致动器是音圈电机，也广泛地应用在航天产品中。电磁致动器具有频率范围宽、响应快速、直接驱动等优点，相比于压电陶瓷则其功耗较高，常用于精密设备的主动隔振平台。

智能材料致动器主要有压电陶瓷和磁致伸缩两类致动器。智能材料致动器精度高、动态响应性能好。其中压电陶瓷致动器体积小，功耗低，输出位移在微米量级，致动力也较小，主要用于微振动主动控制中。磁致伸缩致动器的致动力和位移较大，但是由于其磁 - 机响应耦合特性，控制难度较大。

14.3　主动段振动拟制机构

卫星在发射过程中要经受复杂和严酷的力学环境，其诱因主要源于两条途径：一条是通过整流罩内的噪声环境直接作用在航天器表面；另一条则通过星箭对接面传递。

针对主动段的力学载荷，一方面是通过结构的阻尼设计起到减振的作用，另一方面则是在卫星与运载之间、载荷与卫星之间设计振动拟制的结构与机构。阻尼结构是实现航天器被动振动控制的主要方法。

14.3.1　减振器（阻尼器）

遥感器所采用的阻尼器要具有极高的可靠性，且能够适应空间高真空、热交变等复杂环境，在地面各类环境模拟试验后性能不退化。为了适应不同频段、不同载荷环境的振动抑制需求，可采用阻尼器的产品非常多。阻尼隔振器主要的类型包括：

（1）主动阻尼隔振器：需要外界提供功率的促动器，对需要的阻尼进行主动控制。

（2）被动阻尼隔振器：通过各种运动来消耗能量的装置，不需要外界提供功率和促动器。

一般来说，阻尼的产生机理按物理现象的不同可以分为五类，分别为：工程材料的材料阻尼、流体的黏滞阻尼、接合面阻尼与库仑摩擦阻尼、冲击阻尼、磁电效应阻尼。前四种阻尼机理主要是通过将机械能转化为可以耗散的热能来实现的，而最后一种则是利用磁电效应将机械能转化为电能来实现的。设计人员可利用以上一种或多种阻尼机理设计出满足工程应用的阻尼器，然后以阻尼附件、阻尼桁架等形式运用到遥感器上，或者按照一定的隔振器模型结合相应的结构设计，构成具有合适的刚度－阻尼搭配的隔振器，实现对发射振动和在轨微振动的隔离抑制。

在阻尼隔振器的设计及使用中可通过适当增加阻尼的方式降低振动强度，针对某些频谱成分进行隔振处理，特别是低频区域发生共振需要保持在可接受的范围；同时需要关注由于隔振器带来的结构的非线性阻尼特性。

14.3.1.1 黏弹性材料阻尼器

黏弹性阻尼器刚度特性很多，利用黏弹性材料的复模量的虚部起到结构阻尼作用，与频率有关[217]。目前在黏弹性阻尼器几何参数计算中，一般采用地面状态下共振频率的弹性刚度作为计算原始参数进行初步设计。常用的黏弹性材料阻尼器有以下两种。

1. 橡胶隔振器

利用橡胶制作的隔振装置是应用最为普遍的一种，橡胶隔振器主要用于隔离高频振动，其阻尼系数一般在0.15～0.3范围。橡胶是一种非线性弹性材料，只有在变形较小时，才可以近似看作线性弹性材料。橡胶隔振器是使用橡胶制成的隔振器，既可以使用在压缩状态，又可使用在剪切状态。它的最大优点是具有足够的内阻尼，适用于静态位移小动态位移大的情况，并且可以做成各种形状，以适合空间的要求。缺点是会老化，产生蠕变。在重载下会有较大的蠕变（特别是在高温)，所以不应超过 10% ~ 15%（受压）或者 25% ~ 50%（切变）的持续变形。

橡胶隔振器的构成材料有天然橡胶、氯丁橡胶、硅酮橡胶、丁腈橡胶等。不同的橡胶种类有着不同的隔振性能，随着胶种、配方和外形的不一致，有不同的隔振性能。通常情况下，像丁腈橡胶、氯丁橡胶以及硅酮橡胶这些合成高分子材料做成的隔振器，其使用温度范围都比较广，可以在 −75 ~ 200 ℃内依然有非常理想的隔振效果。最常用的丁基橡胶阻尼材料已得到在轨验证，材料稳定性好，寿命长，满足空间遥感器环境要求。其材料参数如表 14 − 1 所示。

表 14 − 1　丁基橡胶性能

性能指标	数值	备注
拉伸强度/MPa	≥8.0	
扯断伸长率/%	≥400	
扯断永久变形/%	≤20	
硬度（SHORE A）/HA	65 ± 5	邵氏硬度
损耗因子 β	≥0.15	测试条件 30℃/62.5 Hz
弹性剪切模量/MPa	2 ~ 10	测试条件 30℃/62.5 Hz

圆筒式黏弹性阻尼器刚度计算公式如下：

$$K = \frac{2\pi LG}{\ln\left(\frac{R_2}{R_1}\right)} \tag{14-2}$$

式中，G 为橡胶剪切弹性模量；R_1 为橡胶层内径；R_2 为橡胶层外径；L 为橡胶层长度。

2. 金属橡胶减振器

空间光学遥感器在发射过程中，所经受的振动力学环境的频率范围是比较宽的，尤其在低频段，模态分布密集，容易激起共振。金属橡胶减振器应具有较高阻尼，以抑制共振，在中高频段，金属橡胶减振器可有效降低加速度响应均方值，以达到良好的衰减振动作用。同时金属橡胶具有耐高低温、耐腐蚀、不易老化、抗冲击和工作寿命长的特点，而且能够在较宽的频带内减振，适用于空间光学遥感器减振器。

金属橡胶是用金属丝制成的弹性多孔物质，它因具有橡胶的弹性而得名。由于它本质上是一种金属材料，因此比真实的橡胶环境适应能力强，它具有天然橡胶一样的弹性和多孔性，特别适合于解决高低温、大温差、高压、高真空、强辐射、剧烈振动及腐蚀等环境下的阻尼减振。

金属橡胶是干摩擦迟滞阻尼材料，由金属丝制备成螺旋卷，将螺旋卷金属丝定螺距拉伸后按一定形状进行编织铺放，制成毛坯后冲压成型。金属橡胶内部有很多孔洞，因此其既呈现类似橡胶材料的弹性和阻尼性能，又保持金属的优异特性，还具有明显的非线性动力学特性。在振动过程中受到激励，金属橡胶的金属丝之间相互挤压和滑移摩擦而产生阻尼力，具有黏弹性行为，加载过程中阻尼力阻止金属丝的滑移，卸载过程中阻尼力阻止变形恢复。金属橡胶在加载和卸载过程中的力－位移曲线并不相同，形成了迟滞回线。

金属橡胶减振器由金属橡胶、套杯、套管、垫片和螺钉等组成，金属橡胶的侧面和底面与套杯贴合，金属橡胶不接触套杯的一侧往往高出套杯 2 mm，并且与平垫贴合。金属橡胶的内孔与套管过盈配合，金属橡胶在不受力的初始状态时填充于套杯内，与套杯过盈配合，当空间光学遥感器因外部环境发生振动时，振动引起产品沿各个方向的偏移，进而使金属橡胶金属丝相互挤压和滑移摩擦消耗能量以抑制振动。

此外，单个金属橡胶减振器具有非对称弹性，且由于黏性阻尼力及双折线恢复力的影响，更容易引起减振器力学性能的不稳定，这样导致金属橡胶减振器很难达到理想的动力学性能，因此遥感器使用的减振器往往采用两个金属橡胶串联成一组的方式，如图 14－4 所示，每组金属橡胶减振器上下两个金属橡胶减振元件性能一致。为了获得稳定的减振性能，上下减振元件的拉压必须要保持一致。

根据振动理论，选择的阻尼比 ξ 使振动传递率 T 控制在 3～4，金属橡胶的阻尼比可设计为 $\xi=0.2$。像元级的振动量会对图像产生较大影响，从空间相机的成像要求和动力学环境出发，确定减振器以保证能对 f（如 20 Hz）以上的振动被动减振。金属橡胶减振器的参数计算[218]如下：

$$f_0 < f/\sqrt{2} \tag{14-3}$$

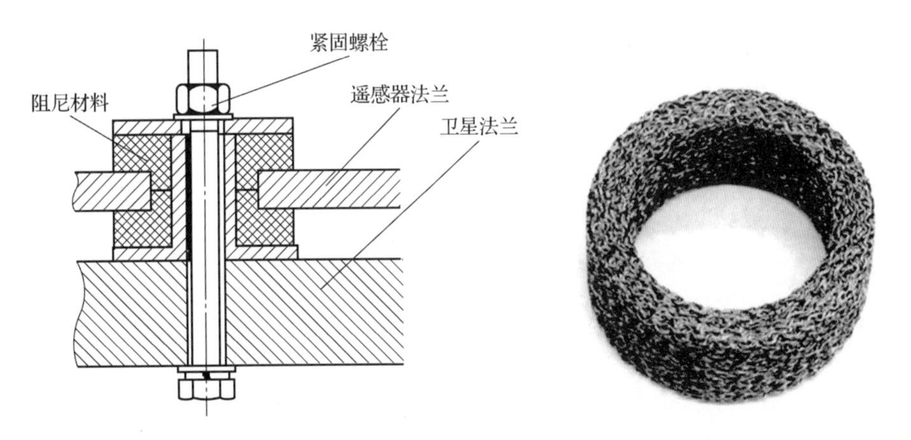

图 14－4　金属橡胶减振器示意图

$$K=\frac{(2\pi f_0)^2}{m/n} \tag{14-4}$$

式中，K 为每组金属橡胶减振器的刚度；n 为遥感器采用的隔振器的组数；m 为被减振物体质量。

14.3.1.2　阻尼合金

阻尼合金又称为减振合金，是一种能将机械振动能转化为热能而耗散掉的新型金属功能材料。采用阻尼合金来设计制造的各类减振构件可以从根本上有效地减轻振动的产生，大大降低振动和噪声所产生的危害。作为一类特殊的功能材料，阻尼合金在受到敲击时不像金属材料那样发出洪亮的金属声，而只是像橡胶那样发出微弱的哑声。按照阻尼机制的不同，可将目前的阻尼合金分为六大类：复相型阻尼合金、超塑性型阻尼合金、孪晶型阻尼合金、位错型阻尼合金、铁磁型阻尼合金和 Fe－Mn 基阻尼合金。

从表 14－2 中可以看出，位错型、孪晶型、铁磁型材料的阻尼性能相对较高，尤其是位错型阻尼材料。以纯 Mg 及 Mg 合金为代表的位错型阻尼材料具有阻尼性能好、资源丰富、加工工艺简单的特点，特别是其低密度能够满足航空航天对材料轻量化的要求。但也存在强度低等问题，而且阻尼性能与强度之间的矛盾在位错型阻尼机制中不能得到彻底的解决。以 Mn－Cu 合金为代表的孪晶型阻尼材料同时具有优良的阻尼性能和较高的强度，但大多含有有色金属，加工和生产成本较高。而且孪晶型阻尼材料的阻尼性能具有较高的温度敏感性。特别是在室温下，Mn－Cu 合金随储存时间的延长，阻尼性能会大幅降低。以 Fe－Cr 合金为代表的铁磁型材料的强度较好，成本也较低，但是其阻尼性能容易受到磁场的影响。因此，现有单一阻尼机制下的阻尼材料都存在不同程度的问题，以至于无法得到令人满意的综合性能。

表 14－2　已商业化金属阻尼材料的阻尼性能和机械性能[219]

类型	名称	成分	阻尼 $Q^{-1}/10^{-2}$	屈服强度 σ_a/MPa	抗拉强度 σ_b/MPa	延伸率 δ/%
复相型	减振铸铁[27]	Fe－3.39C－2.3Si－0.7Ma	2.3	—	419.4	—
孪晶型	Incramute[26,28,29]	Mn－48.1Cu－1.55Al－0.27Si	6.4	294	568.4	38
	Sonoston[26,29,30]	Mn－36.2Cu－3.49Al－3.04Fe－1.17Ni	6.3	250～279.3	539～588	13～30
	M2052[31]	Mn－20Cu－5Ni－2Fe	6.3	300.0	540.0	32
位错型	纯 Mg[32]	99.9Mg	9.5	18.0	100.9	4
	MCl[32]	Mg－6.0Al－3.0Zn	5.5	—	209.8	38
	KIXI[32,33]	Mg－0.6Zr	8.7	62.0	153.0	10
	Mg－Cu－Mn 系[32]	Mg－7.0Cu－2.3Mn	8.0	—	183.3	—
铁磁型	Gentalloy[30,34]	Fe－(0.5～3)Mo	6.4	720	800	10
	Silentalloy[34,35]	Fe－12Cr－3Al	6.5	—	411.6	—
	Tranqalloy[34,36]	Fe－12Cr－1.36Al－0.59Mn	6.5	245	401.0	20
超塑性型	ZA27[37,38]	Zn－27Al	3.2	365～390	390～426	8～11
	SPZ[19,34]	Zn－22Al	3.5	200.0	260.0	10
	ZDAl[39]	Zn(18～27)Al－(0～8)Si－(0～0.5)Mg－(0.1～3.0)Mn－(0.1～5.0)Cu	4.3	—	308.0	3.85

14.3.1.3　流体黏滞阻尼器

流体黏滞阻尼器的典型产品是由 Honeywell 公司开发并申请专利的一款 D－strut 隔振器，其结构通常为同心的双层管式结构，采用黏滞流体产生阻尼，可作为支架结构的基本单元，全部或部分地替代标称支杆，起到结构控制和隔振的作用。该技术的第一次工程应用是在 1985 年的哈勃望远镜的动量轮隔振系统中。

随后 D – strut 隔振器等在多个光学系统需要隔振设计的航天型号上得到进一步应用和发展。图 14 – 5 展示了 20 世纪 90 年代 Honeywell 公司开发的一款构型。该构型的 D – strut 相继应用到 JPL 的 CSI 支架结构、MIT 的干涉仪测试台和 LaRC（兰利研究中心）的 CSI 测试结构中。D – strut 不仅设计制造简单，便于集成到总体结构设计和分析过程中，而且具有高阻尼性（低带内放大和高输出衰减，隔振效果甚至可以达到 70 dB）、低温度敏感性、大动态范围（对位移和力输入具有很宽的动态范围，甚至对纳米量级的位移仍有阻尼作用）、阻尼刚度相互独立性、线性黏滞性、结构伸缩性、极端环境性能可预测性等优点，使得 D – strut 成为空间光学系统的理想隔振手段之一。除 Honeywell 以外，MIT、LaRC、JPL 等对 D – strut 开展了大量研究并形成多种设计和应用。

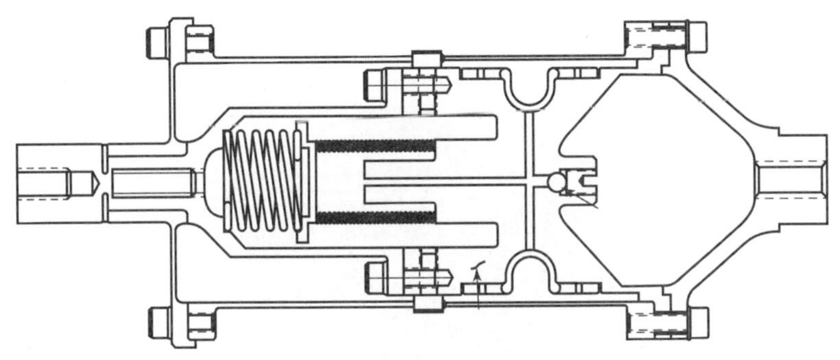

图 14 – 5 Honeywell 的一种 D – strut 设计

随着研究的深入和应用验证积累，研究人员意识到 D – strut 可同时实现参数可调和主动控制。1993 年，一件被动 D – strut 在 MIT 进行改装，在第二波纹管上增加了音圈电机。这一改装使得 D – strut 的低频刚度可以通过测压元件反馈进行调节，提升低频性能。这种主被动结合的 D – strut 也称为 AD – strut。之后 Honeywell 等公司和机构开发的多种主被动结合振动控制系统，如 MVIS 等，都应用了 AD – strut 技术。

14.3.1.4 电磁阻尼器

电磁阻尼器基于磁阻尼机理制成，一般由导体、磁体及支撑结构构成。导体与需隔振抑振的载荷结构相连接，磁体与振动基础结构固定。当两部分结构发生相对运动时，导体在磁体产生的磁场中运动，在导体内形成电涡流，从而产生阻尼力，将载荷结构运动的机械能转换为内能，实现抑制振动的目的。

电磁阻尼器根据激励磁场的不同，可以分为永磁式、电励磁式和混合励磁式三种类型。永磁式电磁阻尼器由永磁体激励，无须外部电源，所以节约材料与能源、效率高，但是间隙磁场大小不可根据需要实时调节且永磁材料受温度影响较大；电励磁式电磁阻尼器通过控制绕组电流可以调节门隙磁场强度的大小，但其能达到的最大间隙磁场强度较小，且与混合励磁式电磁阻尼器相比，达到相同的间隙磁场大小则能耗较大；混合励磁的间隙磁场主要由永磁体产生，励磁绕组产生的磁场起到调节间隙磁场的作用，该种方式能提供的间隙磁场幅值大、可调节，相比于电励磁式阻尼器节省能源[220-222]。图 14-6 所示为国外某遥感卫星采用的电磁阻尼器。

图 14-6 国外某遥感卫星采用的电磁阻尼器

14.3.2 减振平台

智能稳定平台为卫星在轨工作时相机与卫星平台的连接部件，进行布局时将智能稳定平台的三组促动器底座安装在载荷适配结构上，促动器上端与相机相连，卫星发射时相机载荷主要通过载荷适配结构承担，传递至运载，卫星入轨后载荷适配结构与相机连接处解锁。其功能包括振动隔离、扰振抑制和指向调节等，与高精度高动态星敏感器、高带宽测微陀螺、大力矩控制力矩陀螺等测量和执行部件协同使用，实现超精、超稳、超敏捷的卫星控制系统能力（减振是智能稳定平台的重要特征抑制，本章节主要描述减振平台）。

在航空航天工程中，有效的隔离结构的振动能够保证航天结构的载荷环境，提高稳定性、安全性以及精确性。定义卫星平台与遥感器的质量比 $\mu = m_s/m$，卫星平台与遥感器隔振平台的基频比 $\alpha = f_s/f_0$，以及卫星平台的阻尼比 $\xi_s = \dfrac{c_s}{4\pi m_s f_s}$，则隔振平台的振动传递率 T 为[223,224]：

$$T = \left| \frac{1 + \mathrm{i} \cdot 2\xi\lambda}{1 + \mathrm{i} \cdot 2\xi\lambda - \lambda^2 \left[1 + \dfrac{1 + \mathrm{i} \cdot 2\xi\lambda_0}{\mu(\alpha^2 - \lambda^2 + \mathrm{i} \cdot 2\xi_s\lambda\alpha)} \right]} \right| \tag{14-5}$$

其中，i 表示虚数。

（1）在非隔振区，$0 < \lambda < \sqrt{2}$，质量比 μ 越大隔振效果越接近于刚性基础；在隔振区，$\lambda > \sqrt{2}$，质量比 μ 对隔振效率几乎没有影响。

（2）在非隔振区，基频比 α 越大，隔振效果越接近于刚性基础；在隔振区，尤其当频率比 $\lambda > 2.0$ 时，基频比 α 对隔振效率几乎没有影响。

（3）隔振器所引入的首阶共振峰处于刚性基础时的共振峰之前。当质量比 μ 越大，基频比 α 越小时，该共振峰值越小。

（4）相对于质量比 μ 和基频比 α，平台阻尼比 ξ_s 对传递率的影响很小，只是将隔振器引入的首阶共振峰进行了拟制。

减振平台通过主被动方式实现有效载荷振动隔离、振动抑制，减小 CMG 和遮阳帆板对载荷成像的影响，实现高稳定度的控制，并且大大缩减机动稳定时间。其中振动隔离用来消除航天器本体的高频扰动对有效载荷指向精度的影响；振动抑制用来抑制或补偿平台对有效载荷的扰动。

多杆隔振平台是实现载荷整机隔振的一种方法，在计算中利用牛顿欧拉法建立考虑基础激励和支杆转动惯量的多杆隔振平台的动力学模型，分析多杆隔振平台的振动隔离效果。在工程实践中，多杆隔振平台由有效载荷连接界面、平台连接界面和连接二者的支杆组成，每个支杆可沿轴向弹性变形，通过球铰或万向铰与平台和有效载荷连接界面相连。然而，此类隔振平台的共振频率对传递率有放大作用，在实际应用时要避开控制系统和平台、有效载荷的敏感频率，也可采用主被动结合的方式来实现隔振平台，利用低频的主动控制消除共振峰[225]。

目前，已经有几种比较优秀的多杆隔振平台成功地应用于航天器的主动隔振系统中，例如 Stewart 隔振平台、G – LIMIT 隔振器、Hexapod 隔振平台以及 STABLE 隔振系统等[226]。具体来说，有以 Stewart 主动隔振平台为代表的整星主动隔振系统，以磁流变阻尼器为代表的整星半主动隔振系统，以及以附加被动阻尼器、阻尼约束层为代表的整星被动隔振系统[227]。

站在工程成熟度的角度，隔振平台常采用六促动器的 Stewart 平台结构。Stewart 平台由上台面、基座和 6 个促动器组成。上台面相对于基座有 6 个运动自由度，用它可以实现六自由度隔振。Stewart 平台的特点是基座与有效载荷间力的传递通过各促动器的轴向力实现，这将简化促动器设计。

Stewart 平台的缺点是一个促动器失效将引起整个平台失控，这对航天器的高可靠性要求而言是一不足之处。而且刚度不高，抗力学环境能力差。为此，演变出八促动器的隔振平台结构，该平台采用 8 个促动器，各促动器通过球铰与上台面和基座连接，上台面相对于基座仍有 6 个运动自由度。平台的 8 个促动器对称布置，这样可使其动力学特性大为简化。与 Stewart 平台相比，八促动器隔振平台增加了两个冗余促动器，提高了承载能力，而且当有一个或两个促动器失效时，剩下的促动器仍能提供六自由度隔振，从而提高了可靠性。

前面已经提到，促动器是主动隔振系统的核心元件，它的选择需要依据行程、促动力大小、质量、费用等因素来决定。常用的促动器主要有压电、电磁、液压、气动等类型。压电促动器的优点是频带宽、刚度大，但缺点是行程小，对整机级大承载的低频大幅值隔振要求很难满足。电磁促动器频带较宽，在振动控制领域应用较多，其缺点是能量密度小，输出同样的控制力要求较大的结构质量，在箭上应用时还可能会带来电磁兼容性和能源问题。液压促动器的优点是促动力较大，行程较大，缺点是驱动机构复杂，而且容易产生泄漏，造成有效载荷受到污染。典型的主动减振平台介绍如下。

（1）八促动器电磁减振平台（见图 14 – 7）：其具有两个冗余促动器，使它的承载能力和可靠性提高。这种减振平台的设计需要关注一些问题，即各促动器的伸长量不是独立的。如果促动力分配不合适，各促动力就会只有一部分作用于负载，其他部分相互抵消形成内力，过大的内力会对机构造成破坏。因此，在控制时要尽量减小机构的内力，这就需对促动力进行优化。

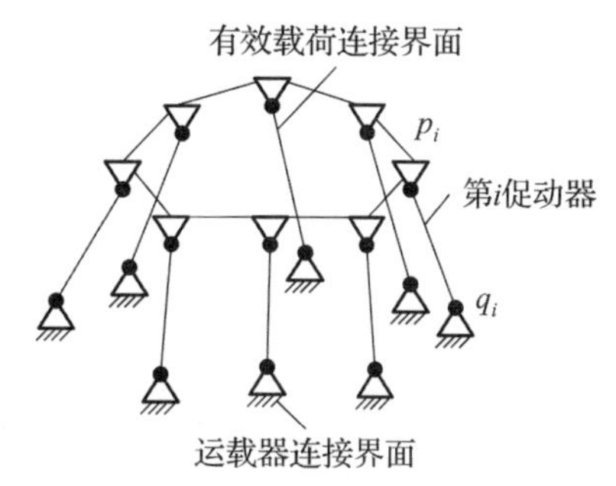

图 14－7　八促动器减振平台[228]

（2）磁流变阻尼减振平台：设计采用 Stewart 平台并联机构，由上、下平台以及 6 根支腿结构组成。6 根支腿均匀排列在上、下平台之间，两端分别通过球铰与上、下平台连接，可以分别在一定范围内伸缩运动，且每个运动方向互不平行，如图 14－8（a）所示。因此，隔振平台在 6 个方向上都具有一定的减振作用。支腿结构（见图 14－8（b））的主体部分是磁流变阻尼器和弹簧的并联机构。弹簧环绕在磁流变阻尼器的活塞杆周围，主要起支撑和回复作用，一端通过挡板与磁流变阻尼器的活塞杆连接，另一端与磁流变阻尼器的壳体连接。磁流变阻尼器通过电控系统智能调节自身阻尼大小，从而改变隔振平台结构的阻尼特性。

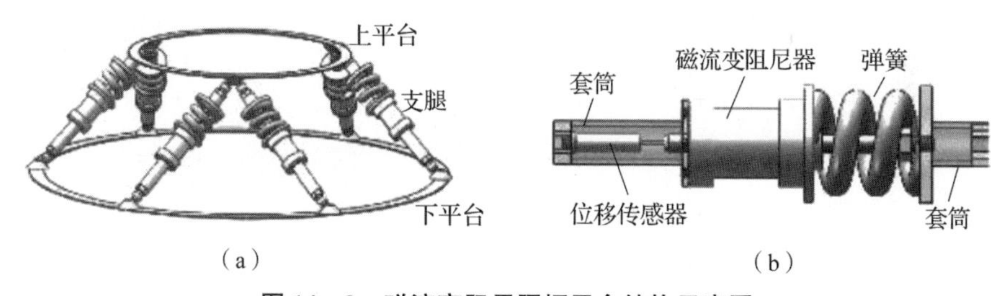

图 14－8　磁流变阻尼隔振平台结构示意图

（a）隔振平台；（b）支腿结构

（3）电液驱动载荷适配结构：对于精密有效载荷的发射，需要克服火箭振动环境，图 14－9 是有效载荷发射过程中的八足并联主被动隔振系统，促动器采用电液驱动，这样可以提供大的驱动力，同时可以得到很大的阻尼系数，有效减少发射过程的大噪声。未来精密光学望远镜的发射就将采用这种结构减振。通常八足隔振器更适于有效载荷的支撑结构为矩形的情况[229]。

图 14 - 9 八足隔振系统

14.4 在轨微振动隔离机构

空间光学遥感器性能受微振动的影响，这是必须要解决的问题。其宗旨是提高有效载荷的抗干扰能力，降低有效载荷对微振动的敏感性，是解决微振动问题的有效手段之一。降低微振动对遥感器性能的影响主要有以下两种措施[230]：

（1）对关键敏感元件的微振动进行补偿。针对低频扰动引起的图像扭曲，采用地面几何标定的手段能够较好地进行补偿。对于高频振动引起的图像模糊，修正的难度较大，需要同时获取光路的抖动信息。如采用高精度角位移传感器对卫星入轨后相机关键部位的角振动进行实时测量，并与遥感图像同步发送至地面站。在后期处理中，基于角振动数据可实现图像校正和修复。

（2）通过减隔振措施降低敏感元件的微振动响应。通过在遥感器与平台之间安装隔振装置，或者在敏感光学元件与支撑结构之间采用柔性安装形式，能够降低敏感元件微振动响应，进而降低视轴的抖动量，改善成像质量。对于光学遥感器的隔振，除应考虑空间环境适应能力外，其抗力学环境的能力也是关键的设计因素之一。光学元件一般对于高频振动、冲击等都十分敏感，相机隔振装置在具备隔离在轨微振动的能力之外，至少不应恶化相机的力学环境。

14.4.1　微振动隔离机构方案选择

卫星在轨时，会受到多种内力和外力作用。日本国家航天局总结的遥感卫星的主要扰振源及稳像措施作用频段如图 14－10 所示。因遥感载荷的隔振器可以在很大程度上消除星上振源对成像质量的影响，和光学稳像相对应，因此也称为机械稳像装置。

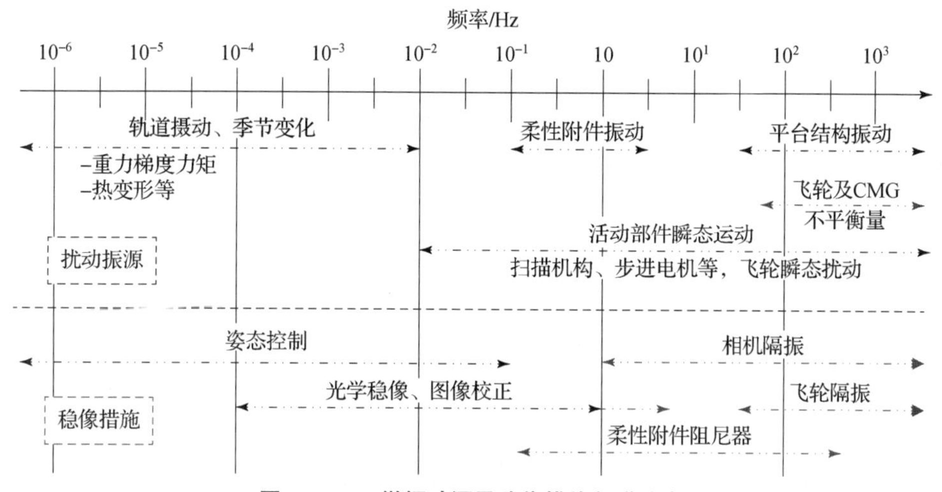

图 14－10　微振动源及稳像措施频谱分布

根据国外 MTI、NASA 等科研机构的研制经验，结合国内实际，微振动抑制一般从消除或削弱扰振源、动力吸振、隔离扰振传播、阻尼减振和机构构型布局优化等方面考虑。

（1）消除或削弱扰振源：空间遥感器微振动源同样为航天产品。活动部件引起的微振动主要是由于运动部分的非均匀运动引起的。活动部件运动时形成的惯性力主要由运动速度和质量特性在惯性坐标系下的变化引起。通过优化设计扰动源设备，如降低高速转子的静、动不平衡量，尽量避免往复运动机构等，可有效降低扰动源输出的扰动力。

（2）动力吸振：指增加一个吸振途径，利用这个途径减小微振动。该方法适用于扰振频率变化较窄的微振动抑制结构，如果频率变化范围宽，则不适合使用此方案。

（3）隔离扰振传播：此方案的目标是在扰振传力路线上对扰振力进行隔离。

此方案仅需对卫星部件进行处理，不影响整星布局，在星上微振抑制措施中经常采用。

(4) 阻尼减振：利用各种阻尼器（金属阻尼器、橡胶阻尼器等），通过阻尼消除微振动产生的能量，降低结构传递微振力的能力。

(5) 机构构型布局优化：指通过修改局部或整体结构，改变隔振对象的力学特性，使其性能达到要求。每台卫星构型差异较大，没有成熟的设计案例可以参考，需要通过多轮分析确定修改区域，同时，结构修改对遥感卫星结构的反要求限制较多。目前，此方法尚未得到成熟应用。

减隔振机构选型及参数设计基本流程如图 14－11 所示。

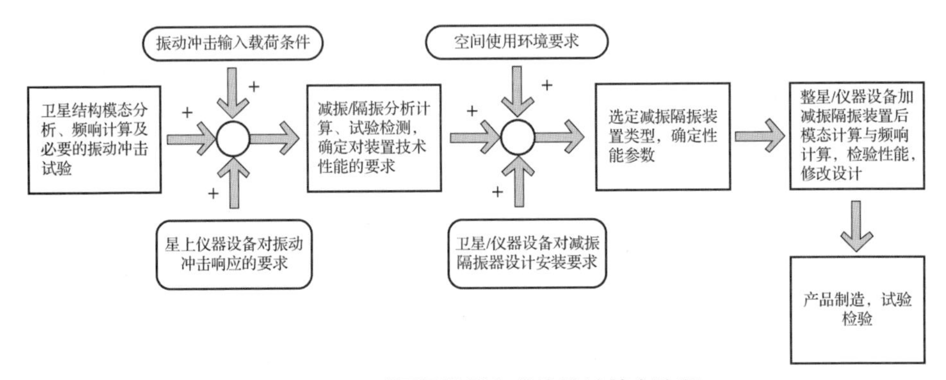

图 14－11　减隔振选型和参数设计基本流程

在具体设计中，建立扰振源－控制－结构－光学一体化仿真模型及平台（见图 14－12），用于对有超静控制需求的航天器开展以执行机构扰振特性为输入，以图像质量评估为输出的全链路仿真分析，并实现系统指标分解与减隔振指标设计。

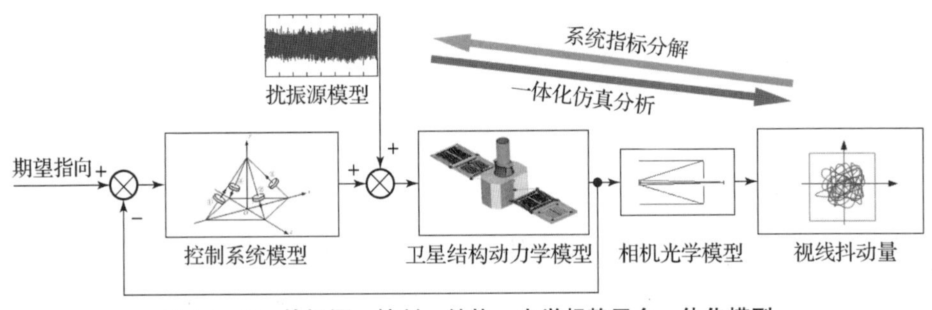

图 14－12　扰振源－控制－结构－光学超静平台一体化模型

按照隔振频段划分，微振动隔离机构设计有如下特点：

（1）在高频段（10 ~ 200 Hz），设计柔性环节，实现抖动隔离。其仿真曲线如图 14 – 13 所示。

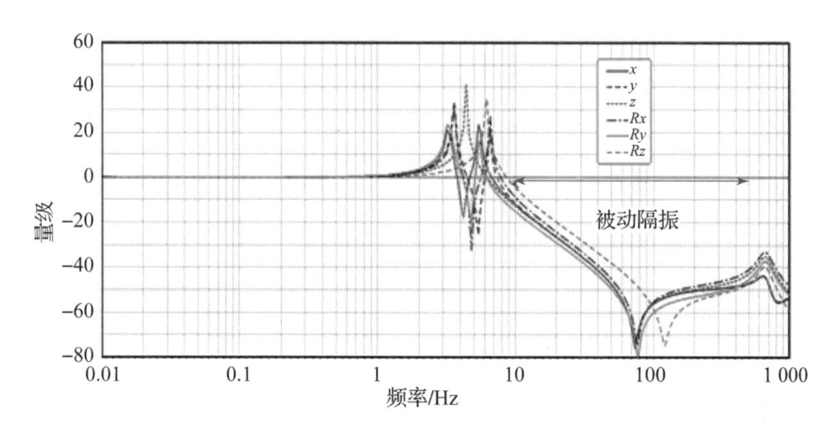

图 14 – 13　高频段微振动抑制

（2）在中频段（1 ~ 10 Hz），采用速度反馈，形成主动阻尼，实现谐振峰抑制。其仿真曲线如图 14 – 14 所示。

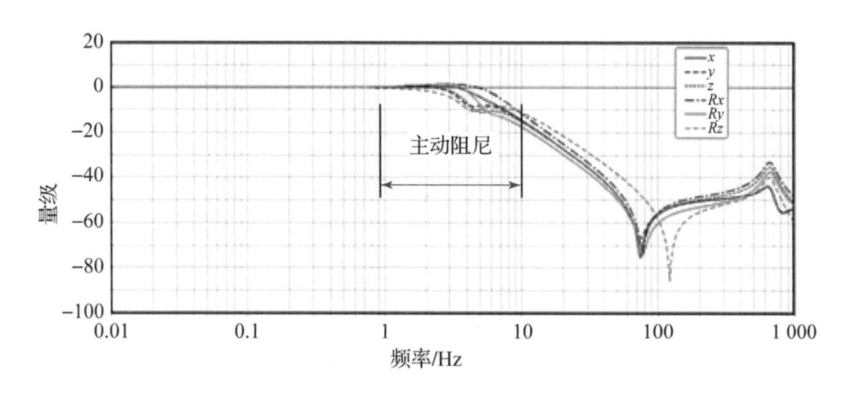

图 14 – 14　中频段微振动抑制

（3）在低频段（0. 1 ~ 1 Hz），采用位置和速度反馈，实现主动指向和扰振抑制。其仿真曲线如图 14 – 15 所示。

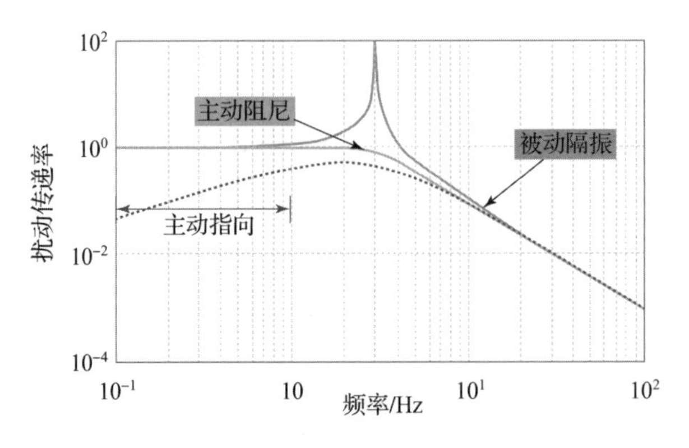

图 14－15　低频段微振动抑制

14.4.2　多维阻尼隔振平台

从微振动传递路径看，能够采取微振动抑制措施的大体上有三个：降低微振动源对成像质量有影响的扰动力和扰动力矩、利用微振动传递路径抑制传递到相机上敏感部位的微振动响应和降低光学系统对微振动敏感的敏感程度。其中，降低光学系统对微振动的敏感程度与光学系统成像质量（分辨率、焦距等性能指标）冲突，提高 CMG 的不平衡度指标的方法难度大、成本高，降低制冷机内部活塞运动的振动会影响制冷效率。平台上采用柔性阻尼连接结构在一定程度上释放了相邻结构面板作用在卫星平台上的热应力，同时可以依靠结构的大变形来避免遥感器的大幅值振动，但是阻尼连接结构与遥感器间有卫星平台的存在，不能真正有效地适应遥感器变形，也就是说没有从根本上解决遥感器的热变形及振动问题。只有从遥感器的底部支撑结构入手才是解决问题的根本手段。因此，光学卫星主要采用了干扰源振动抑制与传递路径振动隔离相结合的方法，具体包括 CMG 支架被动隔振、智能稳定平台主动隔离抑制、制冷机主动振动抑制和传递路径阻尼提升等措施，如图 14－16 所示。

利用隔振平台对航天器部件产生的扰动进行隔离是一种有效的微振动抑制方式。上面已经提到 Stewart 六自由度平台及其拓展构型平台作为主动段减振的应用，在微振动隔离平台中，Stewart 平台也是一种典型方式[21,231－233]。对仅用作振动控制的 Stewart 平台而言，设计过程中应当考虑如下几点：

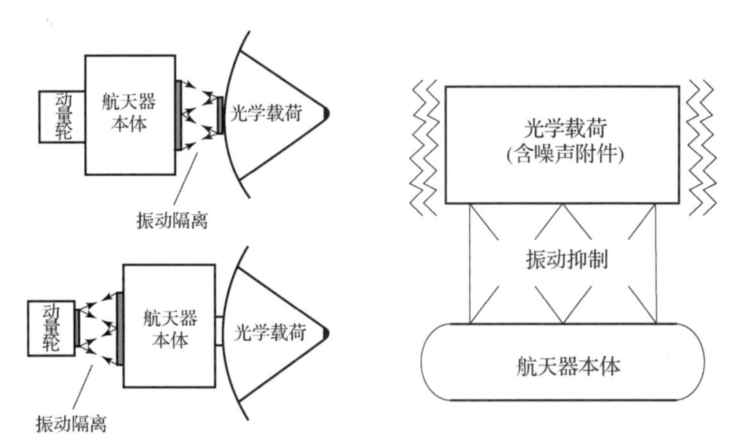

图 14-16　遥感器减隔振平台示意图

(1) 各个方向上控制能力相同。

(2) 在各个方向有统一的刚度。

(3) 主动杆之间耦合性小。

(4) 结构简单紧凑。

通常选择是 Cubic 构型（见图 14-17），即相邻各促动杆之间正交，便于解耦控制。这种构型由 Intelligent Automation Inc.（IA）公司所提出，可以满足以上大部分特性[234]。

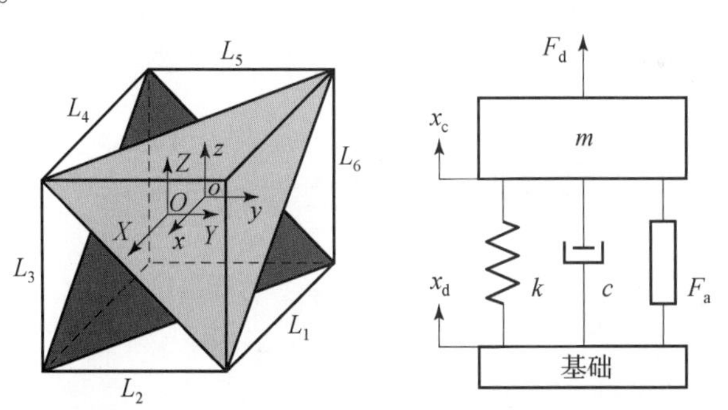

图 14-17　Cubic（立方体）构型及单杆原理图

立方体 Stewart 构型由一立方体被两平行的平面相截所得，两截面和所剩下的立方体棱线组成立方体 Stewart 构型，两截面分别为 Stewart 平台上下平面，剩下的 6 根棱线为 Stewart 平台的 6 根致动杆的位置，O、o 分别为基平台和负载台的质心，OX 和 ox 轴与棱边 L_1 平行，OY 和 oy 与棱边 L_2 平行，OZ 和 oz 与棱边 L_3 平行，被切割后的立方体棱线组成 Stewart 平台的 6 根主动杆，相邻的两主动杆正交。这样导致在 X、Y、Z 三个方向上的控制是相互独立的，主动杆 L_1 和 L_4 控制上平台在 X 方向上的位移，主动杆 L_2 和 L_5 控制上平台 Y 方向的位移，主动杆 L_3 和 L_6 控制上平台 Z 方向的位移。这样的 Stewart 平台结构对称。图 14－18 为立方体构型 Stewart 平台示意图，图 14－18（a）为平台垂直面的截面图（侧视图），图 14－18（b）为 Stewart 平台的俯视图；虚线为基平台和负载平台。

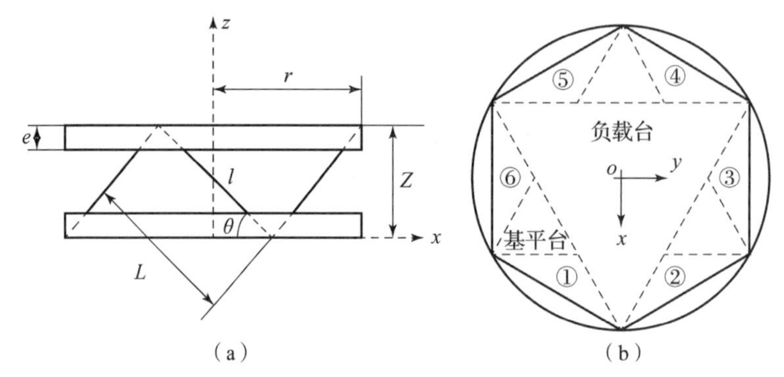

图 14－18 Cubic（立方体）构型示意图

（a）侧视图；（b）俯视图

单杆系统则往往采用柔性铰链＋磁阻尼的方案，如图 14－19 所示。

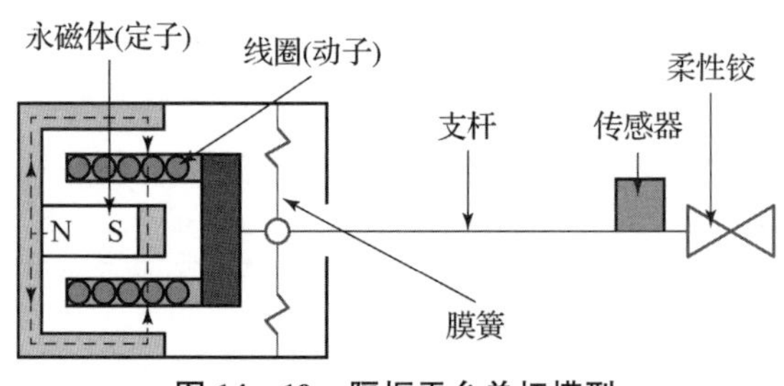

图 14－19 隔振平台单杠模型

14.4.3 制冷机振动主动抑制

1. 制冷机振动特性

根据制冷机微振动测试分析结果，制冷机在工作时产生频率为 0～500 Hz 的扰动力（图 14－20 是制冷机测点测试信号在 X 轴方向的扰动力频谱，项目测试要求采样频率不低于 2 000 Hz），幅值范围为 0～1.5 N[235]。

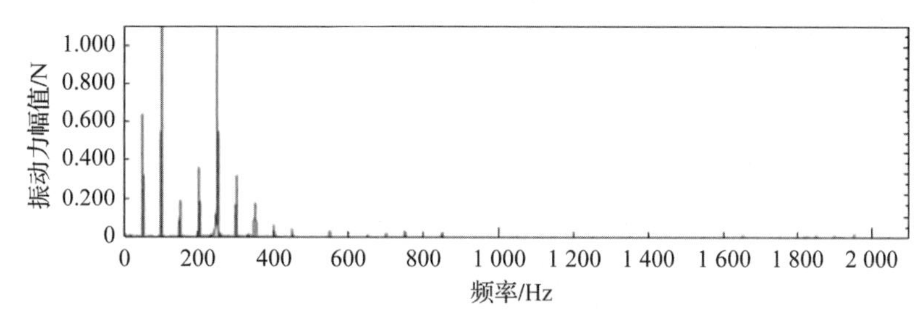

图 14－20　制冷机扰振频谱

由制冷机扰动力频谱分析可知，扰动力是以 50 Hz 为基频的一系列谐波信号，可以用下式来描述：

$$f_k(t) = p_0\sin(\omega t + \phi) + \sum_{i=2}^{N_h} f_i\sin(n\omega t + \phi) \tag{14-6}$$

式中：f_k——制冷机测试信号；

p_0——制冷机工作频率幅值；

ω——制冷机驱动频率；

t——时间；

f_i——第 i 阶谐波幅值；

n——扰动谐波数；

N_h——扰动谐波数；

ϕ——相位角。

2. 主动隔振设计

制冷机被动隔振，与前面描述的各类减振措施一致。本节介绍一种主动隔振措施。自 20 世纪 90 年代开始，随着牛津型斯特林制冷机空间应用的成功实现，美、欧一些国家已展开机械制冷机的高阶主动减振算法研究。其基本原理是利用机械致动器，即采用配置平衡振子的方式实现主动振动抑制。根据其传递函数在每个谐波频率点产生一定的反振动力，使之与制冷机的原始振动力幅度相等、相位相反，从而达到消振目的。运行过程中对制冷机剩余振动力进行实时测量。平衡振子主动减振器通过连接杆固定到制冷机尾部，形成制冷机与减振器的组合体。主动减振的核心思想是动量补偿，在制冷机轴向添加平衡振子，采用对制冷机压缩机和平衡振子分别驱动的方式，使压缩机活塞和平衡振子产生动量相等、方向相反的振动，从而实现主动减振。动子质量和刚度满足关系式：

$$\omega = 2\pi f = \sqrt{k/m} \tag{14-7}$$

式中，ω 为平衡振子主动减振器的固有频率；k 为减振器总刚度；m 为减振器动质量；f 为减振器运行频率。

经仿真和测试，主动减振器的效果显著，可将制冷机振动降低 90% 以上，实现 1 ~1 000 Hz 频段的振动量级小于 10mg。

第 15 章 锁定解锁机构

锁定解锁机构的功能有两个，一是为抗发射力学环境，为柔性结构机构提供足够的刚度，二是在轨位置精度保持。因此在各类调整机构及展开机构中，均有涉及。

15.1 锁定解锁机构概述

锁定与释放功能机构包括一次性机构和多次重复性机构，即一次性锁定与释放机构，多次重复性锁定与释放机构。

1. 一次性锁定与释放机构

该机构一般采用火工品切割器切断或记忆合金套筒受热释放等方式，这类机构用于可展开遮光罩及主镜展开机构等入轨后一次性展开及锁定。

（1）记忆合金锁定机构：记忆合金锁定机构根据不同的使用情况及条件记忆合金，成分可配置，具体用在机构拔销器等。合金具有高弹特性，能够提供较大的力，可实现较大行程的运动。但其力是非线性的，情况比较复杂，故实现精确控制定位需要进行特殊设计。

（2）火工锁定解锁机构：利用火药燃烧或爆炸产生的能量实现释放。通常由发火元件、主装药和功能组件组成。

2. 多次重复性锁定与释放机构

由于遥感器在轨调整的需求，部分机构要求在其调整后重复锁定与再次释放，则需要在目前的一次性锁定与释放机构的基础上增加重复锁定与释放机构，同时锁定释放机构在发射阶段或变轨飞行阶段具有预载荷锁定功能[236]。

（1）机电精密锁定：抱闸这一类的机构，具有高精度和高稳定性的特点，用于需要重复锁定及解锁的空间机构；可以根据使用工况及产品特点进行精准的设计。但是这种机构存在间隙，对安装定位精度的要求高。

（2）电磁锁定机构：永磁锁定－力矩器驱动技术，在非标定状态下采用永久磁铁提供锁定力矩，完成锁定功能。

15.2 火工锁定解锁机构

遥感器主要采用火工品锁定解锁装置，能在极短时间内完成分离动作。其主要用于平台载荷连接，可展开机构、柔性机构在发射阶段的锁紧，起到分离的作用。火工品用于分离装置的类型很多，可以根据需要设计成任意形式的装置。常用的爆炸螺栓、解锁螺栓、拔销器、分离螺母、切割器等都可归于这类分离装置。按使用功能可以分为解锁装置、促动装置、切割装置等[237]。

15.2.1 解锁装置

解锁装置用于结构的连接与解锁，它在工作前是作为机械紧固装置使用的，执行解锁指令后能够在指定位置断裂或解脱。解锁装置通常采用螺纹连接的方式，用于结构、机构的锁定，可承受各种量程的拉应力。为满足不同的应用，现已研制出各种尺寸和连接能力的解锁装置。解锁装置一般分为解锁螺栓和分离螺母等，如图15－1所示。

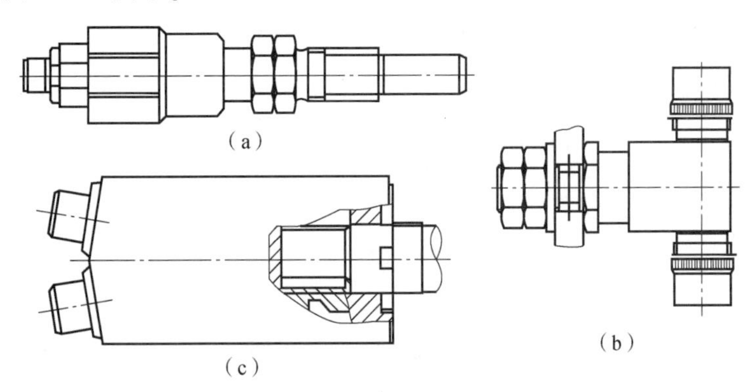

图15－1 解锁装置示意图

(a) 爆炸螺栓；(b) 解锁螺栓；(c) 分离螺母

解锁螺栓的种类较多，从作用原理上分类，解锁螺栓主要分为爆炸型和推断型两种。爆炸型的解锁螺栓主要靠雷管起爆主装药的威力来实现分离，由于其较大的冲击性，不建议使用在精密仪器上。推断型解锁螺栓主要靠火药力推断剪切塞，并利用剪切塞和螺栓基体的强度差推断螺栓，实现分离。两种结构的解锁螺栓相比较，后者具有冲击小、无污染、作用安全可靠等特点，广泛应用于航天系统中。

解锁螺栓结构的特点是“强连接、弱解锁”，主要包括剪切销式解锁螺栓、剪切式解锁螺栓和削弱槽式解锁螺栓。常用的剪切销式解锁螺栓又分为钢球连接式和楔块连接式两种。

钢球连接式解锁螺栓在航天器上应用较多，其结构如图 15－2 所示。钢球连接式解锁螺栓通常由 3 段组成：内筒、外筒和活塞，其中内筒与外筒间通过钢球连接，活塞锁定钢球，而活塞则用铝剪切销固定。解锁时活塞剪断剪切销，发生位移，解除对钢球的约束，从而实现内、外筒的解锁。由于分离力远小于螺栓所能承受的连接力，解锁分离时产生的冲击也较小。

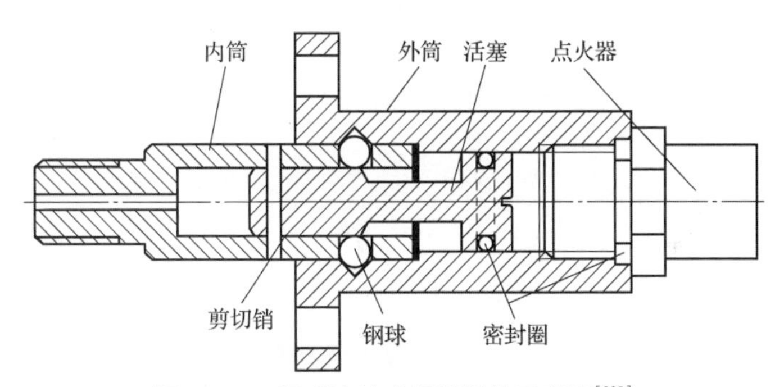

图 15－2　钢球连接式解锁螺栓示意图[238]

解锁螺栓的另一种典型形式是楔块连接式，如图 15－3 所示。它与钢球式的原理基本相同，但是结构复杂。由于楔块的接触面积大，其连接强度远远大于钢球连接式解锁螺栓，承载能力可达到数百千牛。

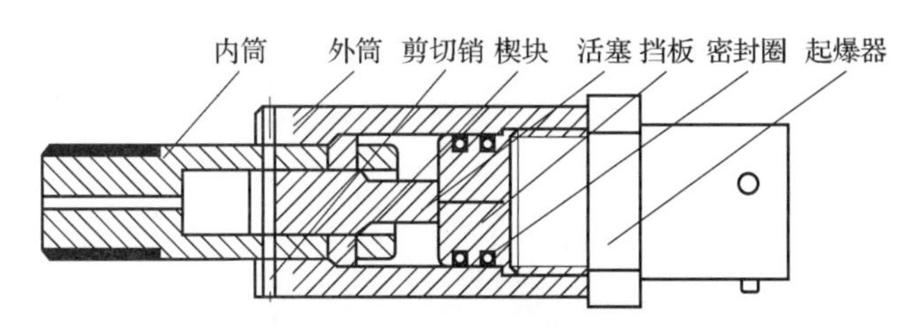

图 15－3　楔块连接式解锁螺栓示意图[239]

对于大载荷连接，解锁螺栓不能满足其要求，这时就需要用分离螺母。分离螺母最大的优点是连接承载能力大，结构尺寸小，而所需要的分离能量小，分离后无污染，结构保持完整。分离螺母的另一个优点是可以采用冷气驱动试验，无须拆卸即可重复使用。

解锁装置的性能比较如表 15 – 1 所示。

表 15 – 1　解锁装置性能比较

指标	爆炸螺栓	钢球连接式解锁螺栓	楔块连接式解锁螺栓	分离螺母
适合连接载荷/kN	200	50	50	10 ~ 500
分离冲击/g	> 5 000	< 3 000	< 1 000	< 1 000
结构	简单	较复杂	复杂	复杂
质量体积	小	较大	大	小

15.2.2　促动装置

促动装置是一种驱动作用的活塞式装置，用于各种分离机构。拔销器（Pin Puller）用于结构机构的锁定和释放，其示意图如图 15 – 4 所示。火工拔销器工作时利用伸出端锁柱机构，此时可承受较大的横向载荷，点火后伸出端被回缩，从而使机构释放。拔销器典型的承载能力为 0 ~ 50 kN。由于拔销器的活塞运动时只需切断固定剪切销和克服活塞与机构界面间的摩擦力，因此工作时需要的能量小，推动力远小于承载力，因而产生的冲击也较低。拔销器的另一个优点是结构简单，工作非常可靠，也不产生多余物和污染物。

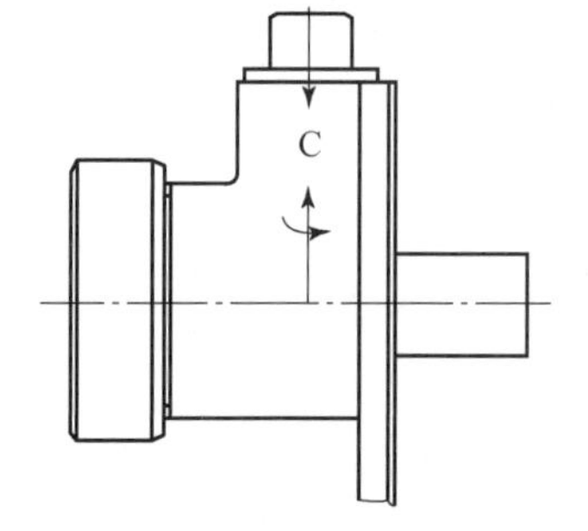

图 15 – 4　拔销器示意图

15.2.3　切割装置

火工切割器用于切割绳索、电缆、管路以及各种金属细棒等。其原理是将活塞的前端做成切刀形状，在一定的冲量作用下切断金属或非金属材料。切割器作为分离装置使用时，主要是切割连接螺栓，可替代解锁螺栓的功能。其优点是分离结构可以使用普通螺栓连接，不需要削弱处理，承载能力高。切割器将螺栓从中部切断完成解锁，其性能不受螺栓预紧力的大小等安装条件的影响。切割器工作完成后完全密封在腔内，也不产生多余物。切割器的关键是切刀的设计和切割能力的控制，以确保可完全切断螺栓。若设计不当，即使内部压力很高，仍不能保证完整切割。需要注意的是，金属材料与金属材料的断裂性能和力学性能完全不同，因此两类切割器在产品设计和性能上也有所不同，一般不能直接互换使用。

切割器本身一般仅具有释放功能，不直接参与连接，因此不能承受大载荷。根据所切割目标物的不同，可分为两类：一类是切割不均匀目标物的切割器，用于切割电缆束、伞绳、照相相片和各种导管等；另一类是切割均匀单目标物的切割器，用于切割单根的杆、螺杆和带等。

切割器的设计要根据被切割目标物的性质而定，以便合理确定刀片和刀砧的材料和形状，以及切割器的固定方式。

15.3　记忆合金锁定机构

15.3.1　形状记忆合金材料

遥感器用形状记忆材料分为两类，一类为记忆合金，一类为形状记忆聚合物。

材料的形状记忆效应，最早可以追溯到 1932 年发现金镉合金的形状恢复现象；随后，美国和苏联的有关科学家相继在 Cu - Zn 合金中发现马氏体（Martensite）的热弹性转变。1963 年美国海军军械研究室 W. J. Buehler 等发明的 NiTi 合金[240]，使记忆合金真正走入科研人员视野，几年后该合金应用于“阿波罗”11 号登月舱。形状记忆效应指当材料受到外力作用之后，普通金属材料首先会发生弹性变形，当所受的外力超过其弹性极限时金属发生塑性变形，撤销外力之后，金属材料留下永久变形，不会恢复原状。而有一些特殊的金属材料在外力发生塑性变形之后，通过加热到某一临界温度以上，金属材料还能恢复到变形前的状态，这种现象被称作形状记忆效应[241,242]，如图 15 - 5 所示。

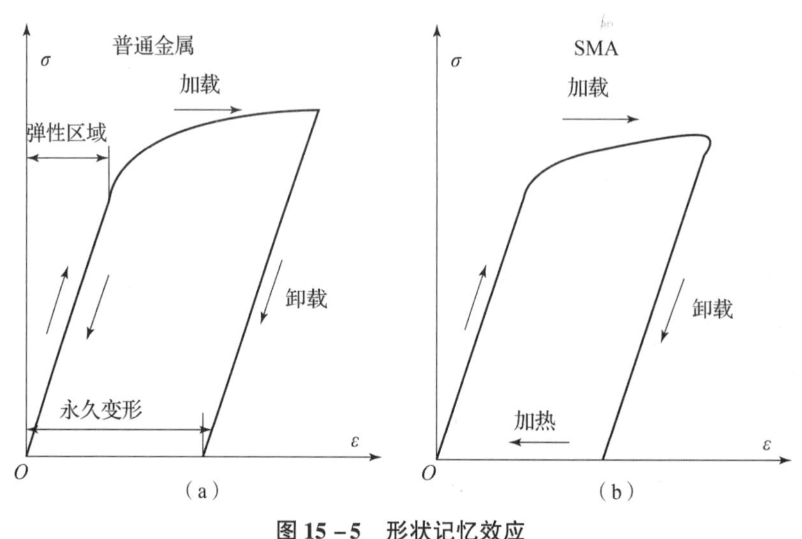

图 15－5 形状记忆效应

(a) 普通金属应变－应力关系图；(b) SMA 应变－应力关系图

目前形状记忆合金（Shape Memory Alloy，SMA）材料已经成为重要的智能材料之一，在航空、航天、电子、机械、医学等领域取得了广泛应用。现已发现数十种形状记忆合金。

根据驱动方式的不同，形状记忆合金可以分为温控 SMA 和磁控 SMA 两大类。NiTi 合金是典型的温控形状记忆合金，降温到马氏体温区进行形变，升温后可以恢复原母相的形状；但由于升降温速率受限，工作频率有限。20 世纪 90 年代发展的磁控形状记忆合金可由磁场驱动，记忆效应的工作频率明显提高。同时，磁控形状记忆合金也具有热弹性马氏体相变、应力诱发马氏体相变（即超弹性）等性能。

自 1980 年以来，形状记忆聚合物（Shape Memory Polymers，SMP）以其特定的热力学性能及形状记忆功能受到科研人员的关注。此后，研究者研制出了几十种形状记忆聚合物功能材料，可以满足不同领域使用需求。根据驱动方式的不同，SMP 可以分为以下几类[243]：光驱动 SMP、电驱动 SMP、热驱动 SMP、磁驱动 SMP 以及溶液驱动 SMP 等。其中热驱动 SMP 是应为范围最广的一类。热驱动是最基本、最直接的 SMP 驱动方式，它依靠外部热能进行加热，通过传导、对流或热辐射等直接或间接的方式将热量传递给热敏 SMP，从而实现“初始形状—变形后固定形状—恢复初始形状”的变形循环。SMP 在空间光学遥感载荷领域也得到了应用，如空间可展开桁架、可展开遮光罩的豆荚杆铰链、部分活动部件的锁紧释放机构等，特别是在锁紧机构中的应用，其可以取代火工品，解决解锁过程中的冲击振动等问题。

15.3.2　典型记忆合金机构

新型的非火工品分离机构，如热切割、石蜡驱动机构和机电线轴机构[244]，技术较为成熟，但也存在一些不足，例如热切割和石蜡驱动机构响应时间较慢，机电线轴机构分离冲击较大等；应用在空间光学遥感器上，对分离装置的冲击、污染提出了更高的要求。这种尺寸的卫星结构紧凑，对冲击、污染更敏感，迫切需要开发新型的分离装置，以替代现有的火工分离装置。

形状记忆合金作为一种集感知与驱动于一体的智能材料，广泛应用于驱动机构、热力耦合机构、热传感器、智能复合材料、微型机械、隔振设备等[245]。美国海军实验室（Naval Research Laboratory，NRL）早在 20 世纪 60 年代就将 SMA 运用于 F－14 战机液压管道中的管接头上；SMA 作为空间分离装置的驱动机构，其优点是低冲击、可重置、无污染、结构简单，缺点是形状记忆合金热性能较差、缺口脆性高，易造成应力松弛和蠕变现象。记忆合金制动释放装置的制动时间一般较长，不适合有同步释放要求的场合[246]。

美国空军研究实验室（Air Force Research Laboratory，AFRL）在 20 世纪 90 年代开展了形状记忆合金分离装置（Shape Memory Alloy Release Device，SMARD）的研发[247]。典型的形状记忆合金拔销器如图 15－6 所示[248]。

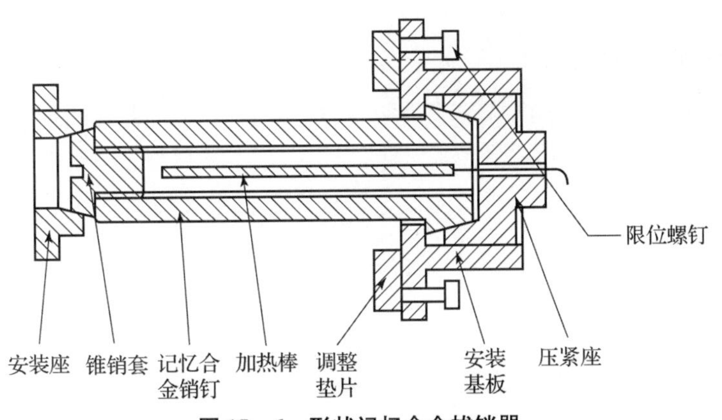

图 15－6　形状记忆合金拔销器

15.4 机电精密锁定机构

机电精密锁定机构按照锁定装置（制动器）操纵方式可以分为人力操纵、电磁操纵、电力液压操纵，以及液力操纵和气动操纵等。由于航天产品的特殊需求，人力、液压、气动的操纵方式是不可取的，所以只能以电磁操纵的方式进行锁定。从锁定装置结构角度考虑，可以通过机械传动方式代替液压或气动传递，但这种机械传动系统结构复杂，体积也会大大增加，所以空间机构往往采取电磁抱闸的方式来实现调整装置驱动支链的锁定。

电磁抱闸一般应用于伺服电机尾部，依靠线圈完成锁定与解锁之间的状态转换，其结构如图 15 - 7 所示。该种抱闸促动迅速、力矩大、结构简单，且其尺寸相较于其他机构等传动形式的抱闸小很多，只需对电磁线圈通断电即可。另外，电磁抱闸接通和断电时间短，唯一不足就是存在冲击现象，可以通过试验的方式验证电磁抱闸对驱动支链的影响情况。

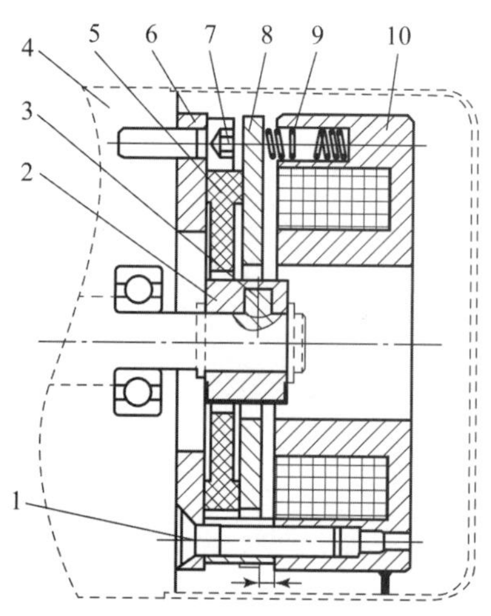

图 15 - 7　电磁抱闸

1—气隙调整螺钉；2—轴套；3—紧定螺钉；4—电机端盖；5—制动盘；6—连接板；7—安装螺钉；8—衔铁；9—弹簧；10—磁轭组件

第 16 章
遥感器机构仿真分析

16.1 概述

总的来说，机构的理论研究及仿真大致包括以下几个方面：运动学分析、动力学和静力学、奇异位形与灵活度、工作空间、尺度综合、误差分析与结构校验、控制机构一体化设计仿真等。控制机构一体化的仿真涉及系统级、电子学、控制等多个学科，本书针对这一部分不做具体论述。

本章主要描述通用机构的仿真内容，对于遥感器中的可动组件需进行运动仿真分析，用以正确确定各项运动参数，如驱动力、运动持续时间、运动轨迹、锁定时的角速度、锁定时的冲击弯矩和冲击剪力等。

16.2 机构仿真模型的建立

机构仿真模型的建立就是尽可能地还原真实的机械系统。通过对仿真目标的分析确定最终机构模型需要达到的复杂程度。仿真的目的决定了真实复杂机械系统的简化原则。

机构产品一般由若干个结构件及机构元件组成，是通过一系列的几何约束连接起来以完成预期动作的一个整体，因此也可以把整个机构产品叫作多体系统。如果将系统中每个物体都看作是不变的刚性体，则该系统称为多刚体系统；若系统中有一些物体必须计算其变形，则该系统称为刚柔耦合系统。

多刚体系统动力学分析模型中各部件都抽象为刚体，但可以计及各部件连接点（关节点）处的弹性、阻尼等影响；刚柔耦合系统动力学研究的是由可变形物体以及刚体所组成的系统在经历大范围空间运动时的动力学行为，是多刚体系统动力学的延伸和发展。

从动力学角度讲，刚体是柔性体的特殊情况。多柔体系统动力学是在多刚体系统动力学的基础上发展起来的。最早的工作是 H. J. Fletcher 等人在 1963 年利用向量力学中的 Newton_Euler 法研究了两个刚体组成的卫星系统动力学[249]。1965 年 W. W. Hooker 和 G. Margulies 讨论了由 n 个刚体组成的多刚体系统。1968 年 Roberson 和 Wittenburg 把图论引入多刚体系统动力学，他们的研究把多刚体系统动力学的研究推向了一个新阶段[250]。随后多刚体系统动力学迅速发展，1977 年国际理论和应用力学学会（IUTAM）主持召开的第一次多刚体系统动力学讨论会是多刚体系统动力学这门学科发展的重要里程碑，它标志着多刚体系统动力学的各种建模理论和数值求解方法已经基本建立。

随着动力学模拟的不断深入，人们发现系统中某些构件的变形有时会对系统性能产生不可忽略的影响，因此在进行动力学分析时必须考虑某些构件的柔性效应，从而使多刚体系统动力学的内涵得到延伸，成为多柔体系统动力学或多体系统动力学。与多刚体系统动力学相比，对多柔体系统及刚柔耦合系统动力学的研究开展得略晚一点。这方面早期的工作有 P. W. Likins 在 20 世纪 70 年代初对带有弹性体附件的卫星动力学问题的研究[251]。随后，人们把多刚体系统动力学的各种建模方法加以发展并应用于多柔体系统的研究。在柔性多体系统动力学中，如何描述柔性体的变形是非常重要的。

对于多体系统，从各自研究对象的特征出发，航天与机械两大工程领域分别提出了不同的建模策略，主要区别是对刚体位形的描述。

1. 航天领域

以系统每个铰的一对连接刚体为单元，以一个刚体为参考物，另一个刚体相对该刚体的位形由铰的广义坐标（又称拉格朗日坐标）来描述。这样所有物体的位形完全可由所有铰的拉格朗日坐标阵确定。其动力学方程的形式为拉格朗日坐标阵的二阶微分方程组。

$$\boldsymbol{A}\ddot{\boldsymbol{q}} = \boldsymbol{B} \tag{16-1}$$

式中，$\ddot{\boldsymbol{q}}$ 为拉格朗日坐标阵二阶微分；$\boldsymbol{A}$，$\boldsymbol{B}$ 为两个矩阵。

2. 机械领域

以系统的每一个物体为单元，建立固结在刚体上的坐标系，刚体的位形均相对于一个公共参考基进行定义，其位形坐标统一为刚体坐标系基点的笛卡儿坐标与坐标系的姿态坐标，一般情况下为 6 个。由于铰的存在，这些位形坐标不独立。系统的动力学模型是一个数量相当大的代数 – 微分混合方程组，即：

$$\begin{cases} \boldsymbol{A}\ddot{\boldsymbol{q}} + \boldsymbol{\Phi}_q^{\mathrm{T}}\boldsymbol{\lambda} = \boldsymbol{B} \\ \boldsymbol{\Phi}(\boldsymbol{q},t) = 0 \end{cases} \tag{16-2}$$

式中，$\boldsymbol{\Phi}$ 为位置坐标阵 $\boldsymbol{q}$ 的约束方程；$\boldsymbol{\Phi}_q$ 为约束方程的雅可比矩阵；$\boldsymbol{\lambda}$ 为拉格朗日乘子；t 为时间。

机构仿真模型的建立一般参照图 16 – 1 所示流程。

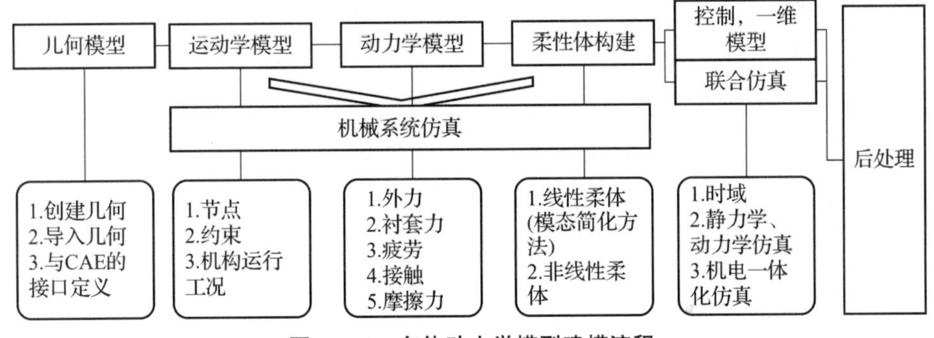

图 16 – 1　多体动力学模型建模流程

16. 2. 1　多刚体运动学模型

不考虑构件的变形以及力的因素，利用建模软件中提供的约束、运动副和驱动单元库来定义各个构件之间的连接关系和运动关系。多刚体运动学模型建模关键点包括：

（1）构件：刚体，包括质心、质量以及惯量。

（2）运动铰：包括类型、铰点位置、安装方位。

（3）驱动：驱动类型和方式。

多刚体运动学模型的检查，主要包括以下几个方面：

（1）检查模型整体的质心、质量和惯量。

（2）检查模型的运动范围和方式是否满足要求（通过施加驱动）。

（3）识别和去除模型中的冗余约束。

（4）检查模型中是否存在装配冲突。

16.2.2 多刚体动力学模型

多刚体动力学模型是在多刚体运动学模型的基础上进一步施加力的作用，暂时不考虑构件的柔性。多刚体动力学模型建模关键点包括：

（1）力的三要素（力的作用点、大小和方向）。

（2）刚度：不建议在模型中引入刚度值很大的力，除非它确实和仿真目的相关，能提供有用的信息或效果。通常情况下直接用约束来代替刚度很大的力。

（3）阻尼：阻尼的作用不能忽略。当不能确定阻尼系数的值时，可假设其为对应自由度上临界阻尼的百分比值。如果有需要，之后可对该阻尼值进行优化。

多刚体动力学模型的检查，主要包括以下几个方面：

（1）利用三维动画后处理功能并结合动画场景功能，检查机构运动是否合理。例如在动画显示过程中引入矢量跟踪功能，直观查看模型运动过程中是否存在方向或大小不合理的力或扭矩。

（2）检查模型各个构件初始速度是否连续。

（3）检查速度/加速度曲线（独立自由度）是否有噪声（毛刺）。

（4）利用线性化功能查看多刚体模型的模态信息，同时检查模型中是否存在高频振动模态。

16.2.3 刚柔耦合动力学模型

机构中某些构件的弹性变形和机构本身大范围运动耦合在一起，构件的变形对系统性能产生了不可忽略的影响。需要将这些构件柔性化，以研究构件变形与其整体刚性运动的相互作用或耦合，以及这种耦合所导致的独特的动力学效应。

创建刚柔耦合多体动力学模型，总体思路为用已有网格模型替换机构中对应的刚性构件，调用有限元求解器计算模态，最后在多体动力学分析软件中进行刚柔耦合多体求解。

构件柔性化注意事项：

（1）确定网格模型中材料属性和单元属性定义完整。

（2）如果有可能，使用通过试验验证的网格模型或试验线架模型。

（3）如果只是考察构件在机构大范围运动过程中的变形以及其对约束反力的影响，可以使用粗糙网格模型；如果要进一步对该结构的疲劳寿命进行预测，则需要更精细的网格模型。

（4）推荐使用 CB（Craig - Bampton）模态。在软件中可直接驱动 NASTRAN 或 ANSYS 计算得到 CB 模态。

16.3　机构多体动力学仿真

机构运动学仿真指不考虑产生运动的原因，仅从机构几何位置随时间变化的角度来研究机构的运动规律[252]。

16.3.1　运动学仿真分析

运动学分析的研究内容包括运动平台和促动器的位置、速度、加速度的分析和计算。运动学反解中的位置反解指的是已知运动平台的位置和姿态的情况下，求解促动器的工作参数。该项工作是选择系统结构参数、确定促动器结构形式以及选择运动参数的基础。运动学反解中的速度和加速度分析是在已知运动平台的速度（角速度）和加速度（角加速度）的情况下求解促动器的速度（角速度）和加速度（角加速度）。以上叙述的都是有关运动学反解的内容，反之则为运动学正解。

运动学分析主要研究运动与时间的关系，主要研究机构的位置、速度和加速度、分析运动空间、奇异位形、误差分析、结构校验等。运动学分析的特点是：

（1）不考虑系统运动起因的情况下研究各构件的位置与姿态及其速度和加速度的关系。

（2）系统各构件间通过定义各类约束关系（例如运动副、驱动装置）连接在一起。

（3）系统自由度一般为零。

（4）数学模型：各构件的位置与姿态坐标的非线性代数方程组，以及速度与加速度的线性代数方程组。公式如下：

$$\begin{cases}\boldsymbol{\Phi}(\boldsymbol{q},t)=0\\ \boldsymbol{\Phi}_q\dot{\boldsymbol{q}}+\boldsymbol{\Phi}_t=0\\ \boldsymbol{\Phi}_q\ddot{\boldsymbol{q}}-\boldsymbol{\gamma}=0\\ \boldsymbol{\gamma}=-(\boldsymbol{\Phi}_q\dot{\boldsymbol{q}})_q\dot{\boldsymbol{q}}-2\boldsymbol{\Phi}_{qt}\dot{\boldsymbol{q}}-\boldsymbol{\Phi}_{tt}\end{cases} \tag{16-3}$$

式中，$\boldsymbol{q}$、$\dot{\boldsymbol{q}}$、$\ddot{\boldsymbol{q}}$ 分别为位置、速度向量和加速度向量；$\boldsymbol{\Phi}_q$ 为雅可比矩阵，如果 $\boldsymbol{\Phi}$ 的维数为 m，$\boldsymbol{q}$ 的维数为 n，那么 $\boldsymbol{\Phi}_q$ 的维数为 $m\times n$；t 为时间；$\boldsymbol{\gamma}$ 为角位移在欧拉转轴坐标系的分量。

运动学分析的内容如下，根据问题的复杂度，这两项分析内容也可通过动力学仿真分析的途径实现。

（1）预测机构运动学行为。

（2）空间包络分析。

（3）干涉检查。

16.3.2 动力学仿真分析

机构的动力学研究一直以来都是其诸多研究领域中的重要方向，主要包括惯性力计算、m 受力分析、动力平衡、动力学模型的建立、运动仿真、动态参数识别等方面。动力学分析同样包括正反两类问题。动力学的正问题是指已知各主动关节所提供的驱动力随时间的变化规律，求解运动平台的位移、速度和加速度。动力学的反问题则是指已知通过轨迹规划给出的运动平台的运动路径和其上各点的速度和加速度，求解促动器必须提供给主动关节随时间变化的驱动力。这部分的分析和计算是确定促动器各个基本参数的依据，同时也是机械结构设计合理性评估、控制系统设计与性能优化等工作的重要参考。多自由系统，如六自由度平台是一个复杂的多体系统，其动力学模型通常是一个多自由度、多变量、高度非线性、多参数耦合的复杂系统。其动力学数学模型的这种复杂性是由于并联机构动力学内在的、本质的复杂性决定的。

动力学主要研究运动与力的关系，确定广义加速度、速度、末端执行器坐标和关节力之间的关系，讨论载荷和系统运动的关系。这种关系与构件的惯性有关，故在处理动力学问题时还必须考虑构件的质量分布，这也是动力学与运动学的不同之处。

（1）动力学正问题——已知系统所受的力，求解它们的运动规律。

（2）动力学逆问题——已知系统的运动规律，求解产生该运动时系统所受的力。

（3）作为特殊情况，当系统处于静止时，动力学问题退化为静力学问题。

建立动力学数学模型的方法有矢量力学与分析力学两种。

（1）矢量力学方法几何直观性强，但由于未知理想约束力的出现显得十分烦琐。

（2）为了避免未知理想约束力的出现，分析力学的一种方法是在理想约束力与约束方程间建立起一种直接的关系，导出比矢量力学一般方法程式化更为明显的动力学方程——拉格朗日第一类方程。

（3）目前在解决复杂动力学问题成功的计算机辅助分析软件中，均采用拉格朗日第一类方程与加速度约束方程作为系统的动力学模型，其数学模型为拉格朗日第一类方程与系统的加速度约束方程，是一组非线性微分代数方程组（DAE），如下式：

$$\begin{vmatrix} \boldsymbol{M} & \boldsymbol{\Phi}_q^{\mathrm{T}} \\ \boldsymbol{\Phi}_q & \boldsymbol{0} \end{vmatrix} \begin{vmatrix} \ddot{\boldsymbol{q}} \\ \boldsymbol{\lambda} \end{vmatrix} = \begin{vmatrix} \boldsymbol{Q}_a \\ \boldsymbol{\gamma} \end{vmatrix} \tag{16-4}$$

式中，$\boldsymbol{M}$ 为机械系统惯性矩阵；$\boldsymbol{Q}_a$ 为外力分量。

动力学分析的内容包括：

（1）预测复杂机构运动学和动力学行为，对设计改变进行快速评估。例如：加速度、速度、位移、力、机械振动等动力学性能评估信息；如机械振动是机械系统运行过程中普遍存在的重要问题。有许多因素可能引起振动，包括外部载荷变化，系统自身的结构和连接特性等。消除振动的方法可以用平衡的方法、改进机械本身结构或用主动控制的方法等。

（2）预测机构中关键构件上动载荷，为构件的强度、疲劳、振动以及噪声辐射提供载荷边界；如动载荷分析：机械系统中的动载荷往往是机械系统中关键零部件损伤和可靠性的重要影响因素，而要确定零部件在机械系统运动过程所受到的动载荷，分析其动态性能响应，必须进行多体动力学分析。

（3）为控制促动系统设计提供精确负载。

（4）为控制系统实时仿真提供更精确的机械系统负载。

16.4 空间环境对机构仿真的影响

16.4.1 重力对空间机构的影响分析

对于在太空中运行的空间机构，发射入轨后重力释放是其在空间复杂环境中遇到的问题之一。空间机构通常在地面进行设计调试，在空间的微重力环境中进行操控，由于重力环境的变化，空间机构的运行会受到一定的影响[253]，严重时会发生故障。因此，有必要研究重力变化对空间机构运动行为造成的影响，分析空间机构在不同重力环境下运动行为的差异性。以此作为依据，进行空间机构的优化和控制器设计，改善空间机构的在轨服役性能，提高空间机构的操作精度，避免因重力变化而引起的机构故障。同时，机构在地面的试验方案设计，也需上述分析以确定试验的有效性。

国外关于重力对空间机构运动行为的研究，首先是在数值模拟仿真领域。研究者在计算机中建立各种不同的重力环境，运用结构力学、物体运动学及动力学等知识，对机构在不同重力环境中的各项参数特性进行了理论仿真研究，从理论上对空间机构在微重力环境中的重力效应问题做出了重要的贡献。在取得相关理论研究成果后，世界先进航天国家如德国、日本、美国，又通过落塔、飞机抛物线飞行、空间站在轨飞行等试验方法，获得空间机构定位精度、电机驱动电流、摩擦参数等微重力环境下的试验数据，并将其与地面试验研究数据进行对比。对比研究的结果也表明，地面模拟微重力环境中得到的试验数据，与真实微重力环境中获取的试验数据存在着很大的差异。

我国在重力变化对空间机构运动行为的影响方面研究较晚，初期研究重点多在机构运动学的模型建立与分析、地面模拟微重力环境试验以及试验方法上。

由于空间试验条件及技术水平的限制，关于不同重力条件下空间机构运动行为的差异性研究成果还比较少，目前的研究成果主要集中在多自由度微重力模拟试验装置、重力影响试验补偿研究、重力影响仿真分析和重力影响下的空间机构控制技术等方面。在空间机构地面试验中，也有研究者采用关节轴线平行于地面重力方向进行的微重力环境模拟，并没有进行真正的微重力环境试验，关于空间机构电机驱动力在微重力环境与模拟微重力环境中的差异，还没有非常确切的结论。

重力影响仿真分析[254]主要的方法包括：

（1）建立含间隙的空间机构动力学模型，综合考虑轮齿柔性、啮合阻尼、齿侧间隙、啮合误差线性因素的关节动力学模型；形成面向精密空间操作机构的动力学建模、分析、控制器设计及应用的系统化理论方法。

（2）建立考虑重力及摩擦的空间机械臂动力学方程及摩擦模型，给出摩擦补偿控制方法。

（3）建立考虑重力及铰间间隙的空间机械臂动力学与运动学方程，针对精密操作过程控制难点提出相应的补偿与优化控制方法。

（4）建立考虑重力影响的柔性关节空间机器人模型，针对柔性关节空间机器人地面模拟及空间应用受到重力或微重力不确定项干扰的问题，提出一种基于奇异摄动的任务空间神经网络自适应控制算法。

（5）建立考虑重力影响的挠性航天器动力学模型，提出一种自抗扰控制方法，实现对挠性航天器在不同重力环境下的振动抑制。

16.4.2　温度影响分析

温度对可动组件及其机构的影响主要表现在功能和性能的变化，应先进行热分析，确定相关位置的温度值。必要时进行热平衡试验验证。温度影响分析的主要内容包括：

（1）极端温度和温度梯度工况引起结构、展开组件和其他可动组件在展开状态下的热变形及其对姿态敏感器、遥感有效载荷等有在轨精度要求和指向精度要求的设备的影响。

（2）在轨温度引起铰链、轴承、锁定机构、电缆等在展开过程或其他运动中的阻力矩的变化。

（3）温度对电机、减速器等驱动和传动机构的功能和性能的影响。

（4）两个膨胀系数不同的零件在相对运动时，因温度变化引起的间隙和摩擦力变化。

（5）两个膨胀系数不同的零件连接在一起时，因温度变化引起的热应力和热变形。

（6）温度对预张紧机构（如包带式星箭连接分离装置、压紧杆式压紧机构、闭锁环、联动机构等）张紧力的影响。

第 17 章
遥感器机构试验

17.1 概述

根据遥感器机构的特点以及宇航产品的研制要求，在组件级、单机级、系统级均需开展相关的试验验证，主要包括环境试验、可靠性试验、功能和性能试验及测试等内容。

（1）当可展开组件的尺寸太大或太复杂而无法进行整体试验时，可将其分成几个有明确接口、相对独立的组成部分，用分析预估方法确定试验量级，单独进行各部分试验，然后根据试验结果进行综合评估。

（2）驱动机构试验需带载，可使用模拟负载进行试验。模拟负载应能合理代表实际被驱动构件的动力学特性（如惯量、力或力矩特性、间隙和固有频率等）。

（3）机构中带有备份件时，备份件也应进行相应的试验。

（4）机构试验的边界尽量模拟真实的机、电、热等接口。单独试验时的载荷和边界等条件难以正确模拟时，可集成在可动组件上进行试验。

（5）尽可能在最低的装配层次进行机构试验，以获得较好的成本效益。被试机构的装配层次越高（如系统级试验），就越难找出潜在的问题，且较高装配层次的试验出现问题时，因修改而导致的进度推迟和重新试验所带来的损失也就越大。

（6）一般先进行最能判别机构是否合格的关键性试验，最后进行成本最高的试验项目。

(7) 所有机构的功能试验和环境试验中，都应采取适当的定量测试内容来判定试验是否成功。

机构试验及测试的状态和时机如表 17 - 1 所示。

表 17 - 1　机构测试及试验表

序号	测试/试验	级别	测试/试验名	测试/试验时机	测试/试验条件
1	测试	组件级	电磁铁吸合力测试（按需）	机电联调后	装调环境
2	测试	组件级	切换时间	机电联调后	装调环境
3	测试	组件级	到位精度及重复到位精度	机电联调后	装调环境
4	测试	组件级	摩擦力矩测试	机电联调后	装调环境、极端环境
5	测试	组件级	静态力矩裕度测试	机电联调后	装调环境、极端环境
6	试验	组件级	跑合试验	机电联调后	装调环境
7	试验	组件级	正弦振动试验	机电联调后	试验条件见技术要求
8	试验	单机级	随机振动试验	机电联调后	试验条件见技术要求
9	试验	单机级	性能复测	振动试验并机电联调后	装调环境、极端环境
10	试验	单机级	运转试验	振动试验后	装调环境
11	试验	分系统级	随整机的力学试验	交付结构总体后	试验条件见环境规范
12	试验	分系统级	随整机的热平衡试验	交付结构总体后	试验条件见环境规范
13	试验	分系统级	随整机的热真空试验	交付结构总体后	试验条件见环境规范
14	试验	组件级	寿命专项试验（按需）	机电联调后	按寿命试验大纲

17.2　功能和性能试验

遥感器机构的功能和性能试验有以下基本要求：

（1）应有足够的试验数据验证机构满足所有功能和性能要求。

（2）应包括在空间极值环境条件下的试验。应模拟最不利于机构运行的环境条件下的最小驱动力矩（力）和最大阻力矩（力），确定最小静力矩（力）裕度；还应模拟最有利于机构运行的环境条件下的最大驱动力矩（力）和最小阻力矩（力），确定机构锁定时的最大冲击载荷。

（3）应在能证明功能和性能的环境中进行，功能试验应测试所有指令功能。如果机构工作在高低温或其他极值环境时，试验室环境的功能和性能试验就没有代表性。当有相同机构在极值环境和试验室环境下的功能和性能试验数据作为类比的依据时，可只在试验室环境试验。

（4）需要在零重力或微重力条件下进行机构（尤其是展开组件）的功能和性能试验时，应满足：

①模拟的零重力环境可测量和验证。

②试验设备引入的阻力矩（力）小于展开组件在相应环境条件下的驱动力矩（力）余量，避免因地面试验系统的摩擦过大造成展开异常。

③机构运动轨迹尽量模拟在轨实际情况，避免附加约束影响展开轨迹。

④整个试验过程有多个动作序列时，应依次进行，尽量避免可能改变试验件状态的操作。

17.3　展开试验

空间展开机构地面展开试验是遥感器研制阶段的重要考核内容，展开机构往往是整个产品的单点故障环节，因此展开试验非常重要。为确保型号产品在轨任务的成功执行，空间展开机构需要在地面进行充分的展开试验以验证其展开性能、展开可靠性，并对展开试验的准确性、展开到位的精度等进行评估。

空间展开机构地面展开试验的主要目的是：考核结构和机构的协调性以及展开功能的可靠性、稳定性；检验结构与机构部分各项指标与总体技术要求的符合性。

17.3.1 零重力模拟

展开试验需解决的最重要问题之一就是地面重力补偿，展开过程中的影响因素主要有重力卸载的精度、空气阻力、悬挂或气浮系统的摩擦阻力等[255]。

零重力模拟有多重方法，包括气悬浮法、悬挂法等，主要通过悬索、弹簧或者气动/电磁产生垂直拉力来平衡试件自身重力。在地面重力环境中模拟试件的自由状态必须要求悬挂系统既要非常柔软，又要尽可能地避免悬挂系统在垂直方向和水平方向上的摆动。按照悬挂系统不同的物理结构，各国研究者提出了多种悬挂系统设计方案，分为吊丝悬挂系统，橡皮绳悬挂系统，带配重、滑轮的吊丝悬挂系统，弹簧悬挂系统，气动电磁结合悬挂系统[256]。

卸载方式一般分为配重卸载[257]、气球卸载和主动动态卸载 3 种，其优缺点如表 17－2 所示。

表 17－2　三种重力卸载的优缺点说明

卸载方式	优点	缺点
配重卸载	卸载简单可靠	卸载设备需要固定时对卫星或者地面桁架刚度强度要求高，不适用于尺寸大、质量大、转动范围大的天线
气球卸载	卸载简单、方便灵活，只需要气球，不需要其他复杂的设备	气球一般体积较大，对卫星布局和厂房空间有要求
主动动态卸载	承重能力强，尺寸规模大	卸载设备复杂、占用空间大，装配、调试周期长

1. 配重卸载

三角臂安装在星体或者桁架等基础上，三角臂下方安装有导轨和滑车，滑车可以在导轨上顺利滑动，滑车上安装了两个定滑轮，卸载绳穿过两个定滑轮，一端连接卸载吊具，另一端连接配重，如图 17－1 所示。

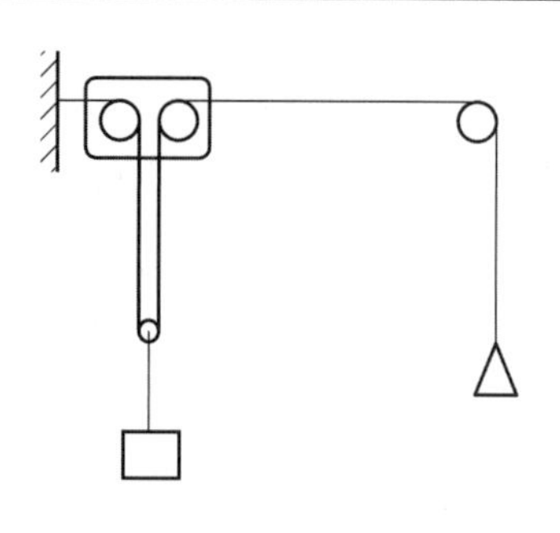

图 17－1　悬挂配重卸载

2. 气球卸载

氦气球通过卸载绳连接在卸载点上，利用氦气球提供卸载力。气球悬挂系统主要由悬挂吊具、氦气球、安全防护装置、配重负载、测力计等组成[258]，如图 17－2 所示。

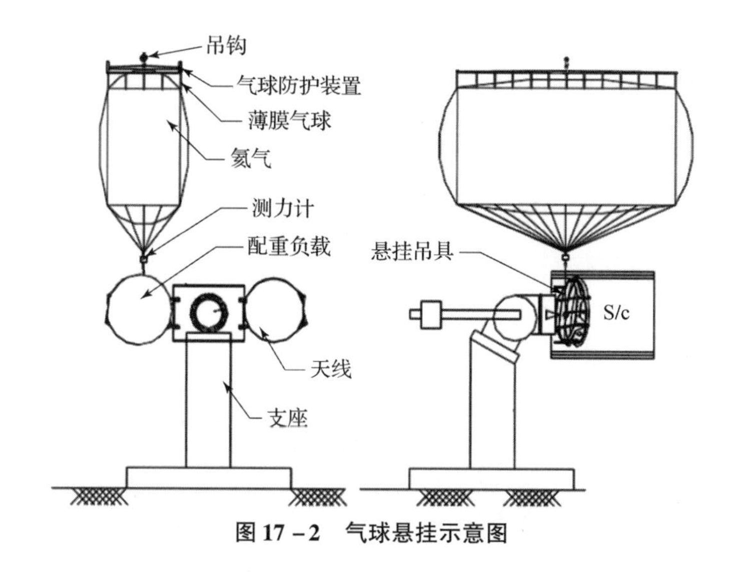

图 17－2 气球悬挂示意图

氦气球的设计基于阿基米德原理，具体表达式为：

$$\begin{cases} F_B = (\rho_{Air} - \rho_{He}) V_B g \\ F_B(net) = F_B - W_F - W_A \end{cases} \tag{17-1}$$

式中：F_B——氦气产生的浮力；

ρ_{Air}——空气密度（1.205 kg/m^3）；

ρ_{He}——氦气密度（0.134 7 kg/m^3）；

V_B——气球的体积；

g——重力加速度；

$F_B(net)$ ——氦气系统产生的升力；

W_F——气球织布的重量；

W_A——其他配件的重量。

3. 主动动态卸载

动态卸载系统上，根据转动部分的重量设置动态卸载系统的张力，使卸载吊索上的张力等于天线转动部分重量。

主动动态地面试验设备由支撑桁架、吊挂装置和主动跟随控制系统组成，如图 17－3 所示。

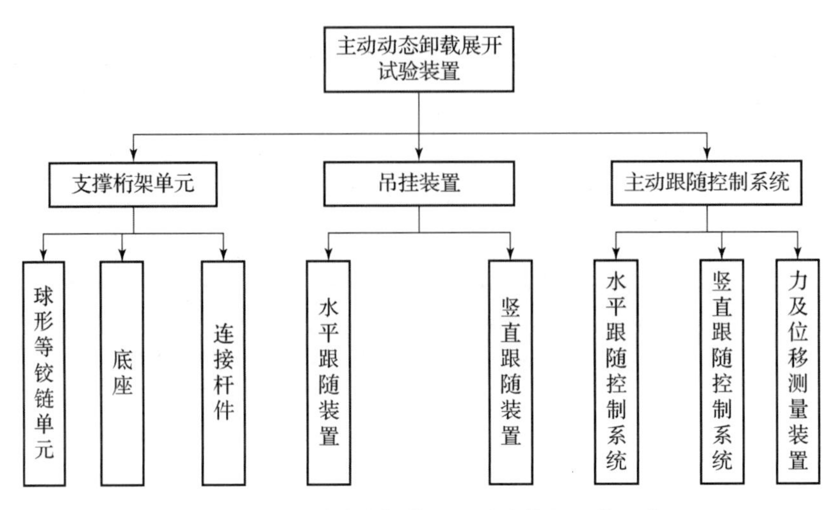

图 17－3 主动动态卸载展开试验装置系统组成

支撑桁架用来支撑吊挂系统平衡产品的重力载荷和整个试验装置本体的重量，支撑桁架主体由桁架单元组成，采用可拆卸式拼接单位形式。由于支撑桁架整体跨度较大，故结构上需要尽可能地增加吊挂的整体刚度，减小挠度变形。

吊挂装置由水平跟随装置与竖直跟随装置组成，其中水平跟随装置又分为主动跟随装置与被动跟随装置。

主动跟随控制系统包含水平跟随控制系统、竖直跟随控制系统和力及位移测量装置等。

17.3.2 展开试验设计及实施

展开地面试验设备的操作流程包括展开准备阶段、展开阶段与展开到位阶段，如图 17－4 所示。

1. 展开准备阶段

被试产品安装，将被试产品选定吊点与地面试验设备的吊点末端相连，为展开试验做准备。检查吊点拉力与编码器同步自我监测工作状态是否正常。

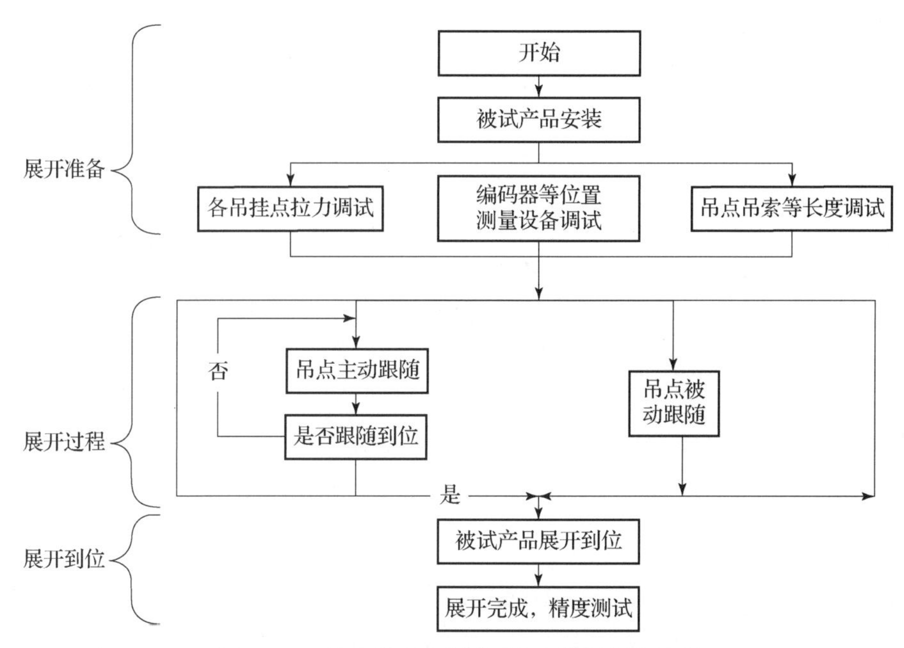

图 17－4　遮光罩环向梁地面展开装置操作流程

2. 展开阶段

被试产品展开过程，包含水平和竖直两个方向的展开运动，且两个方向同时展开，水平面内采用主、被动跟随；竖直方向采用主、被动跟随。

3. 展开到位阶段

被试产品展开到位，电机位置锁定。

17.4　环境试验

（1）环境试验应覆盖全寿命期间的所有环境剖面。

（2）应在模拟发射环境和在轨环境的状态下进行环境鉴定试验。

（3）一般情况下，被试机构应加电，或与发射和在轨阶段的工作状态相同。

（4）需要时，展开组件的展开试验可在常压高低温罐内进行。展开组件太大而不能在常压高低温罐进行时，可仅进行展开机构的真空高低温试验，一般进行展开和收拢两个方向的测试。

（5）在环境试验前后应进行功能和性能试验。需要时应将试验后的机构拆开，检测可能的损伤。

（6）其余依照结构产品的环境试验要求执行。

17.5 可靠性试验

17.5.1 概述

“长寿命、高可靠”通常会同时用来描述航天产品。从可靠性的定义来说，可靠性应针对所有导致“不能完成规定功能”的故障开展工作，但航天产品可靠性工作项目主要针对偶然故障，缺乏对耗损故障的分析和验证。例如，可靠性预计只有针对电子产品的统一标准 GJB/Z 299C《电子设备可靠性预计手册》或 MIL－HDBK－217《电子设备可靠性预计》，没有可用于耗损故障产品可靠性预计的数据；故障模式影响分析（FMEA）中分析的故障模式基本都是功能故障，缺乏对耗损故障不同损伤程度的影响分析；航天产品寿命设计的裕度和寿命试验时间也没有明确要求。因此通常认为可靠性工作侧重于偶然故障，而寿命工作侧重于耗损故障。

对于成像类的光学载荷，成像质量的下降、成图效率的降低是典型的耗损故障。

如图 17－5 所示，当用浴盆曲线描述产品故障率变化时，在偶然故障期，产品故障率大小反映了其可靠性水平，而产品从投入使用到故障率不可接受前的时间就是产品的寿命，有时也称之为可靠寿命。

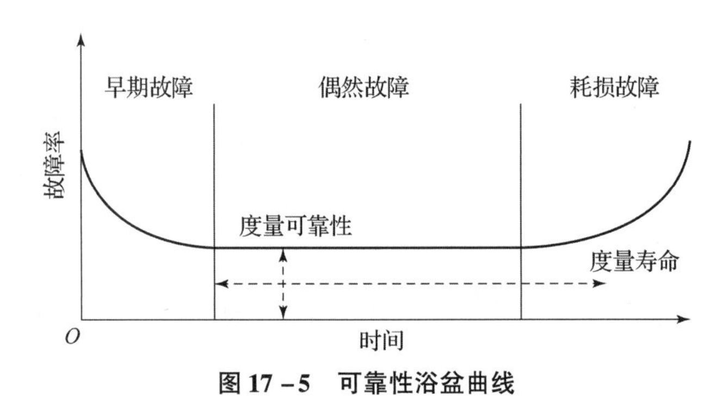

图 17－5 可靠性浴盆曲线

17.5.2　可靠性试验分类

遥感器机构由于各自的功能、组成、工作环境、失效模式都不同，所以本节不可能逐一论述其可靠性试验方法，但若按照可靠性特征量来划分，可以大致分为 3 类[259]。

1. 特征量为寿命（威布尔分布）的机构

特征量为寿命（威布尔分布）的机构一般是那些需要长期在轨运动的机构。在已知机构可靠性指标 R（待验证）的前提下，采用何种方法来验证机构是否满足该指标就是设计可靠性试验方案的任务。在设计这类机构的可靠性试验方案时，一般采用加速试验的方案。加速寿命试验是为缩短试验时间，在不改变故障模式和故障机理的条件下，用加大应力的方法进行的寿命试验。利用加速寿命试验数据可外推正常应力（指广义的应力下）产品的寿命。首先需要明确试验对象及其技术状态，通过分析产品的主要功能及故障模式，明确受试的环节及特征量（如寿命）；其次需要确定试验内容（例如机构的寿命试验）和试验条件（如真空低温环境条件）；然后需要明确任务参数 X_0（例如任务时间）可靠性特征量 X 及其分布，例如寿命 X 服从威布尔分布（形状参数 $1<m\leqslant 3$，目前只能由工程判定取值，且取值可保守一点）；接下来需要明确机构待验证的可靠性指标 R、试验判断风险 β 和投试数量 n。可靠性指标 $R=P(X>X_0)$ 的量值一般由航天器分系统确定；β 由航天器系统统一规定取值，$\beta=1-\gamma$（γ 为置信度）；一般 $n\geqslant 2$。于是，根据威布尔分布的规律求得特征量试验值 X_R 为：

$$X_R = X_0\left[\frac{\ln\beta}{n\ln R(X_0)}\right]^{1/m} \tag{17-2}$$

可靠性试验的判断规则为：当试验中相关故障数 $r=0$ 时，则产品满足可靠性指标；若 $r>0$，则产品不满足可靠性指标，需要改进，使之增长。

2. 特征量为性能参数的机构[260]

特征量为性能参数的空间光学遥感器机构最为普遍。例如，遥感上的调焦机构，要求其输出的调焦量 X 既不能大也不能小，须控制在精度范围内。这类机构的可靠性特征量就是其性能参数 X，它将受到特征量容许下限 X_L 和特征量容许上限 X_U 双侧参数的限制（$X_L\leqslant X\leqslant X_U$），可靠性 $R=P(X_L\leqslant X\leqslant X_U)$；而有些机构的性能参数只受到单侧参数的限制，例如，要求展开机构的展开角度 X（可靠性特征量）不小于特征量容许下限（最小展开角度）X_L，即 $X \geqslant X_L$，对应的可靠性 $R = P(X \geqslant X_L)$。在设计这类特征量为性能参数的机构可靠性试验方案时，无论是特征量受单侧参数限制的情况，还是特征量受双侧参数限制的情况，都需要说明试验对象、试验内容、试验条件、可靠性特征量 X 及其分布、特征量容许限（下限 X_L 或上限 X_U）、可靠性指标 R、试验判断风险 β、投试数量 n。

R 和 β 分别由航天器的分系统和系统来确定，$\beta = 1 - \gamma$（γ 为置信度）；一般 $n \geqslant 5$。

对于特征量受双侧参数限制（$X_L \leqslant X \leqslant X_U$）的情况，在给出 X_L 和 X_U 的同时，还需给出特征量下限超差概率 p_1 和上限超差概率 p_2。p_1 和 p_2 满足关系式 $R = 1 - (p_1 + p_2)$。X_L、X_U、p_1、p_2 均为设计指标。

对于特征量受单侧参数限制的情况，目前一般采用 GB 4885—1985《正态分布完全样本可靠度单侧置信下限》中正态分布单侧容许限的方式。

3. 特征量为失败数的机构

特征量为失败数的成败型航天器机构多数为火工机构，一般在轨仅作一次性动作。连接解锁机构、压紧释放机构等都属于这类机构。这类机构的试验结果或者为“成功”或者为“失败”。这类机构的可靠性评定问题，一般可通过强化试验的方式来达到减少试验量的目的，在此过程中要实现比正常工作条件更严酷的工况。根据待验证的可靠性指标 R 设计这类机构可靠性试验方案时，同样需要说明试验对象、试验内容、试验条件、可靠性特征量 X 及其分布、可靠性指标 R、试验判断风险 β、投试数量 n。R 和 B 的确定方法如前面所述。n 需要参考机构产品投产批量 N 的大小来决定。

本处将针对这 3 类机构中的典型产品论述其可靠性试验方法。所谓可靠性试验，就是用来提高和验证产品可靠性的试验。可靠性试验一般分为可靠性增长试验和可靠性验证试验两类。

可靠性增长试验的目的和过程是：通过试验，暴露产品的薄弱环节（问题），而后分析问题，采取改进措施。再通过试验验证改进措施的有效性，从而达到使产品固有可靠性增长的目的。为了充分暴露产品的问题并采取改进措施，在可靠性增长试验中，产品的技术状态总在变化。

可靠性验证试验的目的是验证产品的可靠性水平是否达到预定的指标。为了使验证试验有效，在可靠性验证试验中，产品的技术状态是不变的。如果可靠性增长试验成功，并未暴露任何问题，则可靠性增长试验演化为可靠性验证试验；如果在可靠性验证试验过程中暴露出重大问题，须采取改进措施使可靠性获得增长，则可靠性验证试验演化为可靠性增长试验。本书提及的可靠性试验如无特别说明均指可靠性验证试验。

17.5.3 单点故障评估

重点考虑火工解锁装置。火工装置用于执行航天飞行器的关键动作，其可靠性直接影响整个系统的成败，因此火工装置的可靠性要求非常高。火工装置的安全性涉及点火器、药剂、结构强度、电磁环境和人机工学等方面。在各种卫星、飞船、运载火箭和导弹型号的研制中均对火工装置的可靠性、安全性提出了很高的要求。美国 DOD - STD - 1576《航天系统用电爆分系统的安全性要求和试验方法》中规定电爆分系统安全性的设计可靠性至少为 0.999（置信水平为 0.9），对电起爆元件的要求是 0.999（置信水平为 0.95）。我国 GJB 1037A—2004《航天火工装置通用规范》中对火工装置的设计可靠性规定为不低于 0.99（置信度为 0.95）。

火工装置可靠性验证试验包括 GJB 450A—2004 中工作项目 400 系列项目中的可靠性鉴定试验（项目 404）和可靠性验收试验（项目 405），目的是验证产品可靠性或某批产品可靠性是否达到规定的指标要求。可靠性验证试验应在产品研制试验完成、技术状态固定后进行。火工装置可靠性验证工作应针对各个薄弱环节，确定其可靠性特征量及其分布，并有明确的可靠性分配指标。火工装置可靠性验证一般包括可靠性验证试验方案、可靠性验证试验大纲与可靠性验证试验部分内容，各部分的主要工作按 GJB 899A—2009 中 5.1 条的规定——火工装置各环节可靠性验证试验推荐使用裕度方法，给出了典型发火环节、传火环节、结构环节、功能输出环节可靠性验证试验典型方案，本书不再赘述。可靠性验证试验条件应选择预示最不利的工况，以确定产品完成功能的可靠性下限。

17.5.4 寿命试验

17.5.4.1 基于参数退化的寿命试验方法

可靠性寿命预计方法的研究始于20世纪50年代，其主要发展方向一直是基于概率统计的时间－失效寿命试验方法，其代表方法有MIL－STD－883方法、1005稳态寿命、MIL－HDBK－781等；另一个发展方向是从元器件的失效机理出发，研究元器件的敏感参数退化过程与寿命的关系。基于敏感参数退化寿命试验方法与基于概率统计的时间－失效寿命试验相比，其特点如表17－3所示。基于敏感参数退化寿命试验方法采用提高测量精度和采集频率，可在器件额度工作条件下进行试验，因此适合于多失效机理的情况。

表17－3 基于敏感参数退化寿命试验方法与时间－失效寿命试验方法比较

序号	试验要素	常规时间－失效寿命试验方法	基于敏感参数退化寿命试验方法
1	依据	失效数统计	失效机理＋统计
2	样品数	多	少
3	试验设备要求	精度低	精度高
4	中间测试频率	低（或不要求）	高
5	试验结束时间	达到所需要的元器件小时数；达到所需的失效数	敏感参数出现退化趋势时
6	加速对象	改变应力条件	提高测量精度和采样频率
7	适应失效机理	单一失效机理	多失效机理
8	数据处理	预设模型，图估计	计算机分析，动力学模型
9	外推	否	是

基于敏感参数退化的寿命试验方法从失效机理出发，通过试验获得敏感参数退化数据，建立敏感参数退化的动力学模型，并由动力学模型预计器件敏感参数的时间退化规律，达到寿命评价的目的。通过多年研究，目前对于基于敏感参数退化的寿命试验方法的优点和约束条件，已基本形成共识，该方法具有如下优点[261]。

（1）在试验时不需要或很少需要样品发生失效，与传统的时间 - 失效寿命试验方法相比，退化数据就能提供更多的关于可靠性的数据。

（2）能够更快地得到可靠性试验数据。若在更可信和更精确的可靠性评估以及经常使用的具有坚实基础的外推方法下，直接观测退化过程可以对失效机理进行直接建模。

（3）对一些试验来说，退化具有自然的响应。退化数据可以提供关于退化过程更好的描述，有助于发现相应的相关性。

（4）对于高可靠产品，由于在试验过程中很少发生或不发生失效，与传统的加速寿命试验相比，基于敏感参数退化的寿命试验可以提供更精确的寿命估计。

（5）退化数据可以早于实际失效发生前进行分析，对于传统寿命试验不发生失效的高可靠产品来说更具有价值。

（6）外推方法更具有可信性和合理性，因为与时间 - 失效数据相比退化数据建模更接近于失效物理。

17.5.4.2　加速寿命试验方法

加速寿命试验，由美罗姆航展中心于 1967 年首次给出其定义[262,263]：在进行合理工程及统计假设的基础上，利用与物理失效规律相关的统计模型，对高于正常工作应力水平的加速环境中获得的可靠性信息进行转换，得到产品在正常工作应力下可靠性特征可复现的数值估计的一种试验方法。即在不改变失效模式和失效机理的条件下，在比正常条件严酷得多的恶劣条件下（如提高产品承受的应力、加强振动、提高温度、加快转速等）进行试验，以在较短的时间内获得产品的寿命分布。利用加速寿命试验数据，根据产品寿命特征与应力水平的关系，可外推正常工况下产品的寿命。

加速寿命试验一般具有以下四个基本特征[264,265]：

（1）在加速应力水平下，产品的故障（失效）模式和故障（失效）机理应与在正常应力水平作用下的故障（失效）模式和故障（失效）机理一致。否则，加速寿命试验将失去意义。

（2）加速寿命试验通常需要选取一定数量的、可供统计分析的试验件而不是一个试验件。

（3）加速寿命试验中全部或部分试验件发生失效，即试验进行到全部或部分试验件失效为止。

（4）利用加速寿命试验所获取的数据，运用加速寿命曲线或加速方程来外推正常应力水平下产品的寿命。

加速寿命试验的一般流程如图 17－6 所示。

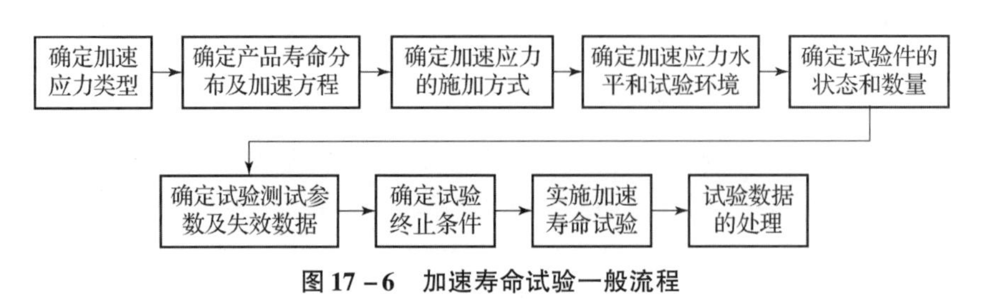

图 17－6 加速寿命试验一般流程

进行加速寿命试验必须确定一系列的参数，包括（但不限于）：试验持续时间、样本数量、试验目的、要求的置信度、需求的精度、费用、加速因子、外场环境、试验环境、加速因子计算、威布尔分布斜率或β参数等。

在进行加速寿命试验时，首先要判断产品是否存在可加速性，判断标准有以下 3 个条件：

（1）试件的失效机理不发生变化。加速寿命试验的前提条件是不改变产品的失效机理，否则用一种失效机理的数据去预测另外一种失效机理的可靠性寿命特征是不合理的。

（2）存在有规律的加速过程。实际应用过程中，被测产品的寿命和故障率通常随试验条件而变化，只有存在有规律的加速过程，才可以进行加速寿命试验。

（3）寿命分布模型具有同一性和规律性。在分析加速寿命试验失效模型分布的规律性时，观察失效时间的失效分布曲线，如果失效量或者不可靠度与应力、时间三个变量间的关系呈现出同一性或规律性，则构成理想的加速性。

加速寿命试验的基本思想是利用高应力下的寿命特征去外推正常应力水平下的寿命特征。实现这个基本思想的关键在于建立寿命特征与应力水平之间的关系。这种关系就是通常所说的加速模型，又称加速方程。加速模型一般是一个非线性曲线，但是可以通过对寿命数据和应力水平进行适当的数学变换，如对数变换、倒数变换等，从而转换为线性模型。加速寿命试验的目的是利用加强应力的办法，以较短的试验时间预测出产品在正常应力作用下的寿命特征。加速模型有失效物理加速模型和数学统计加速模型两大类。失效物理加速模型是通过与失效机理相关的物理原理推导得到的加速模型。失效物理加速模型的数学表达形式为已知，只是模型参数待定，所以，基于失效物理加速模型的加速寿命试验就是通过试验对模型参数进行辨识。由于失效物理加速模型是失效物理分析的结果，其模型形式依赖于具体的失效物理/化学过程；而数学统计加速模型则是纯粹的数学回归建模。然而，由于数学统计加速模型缺乏失效物理基础，所以数学统计加速模型方法的寿命预测风险比失效物理加速模型方法要大。

由加速寿命试验的前提条件“产品在正常应力水平和加速应力水平下的失效机理不变”可知，加速寿命试验中选择的加速应力要求能加速产品的失效，或缩短试验时间，但同时不能改变失效模式，一旦改变了失效机理，就失去了加速寿命试验的基础。加速应力的选择对试验的加速效率影响很大，通常根据产品的失效机理与失效模式来选择加速应力。加速寿命试验中常用的应力有压力、振动、温度、湿度、温度循环、电应力等，这些应力既可以单独使用，也可以组合使用。环境应力可选择温度、湿度、辐射等，也可以选择产品的转速、负载作为加速应力。对固体润滑的低速旋转机构，例如固体润滑帆板驱动机构，通常采用转速、负载进行加速。选择合适的加速应力是保证加速寿命试验有效性的第一步，需要综合分析产品的失效机理、在轨环境、试验条件等确定。

加速因子是加速寿命试验时，加速应力条件下产品某种寿命特征值与正常应力下寿命特征值的比值，也可称为加速系数，是一个无量纲数，是加速寿命试验的一个重要参数。加速因子的确定是加速寿命试验成功的关键，反映了加速寿命试验中某加速应力水平的加速效果，即是加速应力的函数。

目前，加速因子的研究方法分为基于统计推断和基于预计技术两类。基于预计技术的方法比较简单，但是不能确定加速因子的精确值，因而在寿命评估中，基于统计推断的方法更有研究价值和发展前途。近年来针对不同寿命分布的加速因子的研究比较多，针对不同的加速模型，如 Eyring 模型、Arrhenius 模型、逆幂律模型、温度 - 湿度模型、温度 - 非热能模型等，已给出了相应计算加速因子的方法。这些研究成果为今后的研究和应用提供了思路和途径。

典型的加速寿命试验，如轴承产品的加速寿命试验。轴承寿命是决定空间飞行器正常运转寿命的主要决定因素之一。固体润滑轴承的寿命主要取决于固体润滑膜的寿命，通常为轴承沟道上的固体润滑膜（如 MoS_2 膜）和自润滑保持架（如 PTFE 复合材料）所提供的转移膜寿命之和。在固体润滑轴承运转初期，套圈沟道上的 MoS_2 薄膜起主要润滑作用，随着 MoS_2 薄膜的磨损及钢球与保持架凹孔的相互作用，保持架凹孔磨损的 PTFE 等材料黏附于钢球表面，通过钢球与沟道的相互作用不断向沟道上转移，MoS_2 薄膜过渡为转移膜，最终转移膜起主要润滑作用[266,267]。固体润滑滚动轴承的失效机理是钢球循环滚动所造成的固体润滑膜的疲劳磨损，以及伴随钢球滑动所造成的磨粒磨损。本书主要针对固体润滑轴承的疲劳磨损失效，进行加速寿命试验方法的说明。固体润滑滚动轴承的寿命测试是对其进行可靠性研究的重要方面。虽然固体润滑轴承广泛应用在航天领域，并取得了丰富的实际经验，积累了大量的试验数据，但尚未建立完善可靠的寿命测试原理和方法。有些航天器机构的寿命要求长达十几年，按照传统的寿命试验技术进行1：1试验则成本太高，几乎是不可能的，因此需要对轴承进行加速试验测试。此外，由于科学技术的高速发展，产品更新换代的速度也越来越快，人们迫切需要在较短时间内获得产品的寿命信息。因此，加速寿命试验的研究在可靠性试验工程领域受到了广泛重视。加速寿命试验采用加速应力水平来进行产品的寿命试验，从而缩短试验时间，提高试验效率，降低了试验成本。近年来已成为滚动轴承寿命测试中的研究热点。

第四部分

遥感器结构与机构的发展趋势与新特点

第 18 章 先进设计方法

18.1 一体化设计方法

18.1.1 平台载荷一体化设计

一体化设计方法是指一种以产品总体功能性能最优为目标，整体考虑设计生产全过程各环节，综合调度产品研制队伍，以产品模型信息为载体的设计方法。具体落地到遥感卫星及载荷研制领域，结构设计在充分考虑发射主动段及在轨应用的需求后，提出最适合卫星应用模式的构型及结构形式。

平台载荷一体化设计方法包括广义上和狭义上的一体化设计。

广义上的平台载荷一体化设计是为整体提升整个产品的功能密度而在技术体制、工作模式上的一体化，形成围绕敏捷成像、立体测绘、高分辨率成像等方面的能力提升，并且在光机结构超稳定、主被动减振隔振、高精度目标定位、在轨图像校正等方面提升卫星整体功能的总体方案[268]。

狭义上的平台载荷一体化设计则是指平台与载荷突破简单固化的技术界面和分工，从光、机、电、热各专业开展的多层次、多维度的综合设计思想和设计方法，其内容涉及卫星与载荷结构功能一体化、一体化构型布局、一体化振动抑制、一体化热设计、一体化时空基准、一体化光机电热集成等，外部表征为平台与载荷之间突破单一、简化的技术界面，双方深入对方设计核心，形成多专业的综合接口，其设计内涵如图 18 - 1 所示，典型的构型一体化设计流程如图 18 - 2 所示。

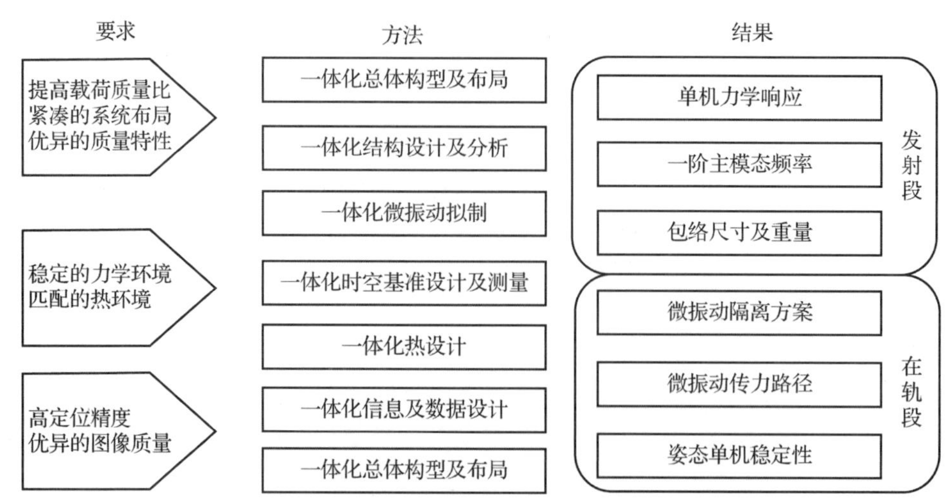

图 18-1 平台载荷一体化设计方法

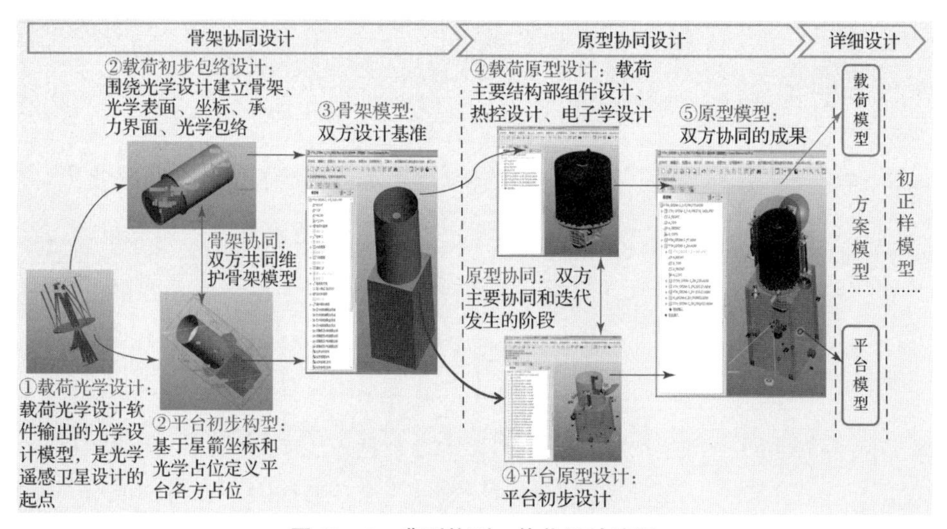

图 18-2 典型构型一体化设计流程

18.1.2 光机热一体化设计

集成分析技术是目前解决跨学科问题所普遍采用的一种方法。各学科为了在工程中相互合作而进行跨学科评估，分别在各自的应用软件中分析解决问题，并将一个分析软件得到的结果文件作为另一个计算过程或程序的源数据。通过各种分析软件间的数据传输，也就是通过自动数据转换接口程序将各学科独立的分析软件集成为一体[269]。

光机热集成分析技术通过自动数据转换接口程序将热、结构和光分析程序集成为一体，实现了在力学载荷、热载荷作用下光机系统的快速综合性能评估。

光机热一体化集成分析的目的是：

（1）定量地研究温度场波动对光学系统性能的影响规律。

（2）准确地对光机主体提出温度要求以保证光学系统的性能（传统）。

（3）实现以光学指标作为热设计的最终评价标准（先进的）。

（4）从热的角度给结构、光学设计提出合理建议与要求，实现光机热一体化设计。

光机热集成分析流程如图 18－3 所示。

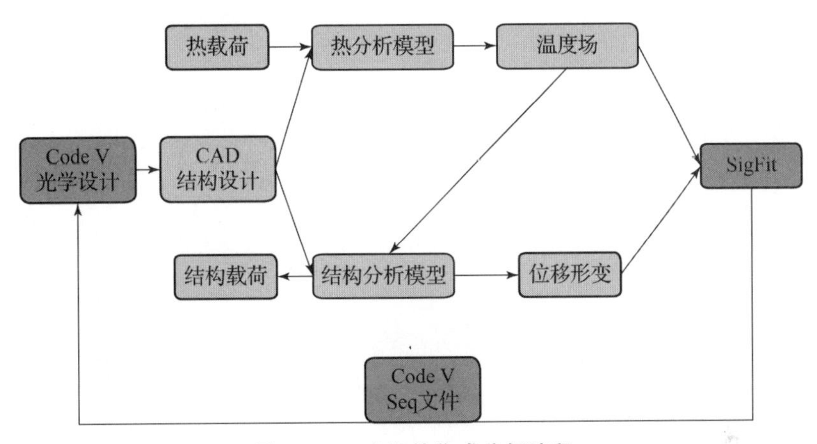

图 18－3　光机热集成分析流程

18. 1. 3　功能结构一体化设计

多功能结构是航天产品的前沿技术，是指结构具备两个或多个功能，如热传导、计算机芯片、传感器、驱动、电缆等与结构集成为一体。简单的多功能结构在航天器结构设计中早有应用，我国发射的第一颗卫星的承力筒就是一个集主承力、阻尼、隔热、电绝缘为一体的初级多功能结构；后来预埋热管的铝蜂窝夹层结构板是集承力、刚度和热控为一体的多功能结构；现在正在向集电子设备、电缆等的多功能夹层结构板发展。

18. 1. 3. 1　智能结构

智能结构属仿生结构体系，集主结构、传感器、控制器和驱动器于一体，具有结构健康自诊断、自监控、环境自适应及损伤自愈合、自修复的生命特征和智能功能，在危险发生时能自己保护自己。这对在轨寿命要求越来越长的航天器来说，显得很为重要。

传统结构制造完成后，不能做到实时感知环境以及自身状态的变化，更不能做到自适应和自修复。20 世纪 70 年代末“结构智能化”的概念首次被美国军方提出，目的是为了提高飞行器的使用性能和安全性能。结构智能化概念包括智能材料和智能结构两部分。

智能化与智能材料和结构技术存在着内在关系。智能材料本身是具有感知驱动控制功能的智能化材料，智能材料代表的是材料科学中最为活跃的一方面。智能材料是目前航空航天材料研究过程中的热点[270]。智能材料是指自身一种或多种性质（如阻尼、刚度、形状、电阻等）会在激励（如力、热、光、电、磁等）作用下，发生显著变化的材料。智能结构的特点是将结构和传感器、驱动器、控制元件进行复合与组装，构成智能结构体系，使结构本身具有自感知、自诊断、自驱动、自修复等能力。这个特点使智能结构区别于传统的主动控制结构，使之具备多种智能性能。相比之下，智能结构由于利用了智能材料的固有驱动、传感特性，直接将智能材料集成到结构之中，使得其智能和自适应特点更加明显，能够更好地实现结构的功能。国内外对飞行器结构智能化开展了许多研究，如针对飞行器变形的研究的“智能翼”计划、SAMPSON 计划、NASA Aircraft Morphin 计划等，以及相应学者对结构和材料方面的研究和总结；针对飞行器减振降噪技术的研究；针对自诊断智能结构的研究；针对飞行器加工和装配过程的智能化研究等。针对遥感器的应用还处于探索阶段。

智能结构还存在一定的问题，比如材料复活化、相融性问题，而且在加工过程中也会产生一定的问题。材料力学性能的提升以及应用在航天航空的环境问题，都是智能材料发展中关注的问题[271]。

总体来看，在空间遥感器领域可以应用的智能结构主要包括自诊断智能结构、自修复智能结构、主动减振降噪智能结构。

1. 自诊断智能结构

自诊断智能结构可以时刻掌握结构的性能，针对结构的特点而制定相应的策略，实现状态的维护，对于保障结构质量安全运行具有一定的意义。因此，针对航空航天结构发展的特点，自诊断功能的智能结构在发展过程中会采用相应的复合材料。目前的自诊断智能结构典型的有以下 3 种：

（1）埋入光纤的复合材料结构。

（2）集成声发射监测系统的复合材料结构。

（3）集成超声导波监测系统的复合材料结构。

2. 自修复智能结构

复合材料在航空航天领域的应用非常广泛，飞行材料的使用寿命具有一定的期限，维修费用非常高，高达整个制造材料的 50%。而且复合材料本身的结构决定了它具有抗冲击性、抗损伤性较差的特点。如果污染物进入了复合材料结构的通道，就会降低材料的承载能力，影响材料的寿命，其损伤也难以修复，而且修复过程非常困难。常用的修复方式并不是很理想，为了解决材料内部维修难的问题，受到生物损伤自愈性的启发，将其用于智能结构的研究。

3. 主动减振降噪智能结构

针对极端环境可靠性、变化环境因素补偿问题、结构和材料的安全性以及优化设计问题，未来智能结构发展主要在开发新型智能材料、设计新型传感器、发展有效环境补偿方法以及进行结构优化等方向发展。

18.1.3.2　光栅复合一体化

航天器在轨服役期间会长期处于复杂的温度环境中。航天器所处空间的温度场往往并不均匀，这会造成航天器各部位的温度分布和温度变化不一致。在这样的环境中，航天器结构会产生膨胀、热变形和振动。这些会影响航天器结构的正常工作，特别是对卫星天线这类对结构精度要求非常高的部件。热变形会严重影响卫星天线的面形精度，降低天线收发信号的能力。

美国曾利用光纤布拉格式光栅传感系统实现对 X-37B 等航天、航空飞行器温度、压力信息的实时监测。欧洲航天局于 2002 年将光纤布拉格光栅嵌入太空望远镜结构中，实现对望远镜三脚架变形的监测。欧洲航天局光纤光栅传感器广泛应用于航天结构变形领域，但仍有发展和研究前景。这是自诊断结构的一种形式。

在各种光纤传感器中，其中光纤布拉格光栅传感器（简称 FBG）的传感解调技术优势较为突出，因能够对温度、振动、动静应变等多个外界参量进行实时性、高精度的测量且易于大量复用，有助于及时了解航天器多个测点的结构健康状况，同时可帮助地面尽早地做出趋势预判和问题预防措施的采取，尽量控制非必要性损失。

FBG 的基本原理是利用光纤的光敏性，通过紫外光曝光法在光纤上刻制成一段窄带的滤波器或反射镜，该部分称为光纤光栅。光纤光栅的功能是对于通过光栅的宽带光，只有反射特定波长的光，而透射其余波长的光[272]。当光栅处被施加应力或温度发生变化时，会致使反射回来的光的波长发生相应的变化，这种反射回的光波长称为布拉格波长。通过测量布拉格波长的变化即可实现应变、温度的监测。其传感原理如图 18 – 4 所示。

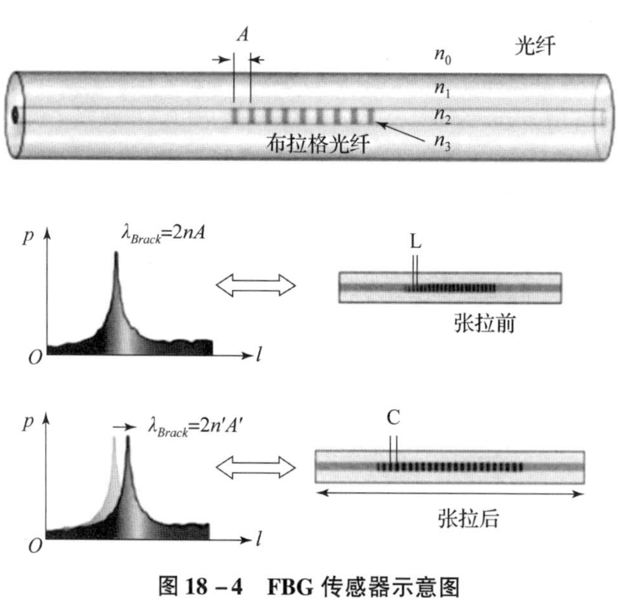

图 18 – 4 FBG 传感器示意图

将光纤传感器埋入聚合物复合材料蒙皮中，用以监控复合材料应变与温度。后来，他们在航天飞机上安装了测量应变和温度的光纤传感网络，对航天飞机进行实时的健康监测。兰利研究中心和汉普顿大学合作开发了用于空气动力学装置的光纤剪切应力测量传感器。

另外，在空间结构的地面试验方面，2004 年 ESA 利用光纤传感器在地面上对空间结构的结构健康进行了诊断。ESA 积极地将光纤光栅温度/应变传感系统应用于反射天线形状的监测，获取反射天线的热变形；将光纤光栅温度/应变传感系统应用于发射天线的温度监测，验证发射天线在大功率工作状态下的温度性能，如图 18－5 所示。2008 年，ESA 采用光纤光栅传感器实现了对反射天线的温度，以及 x 轴和 y 轴向应变的测量，目前正在研究 z 轴向应变的测量方法[273]。

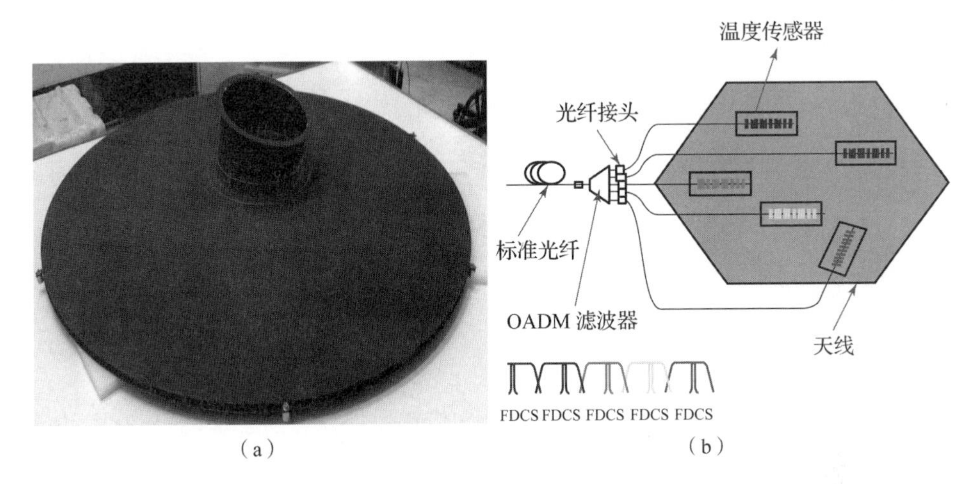

图 18－5　光纤光栅温度/应变传感器应用于反射天线和发射天线监测

(a) 反射天线监测；(b) 发射天线监测

智能结构监测与健康评估的主要研究内容是将适宜的传感器网络与航天器结构有机地集成在一起，通过对结构形变、损伤、力/热参数、振动模态等进行敏锐感知和实时监测，实现对航天器运行状态和健康状况的诊断、评价及预警。该研究主要涉及结构总体集成、传感器网络以及信号和信息处理。

常见的变形测量方式有摄影测量法、电子剪切散斑法和各类压电应变传感器方法等。这些机电类测量方式易受电磁干扰，不适合用于太空中恶劣的极端环境。而光纤布拉格光栅传感器具有抗电磁干扰、质量轻和便于分布式测量等优点，广泛应用于航天等领域[274]。

从技术发展趋势上看，光栅结构复合一体化主要有以下几点：

(1) 利用机器学习、人工智能等方式辅助传感器网络系统设计。随着航天需求的发展，航天器自身结构愈加复杂，加上设计光纤光栅传感器交叉敏感、温度阈值等问题，传感器网络布局难度大大增加。不同航天器的传感器网络也是不同的，可以利用机器学习和人工智能等手段辅助传感器网络设计、减轻设计难度。

(2) 结合其他应变测量方式，如声表面波气敏传感器等无线无源手段。航天器结构转动部件等部分区域并不适合嵌入光纤。针对这些区域的变形监测，可以采用声表面波气敏传感器等无线无源方式测量变形，减少光纤在不同结构之间的穿插，降低光纤设计、布局难度，减少嵌入光纤过多对航天器强度的破坏。

（3）研发航天特种光纤光栅。随着航天场景的不断拓宽，航天器将面临更加复杂和恶劣的场景，这对光纤光栅传感器提出了更高的要求。针对太空环境极端的温度场、电磁场以及测量需求，开发适合航天器结构形变测量的新型光纤传感器。

目前在国内外航天器智能结构监测领域，一些新型传感器以其高精度、小型化、集成化、网络化、长期稳定性好等特点得到广泛开发和应用，典型的如光纤传感器、微纳传感器、柔性传感器、无线无源传感器等。随着电子、材料、制造、通信等学科技术水平的不断进步，未来传感器将在功能、性能可靠性、安全性等方面继续取得新的突破。

18.1.3.3 约束阻尼一体化

自 1939 年 William Swallow 提出约束阻尼结构的概念以来，许多研究者对其建模理论进行了深入研究。E. M. Kerwin 在 1959 年提出了复刚度模型[275]，其将阻尼层置于一个无限长的简支夹层梁中制成三层结构，以复数形式表示夹心梁的弯曲刚度，研究了阻尼层在该三层梁结构中所形成的减振效应，奠定了约束阻尼结构复刚度法的理论基础。在 Kerwin 的研究基础上，又发展出许多模型。由于构成约束阻尼结构的黏弹性材料特性受到包括温度和频率等因素的影响很大，使得其研究很复杂。

近年来，主动阻尼技术在国防与航空航天工业备受关注。一种获得主动阻尼的方法是在结构表面粘贴压电片，主动约束阻尼技术的基本思想是用压电智能材料代替约束阻尼结构中的约束层，通过反馈控制来主动调节黏弹性材料的剪切变形，实现主体结构的振动控制。主动阻尼的特点是能提供大阻尼，阻尼可随环境和外界激励的变化而变化，且附加质量小、可控频率宽、响应速度快[276]。

18.1.3.4 一体化设计超结构

近年来，先进材料与先进制造技术不断发展和完善，极大拓展了装备结构的选材和宏微观构型创新设计空间，材料 – 结构 – 功能一体化特征愈加显著。以三维点阵等为代表的超轻多孔结构材料（见图 18 – 6），以及智能材料、功能结构材料和高性能复合材料，为航天器装备轻量化多功能一体化结构设计提供了基础保障。有别于传统连续固体材料或结构，新型轻量化结构设计仍存在诸多需要关注的问题，主要包括高承载微元结构设计方法、多功能结构一体化设计方法与耦合机理，以及空间智能结构设计方法等。

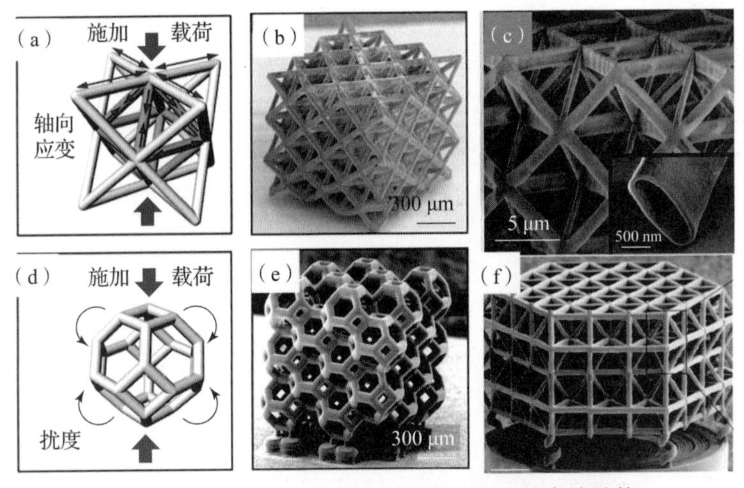

图 18-6　以拉伸为主导和以弯曲为主导的点阵结构

三维点阵超结构诞生至今已有近 20 年研究历程，早期由于传统制造工艺的限制，点阵构型主要集中于单一尺度的规则微桁架结构。研究者们借鉴结构力学的静定/静不定判定方法，将三维点阵结构分为拉伸主导型和弯曲主导型两类，弯曲主导型点阵结构在变形吸能方面具有优势，拉伸主导型在强度和承载能力方面比较突出[277,278]。一体化设计超结构的设计主要有以下几种方法：

(1) 基于拓扑优化的超结构设计方法，是以结构特异热膨胀性质为优化目标，以线胀系数存在差异的多相材料（两相或三相）为基本组成单元，采用特定优化算法，实现热变形可调多孔结构的优化筛选[279]，如图 18-7 所示。

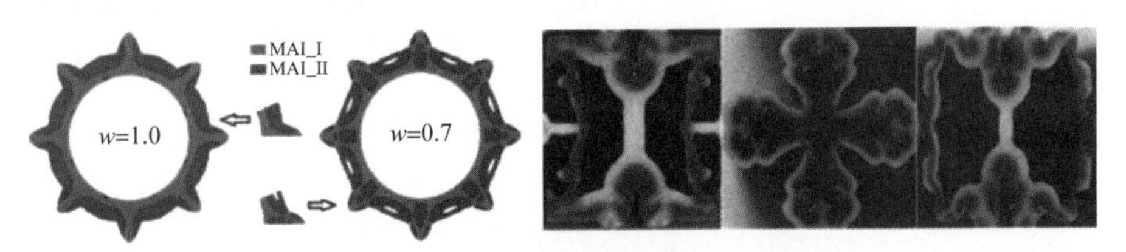

图 18-7　基于拓扑优化的超结构设计方法

（2）基于拉伸主导的超结构设计方法，通常将具有不同线胀系数的杆件组成点阵胞元，利用不同杆件之间的轴向热膨胀差异引起杆件节点的旋转变形，进而完成对整体结构等效线胀系数的调控[280]，如图 18－8 所示。

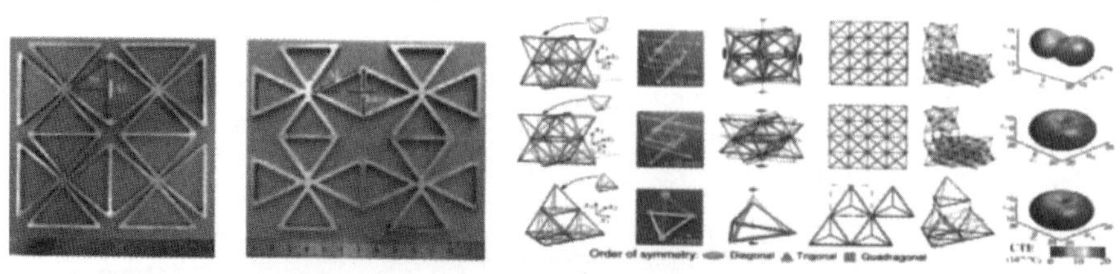

图 18－8　基于拉伸主导的超结构设计方法

（3）基于弯曲主导的超结构设计方法，通过将两种具有不同热膨胀系数的材料粘接形成复合梁结构，将异质材料间的热失配应变转换为复合梁的弯曲变形，实现超结构的整体特异热膨胀特性[281]，如图 18－9 所示。

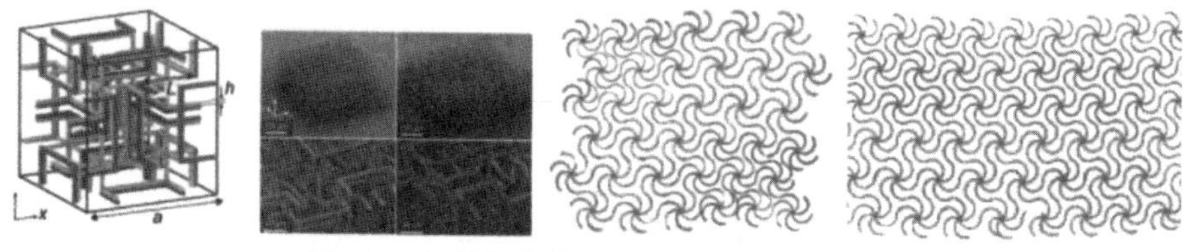

图 18－9　基于弯曲主导的超结构设计方法

（4）基于拉伸/弯曲耦合的设计方法，利用结构内部拉伸与弯曲两种变形模式的相互耦合，使整体结构呈现出特异的热膨胀性质[282]，如图 18－10 所示。

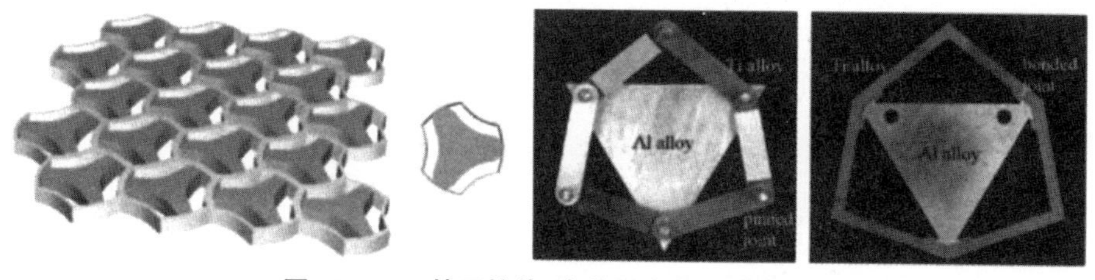

图 18－10　基于拉伸/弯曲耦合的设计方法

（5）基于层合复合材料的超结构设计方法及基于颗粒增强复合材料的超结构设计，均是通过在基体内部填充具有不同热膨胀特性的纤维或具有负热膨胀系数的颗粒，实现对结构整体热变形特性的调控。

18.1.4 控制机构一体化

新一代高精度并联指向机构、智能机构等，其机构运动不再沿事先设计的路径进行，而是实时感知外界参数，由控制系统根据反馈参数实时控制机构运动，使空间机构设计呈现控制机构一体化设计与分析的特点[283]。

传统的由构件和运动副组成的空间机构正在向着与材料、信息、控制等多学科高度融合的复杂机械系统转变，这种转变将带动一批新的研究热点，包括：

（1）柔性机构动力学技术。传统刚体动力学分析和设计方法将不再满足具有高度柔性化特征的新型大型展开机构等的设计与分析，刚柔耦合分析、全柔性分析将成为动力学领域服务于空间机构的重要发展方向。

（2）大变形材料制备、成型及应用技术。大变形复合材料、形状记忆复合材料等新材料的空间应用，将推动相关材料的设计、测试、分析一系列技术的研究与发展。

（3）微驱动技术。高精度指向机构将对长寿命、耐空间环境的压电、音圈电机等微驱动技术提出强烈的需求，从而推动材料、控制、测试等一系列相关产业和技术的进步。

（4）智能控制和模糊控制技术。复杂空间智能操作机构的发展，将推动自主控制、智能算法空间感知等领域的发展，进而促进新型传感器、控制算法、软件技术的发展与进步。

18.2 结构创成式设计方法及 3D 打印

18.2.1 创成式设计方法

创成式设计是由“Generative Design（GD）”翻译过来的一种对设计系统和方法的表达，早期通常翻译为“生成式设计”或“衍生式设计”，有些文献和书籍上称这种方法为“算法辅助设计（Algorithms - Aided Design，AAD）”或“计算性设计（Computational Design）”。创成式设计是一个人机交互、自我创新的过程。根据输入者的设计意图，通过“创成式”系统，生成潜在的可行性设计方案的几何模型，然后进行综合对比，筛选出设计方案推送给设计者进行最后的决策。

创成式设计是 CAD、CAE、OPT 技术的融合。首先通过 CAD（Computer Aided Design，计算机辅助设计）工具完成产品的初始实体建模工作，再通过 OPT（Optimization，优化技术）进行优化，优化后的模型在 CAD 系统中进行重构，利用 CAE（Computer Aided Engineering，计算机辅助工程）工具进行仿真验证，对比几种优化方案后，选择最优的一种。其具体的方法流程如图 18－11 所示。

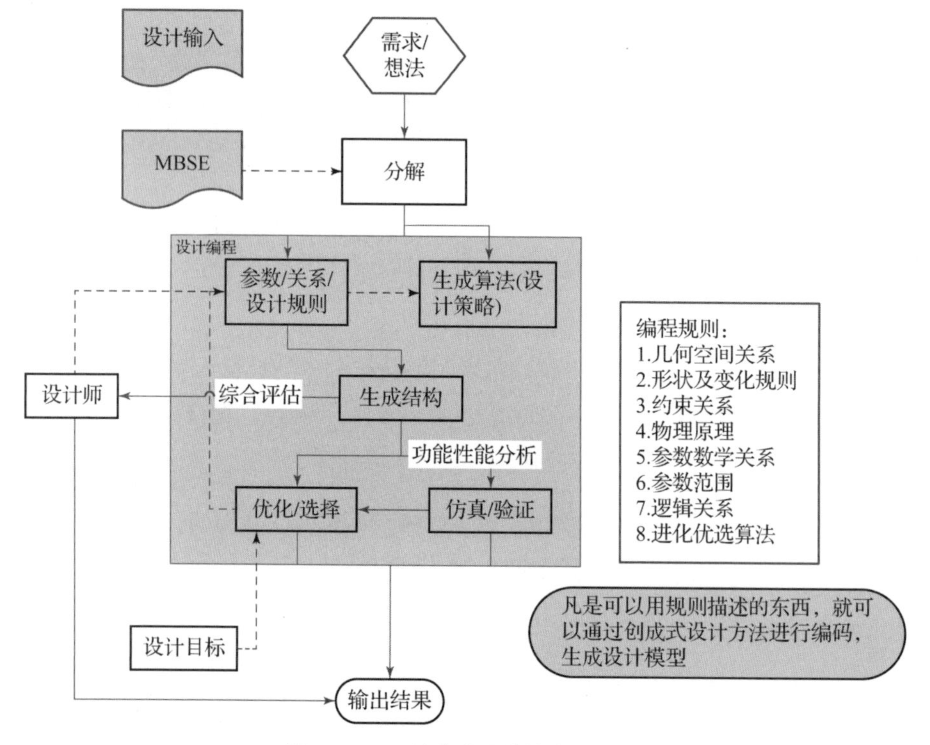

图 18－11　创成式设计的方法流程

创成式设计能够创造出手动建模所不易获得的设计方案，它们拥有复杂几何结构，而增材制造技术在工业制造中的应用优势之一是制造复杂的结构，可以说创成式设计与增材制造技术是天生的“好伙伴”，创成式设计将进一步释放增材制造的应用潜能。其主要优点如下。

（1）轻量化：快速确定解决方案以最大限度减少重量和材料使用量，同时保持性能标准、满足设计目标并遵循工程约束。

（2）性能提升：使用衍生式设计评估多种制造方法，并找到解决方案来提高和优化产品耐用性并消除薄弱区域。

（3）零件整合：探索一系列设计解决方案，使您能够将多个零部件整合为实体零件，从而降低装配成本并简化供应链。

（4）可持续性：利用衍生式设计来减轻产品重量、减少生产浪费并帮助您选择更具可持续性的材料，从而实现可持续性目标。

18.2.2　增材制造技术

18.2.2.1　概述

增材制造（Additive Manufacturing，AM）是基于材料堆积法的一种高新制造技术，根据零件或物体的三维模型数据，通过快速成型设备（3D 打印机），运用激光束、热熔喷嘴等方式将金属粉末、陶瓷粉末、塑料等可黏合材料，以分层加工、叠加成型的方式逐层增加材料来生成 3D 实体。与传统制造业通过模具、车铣等机械加工方式对原材料进行定型、切削以最终生产成品不同，增材制造将三维实体变为若干个二维平面，通过对材料处理并逐层叠加进行生产，大大降低了制造的复杂度。这种数字化制造模式不需要复杂的工艺、庞大的机床、众多的人力，直接从计算机图形数据中便可生成任何形状的零件。与传统制造技术相比，增材制造技术优势尽显，如制造复杂物品不增加成本、设计空间无限、减少废弃副产品、材料无限组合等，堪称制造工艺的颠覆性创新。图 18－12 所示为增材制造流程。

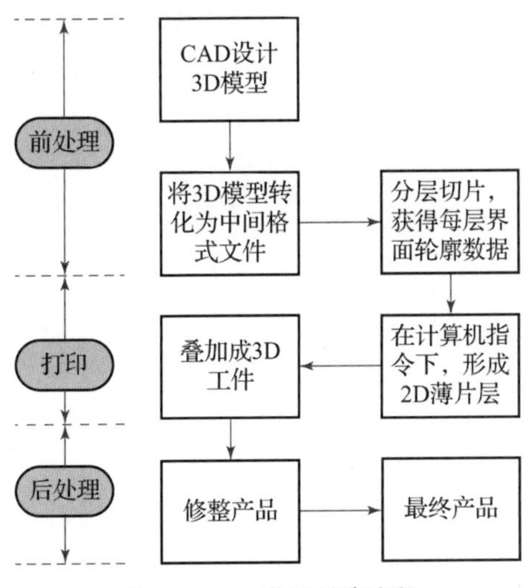

图 18－12　增材制造流程

18.2.2.2 在轨3D打印技术

在轨增材制造技术（AM或3D打印）为超大型空间结构的实现开辟了一个全新的思路。对于空间光学望远镜而言，以不同制造精度的分级制造为理念，对在轨增材制造从两个角度进行讨论。

（1）辅助模块化架构的在轨实现，通过AM技术实现望远镜辅助组件或非功能模块的制造。

（2）在轨精密加工，通过AM技术实现光机结构、光学元件甚至电子学组件的制造。

面向在轨建造的AM技术已经开展了大量的验证。2011年，NASA启动“在国际空间站试验零重力环境下的3D打印技术”项目，2014年开展在轨验证[284]，空间增材制造（Additive Manufacturing For Space，AMFS）在各个领域的研究也逐渐深入[285]。2017年6月，MIS成功完成了拓扑结构增材制造机（ESAMM）的测试，并在2018年夏季将空间AM的技术成熟度（TRL）从3提高到6[286]。

对于光学元件而言，通过AM制造参数的优化等措施，可实现超薄镜体的在轨精密制造，包括结合望远镜在轨波前测量的结果，实现波前校正镜的制造，宇航员或机器人可进行在轨的光学像质调试和维护。这能够有效地提升系统的可实现性和运行的鲁棒性。

开展在轨的增材制造，一般需要考虑克服空间环境带来的一系列问题，如热变形、高功耗和加工污染挥发物等，以及如何自主地开展增材制造[287]。另外，面向在轨的增材制造，结构设计要有针对性的优化[288-290]。

根据使用材料体系的不同，在轨增材制造技术可分为基于聚合物非金属材料的熔融沉积成型（Fused Deposition Modeling，FDM）技术、基于金属材料的高能束成型技术［包括电子束自由成型（Electron Beam Free Form Fabrication，EBF3）、激光束熔化成型（Laser Beam Melting，LBM）等］，以及基于陶瓷无机非金属材料的立体光刻成型（Stereo Lithography Appearance，SLA）技术等[291]。其主要技术要素如表18-1所示。

表 18－1 望远镜典型结构在轨制造的技术要素

序号	技术名称	先进方法	技术内涵
1	合适的材料以及与材料特性匹配的结构制造工艺技术	惰性气流场引导下的微重力激光打印(粉末增材)[292]	不同于地面重力引导的粉末沉降。空间采用气流场引导颗粒在粉末床的孔隙之间沉降，从而实现有效的填充
2	自主操纵机制及精度控制	机器视觉技术[293]	面向自主 3D 打印，采用机器视觉技术“闭环”控制打印过程
3	制造过程中材料和结构的热控制方法	低温热塑性焊接技术[294]	超塑性成型技术与扩散连接技术相结合的 La 基镁合金薄带低温热塑性焊接方法
4	实现整个制造过程质量控制的模型校验方法	激光声共振光谱技术实现质量监控[295]	LARS（Laser Acoustic Resonance Spectroscopy，激光声共振光谱学）可以测量振动光谱分辨率在几赫兹以内的声学特征。这种分辨率可以检测到金属或非金属部件的结构、重量的微小变化

第19章 先进材料应用

先进材料的国产化包括高性能碳纤维和凯夫拉纤维、光学材料等，此外还有高性能电机、阻尼器等功能组件产品。2008年金融危机以来，发达国家将新材料作为抢占新一轮国际科技经济竞争制高点的重要基础，在新技术新模式蓬勃发展的背景下，发达国家纷纷制定了与新材料相关的产业发展战略，推动本国新材料创新步伐加快，大力促进新材料产业发展。我国正由制造大国向制造强国转变，从《中国制造2025》规划来看，制造业转型升级、装备材料国产化提升是未来发展的重点。新材料是全球各国战略竞争的焦点，是实现高新技术突破、跨越式发展的强有力支撑，是高端制造的重要保障，具有重要的发展意义。先进材料的国产化一方面可以应对国外禁运，另一方面可以提高自身能力和降低成本。

19.1 先进复合材料

19.1.1 高模量碳纤维

高性能纤维复合材料的广泛应用带来三大好处：一是大幅度减轻结构重量；二是由于膨胀系数低，大大提高遥感器结构在空间剧烈温度交变环境下的稳定性；三是纤维复合材料的可设计性。近些年来出现的新型纤维（高模量、高导热纤维）、石墨烯、碳纳米管、金刚石纳米等新型碳材料，增强高性能、高尺寸稳定性树脂基复合材料的应用，进一步提升了遥感器产品的性能。

空间光学遥感器高尺寸精度、长期尺寸稳定性要求高的特点，一定程度上推动了低吸湿、高性能树脂以及高性能纤维的发展。国外以美欧日为代表的树脂基复合材料结构件已经广泛应用于卫星平台结构以及空间遥感相机等各类型航天器结构上。先进的 James Webb 太空望远镜（JWST）大量使用了 M55J 高模量碳纤维增强韧性氰酸酯复合材料结构，包括仪器集成支撑结构 ISIM、主镜支撑结构以及次镜支撑结构，能够满足低温空间环境适应性要求。

国外宇航复合材料设计和制造专业化程度高，原材料性能优异、成型工艺技术标准规范，其产品也多为定制产品。日本东丽公司的高模量碳纤维、日本三菱公司的高导热碳纤维、杜邦公司的 Kevlar 纤维、TenCate 公司的氰酸酯树脂及其预浸料、汉高公司的高性能结构胶黏剂，都是高性能原材料。

1975 年，国家召开专题会议，部署国内碳纤维研究工作，还制定了十年规划。但由于美日对于碳纤维技术的垄断，我国的碳纤维技术一直在低水平徘徊。2000 年，在师昌绪院士的牵头和推动下，发起了中国碳纤维技术攻关的新一轮战略构思。“十四五”期间，科技部启动了“先进结构与复合材料”重点专项，将支持树脂基碳纤维复合材料的开发及应用技术。针对工业领域低成本规模化应用需求，开展大丝束碳纤维、织物和大克重预浸料等低成本材料和高效制备技术研究及大型主承力结构制造工艺和性能验证，实现工程化示范应用。目前，宇航复合材料专业国内主要研究单位包括航天五二九厂、上海复合材料中心、航天七零三所、航天四十三所等。常用的 M40 碳纤维的国内外产品性能参数的对比如表 19-1 所示。

表 19-1　M40 碳纤维参数对比

项目	方法	SYM40		进口同级别产品	
		测试结果	纤维体积含量/%	测试结果	纤维体积含量/%
0°拉伸强度/MPa	ASTM D3039/D3039M	2 364	56	2198	59
0°拉伸模量/GPa		202	56	196	59
0°压缩强度/MPa	ASTM D6641/D6641M-09	1 101	59	988	58
0°压缩模量/GPa		222	59	215	58

续表

项目	方法	SYM40		进口同级别产品	
		测试结果	纤维体积含量/%	测试结果	纤维体积含量/%
弯曲强度/MPa	ASTM D 7264/D7264M - 07	1 427	59	1 500	58
弯曲模量/GPa		182	59	192	58
90°拉伸强度/MPa	ASTM D 3039/D3039M	48. 49	59	42. 41	58
90°拉伸模量/GPa		7. 73	59	7. 41	58
层间剪切/MPa	ASTM D 2344/D2344M	83. 39	59	75. 62	58

19. 1. 2　先进复合材料研究的趋势

航天领域材料研究正处于上升阶段，复合材料需求潜力巨大。随着先进复合材料用量占比越来越高，发展优势和精品材料、开发环境友好型材料成为航空航天领域亟待解决的技术难题。当前航空航天复合材料研究需从以下几点出发[296]。

（1）结构/功能一体化。打破传统材料结构形式，复合材料的结构与功能一体化将使其具有不可比拟的优势。高强度、高模量的优异结构特点与隐身、抗弹、电磁屏蔽、高耐热蚀性等多功能相结合，大幅提高飞行器材料利用效率。发展结构/功能一体化材料结构设计与性能表征技术也成为未来研究的热点。

（2）设计/制造/评价一体化。复合材料本身作为一种多相结构，制造过程中没有中间体的生成，损伤机制也复杂多样。不同的复合设计会获得不同的宏观性能，从而引发不同的材料损伤破坏机制。因此获得一种复合材料，必然要采用全新的设计理念和手段，发展数字化、自动化的设计技术，实现性能定制化，最大程度发挥材料的潜力。要使评价体系更加完善，则需要通过建模手段掌握材料行为对环境的响应规律，获取材料演变过程中的结构变化和损伤过程。

（3）构件低成本化。飞行器全寿命周期的低成本化包括材料低成本化、设计低成本化、制造低成本化和维护低成本化。打破高性能碳纤维的垄断局面、开发低成本制造技术、发展自动化工艺、提升复合材料性能稳定性均可实现构件低成本化。低成本设计制造技术的研究将成为未来研究热点。

(4) 智能化。开发智能化材料技术，使飞行器具备自感知、自诊断、自修复和自适应智能化技术，有助于发展服役状态下的复合材料结构变化高精度预报，实时检测航天器健康状态，可实现对结构主动变形能力、振动平衡控制、性能检测与材料损伤自修复功能。对降低工艺成本、提高飞行器飞行速度和服役寿命、拓展材料适用范围具有重要的意义。

(5) 试验虚拟化。当前的发展方向是建立开放的材料数据库、程序库，积累服役条件下的材料性能表征方法和材料环境行为数据，构建材料工艺高可靠认证方法，将复合材料结构设计鉴定方法规范化，摒弃“试错法”所带来的成本及时间浪费，建立以仿真为主，试验为辅的流程。

19.2　力学超材料

超材料并非通常意义上的材料，其并非在自然环境下形成。力学超材料是一种人工结构体，它们拥有与常规力学性质相悖的属性，以满足特定的结构力学特性的要求，这源于微结构单元的几何结构而不是它们的各个组分[297]。

超材料非比寻常的属性来源于它们的构造几何学特质而不是它们的材料成分。这也是形成力学超材料或结构超材料的必要性质。超材料的特点：轻质，高刚度，可控刚度，削弱剪切模量，负体积压缩，负泊松比。

力学超材料在 3 大基础研究领域内的应用：

(1) 针对多场耦合机制的研究：对于光学超材料的传统研究方向而言，它可以联同其他的物理场（如电场、力场）作用，从而制造一种与声学、力学、热力学相耦合的智能超材料。

(2) 与天然材料的结合：近十年，超材料的拓扑结构设计将重新回到通过自然材料激发出最优化结构的灵感中去。但这并非是传统意义上的仿生学方法，我们试图去创造如压电灵敏度、可调性等天然材料所不具有的性质。因此，我们面临的主要挑战在于超材料与天然材料结合以求得到我们所需要的力学性质。

(3) 通过超材料的传感功能研发新的产品：这个研究方向的目标在于通过既有的光学及声学超材料来开发应用于工业的新产品。工业应用的发展重点在于现代产品技术上的生产与控制。通过利用基因工程及其相关的制造技术，我们可以模拟或数值模拟 10 种智能超材料中的两项技术。

19.3 零膨胀石英玻璃

零膨胀石英玻璃是在 CVD 化学气相沉积工艺制备高纯石英玻璃的基础上，通过 CVD 掺杂技术引入一定含量的二氧化钛，在保证高纯石英玻璃基本性能的基础上，实现其热膨胀系数较高纯石英玻璃降低 1 ~ 2 个数量级（常温下可到 10^{-8}/℃，甚至可达负膨胀）；此外，该类掺杂的零膨胀石英玻璃材料密度小、冷热加工性能良好，更重要的是其具有优良的焊接性能，可以制造出背部封闭式结构的轻量化反射镜，轻量化率高达 90% 以上，同时该结构可以使反射镜拥有连续的单片式前面板和后背板，大大提高了反射镜的刚度，是目前国际上空间光学反射镜的理想材料之一。

零膨胀石英玻璃，最早是由美国康宁公司的 P. C. Sohultz 等人于 1968 年研制成功的，1971 年苏联用电阻炉法对掺杂二氧化钛的石英玻璃进行了研究，发现该方法难以实现钛离子的均匀掺杂。目前，国际上只有 Corning 公司掌握商品化的零膨胀石英玻璃材料批量制备技术，其制备的零膨胀石英玻璃单体材料尺寸可达 ϕ1 680 × 167 mm、热膨胀系数为 $\pm 3 \times 10^{-8}$/℃，而且同块材料中心到边缘的膨胀系数均匀性达 $\pm 1 \times 10^{-8}$/℃ 和批次一致性达 $\pm 2 \times 10^{-8}$/℃，一直垄断着国际市场。

20 世纪 70 年代末，国内开始开展钛掺杂石英玻璃工艺技术研究，“十二五”期间，零膨胀石英玻璃沉积设备等建成，经过“十三五”的发展，国产零膨胀石英玻璃批次稳定性研究已经达到一定能力。

19.4 先进热功能材料

空间光学遥感器口径的不断增大，大口径长焦距遥感器对热控系统的要求越来越高。航天器工程中，热管理材料包括热防护、热控制、传热导热等材料[298]。对于遥感器产品而言，主要在热控制和传热导热材料上进行创新性的应用。

对于热控制材料而言，如何根据航天任务的需求，研制具有合适太阳吸收率和热发射率比值的热控材料是一个重要的攻关方向。同时，开展智能热控材料研究，实现按需调控温度，有效解决功率和温度调控能力之间的矛盾，解决热控分系统的质量限制，是未来的重要发展方向。

对于传热导热材料而言，航天产品传热导热普遍使用的材料和技术主要包括热管技术、对流换热热沉、扩热板均温技术、低热阻导热填料等。随着微电子技术的广泛应用和集成化的提高，传统导热材料如铜、铝等受到质量和导热率的限制，因此，亟须开发具有更高传热导热性能的材料。以金属基复合材料、金刚石基复合材料、高导热泡沫炭和石墨烯以及高导热 C/C 复合材料等为代表的新型高传热导热材料，在具备良好功能如结构机构功能的同时，也具有较高的传热导热能力。如高导热碳膜类材料，由于具有质量轻、尺寸稳定性好、热和化学稳定性好以及热和电传导系数高等特点，在空间军事侦察、全球导航、地质勘查测绘等领域热管理系统中具有广阔的应用前景。高导热泡沫炭作为一种石墨化多孔炭材料[299]，具有各向同性的力学、热学和电学性能，而且轻质、易加工，热导率更是最高可达 1 200 W/(m·K)。

此外，就是智能热控材料。智能热控材料将是热控技术的新突破。目前关于智能热控材料的研究主要有热致变色涂层、电致变色涂层、新型柔性热控材料等方面[300]。

第 20 章
新型结构与机构

20.1　可展开可建造空间望远镜结构及机构

作为空间领域的标志性产品之一，世界各国的宇航机构针对大型空间光学望远镜的在轨组装、部署和维护，均开展了卓有成效的研究。这些研究工作在很多方面推进了空间望远镜技术的进步，主要思路是依赖现有的运载火箭能力，采用更大的通用性设计，减小系统的硬件冗余，提高在轨装配的精度，提升望远镜系统的在轨可靠性，以具备大口径空间望远镜的在轨批量化建造的潜力。光学望远镜在轨建造，在国际上具有了相对成熟的技术基础，任务灵活度高，可维护性好，综合性价比高。

NASA 作为全球宇航机构的翘楚，其未来的科学观测和平台任务所需的轻型结构和航天器系统的在轨装配任务（in - Space Assembly，iSA）正在取得重大进展，这里就包括望远镜装配技术和其他新兴技术[301]。NASA 在其制定的技术路线图中，明确提出发展大型航天器结构系统（Space Assembly of Large Structural System Architectures，SALSSA）在轨装配能力，并称其为能够大幅提高未来空间任务和航天器能力与性能的关键技术[302]，ATLAST 是其三个演示验证项目之一[303]。2019 年 5 月，NASA 针对空间望远镜的 iSA 技术向美国国家科学院提交了一份白皮书，分析了该项目的必要性、成本和效益[304]。与此同时，NASA 对在轨拼接式光学载荷概念也进行了详细的论证和试验，主要的研究项目包括：大型模块化空间光学望远镜的装配研究项目（Assembly of a Large Modular Optical

Telescope, ALMOST)[305]、Optical Testbed & Integration on ISS eXperiment (OPTIIX) 项目[306]、The Configurable Aperture Space Telescope (CAST) 项目[307]。美国加州理工提出了机器人组装的模块化空间望远镜（RAMST）的结构和概念设计，该技术可用于在轨实现超大空间望远系统[308]。萨里航天中心与萨里卫星技术有限公司同空客国防和航天公司建立了新的合作伙伴关系，该中心正在开发大口径分段望远镜的自主机器人 OOA (On – Orbit Assembly)，用于 25 m 口径空间望远镜的在轨建造[309,310]。此外，加州理工、萨里大学和印度空间科学与技术研究所共同开展了“可重构空间望远镜的自主装配”（AAReST）任务研究[311]。德国宇航中心也提出了 PULSAR (Prototype of an Ultra Large Structure Assembly Robot) 项目[312]。

由此引申的技术包括：大型望远镜空间结构拓扑构型优化及模块技术、光机结构机构的高精度展开调整及锁合技术、典型光机元件的在轨增材制造技术、机器人辅助自主精密装配及控制技术。

20.1.1 遥感器用展开机构概述

随着航天事业的不断发展，航天器的结构越来越复杂，质量也越来越大。由于受到运载工具有效空间和运载质量等因素的限制，传统的航天器结构在研制和发射方面都遇到了巨大的困难。因此，如何在有限的运载能力条件下充分提高航天器的效能是航天器研制工作的一个重要发展方向。

空间柔性可展开系统是随着航天技术的发展而诞生的一种新型可适应空间环境的结构机构，一般由高比刚度、高比强度、高几何稳定性、低线胀系数的材料组成，包含驱动部件和主被动控制装置等。

可展开机构在空间光学遥感器的应用主要也是解决运载包络的约束问题。随着空间分辨率提升及遥感器口径的增大，轻量化、大尺寸、高几何稳定性的空间大型可展开机构的需求大幅增加。

空间柔性可展开系统从 20 世纪 60 年代后期开始发展，迄今为止，为满足苛刻的空间环境条件与特殊任务需求，衍生出了丰富多彩而新颖的功能与结构形式。星载可展开结构按照反射面结构形式的不同，主要可分为固面可展开结构、桁架式结构、充气膜结构等。它们都具有各自的优缺点，并在自己的领域内迅速地发展着[313,314]。下面按展开驱动源和结构体系对其进行分类。

1. 按展开驱动源分类

（1）微电机驱动。在结构上分散或集中地布置微电机，直接驱动主动件或通过传动使机构展开或折叠。根据电机布置和机构特性，可使机构实现同步或异步动作。

（2）弹簧（扭簧、拉簧）元件驱动。在机构节点或杆件中点按特定要求设置弹簧元件，折叠时弹簧受预应力储存弹性变形能；当机构解锁后，弹簧释放弹性能，驱动机构协调同步展开。空间大型展开桁架结构多采用这种方法，如俄罗斯航空航天局的 TKCA 系列、美国 NASA 研制的 GeoTruss 和 Pactruss。

（3）自伸展驱动。自伸展驱动由结构的一部分构件、某些特定构件中点、整个结构元件，有记忆合金、自适应智能软件等构成，使其在特定环境下可按设计要求自动展开。如美国 NASA JPL 和 MIT 开发的整体展开应用技术。

（4）其他驱动。除以上展开驱动方式外，还有 NASA、ESA 研制的充气式展开结构（IRSS），利用材料弹性回复变形展开的缠绕肋（Wrapped - Rib）、盘绕式伸展臂（Coilable Mast），以及由主动器控制的操作臂（机械手）。

2. 按结构体系分类

（1）单元构架式可展开结构。可展开桁架结构由一致的桁架单元（Truss Modular）构成。这种结构单元形式多样，可满足各种复杂几何设计、刚度、精度、重复性、收纳率的要求，主要有四面体单元、六面体单元、三棱柱单元、六棱柱单元等。

（2）肋类支撑可展开天线。天线由各种高刚性支撑臂（肋）作为主要支撑结构，与背撑索网、面索网、调节（连接）索网与反射索网形成张力结构体系。其质量轻、收纳率及展开可靠性较高，但刚度、可重复性精度、反射面利用率与馈电性能稍差。支撑肋主要有径向肋、缠绕肋、各种高刚性伸展臂（盘绕式、铰接式伸展臂）等。

（3）其他可展开结构形式。除上述可展开结构形式外，还有诸如充气式、环柱式等。

不同结构形式的空间展开机构比较见表 20 - 1。

表 20－1　不同结构形式的空间展开机构比较

性能	铰接桁架式	薄壁管式	套筒管式	盘绕式	充气式	张力集成体系
驱动方式	电动机/势能驱动	势能驱动	电动机驱动	电动机/势能驱动	充气驱动	势能驱动
展开长度	几米～上百米	几米～几十米	几米～几十米	几米～几十米	几米～几十米	几米～几十米
展开精度量级	μm～mm	mm～cm	μm～mm	mm～cm	mm～cm	mm～cm
结构复杂度	较大	较小	较大	较小	小	较大
质量	较大	小	大	较小	小	较小
刚度	较大	小	较大	小	较小	小
收拢比	较高	高	较低	较高	高	较高
可靠性	较高	高	较高	较高	高	较高
热变形	小	小	较小	较大	大	较大

20.1.2　光学精密展开机构

可展开结构的设计，既含有结构设计、机构综合，又具有重要的结构工程学特征，是一项复杂的设计过程，如“詹姆斯·韦伯”太空望远镜（James Webb Space Telescope，JWST），其主镜、次镜均采用了折叠收拢设计，展开收拢需考虑体积约束、可靠性约束及性能指标约束。

20.1.2.1　精密展开机构的特点及设计原则

空间精密展开机构是整个光学系统的重要组成部分。应从光学系统的层面综合考虑各种因素，指导和评价展开机构的设计，不能局限于展开机构本身。为保证光学系统的设计与展开机构的设计密切结合，首先空间光学精密展开机构同一般的空间精密可展开机构一样，需重点考虑的方面有：

（1）展开力矩裕度。为驱动机构产生运动，需要克服阻力矩并产生所需的加速度。由于天地不一致性，在展开机构设计中，一般把力矩裕度作为设计的基本指标。

（2）展开过程的控制。

①为避免在展开过程中发生部件间的干涉和碰撞，或者造成对系统姿态控制的影响，需要对展开过程的运动轨迹和运动速度加以控制。在柔性材料（如织物等）参与的展开过程中，更需要对运动轨迹进行精确控制，防止钩挂或者柔性材料堆积影响展开机构运动的情况。

②铰链的非线性特性的抑制。传统的铰链会呈现出一定的非线性特性，例如空行程、变刚度及滞后性等。这些非线性特性的存在，不仅给精密展开机构的运动带来许多不确定度，而且会使运动精度及定位精度降低。当这些铰链用于定位精度要求很高的光学组件的展开机构时，这些非线性特性带来的负面影响更加明显。而这种非线性特性是很难用仿真分析软件进行分析的。

（3）展开位置和形状的锁定。在展开完成后，为保持所展开的位置或形状，需要采用锁定机构。锁定装置的设计应考虑具有自锁功能，可承受冲击或振动的影响，保证结构锁定后的稳定性。

（4）展开和锁定时的冲击载荷。展开是一个运动过程，在展开锁定时，其展开动能将转化为相应的势能或应变能。应考虑冲击载荷对相关部件的影响。

（5）机构中结构件的刚度。在展开状态下，展开机构中结构件的刚度对系统整体刚度影响较大，特别是展开机构中的间隙对展开部件的刚度影响比较明显。根据对展开机构的固有频率范围要求，可以推出对展开部件的刚度要求。

光学精密展开机构有两项需重点关注的性能要求，即展开重复精度和展开后稳定性。

（1）展开重复精度。在地面试验时常采用展开重复精度来衡量精密展开机构的优劣，展开重复精度通常由被测量点（通常为结构上离展开铰链尽量远的点）在多次展开时沿各个方向的位置误差值来衡量。只有具有高的展开重复精度，才能保证航天器入轨后展开的状态与地面装调后的状态一致。分块可展开成像系统的主镜展开机构的展开重复精度的要求很高，以 JWST 为例，其主镜展开机构 Y 方向（转轴方向）和 Z 方向（次镜方向）的展开重复精度要优于 0.1 mm。

（2）展开后稳定性。展开后稳定性是指在轨的热、机械载荷下展开结构形状的变化。这里除了与一般结构一样的刚度和基频要求外，还有一个特别重要的稳定性要求，就是微动力稳定性。NSGT 对主镜展开机构的微动力稳定性要达到 10 nm 级的水平。

20.1.2.2　分块镜展开方案

空间可展开光学系统的主要特点之一是主镜由一些较小尺寸的分块镜组成，发射时收拢入轨后展开，在主动光学系统的控制下精确地拼接成一个共相位主镜。空间可展开光学系统有效地解决了整体式大口径光学系统研制和发射中难以克服的种种问题，使轻量化、大口径光学遥感器的实现成为可能。分块展开主镜光学组件设计应该考虑的因素主要包括以下 4 个方面。

（1）光学性能：集光面积、边缘长度、边缘损失面积、面形致动器数量和排布、镜子的可制造性、1g 状态下的实验室可测试性等。

（2）机械性能：分块镜尺寸、数量、光学质量要求、面密度（包括支撑结构、致动器、控制电路、导线电缆等），展开机构类型和数量，展开精度。

（3）发射收拢：支撑机构的收拢，望远镜收拢后的稳定性，包括发射段对锁定的要求、载荷路径、质心、收拢后如何满足整流罩的直径和长度。

（4）可量测性：展开后能达到光学性能的可检测性、可补偿性和稳定性等。

不同展开类型的选择，对应着不同的设计要求。在具体的设计中，由于设计时需要考虑的约束条件太多，细节太过繁杂，因此适宜采用模块化设计方法，将整体结构划分成几大模块，每个模块负责一项功能的实现。分别对不同模块进行设计，再最终整合，可有效提高设计效率。分块镜展开系统设计一般可划分成以下几个模块：

（1）系统展开形式选择。

（2）驱动方式设计。

（3）定位方式设计。

（4）锁紧机构及重复定位精度控制机构设计。

（5）共相位调整机构设计。

主镜展开机构可根据不同的分类标准划分为如图 20 - 1 所示的几种机构。

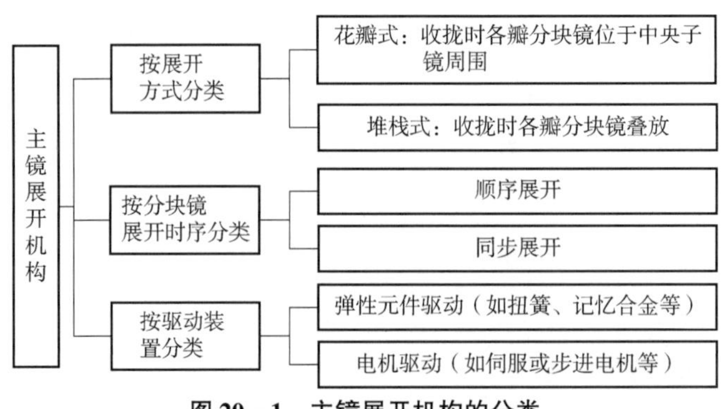

图 20－1　主镜展开机构的分类

从傅里叶光学角度看，天文望远镜的光学系统是一个非相干光源的夫琅和费衍射系统。光经主镜反射后，其强度分布要发生变化，这种由于主反射镜的形状引起最终成像的变化就是主镜的形状效应。通过计算不同主镜剖分方案对应的系统点扩展函数，可以了解各种方案的优劣，从而作为优化设计反射镜展开系统的基础。

主镜的分块方式直接影响着整个光学系统的光学性能与收拢效率（展开体积与收拢体积之比），是整个可展开光学系统设计的基础与重点。不同分块方式的选择对应不同的展开机构机械设计，一种合适的分块方式能够决定后续设计的走向与整个设计的优劣性。常见的主镜基本分块形式有六边形、扇形和行列形等多种，如图 20－2 所示[315,316]。

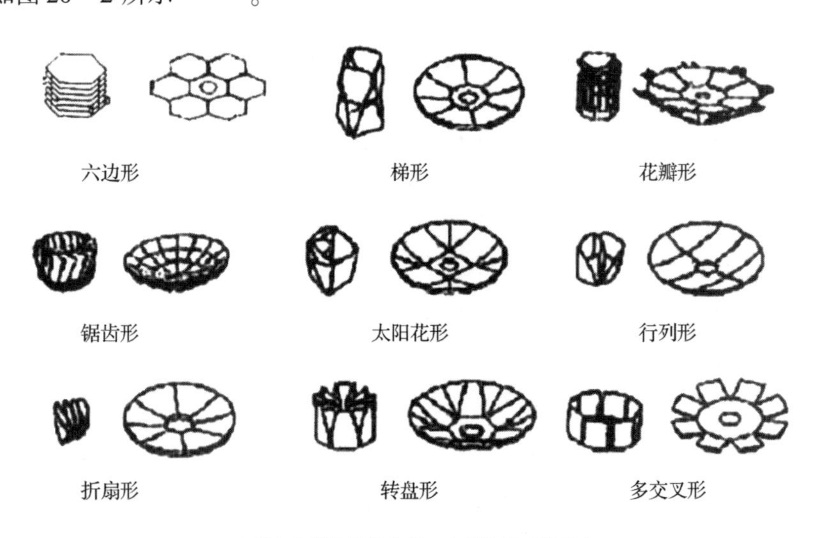

（图中左侧为收拢状态，右侧为展开状态）

图 20－2　常用的主镜分块与收拢形式

由图 20－2 可见，不同的分块及收拢形式可实现的主镜的收拢效率不同，并且展开机构实现的难易程度差别较大。通常，主镜分块及收拢方式的选择需要考虑以下因素：

（1）收拢状态下，主镜收拢后的体积需和发射运载火箭的体积相适应，因此，在运载火箭不变的情况下，主镜的尺寸越大，要求主镜的收拢效率越高。

（2）为了降低风险，提高系统的可靠性，主镜的展开形式应尽量简单，展开机构和位置调整机构尽量少。

（3）为了减小展开过程对光学系统成像质量的影响，分块镜尽量一次展开。

（4）主镜分块及收拢方式的选择需优先考虑以下约束条件：

①体积约束。收拢状态下，主镜收拢后体积与发射舱的体积要相适应，因此，在运载火箭不变的情况下，主镜尺寸越大，要求主镜的收拢效率越高。

②可靠性约束。为了提高系统的可靠性，主镜展开形式应尽量简单，展开机构和位置调整机构尽量少。

③性能指标约束。为了减小展开过程对光学系统成像质量的影响，主镜应尽量一次展开且尽量减少分块镜的数量与间隙。

20.1.2.3　共相位调整机构

拼接主镜是由多块子镜拼接而成，跟单主镜相比较，除了设计加工误差外还有主镜的共相误差。其设计加工误差主要有分块主镜的曲率半径误差、分块主镜的镜面面形误差、分块主镜的径向定位误差、分块主镜旋转误差、离轴量误差等[317,318]；而主镜镜面共相误差有分块镜之间的平移误差（piston error）和分块主镜倾斜误差（tip－tilt error）。从拼接望远镜自身光学系统来说，其关键是拼接分块主镜共相的实现，将决定望远镜系统的分辨率。为了保证望远镜的有效观测性能，拼接主镜必须有很高的共相精度，因此必须对拼接主镜的共相位误差进行有效而精确的测量和调整。

共相位调整机构的精度要求非常高，一般采用的为微位移调整系统或宏微结合的一体化调整系统，以补偿动力学载荷、重力释放以及在轨展开导致的失调量，实现在轨精确对准与共相。微位移的机构形式在稳像镜机构的章节已进行简要说明。

具体到促动器，促动器必须满足如下要求：行程大、分辨率高、轴向刚度高、保持力大、结构紧凑，需要有宏/微叠加驱动。仍以 JWST 为例，如图 20-3 所示，它对主镜促动器的调整要求为：精调行程 >7 μm，精调步长 <10 nm，粗调行程 >20 mm，粗调步长 <1 μm[319]。电动机械式促动器技术成熟、易于控制，而音圈式促动器具有分辨率高、体积小、控制方便等优点。这两种促动器被广泛应用于拼接镜的位移调整。

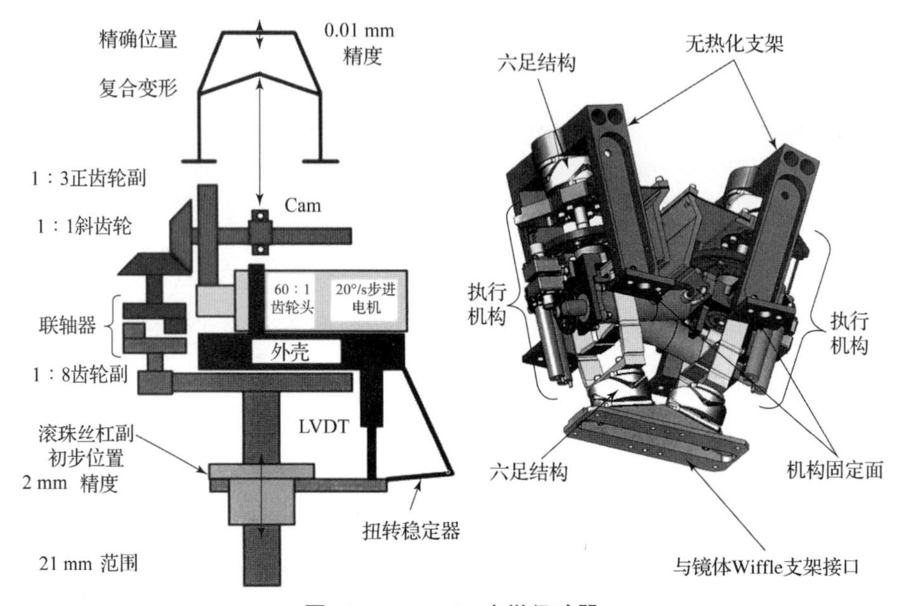

图 20-3 JWST 宏微促动器

20.1.2.4 主次镜间展开方案

次镜是光学系统的关键部件，其面形及位置精度直接影响光学系统的成像质量。而可展开次镜支撑桁架是光机结构中的关键部件，其尺寸精度及稳定性直接影响次镜的位置精度。可展开次镜支撑就是采用可展开结构代替传统的超稳定、钢性支撑结构，以折叠状态发射，到达预定轨道后展开，通过在轨调整机构对次镜进行精确定位以保证成像质量[320]。一方面，面向超大空间望远镜焦距一般比较长，与运载器长度方向的包络尺寸相比，主次镜间隔过大，无法满足运载条件的要求，需对其进行三维空间内的立体折叠和展开。如何选择合理的折叠机构，并保证折叠组合体空间展开后的位置精度及稳定性，是超大口径空间望远镜研制的关键技术。另一方面，面向中小口径望远镜，折叠发射时，需要支撑结构锁紧，提高遥感器基频，放宽遥感器结构发射振动极端稳定性要求；卫星体积小，节省运载整流罩空间，多颗（超）轻小型遥感器可实现一箭多星发射、组网运行，降低发射成本，提高效益。

支撑结构在轨展开后，次镜一般采用激光进行定位，故需要进行微型激光定位系统及信号处理系统的研究，同时开展光电系统测量误差对展开精度影响的研究。遥感器结构设计的同时要考虑微型光电测量系统的布局。次镜定位后同样还需要利用微型促动器调整其偏心、倾斜、平移以保证成像质量。

主要的展开形式如下。

1. 推出式展开

次镜展开动作为沿光轴方向的直线平动，一种形式是面向大口径相机，在位于主镜中央子镜的“遮光筒”外部均布 4 个导向柱，在导向柱上设置一环形套来连接支撑次镜的 4 个筋板，筋板采用平行于径向的布置形式，以尽量减少它对光线的阻挡；在导向柱与主镜支撑体之间设置有作为驱动源的弹性元件（压缩弹簧），以此来推动次镜的展开。推出式展开示意如图 20－4 所示。

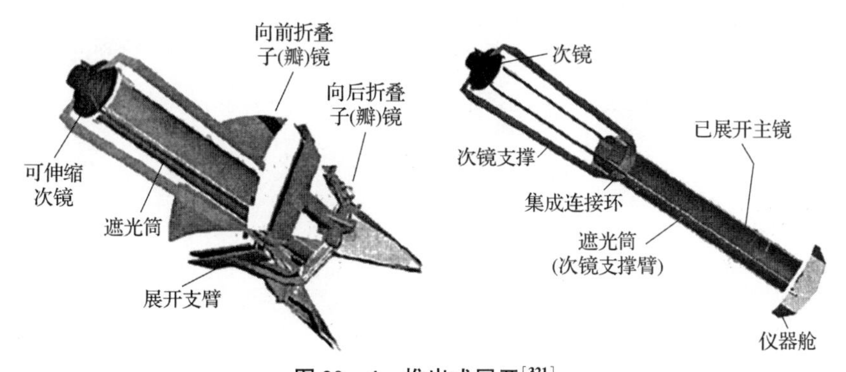

图 20－4　推出式展开[321]

小型望远镜的次镜展开，可以选择更为简便的方案，次镜由电机带动蜗杆将次镜支撑杆沿轴向主动展开[322]，如图 20－5 所示。

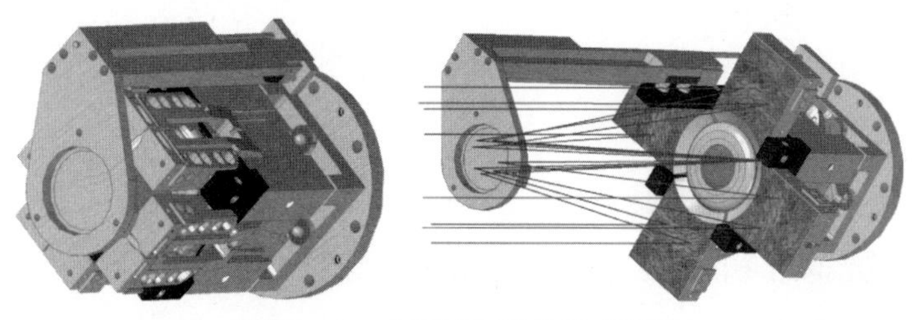

图 20－5　小型望远镜推出式展开

为了使次镜展开后与主镜同轴，在次镜展开的最后阶段，导向柱均需定位和自锁，还可以适当减缓弹性元件推动可能存在的冲击，从而使误差尽可能得到减小。

2. 折叠式展开

基于三脚支架形式的次镜支撑结构展开桁架。由于该支撑结构属于静定结构，因此具有优越的动力学稳定性和较轻的质量。整个展开系统是通过步进电机驱动四连杆机构来实现的。次镜支撑结构使用了极低热膨胀系数的复合材料，以避免次镜离焦导致的波前误差[323]。

图 20 - 6 所示为 JWST 次镜展开机构。

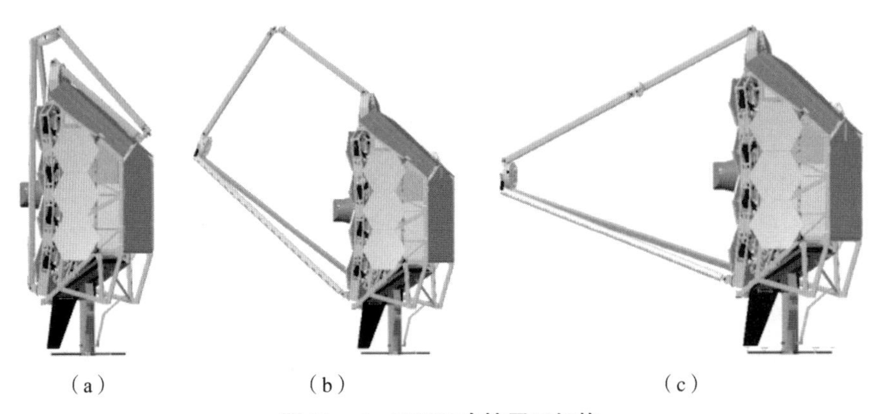

(a) (b) (c)

图 20 - 6 JWST 次镜展开机构

(a) 折叠状态；(b) 展开过程状态；(c) 展开状态

20.1.3 可展开遮光罩遮阳帆设计

随着分辨率的提高，空间相机的尺寸也越来越大，为满足整流罩包络需求，其遮光罩往往采用折叠展开形式，而可展开结构是可展开遮光罩的研究基础。

可展开遮光罩的设计要求来源于以下几个方面：结构尺寸约束、热控要求、消杂光要求、动力学特性要求以及由于布局带来的透波要求。这些设计要求决定了我们采用的折叠展开形式、锁定形式、罩体材料等。

20.1.3.1 功能及性能要求

可展开遮光罩的功能要求，包括可展开遮光罩在空间遥感器中的作用、可展开遮光罩的促动方式、实现过程等。其应具备以下功能：

（1）应具备完全遮挡入射太阳光功能，不漏光，且不产生多余杂光。

（2）安装在固定段遮光罩顶部，具备在轨展开功能。

（3）具备展开后到位锁定功能。

（4）具备展开锁紧后手动解锁功能。

（5）可展开遮光罩应能够重复展开、收拢。

（6）展开到位后能够反馈到位遥测信号。

（7）具备主动控温能力。

可展开遮光罩的性能要求有：

（1）遮光要求。明确遮光罩实现遮光所具备的性能，主要包括：

①对遮光材料性能的要求。要求罩体材料应不透光或满足特定谱段透光率要求、特定谱段表面吸收率的要求等。

②给出遮光罩展开状态下的外形尺寸要求、内部尺寸限制或包络要求。给出遮光罩收拢比或收拢状态下的尺寸要求或限制。

（2）展开要求。对可展开遮光罩进行展开促动应具备的性能进行说明，可包括：

①驱动裕度要求。实现遮光罩展开的机构应具备合理的驱动裕度，展开驱动裕度一般不小于 2。

②展开精度要求。明确遮光罩展开到位后的位置精度，偏离公差要求。

③稳定性要求。明确展开到位时间要求、展开后摆动幅度、多次展开试验后位置稳定性等。

④冲击要求。对冲击载荷进行限制，规定展开过程中产生的冲击载荷瞬时冲量限值、解锁瞬时测点时域响应限值等。

空间可展开结构的展开驱动方式可分为电机驱动、弹簧驱动、自伸展驱动、充气驱动、弹性恢复驱动等。本处主要介绍两类，一个是机械式可展开遮光罩，另一个是充气式可展开遮光罩。

20. 1. 3. 2　机械式可展开遮光罩

光学遥感器的入光孔径多为圆形，在遮光罩设计时重点考虑圆形、圆环形展开机构的设计；类似环形桁架式可展开卫星天线；采用刚性网格实现可展开结构方案。

最典型的可展开圆环结构，是一种可实现径向展收的圆形结构，其设计要点为质量轻、结构紧凑、空间环境适应性好和可靠性高，特殊场合可能需要具有高精度、高刚度及高稳定度。目前，大型可展开结构的几何设计，大都采用先进行单元设计、再由基本单元组合成完整结构的方法，否则很难保证整体结构的可展性。

1. 剪式铰展开机构

剪式铰可展开圆环：通过剪式铰角度的变化，实现可展开圆环尺寸的变化。单组剪式铰几何结构简图如图 20 - 7 所示。

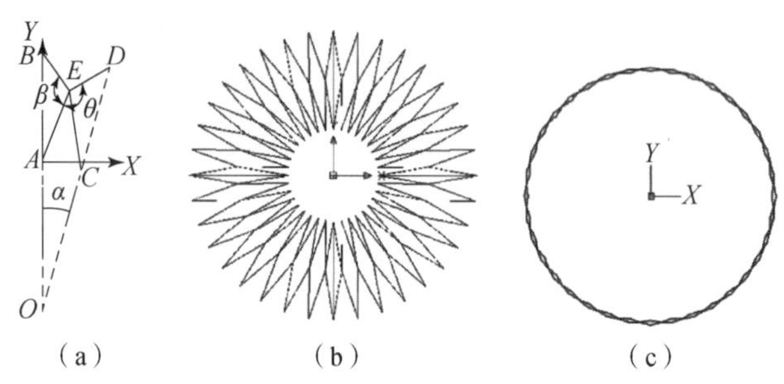

图 20 - 7 有折角剪式铰几何结构

(a) 单组剪式铰；(b) 收拢态；(c) 展开态

2. 豆荚杆展开机构

豆荚杆是典型的弹性支撑杆，由两片“Ω”形薄壳结构通过一定工艺（如焊接、胶接等）成型的可收拢的薄壁管状件构成。除具有弹性支撑杆应具备的特点外，它还具有高弯曲、高扭转刚度等特点，应用前景被广泛看好。

在豆荚杆的设计中，需开展屈曲失效机理、展开动力学分析等。考虑到复合材料及树脂的空间环境适应性不佳，一般选用金属材料研制豆荚杆作为可展开遮光罩的驱动部件，金属材料为各向同性材料，对空间环境的适应好，加工和连接成型工艺较为成熟。豆荚杆在自由折叠状态下仅发生弹性变形、不发生塑性变形，自由折叠产生的弹性变形在解除约束后，能够自动释放能量并使豆荚杆恢复平直状态。豆荚杆的屈曲临界弯矩大大高于展开弯矩，足以抵抗外界干扰，保证不发生较大的变形，具有自锁定功能[324]。

遮光罩利用豆荚杆驱动展开，豆荚杆材料可选用 QBe2 铍青铜带材，具有高弹性、高强度、弹性稳定性好、无磁性等优点，材料的弹性模量为 120 GPa，经热处理后屈服强度不低于 1 100 MPa，铍青铜带材加工成所要求的形状并经热处理后，两片豆荚片通过焊接形成豆荚杆。每根豆荚杆长度为 610 mm，由上下两片厚度为 0. 13 mm 的“Ω”形铍青铜豆片焊接成型，截面尺寸如图 20 – 8 所示。单件豆荚杆质量仅 55 g，半径 $R_e = 15$ mm。两片豆荚片在焊接过程中，为了避免应力集中，在弯折处（长度 0 ~ 250 mm 处）未进行焊接。

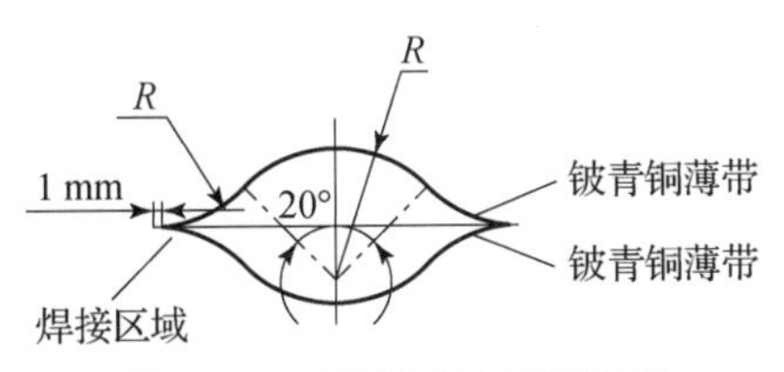

图 20 – 8　豆荚杆截面示意图

这种可展开结构利用折叠时积聚的弹性应变能实现结构的自动展开而不需要其他的动力装置；在展开之后，又能够靠自身的刚度提供可展开结构所需的锁定力，而不需要另外加设锁定装置。基于带状弹簧的可展开结构构造简单，比刚度大，制造成本低，没有机械关节，能可靠地自行展开，一旦伸直则不易弯曲。根据理论分析，单片豆荚片的展开弯矩计算模型如图 20 – 9 所示，1、2、3 为豆荚杆的三个主轴方向，ψ 为豆荚杆弯折角。

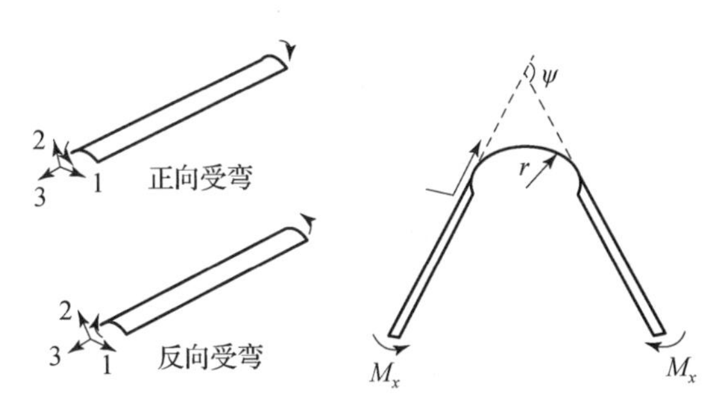

图 20 – 9　单片豆荚片弯曲情况下的计算模型

正向反向驱动弯矩按下式计算：

$$\begin{cases} M_{+} = M_x \theta r = D\theta(1 + \mu) \\ M_{-} = M_x \theta r = D\theta(-1 + \mu) \\ M_x = D\left(\pm \dfrac{1}{r} + \mu \dfrac{1}{r}\right) \\ D = \dfrac{Et^3}{12(1 - \mu^2)} \end{cases} \tag{20-1}$$

式中，θ 为截面圆心角；M_+、M_- 表示圆心角为 θ 薄壳弯折时的正向、反向驱动弯矩；M_x 为杆长度方向单位弧长的弯矩；r 为截面圆弧半径；μ 为泊松比；D 为薄壳的弯曲刚度；E 为弹性模量；t 为豆荚杆（片）厚度。

20.1.3.3 充气式可展开遮光罩

2004 年，Luchsinger 提出了纺锤体（Tensairity）的概念，它由撑杆、拉索和气囊构成，已成功应用于实际的桥梁和屋盖等结构中。Tensairity 创建的基本思想是利用充气气囊替换张弦梁结构中的竖向撑杆，撑杆与拉索为气囊提供稳定性。

本处说明的充气索膜结构由圆柱形充气膜和钢绞线拉索构成，其创造思路源于索桁架结构，索桁架结构的两索之间由拉索或者撑杆联系，施加预应力以后形成。用充气膜代替撑杆，组成充气索膜结构。这类机构与 Tensairity 相比，充气索膜结构去掉了压杆单元，便于折叠存放。

20.1.3.4 遮阳帆机构

在超大口径的空间光学遥感器设计中。由于航天发射的工程约束，光学镜头自身采用了折叠形式，对于遮光结构的构型，传统的圆筒式罩体结构已经无法适应相机的包络要求，需要采用平面展开式的遮光系统，实现相机在轨的阳光遮挡功能。

遮阳帆的功能包括：

（1）发射前折叠包装于内部制定空间，入轨后自动展开。

（2）具有锁定解锁功能，发射阶段收拢锁定，入轨后解锁展开。

（3）遮阳帆展开后，具有遮挡太阳光的功能，展开状态下无遗漏光。

（4）遮阳帆具备与机械臂的连接接口，以及收拢锁定状态下与相机或卫星结构的接口。

JWST 项目支持基于 NASA 的折叠展开遮阳板开发，以减少与包装、部署、薄膜管理、结构动力学、起皱以及结构分析和测试相关的风险。詹姆斯·韦伯太空望远镜的主要科学来源是红外光，红外光本质上是热能。为了探测极其微弱的热信号，望远镜本身必须非常冷且稳定，才能探测到非常遥远的天体。这意味着我们不仅要保护韦伯不受外部光源和热源（如太阳和地球）的影响，而且我们必须使所有的望远镜元件本身非常冷，这样它们就不会释放出自己的热能，从而淹没敏感的仪器。温度也必须保持恒定，这样材料就不会收缩和膨胀，但这会破坏光学元件的精确对准。

由于遮阳帆一般采用脆且超薄材料制成（见图 20－10），只能用特殊的技术折叠和打开。在太空中即使展开刚性部件，如遮阳帆板、天线或其他杆件都要经过复杂的操作，而展开像遮阳帆这样质量很轻但面积巨大的结构的风险将更大。支撑遮阳帆的桁架结构系统可以在太空环境中展开并硬化，实现在轨的可靠支撑，那么在结构设计中，最有挑战性的问题之一就是如何在发射过程中紧密地包装遮阳帆薄膜和支撑结构，并在轨道上可靠展开。一般应选择与展开方法一致的包装方案，并要求包装体积最小以及内部没有残存的气体；遮阳帆中所有结构的展开都应该是可控的、稳定的以及对缺陷和小的扰动反应不敏感。这种大型展开的展开过程需分阶段展开，即每个展开阶段结束、下一阶段展开之前时，系统应达到一个稳定状态。另外一个挑战就是试验，首先必须在地面 1g 条件下尽可能验证这些问题，接着通过在轨飞行确认各项性能。由于地面试验和在轨展开并不相同，只能在在轨展开试验成功后，才能完全验证展开机构的合理性。

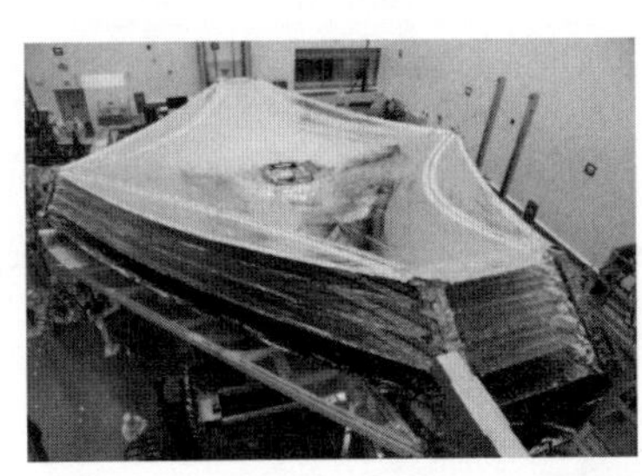
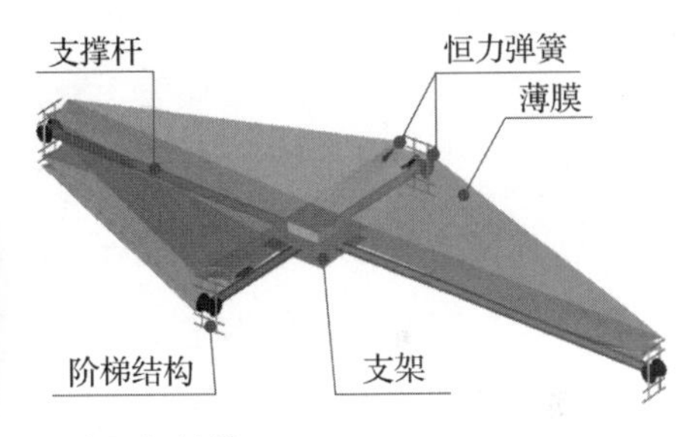

图 20－10　遮阳帆结构

帆面的展开方式在遮阳帆航天器的结构设计中，关键问题之一是在太空中如何展开遮阳帆帆面。多年来，各国研究人员已经设计出多种不同形状、结构和用途的遮阳帆，帆面展开方式主要分为两大类[325]：①由桅杆结构牵引帆面展开；②利用离心力旋转展开帆面。由桅杆结构拉伸展开帆面由不同的驱动方式可以把桅杆结构展开分为以下几种：充气展开结构；机械展开结构；弹性展开结构。目前在遮阳帆航天器中得到广泛应用的是自旋展开方式，上述展开方式的具体特点详见图 20－11。此外遮阳板结构必须满足有关薄膜层的间距和平整度的要求，同时要适应热应变和起皱等复杂因素，因为薄膜层的几何形状直接影响热性能[326]。

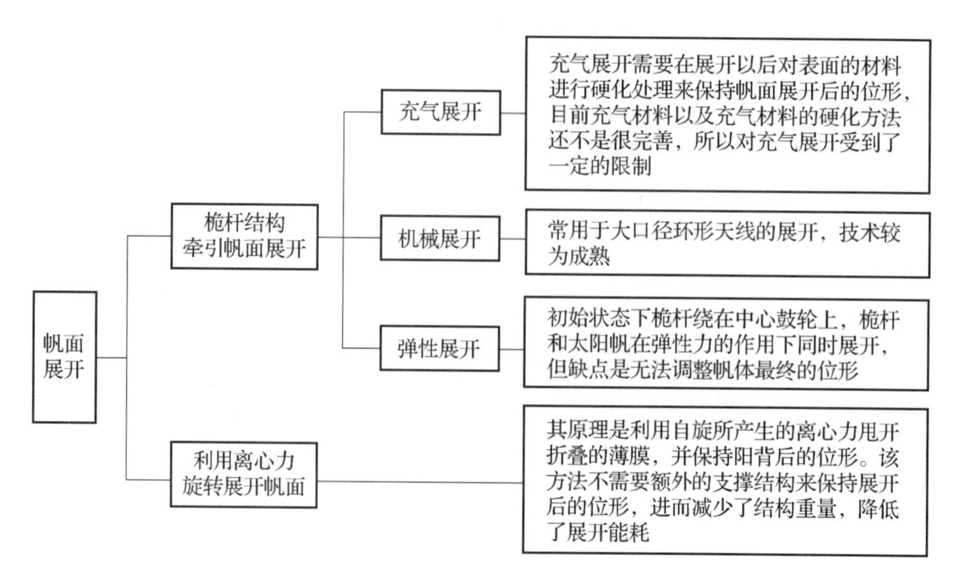

图 20－11　遮阳帆展开方式

我国在遮阳帆技术研究领域开展较晚，与国外相关技术相比，还存在一定的差距。针对空间科学探测和深空环境探测的需求，我国还需在遮阳帆支撑平台技术、大型超轻空间薄膜多功能一体化集成技术、超大面积柔性薄膜机构空间展开技术、遮阳帆地面模拟试验验证技术等方面进行关键技术攻关，以掌握遮阳帆研制的核心技术，提升关键性能水平，同时探索新方法新技术。

20.1.3.5　遮光蒙皮

遮光罩的蒙皮材料对于遮光罩类产品特别重要。在空间环境使用中，遮光罩材料不仅要保证基本的光学特性（如吸收率等），还得考虑辐射或原子氧照射空间环境的侵蚀，必要时还需采用可展开刚化材料，这样既能保证展开前折叠尺寸满足储存要求，又能通过展开固化技术达到在空间持续长时间使用而不用考虑微流星和碎片的冲击损坏、漏气或者其他轨道威胁等影响。蒙皮由于其结构要在空间中展开使用，所以它应该首先满足空间环境条件要求：

（1）质量超轻、超薄，在满足遮阳帆的机械物理性能及空间环境需要的前提下，采用密度更小的材料。

（2）柔性，可操作、可折叠、可包装和可展开。

（3）耐撕扯性，避免发生撕裂而破坏遮阳帆帆面结构。

（4）耐高温，能够适应高空中太阳辐照的影响。

（5）抗辐射。

图 20－12 所示为遮光罩蒙皮特性需求。

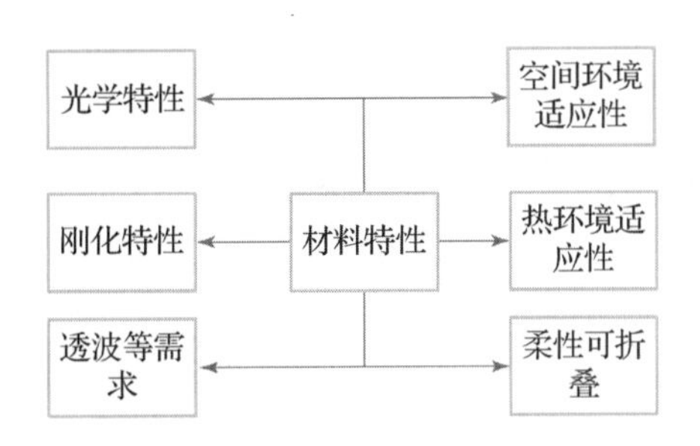

图 20－12　遮光罩蒙皮特性需求

遮光罩罩体结构多为柔性复合材料，罩体材料的选择是遮光罩研制的关键。其主要设计要素包括：

（1）光学特性要求。遮光罩体的内测为光线行程中直接接触表面，需要进行特殊处理，以保证消杂光的要求。

（2）钢化要求（充气结构）。充气结构一般要考虑钢化问题，机械结构不需要考虑。充气结构的钢化方法主要有热化、热塑、紫外线照射、薄壁铝、发泡膨胀等。

（3）柔性可折叠要求。折叠收拢展开主要指产品在自然状态下通过排气、折叠、加压、封包等技术手段使其体积大幅度减小，包装后产品可到规定的技术指标要求并处于固定的包络范围内。折叠还可避免材料的损伤，保证展开的可靠性。折叠展开由多个变量决定，包括折叠方式、温度效应、部件材料等，都会在很大程度上影响展开的动力学过程。

常用的折叠方法有卷曲折叠、Z 字形折叠、波纹管折叠、自旋展开折叠、复杂折纸法折叠等。

遮光蒙皮是可展开遮光罩遮挡太阳光线的功能部件，设计时需考虑同时满足不透光、内表面太阳吸收率大于 0.8、迎风外表面抗原子氧、满足热控要求、良好抗撕裂性能、柔韧性好等要求，同时，还需要考虑 8 年的在轨使用寿命。蒙皮基底材料的选用如表 20－2 所示。

表 20-2　遮光蒙皮基底材料特性

材料	体积密度/$(g\cdot cm^{-3})$	抗张强度/$(N\cdot m^{-2})$	拉伸模量/$(N\cdot m^{-2})$	面密度/$(kg\cdot m^{-2})$			抗紫外辐射能力
				1 μm	3 μm	5 μm	
聚酰亚胺（Kapton）	1.42	1.72×10^{8}	2.96×10^{9}	1.42	4.26	7.10	好
聚酯薄膜（Mylar）	1.38	1.72×10^{8}	3.79×10^{9}	1.38	4.14	6.90	中
聚碳酸酯（Lexan）	1.20	6.89×10^{8}	2.07×10^{9}	1.20	3.60	6.00	差

虽然聚碳酸酯的面密度最低，但其抗紫外辐射能力很差。而聚酰亚胺具有很高的抗辐射能力，并能在很宽的温度范围内保持其物理及机械性能。聚酰亚胺发生相变的温度大约为 680 K，而遮阳帆长期安全运行的最高温度普遍认为介于 520～570 K 之间。此外，对于金属化薄膜、胶带和黏合剂，它还具有极好的黏附能力。因此，聚酰亚胺被视为是最佳遮阳帆薄膜基底的候选材料。为了满足多种设计要求，将遮光蒙皮设计为多层复合薄膜结构。内层采用黑色聚酰亚胺薄膜材料，且表面太阳吸收率大于 0.8（实测为 0.87），中间承力层采用聚酰亚胺绸布材料，拉伸强度大于 100 N/cm。外层采用厚度为 20 μm 的铝箔，由于为金属材料，其可以耐受空间原子氧的侵蚀（总体提出的指标为 5.2×10^{25} atom/m^2）。三层之间采用 GD414 硅橡胶进行粘接复合。复合后遮光蒙皮面密度小于 320 g/m^2。

图 20-13 所示为典型可展开遮光罩蒙皮结构。

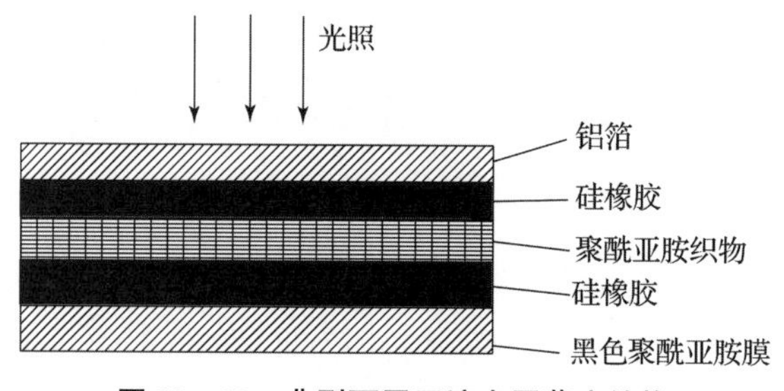

图 20-13　典型可展开遮光罩蒙皮结构

20.2　空间用变形镜

变形镜又称波前校正器，它通过改变光波波前传输的光程或改变传输媒介的折射率来改变入射光波波前的相位结构，从而达到对光波波面相位进行校正的目的。变形镜一般都由很多单元组合而成，每个单元都有自己独立的控制器，在外加电压控制下，可以改造波面的面形，作为波前校正器件校正波前误差，在自适应光学系统中起着极其重要的作用，是自适应光学系统中的重要部件之一，变形镜特性关系到整个自适应光学系统的校正能力和校正精度。

变形镜的概念是在 1953 年 H. W. Babcock 研究自适应光学时首先提出的[327]，其主要方法就是在光瞳面放置一个光学“校正器”，并且通过实时控制来改变这个校正器的面形来补偿大气引入的像差。

20.2.1　变形镜的功能

变形反射镜的主要性能除了光学元件必需的通光孔径和表面面形精度外，还有如下主要性能：

（1）变形反射镜尺寸——变形镜的有效镜面尺寸关系到自适应光学系统的校正面积。

（2）控制单元数——驱动器数量。

（3）变形灵敏度——单位电压使变形镜产生的变形量。

（4）响应时间——当施加外加电压时，变形镜从开始变形到变形结束的时间。

（5）谐振频率——为了保证必要的控制工作带宽，自身所需的达到谐振点前的最低频率。

（6）面形影响函数和交连值。在变形镜的任一个驱动器上变形量的分布称为变形镜的面形影响函数，在相邻驱动器中心的影响函数值称为交连值。交连值大表示影响区域宽，过大的交连值造成各个控制回路之间的机械耦合，影响系统的工作。过小则造成波面拟合不足而形成各个驱动器的局部起伏，因而不能构成连续的波面，达不到补偿波面误差的效果。根据泊松（Pearson）的经验数据，理想的交连值在 5%～12% 之间。

（7）稳定性是最关键的性能。变形镜不仅要求变形镜驱动器有足够的强度，因为变形镜的变形量是正负交替的，驱动器以每秒几百次甚至上千次的工作速度承受着循环应力。如果驱动器很快损坏到失去变形能力或变形一旦不正常就没有了足够的工作能力，也可以认为已破坏了稳定性。更重要也是最苛刻最难达到的则是驱动器的静态和动态稳定性，它直接影响反射镜面形精度，同样造成不能正常工作，通常认为面形精度太差了就已达到工作寿命的终点。而对于分立式变形镜，多个驱动器支持的薄镜面，一方面要在不同的环境中放置后仍保持面形精度，同时经过工作以后停止工作时面形又要恢复到原始精度——动态稳定性，这就要求几十个驱动器的热膨胀系数一致，在反复变形过程中产生的不可恢复变形极小。

20.2.2 变形镜的典型分类及应用

按照驱动形式的不同，变形镜包括压电变形镜、静电驱动变形镜和力驱动变形镜；按照镜面的结构，变形镜可以分为连续镜面变形镜和分块镜面变形镜。目前，在自适应光学中应用较多的是连续表面的压电变形镜，近年来薄膜变形镜也开始得到一定应用，其他如双压电变形镜、MEMS 器件等也得到了越来越多的应用。

20.2.2.1 压电变形镜

压电变形镜（见图 20－14）是采用在反射镜背后加装几十到上百个压电致动器的方法来实现对反射镜面形的控制，在目前自适应光学系统中得到广泛应用，其具有致动器间耦合系数小、各致动器响应特性相近、致动器灵敏度高、工作频率可达上千赫兹等特点。与普通反射镜相比，压电变形镜镜面较薄，以适于面形控制。通过制冷、镀高反射膜等技术，压电变形镜可适于强激光工作，因此压电变形镜除在自适应光学领域应用广泛外，在诸如强激光武器、激光核聚变点火装置等应用中也得到应用。

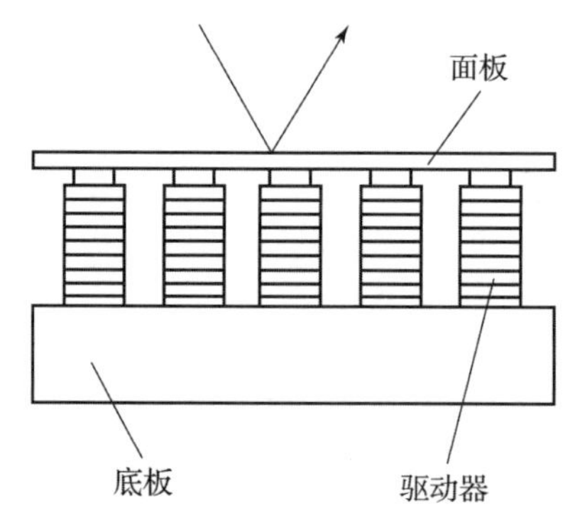

图 20－14 压电变形镜示意图

压电变形镜的响应特性近似于线性叠加特性，即单个致动器产生的面形变化与所施加的电压成正比，多个致动器产生的面形等于单个致动器所产生的面形的叠加。

假如变形反射镜有 N 个致动器，第 n 个致动器施加单位电压所产生面形为 $W_n(x,\ y)$，变形镜面形函数 $W(x,\ y)$ 与致动器电压 V_n 间的关系可表示为：

$$W(x,y) = \sum_{n=0}^{N} V_n W_n(x,y) \tag{20-2}$$

压电变形镜致动器的灵敏度取决于 D/A 转换器位数及致动器行程，假如致动器行程为 8 μm，D/A 转换器为 12 位，则致动器灵敏度为 2 nm。由于压电陶瓷的滞回特性，一般压电致动器不一定能够一次到位，可通过多次迭代来提高精度。

图 20－15 所示为压电变形实物图。

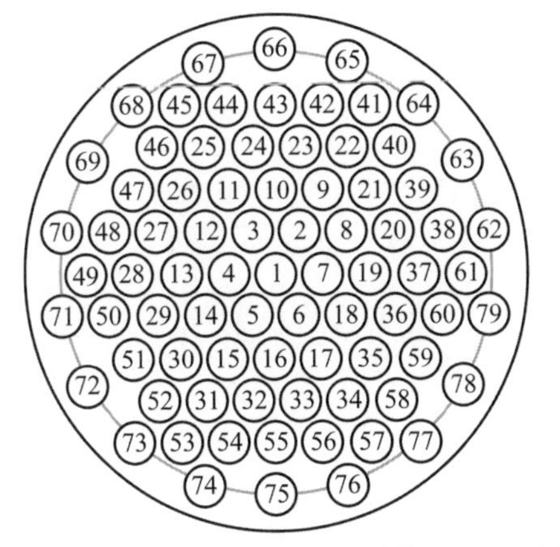

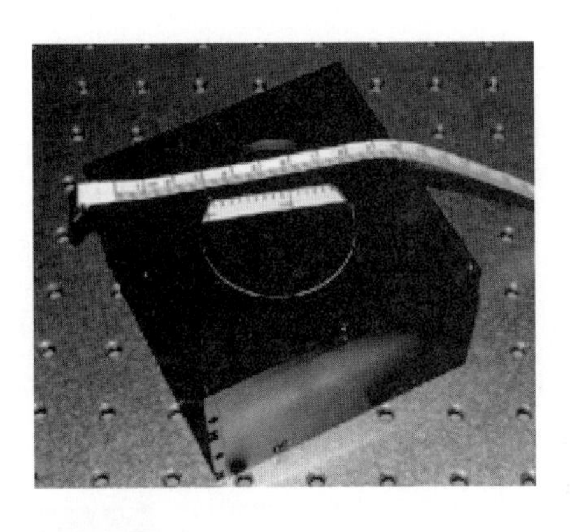

图 20－15　压电变形实物图

20. 2. 2. 2　薄膜变形镜

薄膜变形镜是利用分布式电极对薄膜的静电吸引作用来实现对薄膜面形的控制，具有体积小、质量轻、价格低的优点，工作频率可达 500 Hz 以上，典型产品如图 20－16 所示。

由于电极与薄膜间仅有引力，没有斥力，薄膜变形镜工作时的零位，应为最大变形量一半处的离焦面。另外，薄膜变形镜的面形与电压间为“平方线性叠加关系”，即单电极产生的变形量与电压平方成正比，多电极产生的变形量等于各电极单独作用时所产生变形量之和。

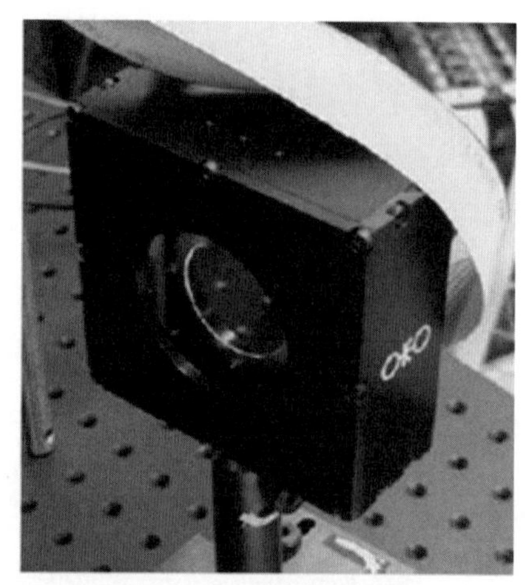

图 20 - 16　37 单元 ϕ15 mm 薄膜变形镜与 79 单元 ϕ40 mm 薄膜变形镜

薄膜变形镜受薄膜特性的影响，整体的谐振频率不能做到很高，所以一般适合在宽的空间频率范围内校正大幅值的低阶波像差。

20. 2. 2. 3　MEMS 变形镜

MEMS 变形镜是近年来发展起来的新型波前校正器。MEMS 变形镜分为分立表面变形镜（见图 20 - 17）和连续表面变形镜两种（见图 20 - 18）。其结构基本相似，所不同的只是分立表面 MEMS 变形镜使用分块反射镜，而连续表面 MEMS 变形镜使用一块完整的薄膜反射镜。

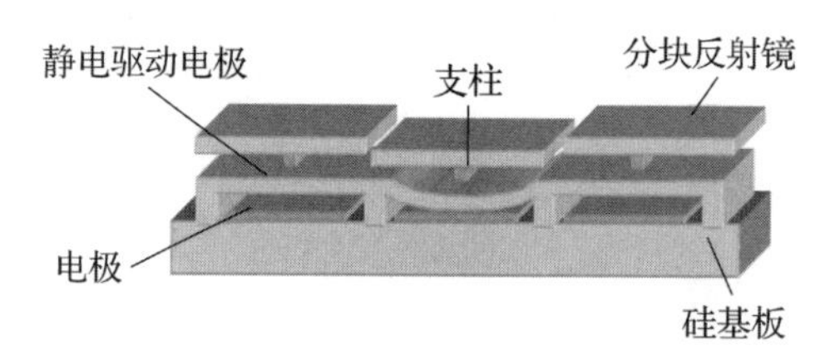

图 20 - 17　分立表面 MEMS 变形镜

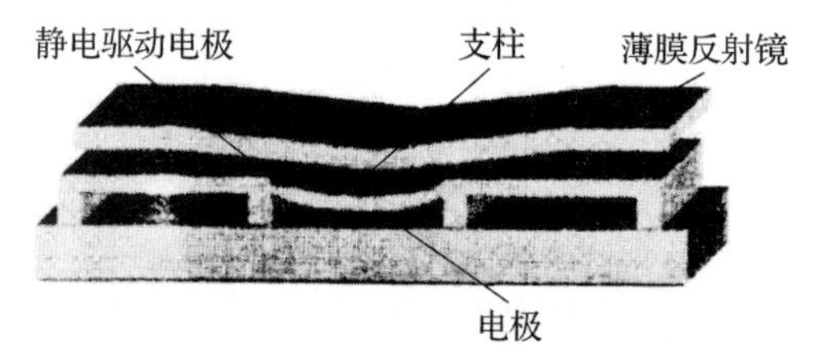

图 20 - 18　连续表面 MEMS 变形镜

分立表面变形镜波前动态校正范围大，散热好，并且通道数可以做得很多，任意两个致动器间的耦合系数为 0。但它的空间分辨率低、适配误差大、分立镜面之间的间隙导致光能损失，且呈光栅状分布的间隙导致衍射光斑中心峰能量降低，所以精度要求高的情况一般都使用连续表面变形镜。连续表面变形镜具有适配误差小，光能损失小，空间分辨率高，易抛光及控制绝对位相一致等优点。但波前位相动态校正范围小，可生成的面形受限，通道数较少。

与传统的压电陶瓷变形镜相比，该类变形镜在校正性能、加工性能、控制性能及价格方面都展示出其强大的优势。它的空间分辨率高（1 个校正单元仅为 1 μm 左右），适配误差小，一致性好，带宽很宽（ >66 kHz），通道数多（通常大于 1 000），动态范围较大（一般为几微米）；采用现有的半导体加工技术，不需要分块单独装配，与传统的集成电路（IC）加工兼容，可做成有标准管角引出的独立封装器件，也可以与电路做到一块板子上；MEMS 变形镜没有滞后效应，易于控制，并且工作电压也很低（一般小于 100 V）。使用静电力驱动，功耗小，发热少并且省电；由于 MEMS 变形镜采用现有的半导体加工技术，它具有半导体加工批量大，平均成本很低的特点（平均每个通道只需 10 美元）。因此它可以作为一个独立的模块，方便、快捷地进行更换。可见，使用 MEMS 技术生产的变形镜，可以在系统成像质量大幅度提高的同时减轻系统重量、加工周期、成本，并且使用方便。

基于 MEMS 技术的变形镜在国内外研究机构的努力下，取得了较好的效果，但是目前还存在一些主要问题：①静电驱动 pull - in 现象的存在使 MEMS 变形镜的校正行程有限。②MEMS 工艺释放的残余应力使变形镜的初始面形较差。③多单元数的 MEMS 变形镜需要研究能够与其有效集成在一起的集成控制电路，传统的电路板控制将会很难实现。这些是深入研究与应用 MEMS 变形镜的难点及急需解决的关键问题。

20.2.2.4 电磁驱动变形镜

电磁驱动型变形反射镜，依靠磁力控制反射镜面形。反射镜背面粘贴许多磁片，每个磁片对应基底上的一个线圈，通过电流控制吸引力或排斥力的大小。电磁驱动型变形反射镜的突出优点是变形量大，如法国 Image Optics 电磁驱动型变形镜，口径为 15 mm，单元数为 52，最大变形量为 ±50 μm。

20.2.2.5 双压电片变形镜

双压电片变形镜一般由多层平板组成，第一层用于抛光和涂高反射涂料，由硅制成，另外两层由 2 片压电陶瓷材料 PZT 组成。每个板牢牢地粘在相邻的板上。

由于压电材料的横向逆压电效应，在极化方向上施加一定电压就会引起材料沿垂直于极化方向伸展或收缩（视电压极性而定），如果两片压电材料的伸缩量不一致就会导致结构的弯曲变形。如图 20－19 所示，两片 PZT 薄片按相反的极化方向粘接在一起作为驱动层，再将其粘接到硅层上，硅层的外表面精密抛光后镀膜作为反射面，并固定硅层的外圈。里面的一层 PZT 两面都是整体的电极，其主要目的是校正离焦像差。外层 PZT 的一面是整体电极，而另一面则划分成分立的电极，这样，通过控制电压大小和施以特定的边界条件即可实现对面形的控制。

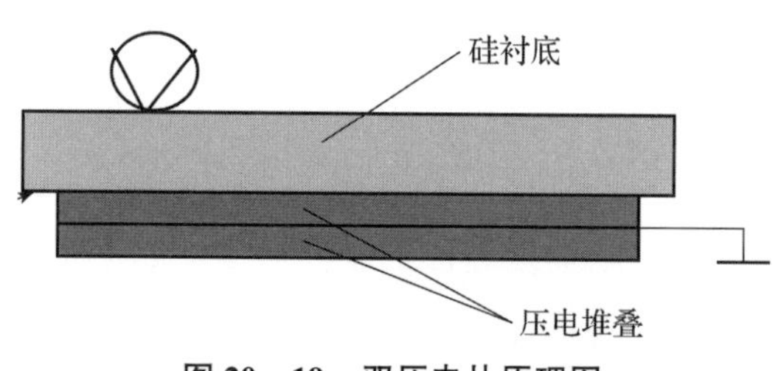

图 20－19 双压电片原理图

双压电片变形镜具有大行程量、连续表面、高响应频率、高激光损伤阈值，适合校正低阶像差，在光束净化、人眼眼底细胞成像、天文观测等领域得到了广泛应用。

20.2.3 变形镜的组成及特点

变形镜一般由光学元件、驱动器、支撑结构和控制器构成。镜面为分离或连续镜面，材料有光学玻璃、硅、C/SiC、金属等，驱动器则包括压电、磁致伸缩、静电驱动、音圈、MEMS 等，基板支撑结构则需要高刚度的材料，并具有一定的热匹配性。

空间光学从刚性设计到柔性设计，从小口径到大口径，从被动到主动，符合一般事务发展的最基本规律，而变形镜及其配套的自适应或主动光学系统正是使空间光学系统从被动到主动的关键组成部分。变形镜在空间领域的成熟应用还需经过一段时间的探索。从空间变形镜的应用领域来说，已经涉及对地高精度成像、空间红外低温成像等多个领域；从技术形式上来说，在空间变形镜试验验证中还没有出现某种垄断的技术性技术形式，各种技术形式都有具体的应用，比如 BMC 的 MEMS 技术、Cilas 的单压电技术、Cedrat 公司的堆栈压电技术。变形镜组件能否经受发射环境、能否在空间环境下生存以及是否具有足够的可靠性，是变形镜在空间应用必须要解决的问题，也是目前验证中重点关注的问题。在可靠性问题上，基于 MEMS 变形镜无故障循环次数目前可以达到 10^{11} 次以上。变形镜研究需重点关注的问题包括：

（1）驱动及装配技术，关注掉电保护、高密度装配、空间环境寿命问题。

（2）基于光学系统的集成式变形镜技术，关注变形镜的高阶像差调整能力和大行程调整的平台集成设计。

（3）基于虚拟仿真测试的集成设计环境。

（4）建立地面综合试验验证系统，关注变形镜组件的面形测试、拟合像差能力测试、运动稳定性、蠕变性能测试等。

20.2.3.1　镜面

变形镜镜面的材料要同时考虑其力学属性和热学属性。虽然变形镜镜面自身的一些热变形可以通过促动器来校正，但是材料也应具有较小的热膨胀系数和较大的热传导系数，以减小变形镜在温度梯度下的变形，降低促动器的负担，增大变形镜的动态校正范围。

ULE 和 Zerodur 的特点是热膨胀系数很小，本身具有良好的热环境适应性。

SiC 材料的刚度很大，具有良好的力学特性，但是需要很高的材料工艺才能实现较大径厚比镜体的制造，要求促动器具有较大的促动力。K9 玻璃和熔融石英的性能不是最优的，但成本低。

变形镜反射镜一般采用薄板式结构，也可以采用如背部开放或蜂窝型的结构，分别称为薄板镜面和结构镜面。

由于变形镜的镜面厚度较小，径厚比较大，因此在支撑点处会产生镜面波纹；对于连续镜面，不同促动器之间存在耦合。支撑点处产生的镜面波纹、促动器之间的耦合以及镜面产生的应力大小随镜面厚度的变化如图 20－20 所示[328]。

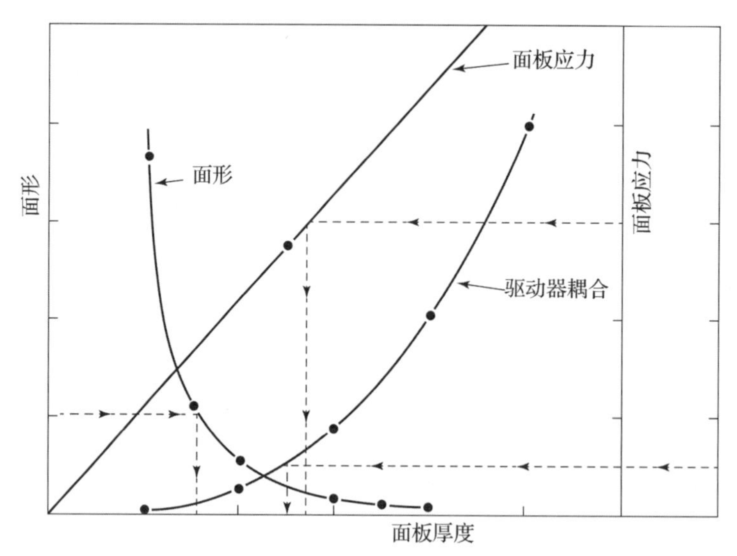

图 20-20 变形镜镜面材料选择的影响

镜面支撑点波纹随着厚度的增加而迅速减小，镜面之间的耦合则迅速增加，支撑点处产生的应力随着厚度的增加而线性增加。根据这种参数关系，校正高阶像差需要变形镜面在促动器的作用下产生高阶像差，因此应该采用柔性的镜面，即要求镜面厚度小（如 1~2 m）；当校正目标是低阶像差时，则不希望镜面在促动器的作用下产生波纹等高阶像差，反射镜面的厚度不能太小，使镜面保持一定的刚度。

厚度的具体量级则需要综合考虑镜面材料、结构与促动器数量以及校正的目标像差。针对空间相机中易于出现的像散、彗差等像差，变形镜镜面要具有定的比刚度，并采用较少的促动器。如对于 K9 玻璃，径厚比可以选取在 30 左右。

综上所述，对于空间相机中应用的变形镜，镜面径厚比的选择要使镜面具有定的刚度，减小波纹等高阶像差，提升组件的刚度以满足空间相机过载冲击中的刚度、强度要求，并且避免造成光学加工中的工艺难度大；厚度也不易过大，造成响应函数的过度耦合，校正精度下降；镜面材料要具备良好的稳定性和热环境适应性。例如，采用径厚比约为 30 的 ULE 薄板式玻璃作为反射镜镜面比较适合空间相机中应用[329]。

20.2.3.2 促动点布置

变形镜的数量与排布方式对变形镜的镜面响应函数产生直接的影响，是决定变形镜性能的重要参数。从理论上分析，变形镜控制的促动自由度数量不能少于待校正的目标像差的数量，而要在空间相机中应用，则促动器数量在满足校正精度的同时应尽量地少。

在主动光学技术中，能动主镜的促动点数量和排布是根据重力变形最小进行计算和分析的；而在自适应光学技术中，面对微小的大气扰动，通道数越多越好，常用的排布方式有圆形排布和六边形排布，如图 20－21 所示。

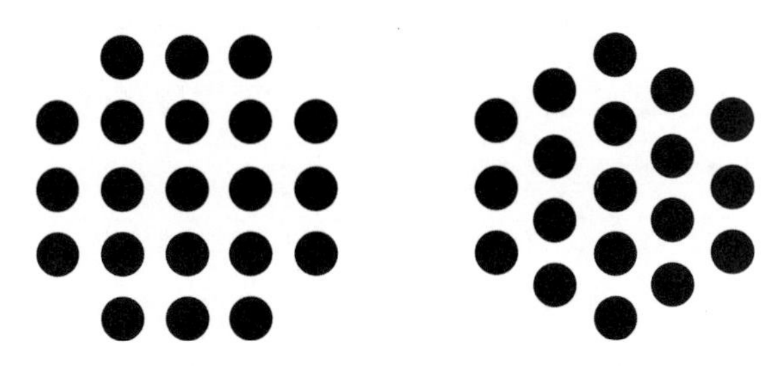

图 20－21　变形镜促动器典型排布

高精度的促动器是制造变形镜的关键器件。应用在空间相机的主动变形镜上，促动器不仅要保证具有足够的促动力、行程、高促动精度和定位精度、高响应速率，还要具有真空适应性、辐射适应性、耗能小、散热小的特点，对于中小口径的变形镜，促动器的尺寸也需要在设计时考虑。适合在空间用的促动器主要有以下几类，在设计中需根据具体情况进行选择。

(1) 电机。电机的种类主要有伺服电机、音圈电机、步进电机等。

(2) 压电陶瓷促动器 PZT。

(3) 铌酸铅镁陶瓷促动器 PMN。

与 PZT 相比，PN 促动器具有更大的刚度，并且能够产生拉力和推力，但是其缺点是产生的位移随电压的变化是非线性的，材料受温度的影响也比较大。

此外，液压和气压促动器也是常见的促动器类型，但是不适合空间相机的应用，这里不再详细介绍。

除了高位移精度的促动器，支撑结构中往往还需要力传感器或位移传感器，通过闭环反馈来实现主动支撑结构长时间的稳定性，提高精度。

总结：PZT 和 PMN 是性能更优异的促动器，成本高；电机类的促动器往往体积大，促动力小，精度有限，但是配合一定的机械结构或传感器也能达到较高的精度。

20.2.3.3 变形镜支撑

变形镜可以采用基于力或基于位移的支撑方式。采用力促动器作为主动支撑的元件时，支撑结构相对于镜面是柔性的，是一种“软支撑”。这种支撑的优点是能够实现反射镜和整个组件的去耦合，使变形镜能够保持长时间的稳定性，降低对控制系统效率的要求。同时，支撑结构中采用力传感器，能够精确地确定反射镜背面的作用力分布，并可以通过理论分析确定镜面产生的变形，特别是与最小能量模式联合作为校正方式，能够达到非常好的支撑和校正效果，这种支撑和校正方式广泛应用于大型主镜的主动光学技术中。

采用基于位移的支撑方式时，位移促动器及支撑结构相对于镜面具有很大的刚度，因此促动器发生的位移将全部转移到镜面背部的作用点上，是一种“硬支撑”，采用高精度的位移传感器能够使促动位移达到纳米量级精度的闭环控制。采用这种“硬支撑”，光学系统或支撑底座的变化会完全传递到镜面上，因此需要较高的校正频率，变形镜能够校正随时间变化较快的波前像差；如果控制系统或促动器的促动频率不能够满足要求，则需要联合开环控制来实现像差的校正。

采用基于力的支撑方式经常采用三点或六点的固定支撑，用于镜面空间位置的定位，并且能够承担一部分重力：如果采用六脚平台使变形镜能够产生平移和倾斜，则固定点起到了很大的支撑作用，因此在机械设计中要仔细考虑固定支撑点的设计。

针对空间光学遥感器中存在的低频变化的热变形以及重力、应力的释放，采用基于位移的支撑方式会导致底座的变形完全传递至镜面上，在保证快速闭环的条件下，这种支撑方式是可行的；但是采用力支撑的方式，通过力传感器或者支撑结构自身的稳定性，则可以降低对波前传感的频率要求，这对变形镜在空间中的应用是非常有意义的。

第 21 章 虚拟环境试验验证

虚拟试验是近年发展起来的基于软件工程研制的仿真试验系统。它不使用或者部分使用实际硬件来构造试验环境用以替代实际物理试验，是借助交互式技术和试验分析技术得到所需试验数据的方法。虚拟试验次数不受限制，具有可重复性。随着近年来计算机技术的飞速发展，虚拟试验技术广泛应用于汽车、医疗卫生、化工、机械、军事、航空航天、建筑等领域，在新产品研发以及测试方面起了巨大的作用。

在国外，尤其是美、俄、欧洲等的航天部门和宇航公司非常重视基于软件的航天器虚拟试验验证技术，投入大量经费用于基础性研究，所建立的仿真系统与虚拟试验系统在航天器研制的各个阶段发挥着重要作用。

21.1 虚拟振动试验

21.1.1 概述

虚拟试验与实物试验相对应，在虚拟环境中完成对应试验过程。具体指基于专业软件工具创建虚拟控制器模型、虚拟试验台模型以及虚拟试验件模型，并依托平台级集成和联合仿真解决方案，实现虚拟控制器、虚拟试验台以及虚拟试验件模型的多学科集成和联合仿真，进而实现虚拟试验过程。

为了保证虚拟试验相关模型的精确性，经常需要借助实物试验数据对模型以及数据进行修正和优化，即分析与试验一体化技术手段。例如，利用结构模态试验数据对有限元模型进行相关性分析，以判断有限元模型的精确度。并进一步以相关性分析结果为优化目标，以有限元模型中不确定参数为优化设计变量对有限元模型进行优化，以实现模型精度的提高，进而最终保障虚拟试验分析精度的提高。

建立虚拟试验系统可以有效改进现有技术流程，一是可以加快试验台本身设计方案，包括边界设计、工装设计、工况设计等的精确性、适用性等；二是在产品的设计过程，在物理样机未出来之前，通过虚拟试验完成产品的各项性能试验，从而从设计早期开始提高产品性能，节省成本，以保证产品的最终质量；三是可以显著提高产品研发效率、克服实物试验不可跨越的局限、提高产品的试前预示能力、试后分析能力，并降低产品可能存在的设计缺陷及后期试验过程中的试验风险。

具体来说，虚拟试验的目的是：

(1) 对产品设计方案的验证与优化。

①保证产品本身设计方案的合理性，保证“一次设计正确”，通过仿真方法尽可能在设计早期解决问题，避免在设计后期出现设计反复和颠覆性错误。

②保证产品通过试验认证，对产品进行各项应用工况的虚拟试验验证，加快产品的设计流程，优化产品性能，节省各项成本。

(2) 对实物试验的补充，部分替代实物试验。

①虚拟试验可覆盖所有工况：非正常工况，极限工况，危险工况。

②获取全面的测量信息：结构内部的应力应变，内部机构振动情况（轴承）。

③通过经验累积，模型精确度的提高，最终实现减少实物试验次数，替代部分实物试验，节省试验成本。

(3) 对产品试验方案的验证与优化。

①避免过试验或欠试验问题，防止过载风险，确定合适的加载，降低振动试验风险。

②对试验台设计方案进行论证和评估，对试验台及试验工装设计进行校合，保证试验本身设计不存在问题。

③对试验方案进行论证和评估，指导实物试验方案设计，例如传感器布置位置个数、激励位置等，缩短试验准备周期，提高试验效率，保证实物试验顺利进行。

21.1.2　虚拟试验方法

虚拟试验作为目前重要的工程验证手段，其涉及内容从纯虚拟环境下的虚拟试验，到半实物虚拟试验系统，从虚拟模态试验与相关性，到实物试验与验证等。具体内容包含：虚拟振动试验、虚拟加速度试验、虚拟冲击试验、虚拟热学环境试验、虚拟疲劳试验、虚拟噪声试验、虚拟系统集成试验、半实物虚拟试验等。

虚拟振动试验是指通过软件环境建立的振动试验系统模型和被测试件模型，在软件环境中基于振动试验系统和被测试件的虚拟仿真模型，完成与实际振动试验相同或类似的振动环境试验任务。

虚拟振动试验系统的主要建设目标是：

（1）完成振动台设计方案的验证与优化。振动台系统包括控制器、电磁激励促动器、执行环节、台面等，基于虚拟试验系统，能够建立完整的振动台系统模型，进行方案选型和设计验证；或对其中的子系统进行单独详细验证。

（2）虚拟振动试验。基于此虚拟振动试验系统，可以建立振动试验系统模型和试件模型，并将试件模型与振动台模型进行装配，完成各种工况的振动试验。

（3）基于虚拟振动试验的方案进行改进和优化。基于虚拟振动试验结果，对试件设计方案提出改进或优化方案。

开环虚拟振动试验系统框架如图 21－1 所示，闭环虚拟振动试验系统框架如图 21－2 所示。

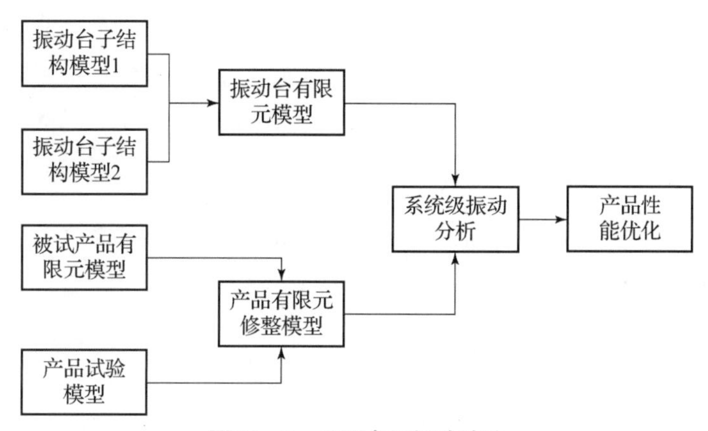

图 21－1　开环虚拟振动试验

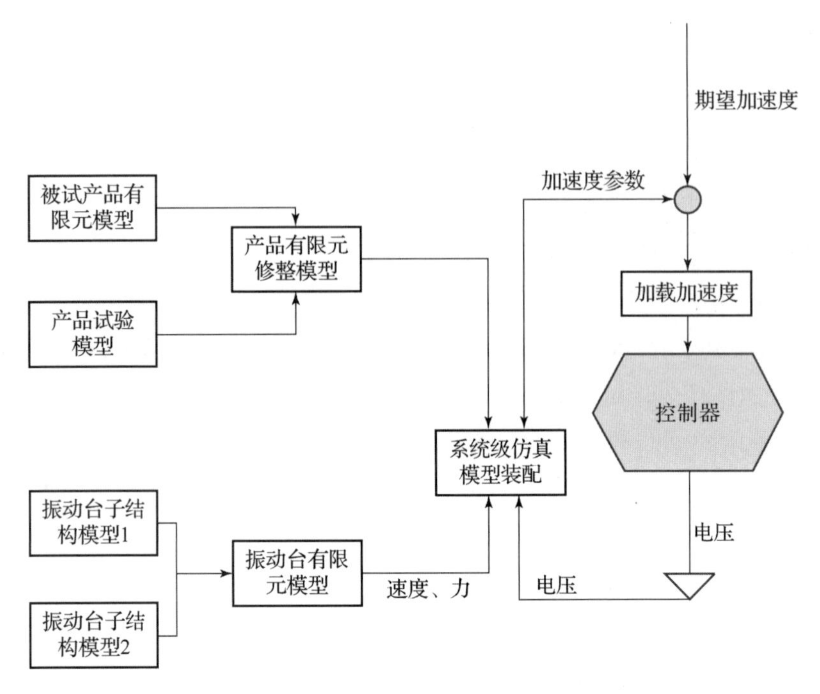

图 21－2　闭环虚拟振动试验

某卫星开展虚拟振动试验的案例如图 21－3 所示。

振动台的多体动力学模型与振动控制模型以及电磁模型集成时，一方面振动台模型将台面的加速度响应反馈给系统仿真软件（如 AMESim）的控制器模型，与期望的加速度进行比较，经控制运算和放大后得到电压信号，此电压信号进一步传给电磁模型，从而产生相应的振动激励力。振动激励力通过接口传递到多体动力学软件中的多体模型，施加在振动台上，如此构成闭环。

在机电综合方法中，试件的模型是柔性体模型，与振动台的多体模型在软件环境中进行装配和耦合分析。柔性体模型可以进行试验相关性分析和模型修正，已保证结果的精确性。机电综合方法的好处是能够建立完整的振动台闭环模型，通过集成的多学科仿真，研究振动台机械结构设计、控制律和控制器参数、电磁系统参数等，对振动台各组成子系统进行方案选型，是进行振动台设计的理想方法。

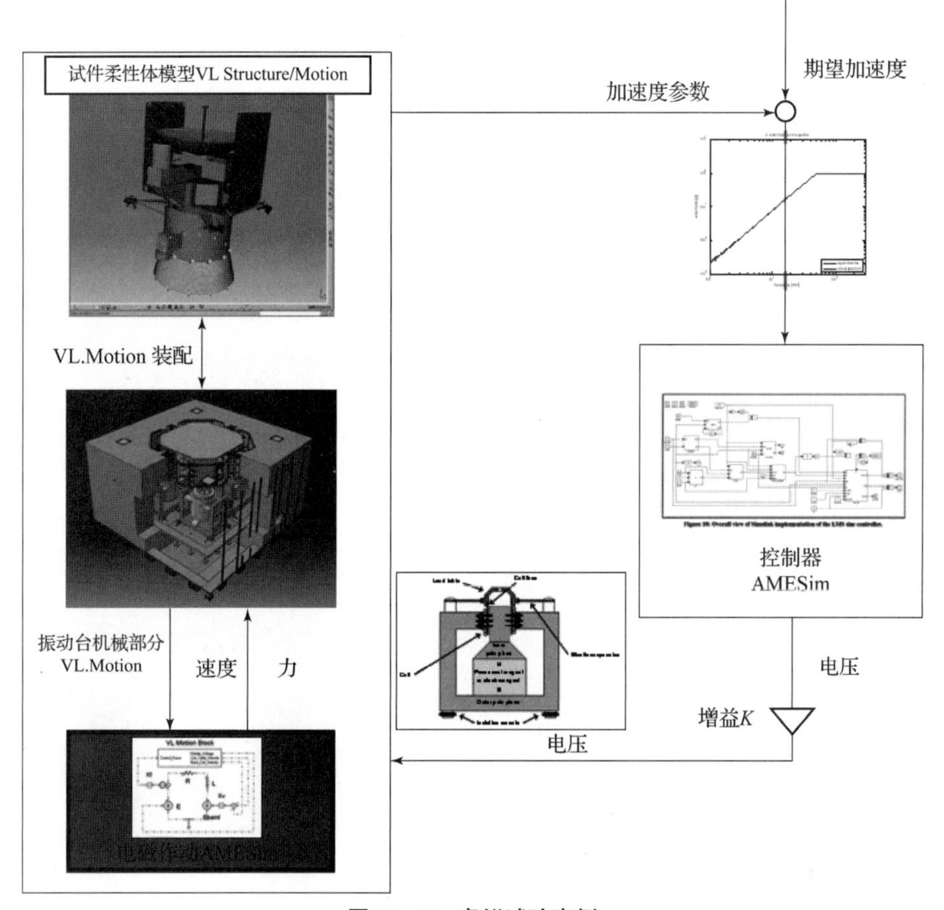

图 21－3　虚拟试验案例

21.2　虚拟热试验

建立虚拟热试验能力可以使热环境地面模拟试验的技术水平有较大的提高，它对热环境地面模拟试验具有预示和指导的作用，能够降低试验成本，缩短试验周期；同时还可以实现超出现有热环境地面模拟能力的热环境模拟，为型号的研制提供依据，从而加快型号研制进度、提高型号产品质量、降低型号研制成本。

虚拟热试验技术是建立在准确的热分析和温度预示基础上的。在热试验领域，美国等发达国家已经将虚拟试验技术固化到典型热试验流程中，根据虚拟试验结果指导试验加热设计和边界设计，并与热试验结果一起用于结构热分析。

虚拟热试验和物理热试验相结合，在方案设计阶段，通过虚拟热试验分析，可以调整物理热试验方案设计，使得加热热场、安装边界等设计更加合理；在物理热试验实施阶段，结合虚拟热试验分析结果，对试验安装和夹具设计进行指导，规避可能的风险及不合理因素；在试验结束后，通过结果对比分析，优化虚拟热试验分析的参数及模型，可用于结构其他热、力学特性分析。

21.2.1 虚拟热试验概述

虚拟热试验分为不可控热试验和可控热试验，可控热试验又分为开环控制热试验和闭环控制热试验。

对于闭环控制热试验来说，热试验控制系统采用控制技术（PID），输出控制信号给热试验环境系统，热试验环境系统对试验件施加一定的边界热载荷，试验件上的热传感器反馈信号给热试验控制系统，其计算并调整下一次输出的控制信号的大小，以满足边界载荷按照给定的时序变化。其原理如图 21 –4 所示。

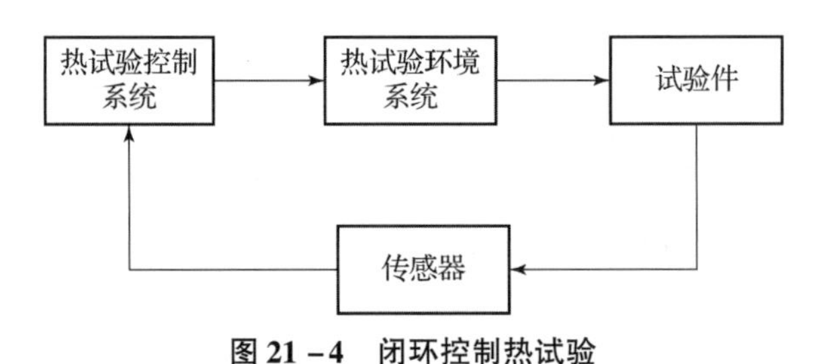

图 21 –4 闭环控制热试验

热试验系统包括热试验控制系统、热试验环境系统、试验件和传感器等部件。虚拟热试验技术是一个系统工程，可利用工业软件对热试验系统的各个环节进行建模，并进行集成，完成虚拟热试验分析，对试验件的热试验结果进行预测，实现试验件热设计方案的优化和验证。

同时虚拟热试验分析还可以指导热试验设计。可以将不同的设计方案应用到模型当中，并通过所得的温度结果指导试验设计，在满足试验要求的情况下避免冗余设计，这样可以缩减试验时间，降低试验成本。

21.2.2 虚拟热试验环境系统

在地面模拟试验时，实际施加到结构件上的载荷条件为试验各装置和周围环境的综合作用，除了加热器发出的辐射热之外还有周围环境施加的作用，环境边界包括地面试验室环境下的空气对流环境、结构件表面对外的辐射散热，以及试验工装产生的附加影响等。

结构热试验的热载荷施加系统常用的为石英灯加热器，石英灯加热器的输入参数为功率供给系统的功率输出信号，加热器的仿真可以使用加热元件（单根石英灯）为基本单元模块，按照石英灯的排列方式、反射板的结构形式等建立数学模型。其特性包括启动与正常工作时的电阻特性、单根石英灯的电压－温度特性、加热器的辐射特性、加热器的工作时间常数、加热器的工作温度等各项参数，其建模过程也就是这些参数的提炼过程，将能反映加热器各项特性的参数提炼成为综合的电压输入－热流输出特征模型。

航天器热试验会用到红外加热器（红外加热笼、红外灯阵）、热沉和工装支架等。通过试验件高低温以及升降温速率的要求确定红外加热器各项物理参数，设计红外加热器分区结构。常见热沉为低温罐，罐内布有氮气管路，用来模拟空间低温环境。工装支架是试验件和空间环境模拟器之间的连接形式。需要确定工装支架形式和材料性能参数，分析工装支架在热真空试验中对高温和低温工况的影响。

虚拟热试验环境系统的建模包括加热器、热沉、工装等的建模和分析。未来，虚拟试验技术在空间光学遥感器结构机构的设计与验证中将起到越来越重要的作用。

参考文献

[1] 杨维垣．空间机构分类及可靠性研究［J］．航天器工程，1994（1）：31－39.

[2] What is the Hubble Space Telescope?［EB/OL］．2009．https://www.4thdayalliance.com/articles/space－exploration/hubble－space－telescope/.

[3] 杨洪波．空间遥感器动力学环境计算机仿真［J］．光学精密工程，1998（06）：40－45.

[4] 朱凤梧，陈钦楠，杨勇，等．关于航天器产品研制试验的思考［J］．航天器环境工程，2016，33（5）：470－478.

[5] NASA. Design－development testing－Space vehicle design criteria：NASA SP－8043［S］．1970.

[6] 卢锷，颜昌翔，吴清文，等．空间光学遥感器环境适应性设计与试验研究［J］．中国光学与应用光学，2009，2（5）：364－376.

[7] REESE K，MARTIN A，ACTON D. STPSat－3：The Benefits of a Multiple－Build，Standard Payload Interface Spacecraft Bus［C］．28th Annual AIAA/USU Conference on Small Satellites，Logan，Utah，Aug. 4－7，2014.

[8] CAWTHORNE A，BEARD M K，CARREL A R，et al. Launching 2009：The NigeriaSat－2 Mission@ High－performance Earth Observation with a Small Satellite［C］．22nd Annual AIAA/USU Conference on Small Satellites，Utah State University，Logan，Utah，August 12，2008.

[9] 王阿春，于治会．机电产品在车载运输过程中的振动情况［J］．航空精密

制造技术，2002（6）：42－45.

[10] 周静淑，刘朝晖，许峰．车载状态下光电经纬仪的减振防护研究［J］．光子学报，2007（S1）：244－248.

[11] 肖刚，郝文宇，张国芬，等．航天器空运包装箱的研制及其运输试验评价［J］．航天器环境工程，2010，27（6）：795－799.

[12] 王晓耕，邓卫华，邹铁群．卫星主动段动力学环境数据分析［J］．航天器环境工程，2014，31（1）：9－14.

[13] 三浦健史，佐々木雅範，川崎春夫，等．超低高度衛星技術試験機「つばめ」（SLATS）の開発と運用結果［J］．日本航空宇宙学会誌，2020，68（9）：265－271.

[14] CLAEYS C，SIMOEN E. Radiation Effects in Advanced Semiconductor Materials and Devices［M］. Springer Science & Business Media，2002.

[15] 滕可心．原子氧侵蚀航天材料 Kapton 的机理研究［D］．哈尔滨：哈尔滨工业大学，2019.

[16] 吕久明，路建功，刁晶晶，等．超低轨道卫星技术发展现状及应用［J］．国防科技，2020，41（1）：33－37.

[17] 刘海，何世禹，刘金城，等．空间辐照环境对光学材料作用效应的模拟研究［J］．光学技术，2002（1）：43，44－46.

[18] 吕玉冰，王颖，汪朝敏，等．总剂量辐照效应模型在 TDI－CCD 器件中的应用［J］．半导体光电，2014，35（5）：782－784.

[19] 李青，李静，冯咬齐，等．航天器微振动一体化建模与控制研究［J］．机械科学与技术，2017，36（9）：1464－1471.

[20] 王红娟．航天器微振动对空间相机像质的影响［J］．光子学报，2013，10：1212－1217.

[21] 邵骁麟．航天器典型部件微振动隔离技术研究［D］．上海：上海交通大学，2013.

[22] FLINT E，FLANNERY P，EVERT M E，et al. Cryocooler Disturbance Reduction with Single and Multiple Axis Active/Passive Vibration Control Systems［C］. Smart Structures，2000.

[23] 章令晖，陈萍，王琦洁，等．适用于遥感器遮光罩的复合材料及工艺研究[J]．宇航学报，2014，35（6）：726－734.

[24] 章令晖，陈萍．复合材料在空间遥感器中的应用进展及关键问题［J］．航空学报，2015，36（5）：1385－1400.

[25] 赵野，李玲．空间光学遥感器光机结构材料应用情况及展望［J］．航天返回与遥感，2011，32（4）：68－74.

[26] 张健，籍庆辉．碳纤维复合材料疲劳寿命预测流程［J］．汽车实用技术，2018，44（10）：135－138，143.

[27] 马彦，马青松，陈朝辉．连续纤维增强陶瓷基复合材料国外应用研究进展[J]．材料导报，2007，21（Z1）：401－404.

[28] 徐永东，成来飞，张立同，等．连续纤维增韧碳化硅陶瓷基复合材料研究[J]．硅酸盐学报，2002，30（2）：184－188.

[29] THORNTON E A. Spacecraft Structures and Mechanisms－From Concept to Launch［J］. Journal of Spacecraft and Rockets，1997，34（3）：408.

[30] 王俊．航天光学成像遥感器动态成像质量评价与优化［D］．长春：中国科学院长春光学精密机械与物理研究所，2000.

[31] 卢春莲．航天器目标红外和可见光辐射特性及其抑制方法研究［D］．哈尔滨：哈尔滨工业大学，2010.

[32] 郝宝新，周志成，曲广吉，等．大型航天器桁架式主承力结构构型拓扑优化研究［J］．航天器工程，2014，23（2）：44－51.

[33] MICHELL A G. The Limits of Economy of Material in Frame－Structures［J］. The London，Edinburgh，and Dublin Philosophical Magazine and Journal of Science，1904，8（47）：589－597.

[34] DORN W. Automatic Design of Optimal Structures［J］. J. de Mecanique，1964，3（6）：25－52.

[35] 杨勋，徐抒岩，李晓波，等．温度梯度对大口径反射镜热稳定性公差的影响［J］．红外与激光工程，2019，48（9）：207－216.

[36] 王巧霞．应力卸载在空间光学遥感器中的应用［C］．中国宇航学会，中国光学学会，中国遥感应用协会，中国空间技术研究院，2013.

[37] ANDRZEJEWSKI R, AWREJCEWICZ J. Nonlinear Dynamics of a Wheeled Vehicle [M]. Springer Science & Business Media, 2006.

[38] TIMOSHENKO S. Theory of Elastic Stability [M]. Tata McGraw - Hill Education, 1970.

[39] WOLFF E G. Introduction to the Dimensional Stability of Composite Materials [M]. Destech Publications, Inc., 2004.

[40] 吴晶，李文芳，蒙继龙. 金属基复合材料的微屈服行为 [J]. 材料科学与工程，2002，20 (4)：594 -596.

[41] 吴晶，李文芳，蒙继龙. 金属基复合材料的微屈服行为 [J]. 材料科学与工程，2002，20 (4)：594 -596.

[42] 丁延卫，刘剑，卢锷. 空间环境对光学成像遥感器尺寸稳定性的影响[J]. 光学精密工程，2002，10 (1)：106 -109.

[43] Pleiades - HR (High - Resolution Optical Imaging Constellation of CNES) [EB/OL]. 2009. https://earth.esa.int/web/eoportal/satellite - missions/p/pleiades.

[44] GLEYZES M A, PERRET L, KUBIK P. Pleiades System Architecture and Main Performances [J]. Int. Arch. Photogramm. Remote Sens. Spatial Inf. Sci., 2012, XXXIX - B1: 537 -542.

[45] 陈昌亚. 对卫星承力筒结构合理选用的初步研究 [J]. 上海航天，2000，17 (5)：34 -36，41.

[46] 宁晓周，黄云，孙东华，等. 空间遥感器复合材料主承力相机底板研制技术 [J]. 航天制造技术，2017 (3)：4 -8.

[47] LALLO M D. Experience with the Hubble Space Telescope: 20 Years of an Archetype [J]. Optical Engineering, 2012, 51 (1): 011011 -1 -18.

[48] 袁健，沙巍，陈长征. 空间相机桁架式支撑结构的集成优化设计 [J]. 红外与激光工程，2015，44 (12)：3661 -3666.

[49] 安明鑫. 大型空间相机桁架结构稳定性研究 [D]. 长春：中国科学院长春光学精密机械与物理研究所，2017.

[50] 张凯，何欣，赵海平. 空间遥感相机桁架机身接头结构的设计和分析[J].

红外，2013，34（10）：10－15.

[51] CHANDRA R，SINGH S P，GUPTA K. Damping Studies in Fiber－reinforced Composites：a Review [J]. Composite Structures，1999，46：41－51.

[52] 任勇生，刘立厚. 纤维增强复合材料结构阻尼研究进展 [J]. 力学与实践，2004，26（1）：9－16.

[53] 张少辉，陈花玲. 国外纤维增强树脂基复合材料阻尼研究综述 [J]. 航空材料学报，2002，22（1）：58－62.

[54] 王丹. 基于粘弹性阻尼器的整星隔振系统的非线性动力学研究 [D]. 西安：西安理工大学，2020.

[55] 王鹏. 粘弹性阻尼在空间桁架和航天载荷上的减振分析和试验研究 [D]. 沈阳：东北大学，2017.

[56] 刘强. 超宽覆盖空间遥感器底部支撑结构的研究 [D]. 长春：中国科学院长春光学精密机械与物理研究所，2013.

[57] 李庆林，魏鑫，张凤芹. 空间遥感相机柔性装星结构设计与仿真分析 [J]. 航天返回与遥感，2015，3：48－53.

[58] 郭权锋. 同轴三反空间相机结构稳定性研究 [D]. 北京：中国科学院大学，2012.

[59] 李炳强，何欣，袁涛. 空间光学遥感器运动学支撑方案设计与分析 [J]. 光学仪器，2013，35（1）：54－59.

[60] 李炳强. 空间光学遥感器运动学支撑方案设计与分析 [D]. 北京：中国科学院大学，2012.

[61] WHITEHEAD T N. The Design and Use of Instruments and Accurate Mechanism，Underlying Principles [J]. The Journal of Physical Chemistry，1934，39：306.

[62] 张立浩. 空间遥感器的运动学支撑研究 [J]. 中国科技信息，2015（24）：53－55.

[63] LI Q，YANG L，ZHAO W，et al. Design of Positioning Mechanism Fit Clearances Based on On－Orbit Re－Orientation Accuracy [J]. Applied Sciences，2019，9（21）：4712.

[64] 安明鑫，薛闯，张立浩，等. 切向双脚架－运动学支撑结构的柔度研究

[J]. 红外与激光工程，2017，46（7）：143－149.

[65] AN M，ZHANG L，XU S，et al. Design，Analysis，and Testing of Kinematic Mount for Astronomical Observation Instrument Used in Space Camera [J]. The Review of Scientific Instruments，2016，8711：114501.

[66] BELY P. The Design and Construction of Large Optical Telescopes [M]. Springer，2003.

[67] 赖宇阳. Isight 参数优化理论与实例详解 [M]. 北京：北京航空航天大学出版社，2012.

[68] 张珑. 空间大口径反射镜加工测量中的支撑力感知及控制研究 [D]. 上海：中国科学院研究生院（上海技术物理研究所），2018.

[69] MILLER J L，FRIEDMAN E，Sanders－Reed J N，et al. Photonics Rules of Thumb [M]. SPIE Press Bellingham，Washington，2020.

[70] PARKS R，WORTLEY R，CANNON J. Engineering with Lightweight Mirrors [C]. Astronomical Telescopes and Instrumentation，1990.

[71] ANDERSON D，PARKS R，HANSEN Q M，et al. Gravity Deflections of Lightweighted Mirrors [C]. Astronomical Telescopes and Instrumentation，1982.

[72] VUKOBRATOVICH D，VUKOBRATOVICH S M. Introduction to Opto－mechanical Design [M]. Raytheon Systems Company，1999.

[73] PAUL R. YODER D V. 光机系统设计 [M]. 4 版. 周海宪，等，译. 北京：机械工业出版社，2020.

[74] 刘宏伟，张芹，丁亚林，等. 基于有限元分析的长条状主镜支撑结构设计 [J]. 光学精密工程，2003，11（6）：555－559.

[75] 刘贝. 空间大口径反射镜组件优化设计及可调节支撑技术研究 [D]. 西安：中国科学院大学（中国科学院西安光学精密机械研究所），2019.

[76] 田畑真毅. 衛星用大型鏡キネマティックマウントの高機能化検討 [C]. 年次大会 2017.

[77] DANJON A，COUDER A. Lunettes et Télescopes：Théorie，Conditions d'emploi，Description，Réglage，Histoire [C]. Editions de la Revue d ´

Optique Theorique et Instrumentale, Paris, 1935.

[78] 王忠善. 天基大口径单体反射镜结构优化及其支撑技术研究 [D]. 长春: 中国科学院长春光学精密机械与物理研究所, 2019.

[79] KÄRCHER H, EISENTRAEGER P, SÜSS M. Mechanical Principles of Large Mirror Supports [C]. Astronomical Telescopes + Instrumentation, 2010.

[80] KÄRCHER H, EISENTRÄger P, SÜss M. Mechanical Principles of Large Mirror Supports [J]. Proceedings of SPIE - The International Society for Optical Engineering, 2010, 7733: 82.

[81] BITTNER H, ERDMANN M, HABERLER P L F, et al. SOFIA Primary Mirror Assembly: Structural Properties and Optical Performance [C]. SPIE Astronomical Telescopes + Instrumentation, 2003.

[82] WEINGROD I, CHOU C, HOLMES B, et al. Design of Bipod Flexure Mounts for the IRIS Spectrometer [C]. Optics & Photonics - Optical Engineering + Applications, 2013.

[83] 周宇翔. 空间反射镜 Bipod 支撑技术研究 [D]. 上海: 中国科学院研究生院 (上海技术物理研究所), 2016.

[84] 黄真, 赵永生, 赵铁石. 高等空间机构学 [M]. 高等教育出版社, 2006.

[85] 马尧. 空间反射镜组件 Bipod 柔性元件卸载能力分析 [J]. 航天返回与遥感, 2013 (3): 74-80.

[86] 董得义, 庞新源, 张学军, 等. 空间大口径单体反射镜计量卸荷支撑研制中的关键技术 [J]. 光学精密工程, 2019, 27 (10): 2165-2179.

[87] MYERS R H, MONTGOMERY D C, Anderson-Cook C M. Response Surface Methodology: Process and Product Optimization Using Designed Experiments [M]. John Wiley &Sons, 2016.

[88] OZAKI T, KUME M, OSHIMA T, et al. Mechanical and Thermal Performance of C/SiC Composites for SPICA Mirror [C]. Optical Materials and Structures Technologies II, 2005.

[89] NAVARRO R, ELSWIJK E, HAAN M D, et al. X-shooter Near-IR Spectrograph Arm: Design and Manufacturing Methods [C]. SPIE Astronomical

Telescopes + Instrumentation, 2006.

[90] KROES G, KRAGT J, NAVARRO R, et al. Opto - mechanical Design for Transmission Optics in Cryogenic IR Instrumentation [C]. Astronomical Telescopes + Instrumentation, 2008.

[91] KROES G, VENEMA L, NAVARRO R. Opto - mechanical Design for Transmission Optics in Cryogenic Space Instrumentation [C]. International Conference on Space Optics, 2017.

[92] TANG X, HU F, WANG M, et al. Inner FoV Stitching of Spaceborne TDICCD Images Based on Sensor Geometry and Projection Plane in Object Space [J]. Remote. Sens., 2014, 6: 6386 - 6406.

[93] HWANGBO J, CHEN Y, LI R. Precision Processing of Hirise Stereo Orbital Images for Topograpic Mapping on Mars [C]. ASPRS 2010 Annual Conference, San Diego, California, April 26 - 30, 2010.

[94] 李富强，曹东晶，姜海滨，等．大畸变航天遥感相机焦面弧形拼接[J]. 光学学报，2020，40（20）：71 - 76.

[95] Le Goff R, PRANYIES P, TOUBHANS I. Focal Plane AIT Sequence: Evolution from HRG - spot 5 to Pleiades HR [C]. International Conference on Space Optics—ICSO 2006, 2017: 105671O.

[96] 徐明飞，黄玮．基于同心球透镜的四镜头探测器阵列拼接成像系统 [J]. 中国光学，2014（6）：936 - 941.

[97] 龚大鹏．航天遥感相机焦面技术研究 [D]. 长春：中国科学院长春光学精密机械与物理研究所，2015.

[98] SULTANA J A, O'NEILL M. Design, Analysis, and Testing of a CCD Array Mounting Structure [C]. Optics & Photonics, 1991.

[99] KURCZYNSKI P, MILOJEVIC S. Enabling Discoveries: a Review of 30 Years of Advanced Technologies and Instrumentation at the National Science Foundation [J]. Journal of Astronomical Telescopes, Instruments, and Systems, 2020, 6: 30901.

[100] WISNIAK J. James Dewar @ More than a Flask [C]. Indian Journal of

Chemical Technology, July, 2003.

[101] HAN W, LEE D H, PARK Y, et al. System Design of the Compact IR Space Imaging System MIRIS [C]. Astronomical Telescopes + Instrumentation, 2010.

[102] 王亚妮，张巍，迟国春，等. 制冷机与红外探测器冷链耦合技术研究 [J]. 激光与红外，2018，48（2）：148 – 152.

[103] 邓蔚，孙鸿生，朱颖峰，等. 超长线列红外探测器与制冷机耦合的柔性冷链发展现状 [J]. 红外技术，2020，42（1）：10 – 18.

[104] 李亮. 快速插拔航天电子机箱关键技术研究 [D]. 沈阳：沈阳航空航天大学，2013.

[105] 王晨. 电磁兼容性在结构设计方面的应用 [J]. 电脑开发与应用，2003（7）：32 – 33，38.

[106] ZEITLIN C, HEILBRONN L, MILLER J, et al. Ground – based Testing of Radiation Shielding Materials [C]. 42nd AIAA Aerospace Sciences Meeting and Exhibit, 2004.

[107] DING Y W. Computer Aided Thermal Analysis Method of a Space Optical Remote Sensor [J]. Journal of the Graduate School of the Chinese Academy of Science, 2003, 41 (4): 407 – 413.

[108] 连新昊，王伟奇，黄巧林，等. 遥感器焦面电路热设计改进的模拟试验 [J]. 航天返回与遥感，2012，136（4）：50 – 56.

[109] 曾斌. 航天电子设备的结构设计 [J]. 电子机械工程，2008，24（5）：5 – 7，10.

[110] 李玲，蔡永斌，李新. 光学系统“鬼像”问题的分析 [J]. 科技与生活，2013，5（2）：235，243.

[111] 吴厚翠. 我国星船消杂光功能应用表面处理概况 [C]. 2002 北京电镀行业清洁生产研讨会，中国北京，2002.

[112] 尚玲. 天基可见光探测相机光学系统设计及杂散光分析 [D]. 北京：中国科学院大学，2011.

[113] 梅超. 大口径多光谱变焦光学系统杂散光分析与抑制技术研究 [D]. 西

安：中国科学院大学（中国科学院西安光学精密机械研究所），2014.

[114] 陈醒，胡春晖，颜昌翔，等．大视场空间可见光相机的杂散光分析与抑制 [J]．中国光学，2019，64（3）：678－685.

[115] 杨召松．遮光罩杂光抑制性能仿真分析及优化设计 [D]．哈尔滨：哈尔滨工业大学，2016.

[116] 陈学，孙创，夏新林．具有蜂窝内壁的遮光罩杂散光抑制特性分析 [J]．光学学报，2012，32（5）：222－226.

[117] 周军．红外目标探测系统的杂散辐射研究 [D]．哈尔滨：哈尔滨工业大学，2013.

[118] 谈和平，夏新林，刘林华，等．红外辐射特性与传输的数值计算：计算热辐射学 [M]．哈尔滨：哈尔滨工业大学出版社，2006.

[119] 肖静，张彬，姚秀文，等．镜面污染对红外光学系统杂散辐射性能的影响 [J]．红外与激光工程，2011，40（3）：402－407.

[120] 李欣耀，裴云天，王成良．空间光学系统中红外杂散辐射的抑制方法 [J]．红外，2011，32（1）：31－34.

[121] 刘洋，方勇华，吴军，等．中红外平面光栅光谱仪系统杂散光分析 [J]．红外与激光工程，2015（4）：1164－1171.

[122] KAISER C，WIDANI C，HÄRTEL K，et al. Development and Verification of a High－performance CFRP Structure for the Space－borne Lidar Instrument ALADIN [C]. International Conference on Space Optics 2006，Noordwijk，Netherlands，June 27－30，2006，2017.

[123] 钟学明，肖金辉，姜亚龙，等．相变贮热材料及其在太空中的应用 [J]．江西科学，2004，22（5）：399－402.

[124] GROB E W，BAKER C，MCCARTHY T V. Geoscience Laser Altimeter System（Glas）Loop Heat Pipes－An Eventful First Year On－Orbit [R]. NASA，2004.

[125] KUMAR P，WANGASKAR B，KHANDEKAR S，et al. Experimental Investigation of Thermal Performance of Bi－porous Wicks for Loop Heat Pipe Evaporator Using IR Thermography [C]. 10th International Conference on

Thermal Engineering: Theory and Applications, Muscat, Oman, February 26 - 28, 2017.

[126] Thermal Straps [EB/OL]. 2021. https://www. techapps. com/thermal - straps.

[127] 闵桂荣, 郭舜. 航天器热控制 [M]. 北京: 科学出版社, 1998.

[128] 王兴茂, 刘俊杰. 热塑性聚酰亚胺在高频头适应诱发高温上的应用 [J]. 航天制造技术, 2007 (4): 16 - 19, 23.

[129] 孙宝玉. 轻型大视场光学遥感器结构动态特性研究 [D]. 长春: 中国科学院长春光学精密机械与物理研究所, 2004.

[130] 王博. 微振动对空间相机成像影响分析 [D]. 武汉: 华中科技大学, 2015.

[131] 王成彬. 提高光机热集成分析精度的关键技术研究 [D]. 上海: 中国科学院研究生院 (上海技术物理研究所), 2016.

[132] 牛一虹, 刘波, 韩雪峰, 等. 复合材料与金属接头胶接建模精度研究 [J]. 计算机仿真, 2013, 30 (4): 248 - 252.

[133] FITTON M D, BROUGHTON J. Variable Modulus Adhesives: an Approach to Optimised Joint Performance [J]. International Journal of Adhesion and Adhesives, 2005, 25: 329 - 336.

[134] 梁旭豪. 加筋强化复合材料蜂窝夹层结构压缩失效分析 [D]. 大连: 大连理工大学, 2015.

[135] 柴洪友, 等. 航天器结构与机构 [M]. 北京: 北京理工大学出版社, 2018.

[136] 刘光. 基于光机热集成的空间相机主动热光学关键技术研究 [D]. 长春: 中国科学院长春光学精密机械与物理研究所, 2019.

[137] 于鑫. 离轴四反系统的计算机辅助装调技术研究 [D]. 长春: 中国科学院长春光学精密机械与物理研究所, 2015.

[138] DOYLE K, GENBERG V, MICHELS G J. Integrated Optomechanical Analysis [M]. Second Edition. SPIE press, 2012.

[139] 赵振明, 于波, 苏云, 等. 基于真空试验的热光学集成分析方法 [J]. 航天返回与遥感, 2013, 34 (1): 60 - 66.

[140] 向树红. 航天器力学环境试验技术 [M]. 北京: 中国科学技术出版

社，2008.

[141] 徐国梁．大型航天器地面静力试验承载设备研究 [D]．哈尔滨：哈尔滨工业大学，2010.

[142] 辛鹏．振动时效法消除结构残余应力技术研究 [D]．北京：北京理工大学，2015.

[143] 许旸．振动时效的振动力学分析 [J]．焊接学报，2000，21（1）：79.

[144] 芦亚萍．振动消除残余应力机理分析及试验研究 [D]．杭州：浙江大学，2002.

[145] 李威．空间光学遥感器振动夹具的设计与研究 [J]．光机电信息，2010，27（9）：16-22.

[146] 齐晓军．航天器振动试验控制技术研究 [D]．长沙：国防科学技术大学，2011.

[147] 王招霞，宋超．摆锤式冲击响应谱试验机的调试方法 [J]．航天器环境工程，2010，27（3）：336-338.

[148] 晏廷飞，李晔，朱子宏．振动台进行冲击响应谱试验控制参数优化方法 [J]．装备环境工程，2012，9（3）：33-36，65.

[149] 李宗轩．主反射镜组件柔性环节随机振动响应分析与试验 [J]．红外与激光工程，2014，43（S1）：101-107.

[150] 陈建军．关于机构精度的探讨 [J]．机械传动，2008，32（4）：13-16.

[151] 刘维民，翁立军，薛群基．空间运动机构的润滑 [C]．中国工程院化工、冶金与材料工程学部第五届学术会议论文集，海南博鳌，2005.

[152] 汪力，闫荣鑫．超高真空环境冷焊与防冷焊试验现状与建议 [J]．航天器环境工程，2008，105（6）：558-563，499.

[153] 刘兆富．超磁致伸缩促动器的基础理论研究与性能特性分析 [D]．武汉：武汉理工大学，2020.

[154] CLARK A E. Magnetostrictive Rare Earth - Fe2 Compounds [J]. Handbook of Ferromagnetic Materials, 1980, 1: 531-589.

[155] De Lacheisserie é D T, GIGNOUX D, SCHLENKER M. Magnetostrictive Materials [M]. Boston, MA: Springer US, 2002: 213-234.

[156] KIESEWETTER L, PIETSCH K. Miniature Piezoelectric Relay with Low Operate Voltage and Short Switching Time Using a Monolithic Multilayer Bender Actuator [J]. Actuator 98, 1998: 147 - 151.

[157] 刘旭辉，张慧，高晓莉，等. 超磁致伸缩驱动器及其性能测试系统的设计 [J]. 煤矿机械，2015，36 (10): 33 - 34.

[158] Harmonic Drive [EB/OL]. 2021. https://www. harmonicdrive. net/.

[159] 陈小伟. 空间光学遥感器大口径主镜展开技术研究 [D]. 长春：中国科学院长春光学精密机械与物理研究所，2011.

[160] LAKE M, HACHKOWSKI M. Mechanism Design Principle for Optical - Precision, Deployable Instruments [C]. 41st Structures, Structural Dynamics, and Materials Conference and Exhibit, Atlanta, Georgia, April 3 - 6, 2000.

[161] 吴文凯，陈晓娟，符春渝，等. 反射镜用 Kelvin 支承定位精度研究 [J]. 机械设计与研究，2002，18 (6): 50 - 52.

[162] 齐洪宇. 航天遥感相机机构可靠性研究 [D]. 长春：中国科学院长春光学精密机械与物理研究所，2017.

[163] 刘志全. 航天器机械可靠性特征量裕度的概率设计方法 [J]. 中国空间科学技术，2007，27 (4): 34 - 43.

[164] SCHWALM M, BARRY M, PERRON G, et al. Cryogenic Telescope, Scanner, and Imaging Optics for the Wide - field Infrared Survey Explorer (WISE) [C]. SPIE Optics + Photonics, 2005.

[165] MCEWEN A S, ELIASON E M, BERGSTROM J W, et al. Mars Reconnaissance Orbiter's High Resolution Imaging Science Experiment (HiRISE) [J]. Journal of Geophysical Research: Planets, 2007, 112 (E5): 1 - 40.

[166] 程鹏辉. 空间相机调焦平台的动力学特性研究 [J]. 光学精密工程，2019，27 (3): 602 - 609.

[167] 张霄霄. 一种高精度、大刚度周边支撑型盘式切换滤光装置的设计 [C]. 第 19 届中国遥感大会论文集，西安，2014.

[168] 唐士建，张东浩，柴凤萍．地球静止轨道高分辨率相机系统控制技术应用［J］．航天返回与遥感，2016，37（5）：58－68.

[169] 崇雅琴．空间光学望远镜星上定标系统机械结构研究［D］．西安：中国科学院大学（西安光学精密机械研究所），2018.

[170] 贺威，秦其明，付炜．可见光和热红外辐射定标方法浅述［J］．影像技术，2005，1：34－36.

[171] 赵艳华，董建婷，张秀茜，等．漫反射板全光路全视场全口径在轨辐射定标技术［J］．航天返回与遥感，2016，37（2）：92－99.

[172] 晋利兵，王浩，赵艳华，等．“高分五号”全谱段相机可展开定标漫反射板设计［J］．中国空间科学技术，2020，40（2）：81－87.

[173] ANDIÓN J，OLASKOAGA X. Sentinel－2 Multi－spectral Instrument Calibration and Shutter Mechanism［C］. 14th European Space Mechanisms & Tribology Symposium，Constance，Germany，September 28－30，2011.

[174] 刘宇翔，伏瑞敏，李明，等．稀土掺杂漫反射板星上光谱定标技术［J］．航天返回与遥感，2015，36（6）：48－54.

[175] 施家定，张黎明，曹兴家，等．星上定标漫反射板设计研究［J］．光学学报，2015，35（8）：341－349.

[176] 窦强，李劲东．敏捷型遥感卫星相机热防护门应用研究［J］．航天器工程，2013，99（2）：55－59.

[177] PARZIANELLO G，DEBEI S，ANGRILLI F，et al. Reliability Oriented Design and Testing of a Telescope's Front Cover for Long Life Space Mission［C］. 54th International Astronautical Congress of the International Astronautical Federation，Bremen，Germany，29 September－3 October，2003.

[178] 王晓旭．长寿命空间一维摆镜结构设计［D］．长春：中国科学院长春光学精密机械与物理研究所，2014.

[179] 汪逸群，齐心达．国外空间光学扫描机构现状［J］．光机电信息，2010，27（12）：15－20.

[180] 袁野，裘俊，王智磊，等．结合面阵成像的摆镜扫描系统设计研究［J］.

上海航天，2016，33（6）：72－77.

［181］吴超，袁艳，熊望娥，等．指向摆镜的精度分析［J］．光子学报，2008，10：2072－2075.

［182］汲玉卓．遥感相机二维指向技术研究及其控制系统设计［D］．哈尔滨：哈尔滨工业大学，2008.

［183］王新平．空间二维指向镜伺服系统研究［D］．上海：中国科学院研究生院（上海技术物理研究所），2009.

［184］符玉襄．空间高精度二维伺服系统控制技术研究［D］．中国科学院研究生院（上海技术物理研究所），2015.

［185］张世德．X－Y型空间二维指向机构误差研究［D］．秦皇岛：燕山大学，2018.

［186］FITZMAURICE M W，HAYDEN W L. Space Station Laser Communication Transceiver［C］. Photonics West － Lasers and Applications in Science and Engineering，1991.

［187］刘银年．45°镜多元探测器并扫成像特性和扫描轨迹分析［J］．光学精密工程，2002，1：110－115.

［188］SHIMIZU T，NAGATA S，TSUNETA S，et al. Image Stabilization System for Hinode（Solar－B）Solar Optical Telescope［J］. Solar Physics，2008，249：221－232.

［189］林喆．光学稳像系统颤振抑制性能的分析与设计［J］．航天返回与遥感，2012，33（4）：33－41.

［190］徐之海，陈跃庭，王琦，等．面阵空间相机稳像补偿研究［J］．红外与激光工程，2007，36（5）：593－596.

［191］李锋．空间红外对地观测视频相机电子稳像与目标跟踪算法研究［D］．北京：中国科学院大学，2018.

［192］谭婵．基于扫描控制的空间凝视成像二维像移补偿技术研究［D］．上海：中国科学院研究生院（上海技术物理研究所），2014.

［193］崔志勇．二维压电微动机构的设计及其在光学稳像中的应用研究［D］．南京：南京航空航天大学，2018.

[194] 魏传新. 空间望远镜稳像系统动力学关键技术研究 [D]. 上海：中国科学院研究生院（上海技术物理研究所），2016.

[195] 蒋范明，沙晟春，陈凡胜. 地球同步轨道大口径光学系统随动可展开遮光罩 [C]. 第九届全国光电技术学术交流会，北京，2010：340 – 343.

[196] 蒋范明，沙晟春，陈凡胜. 地球同步轨道大口径光学系统随动可展开遮光罩 [C]. 第九届全国光电技术学术交流会，北京，2010：4.

[197] STEWART D. A Platform with Six Degrees of Freedom [J]. Proceedings of the Institution of Mechanical Engineers，1965，180（1）：371 – 386.

[198] First SAGE Ⅲ Atmospheric Data Released for Public Use [EB/OL]. 2017. https://www.nasa.gov/press – release/langley/first – sage – iii – atmospheric – data – released – for – public – use.

[199] 韩春杨，徐振邦，吴清文. 空间光学遥感器次镜调姿机构多目标优化设计 [J]. 载人航天，2016，1：81 – 87.

[200] 冯妍婷. 微重力环境下并联机器人机构若干基本问题研究 [D]. 秦皇岛：燕山大学，2010.

[201] 贺磊. 大口径望远镜次镜调整机构的设计及研究 [D]. 长春：中国科学院长春光学精密机械与物理研究所，2018.

[202] 吴英辉. 六自由度位姿调节机构及在空间可展薄膜相机的应用 [D]. 哈尔滨：哈尔滨工业大学，2018.

[203] 饶延安. 串联式混联机构的力学分析及动力学仿真 [D]. 秦皇岛：燕山大学，2015.

[204] 李伟鹏，黄海. 天基精密跟瞄 Stewart 平台及其关键技术 [J]. 航天控制，2010，28（4）：90 – 97.

[205] 魏东，康泽，尤兴志. 基于 MatLab 的三自由度平面运动机构的优化设计 [J]. 装备制造技术，2015（2）：55 – 57，111.

[206] WOLF E M，GALLAGHER B，KNIGHT J S，et al. JWST Mirror and Actuator Performance at Cryo – vacuum [C]. Astronomical Telescopes + Instrumentation，2018.

[207] FURQAN M，SUHAIB M，AHMAD N. Studies on Stewart Platform Manipulator：

A Review [J]. Journal of Mechanical Science and Technology, 2017, 31: 4459 - 4470.

[208] TAN S, LIANG F, FAN J, et al. Optimization Design for Structure Parameters of Six Degree - of - Freedom (DOF) Positioner of Secondary Mirror in a Space Optical Remote Sensor Based on ADAMS [C]. 2019 Chinese Control Conference (CCC), 2019.

[209] 于阳. 空间光学遥感器次镜定位平台的设计与测试 [J]. 载人航天, 2016, 22 (1): 74 - 80.

[210] 董为. 基于大行程柔性铰链的六自由度并联机器人系统的研究 [D]. 哈尔滨: 哈尔滨工业大学, 2007.

[211] 王晓飞, 王进, 樊锐, 等. 并联机构动平台的六自由度位姿检测机构 [J]. 工具技术, 2018, 52 (11): 126 - 128.

[212] 丁建. 六自由度并联机构精度分析及其综合方法研究 [D]. 哈尔滨: 哈尔滨工业大学, 2015.

[213] VOGLEWEDE P A, Eber - Uphoff I. Application of Workspace Generation Techniques to Determine the Unconstrained Motion of Parallel Manipulators [J]. Journal of Mechanical Design, 2004, 126: 283 - 290.

[214] 郑钢铁, 梁鲁, 王光远, 等. 遥感卫星动力学问题系统解决方法和装置 [C]. 2011 年小卫星技术交流会论文集, 北京, 2011.

[215] 郑钢铁. 空间飞行器隔振与振动抑制研究进展 [C]. 第九届全国振动理论及应用学术会议暨中国振动工程学会成立 20 周年庆祝大会论文汇编, 杭州, 2007.

[216] 梁宏锋. 卫星成像设备用精密主动隔振器的结构设计与分析 [D]. 武汉: 华中科技大学, 2015.

[217] 张景绘, 李新民. 主、被动振动控制一体化理论及技术 (Ⅰ) —导论 [J]. 强度与环境, 2004, 31 (1): 50 - 63.

[218] 宋文轩, 李宗轩, 谢晓光, 等. 金属橡胶减振器在同轴两反空间相机中的应用 Application of Metal Rubber Vibration Absorber in Coaxial Dual - reflection Space Camera [J]. 光学精密工程, 2021, 29 (3): 524 - 535.

[219] 王敬丰，魏文文，潘复生，等．金属阻尼材料研究的新进展及发展方向［J］．材料导报，2009，23（13）：15－19.

[220] JANG S M，LEE S H，JEONG S S. Characteristic Analysis of Eddy－Current Brake System Using the Linear Halbach Array［J］. IEEE Transactions on Magnetics，2002，38（5）：2994－2996.

[221] 左从杨．用于振动控制的电磁阻尼器若干问题的研究［D］．南京：南京航空航天大学，2012.

[222] 王伟钊．混合励磁电磁阻尼器及其半主动隔振特性研究［D］．哈尔滨：哈尔滨工业大学，2018.

[223] 严济宽．机械振动隔离技术［M］．上海：上海科学技术文献出版社，1986.

[224] 段鹏飞，雷文平．发射主动段空间相机隔振技术研究［J］．航天器工程，2014，23（4）：39－45.

[225] 刘丽坤，郑钢铁，黄文虎．整星被动多杆隔振平台研究［J］．应用力学学报，2005，22（3）：329－334.

[226] 陈健，冯淑红，柳征勇，等．航天器系统级减振/隔振应用研究及其进展［J］．强度与环境，2013，5：37－42.

[227] 张群，邢建伟，毕京丹，等．星箭界面整星隔振设计及减振效果验证［J］．航天器环境工程，2019，36（5）：502－507.

[228] 刘丽坤，郑钢铁．采用多促动器并联隔振平台的整星半主动隔振研究［J］．上海航天，2008，25（6）：39－42.

[229] 杨大皓．整星隔振主动控制研究［D］．哈尔滨：哈尔滨工业大学，2007.

[230] 张庆君，王光远，郑钢铁．光学遥感卫星微振动抑制方法及关键技术［J］．宇航学报，2015，36（2）：125－132.

[231] 李伟鹏，黄海，黄舟．基于 Stewart 平台的星上微振动主动隔离/抑制［J］．机械科学与技术，2015，34（4）：629－635.

[232] PREUMONT A，HORODINCA M，ROMANESCU I，et al. A Six－axis Single－stage Active Vibration Isolator Based on Stewart Platform［J］. Journal of Sound and Vibration，2005，300：644－661.

[233] THAYER D, CAMPBELL M, VAGNERS J, et al. Six - axis Vibration Isolation System Using Soft Actuators and Multiple Sensors [J]. Journal of Spacecraft and Rockets, 2002, 39: 206 - 212.

[234] GENG Z J, PAN G, HAYNES L S, et al. An Intelligent Control System for Multiple Degree - of - Freedom Vibration Isolation [J]. Journal of Intelligent Material Systems and Structures, 1995, 6: 787 - 800.

[235] 王跃，王博，刘世平，等. 空间红外遥感相机制冷机微振动对 MTF 影响分析 [J]. 航天返回与遥感，2015，36 (3)：61 - 68.

[236] 胡明，花道兰，刘荣强，等. 重复锁定与释放功能机构研究状况及关键技术分析 [J]. 空间科学学报，2009，29 (1)：98 - 101.

[237] 高滨. 火工驱动分离装置的应用 [J]. 航天返回与遥感，2004，25 (1)：55 - 59.

[238] 叶耀坤，严楠，杨立欣. 钢球式解锁螺栓分离装置的强度计算 [J]. 航天返回与遥感，2010，31 (6)：66 - 72.

[239] 叶耀坤，严楠. 降低火工解锁螺栓分离冲击的技术研究 [J]. 火工品，2011，1：13 - 16.

[240] 徐祖耀，江伯鸿. 形状记忆材料 [M]. 上海：上海交通大学出版社，2000.

[241] 胡玮. 用于空间展开机构的 SMA 驱动器研究 [D]. 南京：南京航空航天大学，2014.

[242] 吴佳俊，王帮峰，芦吉云，等. 镍钛诺合金涡卷弹簧的力学建模与测试 [J]. 光学精密工程，2014，22 (4)：963 - 969.

[243] 赵寒星，兰鑫，冷劲松. 形状记忆聚合物材料及其在航天器新型锁紧释放机构中的应用 [J]. 材料科学与工艺，2020，28 (3)：157 - 166.

[244] LUCY M H, HARDY R C, KIST E H, et al. Report on Alternative Devices to Pyrotechnics on Spacecraft [C]. 10h Annual AlAA/USU Conference on Small Satellites, Utah State University; Logan, September 17 - 19, 1996.

[245] RAZOV A, CHERNIAVSKY A. Applications of Shape Memory Alloys in Space Engineering: Past and Future [C]. 8th European Space Mechanisms and

Tribology Symposium, Toulouse, France, 29 September - 1 October, 1999.

[246] 曹乃亮，董得义，李志来．基于形状记忆合金的空间分离装置研究进展 [J]. 航天返回与遥感，2014，5：9 - 18.

[247] YAN X J, ZHANG K. Development of a Small Reusable Space Release Device Using SMA [C]. SPIE Smart Structures and Materials + Nondestructive Evaluation and Health Monitoring, 2007.

[248] 陈烈民. 航天器结构与机构 [M]. 北京：中国科学技术出版社，2005.

[249] STONEKING E T. Newton - Euler Dynamic Equations of Motion for a Multi - body Spacecraft [C]. AIAA Guidance, Navigation and Control Conference and Exhibit, Hilton Head, South Carolina, August 20 - 23, 2007.

[250] ROBERSON R E. A Dynamical Formalism for an Arbitrary Number of Interconnected Rigid Bodies with Reference to the Problem of Satellite attitude Control [J]. Proc. 3rd Congr. of Int. Fed. Automatic Control, 1966, 1: 46D1 - 46D8.

[251] LIKINS P. Analytical Dynamics and Nonrigid Spacecraft Simulation [R]. NASA, 1974.

[252] 杨基厚. 机构运动学与动力学 [M]. 北京：机械工业出版社，1987.

[253] 刘福才，曹志琼，张晓，等．不同重力环境下空间机构电机驱动力差异 [J]. 宇航学报，2020，41 (11)：1456 - 1465.

[254] 刘福才，刘林，李倩，等．重力对空间机构运动行为影响研究综述 [J]. 载人航天，2017，23 (6)：790 - 797.

[255] 胡亮．空间可展遮光罩的结构设计、分析与仿真 [D]. 杭州：浙江大学，2011.

[256] 励红峰．零重力多维展开试验装置研究 [D]. 杭州：浙江工业大学，2015.

[257] 侯管仲，许煜，杨昭宁，等．星载机械可动天线地面零重力卸载概述 [J]. 空间电子技术，2018，175 (1)：74 - 78.

[258] 孙涛，陈伟男，季红侠，等．氦气球重力补偿系统的研究与实现 [J]. 中国高新科技，2019，44 (8)：49 - 51.

[259] 刘志全. 航天器机构的可靠性试验方法 [J]. 中国空间科学技术, 2007, 27 (3): 39-45.

[260] 荣吉利, 张涛, 徐天富, 等. 性能参数型航天器机构的可靠性试验评定方法 [J]. 宇航学报, 2012, 33 (3): 387-391.

[261] 王小云. 基于多元性能参数的加速退化试验方法研究 [D]. 杭州: 浙江理工大学, 2011.

[262] 刘娟. 电连接器步进应力加速退化试验技术的研究 [D]. 杭州: 浙江大学, 2013.

[263] YURKOWSKY W, SCHAFER R E, FINKELSTEIN J. Accelerated Testing Technology [R]. Hughes Aircraft CO Fullerton CA Ground Systems Group, 1967.

[264] 徐增闯, 崔维鑫, 刘石神, 等. 空间摆动电机固体润滑轴承寿命试验研究 [J]. 真空科学与技术学报, 2019, 39 (4): 354-359.

[265] 李新立, 刘志全, 遇今. 航天器机构固体润滑球轴承的加速寿命试验方法 [J]. 航天器工程, 2008, 17 (5): 82-87.

[266] 李建华, 张蕾. 固体润滑轴承的寿命分析 [J]. 轴承, 2002, 11: 21-23.

[267] 李建华, 姜维. 固体润滑轴承保持架试验分析 [J]. 轴承, 2004 (9): 18-20.

[268] 祖家国, 吴艳华, 杨岩, 等. 遥感卫星平台与载荷一体化设计综述 [J]. 航天返回与遥感, 2018, 39 (4): 87-94.

[269] 杨怿, 陈时锦, 张伟. 空间光学遥感器光机热集成分析技术综述 [J]. 光学技术, 2005, 6: 114-118, 121.

[270] 杨正岩, 张佳奇, 高东岳, 等. 航空航天智能材料与智能结构研究进展 [J]. 航空制造技术, 2017, 17: 36-48.

[271] 戴江浩. 航空航天智能材料与智能结构探究及进展 [J]. 科技创新导报, 2018, 15 (3): 16-17.

[272] HILL K O, MALO B Y, BILODEAU F, et al. Bragg Gratings Fabricated in Monomode Photosensitive Optical Fiber by UV Exposure through a Phase Mask

[J]. Applied Physics Letters, 1993, 62: 1035 -1037.

[273] KARAFOLAS N, ARMENGOL J M P, MCKENZIE I. Introducing Photonics in Spacecraft Engineering: ESA's Strategic Approach [C]. IEEE Aerospace Conference, 2009.

[274] 罗为，曹俊豪，卢孜筱，等．航天器结构变形在轨自主测量技术进展 [J]. 无人系统技术，2020，3 (5): 54 -59.

[275] KERWIN E M. Damping of Flexural Waves by a Constrained Viscoelastic Layer [J]. Journal of the Acoustical Society of America, 1959, 31: 952 -962.

[276] 谢熔炉．主动约束阻尼结构拓扑优化研究 [D]. 重庆：重庆大学，2010.

[277] LOZANOVSKI B, DOWNING D, TRAN P, et al. A Monte Carlo Simulation - based Approach to Realistic Modelling of Additively Manufactured Lattice Structures [J]. Additive Manufacturing, 2020, 32: 101092.

[278] 雷红帅，赵则昂，郭晓岗，等．航天器轻量化多功能结构设计与制造技术研究进展 [J]. 宇航材料工艺，2021，51 (4): 10 -22.

[279] TAKEZAWA A, KOBASHI M. Design Methodology for Porous Composites with Tunable Thermal Expansion Produced by Multi - material Topology Optimization and Additive Manufacturing [J]. Composites Part B - engineering, 2017, 131: 21 -29.

[280] XU H, FARAG A, PASINI D. Routes to Program Thermal Expansion in Three - dimensional Lattice Metamaterials Built from Tetrahedral Building Blocks [J]. Journal of the Mechanics and Physics of Solids, 2018, 117: 54 -87.

[281] NI X, GUO X, LI J, et al. 2D Mechanical Metamaterials with Widely Tunable Unusual Modes of Thermal Expansion [J]. Advanced Materials, 2019, 31 (48): e1905405.

[282] STEEVES C A, LUCATO S L D S E, HE M Y, et al. Concepts for Structurally Robust Materials that Combine Low Thermal Expansion with High Stiffness [J]. Journal of The Mechanics and Physics of Solids, 2007, 55: 1803 -1822.

[283] 从强，罗敏，李伟杰. 空间机构技术发展趋势及展望 [J]. 载人航天，

2016, 22 (1): 1-8, 15.

[284] PRATER T, WERKHEISER N J, LEDBETTER F, et al. 3D Printing in Zero G Technology Demonstration Mission: Complete Experimental Results and Summary of Related Material Modeling Efforts [J]. The International Journal of Advanced Manufacturing Technology, 2019, 101: 391-417.

[285] SACCO E, MOON S. Additive Manufacturing for Space: Status and Promises [J]. The International Journal of Advanced Manufacturing Technology, 2019: 1-24.

[286] PATANE S, JOYCE E R, SNYDER M P, et al. Archinaut: In-Space Manufacturing and Assembly for Next-Generation Space Habitats [C]. AIAA Space and Astronautics Forum and Exposition, Orlando, FL, USA, 2017.

[287] HOYT R. SpiderFab: An Architecture for Self-fabricating Space Systems [C]. AIAA Space 2013 Conference and Exposition, San Diego, CA, USA, 2013.

[288] BORGUE O, PANAROTTO M, ISAKSSON O. Impact on Design When Introducing Additive Manufacturing in Space Applications [C]. DS 92: Proceedings of the DESIGN 2018 15th International Design Conference, Dubrovnik, Croatia, 2018.

[289] DORDLOFVA C, BORGUE O, PANAROTTO M, et al. Drivers and Guidelines in Design for Qualification Using Additive Manufacturing in Space Applications [C]. Proceedings of the Design Society: 22nd International Conference on Engineering Design (ICED19), Delft, Netherlands, 2019.

[290] 韩潇，曹珺雯，焦建超，等．面向空间光学遥感器的增材制造技术的发展与应用［J］．航天返回与遥感，2021，42（1）：74-83.

[291] 杨杰，黎静，吴文杰，等．空间大型桁架在轨增材制造技术的研究现状与展望［J］．材料导报，2021，35（3）：3159-3167.

[292] ZOCCA A. Powder-based Additive Manufacturing: Beyond the Comfort Zone of Powder Deposition [C]. WMRIF 2018 Early Career Scientist Summit, London, NPL, UK, 2018.

[293] MCROBB M, ROBB B, RIDLEY S, et al. Emerging Space Technologies: Macro - scale On - orbit Manufacturing [C]. 17th Reinventing Space Conference, Belfast, Northern Ireland, 2019.

[294] LIAO C, LIU M, ZHANG Q, et al. Low - temperature Thermoplastic Welding of Metallic Glass Ribbons for In - space Manufacturing [J]. SCIENCE CHINA Materials, 2020, 64 (4): 979 - 986.

[295] TROLINGER J, DIOUMAEV A K, LAL A, et al. In - situ Monitoring and Quality Control for In - space Additive Manufacturing Using Laser Acoustical Resonance Spectroscopy [C]. Applied Optical Metrology III. International Society for Optics and Photonics, San Diego, California, USA, 2019.

[296] 赵振宁, 王辉, 虎琳. 航空航天先进复合材料研究现状及发展趋势 [J]. 炭素, 2021, 2: 24 - 29.

[297] YU X, ZHOU J, LIANG H, et al. Mechanical Metamaterials Associated with Stiffness, Rigidity and Compressibility: a Brief Review [J]. Progress in Materials Science, 2017, 94: 114 - 173.

[298] 周亦人, 沈自才, 齐振一, 等. 中国航天科技发展对高性能材料的需求 [J]. 材料工程, 2021, 49 (11): 41 - 50.

[299] 雷智博, 曹建光, 董丽宁, 等. 航天器热管理高导热材料应用研究 [J]. 中国材料进展, 2018, 37 (12): 1039 - 1047.

[300] 杨雯, 霍浩亮, 李海波, 等. 航天多功能热控材料及结构研究进展 [J]. 强度与环境, 2020, 47 (2): 1 - 12.

[301] BOWMAN L, BELVIN W, KOMENDERA E, et al. In - space Assembly Application and Technology for NASA's Future Science Observatory and Platform Missions [C]. SPIE Astronomical Telescopes + Instrumentation, Austin, United States, 2018.

[302] DORSEY J T, WATSON J. Space Assembly of Large Structural System Architectures (SALSSA) [C]. AIAA Space 2016, California, USA, 2016.

[303] POSTMAN M, ARGABRIGHT V, ARNOLD B, et al. Advanced Technology Large - Aperture Space Telescope (ATLAST): A Technology Roadmap for the

Next Decade [J]. arXiv Preprint, 2009: arXiv: 0904. 0941.

[304] MUKHERJEE R. When is it Worth Assembling Observatories in Space? [R]. California: Jet Propulsion Laboratory, California Institute of Technology, April, 2019.

[305] MILLER D, MOHAN S, BUDINOFF J. Assembly of a Large Modular Optical Telescope (ALMOST) [C]. SPIE Astronomical Telescopes + Instrumentation, Marseille, France, 2008.

[306] SIEGLER N. Building the Future: In – space Servicing and Assembly of Large Aperture Space Telescopes [R]. Caltech: Jet Propulsion Laboratory, April, 2018.

[307] ENNICO K, BENDEK E A, LYNCH D H, et al. The Configurable Aperture Space Telescope (CAST) [C]. Space Telescopes and Instrumentation 2016: Optical, Infrared, and Millimeter Wave, 2016.

[308] LEE N, BURDICK J, BACKES P, et al. Architecture for In – space Robotic Assembly of a Modular Space Telescope [J]. Journal of Astronomical Telescopes, Instruments, and Systems, 2016, 2 (4): 041207.

[309] NANJANGUD A, UNDERWOOD C I, BRIDGES C P, et al. Towards Robotic On – orbit Assembly of Large Space Telescopes: Mission Architectures, Concepts, and Analyses [C]. 70th International Astronautical Congress, Washington, DC, USA, 2019.

[310] Future Self – Assembled Space Telescope [EB/OL]. 2018, 2021. https://www. insidescience. org/news/future – self – assembled – space – telescope.

[311] UNDERWOOD C, PELLEGRINO S, PRIYADARSHAN H, et al. AAReST Autonomous Assembly Reconfigurable Space Telescope Flight Demonstrator [C]. 69th International Astronautical Congress (IAC), Bremen, Germany, 2018.

[312] ROA GARZON M A, NOTTENSTEINER K, GRUNWALD G, et al. In – space Robotic Assembly of Large Telescopes [C]. Symposium on Advanced Space Technologies in Robotics and Automation – ASTRA, Noordwijk,

Netherlands, 2019.

[313] 曹长明. 星载可展开结构若干关键技术问题的研究 [D]. 杭州: 浙江大学, 2016.

[314] 罗鹰, 段宝岩. 星载可展开天线结构现状与发展 [J]. 电子机械工程, 2005, 5: 33-37.

[315] 董吉洪, 陈小伟. 空间相机主镜展开机构设计方案分析 [J]. 中国机械工程, 2012, 23 (14): 1667-1670.

[316] 陈晓丽, 杨秉新, 王永辉, 等. 空间可展开光学系统主镜分块方案研究 [J]. 航天返回与遥感, 2008, 29 (1): 28-33.

[317] 廖周. 大口径分块望远镜主镜的误差分析与共相探测方法研究 [D]. 成都: 电子科技大学, 2015.

[318] PAN F Y, BURGE J H, ZEHNDER R, et al. Fabrication and Alignment Issues for Segmented Mirror Telescopes [J]. Applied Optics, 2004, 4313: 2632-2642.

[319] WARDEN R M. Cryogenic Nano - Actuator for JWST [C]. 38th Aerospace Mechanisms Symposium, Langley Research Center, May 17-19, 2012.

[320] 宫辉, 连华东. 可展开次镜支撑技术在空间遥感器上的应用 [C]. 第二十四届全国空间探测学术交流会, 西安, 2011.

[321] 王翔, 张广宇, 初昶波, 等. 空间大口径望远镜可展开镜片系统的概念设计 [J]. 机械设计与研究, 2004, 20 (6): 49-52.

[322] CHAMPAGNE J, CROWTHER B G, NEWSWANDER T. Deployable Mirror for Enhanced Imagery Suitable for Small Satellite Applications [R]. Space Dynamics Laboratory, 2013.

[323] 李志来, 杨利伟, 徐宏, 等. 空间望远镜可展开次镜支撑桁架综述 [J]. 航天返回与遥感, 2017, 38 (3): 58-67.

[324] 曹旭, 江长虹, 冯昊, 等. “高分七号”卫星遥感相机可展开遮光罩的设计和实现空间可展遮光罩的结构设计、分析与仿真 [J]. 航天返回与遥感, 2020, 41 (2): 67-77.

[325] 霍倩, 饶哲, 周春燕. 太阳帆航天器展开结构技术综述 [J]. 航天控制,

2013, 31 (2): 94 -99.

[326] JOHNSTON J, BLANDINO J R, BLACK J, et al. Structural Analysis and Testing of a Subscale Sunshield Membrane Layer [C]. Gossamer Pacecraft Forum, 2003.

[327] BABCOCK H W. The Possibility of Compensating Astronomical Seeing [J]. Publications of the Astronomical Society of the Pacific, 1953, 65: 229 -236.

[328] EALEY M, WELLMAN J. Fundamentals of Deformable Mirror Design and Analysis [C]. Optics & Photonics, 1989.

[329] 陈新东. 应用于空间相机的主动变形镜研究 [D]. 长春: 中国科学院长春光学精密机械与物理研究所, 2012.

索　引

0～9（数字）

A～Z、Σ、Ω

A ~ B

E

F

G

H

K

L

M

N

P

Q

R

T

W

X

Y

Z

（王彦祥、毋栋 编制）

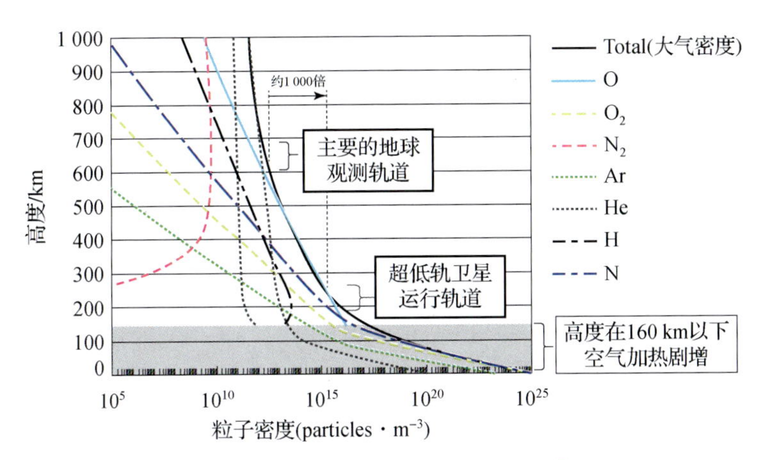

图 2－3　轨道高度与大气密度[13]

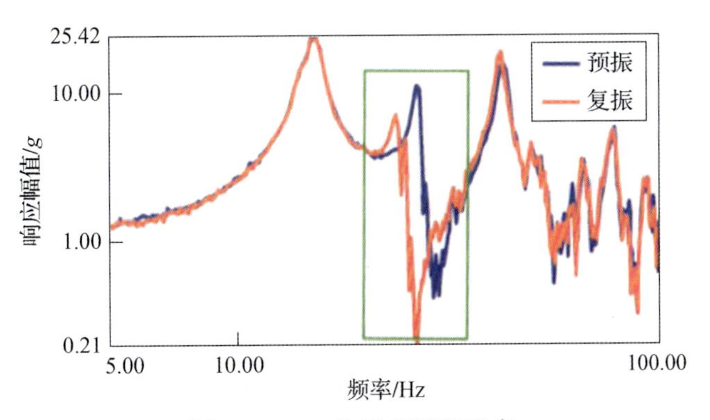

图 10－11　共振峰漂移现象

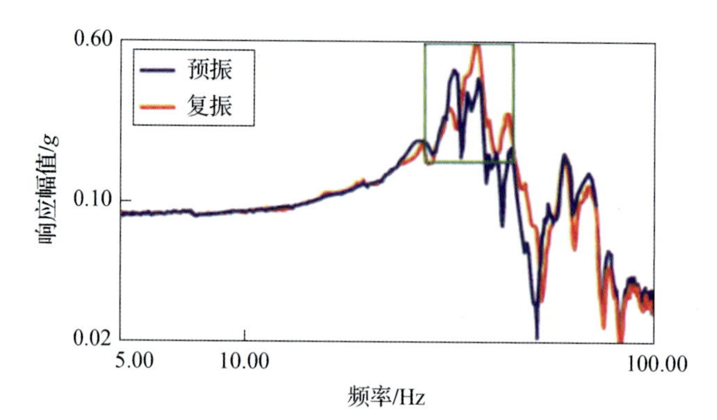

图 10－12　试验前后响应双峰变单峰现象

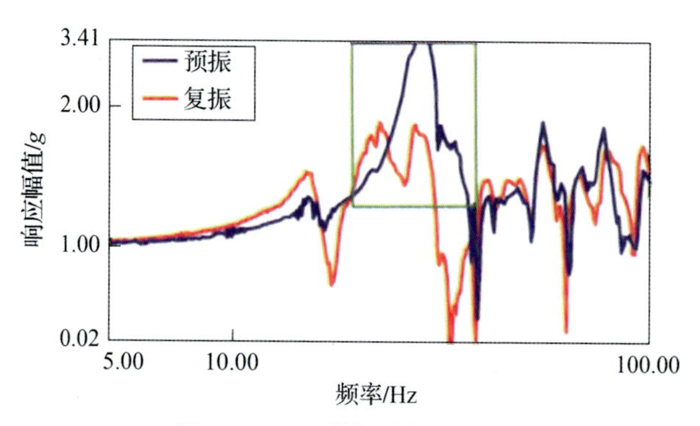

图 10－13　共振峰幅值变化